Industrial Engineer Gas

가스산업기사
7년간 기출문제
【필기】

국가기술자격시험아카데미 저

[preface]
가스산업기사

　한국산업인력공단이 주관 및 시행하는 가스산업기사는 고압가스가 지닌 화학적, 물리적 특성으로 인한 각종 사고로부터 국민의 생명과 재산을 보호하고 고압가스의 제조과정에서부터 소비과정에 이르기까지 안전에 대한 규제대책, 각종 가스용기, 기계, 기구 등에 대한 제품검사, 가스취급에 따른 제빈시설의 검사 등 고압가스에 관한 안전관리를 실시하기 위한 전문인력을 양성하기 위하여 만들어진 자격제도입니다.

　최근 국민 생활수준의 향상과 산업의 발달로 연료용 및 산업용 가스의 수급 규모가 대형화되고, 가스시설이 복잡·다양화됨에 따라 가스 사고건수가 급증하고 사고 규모도 대형화되는 추세입니다. 정부의 도시가스 확대방안으로 가스사용량의 증가가 지속적으로 이루어지고 있는 만큼 가스사고로 인한 인명 피해 또한 증가하고 있습니다. 더불어 이에 따른 가스산업기사의 인력수요는 증가할 것입니다.

　이 교재는 한국산업인력공단의 새롭게 통합된 출제기준에 따라 가스산업기사 자격시험을 손쉽게 대비할 수 있도록 수험생들의 입장에서 구성되고 집필하였습니다.

　가스산업기사 관련 자격시험을 다년간 연구하고 분석해 온 저자들이 심혈을 기울여 집필한 교재인 만큼 이 교재를 선택한 여러분들에게 큰 도움이 있을 것으로 확신합니다. 끝으로, 이 교재의 발간을 위해 도움을 주신 많은 교육 현장의 선생님들과 도서출판 책과상상의 임직원 여러분들에게 감사의 말씀을 드립니다.

저자 일동

개요

고압가스가 지닌 화학적, 물리적 특성으로 인한 각종 사고로부터 국민의생명과 재산을 보호하고 고압가스의 제조과정에서부터 소비과정에 이르기까지 안전에 대한 규제대책, 각종 가스용기, 기계, 기구 등에 대한 제품검사, 가스취급에 따른 제반시설의 검사 등 고압가스에 관한 안전관리를 실시하기 위한 전문인력을 양성하기 위하여 자격제도 제정

직무내용

고압가스 및 용기제조의 공정관리, 가스의 사용방법 및 취급요령 등을 위해 예방을 위한 지도 및 감독업무와 저장, 판매, 공급 등의 과정에서 안전관리를 위한 지도 및 감독 업무 수행

취득방법

① 시 행 처   한국산업인력공단
② 관련학과   대학과 전문대학의 화학공학, 가스냉동학, 가스산업학 관련학과
③ 훈련기관   한국가스안전공사에서 매년 1회 실시하는 사용시설안전관리원, 운반책임자, 안전관리원 및 시공관리자 등과 같은 안전관리자 교육과정
④ 시험과목   - 필기 : 1. 연소공학 2. 가스설비 3. 가스안전관리 4. 가스계측
　　　　　　- 실기 : 가스 실무
⑤ 검정방법   - 필기 : 객관식 4지 택일형 과목당 20문항(과목당 30분)
　　　　　　- 실기 : 복합형[필답형(1시간30분) + 작업형(1시간 정도)]
⑥ 합격기준   - 100점을 만점으로 하여 과목당 40점 이상, 전과목 평균 60점 이상
　　　　　　- 실기 : 100점을 만점으로 하여 60점 이상

진로 및 전망

1. 고압가스 제조업체·저장업체·판매업체, 기타 도시가스 사업소, 용기제조업소, 냉동기계제조업체 등 전국의 고압가스 관련업체로 진출할 수 있다.
2. 최근 국민생활수준의 향상과 산업의 발달로 연료용 및 산업용 가스의 수급규모가 대형화되고 있으며, 가스시설의 복잡·다양화됨에 따라 가스사고건수가 급증하고 사고 규모도 대형화되는 추세이다. 한국가스안전공사의 자료에 의하면 가스사고로 인한 인명피해가 1997년 467명에서 1998년에는 551명으로 증가하였고, 정부의 도시가스 확대 방안으로 인천, 평택인수기지에 이어 통영기지 건설을 추진하는 등 가스사용량 증가가 예상되어 해당 인력의 인력수요는 증가할 것이다.

필기과목 : 연소공학, 가스설비, 가스안전관리, 가스계측

필기과목명	문제수	주요항목	세부항목
연소공학	20	1. 연소이론	1. 연소기초 2. 연소계산
		2. 가스의 특성	1. 가스의 폭발
		3. 가스안전	1. 가스화재 및 폭발방지 대책
가스설비	20	1. 가스설비	1. 가스설비 2. 조정기와 정압기 3. 압축기 및 펌프 4. 저온장치 5. 배관의 부식과 방식 6. 배관재료 및 배관설계
		2. 재료의 선정 및 시험	1. 재료의 선정 2. 재료의 시험
		3. 가스용기기	1. 가스사용기기
가스안전관리	20	1. 가스에 대한 안전	1. 가스제조 및 공급, 충전 등에 관한 안전
		2. 가스사용시설 관리 및 검사	1. 가스저장 및 사용에 관한 안전
		3. 가스사용 및 취급	1. 용기, 냉동기, 가스용품, 특정설비 등 제조 및 수리 등에 관한 안전 2. 가스사용·운반·취급 등에 관한 안전 3. 가스의 성질에 관한 안전
		4. 가스사고 원인 및 조사, 대책수립	1. 가스안전사고 원인 조사 분석 및 대책
가스계측	20	1. 계측기기	1. 계측기기의 개요 2. 가스계측기기
		2. 가스분석	1. 가스분석
		3. 가스미터	1. 가스미터의 기능
		4. 가스시설의 원격감시	1. 원격감시장치

제1장 핵심이론 요약

제1절 | 연소공학
- 01 연소의 기초 — 8
- 02 연소의 기본계산 — 16
- 03 기초열역학 — 30
- 04 가스폭발/방지대책 — 32
- 05 PSM(공정안전) 및 가스폭발위험성 평가 — 45

제2절 | 가스설비
- 01 기초역학 및 가스개론 — 48
- 02 각종가스의 성질, 제조법 및 용도 — 55
- 03 연소와 폭발 — 62
- 04 압축기 및 펌프 — 74
- 05 LP가스 도시가스 설비 — 82

제3절 | 가스안전관리
- 01 고압가스 안전관리 — 89
- 02 LPG 안전관리 — 108
- 03 도시가스 안전관리 — 114
- 04 수소 안전관리 — 122

제4절 | 가스계측
- 01 계측의 기본개념 및 제어목적 — 128
- 02 계측기기 — 131
- 03 기타 계측기기 — 170
- 04 자동제어(自動制御) — 173

제2장 공단 기출문제

- 2014년 03월 02일 시행 가스산업기사 — 186
- 2014년 05월 25일 시행 가스산업기사 — 202
- 2014년 09월 20일 시행 가스산업기사 — 217

- 2015년 03월 08일 시행 가스산업기사 — 233
- 2015년 05월 31일 시행 가스산업기사 — 246
- 2015년 09월 19일 시행 가스산업기사 — 258

- 2016년 03월 06일 시행 가스산업기사 — 273
- 2016년 05월 08일 시행 가스산업기사 — 288
- 2016년 10월 01일 시행 가스산업기사 — 304

- 2017년 03월 05일 시행 가스산업기사 — 316
- 2017년 05월 07일 시행 가스산업기사 — 331
- 2017년 09월 23일 시행 가스산업기사 — 349

- 2018년 03월 04일 시행 가스산업기사 — 364
- 2018년 04월 28일 시행 가스산업기사 — 380
- 2018년 09월 15일 시행 가스산업기사 — 395

- 2019년 03월 03일 시행 가스산업기사 — 411
- 2019년 04월 27일 시행 가스산업기사 — 423
- 2019년 09월 21일 시행 가스산업기사 — 436

- 2020년 06월 13일 시행 가스산업기사 — 451
- 2020년 08월 23일 시행 가스산업기사 — 463

CHAPTER
01

Industrial **Engineer** Gas

핵심이론요약

Section 01 연소공학
Section 02 가스설비
Section 03 가스안전관리
Section 04 계측기기

SECTION 01 연소공학

Industrial Engineer Gas

STEP 01 연소의 기초

1. 연료

연료(Fuel)의 정의 : 연소가 가능한 가연물질이며 연료를 산소 또는 공기와 접촉시켜 태우는 것을 연소라 하며 연소가 일어날 때는 빛과 열을 수반하게 된다.

1) 연료의 구비조건
  ① 저장운반이 편리할 것
  ② 안정성이 있고 취급이 쉬울 것
  ③ 조달이 편리할 것
  ④ 경제적일 것
  ⑤ 발열량이 클 것
  ⑥ 유해성이 없을 것

2) 연료의 종류
  ① **고체연료**
    ㉮ 석탄 : 석탄은 탄화도가 진행됨에 따라 수분 휘발분이 감소되고 고정탄소가 증가, 연료비가 증가
      ㉠ 탄화도 : 천연 고체연료에 포함된 CHO의 함량이 변해가는 현상
      ㉡ 탄화도가 클수록 연료에 미치는 영향
        • 연료비가 증가한다.
        • 매연 발생이 적어진다.
        • 휘발분이 감소하고 착화온도가 높아진다.
        • 고정탄소가 많아지고 발열량이 커진다.
        • 연소속도가 늦어진다.
    ㉯ 코크스 : 석탄을 1,000℃ 정도의 온도로 건류해서 얻어지는 2차 연료
      ㉠ 1차 연료 : 석탄을 채취한 그대로 사용할 수 있는 것(목재, 무연탄, 역청탄)
      ㉡ 2차 연료 : 1차 연료를 가공한 것(목탄, 코크스)
    ㉰ 목재 : 발열량 5,000 kcal/kg 정도를 가지는 일반적 나무 연료
    ㉱ 목탄 : 목재연료를 건류한 2차 연료

② 고체연료의 특성
    ㉮ 역화의 위험이 없다.
    ㉯ 국부 가열이 어렵다.
    ㉰ 열효율이 낮고 연소조절이 어렵다.
    ㉱ 발열량이 낮다.
    ㉲ 부하변동에 대한 적응성이 없다.
    ㉳ 연소시 다량의 공기가 필요하다.

③ 석탄의 분석방법
    ㉮ 공업분석방법(수분, 휘발분, 회분)
    ㉯ 고정탄소 : 별도 규정이 없는 한 항습베이스를 기준으로 100 − (수분 + 회분 + 휘발분)
        ㉠ 수분 : 석탄 내부에 흡착하여 결정수 등의 형태로 함유된 수분이며 저위 발열량을 감소시킨다(발열량 감소, 착화, 연소를 방해).
        ㉡ 휘발분 : 연료를 연소시 날아가는 물질(점화는 쉬우나 매연발생이 심하다)
        ㉢ 회분 : 불연성분으로 석탄으로 석탄의 발열량을 감소시키고 회분중의 바나듐(v)은 고온부식을 유발 (고온부식의 원인물질 : 바나듐, 저온부식의 원인물질 : 황)
    ㉰ 고정탄소계산법
        ㉠ 코크스(무수베이스) : 고정탄소 = 100 − (회분 + 휘발분)
        ㉡ 석탄(항습베이스) : 고정탄소 = 100 − (수분 + 회분 + 휘발분)
        고정탄소계산에서 별 조건이 주어지지 않으면 항습베이스를 기준하여 계산
    ㉱ 원소분석
        탄소(C), 수소(H), 산소(O), 황(S), 질소(N), 인(P) 등의 원소로 분석하는 방법

④ 액체연료
    ㉮ 원유(휘발유, 등유, 경유, 중유)
    ㉯ 나프타
    ㉰ 중유는 점도에 따라 A, B, C 중유로 나누어진다.

⑤ 액체연료의 특성
    ㉮ 저장이 용이하다.
    ㉯ 발열량이 높다.
    ㉰ 운송이 용이하다.
    ㉱ 연소조절이 쉽다.

⑥ 액체연료의 성질
    ㉮ 비중 계산법
        ㉠ API도 = $\dfrac{141.5}{비중(60°F/60°F)} - 131.5$
        ㉡ 보메도(Be) = $144.3 - \dfrac{144.3}{비중(60°F/60°F)}$
    ㉯ 응고점 : 액체연료가 저온시 응고하는 온도
        유동점 : 액체연료가 유동하는 최저온도(유동점 = 응고점 + 2.5℃)

㉓ 발화(착화)점과 인화점
  ㉠ 발화점 : 가연성 물질이 연소시 점화원이 없어도 스스로 연소를 개시하는 최저온도

  ※ **발화점(착화점)이 낮아지는 경우**
  - 화학적으로 발열량이 높을수록
  - 반응활성도가 클수록
  - 산소농도가 높을수록
  - 압력이 높을수록
  - 탄화수소에서 탄소수가 많은 분자일수록
  - 분자구조가 복잡할수록
  - 활성화에너지가 적을수록

  ㉡ 인화점 : 가연성 물질이 연소시 점화원을 가지고 연소하는 최저온도(위험성의 척도가 높다)

  ※ **인화점의 표현방법**
  - 액체 표면에서 증기 분압이 연소 하한값 조성과 같아지는 온도
  - 가연성 액체가 인화하는데 증기를 발생시키는 최저농도
  - 압력증가시 증기발생이 쉽고 인화점은 낮아진다.
  - 부유물질, 찌꺼기 등이 존재시 인화점 이하에서도 발화한다.

⑦ 기체연료(LNG, LPG, 수성가스, 발생로가스)
  ㉮ 기체연료의 특징
    ㉠ 완전연소가 쉽다.
    ㉡ 발열량이 높다.
    ㉢ 국부가열이 쉽고 단시간 온도상승이 가능하다.
    ㉣ 연소 후 찌꺼기가 남지 않는다.
    ㉤ 연소효율이 높다.
  ㉯ 기체연료의 종류
    ㉠ LNG(액화천연가스) : CH_4을 주성분으로 하는 가연성 가스로서 유전지대, 탄전지대 등에서 발생
    ㉡ LPG(액화석유가스) : 습성천연가스, 제유소의 분해가스로 탄소수(C) 3~4개로 구성된 탄화수소가스로 C_3H_8, C_3H_6, C_4H_{10}, C_4H_8, C_4H_6 등이 있다.
  ㉰ 천연가스의 종류
    ㉠ 습성가스 : CH_4, C_2H_6, C_3H_8, C_4H_{10} 등을 포함하는 석유계 가스
    ㉡ 건성가스 : 습성가스 이외의 CH_4 가스
  ㉱ 기체연료의 저장 : 가스홀더에 저장
    ㉠ 가스홀더의 정의 : 가스의 제조량과 공급량을 조정하고 가스의 품질을 균일화시키며 피크시 공급량과 공급설비의 지장시 어느 정도 공급을 확보하는 기능을 가진 다기능 저장탱크
    ㉡ 가스홀더의 종류(유수식, 무수식, 원통형, 구형)

2. 연소의 형태

1) 고체연료의 연소형태

① **연료의 성질에 따라 분류**

㉮ 표면연소(Surface Combustion) : 고체표면에서 연소반응을 일으킴(목탄, 코크스 등)

㉯ 분해연소(Resolving Combustion) : 연소되는 물질이 완전 분해를 일으키면서 연소하는 것(종이, 목재)

㉰ 증발연소(Evaporizing Combustion) : 양초와 같이 고체물질이 녹아 액으로 변한 다음 액체가 증발하면서 연소를 일으킴(양초, 파라핀)

㉱ 연기연소(Smoldering) : 다량의 연기를 동반하는 표면연소

② **연소방법에의 분류**

㉮ 미분탄연소(Pulverized Coal Combustion) : 석탄을 잘게 분쇄(200mesh 이하)하여 연소되는 부분의 표면적이 커져 연소효율이 높게 되며 연소형식에는 U형, L형, 코너형, 슬래그 탭이 있다(고체물질 중 연소효율이 가장 높다).

장 점	단 점
• 적은 공기량으로 완전 연소 가능 • 자동제어가 가능하다. • 부하변동에 대응하기 쉽다. • 연소율이 크다.	• 연소실이 커야한다. • 타연료에 비하여 연소시간이 길다. • 화염 길이가 길어진다.

● **미분탄 연소형식의 종류**

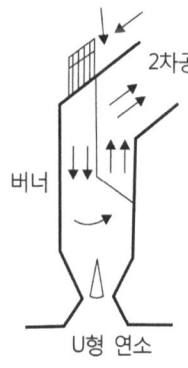 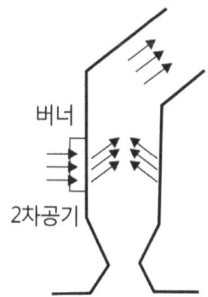 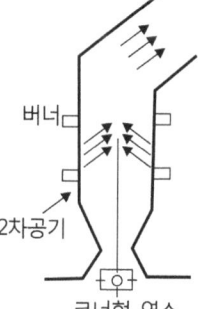 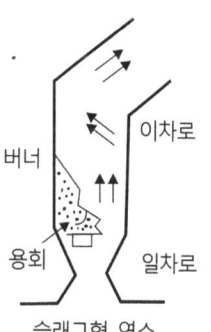

U형 연소 　　 L형 연소 　　 코너형 연소 　　 슬래그형 연소

① **U형 연소** : 편평류버너를 일렬로 하고 로의 상부로부터 2차공기와 같이 분사연소
② **L형 연소** : 선회류버너를 사용 공기와 혼합하여 연소 화염은 단염이다.
③ **코너형 연소** : 로형을 정방형으로 하여 모퉁이에서 분사
④ **슬래그형 연소** : 로를 1차 2차로 구별 1차로가 슬래그탭이 된다.

㉯ 유동층연소(Flaidized Bed Combustion) : 유동층을 형성하면서 700~900℃ 정도의 저온에서 연소

장 점	단 점
• 연소시 활발한 교환 혼합이 이루어진다. • 증기내 균일한 온도를 유지할 수 있다. • 고부하 연소율과 높은 열전달율을 얻을 수 있다. • 유동매체로 석회석 사용 시 탈황 효과가 있다. • 질소산화물의 발생량이 감소한다. • 연소시 화염층이 작아진다. • 석탄입자의 분쇄가 필요없어 이에 따른 동력손실이 없다	• 석탄 입자 비산의 우려가 있다. • 공기 공급시 압력 손실이 크다. • 송풍에 동력원이 필요하다.

㉰ 화격자연소(Fire Grate Combustion) : 화격자 위에 고정층을 만들고 공기를 불어 넣어 연소하는 방법
  ㉠ 화격자 연소율(kg/m²h) : 시간당, 단위면적당 연소하는 탄소의 양(화격자 연소율 = 연소율)
  ㉡ 화격자 열발생율(kcal/m³hr) 시간당, 단위체적당 열발생율(화격자 열발생율 = 연소실 열부하)

2) 액체연료의 연소형태

① **증발연소(Evaporizing Combustion)** : 액체연료가 증발하는 성질을 이용하여 증발관에서 증발시켜 연소시키는 방법
② **액면연소(Combustion of Liquid Surface)** : 액체연료의 표면에서 연소시키는 방법
③ **분무연소(Spray Combustion)** : 액체연료를 분무시켜 미세한 액적으로 미립화시켜 연소시키는 방법 (연소효율이 가장 좋다.)
  ㉮ 분무연소에 영향을 미치는 인자 : 온도, 압력, 액적의 미립화
  ㉯ 미립화 : 액적을 분산하여 공기와 혼합을 촉진하여 혼합기를 형성하는 과정
④ **등심연소(Wick Cumbustion)** : 일명 심지연소라고 하며 램프 등과 같이 연료를 심지로 빨아올려 심지의 표면에서 연소시키는 것으로 공기온도가 높을수록 화염의 높이가 커진다.

> **Explain**
> 1. **무화** : 연소실에 분사된 연료가 미립화되는 과정(무상이 되는 과정)
> 2. **분무** : 무상의 분사연료

3) 기체연료의 연소형태

① **혼합상태에 따른 분류**

㉮ 예혼합연소 (Premixed Combustion) : 산소, 공기들을 미리 혼합시켜 놓고 연소시키는 방법, 예혼합연소의 화염을 예혼합화염(Premixed Flame)이라고 하며 혼합기중을 전파하는 연소파이고 화학반응속도와 온도전도율에 의존

㉯ 확산연소 (Diffusion, Combustion) : 수소, 아세틸렌과 같이 공기보다 가벼운 기체를 확산시키면서 연소시키는 방법으로 확산연소시의 화염을 확산화염(Diffusion Flame)이라고 하며 가연성기체와 산화제의 확산에 의해 유지된다.

확산연소와 예혼합연소의 비교

확산연소	예혼합연소
• 조작이 용이하다. • 화염이 안정하다. • 역화위험이 없다.	• 조작이 어렵다. • 미리 공기와 혼합시 화염이 불안정하다. • 역화의 위험성이 확산연소 보다 크다.

② **화염의 흐름상태에 의한 분류**

㉮ 층류연소 (Laminar Combustion) : 화염의 두께가 얇은 반응 때의 화염

㉯ 난류연소 (Turbulent Combustion) : 반응대에서 복잡한 형상 분포를 가지는 연소 형태

3. 기체연소의 용어 설명

1) 최소점화에너지
점화시 필요한 최소한의 에너지로 최소점화에너지가 적을수록 효율이 높다.

2) 소염현상
연소가 지속될 수 없는 화염이 소멸하는 현상

① **원인**

㉮ 가연성 기체, 산화제가 화염반응대에서 공급이 불충분할 때

㉯ 가연성 가스가 연소범위를 벗어날 때

㉰ 산소 농도가 저하할 때

㉱ 가연성 가스에 불활성기체가 포함될 때

② **소염거리** : 가연혼합기 내에서 2개의 평판을 삽입하고 면간의 거리를 좁게 하여 갈 때 화염이 전파되지 않는 면간의 거리

3) 층류예혼합연소(Premixed Combustion)

① **층류예혼합 화염의 연소 특성의 결정요소**

㉮ 연료와 산화제의 혼합비

㉯ 압력, 온도

㉰ 혼합기의 물리적 화학적 성질

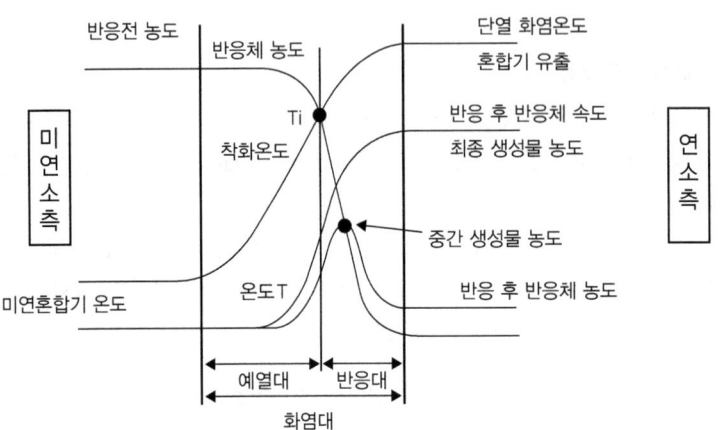

T_1 : 발열속도와 방열속도가 평형이며 반응대가 시작하는 온도(착화온도)

② **층류의 연소속도 측정법** : 층류의 연소속도는 온도압력, 속도, 농도 분포에 의해 결정
  ㉮ 비누방울법(Soap Bubble Method) : 비누방울이 연소의 진행으로 팽창되면 연소속도를 측정할 수 있다.
  ㉯ 슬롯노즐 버너법(Solt Nozzle Bumer Method) : 노즐에 의해 혼합기 주위에 화염이 둘러 쌓여 있다.
  ㉰ 평면화염 버너법(Flat Flame Method) : 혼합기에 유속을 일정하게 하여 유속으로 연속속도를 측정한다.
  ㉱ 분젠 버너법(Bunsen Bumer Method) : 버너 내부의 시간당 화염이 소비되는 체적을 이용하여 연소속도를 측정

③ **층류의 연소속도가 크게 되는 경우**
  ㉮ 비중이 작을수록
  ㉯ 압력이 높을수록
  ㉰ 온도가 높을수록
  ㉱ 열전도율이 클수록
  ㉲ 분자량이 적을수록

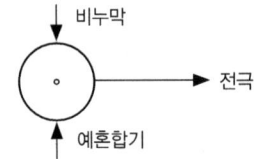

연소에 의한 빛의 색깔 및 상태

색	온도
적열상태	500℃
적색	850℃
백열상태	1,000℃
황적색	1,100℃
백적색	1,300℃
휘백색	1,500℃

4) 고부하 연소의 종류

① **촉매연소(Catalytic Combustion)** : 촉매 하에서 연소시켜 화염을 발하지 않고 착화온도 이하에서 연소시키는 방법

  ※ **촉매연소에서 촉매의 구비조건**
  ㉮ 경제성이 있을 것
  ㉯ 기계적 강도가 있을 것
  ㉰ 촉매독에 저항력이 클 것
  ㉱ 활성이 크고 압력손실이 적을 것

② **펄스연소(Pulse Combustion)** : 내연기관의 동작과 같은 흡입, 연소, 팽창, 배기를 반복하면서 연소를 일으키는 과정

  ※ **펄스연소의 특성**
  ㉮ 공기비가 적어도 된다.
  ㉯ 연소조절범위가 좁다.
  ㉰ 설비비가 절감된다.
  ㉱ 소음 발생의 우려가 있다.
  ㉲ 연소 효율이 높다.

③ **에멀전 연소(Emulson Combustion)** : 액체 중에 액체의 소립자 형태로 분산되어 있는 것을 연소에 이용한 방법으로 오일-알코올, 오일-석탄-물 등에 사용하는 연소방식이다.

④ **고농도 산소 연소** : 공기 중의 산소 농도를 높여 연소에 이용한 방법

  ※ **특징**
  ㉮ 질소산화물 발생이 적으므로 연소생성물이 적어진다.
  ㉯ 연소에 필요한 공기량이 적어도 된다.
  ㉰ 화염온도가 높아진다.
  ㉱ 열전달 계수가 크다.

5) 보염(Flame Holding) : 화염을 안정화시키는 연소법

① **화염 안정화 방법**
  ㉮ 예연소실을 이용하는 방법   ㉡ 대향분류를 이용하는 방법
  ㉯ 파일럿 화염을 사용하는 방법   ㉢ 다공판 이용법
  ㉰ 순환류 이용법

6) 난류예혼합연소

① **난류예혼합 화염의 특징**
  ㉮ 화염의 휘도가 높다.
  ㉯ 화염면의 두께가 두꺼워진다.
  ㉰ 연소속도가 층류화염의 수십배이다.

난류예혼합화염과 층류예혼합화염의 특징

난류예혼합화염	층류예혼합화염
• 연소속도가 수십배 빠르다. • 화염의 두께가 두껍다. • 연소시 다량의 미연소분이 존재한다.	• 연소속도가 느리다. • 층류보다 화염의 두께가 얇다. • 층류예혼합화염은 청색이다. • 난류보다 휘도가 낮다.

※ 난류연소의 원인 : 연료의 종류, 혼합기체(조성, 온도, 흐름형태)이며, 이 중 가장 큰 원인은 혼합기체의 흐름형태이다.

STEP 02 연소의 기본계산

연료는 탄소(C), 수소(H), 산소(O), 황(S), 질소(N), 회분(A), 수분(W) 등으로 구성되어 있으며, 이중 가연성은 C, H, S이고 연료의 주성분은 C, H, O이며 불순물은 회분, 수분이다.

연료의 원자량 분자량

기호	물질명	원자량	분자식	분자량
H	수소	1g	H_2	2g
C	탄소	12g	C	12g
N	질소	14g	N_2	28g
O	산소	16g	O_2	32g
S	황	32g	S	32g

C, S 등은 1원자 분자이므로 원자량=분자량이 되며 아보가드로법칙에 의해 모든 기체 1mol = 분자량(g) = 22.4ℓ이며 1kmol = 분자량(kg) = 22.4Nm^3이다. 모든 연료계산은 1kg을 기준으로 하기 때문에 kmol, Nm^3을 원칙으로 계산한다.

1. 산소량, 공기량

1) 연료의 가연성분에 대한 이론산소량(Nm^3/kg), 이론공기량(Nm^3/kg) 계산

① 탄소(C)

㉮ 이론산소량(Nm^3/kg)

$$C + O_2 \rightarrow CO_2$$
$$12kg : 22.4Nm^3$$
$$1kg : xNm^3$$

$$\therefore x = \frac{1 \times 22.4}{12} = 1.867C\,(Nm^3/kg)$$

답 $1.867C\,(Nm^3/kg)$

㉯ 공기량 : $1.867C \times \dfrac{1}{0.21} = 8.89C\,(Nm^3/kg)$

공기 중 산소의 체적(Nm^3)은 21% 공기 중 산소의 무게(kg)는 23.2%

② 수소(H_2)

㉮ 이론산소량(Nm^3/kg)

$$H_2 + \frac{1}{2}O_2 \rightarrow H_2O$$
$$2kg : 11.2Nm^3$$
$$1kg : x$$

$$\therefore x = \frac{1 \times 11.2}{2} = 5.6\left(H - \frac{O}{8}\right)Nm^3/kg$$

$\dfrac{O}{8}$(산소) : 연료 중 산소가스가 없을 때는 관계가 없지만 연료 중 산소가 일부 포함되어 있을 때 산소 8kg 당 수소 1kg은 연소하지 않고 연료 중의 산소와 결합하게 된다. 여기서 $H - \dfrac{O}{8}$는 유효수소라 하고 $\dfrac{O}{8}$는 무효수소라 한다. (유효수소 : 탈 수 있는 수소, 무효수소 : 탈 수 없는 수소)

㉯ 공기량(A) : $\left[5.6\left(H - \dfrac{O}{8}\right)\right] \times \dfrac{1}{0.21} = 26.67\left(H - \dfrac{O}{8}\right)Nm^3/kg\,(A_0)$

③ 황(S)

㉮ 이론산소량(Nm^3/kg)

$$S + O_2 \rightarrow SO_2$$
$$32kg : 22.4Nm^3$$
$$1kg : x$$

$$\therefore x = \frac{1 \times 22.4}{32} = 0.7S(Nm^3/kg)$$

㉯ 공기량(A_0) : $0.7S \times \dfrac{1}{0.21} = 3.33S\,(Nm^3/kg)$

> C, H, S에 대한 전체 이론산소량 (Nm^3/kg)
>
> $O_0 : 1.867C + 5.6\left(H - \dfrac{O}{8}\right) + 0.7S \, (Nm^3/kg)$
>
> C, H, S에 대한 전체 이론공기량 (Nm^3/kg)
>
> $A_0 : \dfrac{1}{0.21}\left\{1.867C + 5.6\left(H - \dfrac{O}{8}\right) + 0.7S\right\}$
>
> $\quad = 8.89C + 26.67\left(H - \dfrac{O}{8}\right) + 3.33S \, (Nm^3/kg)$

2) 연료의 가연성분에 대한 이론산소량(kg/kg) 이론공기량(kg/kg) 계산

① 탄소

　㉮ 이론산소량(kg/kg)

$$C + O_2 \rightarrow CO_2$$
$$12kg : 32kg$$
$$1kg : x$$
$$\therefore x = \dfrac{1 \times 32}{12} = 2.667 C \, (kg/kg)$$

　㉯ 공기량 : $A_0 : 2.667 \times \dfrac{1}{0.232} = 11.49C \, (kg/kg)$

② 수소

　㉮ 산소량(kg/kg)

$$H_2 + \dfrac{1}{2}O_2 \rightarrow H_2O$$
$$2kg : 16kg$$
$$1kg : x$$
$$\therefore x = \dfrac{1 \times 16}{2} = 8$$
$$\therefore x = 8\left(H - \dfrac{O}{8}\right)(kg/kg)$$

　㉯ 공기량(A_0) : $\left[8\left(H - \dfrac{O}{8}\right)\right] \times \dfrac{1}{0.232} = 34.5\left(H - \dfrac{O}{8}\right)(kg/kg)$

③ 황
   ㉮ 이론산소량(kg/kg)

$$S + O_2 \to SO_2$$
$$32kg : 32kg$$
$$1kg : x$$

$$\therefore x = \frac{1 \times 36}{32} = 1S(kg/kg)$$

   ㉯ 공기량(A_0) : $1S \times \dfrac{1}{0.232} = 4.3S(kg/kg)$

> **Explain**
>
> C, H, S에 대한 전체 산소량(kg/kg) $O_0 : 2.667C + 8\left(H - \dfrac{O}{8}\right) + S$
>
> C, H, S에 대한 전체 이론공기량(kg/kg)
>
> $A_0 : \dfrac{1}{0.232}\left\{2.667C + 8\left(H - \dfrac{O}{8}\right) + S\right\} = 11.49C + 34.5\left(H - \dfrac{O}{8}\right) + 4.3S$

3) 탄화수소에 대한 이론산소량(Nm³/kg), 이론 공기량(Nm³/kg) 계산

① $\quad CH_4 + 2O_2 \to CO_2 + 2H_2O$
$$16kg : 2 \times 22.4 Nm^3$$
$$1kg : x Nm^3$$

$$\therefore x = \frac{1 \times 2 \times 22.4}{16} = 2.8 Nm^3/kg(산소량)$$

공기량(A_0) : $2.8 \times \dfrac{1}{0.21} = 13.33 Nm^3/kg$

② $\quad C_2H_6 + \dfrac{7}{2}O_2 \to 2CO_2 + 3H_2O$
$$30kg : 3.5 \times 22.4 Nm^3$$
$$1kg : x$$

$$\therefore x = \frac{1 \times 3.5 \times 22.4}{30} = 2.61 Nm^3/kg(산소량)$$

공기량(A_0) : $2.61 \times \dfrac{1}{0.21} = 12.43 Nm^3/kg$

③ $\quad C_3H_8 + 5O_2 \to 3CO_2 + 4H_2O$
$$44kg : 5 \times 22.4 Nm^3$$
$$1kg : x$$

$$\therefore x = \frac{1 \times 5 \times 22.4}{44} = 2.55 Nm^3/kg(산소량)$$

공기량(A_0) : $2.55 Nm^3/kg \times \dfrac{1}{0.21} = 12.12 Nm^3/kg$

④ $C_4H_{10} + 6.5O_2 \rightarrow 4CO_2 + 5H_2O$

   $58kg : 6.5 \times 22.4 Nm^3$

   $1kg : x$

   $\therefore x = \dfrac{1 \times 6.5 \times 22.4}{58} = 2.51 Nm^3/kg(산소량)$

⑤ $C_2H_2 + 2.5O_2 \rightarrow 2CO_2 + H_2O$

   $26kg : 2.5 \times 22.4 Nm^3$

   $1kg : xNm^3$

   $\therefore x = \dfrac{1 \times 2.5 \times 22.4}{26} = 2.15 Nm^3/kg(산소량)$

   공기량(A_0) : $2.15 \times \dfrac{1}{0.21} = 10.26 Nm^3/kg$

4) 탄화수소에 대한 이론산소량(kg/kg), 이론공기량(kg/kg) 계산

① $CH_4 + 2O_2 \rightarrow CO_2 + 2H_2O$

   $16kg : 2 \times 32kg$

   $1kg : xkg$

   $\therefore x = \dfrac{1 \times 2 \times 32}{16} = 4 kg/kg(산소량)$

   공기량(A_0) : $4 \times \dfrac{1}{0.232} = 17.24 kg/kg$

② $C_2H_6 + 3.5O_2 \rightarrow 2CO_2 + 3H_2O$

   $30kg : 3.5 \times 32kg$

   $1kg : xkg$

   $\therefore x = \dfrac{1 \times 3.5 \times 32}{30} = 3.73 kg/kg(산소량)$

   공기량(A_0) : $3.73 \times \dfrac{1}{0.232} = 16.09 kg/kg$

③ $C_3H_8 + 5O_2 \rightarrow 3CO_2 + 4H_2O$

   $44kg : 5 \times 32kg$

   $1kg : xkg$

   $\therefore x = \dfrac{1 \times 5 \times 32}{44} = 3.64 kg/kg(산소량)$

   공기량(A_0) : $3.64 \times \dfrac{1}{0.232} = 15.67 kg/kg$

④ $C_4H_{10} + 6.5O_2 \rightarrow 4CO_2 + 5H_2O$

    58kg : 6.5×32kg

    1kg : $x$kg

$$\therefore x = \frac{1 \times 6.5 \times 32}{58} = 2.59\text{kg/kg}(산소량)$$

공기량(A_0) : $3.59\text{kg/kg} \times \dfrac{1}{0.232} = 15.46\text{kg/kg}$

⑤ $C_2H_2 + 2.5O_2 \rightarrow 2CO_2 + H_2O$

    26kg : 2.5×32kg

    1kg : $x$kg

$$\therefore x = \frac{1 \times 2.5 \times 32}{26} = 3.08\text{kg/kg}$$

공기량(A_0) : $3.08 \times \dfrac{1}{0.232} = 13.27\text{kg/kg}$

5) 공기비(m) = 과잉공기계수, (과잉공기비 = m − 1)

① **이론공기량(A_0)에 대한 실제공기량(A)의 비**

연료를 연소시 반응식에서 계산된 이론공기량(A_0)만으로 연료를 연소시키는 것은 절대 불가능하다. 따라서 연소에 필요한 여분의 공기를 보내어 연료를 산소와 접촉이 원활하게 이루어지도록 하여야 한다.

여기서 여분의 공기를 과잉공기량(P)으로 표시하며

A_0(이론공기량) + P(과잉공기량) = A(실제공기량)

공기비(m)이란 이론공기량(A_0)에 대한 실제공기량(A)과의 비를 말하며 일반적으로 연료를 연소시 실제공기량(A)이 이론공기량(A_0)보다 크므로 m > 1 이상이 된다.

$$m = \frac{A}{A_0} = \frac{A_0 + P}{A_0} = 1 + \frac{P}{A_0} \begin{cases} m : 공기비 \\ A : 실제공기량 \\ A_0 : 이론공기량 \\ P : 과잉공기량 \end{cases}$$

$$과잉공기율 = \frac{과잉공기량}{이론공기량} \times 100 = (m-1) \times 100 (\%) \begin{cases} 기체연료 : m=1.2\sim1.3 \\ 액체연료 : m=1.2\sim1.4 \\ 고체연료 : m=1.4\sim2.0 \end{cases}$$

② **연소가스(배기가스) 분석에 따른 공기비**

㉮ 완전연소의 경우 : 완전연소의 경우 공기 중 산소는 21% 질소는 79%로 간주하면

$$m = \frac{N_2}{N_2 - 3.76 O_2} = \frac{21}{21 - O_2} \quad \boxed{3.76 = \frac{0.79}{0.21}}$$

④ 불완전연소의 경우 : 배기가스의 CO가 포함되므로

$$m = \frac{N_2}{N_2 - 3.76(O_2 - 0.5CO)}$$

③ 이것을 종합하면

$$m = \frac{A}{A_0} = 1 + \frac{P}{A_0} = \frac{CO_2 max}{CO_2} = \frac{21}{21 - O_2} = \frac{N_2}{N_2 - 3.76 O_2}$$

$$= \frac{N_2}{N_2 - 3.76(O_2 - 0.5(CO))}$$

여기서 $m = \frac{CO_2 max}{CO_2} = \frac{21}{21 - O_2}$ 에서 $CO_2 max = \frac{21 CO_2}{21 - O_2}$

불완전연소의 경우 $CO_2 max = \frac{21(CO_2 + CO)}{21 - O_2 + 0.395 CO}$

④ 공기비가 클 경우의 영향
   ㉮ 연소가스 온도저하
   ㉯ 배기가스량 증가
   ㉰ 연소가스 중 황의 영향으로 저온 부식 초래
   ㉱ 연소가스 중 질소산화물 증가
   ㉲ 연료 소비량 증가

⑤ 공기비가 적을 경우의 영향
   ㉮ 미연소 가스에 의한 역화의 위험이 있다.
   ㉯ 불완전연소가 일어난다.
   ㉰ 매연이 발생한다.
   ㉱ 미연소 가스에 의한 열손실이 증가한다.

6) 최대탄산가스량($CO_2 max\%$)

연료가 이론공기량(A_0)만으로 연소시 전체 연소가스량이 최소가 되어 $CO_2\%$를 계산하면 $\frac{CO_2}{연소가스량} \times 100$은 최대가 된다. 이것을 $CO_2 max\%$라 정의한다. 그러나 연소가 완전하지 못하여 여분의 공기가 들어갔을 때 전체연소 가스량이 많아지므로 $CO_2\%$는 낮아진다. 따라서 $CO_2\%$가 높고 낮음은 CO_2의 농도가 저하되고 연소가 원활하여 과잉공기가 적게 들어갔을 때 CO_2의 농도는 증가하게 되는 것이다.

2. 연소가스의 성분계산

1) 원소분석에 따른 연소가스의 성분

① $CO_2(Nm^3/kg)$: 1.87

$$C + O_2 \rightarrow CO_2$$
$$12kg : 22.4Nm^3$$
$$1kg : xNm^3$$
$$\therefore x = \frac{1 \times 22.4}{12} = 1.867 Nm^3/kg$$

② 수증기

㉮ 수소가 연소하여 생성된 값

$$H_2 + \frac{1}{2}O_2 \rightarrow H_2O$$
$$2kg : 22.4Nm^3$$
$$1kg : x(11.2Nm^3)$$
$$\therefore x = \frac{1 \times 22.4}{2} = 11.2 Nm^3/kg$$

㉯ 연료 중에 포함된 수분

$$22.4Nm^3/18kg = 1.25 Nm^3/kg$$

∴ 연소가스중 총 수증기량 : $1.25W + 11.2H = 1.25(9H+W) Nm^3/kg$

H : 수소가 연소하여 생긴 수증기
W : 연료 중에 포함된 H_2O의 양

③ SO_2 양(Nm^3/kg)

$$S + O_2 \rightarrow SO_2$$
$$32kg : 22.4Nm^3$$
$$1kg : xNm^3$$
$$\therefore x = \frac{1 \times 22.4}{32} = 0.7 Nm^3/kg$$

④ N_2 양(Nm^3/kg)

㉮ 공기 중 질소 : 공기 중 질소는 실제공기량 이론공기량을 사용했는가 여부에 관계없이 모든 연소가스로 생성되므로 실제공기량으로 연소시켰다는 것을 가정할 때 $A \times 0.79$ 또는 $mA_0 \times 0.79 (Nm^3/kg)$이 된다.

㉯ 연료 중의 질소 : 연료 중에 미리 질소가 포함되어 있었다고 가정하면 질소는 분자량 28kg이 1kmol 22.4Nm³ 이므로 $22.4Nm^3/28kg = 0.8 Nm^3/kg$이 되며 연소가스 중 총 질소량 : $0.79mA_0 + 0.8N (Nm^3/kg)$

⑤ O_2의 양(Nm^3/kg)

산소가 연소가스 중에 생성이 된다는 것은 과잉공기 중의 산소이다. 왜냐하면 적당량의 산소는 가연성분과 결합하여 CO_2, H_2O, SO_2로 생성되기 때문이다. 과잉공기량 : $(m-1)A_0$이므로
∴ $(m-1)A_0 \times 0.21 (Nm^3/kg)$

2) 연소가스의 종류

> 습연소가스=건연소가스+수증기
> 실제공기량=이론공기량+과잉공기량

- 실제습연소가스(G_{sw})=실제건연소가스(G_o)+수증기$\{1.25(9H+W)\}$
  =이론습연소가스(G_{ow})+과잉공기량$\{(m-1)A_o\}$
- 실제건연소가스(G_{sd})=이론건연소가스(G_{od})+과잉공기량$\{(m-1)A_o\}$
- 이론습연소가스(G_{ow})=이론건연소(G_{od})+수증기 $\{1.25(9H+W)\}$

① 실제연소가스량

  ㉠ 실제습연소(G_{sw})(Nm^3/kg)=$(m-0.21)A_0+1.867C+0.7S+0.8N+1.25(9H+W)$
  여기서 A_0값이 주어지지 않을 때는

  $$A_0 = 8.89C + 26.67\left(H - \frac{O}{8}\right) + 3.33S \left(Nm^3/kg\right)$$ 으로 계산한다.

  으로 계산한다.

  ㉡ 실제건연소(G_{sd})(Nm^3/kg)=$(m-0.21)A_0+1.867C+0.7S+0.8N$

② 이론연소가스량

  ㉠ 이론습연소(G_{ow})=$(1-0.21)A_0+1.867C+0.7S+0.8N+1.25(9H+W)$
  ㉡ 이론건연소(G_{od})=$(1-0.21)A_0+1.867C+0.7S+0.8N$

---

1. 과잉공기비 1.2, 이론공기량이 $5Nm^3/kg$이고 원소분석이 다음과 같은 실제연소가스량 $\left(Nm^3/kg\right)$은 얼마인가?
   (C : 85%, S : 5%, H : 2%, 수분은 없으며 나머지는 질소량으로 한다.)

   해설 질소는 $100-(85+5+2)=8\%$ 이므로

   $G_{sw} = (m-0.21)A_0 + 1.867C + 0.8N + 1.25(9H+W)$
   $= (1.2-0.21)\times 5 + 1.867\times 0.85 + 0.7\times 0.05 + 0.8\times 0.08 + 1.25\times (9\times 00.2)$
   $= 6.86 Nm^3/kg$ $\boxed{(m-0.21)A_0 = (m-1)A_0 + N_2}$

2. 원소분석이 C : 80%, S : 10%, O : 3%, H : 5%, N : 2%인 노내의 이론건 연소가스량 $\left(Nm^3/kg\right)$ 계산하여라

> **해설** $A_0 = 8.89C + 26.67\left(H - \dfrac{O}{8}\right) + 3.33S$
>
> $\quad\quad = 8.89 \times 0.8 + 26.67\left(0.05 - \dfrac{0.03}{8}\right) + 3.33 \times 0.1 = 8.68$
>
> $\therefore (m-0.21)A_0 + 1.867C + 0.7S + 0.8N$에서
>
> $\quad (1-0.21) \times 8.68 + 1.867 + 0.7 \times 0.1 + 0.8 \times 0.02 = 8.44 Nm^3/kg$

3) 탄화수소가 연소시 생성되는 연소가스량 계산

① $CH_4 + 2O_2 \rightarrow CO_2 + 2H_2O$

② $C_2H_6 + 3.5O_2 \rightarrow 2CO_2 + 3H_2O$

③ $C_3H_8 + 5O_2 \rightarrow 3CO_2 + 4H_2O$

④ $C_4H_{10} + 6.5O_2 \rightarrow 4CO_2 + 5H_2O$

⑤ $C_2H_2 + 2.5O_2 \rightarrow 2CO_2 + H_2O$

1. C_3H_8 10kg 연소시 생성되는 습연소가스량(Nm^3)을 계산하여라

   해설 $CO_2 + H_2O + N_2$

   $\quad C_3H_8 \quad + \quad 5O_2 \quad \rightarrow \quad 3CO_2 + 4H_2O$
   $\quad 44kg \quad\quad 5 \times 22.4 \quad\quad 7 \times 22.4$
   $\quad 10kg \quad\quad\quad y \quad\quad\quad xNm^3$

   $(CO_2 + H_2O) : x = \dfrac{10 \times 7 \times 22.4}{44} = 35.636 Nm^3 \quad (N_2) : y = \dfrac{10 \times 5 \times 224}{44} \times \dfrac{(1-0.21)}{0.21} = 95.757 Nm^3$

   $\therefore x + y = 131.39 Nm^3/kg$

2. C_4H_{10} $10Nm^3$ 연소시 생성되는 건연소가스량(Nm^3)을 계산하여라.

   해설 건연소가스량$(CO_2 + N_2)$

   $\quad C_4H_{10} \quad + \quad 6.5O_2 \quad \rightarrow \quad 4CO_2 + 5H_2O$
   $\quad 22.4Nm^3 \quad 6.5 \times 22.4 Nm^3 \quad 4 \times 22.4 Nm^3$
   $\quad 10Nm^3 \quad\quad\quad y \quad\quad\quad\quad x$

   $CO_2 : x = \dfrac{10 \times 4 \times 22.4}{22.4} = 40 Nm^3$

   $N_2 : y = \dfrac{10 \times 6.5 \times 22.4}{22.4} \times \dfrac{(1-0.21)}{0.21} = 244.52 Nm^3$

   $\therefore x + y = 284.52 Nm^3$

3. C_2H_2 10kg을 공기비 1.1로 연소시 습연소가스량(kg)을 계산하여라.

$$C_2H_2 \;+\; 2.5O_2 \;\rightarrow\; 2CO_2 + H_2O$$

26kg   2.5×32kg   2×44kg   18kg

10kg $x$kg $y$kg $z$kg

(N_2양) $x = \dfrac{10 \times 2.5 \times 32}{26} \times \dfrac{(1.1 - 0.232)}{0.232} = 115.119$ kg

(CO_2양) $y = \dfrac{10 \times 2 \times 44}{26} = 33.846$ kg   (H_2O양) $z = \dfrac{10 \times 18}{26} = 6.92$ kg

$(x + y + z) = 115.119 + 33.846 + 6.92 = 155.89$ kg

4. C_3H_8 5kg을 이론산소 양만으로 연소시 건조연소가스량(Nm^3)을 구하여라

$$C_3H_8 \;+\; 5O_2 \;\rightarrow\; 3CO_2 + 4H_2O$$

44kg   : $3 \times 22.4 Nm^3$

5kg   : $x Nm^3$

$\therefore x = \dfrac{5 \times 3 \times 22.4}{44} = 7.636 Nm^3$

(이론산소로 연소시 연소가스 중 N_2는 생성되지 않는다)

3. 연료의 발열량 계산

1) 발열량 단위

① **고체 및 액체** : kcal/kg

② **기체** : kcal/Nm^3

2) 발열량 종류

① **고위 발열량(총 발열량)** : 연료가 연소하여 발생되는 열량 중 수증기 증발 잠열 {600(9H+W)}이 포함된 열량으로 H_h로 표시

② **저위 발열량(진발열량)** : 고위 발열량에서 수증기의 증발잠열이 제외된 열량으로 $H\ell$로 표시

3) 원소분석에 의한 발열량 계산

① **C(탄소) 1kg 연소에 의한 발열량**

탄소(1kmol = 12kg)이 연소시 발생되는 열량은 97,200kcal이므로

$$C \;+\; O_2 \;\rightarrow\; CO_2 + 97,200$$

12kg   :   97,200

1kg   : x

$x = \dfrac{1 \times 97,200}{12} = 8,100$ kcal/kg 이므로 8,100C(kcal/kg) 으로 표시

② 수소 1kg 연소에 의한 발열량

㉮ $H_2 + \frac{1}{2}O_2 \rightarrow H_2O + 68,000 kcal$

2kg　　　　　　　　　68,000
1kg　　　　　　　　　x

$\therefore x = \dfrac{1 \times 68,000}{2} = 34,000 kcal/kg$

$\therefore 34,000(H - \dfrac{O}{8}) kcal/kg$ (물이 생성될 때는 고위발열량)

㉯ $H_2 + \frac{1}{2}O_2 \rightarrow H_2O + 57,200 kcal$

2kg　　　　　　　　　57,200
1kg　　　　　　　　　x

$\therefore x = \dfrac{1 \times 57,200}{2} = 28,600 kcal/kg$

$\therefore 28,600 \left(H - \dfrac{O}{8}\right) kcal/kg$ (수증기일 때는 저위발열량)

③ S(황) 1kg에 의한 발열량

황(1Kmol=32kg) 연소시 발생되는 열량은 80,000kcal이므로

S　+　O_2　→　SO_2　+　80000kcal
32kg　：　　　　　　80000
1kg　：　　　　　　x

$\therefore x = \dfrac{1 \times 80000}{2} = 2500s(kcal/kg)$

이것을 종합한 원소분석에 의한 열량을 정리하면

Hh(고위발열량)$= 8,100 + 34,000\left(H - \dfrac{0}{8}\right) + 2,500(kcal/kg)$

$H\ell$(저위발열량)$= 8,100 + 28,600\left(H - \dfrac{0}{8}\right) + 2,500(kcal/kg)$

고위. 저위 발열량 차이는 수증기 증발잠열의 차이 600(9H + W)이므로

$\therefore Hh = H\ell + 600(9H + W)$
　$H\ell = Hh - 600(9H + W)$

1. Hh 10,000kcal/kg인 연료 3kg이 연소시 저위발열량을 계산하여라.(연료 1kg당 수소 15% 수분은 없는 것으로 한다.)

   $H\ell$ = Hh-600(9H + W)

   10,000kcal/kg-600(9×0.15 - O) = 9,190kcal/kg

   ∴ 9,190 kcal/kg × 3 kg = 27,570 kcal

2. 어떤 연료가 가진 성분이 C : 70%, H : 10%, O : 5%, S : 10%, 수분 : 5% 존재시 이 연료가 가지는 저위 발열량은 (kcal/kg)?

   해설 수분이 존재시 $H\ell$ = Hh-600(9H+W) 에서

   $$= 81,00C + 34,000\left(H - \frac{O}{8}\right) + 2,500S - 600(9H+W)$$

   $$= 8,100 \times 0.7 + 34,000\left(0.1 - \frac{0.05}{8}\right) + 2,500 \times 0.1 - 600(9 \times 0.1 + 0.05)$$

   $$= 10,847.5 \text{kcal/kg}$$

   수분이 존재하므로 $H\ell = 8,100C + 28,600\left(H - \frac{O}{8}\right) + 2,500S$로 계산하면 안됨.

④ **기체연료의 발열량**

기체연료는 검량을 부피단위로 행하므로 발열량계산도 표준상태의 부피(Nm³)단위로 행한다.

㉠ 수소 : $H_2 + \frac{1}{2}O_2 \rightarrow H_2O + 3,050 \text{kcal/Nm}^3$

㉡ 일산화탄소 : $CO + \frac{1}{2}O_2 + CO_2 + 3,035 \text{kcal/Nm}^3$

㉢ 메탄 : $CH_4 + 2O_2 \rightarrow CO_2 + 2H_2O + 9,530 \text{kcal/Nm}^3$

㉣ 아세틸렌 : $2C_2H_2 + 5O_4 \rightarrow 2CO_2 + 2H_2O + 14,080 \text{kcal/Nm}^3$

㉤ 에틸렌 : $C_2H_4 + 3O_2 \rightarrow 2CO_2 + 2H_2O + 15,280 \text{kcal/Nm}^3$

㉥ 에탄 : $2C_2H_6 + 7O_2 \rightarrow 4CO_2 + 6H_2O + 16,810 \text{kcal/Nm}^3$

㉦ 프로필렌 : $2C_3H_6 + 9O_2 \rightarrow 6CO_2 + 6H_2O + 2,540 \text{kcal/Nm}^3$

㉧ 프로판 : $C_3H_8 + 5O_2 \rightarrow 3CO_2 + 4H_2O + 24,370 \text{kcal/Nm}^3$

㉨ 부틸렌 : $C_4H_8 + 6O_2 \rightarrow 4CO_2 + 4H_2O + 29,170 \text{kcal/Nm}^3$

㉩ 부탄 : $2C_4H_{10} + 13O_2 \rightarrow 8CO_2 + 10H_2O + 32,010 \text{kcal/Nm}^3$

⑤ **Hess의 법칙** : 화학반응과정에 있어서 발생 또는 흡수되는 전체의 열량은 최초의 상태와 최종상태에서 결정되며 경로에는 무관하다.

$$C + \frac{1}{2}O_2 \rightarrow CO + 29,200(\text{kcal/kmol}) \quad \cdots\cdots \text{①}$$

$$+) \; CO + \frac{1}{2}O_2 \rightarrow CO_2 + 68,000(\text{kcal/kmol}) \quad \cdots\cdots \text{②}$$

$$\overline{C + O_2 \rightarrow CO + 97,200(\text{kcal/kmol})} \quad \cdots\cdots \text{③}$$

4. 연소가스의 온도

1) 이론연소온도

이론공기량으로 연소시 발생되는 최고온도를 말하며 다음의 식으로 정의한다.

$Q(H\ell) = G \times C_p (t_2 - t_1)$

$\therefore t_2 = \dfrac{Q(H\ell)}{G \cdot C_p} + t_1$ 에서 현열은 저위발열량에 더하고 손실열은 저위발열량에 빼주면 되므로

$t_2 = \dfrac{Q(H\ell)}{G \cdot C_p} + t_1 \begin{cases} t_2 : \text{이론연소온도} \\ H\ell : \text{저위발열량} \\ G : \text{이론배기가스량(Nm}^3\text{/kg)} \\ C_p : \text{배기가스의 비열(kcal/Nm}^3\text{℃)}, \ t_1 \ \text{기준온도} \end{cases}$

2) 실제연소온도

실제공기량으로 연료를 연소하였을 때 발생되는 최고온도를 말하며 다음 식으로 계산된다.

$t_2 = \dfrac{Q(H\ell) + \text{공기현열} - \text{손실열량}}{G_s \cdot C_p} + t_1 \begin{cases} t_2 : \text{실제연소온도} \\ C_s : \text{실제배기가스(Nm}^3\text{/kg)} \\ C_p : \text{배기가스의 비열(kcal/Nm}^3\text{℃)} \\ t_1 : \text{기준온도} \end{cases}$

어떤 연소기구에서 연료를 온도 10℃에서 가열하였더니 저위발열량이 1,000Kcal이고 발생되는 배기가스가 50Nm³일 때 이론연소온도는 몇 ℃인가?(단, 배기가스의 비열은 0.54이었다.)

$t_2 = \dfrac{10,000}{50 \times 0.54} + 10 = 380.37℃$

3) 연소효율과 열효율

① **연소효율** $\eta = \dfrac{\text{연소실내 발생열량}}{\text{연소 1kg이 연소시 발생하는 열량}} \times 100(\%)$

② **연소효율을 높이는 방법**

㉮ 연소실 내용적을 넓힌다.
㉯ 연소실내온도를 높인다.
㉰ 미연소분을 줄인다.
㉱ 연료와 공기를 예열 공급한다.

③ **열효율** $= \dfrac{\text{목적물에 유효하게 전달된 열량}}{\text{열기구에서 발생된 총열량}} \times 100$

④ **열효율을 높이는 방법**
  ㉮ 단속적인 조업을 피한다.
  ㉯ 연소기구에 알맞은 적정연료를 사용한다.
  ㉰ 연소가스온도를 높인다.
  ㉱ 열손실을 줄인다.

⑤ **가스연소시 생기는 열손실의 종류**
  ㉮ 불완전 연소에 의한 손실
  ㉯ 노벽을 통한 열손실
  ㉰ 배기가스에 의한 열손실 : 배기가스에 의한 손실은 연소가 끝난 단계이므로 손실을 줄이기 어렵다.

> **Explain**
> ① **연소효율** : 연료가 가지고 있는 열량의 발생정도
> ② **열효율** : 연소장치 주위의 조건 등을 모두 고려하여 전체 공정의 최종효율

STEP 03 기초열역학

1. 열역학의 법칙

1) 열역학 제1법칙

열은 에너지의 하나로서 일을 열로 교환하거나 또는 열을 일로 변환시킬 수 있는데 이것을 열역학 제1법칙이라 한다.

$$Q=AW, W=JQ \begin{cases} J: \text{열의 일당량} \\ A: \text{일의 열당량} \end{cases}$$

$$J=426.7 ≒ 427 \text{Kg·m/kcal} \qquad A=\frac{1}{J}=\frac{1}{427} \text{kcal/kg·m}$$

2) 열역학 제2법칙

열역학 제1법칙의 에너지 변환에 대한 실현 가능성을 나타내는 경험 또는 자연 법칙이다. 즉, 열역학 제1법칙의 성립 방향성에 대하여 제약을 가하는 법칙이며, 제3종 영구기관의 존재 가능성을 부정하는 법칙이다.

$$\text{연소효율}(\eta)=\frac{AW}{Q_1}=\frac{Q_1-Q_2}{Q_1}=1-\frac{Q_2}{Q_1}$$

3) 열역학 제3법칙

어떤 계의 온도를 절대온도 0K까지 내릴 수 없다.(내부적으로 평형상태에 있는 시스템이 0K 근처에서 등온과정의 상태변화를 일으킬 때 엔트로피의 변화는 없다.)

2. 공기

1) 공기
① **건조공기**(Dry air) : O_2 21%, N_2 78%, Ar 1% 등이 함유되어 있는 공기
② **습공기**(Moist air humd air) : 수분을 함유하고 있는 공기

2) 습도
① **절대습도**(Humidity ratio) : 습공기 중 함유된 건조공기 1kg에 대한 수증기량
② **상대습도**(Ralative humidity), **포화도**

$$포화도(\varphi) = \frac{P_w}{P_s} \times 100 = \frac{r_w}{r_s} \times 100 \begin{cases} P_w : 수증기\ 분압 \\ P_s : 포화증기압(습공기\ 중\ 수분기\ 분압) \\ r_w : 수증기\ 비중량 \\ r_2 : 포화증기압에서의\ 비중량 \end{cases}$$

3) 증기의 상태 방정식
증기는 이상기체가 아니기 때문에 증기 자신의 부피와 증기 분자들의 인력을 보정해야하므로 다음과 같은 상태 방정식들이 있다.

① Vander Wasalstlr

$$\left(P + \frac{a}{v^2}\right)(v-b) = RT$$

a, b는 물질에 따른 상수
이 식은 기체, 액체 양상에 따른 물질의 성질을 정상적으로 충분히 표시할 수가 있다.

② Clausiustlr

$$\left\{P + \frac{a}{T(v+C)^2}\right\}(v-b) = RT$$

③ Berthelot 식

$$\left(P + \frac{a}{Pv^2}\right)(v-b) = RT$$

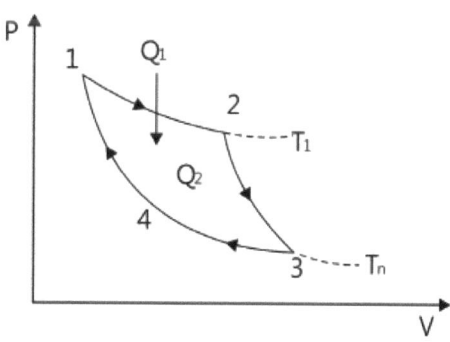

STEP 04 가스폭발/방지대책

1. 가스폭발 및 폭발방지대책

1) 폭발의 종류
   ① **산화폭발** : 가연성 가스가 산소와 접촉시 일어나는 폭발
   ② **중합폭발** : HCN 등이 수분 2% 이상 함유시 일어나는 폭발
   ③ **화합폭발** : C_2H_2이 Cu, Hg, Ag과 화합시 일어나는 폭발
   ④ **분해폭발** : C_2H_2가스가 2.5MPa 압축시 탄소와 수소로 분해가 되면서 일어나는 폭발
   ⑤ **분진폭발** : 나트륨 마그네슘 등의 가연성 고체 부유 물질이 연소할 때 일어나는 폭발

2) 폭발방호대책 진행방법의 순서
   ① 가연성 가스의 위험성 검토
   ② 폭발방호대상 결정
   ③ 폭발의 위력과 피해정도 예측
   ④ 폭발화염의 전파확대와 압력상승의 방지
   ⑤ 폭발에 의한 피해 확대 방지

3) 자연발화성 물질의 성질
   ① 석탄, 고무분말은 산화시에 열에 의한 발화
   ② 활성탄이나 목탄은 흡착열에 의해 발화
   ③ 퇴비, 먼지는 발효열에 의해 발화
   ④ 알칼리금속(Ca, Na, K)은 습기 흡수시 발화

4) 발화지연(Ignition delay) 시간에 영향을 주는 요인
   ① 온도
   ② 압력
   ③ 가연성가스
   ④ 공기혼합정도

5) 분진폭발을 일으킬 수 있는 물리적 인자
   ① 입자의 형상
   ② 열전도율
   ③ 입자의 응집특성

6) 자연발화의 형태
   ① 산화열

② 미생물에 의한 발열

③ 분해열

7) 미연소 혼합기의 화염부근에서 층류에서 난류로 바뀔 때 나타나는 현상
   ① 예혼합연소시 화염의 전파속도가 증대
   ② 버너연소는 난류 확산 연소로 연소율이 높다.
   ③ 확산연소에서 단위면적당 연소율이 높다.
   ④ 화염의 두께가 얇아진다.

8) 폭발억제(Explosion, Supression)
   폭발성 가스가 있을 때 불활성 가스를 주입하여 폭발을 미연에 방지함

9) 결함발생 빈도를 나타내는 용어(개연성, 희박, 장애)

10) 폭발사고 후 긴급안전대책
    ① 장치내 가연성 기체를 비활성 기체로 치환한다.
    ② 위험물질을 다른 장소로 옮긴다.
    ③ 다른 공장에 파급되지 않도록 가열원 동력원을 모두 차단한다.

11) 매연발생의 피해
    ① 열손실 발생
    ② 환경오염 발생
    ③ 연소기구, 가스기구 수명 단축

12) 연소실 내 폭풍배기창
    ① **설치목적** : 로속의 폭발에 의한 폭풍을 외부로 도피시켜 로안의 파손을 억제하기 위하여
    ② **설치조건**
        ㉮ 폭풍발생 시 손쉽게 알리는 구조일 것
        ㉯ 가능한 로안의 직선부에 설치할 것
        ㉰ 폭풍발생시 안전하게 도피할 수 있는 장소에 설치할 것
        ㉱ 크기와 수량은 화로의 구조에 적정할 것

13) 분진폭발의 위험성을 방지하기 위한 조건
    ① 환기장치는 가능한 단독 집진기를 사용한다.
    ② 분진이 일어나는 근처에 습식의 스크레어장치를 설치한다.
    ③ 분진취급공정의 운영을 습식으로 한다.
    ④ 정기적으로 분진퇴적물을 제거한다.

14) 연료의 완전연소 필요조건
　① 연소실 온도는 높게 유지한다.
　② 연소실 용적은 크게 한다.
　③ 연료는 되도록 예열 공급한다.
　④ 연료에 따라 적당량의 공기를 사용한다.

15) 연소가스 중 CO_2 함량을 분석하는 목적
　① 공기비를 조절하기 위하여
　② 열효율을 높이기 위하여
　③ 산화염의 양을 알기 위하여

16) 연소온도에 미치는 영향
　① 연료의 저위발열량
　② 공기비
　③ 산소농도

17) 증기폭발(Vapor explosion)의 정의
　가연성 액체가 비점 이상의 온도에서 발생한 증기가 혼합기체가 되어 증발하는 현상

18) 폭발 위험성을 나타내는 물성치
　① 연소열
　② 점도
　③ 비등점

19) 기상 폭발발생 예방조건
　① 분진 및 퇴적물이 쌓이지 않게 한다.
　② 가연성 가스의 농도가 상승하지 않게 수시로 환기시킨다.
　③ 가연성 가스가 발생치 않도록 하고 반응억제가스를 밀봉시킨다.

20) 층류연소속도가 결정되는 조건
　① 온도
　② 압력
　③ 연료의 종류

21) 최소 점화에너지
　① **정의** : 반응이 일어나는 최소한의 에너지로 최소점화에너지가 적을수록 반응성이 좋다. 최소점화에너지가 많을수록 반응에 필요한 에너지가 많이 필요로 하므로 반응성이 좋지 않다는 것이다.

② **영향인자**
   ㉮ 압력이 높을수록 최소발화에너지는 적어진다.
   ㉯ 열전도율이 적을수록 최소발화에너지는 적어진다.
   ㉰ 연소속도가 클수록 최소발화에너지는 적어진다.
   ㉱ 유속이 증가할수록 적어진다.
   ㉲ 혼합기 온도가 상승할수록 적어진다.

22) 자연발화의 방지법
   ① 저장실의 온도를 40℃ 이하로 유지할 것
   ② 통풍이 양호하게 할 것
   ③ 습도가 높은 것을 피할 것
   ④ 열이 쌓이지 않게 퇴적방법에 주의할 것

23) 착화온도가 낮아지는 이유
   ① 산소농도가 높을수록
   ② 반응활성도가 클수록
   ③ 압력이 높을수록
   ④ 발열량이 높을수록
   ⑤ 열전도율이 적을수록
   ⑥ 분자구조가 복잡할수록

24) 가연성가스의 최대 폭발압력(Pm) 상승요인
   ① 용기 내 최초 압력이 상승할수록
   ② 용기 내 최초 온도가 상승할수록
   ③ 여러 개의 격막으로 압력이 중복될 때
   ④ 용기의 크기와 형상에 따라서

25) 착화발생의 원인
   ① 온도
   ② 조성
   ③ 압력
   ④ 용기의 크기와 형태

26) 소화제로 물을 사용하는 이유
   기화잠열이 크기 때문

27) 강제점화
   혼합기 속에서 전기불꽃을 이용하여 화염 핵을 형성, 화염을 전파하는 것

2. 폭굉현상 및 연소

1) 가스의 정상연소속도 : 0.1 ~ 10m/s

2) 폭굉속도(화염의 전파속도) : 1,000 ~ 3,500m/s

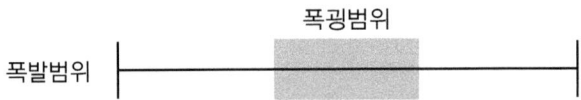

3) 폭굉이란 폭발 중 가장 격렬한 폭발이므로 폭발범위 중 어느 한 부분이 폭굉이 된다. 즉 폭발범위는 폭굉범위보다 넓다.

4) 폭발지수

$$S = \frac{E}{I} \begin{cases} S : 폭발지수 \\ E : 폭발강도 \\ I : 발화강도 \end{cases}$$

5) 온도와 압력이 증가하면 일반적으로 폭발범위가 넓어진다. 단, CO는 압력이 올라갈 때 폭발범위가 좁아지며 H_2는 압력이 올라갈 때 폭발범위가 좁아지다가 계속 압력을 올리면 폭발범위가 넓어진다.

6) 연소파, 폭굉파
   ① 연소반응을 일으키는 파
   ② 연소파는 아음속, 폭굉파는 초음속
   ③ 파면의 구조발생압력에 따라 달라진다.
   ④ 가연 조건시 기상에서 연소반응 전파 형태를 이룬다.

7) 폭굉유도거리
   최초의 완만한 연소가 격렬한 폭굉으로 발전하는 거리

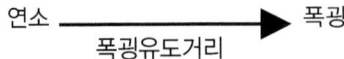

   ① 폭굉 유도거리가 짧아지는 조건(폭굉이 빨리 일어나는 조건)
      ㉮ 정상연소속도가 큰 혼합가스일수록(일반적으로 연소속도가 느린 것이 안전하다.)
      ㉯ 관속에 방해물이 있거나 관경이 가늘수록
      ㉰ 압력이 높을수록
      ㉱ 점화원의 에너지가 클수록
   ② 폭굉을 일으킬 수 있는 기체가 파이프 내에 있을 때 폭굉방지대책

㉮ 관의 지름과 길이의 비는 가급적 적게 한다.
㉯ 공정상 회전은 완만하게 한다.
㉰ 관로상에 장애물이 없도록 한다.

8) 화학적 양론 혼합
가연성 가스와 조연성 가스가 접촉 일정 비율로 반응을 일으킴
$2H_2 + O_2 \rightarrow 2H_2O$ (수소 : 산소 = 2 : 1)

9) 연소가스 중 질소산화물의 함량을 줄이는 방법
① 연소온도를 낮게 한다.
② 질소함량이 적은 연료를 사용한다.
③ 고온지속 시간을 짧게 한다.

10) 연소생성물 N_2, CO_2의 농도가 높아질 때 연소속도에 미치는 영향
연소가스 중 연소생성물인 N_2, CO_2의 농도가 높으면 연소가 끝나가는 것이므로 연소속도는 느려진다.

11) 수소와 산소의 연쇄반응에 의한 폭발반응에서의 연쇄운반체의 종류
H^+, O^-, OH^-, HO_2

12) 분젠버너에서 가스 유속이 빠르면 단염이 형성되는 이유
가스유속이 빠르면 난류현상을 일으키며 이 때 가스가 공기 중 산소와 접촉이 잘 이루어지기 때문에 연소상태가 층류현상일 때보다 양호불꽃이 짧아진다.

13) 액체연료를 미립화시키는 방법
① 연료를 노즐에서 빨리 분출시키는 방법
② 공기나 증기 등의 기체를 분무매체로 분출시키는 방법
③ 고압의 정전기에 의해 액체를 분입시키는 방법
④ 초음파에 의해 액체연료를 촉진시키는 방법

14) 폐기가스에 대한 대기오염방지대책
① 산화 가능한 유기화합물은 연소법으로 처리
② 유독성 물질은 굴뚝의 높이를 높인다.
③ 집진장치를 이용한다.

15) Flame arrestor(화염방지기)의 특징
① 구멍지름은 화염거리 이상
② 열흡수 기능을 가지고 있다.
③ 폭굉 예방용과는 무관하다.
④ 금속철망 다공성 철판으로 이루어져 있다.

16) 고압가스 용기속 수분의 영향
   ① 용기부식 및 동결
   ② 밸브조정기 폐쇄
   ③ 수격작용을 일으킨다.
   ④ 증기엔탈피가 감소한다.

17) 가연물의 정의
   ① 발열량이 클 것
   ② 산소와 친화력이 좋을 것
   ③ 활성화에너지가 적을 것
   ④ 열전도율이 적을 것

3. 연소시 연소형태 및 연료 버너

1) 예혼합 버너의 종류
   ① 송풍버너
   ② 고압버너
   ③ 저압버너

2) 고체물질의 연소 중 미분탄 연소형식]
   ① L형 연소
   ② 코너형 연소
   ③ 슬래그형 연소

3) 연료에 고정탄소가 많을수록
   ① 매연발생이 적다.
   ② 발열량이 높아진다.
   ③ 연소효과가 좋아진다.
   ④ 열손실이 적다.

4) 등심연소에서 공기유속이 낮을수록 화염의 높이가 커진다.

5) 액체연료의시험방법
   ① **인화점** : 마이덴스 밀폐식, 펜스키
   ② **황함량** : 석영관 산소법
   ③ **동점성** : 레드우드 비스코메타

6) 고체연료에서 탄화도가 클수록
   ① 고정탄소가 많아져 발생열량이 커진다.
   ② 연소속도가 감소한다.
   ③ 매연발생이 적어진다.
   ④ 휘발분이 감소한다.

7) 연료비 = $\dfrac{고정탄소}{휘발분}$

8) 열손실의 종류
   ① 불완전 연소에 의한 손실
   ② 노벽을 통한 열손실
   ③ 노입구를 통한 열손실
   ④ 배기가스에 의한 열손실(손실을 줄이기 어렵다.)

4. 소화이론 및 위험물

1) 화재의 종류
   ① **A급(백색)** : 종이, 목재 등 (소화제 : 물, 수용액)
   ② **B급(황색)** : 가스, 유류 (소화제 : 분말 CO_2, 포말)
   ③ **C급(청색)** : 전기화재 (소화제 : CO_2, 분말)
   ④ **D급(색규정 없음)** : 금속화재 (소화제 : 건조사)

2) 소화의 종류
   ① **질식소화** : 주변의 공기 또는 산소를 차단하여 소화
   ② **억제소화** : 연소속도를 억제하는 방법으로 소화
   ③ **냉각소화** : 기화잠열을 빼앗아 소화
   ④ **제거소화** : 가스공급을 중단시켜 소화

3) 위험물의 분류
   ① **1종** : 산화성 고체(염소산나트륨, 염소산염류)
   ② **2종** : 가연성 물질(유황, 인)
   ③ **3종** : 가연성 물질(K, Na)
   ④ **4종** : 유류
   ⑤ **5종** : 자기 반응성 물질(벤젠, 톨루엔, 히드라진) : 화학류
   4류 위험물 : 공기보다 밀도가 큰 가연성 증기를 발생시키는 물질(벤젠, 톨루엔, 아세톤, 유류 등)

4) 위험장소의 종류
   ① 0종 장소
   ② 1종 장소
   ③ 2종 장소

5) 위험장소 범위결정시 고려사항
   ① 폭발성 가스의 비중
   ② 폭발성 가스의 방출속도
   ③ 폭발성 가스의 방출압력
   ④ 폭발성 가스의 확산속도

5. 집진장치

1) 건식 집진장치의 분류
   ① **사이클론** : 가스를 선회운동을 시켜 원심력으로 매연을 분리시킴
      ㉮ 특징
         ㉠ 관경이 적을수록 미세입자의 분리포집이 가능하다.
         ㉡ 가스속도를 크게 할수록 압력손실이 커지나 분리효율은 좋아진다.
         ㉢ 외부공기가 침투시 집진율이 저하된다.
   ② **멀티크론** : 2개 이상의 소형 사이클론을 배치하여 집진시키는 장치
      ㉮ 특징
         ㉠ 고성능이다.
         ㉡ 집진효율 70~90%이다.
   ③ **백필터** : 여과포를 이용하여 매연을 걸러내는 집진장치
      ㉮ 특징
         ㉠ 분리효율이 99%이다.
         ㉡ 여과포가 막히면 여과포를 교환하여야 한다.
         ㉢ 여과포에 따라 사용온도가 결정된다.

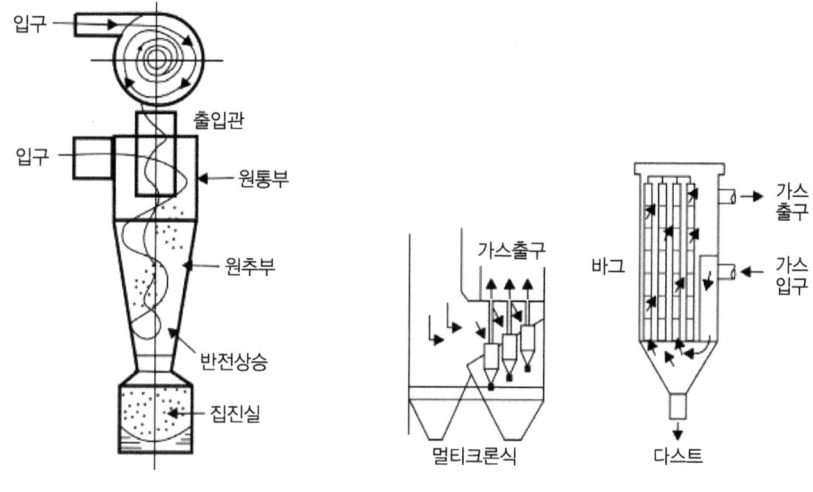

사이클론 집진장치   멀티클론 집진장치   백필터 집진장치

2) 습식 집진장치의 분류
  ① **사이클론 세정집진장치**
    분무상의 원심력으로 가속하여 세정집진하는 장치
  ② **충진탑** : 미세분진먼지제거에 널리 사용되는 방식으로 충진탑 상부에서 하부로 통과하는 동안 가스와 접촉 포집하는 방식
  ③ **벤투리 스크레버**
    벤투리를 통과할 때 높은 속도를 이용노즐을 통하여 세정액을 주입하는 방식
    ㉮ 특징
      ㉠ 세정집진장치 중 가장 집진율이 높다.
      ㉡ 조해성의 입자제거에 효율적이다.
      ㉢ 노즐이 막힐 우려가 있다.
      ㉣ 정기적으로 폐수를 처리하여야 한다.

3) 전기집진장치
  고압직류전장을 이용하여 분진을 제거하는 방식
    ㉮ 특징
      ㉠ 운전비용은 적게 드나 설비비가 많이 든다.
      ㉡ 미세입자 포집이 가능하다.
      ㉢ 신뢰성이 높다.
      ㉣ 압력손실이 낮다.

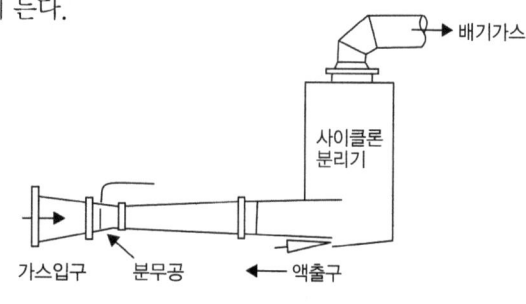

벤투리 스크레버

6. 생성열, 연소열 및 엔트로피 변화량

1) 생성열

① $C + 2H_2 \rightarrow CH_4 + Q_1$

(Q_1 : CH_4 1mol이 생성되었으므로 생성열이라 하며 모든 열량은 1mol 또는 1kmol을 기준으로 한다.)

② $H_2 + \frac{1}{2}O_2 \rightarrow H_2O + Q_2$

(Q_2 : 물 1mol이 생성되었으므로 Q_2는 물의 생성열이라 한다.)

③ $C + O_2 \rightarrow CO_2 + Q_3$

(Q_3 : CO_2 1mol이 생성되었으므로 Q_3는 CO_2의 생성열이라 한다.)

2) 연소열 : 연료가스 1mol 연소시 생성되는 열량

$CH_4 + 2O_2 \rightarrow CO_2 + 2H_2O + Q$

(Q는 CH_4을 기준으로 하면 CH_4 가스 1mol이 연소하였으므로 Q는 CH_4의 연소열량이라 한다)

3) 생성열이 주어졌을 때 연소열량을 계산하는 방법

① CH_4, CO_2, H_2O의 생성열이 각각 17.9kcal, 94.1kcal, 57.8kcal일 때 CH_4의 완전연소발열량은?

해설 $CH_4 + 2O_2 \rightarrow CO_2 + 2H_2O + Q$에서 생성열과 연소열은 화살표 반대편이므로 각각의 생성열을 부호를 반대로 하여 대입하여 발열량 Q_2를 구한다.

$-17.9 = -94.1 - 2 \times 57.8 + Q$

$\therefore Q = 94.1 + 2 \times 57.8 - 17.9 = 191.8$ kcal

② 다음 반응식에서 CH_4의 연소열은 얼마인가?

$2CH_4 + 4O_2 \rightarrow 2CO_2 + 4H_2O + Q$

(단, CH_4, CO_2, H_2O의 생성열은 각각 $\Delta H_1 = -17.9$, $\Delta H_2 = -94.1$, $\Delta H_3 = -57.8$kcal이다)

해설 ΔH는 원래 음(-)의 값을 가지므로 연소열량에 그대로 대입한다.

$-2 \times 17.9 = -2 \times 94.1 - 4 \times 57.8 + Q$

$\therefore Q = 2 \times 94.1 + 4 \times 57.8 - 2 \times 17.9 = 383.6$

$\therefore$ 1kmol에 따라 열량을 $383.6 \times \frac{1}{2} = 191.8$kcal/kmol

4) 엔트로피변화량

$(\Delta S) = \dfrac{dQ}{T}$

ΔS : 엔트로피 변화량 dQ : 열량 변화값   T : 절대온도(K)

① 어떤 열기관에서 온도 27℃의 엔탈피 변화가 단위중량당 100kcal일 때 엔트로피 변화량은 얼마인가?

$$\Delta s = \frac{100}{(273+27)} = 0.33 \text{kcal/kgk}$$

② 가역열기관이 500°F에서 1,000BTU를 흡수하여 일을 생산하고 100°F에서 열을 방출시 저열원의 엔트로피 변화값은?

$$\frac{dQ_1}{T_1} = \frac{dQ_2}{T_2} \quad \therefore dQ_2 = \frac{100+460}{500+460} \times 1,000 = 583.33 \text{BTU}$$

$$\therefore \Delta S_2 = \frac{dQ_2}{T_2} = \frac{583.33}{100+460} = 1.04 \text{BTU}/°R$$

7. 효율계산 및 열역학적 선도

1) 성능계수

① 냉동기의 성능계수 : $\dfrac{T_2}{T_1-T_2} = \dfrac{Q_2}{Q_1-Q_2}$

② 열펌프의 성능계수 : $\dfrac{T_1}{T_1-T_2} = \dfrac{Q_1}{Q_1-Q_2}$

③ 동력기관의 효율 : $\dfrac{T_1-T_2}{T_1} = \dfrac{Q_1-Q_2}{Q_1} = \dfrac{\text{실제일량}}{\text{이상적인 일량}}$ $\begin{cases} T_1 : 고온 \\ T_2 : 저온 \\ Q_1 : 고열량 \\ Q_2 : 저열량 \end{cases}$

① **발화지연** : 어느 온도에서 발화지연까지 걸린 시간
② **임계상태** : 순수한 물질이 평형에서 증기-액체로 존재할 수 있는 상태의 온도와 압력을 나타냄
③ **열해리** : 연소반응이 완료되지 않아 연소 가스 중에 반응의 중간생성물이 남아있는 현상
④ **노속의 산성 환원성 여부를 확인하는 방법** : 연소가스 중 CO의 함량을 분석한다.
⑤ **연소** : 가연물이 산소 또는 공기와 접촉시 빛과 열을 수반하는 발열화학반응(자발적인 반응)
⑥ **폭발** : 연소시 폭굉으로 발전하기 전의 단계로 화염 전파 속도가 음속 이하인 반응

$$폭발지수 = \frac{폭발강도}{발화강도}$$

⑦ **폭굉** : 가스 중 음속보다 화염전파속도가 큰 경우 충격파가 발생 격렬한 파괴작용을 일으키는 원인으로 연소파가 일정거리 진행 후 급격히 연소속도가 증가하는 현상
⑧ **사출율** : 연료가 연소할 때 불완전연소를 발생시키는 정도
⑨ **휘염과 불휘염**
  ㉠ **휘염** : 고체입자를 포함하는 화염(황색)
  ㉡ **불휘염** : 고체입자를 포함하지 않는 화염(청색)
⑩ **공연비(air, fuel ratio)** : 가연혼합기 중 연료와 공기의 질량비
⑪ **선화(lifting), 역화(back fire), 블루-오프(blow-off)**
  ㉠ **선화(lifting)** : 가스의 유출속도가 연소속도보다 빨라 염공을 떠나 연소하는 현상
    • 원인 : 염공이 적을 때, 가스공급 압력이 높을 때, 노즐구경이 적을 때, 공기조절장치가 많이 열렸을 때
  ㉡ **역화(back fire)** : 가스의 연소속도가 유출속도보다 빨라 연소기 내부에서 연소하는 현상
    • 원인 : 염공이 클 때, 노즐구경이 클 때, 가스압력이 낮을 때, 인화점이 낮을 때, 공기조절장치가 작게 열렸을 때
  ㉢ **블로우-오프(blow-off)** : 불꽃의 주위, 불꽃의 기저부에 대한 공기의 움직임이 세어져 불꽃이 노즐에서 정착하지 않고 떨어져 꺼져 버리는 현상
⑫ **불꽃의 정의**
  ㉠ **산화불꽃** : 산소과잉시 형성되는 불꽃
  ㉡ **중성불꽃** : 산소와 가연성물질의 비가 1:1이 될 때 형성되는 불꽃
  ㉢ **탄화불꽃** : 산소부족시 형성되는 불꽃
⑬ **액체연료의 연소에서의 정의**
  ㉠ **1차 공기** : 연료의 무화에 필요한 공기
  ㉡ **2차 공기** : 연료의 연소용 공기
⑭ **연소율(화격자연소율) (kg/m^2hr)** : 연료가 화상의 단위면적에 있어 단위시간에 연소하는 연료의 중량
⑮ **연소실부하 (kal/m^3hr)** : 단위체적당열 발생율

STEP 05 PSM(공정안전) 및 가스폭발위험성 평가

1. PSM(공정안전)

1) 공정안전보고서의 관계법령

    제49조 2(공정안전보고서의 제출 등)

    대통령령이 정하는 유해 위험설비를 보유한 사업장의 사업주는 당해 설비로부터 위험물질의 누출 화재 폭발 등으로 인하여 사업장내의 근로자에게 즉시 피해를 주거나 인근지역에 피해를 줄 수 있는 사고를 예방하기 위하여 대통령령이 정하는 바에 의하여 공정안전보고서를 고용노동부장관에게 제출하여야 한다.

2) 공정안전보고서에 반드시 포함되어야 할 사항
    - 공정안전자료
    - 공정위험성평가서
    - 안전운전계획
    - 비상조치계획
    - 기타 공정안전과 관련하여 고용노동부장관이 필요하다고 인정하여 고시하는 사항

    ① **공정안전자료**
        ㉮ 취급, 저장하고 있거나 취급, 저장하고자 하는 유해, 위험물질의 종류 및 수량
        ㉯ 유해, 위험물질에 대한 물질안전 보건자료
        ㉰ 유해, 위험설비의 목록 및 사양
        ㉱ 유해, 위험설비의 운전방법을 알 수 있는 공정도면
        ㉲ 각종 건물, 설비의 배치도

    ② **공정위험평가 방법의 종류**
        ㉮ 정성적 분석
            ㉠ 체크리스트(Check List)
            ㉡ 상대위험순위 결정(Dow and Mond Indices)
            ㉢ 사고예방질문 분석(What-if)
            ㉣ 위험과 운전 분석(HAZOP)
            ㉤ 이상위험도 분석(FMECA)
        ㉯ 정량적 분석
            ㉠ 결함수 분석(FTA)
            ㉡ 사건수 분석(ETA)
            ㉢ 원인결과 분석(CCA)

        ※ 정성적 분석의 ⓐ 내지 정량적 분석의 ⓒ과 동등 이상의 기술적 평가기법

    ③ **안전운전계획**
        ㉮ 안전운전지침서

　　　　㈏ 안전작업허가
　　　　㈐ 근로자교육계획
　　　　㈑ 자체감사 및 사고조사계획
　④ **비상조치계획**
　　　　㉮ 비상조치를 위한 장비, 인력보유 현황
　　　　㉯ 사고 발생시 각부서, 관련기관의 비상연락체계
　　　　㉰ 사고 발생시 비상조치를 위한 조직의 임무 및 수행절차
　　　　㉱ 비상조치계획에 따른 교육계획
　　　　㉲ 주민홍보계획

3) 공정안전보고의 이중규제의 배제

　고압가스시설이 있는 공정에 공정안전보고서를 작성하여 공단과 가스안전공사의 전문가가 공동으로 심사를 받은 경우에는 고압가스 안전관리법 제11조 및 제13조의2의 규정에 의한 안전관리규정 및 안전성향상 계획을 제출한 것으로 갈음되며 사업주는 공단이 발행하는 공정안전보고서의 심사결과표를 첨부하여 시·도지사에게 고압가스 설치 허가를 신청할 수 있다. 이로써 지금까지 사업주가 산업안전보건법과 고압가스안전관리법의 규정에 의해 각각 심사와 기술검토를 받던 것이 일원화되었다고 할 수 있다.

2. 가스폭발 위험성 평가기법

1) HAZOP(위험과 운전분석기법)

　"위험과 운전 분석기법"이라 함은 공정에 위험 요소들과 공정의 효율을 떨어뜨릴 수 있는 운전상의 문제점을 찾아내어 그 원인을 제거하는 방법을 말한다(정성평가).

　HAZOP : HaZard(위험성) + Operability(운전성)의 조합어

　① **목적** : 위험성 작업성의 체계적 분석 평가

　② **대상** : 신규 공정설비 및 기존 공장설비 공정원료 등의 중요한 변경시

　③ **HAZOP 접근방법**

　　　자발적 접근, 점진적 접근, 교육적 접근, 급진적 접근

　④ **HAZOP 팀구성원** : 5~7인

　⑤ **핵심 구성원의 필수요건**

　　　㉮ 설계전문가
　　　㉯ 운전경험이 많은 사람
　　　㉰ 정비 보수 경험이 많은 사람

2) FMECA(이상위험도 분석기법)

　"이상위험도 분석기법"이하 함은 공정 및 설비의 고장의 형태 및 영향, 고장 형태별 위험도 순위 등을 결정하는 방법을 말한다(정성평가).

3) FTA(결함수 분석기법)

"결함수 분석기법"이라 함은 사고를 일으키는 장치의 이상이나 운전자 실수의 조합을 연역적으로 분석하는 방법을 말한다(정량적 평가).

4) ETA(사건수 분석기법)

"사건수 분석기법"이라 함은 초기사건으로 알려진 특정한 장치의 이상 또는 운전자의 실수에 의해 발생되는 잠재적인 사고 결과를 정량적으로 평가·분석하는 방법을 말한다(정량적평가).

SECTION 02 가스설비

Industrial Engineer Gas

STEP 01 기초역학 및 가스개론

1. 기초역학

1) 중량

$1kgf(중)=1kg \times 9.8m/s^2 = 9.8N$

$1kg(중)$은 몇 dyne?

$1kg(중)=1kg \times 9.8m/s^2 (9.8kg \cdot m/s^2 = 9.8N)$
$\qquad = 10^3 g \times 9.8 \times 10^2 cm/s^2$
$\qquad = 9.8 \times 10^5 g \cdot cm/s^2 (dyne = g \cdot cm/s^2)$
$\qquad = 9.8 \times 10^5 dyne$

2) 물질의 변화

액화의 조건은 (저온, 고압) → 임계온도 이하 임계압력 이상

3) 원자량, 분자량

① **원자량** : C=12g을 기준으로 이것과 비교한 값

H=1g, C=12g, N=14g, O=16g, F=19g, P=15g, S=32g, Cℓ=35.5g, Ar=40g

② **분자량** : 원자량의 총합

H_2= 2g, N_2= 28g, O_2= 32g, F_2= 38g, P_2= 31g, S_2= 64g, $Cℓ_2$=71g,

Ar(단원자 분자)= 40g, C_3H_8= 44g, CO_2= 44g

Air(N_2:78%, O_2:21%, Ar:1%)= $28 \times 0.78 + 32 + 0.21 + 40 \times 0.01 = 29g$

2. 가스의 개론

1) 상태에 따른 분류

    ① **압축가스(무이음용기)**

    $O_2(-183℃)$, $H_2(-252℃)$, $N_2(-196℃)$, $Ar(-186℃)$: (　　)은 비등점

    위의 가스를 최고충전압력(Fp) 15MPa로 압축하는 것

    ② **액화가스(용접용기)**

    $C_3H_8(-42℃)$, $NH_3(-33.3℃)$, $Cl_2(-33.8℃)$: (　　)은 비등점

    ③ **용해가스(용접용기)** : C_2H_2 가스와 같이 압축하면 분해 폭발

    ㉮ C_2H_2

    ㉠ 용제(아세틸렌을 녹일 수 있는 물질) : DMF, 아세톤

    ㉡ 다공물질 : 석면, 규조토, 목탄, 석회, 다공성 플라스틱

    ㉯ C_2H_2의 폭발성

    ㉠ 분해폭발 : $C_2H_2 \rightarrow 2C+H_2$

    ㉡ 동아세틸라이트 폭발 : $2Cu+C_2H_2 \rightarrow Cu2C_2+H_2$

    ㉢ 산화폭발 : $C_2H_2+2.5O_2 \rightarrow 2CO_2+H_2O$

 C_2H_2은 분해폭발로 인하여 녹이면서 충전하므로 용해가스라 하며 을 녹일 수 있는 물질이 용제이며 용기내 가스를 충전 후 공간 확산을 방지하기 위하여 다공물질을 넣는다.

2) 연소성에 따른 분류

    ① **가연성 가스** : C_3H_8, NH_3, H_2, CH_4, C_2H_4O 등(폭발성이 있는 가스 → 연료로 사용한다.)

    → 안전관리 법규상 가연성 가스의 정의 : 폭발한계의 하한이 10% 이하, 상한과 하한의 차가 20% 이상

    ② **지연성(조연성) 가스** : 공기, O_2, O_3, Cl_2

    불이 타는 것을 도와주는 가스

    ③ **불연성 가스(불에 타지 않는 가스)** : N_2, CO_2

    고압장치의 치환용으로 사용한다.

3) 독성에 의한 분류

    ① **독성가스** : $COCl_2$, NH_3, Cl_2, CO, HCN, C_2H_4O

    호흡시 중독의 우려가 있는 가스

    ② **법규상 독성가스의 정의** : 허용농도가 5000ppm 이하인 가스(LC 50의 정의)

    $1ppm = 1/10^6$

    $1ppb = 1/10^9$

4) 압력

① **표준대기압**(0℃ 1atm)

$$1\text{atm} = 1.0332\text{kg/cm}^2 = 76\text{cmHg} = 760\text{mmHg} = 30\text{inHg} = 14.7\text{lb/in}^2$$
$$= 10.332\text{mH}_2\text{O} = 1,033.2\text{cmH}_2\text{O} = 10,332\text{mmH}_2\text{O} = 407\text{inH}_2\text{O}$$
$$= 1.1325\text{bar} = 1,013.25\text{mbar} = 101,325\text{N/m}^2(\text{Pa}) = 101.325\text{KPa}$$
$$= 0.101325\text{MPa}$$

절대압력=대기압+게이지 압력=대기압−진공압력

5) 온도

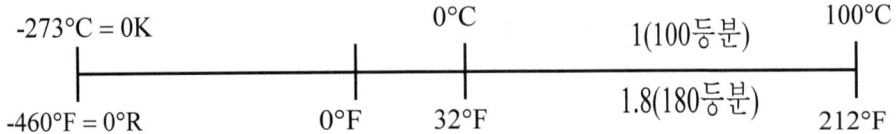

6) 열량

① **단위**

㉮ 1kcal = 물 1kg의 온도를 1℃ 높이는데 필요한 열량

㉯ 1BTU = 물 1Lb를 1℉ 높이는데 필요한 열량

㉰ 1CHU = 물 1Lb를 1℃ 높이는데 필요한 열량

㉱ 열량 환산표

kcal	BTU	CHU
1	3.968	2,205
0.252	1	0.5556
0.454	1.8	1

② **감열** : 온도변화가 있는 상태의 열량

$Q = G \cdot C \cdot t$ $\begin{cases} G : 중량(\text{kg}) \\ C = 비열(\text{kcal/kg}℃) \rightarrow 물(1), 얼음(0.5), 수증기(0.46) \\ \Delta t = 온도차(℃) \end{cases}$

③ **잠열** : 상태변화가 있는 상태의 열량

$Q = G \cdot \gamma$ 조건 $\begin{cases} 0 \sim 0℃(얼음℃ \leftrightarrow ℃물) \\ 100 \sim 100℃(100℃물 \leftrightarrow 100℃수증기) \end{cases}$

$G = \text{kg}(중량)$

$\gamma = 잠열량(\text{kcal/kg}) \rightarrow \begin{cases} 얼음 \rightleftarrows 물 = 79.78\text{kcal/kg} \\ 물 \rightleftarrows 수증기 = 539\text{kcal/kg} \end{cases}$

7) 비열(kcal/kg℃)

① **비열의 종류**

㉮ 정압비열(Cp) : 기체압력을 일정하게 하고 측정한 상태의 비열

㉯ 정적비열(Cv) : 기체의 체적을 일정하게 하고 측정한 상태의 비열

② 비열비(K) = 일반적으로 Cp>Cv이므로 비열비는 1 이상

※ K>1(비열비가 클수록 가스압축 후 토출가스 온도가 높다.)

③ $Cp = \dfrac{K}{K-1}AR$ $\begin{cases} R : 기체상수 = \dfrac{848}{분자량}, \ K : 비열비 \end{cases}$

$Cv = \dfrac{1}{K-1}AR$ $\begin{cases} R : 기체상수 = \dfrac{848}{분자량}, \ K : 비열비 \end{cases}$

비열이 큰 가스일수록 빨리 식거나 빨리 더워지지 않는다.

8) 밀도와 비체적

① **밀도** : 단위체적당 질량(kg/m³)=(g/ℓ)

가스밀도 = $\dfrac{M(분자량)g}{22.4\ell}$

② **비체적** : 단위중량당 체적

가스밀도 = $\dfrac{M(분자량)g}{22.4\ell}$

9) 비중

① **비중**

액비중(kg/ℓ)S = $\dfrac{물질의\ 질량(또는\ 무게)}{같은\ 체적의\ 물의\ 질량\ (또는\ 무게)}$ $\begin{cases} 물 : 1kg/\ell \\ C_3H_8 : 0.5kg/\ell \\ 수은 : 13.6kg/\ell \end{cases}$

기체비중(단위가 없다) = $\dfrac{M}{29}$ $\begin{cases} M : 분자량 \\ C_3H_8 : \dfrac{M}{29} = 1.52 (프로판\ 기체\ 비중) \\ C_3H_8 : \dfrac{58}{29} = 2 (부탄\ 기체\ 비중) \end{cases}$

> **Explain**
> ① 액비중은 물을 기준으로 하여 물과 비교한 무게로서, C_3H_8, 수은의 비중을 암기하여야 한다.
> ② 기체 비중은 공기를 기준으로 하여 다른 가스의 분자량을 비교한 값으로 단위가 없는 무차원이다.

10) 보일샤를 및 이상기체 상태식

① **보일-샤를의 법칙** : 체적, 절대온도, 절대압력의 상관관계식

$$\frac{P_1V_1}{T_1}=\frac{P_2V_2}{T_2}\begin{cases} T : 절대온도\ K \\ P : 절대압력 \\ V : 체적 \end{cases}$$

② **샤를의 법칙, 보일의 법칙**

㉮ 샤를의 법칙 : 압력이 일정할 때 일정량의 기체의 체적은 온도가 1℃ 오를 때마다 0℃일 때 부피의 1/273 만큼씩 증가, $\dfrac{V_1}{T_1}=\dfrac{V_2}{T_2}$

㉯ 보일의 법칙 : 온도가 일정할 때 이상기체의 체적은 압력에 반비례
$P_1V_1=P_2V_2$

③ **이상기체의 상태방정식** : 질량(g)이 문제에서 주어질 때는 보일샬 법칙으로 계산이 안됨

즉, g을 구하거나 g값이 주어지고 체적, 압력, 온도 등을 계산할 때는 이상기체 상태식을 이용한다.

㉮ $PV=nRT \begin{cases} P = 압력(atm) \\ V = 체적(\ell)\,(1m^3=1{,}000\ell) \\ n(몰수) = \dfrac{W}{M}\,(W:질량(g),\ M:분자량(g)) \\ R = 0.082\,atm\ell/molK \\ T = 절대온도(K) \end{cases}$

㉯ $PV=\dfrac{W}{M}RT$

또는 압축계수(Z)가 주어질 때는 $PV=Z\dfrac{W}{M}RT$

11) 돌턴의 분압의 법칙

① 분압 = 전압 × $\dfrac{성분몰수}{전몰수}$ = 전압 × $\dfrac{성분부피}{전부피}$

② 전압(P) = $\dfrac{P_1V_1+P_2V_2}{V(전부피)} \begin{cases} P_1P_2 : 분압 \\ V_1V_2 : 성분부피 \end{cases}$

(전압을 계산시 보일-샤를의 법칙과 혼동될 우려가 있으나 주어진 조건에는 부피가 3개 또는 두 기체의 용기를 연결시에는 전압을 계산하는 문제이다)

12) 물질의 상태변화

① **등온변화**

압축전후의 온도가 같은 변화(일량 없음)

② **폴리트로픽 변화**

압축 후 약간의 열손실이 있는 변화(실제압축 변화)

③ **단열변화**

외부와 열의 출입이 없는 변화

일량의 대소 → 단열 > 폴리트로픽 > 등온

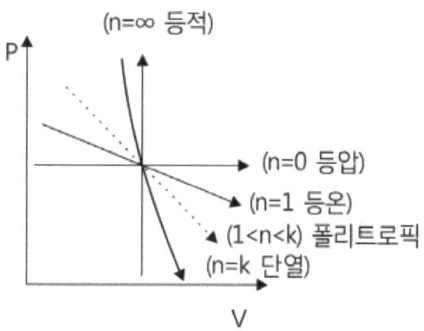

13) 열역학의 법칙

① **열역학 1법칙**(이론적인 법칙 = 에너지 보존의 법칙)

열은 일로 변환이 가능하며 또한 일도 열로 변환이 가능한 법칙

② **열역학 2법칙**(실제적인 법칙)

일을 열로 변환이 가능하나 열은 일로 변환이 불가능

열은 스스로 고온에서 저온으로 흐른다(효율이 100%인 열기관은 존재하지 않음).

③ **열역학 0법칙**(열평형 법칙)

온도가 서로 다른 물체를 접촉시 높은 것은 내려가고 낮은 것은 올라가 두 물체 사이에 온도차가 없게 된다. 이것을 열평형이라 하며 열역학 0법칙이라 한다.

14) 액화

① **실제기체**(액화 가능) : 저온, 고압

② **이상기체**(액화 불가능) : 고온, 저압

㉮ 이상기체가 실제기체처럼 행동하는 조건 : 저온 고압

㉯ 실제기체가 이상기체처럼 행동하는 조건 : 고온 저압

③ **실제기체상태식**

$$\left(P+\frac{n^2a}{V^2}\right)(V-nb)=nRT \begin{cases} a : 기체분자간의\ 인력 \\ b : 기체분자\ 자신이\ 차지하는\ 부피 \end{cases}$$

$$P=\frac{nRT}{V-nb}-\frac{n^2a}{V^2}$$

15) 엔탈피, 엔트로피

① **엔탈피**(i)

단위중량당 열량 (kcal/kg)물체가 가지는 총 에너지

$$i = U + APV \begin{cases} i : \text{kcal/kg} \\ u : \text{내부 에너지(kcal/kg)} \\ A : \text{일의 열당량}\left(\dfrac{1}{427}\text{kcal/kg}\cdot\text{m}\right) \\ P : \text{압력}(\text{kg/m}^2) \\ V : \text{비체적}(\text{m}^3/\text{kg}) \end{cases}$$

② **엔트로피**(kcal/kg/K)

단위중량당 열량을 그 때의 절대온도로 나눈 값

$$\Delta s = \dfrac{dQ}{T} \begin{cases} \Delta S : \text{엔트로피 변화량} \\ T : \text{절대온도(K)} \\ dQ : \text{열량 변화량} \end{cases}$$

16) 르샤트리에 법칙

각 가스가 단독으로 가지고 있는 연소범위가 몇 종류의 가스를 부피 비율로 혼합시 혼합가스 폭발한계를 구하는 식

$$\dfrac{100}{L} = \dfrac{V_1}{L_1} + \dfrac{V_2}{L_2} + \dfrac{V_3}{L_3} + \ldots \begin{cases} L : \text{혼합가스 폭발한계(\%)} \\ L_1, L_2, L_3 \cdots : \text{각 가스의 폭발한계} \\ V_1, V_2, V_3 \cdots : \text{각 가스의 부피\%} \end{cases}$$

STEP 02 각종가스의 성질, 제조법 및 용도

1. 수소(H_2) → 압축가스, 가연성

① **가스 중에서 최소의 밀도** : $2g/22.4\ell$

② **확산 속도** : 기체의 확산속도는 분자량의 제곱근에 반비례한다.(수소는 분자량이 가장 적으므로 모든 기체 중 확산속도가 가장 빠르다)

→ 공식 $\dfrac{U_1}{U_2} = \sqrt{\dfrac{M_2}{M_1}}$

③ **폭발범위** : 4~75%(공기 중), 4~94%(산소 중)

④ **폭굉 속도** : 1,400~3,500m/s

폭굉속도의 경우 H_2 이외는 모두 1,000~3,500m/s

⑤ **폭명기** : 촉매없이도 반응이 폭발적으로 일어나는 것으로

㉮ $2H_2 + O_2 \rightarrow 2H_2O$(수소폭명기)

㉯ $H_2 + C\ell_2 \rightarrow 2HC\ell$ (염소폭명기)

㉰ $H_2 + F2 \rightarrow 2HF$(불소폭명기)의 3종류가 있다.

⑥ **수소가스의 부식명** : 수소취성

수소취성(강의 탈탄)방지법 : 5~6% Cr(크롬)강에 W(텅스텐), Mo(몰리브덴), Ti(티탄), V(바나듐)을 첨가

⑦ **제조법** : 물의 전기분해(순도가 높다, 비경제적이다), 석유의 분해, 소금물 전기분해

⑧ **용도** : NH_3 제조에 주로 쓰인다.

2. 산소(O_2) → 압축가스 조연성

① **공기 중의 약 21% 함유**

부피 (ℓ, m^3) = 21%

무게 (kg, t, g) = 23.2%

② 산소는 18~22% 정도 유지해야 산소 부족현상이 일어나지 않는다.

③ 금속은 산소와 작용하여 산화물(부식물)을 만들기 때문에 부식방지를 위해서는 Cr, Aℓ ,Si 등의 금속을 사용한다.

④ **공기액화분리법에 의한 산소의 제조**

㉮ 비등점 : 질소 −195.8°C, 산소 −183°C, Ar −186°C

㉯ 액화순서 : $O_2 \rightarrow Ar \rightarrow N_2$

㉰ 기화순서 : $N_2 \rightarrow Ar \rightarrow O_2$

⑤ 산소농도가 높음에 따라 발화, 점화, 인화 ↓ (저하), 나머지 ↑ (상승)

⑥ 산소+녹, 이물질, 석유류(유지류)가 화합하면 연소폭발한다.

⑦ **주의사항** : 기름이 묻은 손이나 장갑으로 취급하지 말 것
⑧ 산소과잉, 즉 60% 이상 12시간 흡입시에는 폐에 충혈이 되어 사망한다.
⑨ **산소압축기**
　윤활제 : 물 또는 10% 이하의 묽은 글리세린수 사용(기름을 사용시 연소폭발의 우려가 있다)
⑩ **무급유 작동 압축기**
　카본링, 테프론링, 라비린스피스톤링 등을 채택
⑪ **공기액화분리장치의 폭발과 대책**
　㉮ 폭발원인
　　㉠ 공기취입구에서 아세틸렌의 침입
　　㉡ 압축기용 윤활유의 분해에 의한 탄화수소의 생성
　　㉢ 공기 중에 있는 산화질소(NO), 과산화질소(NO_2) 등의 질소화합물의 혼입
　　㉣ 액체공기 중의 오존(O_3)의 혼입
　㉯ 대책
　　㉠ 장치 내에 여과기를 설치하여 아세틸렌, 산화질소 등을 제거한다.
　　㉡ 공기흡입구가 아세틸렌을 흡입할 수 없는 곳에 설치한다.
　　㉢ 흡입구 부근에 카바이드 작업이나 용접작업을 피한다.
　　　　CaC_2(카바이드)$+2H_2O \rightarrow C_2H_2+Ca(OH)_2$($C_2H_2$가생성되므로)
　　㉣ 압축기의 윤활제는 양질의 광유를 사용하고 유분리기를 필히 설치한다.
　　㉤ 공기액화분리기는 사염화탄소(CCl_4) 등의 세척제로서 1년 1회 이상 청소한다.
　　※ 공기액화분리장치 내에서 CO_2는 드라이아이스가 되고 H_2O는 얼음이 되어 배관의 흐름을 방해하므로 제거해야 한다.
　㉰ 공기액화분리장치에서의
　　㉠ 흡수제 : NaOH(수산화나트륨=가성소다) 사용
　　　→ 일반적인 CO_2 흡수제는 KOH, 공기 또는 산소 중 CO_2, 흡수제는 NaOH
　　㉡ H_2O 제거에는 건조제 사용
　　　→ 실리카겔, 알루미나, 가성소다, 몰러쿨러시브, 소바비드(건조제의 종류)
　　㉢ 산소속의 CO_2 흡수제 ⇒ NaOH
　　㉣ 일반적인 CO_2 흡수제 ⇒ KOH
　　㉤ CO_2 속의 수분흡수제 ⇒ CaO

3. 일산화탄소(CO)

　→ 독성 : LC 50 허용농도(3760ppm), TLV-TWA허용농도(25ppm), 가연성(12.5~74% : 폭발범위)
　완전연소시 생성되는 가스 : CO_2, H_2O
　불완전연소시 생성되는 가스 : CO, H_2
① CO는 고온고압하에서 Ni, Fe 등과 화합시 카보닐을 생성하여 부식을 일으킴
　Ni+4CO → Ni(CO)4(니켈카보닐)

Fe+5CO → Fe(CO)5(철카보닐)

CO의 부식명 : 카보닐(침탄)

- CO의 부식방지법

   고압 하에서 Ni-Cr계 스테인리스강을 사용하거나 장치내면을 '구리'나 '알루미늄' 등으로 피복한다.

② 상온에서 염소와 반응하여 포스겐을 생성

5ppm(LC 50)

$CO+Cl_2 \rightarrow COCl$ (포스겐)

③ 압력을 올리면 폭발범위는 좁아진다.

   ㉠ CO 외의 다른 모든가스는 넓어진다.

   ㉡ 수소는 압력을 올리면 폭발범위가 좁아지다가 계속 압력을 올리면 다시 폭발범위가 넓어진다.

4. 이산화탄소(CO_2)

① 대기 중의 존재량은 약 0.03%

② 공기 중에 다량으로 존재하면 산소부족으로 질식한다.

③ **드라이아이스 제조법** : CO_2를 100atm까지 압축한 뒤에 −25℃까지 냉각시키고 단열 팽창시키면 드라이아이스가 얻어진다.

5. 질소(N_2) → 불연성, 압축가스

① 공기 중에 78.1% 함유

② 고온고압 하에서 수소와 작용하여 암모니아가 생성된다.

$N_2+3H_2 \rightarrow 2NH_3$

③ 비등점은 −195.8℃

④ 불활성이므로 가연성 가스로 취급하는 장치의 퍼지용(치환용)에 사용

⑤ 질소비료로 이용

6. 희가스(불활성 가스) → 비활성 기체(He, Ne, Ar, Kr, Xe, Rn)

① 희가스를 충전한 방전관의 발광색

He	Ne	Ar	Kr	Xe	Rn
황백색	주황색	적색	녹자색	청자색	청록색

② **용도** : 가스크래마토그래피 분석용 캐리어 가스로 사용

③ **캐리어 가스 종류** : H_2, N_2, He, Ne(가장 많이 사용 : N_2, He)

7. 메탄(CH_4)

① **가연성** : 연소범위 5~15%

② **압축가스** : 비등점 −162℃

③ 천연가스 주성분이며 CH_4을 액화하여 생성된 LNG는 도시가스의 주원료로 사용

④ 분자량 16g으로 공기보다 가볍다.

⑤ 염소와 반응시 다음 물질을 생성한다.

$CH_4+Cl_2 \rightarrow HCl+CH_3Cl$(염화메틸) : 냉동제
$CH_3Cl+Cl_2 \rightarrow HCl+CH_2Cl_2$(염화메틸렌) : 소독제
$CH_2Cl_2+Cl_2 \rightarrow HCl+CHCl_3$(클로로포름) 마취제
상기 반응을 탈수소반응이라 한다.

8. LP가스 → C_3H_8(프로판), C_4H_{10}(부탄)

① 공기 중의 비중은 공기의 약 1.5~2배, 낮은 곳에 체류하기 쉽고 인화폭발의 위험성이 크다

② 천연고무를 잘 용해한다.

LP가스 배관의 패킹제로는 합성고무제인(실리콘 고무)을 사용한다.

③ **폭발범위(%)**

C_3H_8 : 2.1~9.5, 비등점 −42℃, 기화방식 : 자연기화방식(가정용)
C_4H_{10} : 1.8~8.4, 비등점 −0.5℃, 기화방식 : 강제기화방식(공업용)

LP가스의 특성	LP가스의 연소특성
• 가스는 공기보다 무겁다. • 액은 물보다 가볍다.(액비중 0.5) • 기화, 액화가 용이하다. • 기화시 체적이 커진다.(액 1ℓ → 기체 250ℓ) • 증발잠열이 크다.	• 연소속도가 늦다. • 연소범위가 좁다. • 연소시 다량의 공기가 필요하다. • 발열량이 크다. • 발화온도가 높다.

④ 연소반응식에 의한 계산법

C_3H_8의 1mol당 발열량은? 530kcal/mol

C_3H_8의 1m³당 발열량은? 24,000 kcal/m³

C_3H_8의 1kg당 발열량은? 12,000kcal/mol

→ $C_3H_8+5O_2+3CO_2+4H_2O+530$ kcal/mol

→ $C_4H_{10}+6.5O_2 \rightarrow 4CO_2+5H_2O+700$ kcal/mol

※ $C_3H_8 + 5O_2 \rightarrow 3CO_2 + 4H_2O$

  1mol 5mol 3mol 4mol

  22.4ℓ 5×22.4ℓ 3×22.4ℓ 4×22.4ℓ

  44g 5×32g 3×44g 4×18g

이렇게 구해진 값에서 계산문제에 적용하여 계산한다. → '부탄'도 마찬가지이다.

9. 아세틸렌(C_2H_2) → 용해가스, 가연성

① **폭발범위** : 2.5~81%(공기 중, 가장 넓다), 2.5~93%(산소 중)

② **성질** : 공기보다 가볍고 무색인 가스

③ **C_2H_2에 섞여 있는 불순물** : H_2S (황화수소), PH_3 (인화수소), NH_3 (암모니아), SiH_4 (규화수소), N_2 (질소), O_2 (산소), CH_4 (메탄)

④ **C_2H_2의 폭발성**

㉮ 분해폭발 : $C_2H_2 \rightarrow 2C+H_2$

㉯ 동 아세틸라이트 폭발 : $2CU+C_2H_2 \rightarrow CU_2C_2+H_2$
CU와 결합시 폭발성 물질인 CU_2C_2가 생성되므로 동 함유량이 62% 미만이어야 한다.

㉰ 산화폭발 : $C_2H_2+2.5O_2 \rightarrow 2CO_2+H_2O$(2.5~81%)

⑤ **C_2H_2 충전방법** : 용제를 용기에 주입 C_2H_2을 충전 후 폭발방지를 위해 다공물질을 넣는다.

㉮ 용제를 녹일 수 있는 물질) : 아세톤, DMF

㉯ 다공물질 : 석면, 규조토, 목탄, 석회, 다공성 플라스틱

㉠ 다공도 $= \dfrac{V-E}{V} \times 100 \begin{cases} V : 다공물질의\ 용적 \\ E : 아세톤\ 함유\ 잔용적 \end{cases}$

㉡ 법상 유지하여야 하는 다공도 : 75~92%

㉰ (2.5MPa) 이상으로 압축시 (N_2, CH_4, CO, C_2H_4 등의 희석제 첨가)
C_2H_2의 Fp=15℃, (1.5MPa) 이하

⑥ **제조법**

카바이트에서의 제조 : $CaC_2+2H_2O \rightarrow C_2H_2+Ca(OH)_2$

㉮ 카바이트(CaC_2) 취급시 주의사항

㉠ 우천시 수송금지

㉡ 드럼통은 안전하게 취급

㉢ 저장실은 통풍이 양호

㉣ 타 가연물과 혼합 적재하지 말 것

⑦ **C_2H_2가스발생기의 종류**

㉮ 발생압력에 따라 : 저압식7kPa(0.07kg/cm²), 중압식7kPa~0.13MPa(0.07~1.3kg/cm²), 고압식 0.13MPa(1.3kg/cm²)이 있다.

㉯ 발생형식에 따라 : 주수식, 투입식, 침지식

⑧ **C_2H_2 압축기**

㉮ 윤활유는 양질의 광유

㉯ 냉각수 온도는 20℃ 이하 유지

㉰ 회전수 100rpm(분당 100회 회전) 저속압축기 사용

⑨ **가스청정기** : 아세틸렌 중 불순물이 존재하면 C_2H_2의 순도 저하, 폭발의 원인, C_2H_2 충전시 C_2H_2이 아세톤에 용해되는 것이 저해된다.

⑩ **C_2H_2 청정제**

C_2H_2 불순물 제거를 위하여 사용되는 물질 : 에퓨렌, 카타리솔, 리가솔

⑪ **아세톤 및 DMF 충전량**

구 분	용기구분	다공물질의 다공도(%)
아세톤	내용적 10ℓ 이하	41.8% 이하
DMF	내용적 10ℓ 이하	43.5% 이하

10. 암모니아(NH_3) → 독성(LC 50 : 7338ppm/TLV-TWA : 25ppm), 가연성(15~28%)

① 모든 가연성 가스의 충전구 나사는 왼나사
② NH_3, CH_3Br(브롬화메탄)는 오른나사
③ 모든 가연성의 전기설비는 방폭구조로 해야 하지만 NH_3, CH_3Br은 제외
  - 이유 : 가연성의 정의에 벗어나는 가연성 가스이므로 폭발하한이 타 가연성 가스보다 높고 폭발범위가 좁아 타가연성에 비해 폭발우려가 적으므로
④ **물리적 성질**
  물에 잘 녹는다.(물 1에 NH_3(800)가 녹는다)
  ※ NH_3(부식), C_2H_2(폭발) 되므로 동 함유량이 62% 미만이어야 한다.
⑤ **암모니아 제조법** : $N_2 + 3H_2 \rightarrow 2NH_3$
  ㉮ 60~100MPa(600~1,000kg/cm²) : 클로드법, 카자레법(고압합성)
  ㉯ 30MPa(300kg/cm²) 전후 : 1G법, 동공시법(중압합성)
  ㉰ 15MPa(150kg/cm²) 전후 : 구데법, 케로그법(저압합성)
⑥ **건조제** : 소다석회

11. 시안화수소(HCN)

→ 독성(LC 50 : 140ppm / TLV-TWA : 10ppm), 가연성(폭발범위 6~41%)

① 특유한 복숭아 냄새 또는 감냄새
② '중합폭발'의 위험 → 충전 후 60일을 넘지 않게 한다.
③ **중합방지 안정제** : 황산, 염화칼슘, 인산, 동망, 오산화인

※ 중합폭발 : 수분이 2% 이상 함유시 일어나는 폭발, 수분 때문에 시안화수소의 순도가 98% 이상이어야 한다.

12. 포스겐($COCl_2$) → 독성(LC 50 : 5ppm / TLV-TWA : 0.1ppm)

① 건조상태에서는 공업용 금속재료가 거의 부식하지 않으나 수분이 존재하면 가수분해되어 염산이 생성되므로 부식이 일어난다.
  $COCl_2 + H_2O \rightarrow CO_2 + 2HCl$

② 중화제

NaOH (가성소다), Ca(OH)$_2$ (소석회) (LC 50 허용용도 5ppm)

③ 포스겐은 <u>일산화탄소, 염소</u>와 활성탄촉매를 사용하면 얻을 수 있다.

CO + Cℓ_2 → COCℓ_2

㉮ 활성탄촉매 : 촉매로 '활성탄'이 쓰인다는 말

㉯ 촉매 : 반응을 빠르게(정촉매) 또는 느리게(부촉매)하는 물질

13. 산화에틸렌(C$_2$H$_4$O) → 독성(LC 50 허용농도 2900ppm), 가연성(3~80%)

① 분해폭발을 일으키는 가스 : C$_2$H$_2$, C$_2$H$_4$O, N$_2$H$_4$

② 산화에틸렌은 분해, 중합폭발을 동시에 가지고 있으나 금속염화물과 반응시는 중합폭발을 일으킨다.

> **독성 가스인 동시에 가연성 가스인 것들**
> 아크릴로니트릴, 벤젠, 시안화수소, 일산화탄소, 산화에틸렌, 염화메탄, 황화수소, 이황화탄소, 석탄가스, 암모니아, 브롬화메탄

STEP 03 연소와 폭발

1. 연소 및 폭발

1) 연소
산소와 가연성 물질이 결합하여 빛과 열을 수반하는 산화반응

① **연소의 3요소** : 가연물, 산소공급원, 점화원

② **연소파** : 화염의 진행속도

㉮ 가스의 정상연소속도 : 0.1~10m/sec

㉯ 폭굉의 속도 : 1,000~3,500m/sec

㉰ 수소가스의 폭굉속도 : 1,400~3,500m/sec

㉱ 정전기방지대책 : 공기이온화, 접지, 상대습도 70% 이상 유지

2) 폭발

① **분해폭발** : C_2H_2 , C_2H_4O, N_2H_4

② **밀폐공간의 가스폭발** : 가스가 팽창하여 0.7~0.8MPa의 고압이 되어 용기를 파괴

③ **밀폐공간에서 가스가 폭발하여 기물과 건물을 파괴시** : 압력은 1.5~1.6MPa

3) 안전 간격 및 폭발등급

① 일반적으로 가연성 가스의 폭발범위는 압력이 높을수록 넓어진다(CO는 제외).

② **안전간격** : 8ℓ의 구형용기 안에 폭발성 혼합가스를 채우고 화염전달 여부를 측정, 화염이 전파되지 않는 간격이다.

③ **안전간격에 따른 폭발등급**

㉮ 1등급 : 안전간격 0.6mm 이상 (메탄, 에탄, 프로판) (주로 폭발범위가 좁은 가스)

㉯ 2등급 : 안전간격 0.6~0.4mm (에틸렌, 석탄가스)

㉰ 3등급 : 안전간격 0.4mm 이하 (수소, 아세틸렌, 수성가스, 이황화탄소 등) (폭발범위가 넓은 가스)

㉠ 안전간격 : 화염이 전파되지 않는 한계의 틈

㉡ 안전간격이 넓은 가스는 안전하고 안전간격이 좁은 가스는 위험하다.

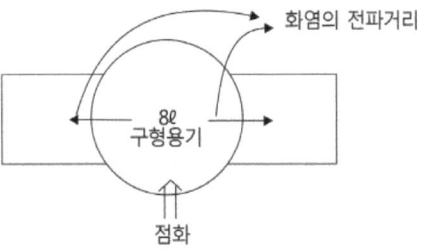

2. 고압가스용기

① 가스충전용기는 항상 40℃ 이하유지

② **가스 누설시 조치사항**

㉮ 용기밸브를 잠근다.

㉯ 중간밸브를 잠근다.
㉰ 창문을 열어 통풍시킨다.
㉱ 판매점에 연락한다.

3. 압축가스(O_2, N_2, H_2)

Fp = 15MPa

① **항구증가율(영구증가율)** : 10% 이하가 되어야 한다.

② 항구증가율 = $\dfrac{항구증가량}{전증가량} \times 100$

4. 저장능력 산정식

① 압축가스 용기

$Q = (10P+1)V \begin{cases} G : 저장능력(m^3) \\ P : 35C에서 최고충전압(MPa) \to 15MPa사용 \\ V : 용기내용적(m^3) \end{cases}$

> ● 수소 50ℓ 용기에 Fp(15MPa)로 충전시 충전된 수소는 몇 ℓ, 몇 kg 인가?
>
> $Q = (10P+1)V = (150+1) \times 0.05 = 7.55m^3$
>
> $H_2 = 2kg : 22.4m^3 = xkg : 7.55m^3$
>
> $\therefore x\,kg = \dfrac{7.55}{22.4} \times 2 = 0.674kg$

② 압축가스 설비(저장탱크 및 배관)

$M = 10PV \begin{cases} M : 설비가스의 저장량(m^3) \\ P : 충전압력(MPa) \\ V : 설비내용적(m^3) \end{cases}$

$M = PV \begin{cases} M : 설비가스의 저장량(m^3) \\ P : 충전압력(kg/cm^3) \\ V : 설비내용적(m^3) \end{cases}$

> 수소 저장탱크 50,000ℓ에 10MPa로 충전되어 있는 탱크 5기가 있을 때 저장능력은 몇 m^3인가?
> $M = 10PV = 100 \times 50 \times 5 = 25,000m^3$

③ 액화가스용기

$$G = \frac{V}{C} \begin{cases} V : 용기의 내용적(\ell) \\ G : 액화가스 질량(kg) \\ C : 충전상수(가스정수) \end{cases}$$

각 가스 충전상수(C)
- 프로판 : 2.35
- 부탄 : 2.05
- 암모니아 : 1.86
- CO_2 : 1.47
- $C\ell_2$: 0.8

● C_3H_8 용기 47 ℓ 에 충전되는 양은 몇 kg인가? 이 때의 충전량과 안전공간은 몇 %인가?
(단, 액비중은 0.50이다)

$$G = \frac{V}{C} = \frac{47}{2.35} = 20kg$$

ℓ, kg 즉 부호가 다르므로 ℓ로 통일시키기 위해 액비중
(0.5 kg/ℓ) 사용 1ℓ : 0.5 kg

$x \ell$: 20kg ∴ $x = 40\ell$

충전량 = $\frac{40}{47} \times 100 = 85.10\%$

안전공간 = $\frac{47-40}{47} \times 100 = 14.89\%$

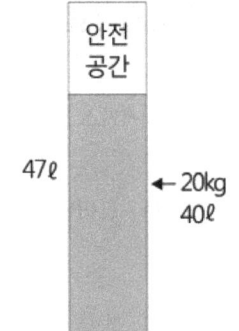

④ 액화가스 저장설비

$$G = 0.9dv \begin{cases} G : 저장능력(kg) \\ d : 상용온도에서의 액비중(kg/\ell) \\ v : 저장설비 내용적(\ell) \end{cases}$$

● 액화산소탱크 5,000 ℓ 에 충전할 수 있는 질량은 몇 kg인가?(단, 비중은 1.14)

$G = 0.9dv$

$0.9 \times 1.14 \times 5,000$

∴ 5,130 kg

5. 배관

1) 관이음

① 관이음 방법

종류	도시기호
나사이음	—┼— (일시이음)
플랜지이음	—┼┼— (일시이음)
소켓이음(턱걸이형)	—⊂— (일시이음)
유니언형	—┼╂┼— (일시이음)
용접이음	—✕— (영구이음)
납땜이음	—◯— (영구이음)

② 신축이음

종류	도시기호
슬리브 이음	—▭—
스위블 이음	⋀⋁⋀⋁
벨로스 이음(펙레스)	⋀⋁⋀⋁⋀⋁
루프이음	Ω

2) 상온스프링(콜드스프링)

배관의 자유팽창량을 미리 계산하여 관의 길이를 짧게 절단하는 강제배관으로 열팽창을 흡수하는 방법(절단 길이는 자유팽창량의 1/2)

3) 배관에서의 응력

① 열팽창에 의한 응력

② 내압에 의한 응력

③ 냉간가공에 의한 응력

④ 용접에 의한 응력

⑤ 배관부속물의 중량에 의한 응력(진동의 원인과 응력의 원인이 서로 상응하여 출제가 많이 된다.)

4) 배관의 진동원인

① 펌프, 압축기 등에 의한 진동

② 파이프를 흐르는 유체의 압력 변화에 의한 진동

③ 파이프 굽힘에 의해 생기는 힘의 영향

④ 안전밸브의 분출에 의한 진동

⑤ 자연의 영향(바람, 지진 등)

5) LP가스 공급, 소비 설비의 압력손실 요인

① 배관입상에 의한 손실

② 밸브나 엘보우 등을 통과할 때의 손실

③ 가스미터에 의한 손실

④ 마찰저항(직선배관)에 의한 손실

6) 배관내의 압력손실

① **마찰저항(직선배관)에 의한 손실**

㉮ 직선배관에 의한손실

$$H = \frac{Q^2 \cdot S \cdot L}{K^2 \cdot D^5}$$

- H : 압력손실(mmH$_2$O)
- Q : 가스유량(m³/Hr)
- S : 가스비중
- L : 관길이(m)
- K : 유량계수
- D : 관지름(cm)

㉠ 유량의 제곱에 비례한다.

㉡ 관 길이에 비례한다.

㉢ 관 내경의 5승에 반비례한다.

㉣ 관 내면의 거칠기에 관계가 있다.

② **입상배관에 의한 손실**

㉮ 압력강하 산출식

$$h = 1.293(S-1)H$$

- h : 압력손실(mmH$_2$O)
- S : 가스비중
- H : 입상높이(m)

③ 가스미터에 의한 손실

④ 밸브, 안전밸브에 의한 손실

6. 고압장치

① **무이음용기**(O_2, H_2, N_2, Ar, CO_2, CO), 주로 압축가스이나 액화가스 중 CO_2는 무이음용기에 해당(CO_2는 하계에 증기압이 4~5MPa까지 상승하므로 용접용기에 충전시 위험하다.)

② **용접용기(액화가스용기)** : C_3H_8, C_4H_{10}, Cl_2, NH_3

㉮ 용기의 구분

구분\성분	C(%)	P(%)	S(%)
용접용기	0.33	0.04	0.05
무이음용기	0.55	0.04	0.05

㉯ 용접용기의 이점 : 경제적, 모양 치수가 자유롭다, 두께 공차가 적다.

③ **초저온용기** : 섭씨 −50℃ 이하인 용기로서 단열재로 피복하거나 냉동설비로 냉각하여 용기내 온도가 상용온도를 초과하지 않도록 조치한 용기이다.(초저온용기는 오스테나이트계스텐레스강 또는 알루미늄합금으로 제조)

④ **용기재료 구비조건**

㉮ 내식성, 내마모성을 가질 것
㉯ 가볍고 충분한 강도를 가질 것
㉰ 저온 및 사용 중에 견디는 연성, 점성, 강도가 있을 것
㉱ 용접성, 가공성이 뛰어나고 가공중 결함이 없을 것

⑤ **비열처리재료** : 오스테나이트계 스테인리스강, 내식 알루미늄합금판, 내식 알루미늄합금 단조품 등과 같이 열처리가 필요없는 것

㉮ 용기두께 계산식

- 용접용기동판 : $t = \dfrac{PD}{2Sn - 1.2p} + C$
- 프로판용기 두께 : $t = \dfrac{PD}{0.5Sn - P} + C$
- 산소용기두께 : $t = \dfrac{PD}{2SE}$
- 염소용기두께 : $t = \dfrac{PD}{2S}$

t : 용기두께(mm)
s : 허용응력 = 인장강도 $\times \dfrac{1}{4}$ (N/mm²)
E : 안전율
S : 인장강도(프로판, 산소, 염소용기)(N/mm²)
P : F_p(최고충전압력)(MPa)
D : 내경(mm)
C : 부식여유치(mm)

NH_3		Cl_2	
1,000 ℓ 이하	1mm	1,000 ℓ 이하	3mm
1,000 ℓ 초과	2mm	1,000 ℓ 초과	5mm

⑥ 용접용기동판의 최대두께와 최소두께의 차이는 평균두께의 10% 이하이다.

⑦ 내용적 20ℓ 이상 125ℓ 미만의 LPG용기에는 부식 및 넘어짐을 방지하고 넘어짐에 의한 충격을

완화하기 위하여 적절한 재질 및 구조의 스커트를 부착할 것

⑧ 이음매 없는 용기동판의 최대 최소두께의 차이는 평균두께의 20% 이하이다.

7. 고압밸브

1) **충전구 형식에 따른 분류**
   ① A형 : 숫나사
   ② B형 : 암나사
   ③ C형 : 충전구에 나사가 없음
   ※ 충전구 나사형식에 따른 분류에는 왼나사, 오른나사로 구분하는 경우도 있다.
   ㉮ 왼나사 : 가연성 가스
   ㉯ 오른나사 : NH_3, CH_3Br을 포함한 가연성 이외의 가스

2) **밸브의 종류**
   ① **체크 밸브** : 리프트형(수평배관), 스윙형(수직, 수평배관 겸용)
   ② **스톱밸브(앵글밸브, 글로브밸브)** : 유량 조절에 적합

3) **안전밸브의 종류**
   ① **스프링식 안전밸브** : 용기내의 압력이 설정압력 이상이 되며 스프링의 힘으로 가스를 외부로 분출시킴
   ② **가용전식 안전밸브** : 용기내의 온도가 설정온도 이상이 되면 가용금속이 녹아 가스를 외부로 배출 (염소, 아세틸렌의 경우 가용전식을 사용)
   ③ **파열판식(박판식) 안전밸브** : 용기내의 압력이 급격히 상승할 때 얇은 금속판이 파열되어 가스를 외부로 배출
   ④ **중추식 안전밸브(지렛대식)** : 추의 무게를 이용하여 가스압력이 높아질 경우 작동하여 가스를 외부로 배출

   ※ **파열판식의 특징**
   - 구조간단, 부식성 유체에 적합하다.
   - 밸브시트의 누설은 없다.
   - 1회용(한번 작동시 새로운 박판과 교체)

4) **고압밸브의 특징**
   ① 주조보다 단조품이다.
   ② 밸브시트는 내식성과 경도 높은 재료가 쓰인다.
   ③ 시트를 교체할수 있는 구조이다.

5) 배관재료의 구비조건
   ① 관내 가스 유통이 원활할 것
   ② 내식성이 있을 것
   ③ 절단가공이 용이할 것
   ④ 충격하중에 견디는 강도 있을 것
   ⑤ 관의 접합이 용이할 것
   ⑥ 누설이 방지될 것

6) 가스배관경로
   ① 최단거리로 할 것(최단)
   ② 구부러지거나 오르내림이 적을 것(직선)
   ③ 은폐매설을 피할 것(노출)
   ④ 가능한 옥외에 설치할 것

8. 공기액화분리장치의 안전밸브 분출면적 계산

$$a = \frac{W}{2300p\sqrt{\dfrac{M}{T}}}$$

- a : 분출면적(cm²)
- W : 시간당 분출가스량(kg/hr)
- P : 안전밸브작동압력(MPa)
- M : 분자량
- T : 분출 직전의 절대온도(K)

9. 용기의 검사

1) 수조식 내압시험의 특징
   ① 소형 용기에서 행한다.
   ② 팽창이 정확하게 측정된다.
   ③ 측정결과의 신뢰성이 크다.

   ※ **고압 가압시험** : 납붙임 접합용기에 내압시험 대신 행하는 시험

2) C_2H_2용기의 다공질물

   용기 직경의 $\dfrac{1}{200}$ 또는 3mm를 초과하지 않는 틈이 있는 것은 합격

10. 배관의 유량식

1) 저압배관 유량식

$$Q = K\sqrt{\dfrac{D^5 H}{SL}}$$

- Q : 가스유량(m³/hr)
- S : 가스비중
- H : 압력손실(mmH₂O)
- D : 관경(cm)
- K : Pole계수(0.707)
- L : 관길이 (m)

2) 중고압배관 유량식

$$Q = K\sqrt{\dfrac{D^5(P_1^2 - P_2^2)}{SL}}$$

- Q : 가스유량(m³/hr)
- S : 가스비중
- P_1 : 배관의 시점압력(kg/cm²a)
- L : 배관길이 (m)
- D : 관경(cm)
- K : Cox의 상수(52.31)
- P_2 : 배관의 종점압력(kg/cm²a)

① **저압배관 설계의 4요소** : 가스유량, 압력손실, 관지름, 관길이
② **관경결정의 4요소** : 가스유량, 압력손실, 관길이, 가스비중

11. 고압가스 저장설비

1) 원통형 저장탱크

$$V = \dfrac{\pi}{4} d^2 \times L$$

원통형 탱크에는 안전밸브, 압력계, 온도계, 액면계, 긴급차단밸브, 드레인밸브 등이 있다.

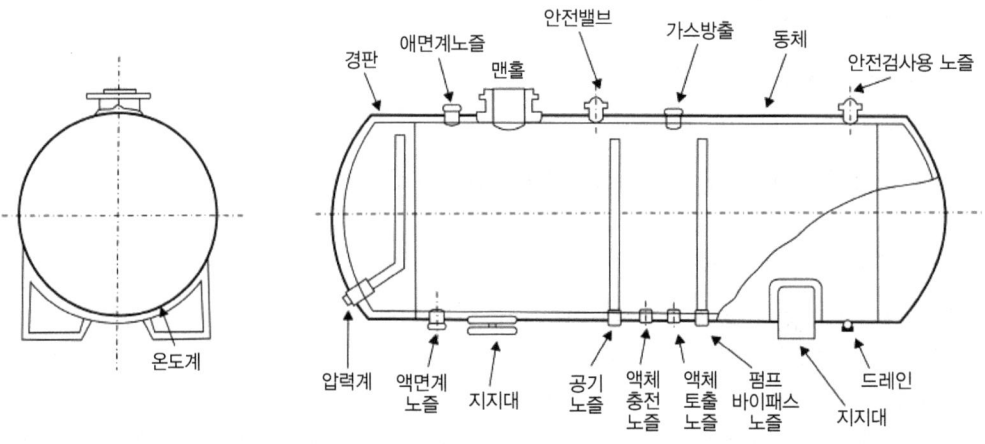

원통형 저장탱크의 구조

2) 구형 저장탱크

$$V = \frac{\pi}{6}d^3 = \frac{4}{3}\pi r^3$$

- V : 탱크내용적(m^3)
- d : 탱크지름(m)
- r : 탱크의 지름(m)

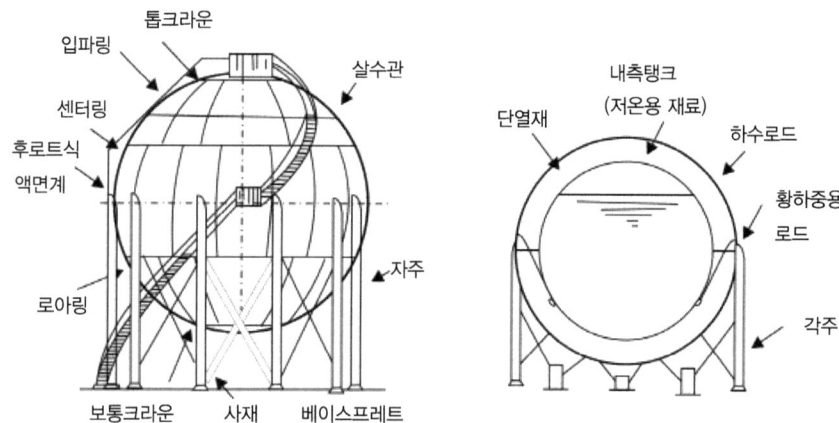

단각식과 2중각식 구형 저장탱크의 구조

① **구형 저장탱크의 특징**
  ㉮ 모양이 아름답다.
  ㉯ 표면적이 작다.
  ㉰ 강도가 높다.
  ㉱ 누설이 방지된다.
  ㉲ 건설비가 저렴하다.

3) 오토클래이브(Auto clave)

① 액체를 가열하면 온도 상승과 함께 증기압도 상승한다. 이 액상을 유지하며 어떤 반응을 일으킬 때 필요한 고압반응 가마솥을 말한다.
② **종류** : 교반형, 진탕형, 회전형, 가스교반형

4) 진공단열법

① **종류** : 고진공단열법, 분말진공단열법, 다층진공단열법

5) 가스액화의 원리

① **줄-톰슨 효과** : 압축가스를 단열팽창시키면 온도나 압력이 강하하는 현상
② **액화장치의 종류** : 린데식, 클로드식, 필립스식

6) 크리프 현상 : 일정 온도(350℃) 이상에서 재료에 하중을 가하면 시간과 더불어 변형이 증대되는 현상

① 안전율 = $\dfrac{\text{인장강도}}{\text{허용응력}}$

② 변형율 = $\dfrac{\text{변형된 길이}}{\text{처음 길이}} \times 100 = \dfrac{\lambda(\ell' - \ell)}{\ell} \times 100(\%)$

③ 가공도 = $\dfrac{\text{나중 단면적}}{\text{처음 단면적}} \times 100 = \dfrac{A}{A_0} \times 100(\%)$

④ 단면수축율 = $\dfrac{\text{나중 단면적} - \text{처음 단면적}}{\text{처음 단면적}} \times 100 = \dfrac{A - A_0}{A_0} \times 100(\%)$

⑤ $\sigma = \dfrac{W}{A}$

σ : 응력(kg/cm^2), W : 하중(kg), A : 단면적(cm^2)

12. 열처리의 종류

① **풀림(Annealing, 소둔)** : 잔류응력 제거, 강도의 증가(인장강도 증가와는 다름) 냉간가공을 용이하게 하기 위해 뜨임보다 약간 높게 가열 후 서냉시킨다.

② **불림(Normalizing, 소준)** : 소성가공으로 거칠어진 조각을 미세화하거나 정상상태로 하기 위해 가열 후 공랭시킨다.

③ **뜨임(Tempering, 소려)** : 인성 증가 담금질보다 낮게 가열 후 서냉시킨다.

④ **담금질(Quenching, 소임)** : 경도나 강도를 증가시키기 위해 가열 후 급랭시킨다.

13. 부식

1) 부식의 형태

① **전면부식** : 전면이 균일하게 일어나는 부식

② **국부부식** : 특정 부분에 집중되는 부식

③ **입계부식** : 결정입계가 선택적으로 부식되는 양상

④ **선택부식** : 합금 중 특정 성분만 일어나는 부식

⑤ **응력부식** : 연성재료임에도 취성파괴를 일으키는 현상

2) 부식속도에 영향을 주는 인자

pH, 온도, 부식액 조성, 금속재료 조성, 응력, 표면상태 등

3) 방식법
    ① **방식법의 종류**
        ㉮ 부식억제제(인버히터)에 의한 방식
        ㉯ 부식환경처리에 의한 방식법
        ㉰ 전기방식법
        ㉱ 피복에 의한 방식
    ② **전기방식법의 종류**
        ㉮ 유전(전류)양극법
        ㉯ 외부전원법
        ㉰ 선택배류법
        ㉱ 강제배류법

4) 금속재료의 이상 현상
    ① **청열취성** : 200~300℃에서 인장강도의 경도가 커지고 연신율이 감소되어 강이 취약하게 되는 성질
    ② **적열취성** : 900℃ 이상에서 산화철, 황화철이 되어 부작용이 되는 현상
    ③ 탄소량이 증가할수록 인장강도, 항복점, 경도, 취성이 증가하고 연신율, 충격치, 단면수축율이 감소한다.

STEP 04 압축기 및 펌프

1. 압축기

1) 작동압력에 따른 분류

   ① **압축기** : 토출압력 $0.1MPa(1kg/cm^2)g$ 이상

   ② **송풍기** : 토출압력 $10kPa\sim0.1MPa(1,000mmH_2O\sim1kg/cm^2)g$ 미만

   ③ **통풍기** : 토출압력 $10kPa(1,000mmH_2O)g$ 미만

2) 압축방식에 의한 분류

   ① **터보형** : 원심, 축류, 사류

   ② **용적형** : 왕복, 회전, 나사

3) 안전장치

   ① **안전두** : 정상압력 + $0.3\sim0.4MPa(3\sim4kg/cm^2)$

   ② **고압차단 스위치(HPS)** : 정상압력 + $0.4\sim0.5MPa(4\sim5kg/cm^2)$

   ③ **안전밸브** : 정상압력 + $0.5\sim0.6MPa(5\sim6kg/cm^2)$

4) 왕복압축기

   스카치요크형 : 실린더내 피스톤을 왕복운동시켜 기체를 흡입, 압축, 토출하는 형식

   ① **왕복동 압축기의 특징**

   ㉮ 오일윤활식, 무급유식

   ㉯ 용량조절이 쉽다.

   ㉰ 압축효율이 높다.

   ㉱ 소음, 진동이 발생하고 설치면적이 크다.

   ㉲ 압축이 단속적이다.

   ※ **왕복압축기의 내부압력 : 저압**

   ② **왕복동 압축기의 용량 제어방법**

   ㉮ 연속적 용량제어방법

   ㉠ 타임드밸브에 의한 방법

   ㉡ 바이패스밸브에 의한 방법

   ㉢ 회전수 변경법

   ㉣ 흡입주밸브 폐쇄법

   ㉯ 단속적 용량제어 방법

   ㉠ 흡입밸브 강제 개방법

   ㉡ 클리아란스 밸브에 의한 방법

   ③ **피스톤 압출량**

$$V = \frac{\pi}{4} d^2 \times L \times N \times n \times n_v \quad \begin{cases} V : 피스톤\ 압출량(m^3/min) & L : 행정(m) \\ n : 기통수 & d : 내경(m) \\ N : 회전수(rpm) & n_v : 체적효율 \end{cases}$$

④ **고속다기통 압축기의 특징**
   ㉮ 체적효율이 낮다.
   ㉯ 부품교환이 간단하다.
   ㉰ 용량제어가 용이하다.
   ㉱ 소형 경량, 동적, 정적 밸런스가 양호하다.
   ㉲ 고장 발견이 어렵다.
   ㉳ 실린더 직경이 행정보다 크거나 같다.

⑤ **밸브 구비조건**
   ㉮ 개폐 확실
   ㉯ 작동 양호
   ㉰ 운전 중 분해하지 말 것
   ㉱ 충분한 통과단면을 가질 것
   ㉲ 유체저항이 적을 것

⑥ **압축기 효율**
   ㉮ 체적효율$(n_v) = \dfrac{실제가스\ 흡입량}{이론가스\ 흡입량}$

   ㉯ 압축효율$(n_c) = \dfrac{이론동력}{지시동력}$

   ㉰ 기계효율$(n_m) = \dfrac{지시동력}{축동력}$ 축동력$= \left[\dfrac{이론동력}{n_c \times n_m}\right] \begin{bmatrix} n_c : 압축효율 \\ n_m : 기계효율 \end{bmatrix}$

⑦ **압축비**

$$a = n\sqrt{\dfrac{P_2}{P_1}} \quad \begin{cases} n : 단수 \\ P_1 : 흡입압력 \\ P_2 : 토출압력 \end{cases}$$

⑧ **압축비 증대시 영향**
   ㉮ 체적효율 저하
   ㉯ 소요동력 증대
   ㉰ 실린더내 온도상승
   ㉱ 토출량 감소
   ㉲ 윤활유 열화 탄화
   ㉳ 윤활기능 저하

⑨ **다단압축의 목적**
  ㉮ 일량 절약
  ㉯ 온도 상승의 방지
  ㉰ 힘의 평형 양호
  ㉱ 효율 증가

⑩ **실린더 냉각의 목적**
  ㉮ 체적효율 증대
  ㉯ 압축효율 증대
  ㉰ 윤활기능 향상
  ㉱ 기계수명 연장

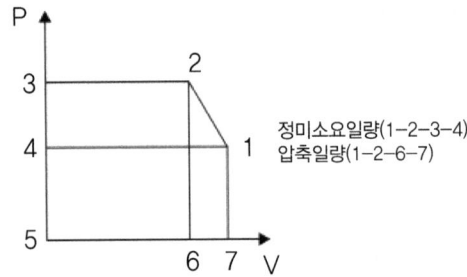

정미소요일량(1-2-3-4)
압축일량(1-2-6-7)

5) **원심압축기**

① **원심압축기의 특징**
  ㉮ 무급유식
  ㉯ 용량조정이 어렵다.
  ㉰ 소음, 진동이 없다.
  ㉱ 압축이 연속적이다.
  ㉲ 설치면적이 작다.

② **원심용량 조정방법**
  ㉮ 속도제어에 의한 방법
  ㉯ 바이패스에 의한 방법
  ㉰ 안내깃 각도(베인컨트롤) 조정
  ㉱ 흡입, 토출밸브 조정법

③ **임펠러깃 각도**
  ㉮ 다익형 : 90° 보다 클 때
  ㉯ 레이디얼형 : 90°
  ㉰ 터보형 : 90° 보다 작을 때

④ **서징 방지법**
  ㉮ 속도제어에 의한 방법
  ㉯ 바이패스법

- ㉰ 안내깃 각도 조절법
- ㉱ 교축밸브를 근접 설치하는 방법
- ㉲ 우상특성이 없게 하는 방법
⑤ **무급유 압축기**(왕복, 원심, 나사)
⑥ **무급유 윤활방식에 따른 링의 종류** : 카본링, 테프론링, 다이어프램링, 라비런스 피스톤링

6) 윤활유
① **윤활유의 사용목적**
- ㉮ 원활한 운전
- ㉯ 과열압축 방지
- ㉰ 가스누설 방지
- ㉱ 마찰저항 감소
- ㉲ 기계수명 연장

② **윤활유의 구비조건**
- ㉮ 경제적일 것
- ㉯ 화학적으로 안정되어 사용가스와 반응하지 않을 것
- ㉰ 인화점이 높고 응고점이 낮을 것
- ㉱ 수분 및 산 등의 불순물이 적을 것
- ㉲ 점도가 적당하고 항유화성이 클 것
- ㉳ 저온(왁스분)이 분리되지 않을 것
- ㉴ 고온(슬러지)이 생기지 않을 것

③ **압축기 운전, 관리 및 이상현상**
- ㉮ 운전 중 점검사항
  압력, 온도, 누설, 진동, 소음, 윤활유, 냉각수 이상유무 점검
- ㉯ 가연성 압축기 정지시 작업순서
  ㉠ 전동기 스위치를 내린다.
  ㉡ 최종스톱 밸브를 닫는다.
  ㉢ 드레인 밸브를 열어둔다.
  ㉣ 각 단의 압력저하를 확인 후 흡입밸브를 닫는다.
  ㉤ 냉각수를 배출한다.
- ㉰ 일반 압축기 정지 작업순서
  ㉠ 드레인 밸브 조정 밸브를 열어 응축수 및 기름을 배출한다.
  ㉡ 각 단의 압력을 0으로 하여 정지시킨다.
  ㉢ 주밸브를 잠근다.
  ㉣ 냉각수 밸브를 잠근다.
- ㉱ 압축기 관리상 주의사항
  ㉠ 단기간 정지시에도 1일 1회 운전
  ㉡ 장기간 정지시 윤활유 교환 냉각수 제거

ⓒ 냉각사관은 무게를 재어 10% 이상 감소시 교환
⑪ 운전개시 전 주의사항
　　ⓐ 모든 볼트, 너트 조임상태 확인
　　ⓑ 압력계, 온도계 점검
　　ⓒ 냉각수 확인
　　ⓓ 윤활유 점검
　　ⓔ 무부하상태에서 회전시켜 이상유무 확인
⑫ 중간단 압력 이상저하 원인
　　ⓐ 전단 흡입토출밸브 불량
　　ⓑ 전단 바이패스밸브 불량
　　ⓒ 전단 클리어런스밸브 불량
　　ⓓ 전단 피스톤링 불량
　　ⓔ 중간단 냉각기능력 과대
⑬ 중간단 압력 이상상승 원인
　　ⓐ 다음단 흡입토출밸브 불량
　　ⓑ 다음단 바이패스밸브 불량
　　ⓒ 다음단 클리어런스밸브 불량
　　ⓓ 다음단 피스톤링 불량
　　ⓔ 중간단 냉각기능력 과소
⑭ 흡입온도 이상상승 원인
　　ⓐ 전단 냉각기능력 저하
　　ⓑ 흡입밸브 불량에 의한 역류
　　ⓒ 관로의 수열
⑮ 토출온도 이상상승 원인
　　ⓐ 전단 냉각기 불량에 의한 고온 가스 흡입
　　ⓑ 흡입밸브 불량에 의한 고온가스 흡입
　　ⓒ 토출밸브 불량에 의한 역류
　　ⓓ 압축비 증가

2. 펌프(Pump)

1) 펌프의 구비조건
① 고온, 고압에 견딜 것
② 작동확실, 조작 간편할 것
③ 부하변동에 대응할 수 있을 것
④ 병렬운전에 지장이 없을 것

2) 직렬운전 : 양정증가, 유량불변 / 병렬운전 : 유량증가, 양정불변

3) 펌프 정지순서
① **원심펌프** : 토출밸브를 닫는다. → 모터를 정지시킨다. → 흡입밸브를 닫는다. → 펌프내 액을 뺀다.
② **왕복펌프** : 모터를 정지시킨다. → 토출밸브를 닫는다. → 흡입밸브를 닫는다. → 펌프내 액을 뺀다.
③ **기어펌프** : 모터를 정지시킨다. → 흡입밸브를 닫는다. → 토출밸브를 닫는다. → 펌프내 액을 뺀다.

4) 진공펌프로 사용하는 펌프 : 회전펌프

5) 펌프에서 일어나는 현상
① **캐비테이션(공동현상)** : 유수 중에 그 수온의 증기압보다 낮은 부분이 생기면 물이 증발을 일으키고 기포를 발생하는 현상
　㉮ 발생조건
　　㉠ 회전수가 빠를 때 → 회전수 낮춤
　　㉡ 흡입관경이 좁을 때 → 흡입관경 넓힘, 양 흡입펌프 사용
　　㉢ 설치위치가 높을 때 → 설치위치 낮춤, 두 대 이상 펌프 사용
　㉯ 발생에 따른 현상 : 소음, 진동, 깃의 침식, 양정효율곡선 저하

② **베이퍼록 현상** : 저비점 액체 이송시 펌프입구에서 발생하는 현상으로 액의 끓음에 의한동요
  ㉮ 방지법
    ㉠ 실린더라이너 냉각
    ㉡ 외부와 단열조치
    ㉢ 흡입관경 넓힘
    ㉣ 설치위치 낮춤

③ **수격현상(워터 햄머링)** : 펌프를 운전 중 정전 등에 의한 심한 속도변화에 따른 심한 압력변화가 생기는 현상
  ㉮ 수격작용 방지법
    ㉠ 관내 유속을 낮춘다.
    ㉡ 펌프에 플라이휠을 설치한다.
    ㉢ 조압수조를 설치한다.
    ㉣ 밸브를 송출구에 설치하고 적당히 제어한다.

6) **펌프의 계산식**

① **축마력**

$$L_{PS} = \frac{\gamma QH}{75\eta} = \frac{P \times Q'}{75\eta}$$

- γ : 비중량(kg/m³)
- Q : 유량(m³/sec)
- Q' : 피스톤 압출량(m³/sec)
- η : 효율
- LkW : 펌프의 동력
- P : 압력(kg/m²)
- H : 양정(m)
- L_{ps} : 펌프의 마력

② **축동력**

$$L_{KW} = \frac{\gamma QH}{102\eta}$$

$$L_{KW} = \frac{\gamma QH}{\eta} \text{ 이면 } \gamma : 비중량(KN/m^3)$$

③ **마찰손실수두**

$$h_f = \lambda \frac{\ell}{d} \cdot \frac{v^2}{2g}$$

- hf : 마찰손실수두(m)
- g : 중력가속도(9.8m/s2)
- ℓ : 관길이(m)
- v : 유속(m/s)
- d : 관경(m)
- λ : 관마찰계수

④ **비교회전도**

$$N_s = \frac{N\sqrt{Q}}{\left(\frac{H}{n}\right)^{\frac{3}{4}}}$$

- N_s : 비교회전도
- N : 회전수(rpm)
- Q : 유량(m³/min)
- H : 양정(m)
- n : 단수

⑤ 전동기 직결식 원심펌프의 회전수

$$N = \frac{120f}{P}\left(1 - \frac{S}{100}\right)$$

- N : 전동기 직결식 원심펌프 회전수(rpm)
- f : 전기주파수(60Hz)
- P : 모터극수
- S : 미끄럼률

7) 펌프운전중 회전수를 N → N'로 변경시

- 변경된
  - 송수량(유량) $Q' = Q \times \left(\frac{N'}{N}\right)^1$
  - 양정 : $H' = H \times \left(\frac{N'}{N}\right)^2$
  - 동력 : $P' = P \times \left(\frac{N'}{N}\right)^3$

- 상사로 운전시
  - $Q' = Q \times \left(\frac{N'}{N}\right)^1 \left(\frac{D'}{D}\right)^3$
  - $H' = H \times \left(\frac{N'}{N}\right)^2 \left(\frac{D'}{D}\right)^2$
  - $P' = P \times \left(\frac{N'}{N}\right)^3 \left(\frac{N'}{N}\right)^5$

Q : 처음 유량 Q' : 변경된 유량
H : 처음 양정 H' : 변경된 양정
P : 처음 동력 P' : 변경된 동력
N : 처음 회전수 N' : 변경된 회전수
D : 처음 직경 D' : 변경된 직경

8) 펌프 축봉장치에 사용되는 Seal의 종류

① **매커니컬실**
 ㉮ 특징
  ㉠ 누설방지
  ㉡ 특수액에 사용
  ㉢ 동력손실이 적고 효율이 좋다.
  ㉣ 구조복잡, 교환 조립이 힘들다.

② **언밸런스실** : 0.4MPa 이하에 사용

③ **밸런스실** : 0.4~0.5MPa 이상 (저비점 액체)

④ **더블실이 사용되는 경우**
 ㉮ 유독액, 인화성이 강한 액
 ㉯ 보냉 보온시
 ㉰ 누설되면 응고되는 액일 때
 ㉱ 고진공일 때
 ㉲ 기체를 실할 때

9) 공기압축기 내부 윤활유 규격

항목 탄소질량	인화점	교반시 온도	교반 시간
1% 이하	200℃	170℃	8시간
1~1.5% 이하	230℃	170℃	12시간

STEP 05 LP가스 도시가스 설비

1. LP가스 설비

1) 공급방식
   ① **자연기화**(C_3H_8) : 비등점 : −42℃
   ② **강제기화**(C_3H_8) : 비등점 : 0.5℃
      ㉮ 강제기화방식의 종류
         ㉠ 생가스 공급방식
         ㉡ 공급혼합가스 공급방식
         ㉢ 변성가스 공급방식

2) 공기혼합가스의 공급 목적
   ① 재액화 방지
   ② 발열량 조절
   ③ 누설시 손실 감소
   ④ 연소효율 증대

3) 기화장치(Vaporizer)
   기화기는 전열기나 온수에 의해 LPG액을 기화시키는 장치로 열발생부와 열교환부, 기타 각종 제어장치로 구성되어 있다. 기화기를 사용했을 때의 장점으로는
   • LP가스의 종류에 관계없이 한냉시에도 충분히 기화시킬 수 있다.
   • 공급가스의 조성이 일정하다.
   • 설치면적이 작아도 되고 기화량을 가감할 수 있다.
   • 설비비 및 인건비가 절감된다.
   ① **장치구성 형식에 따른 분류** : 단관식, 다관식, 사관식, 열판식
   ② **증발형식에 따른 분류** : 순간증발식, 유입증발식
   ③ **작동원리 따른 분류**
      ㉮ 가온감압식 : 열교환기에 의해 액상의 LP가스를 보내 온도를 가하고 기화된 가스를 조정기로

감압공급하는 방식으로 많이 사용된다.
  ④ 감압가온식 : 액상의 LP가스를 조정기 감압밸브를 감압, 열교환기로 보내 온수 등으로 가열하는 방식

④ **가열방식에 따른 분류**
  ㉮ 간접(열매체 이용)가열 : 온수를 매개체로 하여(전기가열, 가스가열, 증기가열)
  ㉯ 대기온도 이용방식

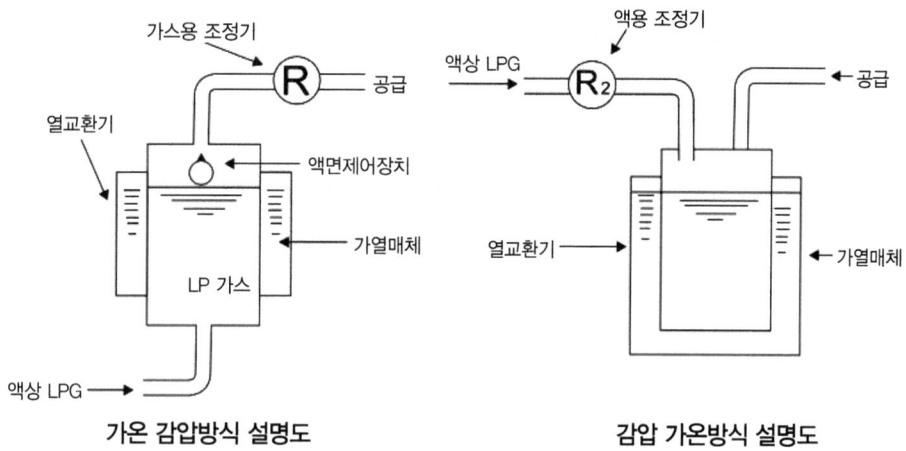

가온 감압방식 설명도   감압 가온방식 설명도

⑤ **기화기 사용시의 이점**
  ㉮ 한냉시 연속적 가스공급이 가능하다.
  ㉯ 기화량을 가감할 수 있다.
  ㉰ 공급가스 조성이 일정하다.
  ㉱ 설치면적이 적어진다.
  ㉲ 설비비, 인건비가 절감된다.

4) LP가스 이송설비 방법
① 압축기에 의한 방법   ② 펌프에 의한 방법   ③ 차압에 의한 방법

5) 압축기 이송

장점	단점
• 충전시간이 짧다. • 잔가스 회수가 용이하다. • 베이퍼록의 우려가 없다.	• 재액화의 우려가 있다. • 드레인의 우려가 있다.

6) 펌프 이송

장점	단점
• 재액화의 우려가 없다. • 드레인의 우려가 없다.	• 충전시간이 길다. • 잔가스의 회수가 불가능하다. • 베이퍼록의 우려가 있다.

7) 조정기
   ① **사용목적** : 유출압력을 조절하여 안정된 연소를 얻기 위함이다.
      - 고장시 영향 : 누설 및 불안전 연소
   ② **조정기의 종류**
      ㉮ 1단 감압식 : 한번에 소요압력으로 감압한다.
         ㉠ 장점 : 장치, 조작 간단
         ㉡ 단점 : 최종압력 부정확, 배관이 굵어진다.
      ㉯ 2단 감압식 : 용기 내 압력을 소요압력보다 약간 높게 감압 후 소요압력으로 감압한다.
         ㉠ 장점 : 공급압력 일정, 각 연소기구에 알맞은 압력으로 공급 가능, 입상에 의한 압력손실 보정, 중간배관이 가늘어도 된다.
         ㉡ 단점 : 설비, 검사방법 복잡, 조정기가 많이 든다, 재액화 우려
   ③ **자동교체식 조정기의 이점**
      ㉮ 전체 용기의 수량이 수동보다 적어도 된다.
      ㉯ 잔액이 없어질 때까지 소비된다.
      ㉰ 용기교환 주기의 폭을 넓힐 수 있다.
      ㉱ 분리형을 사용할 때 단단감압식 조정기보다 압력손실이 커도 된다.

8) 가스미터
   ① **사용목적** : 소비자에게 공급하는 가스체적을 측정, 요금환산의 근거로 삼는다.
   ② **가스미터 종류**
      ㉮ 실측식 : 건식, 습식
      ㉯ 추측식 : 오리피스, 벤투리, 와류, 터빈
      ㉰ 감도유량 : 가정용 LP가스는 $15\ell/hr$ 이하, 막식은 $3\ell/hr$ 이하
      ㉱ 검정공차 : 사용최대유량의 20~80% 범위에서 ±1.5%
   ③ **가스미터 선정시 주의사항**
      ㉮ 액화가스용일 것
      ㉯ 용량에 여유가 있을 것
      ㉰ 유효기간 내일 것
      ㉱ 외관검사를 행할 것

9) LP가스 설비의 완성검사 항목 : 내, 기, 가, 기
   (내압시험, 기밀시험, 가스치환, 기능검사)

10) 용기수량결정 조건
   ① 최대소비량(피크시 사용량)
   ② 용기의 종류(크기)
   ③ 용기 1개당 가스발생 능력

$$Q = q \times N \times n \quad \begin{cases} Q : \text{피크시 사용량(kg/hr)} \\ q : \text{1일 1호당 평균가스 소비량(kg/day)} \\ N : \text{세대수} \\ n : \text{소비율} \end{cases}$$

$$\text{용기수} = \frac{\text{피크시사용량}}{\text{용기1개당 가스발생능력}}$$

$$\text{용기교환 주기} = \frac{\text{사용가스량}}{\text{1일 사용량}} \quad (\text{사용가스량} = \text{용기질량} \times \text{용기수} \times \text{사용\%})$$

11) LP가스 수입기지 플랜트

수입 LP가스 → 수입설비 → 저온저장설비 → 이송설비 → 고압저장설비 → 출하설비 → 2차기지 소비 플랜트

2. 도시가스 설비

1) 도시가스 원료

원료의 종류

- 기체연료 : 천연가스, 정유가스(업가스)
- 액체연료 : LNG, LPG, 나프타
- 고체연료 : 코크스, 석탄

① **천연가스** : 지하에 발생하는 탄화수소를 주성분으로 한 가연성 가스이며 도시가스 사용시
　㉮ 천연가스를 그대로 공급
　㉯ 천연가스를 공기로 희석해 공급
　㉰ 종래의 도시가스에 혼입해 공급
　㉱ 종래의 도시가스와 유사한 성질로 개질하여 공급하는 방식이 있다.

② **액화 천연가스(LNG)** : 천연가스를 −162℃까지 냉각액화한 것

액화전 제진, 탈유, 탈탄산, 탈수, 탈습 등의 전처리를 행하여 탄산가스, 황화수소 등이 정제되었기 때문에 기화한 LNG는 불순물이 없는 청정연료이다.

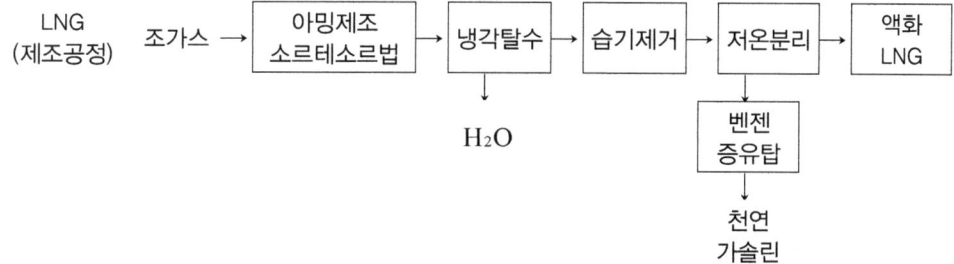

③ **정유가스(off가스)** : 석유정제, 석유화학공업의 부산물로서 9,800(kcal/m³)의 발열량을 가진다.
④ **나프타(납사)** : 원유를 상압 증류시 얻어지는 비점 200℃ 이하의 유분
  P : 파라핀계 탄화수소   N : 나프텐계 탄화수소
  O : 올레핀계 탄화수소   A : 방향족 탄화수소

2) **부취제** : 누설시 조기발견을 위하여 첨가하는 향료
  ① **부취제의 종류**
    ㉮ TBM → 양파 썩는 냄새
    ㉯ THT → 석탄가스 냄새
    ㉰ DMS → 마늘 냄새
  ② **착취농도** : 1/1,000상태
  ③ **부취제의 구비조건**
    ㉮ 독성이 없을 것
    ㉯ 보통 존재 냄새와 구별될 것
    ㉰ 가스관 가스미터에 흡착되지 않을 것
    ㉱ 물에 녹지 않을 것
    ㉲ 화학적으로 안정할 것
    ㉳ 경제적일 것
  ④ **부취제 주입방식**
    ㉮ 액체주입식 : 펌프주입식, 적하주입식, 미터연결 바이패스 방식
    ㉯ 증발식 : 바이패스 증발식, 워크증발식

3) **가스홀더**
  ① **가스홀더의 기능**
    ㉮ 가스제조 저장 공급
    ㉯ 공급설비의 지장에 대하여 약간의 공급 확보
    ㉰ 피크시에도 공급 가능
    ㉱ 배관수송효율 상승
  ② **가스홀더 분류**

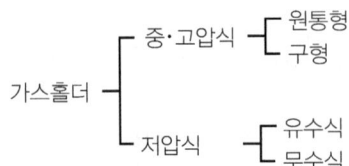

    ㉮ 유수식 가스홀더의 특징
      ㉠ 물의 동결방지 필요
      ㉡ 유효 가동량이 구형보다 크다.

- ㄷ 다량의 물이 필요하다.
- ㄹ 기초공사비가 많이 든다.
- ㉯ 무수식 가스홀더의 특징
    - ㄱ 건조상태로 가스 저장
    - ㄴ 기초공사 간단
    - ㄷ 유효 가동량이 구형보다 크다.
- ③ **압송기** : 공급 압력이 부족시 압력을 높여주는 기기
- ④ **정압기**(고압 → 중압 → 저압 → 소요압력으로 감압시켜 주는 기기)
    - ㉮ 압력에 의한 분류
        - ㄱ 저압정압기(0.1MPa 미만)
        - ㄴ 중압정압기(0.1~1MPa 미만)
        - ㄷ 고압정압기(1MPa 이상)
    - ㉯ 구조에 따른 분류
        - ㄱ 레이놀즈식(구조기능 우수, 가장 많이 사용)
        - ㄴ 피셔식
        - ㄷ AFV식
    - ㉰ 작동상 기본이 되는 정압기 : 직동식 정압기
    - ㉱ 정압기 설치시의 주의점
        - ㄱ 가스차단장치 및 침수방지조치를 할 것
        - ㄴ 정압기 필터를 가스 공급 개시후 1월 이내 점검
            그 이후는 1년 1회 점검
            일반(지역) 정압기는 2년 1회 분해 점검
            사용자시설 정압기는 3년 1회 분해 점검
        - ㄷ 불순물 제거장치 를할 것
        - ㄹ 이상압력 상승 방지장치를 할 것
        - ㅁ 동결 방지장치를 할 것
        - ㅂ 가스 누출 검지 통보 설비를 할 것
        - ㅅ 경보장치가 있을 것
        - ㅇ 출입문 개폐 통보장치가 있을 것
        - ㅈ 정압기의 안전밸브는 지면에서 5m 떨어진 위치에 안전밸브의 가스방출관을 설치할 것
            (단, 전기시설물의 접촉우려가 있는 곳에는 3m 이상으로 할 수 있다)
- ⑤ **도시가스의 제조 프로세스**
    - ㉮ 열분해 프로세스 : 분자량이 큰 탄화수소(중유, 원유 나프타) 원료를 고온(800~900℃)으로 분해 10,000kcal/Nm³ 정도의 고열량 가스를 제조하는 방법
    - ㉯ 접촉분해(수증기 개질) 프로세스 : 촉매를 사용 반응온도 400~800℃로 반응하여 CH_4, H_2, CO, CO_2로 변환하는 방법
        - ㄱ 종류
            - 사이크링식 접촉분해 프로세스

- 고압수증기 개질 프로세스
- 저온수증기 개질 프로세스
- 중온수증기 개질 프로세스

ⓒ 나프타 접촉분해법에서 온도압력에 따른 증감요소
- 압력상승 온도하강시(감소 : H_2, CO) (증가 : CH_4, CO_2)
- 압력하강 온도상승시(감소 : CH_4, CO_2) (증가 : H_2, CO)
- 접촉 분해 반응에서 카본 생성을 방지하는 방법
  $2CO \rightarrow CO_2+C$(발열)반응에서는 반응온도 높게 반응압력 낮게
  $CH_4 \rightarrow 2H_2+C$(흡열)반응에서는 반응온도 낮게 반응압력 높게

※ $CO+H_2 \rightarrow C+H_2O+Q$에서는 압력↑ 온도↓ 하면 카본생성방지

㉰ 부분연소 프로세스 : 메탄에서 원유까지의 탄화수소를 산소, 공기, 수증기를 이용 CH_4, H_2, CO_2로 변환하는 방법

㉱ 수소화 분해 프로세스 : 수소기류 중 탄화수소를 열분해하여 CH_4을 주성분으로하는 고열량의 가스를 제조하는 방법

㉲ 대체 천연가스 제조 프로세스 : 천연가스 이외의 석탄, 원유, 나프타 등 각종 탄화수소 원료에서 천연가스의 열량 조성 연소성이 일치하는 가스를 제조하는 프로세스이다.

㉳ 도시가스의 원료 송입법에 의한 제조 프로세스
ⓐ 연속식 : 원료가 연속으로 송입 가스발생도 연속적으로 행하여지며 가스량 조절은 원료 송입량의 조절에 기인한다. 장치능력에 비해 60~100% 사이로 가스 발생량 조절이가능
ⓑ 싸이클식 : 일정시간 원료의 송입에 의해 가스발생을 행하면 장치온도가 내려감에 의해 원료송입을 중지하고 가스발생을 행한다(운전은 자동운전).
ⓒ 배치식 : 원료를 일정량 취해 가스실에 넣고 가스화하여 가스를 발생시키는 방법

㉴ 가열방식에 의한 분류
ⓐ 자열식 : 가스화에 필요열을 산화, 수첨의 발열반응으로 처리
ⓑ 부분연소식 : 원료에 소량의 공기(산소)를 혼합 가스화용의 용기에 넣어 원료를 연소시켜 생긴 열을 나머지 가스화용의 열원으로 한다.
ⓒ 축열식 : 반응기 내 원료를 태워 원료를 송입해서 가스화용의 열원으로 한다.
ⓓ 외열식 : 원료가 들어있는 용기를 외부에서 가열한다.

SECTION 03 가스안전관리

STEP 01 고압가스 안전관리

1. 가연성

1) 폭발한계 하한 : 10% 이하

2) 폭발한계 상한과 하한의 차 : 20% 이상

가스명	폭발범위	가스명	폭발범위
C_2H_2	2.5~81%	C_2H_4	2.7~36%
C_2H_4O	3~80%	C_3H_8	2.1~9.5%
H_2	4~75%	C_4H_{10}	1.8~8.4%
CO	12.5~74%	NH_3	15~28%
HCN	6~41%	CH_3Br	13.5~14.5%
H_2S	4.3~45%	C_2H_6	3~12.5%
CS2	1.2~44%	CH_4	5~15%

3) 모든 가연서 가스의 충전구 나사는 왼나사, NH_3, CH_3Br은 오른나사

4) 모든 가연성 가스의 전기설비는 방폭구조로 시설을 하여야 하나, NH_3, CH_3Br은 방폭구조가 필요없다(NH_3와 CH_3Br 은 타 가연성에 비해 폭발하한이 높고, 폭발범위가 좁기 때문) : 다른 가연성 가스에 비하여 위험성이 적다.

2. 방폭구조

1) 가연성 가스는 정전기 및 전기스파크 등과 접촉시 폭발을 일으키므로 전기스파크에 의한 폭발을 방지하기 위하여 가연성 가스의 전기설비는 방폭구조로 시설을 설치한다.

2) 종류

　내압 방폭구조, 압력 방폭구조, 안전증 방폭구조, 유입 방폭구조, 본질안전 방폭구조

3) 방폭구조 표시방법

　내압 : ⓓ, **압력** : ⓟ, **안전증** : ⓔ, **유입** : ⓞ, **특수** : ⓢ,

　본질안전 : ⓘⓐ, ⓘⓑ

3. 독성

1) 독성가스 정의

LC 50(1hr, rat)이 5000ppm 이하인 것을 독성가스로 분류

※ LC 50(1hr, rat) – 성숙한 흰 쥐의 집단에 대해 대기 중에서 1시간 동안의 흡입실험에 의하여 14일 이내에 흰 쥐가 1/2 이상 죽게되는 가스의 농도

2) LC 502 값이 200ppm 이하인 경우에는 맹독성으로 분류

가스명	허용한도(ppm)		가스명	허용한도(ppm)	
	LC 50	TLV-TWA		LC 50	TLV-TWA
암모니아(NH_3)	7,338	25	불화수소	966	3
일산화탄소(CO)	3,760	50	황화수소(H_2S)	444	10
이산화황	2,520	10	세렌화수소	2	0.05
브롬화수소	2,860	13	시안화수소(HCN)	140	10
염소(Cl_2)	293	1	벤젠	13,700	1
불소	185	0.1	오존(O_3)	9	0.1
디보레인	80	0.1	포스겐($COCl_2$)	5	0.1
산화에틸렌(C_2H_4O)	2,900	1	요오드화수소	2,860	0.1
염화수소	3,120	5	트리메탈아민	7,000	5
니켈카보닐	20		알진	20	0.05
모노메틸아민	7,000	10	포스핀	20	0.3
디에틸아민	11,100	5	브롬화메탄(CH_3Br)	850	20

3) 독성, 가연성이 동시에 해당되는 가스

아크릴로니트릴, 벤젠, 시안화수소, 일산화탄소, 산화에틸렌, 염화메탄, 황화수소, 이황화탄소, 석탄가스 암모니아, 브롬화메탄

(암기법 : 아, 벤, 시, 일, 산, 염, 황, 이, 석, 암, 브롬)

> LC 50 기준으로 독성가스를 분류할 경우, 암모니아, 염화메탄, 실란, 삼불화질소가 5000ppm 이상이어도 TLV-TWA 농도에서 200ppm이하 이므로 독성가스에 해당됨
> 맹독성 가스 : 200ppm 이하(LC 50 기준)
> 포스겐(5ppm), 알진(20ppm), 디보레인(80ppm), 세렌화수소(2ppm), 포스핀(20ppm), 모노게르만(20ppm), 아크릴알데히드(65ppm), 불소(185ppm), 시안화수소(140ppm), 오존(9ppm), 니켈카보닐(20ppm)

4) TLV-TWA 기준 허용 농도 : 건강한 성인남자가 1일 8시간, 주 40시간 그 분위기 속에서 작업을 하여도 건강에 지장이 없는 농도

2008. 7. 18 이전 독성 가스 허용 농도로서 이 기준으로는 200ppm 이하가 독성 가스였으며 ① 운반책임자 동승기준 ② 가스누설검지기의 검지경보 농도 ③ 제1종, 2종 독성가스는 계속 TLV-TWA의 기준으로 적용

4. 용어의 정의

1) 저장탱크 : (고정) 설치된 것

2) 용기 : (이동) 가능한 것

3) 저장설비 : 저장탱크 및 충전용기보관설비

4) 충전용기 : 가스가 1/2 이상 충전되어 있는 것

5) 잔가스 용기 : 가스가 1/2 미만인 것

6) 초저온 용기 : 충전가스의 섭씨온도가 −50℃ 이하인 용기

7) 처리능력 : 1일에 0℃, 0Pa(g) 이상을 처리할 수 있는 양

8) 처리설비 : 고압가스의 제조에 필요한 펌프, 압축기, 기화장치

9) 불연재료 : 콘크리트, 벽돌, 기와 등 불에 타지 않는 것

10) 특수고압가스 : 압축모노실란, 압축디보레인, 액화알진, 포스핀, 세레늄화수소, 게르만, 디실란 등 산업통상자원부장관이 인정하는 특수용도로 사용되는 고압가스

5. 방호벽

종류 \ 구분	높이	두께
철근콘크리트	2m 이상	12cm 이상
콘크리트블록	2m 이상	15cm 이상
박강판	2m 이상	3.2mm 이상
후강판	2m 이상	6mm 이상

1) 방호벽 적용시설

① **일반 제조 중 C_2H_2 가스 또는 압력 9.8MPa 이상 압축가스 충전시**

㉮ 압축기와 당해 충전장소 사이

㉯ 압축기와 당해 충전용기 보관장소 사이

⑭ 당해 충전장소와 당해 가스충전용기 보관장소 사이 및 당해 충전장소와 당해 충전용 주관밸브 사이

㉥ 고압가스 판매시설 중 용기보관실의 벽

(암기 핵심단어 : 압축기-충전장소-충전용기 보관장소-충전용 주관밸브)

② **특정 고압가스**(300kg, 60m³ 이상 사용시설의 용기보관실 벽)

　단, 안전거리 유지시는 제외

③ **저장탱크** : 사업소내 보호시설

④ 고압가스용기 보관실벽(판매)

⑤ 저장탱크와 가스충전장소(충전)

2) 보호시설

① 1종 보호시설

㉮ 학교, 유치원, 어린이집, 놀이방, 학원, 병원, 도서관, 시장, 공중목욕탕, 극장, 교회, 공회당, 호텔 및 여관(많은 사람이 상주하는 장소)

㉯ 면적 1,000m² 이상인 곳

㉰ 어린이 놀이터

㉱ 예식장, 장례식장, 전시장(300인 이상)

㉲ 청소년 수련시설, 경로당

㉳ 복지시설(20인 이상)

② 2종 보호시설

㉮ 주택

㉯ 면적 100~1,000m² 미만

3) 안전거리

구분 처리 및 저장능력	독성 가연성		산소	기타
	1종	2종(1종)	2종(1종)	2종
1만이하	17m	12m	8m	5m
1만~2만 이하	21m	14m	9m	7m
2만~3만 이하	24m	16m	11m	8m
3만~4만	27m	18m	13m	9m
4만 초과	30m	20m	14m	10m

4) 냉동능력 산정기준

① **원심식 압축기 1.2kW** : 냉동능력 1톤

② **흡수식 냉동설비 6,640kcal/hr** : 냉동능력 1톤

③ **한국냉동톤 3320kcal/hr** : 냉동능력 1톤(1RT)

6. 고압가스 특정제조

1) 시설의 위치

① **안전구역내 고압가스설비** : 당해 안전구역에 인접하는 다른 안전구역설비(30m) 이격

② **제조설비** : 당해 제조소 경계(20m) 이격

③ **가연성 가스 저장탱크** : 처리 능력 20만m^3 압축기와 30m 거리 유지

④ **300m^3, 3톤 이상의 저장탱크 사이의 거리**

　두 저장탱크 최대 직경을 합하여 × 1/4 이 1m 이상일 때 그 길이를, 1m 미만일 때는 1m를 유지
　(탱크를 지하에 설치시는 직경에 관계없이 1m 이상 유지)

⑤ **물분무장치 분무량**

시설별 \ 구분	저장탱크전 표면	준내화구조	내화구조	비고
탱크 상호 1m 또는 최대 직경 1/4 길이 중 큰 쪽과 거리를 유지하지 않은 경우	8ℓ/min	6.5ℓ/min	4ℓ/min	(물분무장치) 조작위치 : 15m 30분 연속 분무 가능 (소화전) 호스끝 수압 : 0.35MPa 방수능력 : 400ℓ/min
저장탱크 최대직경의 1/4 보다 작은 경우	7ℓ/min	4.5ℓ/min	2ℓ/min	

2) 인터록기구(Inter lock)
고압가스설비 내에서 이상사태 발생시 자동으로 원재료의 공급을 차단시키는 장치

3) 가스누출검지 경보장치

① **종류** : 접촉연소식, 격막갈바닉 방식, 반도체 방식

② **경보농도**

　㉮ 가연성 : 폭발하한의 1/4 이하

　㉯ 독성 : TLV-TWA의 허용농도 값 이하

　㉰ NH_3를 실내에서 사용시 : TLV-TWA 농도 50ppm 이하

③ **지시계 눈금**

　㉮ 가연성 : 0~폭발하한계

　㉯ 독성 : 0~TVL-TWA의 허용농도 값 이하 3배 값

　㉰ NH_3를 실내에서 사용시 : TLV-TWA 농도 150ppm

④ **TLV-TWA 허용농도**

　㉠ Cl_2 (1ppm)

　㉡ HCN, H_2S (10ppm)

　㉢ NH_3 (25ppm)

　㉣ CH_3Br (20ppm)

　㉤ $COCl_2$, F_2, O_3 (0.1ppm)

4) 밴트스택 : 가스를 연소시키지 않고 대기 중에 방출시키는 파이프 또는 탑, 가스 확산 촉진을 위하여 150m/s 이상의 속도가 되도록 파이프경을 결정한다.
   ① **착지농도**
      ㉮ 가연성 : 폭발하한계 미만
      ㉯ 독성 : TLV-TWA의 허용농도값 미만
   ② **방출구의 위치**
      ㉮ 긴급용 벤트스택 : 10m
      ㉯ 그밖의 벤트스택 : 5m
   ③ 액화가스가 방출되거나 급랭 될 우려가 있는 곳에 기액분리기를 설치한다.

5) 플레어스택(Flare stack) : 가연성 가스를 연소에 의하여 처리하는 파이프 또는 탑(복사열 4,000kcal/m²h 이하)

6) 방류둑 : 액상의 가스가 누설시 한정된 범위를 벗어나지 않도록 액화가스 저장탱크 주위에 둘러 쌓는 제방
   ① **적용시설**
      ㉮ 고압가스 일반 제조(가연성, 산소 : 1,000톤, 독성 : 5톤 이상)
      ㉯ 고압가스 특정 제조(가연성 : 500톤, 산소 : 1,000톤, 독성 : 5톤 이상)
      ㉰ 냉동제조시설(독성가스를 냉매로 사용시 수액기 내용적 10,000ℓ 이상)
      ㉱ 일반 도시가스사업(1,000톤 이상)
      ㉲ 가스도매사업(500톤 이상)
      ㉳ 액화석유가스사업(1,000톤 이상)
   ② **방류둑 용량**
      ㉮ 독, 가연성 가스 : 저장탱크의 저장능력 상당 용적
      ㉯ 액화산소 탱크 : 저장탱크의 저장능력 상당 용적의 60% 이상

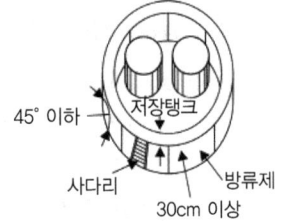

   ③ **방류둑의 구조**
      ㉮ 성토의 각도 : 45° 이하
      ㉯ 정상부폭 : 30cm 이상
      ㉰ 출입구 : 둘레 50m 마다 1곳씩 계단사다리 출입구를 설치 (전 둘레가 50m 미만시 2곳을 분산 설치)
      ㉱ 방류둑 내측 및 외면으로부터 10m 이내는 부속설비 이외의 것을 설치하지 말 것

7) 긴급차단 장치 : 이상사태 발생시 작동하여 재해의 확대를 막는 밸브
   ① **적용시설** : 내용적 5,000ℓ 이상인 저장탱크
   ② **원격조작온도** : 110℃ 이상
   ③ **설치위치**
      ㉮ 고압가스 일반 제조 및 일반 도시가스 사업 LPG : 저장탱크 외면 5m 이상
      ㉯ 고압가스 특정 제조 및 가스도매사업 : 저장탱크 외면 10m 이상

④ **동력원**(액압, 공기압, 전기압)

⑤ **수압시험방법** : KSB 2304의 방법으로 누설시험(1년 1회 작동검사)

8) 배관의 설치

① **지하매설**

건축물 : 1.5m, 지하도로 밑 터널 : 10m, 독성 가스 혼입우려 수도시설 : 300m, 다른 시설물 : 0.3m

② **도로 밑 매설** : 도로경계와 1m

③ **시가지의 도로노면 밑** : 노면에서 배관외면 1.5m(방호구조물 안에는 1.2m)

④ **시가지외 도로노면 밑** : 노면에서 배관외면 1.2m

⑤ **철도부지 밑 매설** : 궤도 중심 4m, 철도부지 경계 1m

⑥ 배관을 지상설치시 유지하는 공지의 폭

상용압력	공지의 폭
0.2MPa 미만	5m 이상
0.1~1MPa 미만	9m 이상
1MPa 이상	15m 이상

⑦ **하천 횡단 매설**(하천을 횡단시 교량에 설치)

⑧ **해저설치**

㉮ 다른 배관과 교차하지 않을 것

㉯ 다른 배관과 수평거리 30m 이상

⑨ **하천 수로 횡단시 이중관으로 설치하는 가스**

염소, 포스겐, 불소, 아크릴알네히드, 아황산, 시안화수소, 황화수소

⑩ **하천 수로 횡단시 방호구조물에 설치하는 가스**

상기 이외의 독성, 가연성 가스

⑪ **하천수로에 관계없이 독성 가스 중 이중관으로 설치하는 독성가스의 종류**

아황산(SO_2), 암모니아(NH_3), 염소(Cl_2), 염화메탄(CH_3Cl), 산화에틸렌(C_2H_4O), 시안화수소(HCN), 포스겐($COCl_2$) 황화수소(H_2S) (아암염염산시포황)

이중관의 규격 : 외관내경 = 내관외경×1.2배

9) 경보장치

① **경보가 울리는 경우**

㉮ 배관내 압력이 상용압력 1.05배 초과시

㉯ 정상압력보다 15% 이상 강하시

㉰ 정상유량보다 7% 이상 변동시

㉱ 긴급차단밸브 고장시

② **이상사태 발생한 경우**
　㉮ 상용압력 1.1배 초과시
　㉯ 유량이 15% 이상 증가시
　㉰ 압력이 30% 이상 강하시
　㉱ 가스누설검지 경보장치 작동시

10) 피뢰설비 규격 : KSC 9609

7. 고압가스 일반 제조

1) 설비와의 거리
   ① **가연성 설비** : 가연성 설비 → 5m 이상
   ② **가연성 설비** : 산소 설비 → 10m 이상

2) 화기와의 거리
   ① **직선거리** : 2m(산소와 화기의 직선거리 5m)
   ② **우회거리** : 8m(가연성, 산소가스설비, 에어졸 충전설비) / 2m(기타 가스설비, 입상관, 가스계량기 가정용시설 LPG판매시설)

3) **경계책** : 1.5m

4) 독성 가스의 표지

표지의 구분 \ 항목	바탕색	글자색	적색으로 표지	글자크기	식별거리
위험표지	흰색	흑색	'주의'	5×5cm	10m
식별표지	흰색	흑색	가스명칭	10×10cm	30m

5) 가스방출장치적용 : 탱크 내용적 5m³(5,000ℓ) 이상 저장탱크

6) 저장탱크 설치방법(지하매설)
   ① **천장, 벽, 바닥** : 30cm 이상 철근콘크리트로 만든 방
   ② **저장탱크 주위** : 마른 모래로 채움
   ③ **탱크 정상부와 지면** : 60cm 이상
   ④ **탱크 상호간** : 1m 이상
   ⑤ **가스방출관** : 지상에서 5m 이상
   　(지상탱크의 방출관 : 탱크정상부에서 2m 지면에서 5m 중 높은 위치에 설치)

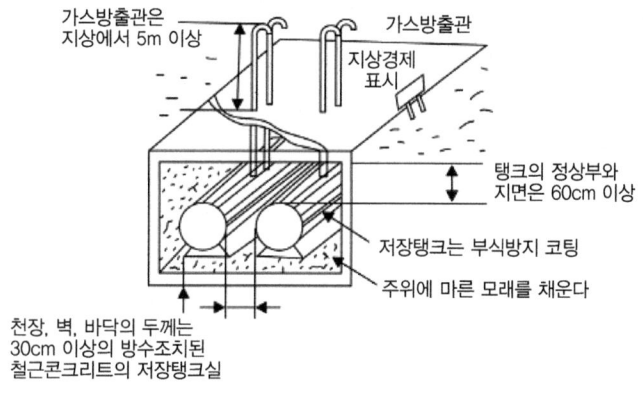

저장탱크를 지하에 매설하는 경우

7) 액면계

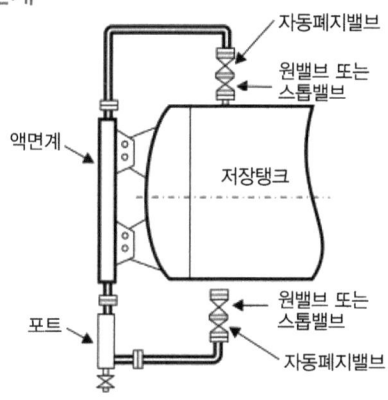

① 액화가스 저장탱크에는 환형 유리관을 제외한 액면계를 설치(단, 산소, 불활성 초저온 저장탱크의 경우는 환형 유리관 가능)
② 액면계의 상하배관에는 자동 및 수동식 스톱밸브 설치
③ 인화중독의 우려가 없는 곳에 설치하는 액면계의 종류 : 고정튜브식, 회전튜브식, 슬립튜브식 액면계

8) 저장탱크의 파괴방지 조치를 위한 설비(부압을 방지하는 조치)
① 압력계
② 압력경보설비
③ 다음 중 1개 이상 설치(진공안전밸브, 균압관, 냉동제어장치, 송액설비)

9) 온도상승 방지조치를 하는 거리
① **방류둑 설치시** : 방류둑 외면 10m 이내
② **방류둑 미 설치시** : 당해 저장탱크 외면 20m 이내
③ **가연성 물질 취급설비** : 그 외면으로 20m 이내

10) 독성 가스 중 이중관으로 설치하는 가스의 종류
   아황산, 암모니아, 염소, 염화메탄, 산화에틸렌, 시안화수소, 포스겐, 황화수소

11) 지반침하방지 용량탱크의 크기
   압축가스 : 100m³ 이상, 액화가스 : 1톤 이상(단, LPG는 3톤 이상)

12) 고압설비 강도
   ① **항복** : 상용압력×2배, 최고사용압력×1.7배
   ② **압력계의 눈금범위** : 상용압력×1.5배 이상, 상용압력의 2배 이하에 최고 눈금이 있어야 한다.

13) 가스방출관의 위치
   탱크정상부 2m, 지면에서 5m 중 높은 위치
   (**지하탱크** : 지면에서 5m 이상, **소형저장탱크** : 지면에서 2.5m 이상 탱크 정상부에서 1m중 높은 위치)

14) 안전밸브
   ① 작동압력 – $T_p \times \frac{8}{10}$배 (단, 액화산소탱크 : 상용압력×1.5배)
   ② **안전밸브의 분출량 시험**

   $Q = 0.0278PW$ $\begin{cases} Q = 분출유량(m^3/min) \\ P = 작동절대압력(MPa) \\ W = 용기내용적(\ell) \end{cases}$

15) 독성가스의 보호구 장착훈련 (3개월에 1회씩)

16) 배관설치
   ① **배관설치에 따른 표지판의 간격**
     ㉮ 고법 : 지상배관 1000m 마다, 지하배관 500m 마다
     ㉯ 도법
       ㉠ 가스도매사업 : 500m 마다
       ㉡ 일반도시가스사업 : 제조공급소 내 500m 마다, 제조공급소 밖 200m 마다

17) 정전기 제거기준
   ① **접지저항치 총합** : 100Ω 이하
   ② **피뢰설비 설치시** : 10Ω 이하
   ③ **접지접속선 단면적** : 5.5mm² 이상

18) 공기액화분리기에 여과기 설치용량(1,000m³/hr 초과시에만 적용)

19) 통신시설

통보범위	통보설비
• 안전관리자가 상주하는 사무소와 현장 사무소 사이 • 현장사무소 상호간	• 구내전화 • 구내방송설비 • 인터폰 • 페이징 설비
사업소 전체	• 구내 방송설비 • 싸이렌 • 휴대용 확성기 • 페이징 설비 • 메가폰
종업원 상호간	• 페이징 설비 • 휴대용 확성기 • 트란시바 • 메가폰
비고	메가폰은 1,500m² 이하에 한한다

20) 표준압력계 설치용량(1일 100m³이상의 사업소)에는 표준압력계 2개 비치

21) 압축금지가스

가스종류	%	가스종류	%
가연성 중산소 (C_2H_2, C_2H_4 제외)	4% 이상	C_2H_2, C_2H_4, H_2 중 산소	2% 이상
산소 중 가연성 (C_2H_2, C_2H_4 제외)	4% 이상	산소 중 C_2H_2, C_2H_4, H_2	2% 이상

22) 가연성 산소제조시 가스분석장소

발생장치, 정제장치, 저장탱크 출구에서 1일 1회 이상

23) 공기액화분리기 불순물 유입금지

① 액화산소 5ℓ 중 C_2H_2 5mg 이상시

② 액화산소 5ℓ 중 탄화수소 중 C의 질량이 500mg 이상시 운전을 중지하고 액화 산소를 방출해야 한다.

③ 공기압축기 내부윤활유

구분 잔류탄소질량	인화점	교반조건	교반시간
1% 이하	200℃	170℃	8시간
1~1.5%	230℃	170℃	12시간

24) 나사게이지로 검사하는 압력
   상용압력 19.6MPa 이상

25) 밸브 조작하는 장소의 조도
   150Lux 이상

26) 제조설비점검
   ① 충전용 주관의 압력계 매월 1회 이상, 기타 압력계 3월 1회 이상 기능검사
   ② 압축기 최종단 안전밸브 1년 1회, 기타 안전밸브 2년 1회 작동성능검사

27) 음향검사 및 내부조명검사 대상가스
   액화암모니아, 액화탄산가스, 액화염소

28) 가스의 폭발종류 및 안정제

항목 가스종류	폭발의 종류	안정제
C_2H_2	분해	N_2, CH_4, CO, C_2H_4, H_2, C_3H_8
C_2H_4O	분해, 중합	N_2, CO_2, 수증기
HCN	중합	황산, 아황산, 동, 동망, 염화칼슘, 오산화인

29) 밀폐형의 수전해조
   액면계, 자동급수장치 설치

30) 다공도의 진동시험

다공도	바닥기준	낙하높이	낙하횟수	판정
80% 이상	강괴	7.5cm	1,000회 이상	침하 공동 갈라짐이 없을 것
80% 미만	목재연와	5cm	1,000회 이상	공동이 없고 침하량이 3mm이하일 것

31) 품질검사 대상가스

구분 종류	시약	검사방법	순도	충전상태
O_2	동암모니아	오르잣트법	99.5%	35℃, 11.8MPa
H_2	피로카로우 하이드로설파이드	오르잣트법	98.5%	35℃, 11.8MPa
C_2H_2	발연황산 시약을 사용한 오르자트법 브롬시약을 사용한 뷰렛법에서 순도가 98% 이상이고 질산은시약을 사용한 정성시험에서 합격한 것			

• 검사장소 ㄴ 1일 1회 이상 가스제조장

32) 차량정지목 설치 탱크용량

   고압가스 안전관리(2,000ℓ 이상), LPG 안전관리(5,000ℓ 이상)

33) 에어졸

   ① 내용적 1ℓ 미만
   ② **용기재료** : 강,경금속
   ③ **금속제 용기두께** : 0.125mm 이상
   ④ **내압시험압력** : 0.8MPa
   ⑤ **가압시험압력** : 1.3MPa
   ⑥ **파열시험압력** : 1.5MPa
   ⑦ **누설시험온도** : 46~50℃ 미만 (불꽃길이시험온도 : 24℃ 이하)
   ⑧ **인체용 에어졸용기 주의사항**
      ㉮ 인체에 20cm 떨어져서 사용
      ㉯ 40℃ 이상 장소에 보관금지
      ㉰ 사용 후 불 속에 버리지 말 것

8. 냉동제조

① 자동제어장치가 있을 경우 안전거리가 필요없다.
② 냉매설비에는 압력계를 비치한다.
③ 수액기에는 파손방지조치 상하배관에 자동 및 수동 스톱밸브를 설치한다.
④ 방류둑(10,000ℓ 이상)
   T_P =설계압력×1.5(공기, 질소 등으로 시험시 T_P : 설계압력×1.25배)
⑤ **압축기 최종단 안전밸브 1년 1회, 기타 안전밸브 2년 1회** : 작동성능검사 실시

9. 판매시설

① **용기보관실** : 방호벽
② **안전거리** : 탱크의 크기가 300m³, 3톤 이상시 안전거리유지
③ 압력계, 계량기 구비

10. 특정설비제조

1) 재검사 대상에서 제외되는 특정설비

   ① 역화방지장치
   ② 평저형 및 이중각 진공단열형 저온저장탱크

③ 독성가스배관용 밸브
④ 자동차용 가스자동주입기
⑤ 냉동용 특정설비
⑥ 초저온가스용 대기식 기화장치
⑦ 저장탱크 차량에 고정된 탱크에 부착되지 않은 안전밸브, 긴급차단밸브
⑧ 초저온저장탱크, 초저온압력용기
⑨ 분리할 수 없는 이중관식 열교환기
⑩ 특정고압가스용 실린더캐비넷
⑪ 자동차용 LNG 완속충전설비
⑫ 액화석유가스용 용기잔류가스회수장치

2) 공급자의 안전점검자의 자격 및 점검장비
   ① **자격** : 안전관리책임자로부터 10시간 이상 교육을 받은 자
   ② **점검장비**
      ㉮ 산소, 불연성(가스누설검지액)
      ㉯ 가연성(누설감지기, 누설검지액)
      ㉰ 독성(누설시험지, 누설검지액)
   ③ **점검기준**
      ㉮ 충전용기 설치위치
      ㉯ 충전용기와 화기와의 거리
      ㉰ 충전용기 및 배관설치 상태
      ㉱ 충전용기 누설 여부
   ④ **점검방법**
      ㉮ 공급시마다 점검
      ㉯ 2년 1회 정기점검
      ㉰ 실시기록 2년간 보존

3) 용기의 재검사 기간

용기의 종류		신규검사 후 경과연수		
		15년 미만	15년이상 20년 미만	20년 이상
		재검사 주기		
용접용기(액화석유가스용 용접용기는 제외한다.)	500ℓ 이상	5년 마다	2년 마다	1년 마다
	500ℓ 미만	3년 마다	2년 마다	1년 마다
액화석유가스용 용접용기	500ℓ 이상	5년 마다	2년 마다	1년 마다
	500ℓ 미만	5년 마다		2년 마다
이음매 없는 용기 또는 복합재료용기	500ℓ 이상	5년 마다		
	500ℓ 미만	신규 검사 후 경과연수가 10년 이하인 것은 5년마다, 10년을 초과한 것은 3년 마다		
액화석유가스용 복합재료용기		5년 마다(설계조건에 반영되고, 산업통상자원부장관으로부터 안전한 것으로 인정을 받은 경우에는 10년 마다)		

4) 불합격 용기 및 특정 설비의 파기방법

① **신규의 용기 및 특정설비**
  ㉮ 절단 등의 방법으로 파기하여 원형으로 가공할 수 없도록 할 것
  ㉯ 파기하는 때에는 검사장소에서 검사원 입회 하에 용기 및 특정설비제조자로 하여금 실시하게 할 것

② **재검사의 용기 및 특정설비**
  ㉮ 절단 등의 방법으로 파기하여 원형으로 가공할 수 없도록 할 것
  ㉯ 잔가스를 전부 제거한 후 절단할 것
  ㉰ 검사신청인에게 파기의 사유, 일시, 장소 및 인수시한 등을 통지하고 파기할 것
  ㉱ 파기한 때에는 검사장소에서 검사원으로 하여금 직접 실기하게 하거나 검사원 입회 하에 용기 및 특정설비의 사용자로 하여금 실시하게 할 것
  ㉲ 파기한 물품은 검사신청인이 인수시한(통지한 날부터 1개월 이내) 내에 인수하지 아니한 때에는 검사기관으로 하여금 임의로 매각 처분하게 할 것

5) 용접용기의 비열처리재료 : 오스테나이트계 스텐레스강, 내식알루미늄 합금판, 내식 알루미늄 단조품 등과 같이 열처리가 필요없는 것

6) 이음매 없는 용기 재료검사의 종류 : 인장시험, 충격시험, 압궤시험

7) 인장시험은 용기에서 채취한 시험편에 대하여 실시

8) 압궤시험 부적당시 굽힘시험 실시

9) 파열시험 시행시 인장시험, 압궤시험은 생략한다.

10) 용기재료 탄소함유량 0.35% 초과시(인장강도 539N/mm², 연신율 18%)

11) Tp(내압시험)

① 항구증가율 = $\dfrac{\text{항구증가량}}{\text{전증가량}} \times 100(\%)$

② **수조식 내압시험 특징**
- 소형용기에 행한다. (팽창이 정확, 측정결과의 신뢰성이 크다)

③ **합격기준**
- ㉮ 영구증가율 : 10% 이하 합격(신규검사)
- ㉯ 재검사 : 10% 이하 합격(질량검사 95%), 6% 이하 합격(질량검사 90~95%)
- ㉰ 내용적 500ℓ 미만 용접용기 방사선 검사 : 100개 이하 1조로 무작위로 1개를 검사
- ㉱ 내용적 500ℓ 이상 용접용기 방사선 검사 : 용기마다 실시

12) 초저온 용기 단열성능시험시 침투열량의 정도가

① 1,000ℓ 이상 : 0.002kcal/hr℃ℓ 이하가 합격

② 1,000ℓ 미만 : 0.0005kcal/hr℃ℓ 이하가 합격

$Q = \dfrac{W \cdot q}{H \cdot \Delta t \cdot V}$
  - Q : 침입열량(kcal/hr°Cℓ)
  - H : 측정시간(hr)
  - q : 기화잠열(kcal/kg)
  - W : 측정 중 기화가스량(kg)
  - V : 용기내용적(ℓ)

시험용 액화가스 종류	비점(℃)
액화질소	−196℃
액화산소	−183℃
액화아르곤	−186℃

13) 산업통상자원부령의 고압가스 관련 설비

안전밸브, 긴급 차단장치, 기화장치, 독성가스 배관용밸브, 자동차용 가스 자동주입기, 냉동용 특정 설비(압축기, 응축기, 증발기) 특정 고압가스용 실린더 캐비닛, 처리능력 18.5m³/hr 미만 CNG 완속 충전 설비, LPG용 용기 잔류가스 회수장치

14) 독성 가스의 감압설비와 당해 가스 반응설비 간의 배관에는 역류방지장치를 할 것. 염소 500kg 이상 보관시 안전거리 유지

15) 매몰설치 가능배관

동관, 스테인리스강관, 폴리에틸렌 피복강관, 가스용 폴리에틸렌관

16) 용기의 각인 사항
    ① 용기제조업자의 명칭 또는 약호
    ② 충전가스의 명칭
    ③ 용기의 번호
    ④ 내용적 V(ℓ)
    ⑤ 질량 W(kg)
    ⑥ 아세틸렌 질량 T_W (kg)
    ⑦ 내압시험압력 T_P (MPa)
    ⑧ 최고충전압력 F_P (MPa)

17) 용기종류별 부속품 기호
    ① **AG** : 아세틸렌가스를 충전하는 용기의 부속품
    ② **PG** : 압축가스를 충전하는 용기의 부속품
    ③ **LG** : 액화석유가스외 액화가스를 충전하는 용기의 부속품
    ④ **LPG** : 액화석유가스를 충전하는 용기의 부속품
    ⑤ **LT** : 초저온, 저온 용기의 부속품

18) 용기도색

가스종류	도색	가스종류	도색
액화석유가스	회색	액화암모니아	백색
수소	주황색	액화염소	갈색
아세틸렌	황색	액화탄산가스	청색
산소	녹색	기타	회색
질소	회색		

19) 의료용용기

가스의 종류	도색	가스의 종류	도색
산소	백색	아산화질소	청색
액화탄산가스	회색	헬륨	갈색
에틸렌	자색	사이크로프로판	주황색
질소	흑색		

20) 충전용기 운반시 차량에 표시하는 사항
    ① **붉은글씨** : 위험고압가스로 표시
    ② **적색 삼각기 게양** : RTC 차량 좌우에는 볼 수 있도록(RTC : 철도차량)

③ **경계표시크기(KSM 5334)** : 적색 발광 도료
  ㉮ 직사각형 – 가로 : 차폭 30% 이상, 세로 : 가로의 20% 이상
  ㉯ 정사각형 – 600cm² 이상
④ **충전용기 운반차량** : 완충판 등을 휴대
⑤ 독성가스충전용기는 자전거 오토바이에 적재운반 하지 않으며 독성이외의 충전용기의 경우 차량통행이 불가능시 20kg 이하용기 2개를 초과하지 않게 자전거 오토바이에 운반가능
⑥ 독성 가스 운반시 목재칸막이 또는 패킹을 할 것
⑦ **가연성 산소를 운반시** : 분말, 중탄산소화제를 휴대할 것
⑧ **독성 가스 운반시** : 방독면, 고무장갑, 고무장화, 보호구를 착용(보호구 장착훈련 : 3개월에 1회씩 실시)

21) **동일차량에 적재 금지**
① 염소와 (C_2H_2 , NH_3 , H_2) 등은 동일차량에 적재하지 않는다.
② 가연성 가스와 산소를 동일차량에 운반시 충전용기의 밸브가 마주보지 않도록 적재
③ 충전용기와 소방기본법이 정하는 위험물

22) **운반책임자 동승기준**
① **허용농도 200ppm 이하 독성가스 용기**(압축 : 10m³이상, 액화 : 100kg이상)
② 차량에 고정된 탱크에 차량에 고정된 2개 이상 상호 연결한 이음매 없는 용기에 운행거리 200km 이상 운반시 동승기준
  ㉮ 압축가스(독성 : 100m³ 이상, 가연성 : 300m³ 이상, 조연성 : 600m³ 이상)
  ㉯ 액화가스(독성 : 1000kg 이상, 가연성 : 3000kg 이상, 조연성 : 6000kg 이상)
※ 단 LPG용 탱크에 폭발방지 장치가 있을 때 소형저장탱크에 공급하는 탱크로리충전능력 5톤 이하의 경우 운반책임자를 동승하지 않아도 된다.
  ㉠ 현저하게 우회하는 도로 : 이동거리 2배 이상
  ㉡ 200km 이상 : 휴식
  ㉢ 번화가 : 도시의 중심부(차량너비 + 3.5m 이하인 통로)

23) **차량고정된 탱크 운반기준**
① **두 개 이상 탱크 동일차량 운반시**
  ㉮ 탱크마다 주밸브 설치
  ㉯ 탱크상호 탱크차량 고정 부착
  ㉰ 충전관에는 안전밸브, 압력계 긴급 탈압밸브 설치
② **LPG 제외 가연성 산소** : 18,000ℓ 이상 운반 금지
③ **NH_3 제외 독성** : 12,000ℓ 이상 운반 금지
④ **액면요동방지** : 방파판 설치 돌출부속품 보호장치 밸브콕 개폐 표시 할 것

⑤ **후부취출식** : 탱크 뒷펌퍼와 40cm 이상 이격(후부취출식 : 40cm)

⑥ 측부취출식(후부취출식 이외) 뒷범퍼와 30cm 이상 이격 (측부취출식 : 30cm)

⑦ 조작상자와 20cm 이상 이격(조작상자 : 20cm), 응급조치 장비비치

24) 차량에 고정된 탱크를 운행시 휴대한 서류
① 고압가스 이동계획서
② 고압가스 관련자격증
③ 운전면허증
④ 탱크테이블(용량환산표)
⑤ 차량운행일지

25) 차량에 고정된 2개 이상을 서로 연결한 이음매 없는 용기의 운반차량
용기에서 가스누출시 재해 확대방지를 위해 검지봉 주밸브 안전밸브 압력계 긴급 탈압 밸브설치 용기 고정조치 용기부속품 보호조치 밸브 개폐 표시

26) 특정고압가스 사용 신고를 하여야 하는 경우
① 저장능력 250kg 이상인 액화가스 저장설비를 갖추고 특정고압가스를 사용하고자 하는 자
② 저장능력 50m³ 이상인 압축가스 저장설비를 갖추고 특정고압가스를 사용하고자 하는 자
③ 배관에 의하여 특정고압가스(천연가스를 제외한다)를 공급받아 사용하고자 하는 자
④ 압축모노실란·압축디보레인·액화알진·포스핀·셀렌화수소·게르만·디실란·액화염소 또는 액화암모니아를 사용하고자 하는 자. 다만, 시험용으로 사용하고자 하거나 시장·군수 또는 구청장이 지정하는 지역에서 사료용으로 볏짚 등을 발효하기 위하여 액화암모니아를 사용하고자 하는 경우를 제외한다.
⑤ 자동차 연료용으로 특정고압가스를 사용하고자 하는 자
⑥ 자동차용 압축 천연가스 완속 충전설비를 갖추고 천연가스를 자동차에 충전하는 자

27) 특정 고압가스
포스핀, 셀렌화수소, 게르만 디실란, 오불화비소, 오불화인, 삼불화인, 삼불화질소, 삼불화붕소, 사불화유황, 사불화규소, 수소, 산소, 액화암모니아, 아세틸렌, 액화염소 천연가스, 압축모노실란, 압축디보레인, 액화알진

STEP 02 LPG 안전관리

1. 안전거리

저장능력	1종	2종
10톤 이하	17m	12m
10톤 초과 20톤 이하	21m	14m
20톤 초과 30톤 이하	24m	16m
30톤 초과 40톤 이하	27m	18m
40톤 초과	30m	20m

2. 허가대상 가스용품

① 압력조정기, 가스누출자동차단장치

② 이형질이음관(금속관과 폴리에틸렌을 연결하기 위한 것) 및 퀵카플러

③ 연소기-시간당 가스소비량이 200,000kcal 이하인 것

④ 호스(고압고무호스, 염화비닐호스, 금속 플렉시블호스)

⑤ 볼밸브, 글로브밸브, 콕

3. 액화석유가스충전사업의 시설기준 및 기술기준

1) 용기충전시설기준

① 저장, 충전설비 안전거리 유지(지하 1/2 유지)

② 저장탱크 가스충전장소 방호벽 설치

③ 살수장치(5m)

2) 내열구조 및 유효한 냉각장치와 온도상승 방지 조치

① **방류둑 설치, 가연성** : 10m 이내

② **방류둑 미설치, 가연성** : 20m 이내

③ **가연성 물질을 취급하는 설비** : 20m 이내

3) 물분무장치 설치기준

① **일반제조시설** : 가연성-산소간 $300m^3$, 3톤 간에 이격거리 유지하지 않았을 때

② LPG 이격거리 유지하지 않았을 때

③ 저장시설 이격거리 유지하지 않았을 때

④ 소화전의 호스끝 수압 $3.5kg/cm^2$(0.35MPa)

⑤ 방수능력 400ℓ/min

⑥ 최대 수량은 40m 이내 설치

⑦ 조작위치 15m 이내

⑧ 30분 연속 분무

4) 지반침하 방지 탱크의 용량 : 3톤 이상(고법은 1톤, 100m³)

5) 충전시설의 규모 등

① **안전밸브 분출면적** : 배관 최대 지름부 단면적의 1/10 이상

② 납붙임 접합용기에 LPG 충전시 자동계량충전기로 충전

③ **충전시설** : 연간 1만 톤 이상을 처리할 수 있는 규모

④ **저장탱크 저장능력** : 1만 톤의 1/100(주거상업에서 이전시 1/200)

⑤ **충전설비**(충전기, 잔량측정기, 자동계량기 등 구비)
  충전시설은 용기 보수를 위한 잔가스제거장치, 용기질량측정장치, 밸브탈착기, 도색설비 등을 구비

⑥ **소형저장탱크에 LPG 공급시** : 펌프 또는 압축기가 부착된 액화석유가스 전용 운반차량(벌크로리)을 구비할 것

6) 자동차용기 충전시설 기준

① **황색바탕에 흑색 글씨** : 충전중 엔진정지

② **백색바탕에 붉은 글씨** : 화기엄금

③ **충전기 호스길이** : 5m(배관 중 호스길이 3m)

④ 원터치형, 정전기 제거장치가 있을 것

⑤ 충전기 상부 캐노피 설치하고 캐노피 면적은 공지면적의 1/2

7) 화기와 우회거리

① **충전, 집단공급시설** : 8m 이상

② **판매시설** : 2m 이상

③ **사용시설**

저장능력	우회거리
1톤 미만	2m
1톤~3톤 미만	5m
3톤 이상	8m

8) 충전시설 중 저장설비의 저장능력에 따른 사업소 경계와의 거리

저장능력	사업소 경계와의 거리
10톤 이하	24m
10톤 초과 20톤 이하	27m
20톤 초과 30톤 이하	30m
30톤 초과 40톤 이하	33m
40톤 초과 200톤 이하	36m
200톤 초과	39m

※ 충전시설 중 충전설비는 사업소경계까지 24m 이상 유지

9) 집단공급시설의 저장설비 및 사용시설 저장능력에 따른 사업소 경계와의 거리

저장능력	사업소 경계와의 거리
10톤 이하	17m
10톤 초과 20톤 이하	21m
20톤 초과 30톤 이하	24m
30톤 초과 40톤 이하	27m
40톤 초과	30m

4. 부취제 구비조건

① 독성이 없을 것
② 보통 존재냄새와 구별될 것
③ 극히 낮은 농도에서 냄새 확인
④ 가스관, 가스미터에 흡착되지 않을 것
⑤ 완전연소 할 것
⑥ 물에 녹지 않을 것
⑦ 화학적으로 안정
⑧ 토양에 대한 투과성이 클 것
⑨ 구입이 쉽고, 가격이 쌀 것
　㉮ TBM(양파 썩는 냄새)
　㉯ THT(석탄 가스 냄새)
　㉰ DMS(마늘냄새)
⑩ 차량정지목을 설치하는 탱크용량 : 5,000ℓ 이상(고법에는 2,000ℓ 이상)
⑪ 설비내 작업가능 농도

㉮ 가연성 : 폭발하한의 1/4 이하
㉯ 독성 : TLV-TWA 허용농도 이하
㉰ 산소 : 18~22%
⑫ O_2의 결핍성 위험
㉮ 16% 이하 : 호흡곤란 위험
㉯ 6% 이하 : 사망
㉰ 60% 이상 : 12시간 내 폐에 충혈을 일으켜 사망
⑬ 탱크로리-저장탱크(3m 이격)

5. LPG 집단 공급사업

1) 저장탱크(소형 저장탱크 제외) 안전거리 유지(지하설치시는 제외)

2) 저장설비주위 경계책 1.5m

3) 집단공급시설의 저장설비(저장탱크, 소형 저장탱크)로 설치(용기집합시설은 설치하지 않는다)

4) 지하 매몰 가능 배관
   KSD 3589(폴리에틸렌 피복강관), KSD 3607(분말융착식 폴리에틸렌 피복 강관), KSM 35.14(가스용 폴리에틸렌관)

5) 소형 저장탱크를 제외한 저장탱크에는 살수장치를 설치

6) 배관의 유지거리
   ① 지면과 1m 이상
   ② 차량통행도로 1.2m 이상
   ③ 공동 주택부지 및 1m의 매설 깊이 유지가 곤란한 곳 0.6m 이상
   ④ **보호관-보호관** : 0.3m
   ⑤ 배관이 접합은 용접시공을 할 것(부적당시 플랜지 접합가능)

7) 용접부 비파괴시험
   ① 압력 0.1MPa 이상인 곳
   ② 압력이 0.1MPa 미만, 지름 80A 이상인 곳(건출물 외부에 노출하여 설치된 사용압력 0.01MPa 미만인 배관의 용접부 제외)

8) 검지기 설치 위치
   ① **공기보다 무거운 경우** : 지면에서 30cm 이내
   ② **공기보다 가벼운 경우** : 천장에서 30cm 이내

9) 차량에 고정된 탱크에 가스충전시 가스충전 중의 표시를 하고 내용적 90%(소형 저장탱크는 85%)를 넘지 않을 것

10) LPG 판매
   ① 용기저장실에는 분리 형 가스누설경보기를 설치
   ② 판매업소, 영업소에는 계량기를 구비
   ③ 용기보관실의 벽은 방호벽 지붕은 불연성, 난연성의 재료로 설치할 것
   ④ 용기보관실 우회거리

   ※ **배관이음매**(용접이음 제외)**와 이격거리**
   - 전기계량기, 전기 개폐기(60cm)
   - 굴뚝, 전기점멸기, 전기접속기(30cm)
   - 절연조치를 하지 않은 전선(30cm)
   - 절연조치를 한 전선(10cm)

   ④ 용기보관실 우회거리 2m
   ⑤ 용기보관실 면적 19m^2, 사무실은 9m^2, 주차장면적 11.5m^2 이상이며 동일 부지에 설치
   ⑥ 조정압력이 3.3kPa 이하인 조정기 안전장치 작동 압력
      ㉠ 작동 표준압력 7kPa
      ㉡ 작동 개시압력 5.6~8.4kPa
      ㉢ 작동 정지압력 5.04~8.4kPa
   ⑦ **압력조정기 권장사용기간 : 6년**(KGS AA 434 3.9)

11) 배관용 밸브
   ① 개폐동작의 원활한 작동
   ② 유로 크기는 구멍 지름 이상
   ③ 개폐용 핸들휠은 열림방향이 시계바늘 반대
   ④ 볼밸브, 표면 5μ이상

12) 콕
   호스콕, 퓨즈콕, 상자콕, 주물연소기용 노즐콕 등이 있다.

13) 염화비닐 호스
   - 6.3mm(1종)
   - 9.5mm(2종)
   - 12.7mm(3종)
   - 내압시험 (3MPa)
   - 파열시험 (4MPa)
   - 기밀시험 (0.2MPa)

14) 가스누설 자동차단기
   전기충전부 비충전금속부 절연저항 1MΩ 이상

15) 자동차용 기화기
    ① 안정성, 내구성, 호환성 고려
    ② 혼합비 조정할 수 없는 구조
    ③ 내부가스 용이하게 방출할 수 있는 구조
    ④ 엔진 정지시 가스공급되지 않는 구조
    ⑤ 내압시험압력(고압부 3MPa, 저압부 1MPa)

16) LPG 저장소
    ① 저장설비는 안전거리 유지(지하는 제외)
    ② 기화장치 주위에는 경계책을 설치(경계책과 용기 보관장소는 20m 이상 거리)
    ③ **충전용기와 잔가스용기 보관 장소** : 1.5m 이상 유지
    ④ 압력계는 표준압력계로 매월 1회 검사

6. LPG 사용시설 기준, 기술기준

1) 저장능력 250kg 이상(자동절체기 사용 용기집합시 500kg 이상) 보관 시 용기에서 압력조정기 입구까지 배관에 안전장치 설치

2) 건축물 내 가스사용시설(가스누설(자동, 경보)차단장치)

3) 가스사용시설 저압부분 배관(0.8MPa 이상 ~ 내압시험을 실시)

4) 매몰가능 배관(동관, 스테인리스강관, 가스용 플렉시블호스)

5) 100kg 이상 보관 시 : 용기보관실 설치
   100kg 미만 보관 시 : 직사광선, 빗물에 노출되지 않도록

6) 호스콕, 배관용 밸브를 설치할 수 있는 LP가스 연소기 19,400kcal/hr 이상

7) 소형 저장탱크를 설치하여야 하는 저장능력 : 500kg 이상(소형 저장탱크 : 저장능력 3톤 미만의 저장탱크)

8) 기밀시험 : 조정기 출구 연소기까지 배관의 기밀시험압력 8.4kPa. 단, 압력이 3.3~30kPa인 경우 시험압력은 35kPa

9) 연소기 설치방법
   개방형 연소기 설치 시 환풍기, 환기구 설치, 반밀폐형 연소기는 급기구 배기통 설치

STEP 03 도시가스 안전관리

1. 용어의 정의

1) 배 관(본관·공급관·내관 또는 그밖의 관)
   ① **본관**
      ㉮ 가스도매사업 : 도시가스제조사업소의 부지경계에서 정압기지의 경계까지 이르는 배관
      ㉯ 일반도시가스사업 : 도시가스제조사업소의 부지경계 또는 가스도매사업자의 가스시설 경계에서 정압기까지 이르는 배관
   ② **공급관**
      ㉮ 가스도매사업 : 정압기지에서 일반 도시 가스사업자의 가스공급시설이나 대량수요자의 가스 사용 시설에 이르는 배관
      ㉯ 공동주택외의 건축물에 도시가스공급시 : 정압기에서 가스사용자가 소유하거나 점유하고 있는 토지의 경계까지 이르는 배관
   ③ **내관** : 가스사용자가 소유 점유하고 있는 토지의 경계에서 연소기까지 이르는 배관

2) 안전거리
   ① LNG 저장 처리설비는(1 일 52,500m³ 이하, 펌프, 압축기, 기화장치 제외) 50m 또는 $L=C^3\sqrt{143,000W}$ 동등 거리를 유지한다.
      (L : 유지하는 거리(m), C : 상수, W : 저장탱크는 저장능력의 제곱근)
   ② LPG 저장 처리설비는 30m 거리 유지

3) 설비 사이의 거리
   ① **고압인 가스공급시설의 안전구역 면적** : 20,000m² 미만
   ② 안전구역내 고압가스 공급시설(고압가스 공급시설 사이는 30m 유지)
   ③ 제조소 경계 20m 유지
   ④ LNG 저장탱크 처리능력 200,000m³, 압축기와 30m 유지

4) 검지부를 설치하는 장소
   ① 긴급 차단장치부분
   ② 슬리브관 이중관 방호구조물 등에 밀폐 설치된 부분
   ③ 누설가스가 체류하기 쉬운 부분

5) 검지부를 설치하지 않는 장소
   ① 연기 등의 접촉 우려가 있는 곳
   ② 누설가스 유통이 원활하지 못한 곳
   ③ 40℃이상인 곳
   ④ 경보기 파손의 우려가 있는 곳
   ⑤ 방호구조물에 의하여 개방되어 설치된 배관의 부분

6) 벤트스택
    ① 공급시설 벤트스택 방출구 위치(10m)
    ② 그밖의 벤트스택 방출구 위치 (5m

7) 방류둑 설치용량 500톤 이상, 일반도시가스사업 1,000톤 이상

8) 가스 도매사업의 긴급 차단장치 조작위치 : 탱크외면에서 10m 떨어진 장소

9) 배관에 표시하는 사항
    ① 가스흐름방향
    ② 사용가스명
    ③ 최고사용압력
    ④ 중압 이상의 배관, 용접부 모두 비파괴시험 실시

10) 배관의 설치
    ① **지하매설** : 건축물 1.5m, 타 시설물 0.3m, 산·들 1m, 기타 1.2m
    ② **시가지 도로노면** : 배관외면 1.5m, 방호구조물내 1.2m
    ③ **시가지 외 도로노면** : 배관외면 1.2m
    ④ **철도부지에 매설** : 궤도 중심과 4m, 철도부지 경계와 1m
    ⑤ 철도부지 밑 매설시 거리를 유지하지 않아도 되는 경우
        ㉮ 열차하중을 고려한 경우
        ㉯ 방호구조물로 방호한 경우
        ㉰ 열차하중의 영향을 받지 않는 경우
    ⑥ 배관을 철도와 병행하여 매설하는 경우 50m의 간격으로 표지판을 설치할 것

11) 배관 설치시 유지하는 공지의 폭

상용압력	공지의 폭
0.2MPa 미만	5m 이상
0.2~1MPa 미만	9m 이상
1MPa 이상	15m 이상

2. 일반 도시가스 사업

1) 안전거리
    ① **표지판**(제조소 공급소의 배관 : 500m 마다, 제조소 공급소 밖의 배관 : 200m 마다)
    ② **가스발생기, 가스홀더** : 고압 20m, 중압 10m, 저압 5m 유지
    ③ 가스혼합기, 가스정제설비, 배송기, 압송기, 사업장 경계까지 3m 유지
    ④ 최고사용압력이 고압인 것은 20m, 1종 보호시설 30m 유지

2) 고압, 중압 가스공급시설 중 내압시험을 생략하는 경우
    ① 용접배관에 방사선 투과시험 합격시
    ② 15m 미만 고압, 중압 배관으로 최고 압력이 1.5배로 합격시
    ③ 배송기, 압송기, 압축기, 송풍기, 액화가스용 펌프, 정압기

3) 가스공급시설 중 가스가 통하는 부분은 최고사용압력의 1.1 배의 기밀시험시 이상이 없을 것

4) 기밀시험생략
    ① 최고압력이 0Pa 이하
    ② 항상 대기에 개방된 시설

5) 도시가스 사용시설의 배관, 호스의 기밀시험압력 : 최고사용압력의 1.1배 또는 8.4kPa 중 높은 압력

6) 사용 시설배관의 기밀시험 유지시간

내용적	기밀시험시간
10ℓ 이하	5분
10ℓ 초과 ~ 50ℓ 이하	10분
50ℓ 초과	24분

7) 안전밸브 분출압력
    ① **안전변 1개** : 최고사용압력 이하
    ② **안전변 2개** : 1개는 최고사용압력, 다른 것은 최고사용압력이 1.03배

8) 안전밸브 분출량을 결정하는 압력
    ① **고압, 중압가스 공급시설** : 최고사용압력의 1.1 배 이하
    ② **액화가스가 통하는 가스공급시설** : 최고사용압력의 1.2배 이상

9) 가스발생설비, 가스정제설비, 배송기, 압송기 등에는 가스차단장치, 액면계, 경보장치 설치

10) 가스공급시설의 조명도 : 150Lux 이상

11) 비상공급시설
    ① **고압·중압 비상공급시설**
        ㉮ T_p = 최고사용압력 × 1.5
        ㉯ A_p = 최고사용압력 × 1.1 배
    ② **안전거리** : 1종 15m, 2종 10m 유지
    ③ 비상공급시설에는 정전기 제거조치를 한다.
    ④ 비상공급시설에는 원동기에서 불씨가 방출되지 않도록 한다.

12) 가스발생설비(기화장치 제외)
    ① 압력상승 방지장치를 설치한다.
    ② 역류 방지장치를 설치한다.
    ③ 사이클론식 가스발생설비에는 자동조정장치를 설치한다.

13) 기화장치
    ① 직화식 가열구조가 아닐 것
    ② 온수가열시 동결 방지장치
    ③ 액화가스의 넘쳐 흐름을 방지하는 액유출 방지장치를 설치

14) 저압가스 정제설비에는 수봉기를 설치

15) 가스홀더(고압, 중압 가스홀더)
    ① 신축흡수조치
    ② 응축액을 외부로 뽑을 수 있는 장치
    ③ 응축액의 동결 방지조치
    ④ 맨홀, 검사구 설치

16) 저압유수식 가스홀더
    ① 원활히 작동할 것
    ② 가스방출장치 설치
    ③ 수조에 물공급관과 물이 넘쳐 빠지는 구멍 설치
    ④ 동결 방지 조치를 할 것
    ⑤ 유효가동량이 구형보다 크다.

17) 저압무수식 가스홀더
    ① 피스톤이 원활히 작동할 것
    ② 봉액 사용시 봉액공급용 예비펌프 설치

18) 긴급 차단장치 설치위치(5m), (부대설비)
    ① 저장탱크와 저장 탱크 및 가스홀더 사이는 저장탱크 최대 직경을 더한 길이의 1/4 이상에 해당하는 거리(1/4 미만시에는 1m 이상)
    ② 주거지역, 상업지역에 설치되는 10톤 이상 탱크에 폭발방지장치를 할 것
    ③ 지반침하 방지 용량(1 톤 이상)
    ④ 방류둑 설치용량(1,000톤 이상)
    ⑤ **가스방출관** : 지면에서 5m, 탱크정상부에서 2m 중 높은 위치

19) 정압기
① 입·출구에는 가스차단장치 설치
② 정압기 출구에는 이상압력상승 방지장치 설치
③ 지하 정압기 침수 방지조치
④ 동결 방지조치
⑤ 설치 후 2년에 1회 분해점검(사용자시설 3년 1회 분해점검)
⑥ 1주일에 1회 이상 작동상황 점검
⑦ 가스압력측정 기록장치를 설치
⑧ 불순물 제거장치 설치
⑨ 정압기의 기밀시험
　㉮ 입구측은 최고사용압력의 1.1 배
　㉯ 출구측은 최후사용압력의 1.1 배 또 8.4kPa 중 높은 압력
　　㉠ 정압기 필터는 공급개시후 1월 이내 점검, 그 이후에는 1년 1회 점검
　　㉡ 단독 사용자에게 공급하는 필터는 3년 1회 분해점검(도시가스 안전관리법 시행규칙 별표6)

20) 배 관
① 도로와 평행하여 매몰되어 있는 배관으로 내경 65mm 이상에는 가스를 신속히 차단할 수 있는 장치 설치(KSM 3514에 따른 가스용 폴리에틸렌관의 경우 공칭외경 75mm)
　㉮ 배관의 기밀시험 시기

대상구분		기밀시험 실시시기
PE 배관		설치 후 15년이 되는 해, 그 이후는 5년 마다
폴리에틸렌 피복강관	1993.6.26. 이후 설치	
	1993.6.25. 이전 설치	설치 후 15년이 되는 해, 그 이후는 3년 마다
공동주택(다세대제외) 부지 내		3년 마다

　㉯ 배관 매설 깊이

매설깊이		항 목
0.6m 이상		• 공동주택부지　• 폭 4m 미만 도로 • 암반 지하매설물 등에 의한 구간으로 시장, 군수, 구청장이 인정하는 구간
1.2m 이상		8m 이상의 도로폭에 매설시
1m 이상		• 8m 이상 도로에서 저압 배관으로 횡으로 분기 수요가에게 직접 연결되는 배관 • 도로폭 4m 이상 8m 미만
0.8m 이상		도로폭 4m 이상 8m 미만중 호칭경 300mm 이하 저압배관에서 횡으로 분기하여 수요가에게 직접 연결되는 배관
배관 기울기	도로가 평탄시	1/500 ~ 1/100
	도로가 기울어졌을 때	도로의 기울기에 따름

㊂ 지상배관 : 황색(매몰배관은 적색 또는 황색으로 할 것)

㊃ 중압 이하의 배관과 고압배관 매설시 2m 이상 이격(단 콘크리트 방호구조물 내에서 설치시 1m 이상으로 할 수 있다)

21) 배관을 옥외 공동구내 설치시
   ① 환기장치
   ② 방폭구조
   ③ 신축흡수조치
   ④ 배관의 관통부에서 손상방지 조치
   ⑤ 격벽을 설치
   ⑥ 배관(관경 100mm 미만 저압 배관제외)의 노출부분의 길이 100m 이상시 노출부분 양 끝 300m 이내 원격차단장치 설치하거나 500m 이내에 원격조작이 가능한 차단장치를 설치할 것
   ⑦ **굴착으로 20m 이상 노출 배관** : 가스누출경보기 설치

22) 개방형 연소기 : 환풍기, 환기구 설치

23) 반밀폐형 연소기 : 급기구 배기통 설치

24) 입상관은 바닥으로부터 1.6~2m 이내에 설치

25) 가스계량기
   ① **우회거리 : 2m**
   ② 용량 30m³/hr 미만의 가스계량기 설치 높이는 1.6m 이상 2m 이내(단, 보호상자 내에 설치 시에는 바닥으로부터 2.0m 이내)

26) 특정가스 사용시설의 월 사용 예정량

$$Q = \frac{A \times 240 + B \times 90}{11,000}$$

Q : 월 사용예정량(m³)
A : 산업용 가스소비량 합계(kcal/hr)
B : 산업용이 아닌 가스소비량 합계(kcal/hr)

27) 가스누출 자동차단장치
   ① 영업장 면적 100m² 이상인 경우 가스누출경보 차단장치 또는 가스누출 자동차단기 설치
   ② 가스누출 자동차단장치를 설치하지 않아도 되는 경우
      ㉮ 월사용 예정량 : 2,000m³ 미만 연소기로 퓨즈콕, 상자콕 안전장치 및 연소기에 소화(안전장치 부착시)
      ㉯ 가스공급 차단시 막대한 손실이 발생하는 산업통상자원부장관이 고시하는 시설

28) 가스사용시설에는 퓨즈콕 설치(단, 연소기가 배관에 연결된 경우 또는 소비량 19,400kcal/hr를 초과 또는 3.3kPa 초과하는 연소기가 연결된 배관에는 호스 콕 또는 배관용 밸브를 설치할 수 있다.

29) 도시가스 유해성분 열량, 압력, 연소성 측정 열량 측정

① **열량측정**

06 : 30 ~ 09 : 00, 17 : 00 ~ 20 : 30 : 배송기, 압송기 출구에서 자동열량 측정기로 측정

② **연소성 측정**

06 : 30 ~ 09 : 00, 17 : 00 ~ 20 : 30 : 각각 1회씩 가스홀더, 압송기 출구, 웨베지수는 표준 웨베지수의 ±4.5% 이내 유지

③ **압력측정** : 가스홀더, 정압기 출구 및 가스공급시설 끝부분의 배관에서 자기압력계 이용(측정압력 : 1~2.5kPa)

④ **웨베지수**

$$WI = \frac{Hg}{\sqrt{d}}$$

WI : 웨베지수
Hg : 총발열량($kcal/m^3$)
d : 도시가스 비중

⑤ **유해성분** : 황, 황화수소. 암모니아 매주 1회씩 가스홀더의 출구에서 KSM 2082, 방법으로 검사하며 0℃, 1.013250 Bar에서 $1m^3$당(황 0.5g, 황화수소 0.02g, 암모니아 0.2g) 초과 금지

30) 내진설계의 적용범위

법규 구분		저장탱크 및 가스 홀더 · 압력용기
고압가스 안전관리법	독성, 가연성	5톤, 500m³ 이상
	비독성 및 비가연성	10톤, 1000m³ 이상
	압력용기	동체높이 5m 이상
	기 타	세로방향동체길이 5m 이상 응축기 5000l 이상 수액기
액화석유가스 안전관리법		3톤, 300m³ 이상
도시가스 사업법		3톤, 300m³ 이상
· 액화도시(천연)가스자동차 충전시설 · 고정식압축도시(천연) 충전시설 · 고정식압축도시(천연)가스 충전시설 · 이동식압축도시(천연)가스 자동차 충전시설		5톤, 500m³ 이상

31) 도시가스 배관의 내진등급
① **내진 특등급** : 가스도매사업자의 모든 배관
② **내진 1등급** : 최고사용압력 0.5MPa 이상인 배관으로서 일반도시가스 사업자가 소유한 배관
③ **내진2등급** : 일반 도시가스사업자의 0.5MPa미만의 배관

32) 도시가스 사용시설 기준 기술 기준
① **공동주택의 압력조정기 설치 기준**

중압 이상 150세대 미만인 경우, 저압으로 250세대 미만인 경우 설치

② **배관의 지하매설 기준**

공동주택 부지(0.6m 이상), 폭 8m 이상 차량 통행도로(1.2m 이상), 폭 4m~8m 미만 차량 통행도로(1m 이상)

33) 법규에 따른 배관의 이음매(용접이음매 제외) 또는 가스계량기와 아래 사항의 이격거리

시설명		이격거리
전기계량기 전기개폐기		60cm 이상
전기점멸기 전기접속기	15cm 이상	사용시설 : 배관 이음매, 호스이음매
	30cm 이상	공급시설 배관 이음매 사용시설 가스 계량기
단열조치하지 않은 굴뚝	15cm 이상	도시가스 공급시설 배관 이음매 LPG, 도시 사용시설 배관 이음매
	30cm 이상	LPG승급시설 배관 이음매 사용시설 가스계량기
절연조치하지 않은 전선	15cm 이상	도시가스 공급시설, LPG, 도시가스 사용 시설외 (배관 이음매, 가스계량기)
	30cm 이상	LPG공급시설 배관 이음매
절연조치한 전선		10cm 이상

STEP 04 수소 안전관리

1. 수소추출설비

1) 수소추출설비의 개요

① **수소추출설비에 해당하는 연료**
   ㉮ 도시가스사업법에 따른 도시가스
   ㉯ 액화석유가스의 안전관리 및 사업법에 따른 액화석유가스
   ㉰ 탄화수소 및 메탄올, 에탄올 등 알콜류

② **수소추출설비** : 위 ①항의 각 항목에 해당하는 연료로부터 수소를 추출하는 설비

③ **소소추출설비의 기하학적 범위**
   ㉮ 연료공급설비, 개질기, 버너, 수소정제장치 등 수소추출에 필요한 설비 및 부대설비와 이를 연결하는 배관으로 인입밸브 전단에 설치된 필터부터 수소정제장치 후단의 정제수소 수송 배관의 첫 번째 연결부까지
   ㉯ 위 ㉮항에 해당하는 수소추출설비가 하나의 외함으로 둘러싸인 구조의 경우에는 외함 외부에 노출되는 각 장치의 접속부까지

④ **수소추출설비의 사용금지 재료** : 폴리염화비닐(PCB), 석면, 카드뮴

2) 페일-세이프(fail-safe)

연료가스 배관에 구동원 상실 시 통로가 자동차단되는 구조. 즉, 고장발생 시 안전한 상태에 도달하는 것

3) 압력부

① 가스홀더, 압축기, 펌프 및 배관 등 압력을 받는 부분
② 압력부 내의 압력이 상용압력을 초과할 우려가 있는 구역에는 과압안전장치(안전밸브, 릴리프 밸브) 설치

4) 유지보수

유지보수를 위해 사람이 외함 내부로 들어갈 수 있는 구조를 가진 수소추출설비의 환기구 면적은 $0.003m^2/m^3$ 이상

5) 비상정지 제어

① **비상정지 제어 기능이 작동해야 하는 경우**
   ㉮ 연료가스 및 개질가스의 압력 또는 온도가 현저하게 상승하였을 경우
   ㉯ 연료가스 및 개질가스의 누출이 검지된 경우
   ㉰ 버너(개질기 및 그 외의 버너를 포함)의 불이 꺼졌을 경우
   ㉱ 제어 전원 전압이 현저하게 저하하는 등 제어장치에 이상이 생겼을 경우
   ㉲ 수소추출설비 안의 온도가 현저하게 상승하였을 경우
   ㉳ 수소추출설비 안의 환기장치에 이상이 생겼을 경우
   ㉴ 배열회수계통 출구부 온수의 온도가 100℃를 초과하는 경우

④ 압축기로 공급되는 개질가스 중 산소의 농도가 2%를 초과하는 경우
② 비상정지 후에는 로크아웃 상태로 전환되어야 하며, 수동으로 로크아웃을 해제하는 경우에만 정상운전하는 구조로 한다.

6) 열관리장치
① 독성의 유체가 통하는 열교환기는 이중벽으로 하고 이중벽 사이는 공극으로 대기 중으로 개방된 구조로 하여야 함
② 독성유체 압력이 냉각유체보다 70kPa 이상 낮은 경우 이중벽 설치 제외

7) 수소정제장치 운전이 정지되어야 하는 경우
① 공급가스의 압력, 온도, 조성 또는 유량이 경보 기준 수치를 초과한 경우
② 프로세스 제어 밸브가 작동 중에 장애를 일으키는 경우
③ 수소정제장치에 전원 공급이 차단된 경우
④ 흡착 및 탈착 공정이 수행되는 배관의 산소 함유량이 허용한계를 초과하는 경우
⑤ 버퍼 탱크의 압력이 허용 최대 설정치를 초과하는 경우

8) 압축장치
① **압축기 전단** : 기액분리기 또는 필터 등을 설치(액압축에 따른 압축기 손상 방지)
② **급유식 압축기의 후단** : 유분리기와 필터 설치(토출 가스에 혼입된 윤활유를 제거)
③ **압축기의 전단 및 후단** : 역류방지밸브 설치(압축된 가스 역류로 인한 압축기의 구동계 및 저압부의 설비손상 방지)

9) 수소추출설비 성능
① **재료 성능**
㉮ 내가스 성능
㉠ 탄화수소계 연료가스가 통하는 배관의 패킹류 및 금속 이외의 기밀유지 : n-펜탄 속에 72시간 담근 후 24시간 방치, 무게 변화율 20% 이내
㉡ 수소가 통하는 배관의 패킹류 및 금속 이외의 기밀유지부 : 수소가스를 상용압력으로 72시간 인가 후 24시간 방치, 무게 변화율 20% 이내
㉯ 투과성 시험 : 0.9m 길이 비금속 배관 안에 순도 98% 이상 프로판을 담은 상태로 24시간 유지, 이후 6시간 동안 측정한 가스 투과량 3ml/h 이하

② **연소상태 성능**
㉮ 배기가스 중 CO 농도 : 정격운전 상태에서 30분 동안 5초 이하의 간격으로 측정된 이론건조 연소가스 중 CO%의 평균값 0.03% 이하
㉯ 배기가스 중 NOx 제한 농도(mg/kWh)

등급	1	2	3	4	5
제한 농도	70	100	150	200	260

㉰ 배기구 및 급기구 막힘 시 안전성능 : 배기가스 중 CO%의 평균값 0.06% 이하
③ **정격 수소생산량 성능** : 수소추출설비의 정격운전 상태에서 측정된 수소생산량은 제조사가 표시한 값의 ±5% 이내인 것

2. 수전해설비

1) 수전해설비의 개요
   ① **수전해설비의 정의** : 물을 전기분해하여 수소를 생산하는 설비
   ② **수전해설비의 기하학적 범위**
      ㉮ 급수 밸브로부터 스택, 전력변환장치, 기액분리기, 열교환기, 수분제거장치, 산소제거장치 등을 통해 토출되는 수소배관의 첫 번째 연결부까지
      ㉯ 위 ㉮항에 해당하는 수전해설비가 하나의 외함으로 둘러싸인 구조의 경우에는 외함 외부에 노출되는 각 장치의 접속부까지
   ③ **수전해설비의 종류**
      ㉮ 산성 및 염기성 수용액을 이용하는 설비
      ㉯ AEM(음이온교환막) 전해질을 이용하는 설비
      ㉰ PEM(양이온교환막) 전해질을 이용하는 설비

2) 차단밸브의 조건
   ① 차단밸브(설비의 유지보수, 긴급정지 등을 위해 유체의 흐름을 차단하는 밸브)는 최고사용압력 및 온도 및 유체특성 등 사용조건에 적합할 것
   ② 차단밸브의 가동부(actuator)는 밸브 몸통으로부터 전해지는 열을 견딜 수 있을 것
   ③ 자동차단밸브는 공인인증기관의 인증품 또는 성능시험을 만족하는 것을 사용할 럿
   ④ 자동차단밸브는 구동원이 상실되었을 경우 안전한 가동이 이루어질 수 있는 구조(fail-safe)일 것

3) 수소가 통하는 배관의 접지
   ① 직선 배관은 80m 이내의 간격으로 접지
   ② 서로 교차하지 않는 배관 사이의 거리가 100mm 미만인 경우, 배관 사이에서 발생될 수 있는 스파크 점프를 방지하기 위해 20m 이내의 간격으로 점퍼 설치
   ③ 서로 교차하는 배관 사이의 거리가 100mm 미만인 경우, 배관이 교차하는 곳에는 점퍼 설치

4) 과압안전장치 설치
   압력부(가스홀더, 펌프 및 배관 등 압력을 받는 부분)에는 그 압력부 내의 압력이 상용압력을 초과할 우려가 있는 다음 중 어느 하나에 해당하는 구역에 안전밸브, 릴리프밸브 등의 과압안전장치를 설치
   ① 내·외부 요인으로 압력상승이 설계압력을 초과할 우려가 있는 압력용기 등
   ② 펌프의 출구측

③ 배관 안의 액체가 2개 이상의 밸브로 차단되어 외부열원으로 인한 액체의 열팽창으로 파열이 우려되는 배관

④ 위 ①항부터 ③항까지 이외에 압력조절실패, 이상반응, 밸브의 막힘 등으로 인해 상용압력을 초과할 우려가 있는 압력부

5) 외함 구조

① 외함 상부는 누출된 수소가 체류하지 않는 구조로 할 것

② 외함에 설치된 패널, 커버, 출입문 등은 외부에서 열쇠 또는 전용공구 등을 통해 개방할 수 있는 구조로 하고, 개폐상태를 유지할 수 있는 구조를 갖출 것

③ 작업자가 통과할 정도로 큰 외함의 점검구, 출입문 등은 바깥쪽으로 열리는 구조이어야 하며, 열쇠 또는 전용공구 없이 안에서 쉽게 개방할 수 있는 구조일 것

④ 수전해설비가 수산화칼륨(KOH) 등 유해한 액체를 포함하는 경우, 수전해설비의 외함은 유해한 액체가 외부로 누출되지 않도록 안전한 격납수단을 갖출 것

6) 수소품질 성능

① **산소농도** : 50μmol/mol 이하

② **수분농도** : 5μmol/mol 이하(정격수소생산압력이 5MPa 이하인 경우 50μmol/mol 이하)

7) 수전해설비 안전 규정

① 수전해설비를 실내에 설치할 경우 산소 농도가 23.5% 이하가 되도록 유지할 것

② **수소 및 산소 방출관 방출구**

㉮ 방출구 위치 : 수소 및 산소 방출관의 방출구는 방출된 수소 및 산소가 체류할 우려가 없는 통풍이 양호한 장소에 설치

㉯ 방출구 높이 : 수소의 방출관 방출구는 지면에서 5m 이상 또는 설비 상부에서 2m 이상의 높이 중 높은 위치로 설치하며, 화기를 취급하는 장소와 6m 이상 떨어진 장소에 위치

㉰ 방출구간 이격 : 산소의 방출관 방출구는 수소의 방출관 방출구 높이보다 낮은 높이에 위치

③ 산소를 대기로 방출하는 경우 농도가 23.5% 이하가 될 때까지 공기 또는 불활성가스와 혼합하여 방출

④ 수전해설비의 동결로 인한 파손을 방지하기 위하여 해당 설비의 온도가 5℃ 이하인 경우에는 설비의 운전을 자동으로 차단하는 조치를 할 것

3. 수소연료사용시설

1) 수소연료사용시설의 개요

① **수소제조설비** : 수전해설비, 수소추출설비

② **수소저장설비** : 수소를 충전·저장하기 위하여 지상 또는 지하에 고정 설치하는 저장탱크

③ **수소가스설비** : 수소제조설비, 수소저장설비 및 연료전지와 이들 설비를 연결하는 배관 및 그 부속설비 중 수소가 통하는 부분

④ **수소용품**
  ㉮ 연료전지(자동차에 장착되는 연료전지 제외) : 수소와 산소의 전기화학적 반응을 통하여 전기와 열을 생산하는 고정형(연료소비량이 232.6kW 이하인 것) 및 이동형 설비와 그 부대설비
  ㉯ 수전해설비
  ㉰ 수소추출설비

2) 화기와의 거리
  ① **수소가스설비 외면으로부터 화기(그 설비 안의 화기는 제외)를 취급하는 장소 사이** : 우회거리 8m(산소의 저장설비는 5m) 이상
  ② **유동방지시설** : 2m 이상의 내화성 벽
  ③ **연료전지가 설치된 건축물 내에 위치하는 연료전지와 배관 및 그 부속설비의 경우** : 우회거리 2m 이상
  ④ **입상관과 화기 사이** : 우회거리 2m 이상

3) 수소제조설비 및 수소저장설비
  ① **실내에 설치하는 경우 설치실 재료**
    ㉮ 실의 벽 : 불연재료 사용
    ㉯ 지붕 : 불연 또는 난연의 가벼운 재료 사용
  ② **수소저장설비 구조**
    ㉮ 가스가 누출되지 않는 구조, 5m³ 이상의 가스를 저장하는 것에는 가스방출장치를 설치
    ㉯ 설비 중량 5ton 이상인 수소저장설비는 내진설계로 시공

3) 수소가스설비 기준
  ① **수소추출설비를 실내에 설치하는 경우**
    ㉮ 수소추출설비 캐비닛 내 또는 수소추출설비실 내에 일산화탄소(CO)를 검지하기 위한 검지부 설치
    ㉯ 수소추출설비실 내의 산소농도가 19.5% 미만이 되는 경우 수소추출설비의 운전이 정지되도록 할 것
  ② **배관용 밸브 설치**
    ㉮ 연료전지 각각에 대하여 배관용 밸브 설치
    ㉯ 배관이 분기되는 경우 주배관에 배관용 밸브 설치
    ㉰ 2개 이상의 실로 분기되는 경우 각 실의 주배관마다 배관용 밸브 설치

4) 배관설비
  ① **입상관 밸브**
    ㉮ 설치 높이 1.6m 이상 2m 이내
    ㉯ 2m 초과 설치 시 조건
      ㉠ 밸브 차단을 위한 전용계단(튼튼하게 고정) 설치
      ㉡ 원격 차단 가능한 전동밸브 설치(이때, 차단장치의 제어부는 1.6m 이상 2m 이내에 설치)

② 안전제어장치의 종류
  ㉮ 압력안전장치
  ㉯ 가스누출검지경보장치
  ㉰ 긴급차단장치
③ 압력안전장치 기준
  ㉮ 배관 안의 압력이 상용압력을 초과하지 않고, 또한 수격(water hammer)현상으로 인하여 생기는 압력이 상용압력의 1.1배를 초과하지 않도록 하는 제어기능을 갖춘 것
  ㉯ 재질 및 강도는 가스의 성질, 상태, 온도 및 압력 등에 상응되는 적절한 것
  ㉰ 배관장치의 압력변동을 충분히 흡수할 수 있는 용량을 갖춘 것
④ 배관설비 성능
  ㉮ 상용압력 0.1MPa 이상 배관의 내압성능 : 상용압력의 1.5배 이상
  ㉯ 기밀성능 : 상용압력의 1.1배 이상 또는 8.4kPa 중 높은 압력

5) 과압안전장치
  ① 선정 기준
    ㉮ 안전밸브 : 기체 및 증기의 압력상승을 방지하기 위하여 설치
    ㉯ 파열판 : 급격한 압력상승, 독성가스의 누출, 유체의 부식성 또는 반응생성물의 성상 등에 따라 안전밸브를 설치하는 것이 부적당한 경우에 설치
    ㉰ 릴리프밸브 또는 안전밸브 : 펌프 및 배관에서 액체의 압력상승을 방지하기 위하여 설치
    ㉱ 자동압력제어장치 : 위 ㉮항에서 ㉰항까지의 안전장치와 병행하여 설치할 수 있음
  ② 설치 위치(다음의 구역마다 설치)
    ㉮ 내·외부 요인으로 압력상승이 설계압력을 초과할 우려가 있는 압력용기 등
    ㉯ 토출측이 막힘으로 인한 압력상승이 설계압력을 초과할 우려가 있는 압축기의 최종단(다단 압축기의 경우에는 각 단) 또는 펌프의 출구측
    ㉰ 위의 경우 이외에 압력조절 실패, 이상반응, 밸브의 막힘 등으로 인한 압력상승이 설계압력을 초과할 우려가 있는 수소가스설비 또는 배관 등

SECTION 04 가스계측

Industrial Engineer Gas

STEP 01 계측의 기본개념 및 제어목적

1. 계측의 목적 및 기본개념

1) 계측의 목적
   ① 작업조건의 안정화
   ② 장치의 안정조건 효율 증대
   ③ 작업인원 절감
   ④ 작업자의 위생관리
   ⑤ 인건비 절감
   ⑥ 생산량 향상

2) 계측기기의 구비조건
   ① 경제적(가격이 저렴)일 것
   ② 설치장소의 내구성이 있어야 할 것
   ③ 견고하고 신뢰성이 있어야 할 것
   ④ 정도가 높을 것
   ⑤ 연속측정이 가능하고 구조가 간단할 것

3) 계측의 측정법
   ① **편위법** : 측정량이 원인이 되어 그 결과로 생기는 지시로부터 측정량을 아는 방법으로 정밀도는 낮지만 측정이 간단하며 부르돈관의 탄성변위를 이용한다.(스프링, 부르돈관 전류계)
   ② **영위법** : 측정결과는 별도의 크기를 조정할 수 있는 같은 종류의 양을 준비하고 미리 알고있는 양과 측정량을 평형 시켜 알고 있는 양의 크기로부터 측정량을 알아내는 방법이다. 편위법보다 정밀도가 높다.(블록게이지 등)
   ③ **치환법** : 지시량과 미리 알고 있는 양으로 측정량을 나타내는 방법이다. (다이얼 게이지 두께 측정, 천칭을 이용한 물체의 질량 측정)
   ④ **보상법** : 측정량과 크기가 거의 같은 미리 알고 있는 양을 준비하여 측정량과 그 미리 알고 있는 양의 차이로 측정량을 말아내는 방법이다. '

4) 오차와공차
　① **오차의 정의** : 측정값 진실값 (참값) $\left[오차율 = \dfrac{오차값}{진실값} \right]$
　　(보정 : 진실값 – 측정값)
　② **계통오차** : 평균치와 진실치의 차로 원인을 알 수 있는 오차(제거도 할 수 있고 보정도 할 수 있다.)
　　　㉮ 이론오차
　　　㉯ 개인오차
　　　㉰ 환경오차
　　　㉱ 계기오차(고유오차)
　③ **공차** : 계량기가 가지고 있는 기차의 최대허용한도를 관습 또는 규정에 의하여 정한 값으로 검정공차와 사용공차가 있다(사용공차는 검정공차의 1.5~2배).
　④ **기차** : 미터 자체의 오차 또는 계측기가 가지고 있는 고유의 오차이며 제작 당시 가지고 있는 계통적인 오차를 말한다.

$$E = \dfrac{I-Q}{I} \times 100 \quad \begin{cases} E : 기차\% \\ Q : 기준미터지시량 \\ I : 시험용미터의 지시량 \end{cases}$$

　⑤ 유량에 따른 검정공차의 범위

유량	검정공차
최대 유량의 1/5 미만(20% 미만)	±2.5%
최대 유량의 1/5~4/5(20~80%)	±1.5%
최대 유량의 4/5 이상(80% 이상)	±2.5%

2. 단위 및 단위계

단 위	종류
기본단위 : 기본량의 단위	길이(m), 질량(kg), 시간(sec), 전류(A), 온도(k), 광도(cd), 물질량(mol)
유도단위 : 기본단위에서 유도된 단위, 또는 기본단위의 조합단위	면적(m^2), 체적(m^3), 일량(kg·m), 열량(kcal(kg·℃), 속도(m/s), 뉴턴(N=kg · m/s)
보조단위 : 정수배수 정수분으로 표현사용상 편리를 도모하기 위해 표시 하는 단위	10^1(데카), 10^2(헥토), 10^3(키로), 10^9(기가), 10^{12}(테라), 10^{-1}(데시), 10^{-6}(미크로), 10^{-9}(나노)
특수단위	습도, 입도, 비중, 내화도, 인장강도
소음측정용 단위	데시벨(dB)

3. 측정용어

1) **감도** : 측정량의 변화에 대한 지시량의 변화의 비

   $$\frac{지시량의\ 변화}{측정량의\ 변화}$$

   ① 감도가 좋으면 측정시간이 길어지고 측정범위는 좁아진다.
   ② 계측기의 한 눈금에 대한 측정량의 변화를 감도로 표시

2) **정도** : 측정결과에 대한 신뢰도

   ① **정확도** : 측정값은 평균한 수치와 참값의 차로 표면의 차가 적을수록 정확도가 좋다(수에 대한 개념).
   ② **정밀도** : 동일한 계기류로 여러번 측정하면 측정값이 매번 일치하지 않는다. 일치하는 수에 가까울수록 정밀도가 좋다고 표현하며 계기의 눈금에 대한 개념이다.(산포의 적은 정도를 나타냄)

STEP 02 계측기기

1 압력계

1. 압력의 특징

1) 탄성식 압력계 : 압력변화에 의한 탄성변위를 이용한 방법

2) 전기식 압력계 : 물리적 변화를 이용한 방법

3) 액주식 압력계 : 알고있는 힘과 일치하여 측정하는 방법

2. 압력계의 종류

1) 측정방법에 따른 분류

① **1차 압력계**

지시된 압력을 직접측정
- 종류 : 자유(부유) 피스톤식 압력계(부르돈관 압력계의 눈금교정용, 실험실용), 액주계 (manometer, 1차 압력계의 기본이 되는 압력계)

② **2차 압력계**

압력에 의해 적용받는 변화를 탄성 및 기타 힘에 의해 측정하여 그 변화율로 입력을 측정
- 종류 : 부르돈관, 다이어프램, 벨로즈, 전기저항, 피에조 전기압력계 등

2) 측정기구에 따른 분류

① **액주식 압력계**

㉮ U자관 압력계

㉠ U자관 내부에 액을 이용하여 측정한 압력계
내부액체는 물, 수은, 기름 등을 사용

㉡ 액주 높이에 의한 차압을 측정

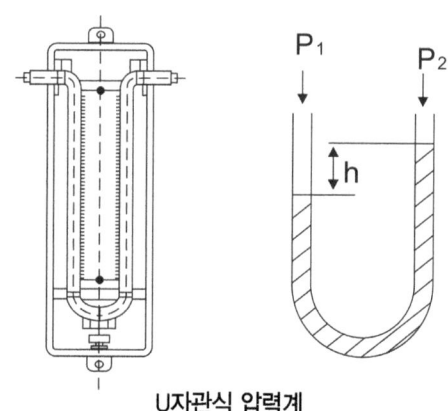

U자관식 압력계

● **U자관 압력계의 압력 측정**

$P = sh$ 또는 $P = rh$
$\begin{cases} P : 압력 \quad S : 액비중(Kg/\ell) \\ r : 액비중량(Kg/m^3) \\ h : 액면높이 \end{cases}$

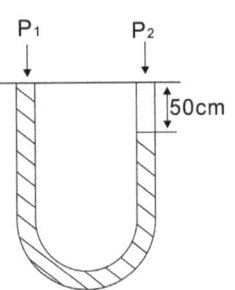

그림과 같은 수은이든 U자관 내부에 비중 13.55인 수은이 있을 때 P_2의 압력은 몇 Kg/cm^2 인가?(단, $P_1 = 1kg/cm^2$ 이다)

(풀이) $P_2 = P_1 + Sh = 1kg/cm^2 + 13.55(kg/\ell) \times 50cm$
$= 1kg/cm^2 + 13.55 \left(\dfrac{kg}{10^3 cm^3} \right) \times 50cm$
$= 1.677 kg/cm^2$

(별해) $P_2 = P_1 + \gamma h$
$= 1kg/cm^2 + 13.55 \times 10^3 (kg/m^3) \times 0.5m$
$= 1kg/cm^2 + \dfrac{13.55 \times 10^3 \times 0.5}{10^4} (kg/cm^2)$
$= 1.677 kg/cm^2$

ⓒ 경사관식 압력계
  ㉠ 작은 단관을 경사지게 한 압력계
  ㉡ 작은 압력을 정밀측정시 사용
  ㉢ 원리는 단관식 압력계와 동일

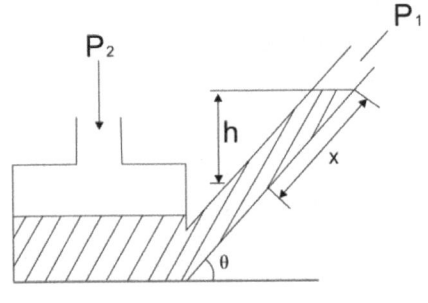

경사관식 압력계

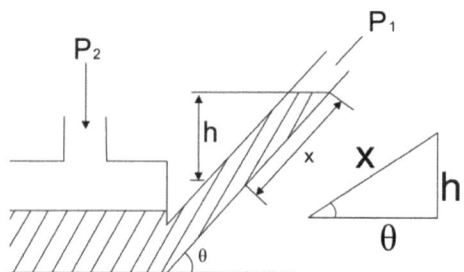

이므로 h = x Sinθ 가 된다.

예) 상기 그림과 같이 비중 0.8인 오일이 경사관 내부에서 45°로 기울어져 있을 때 P_2의 압력은 몇 kg/cm²인가?(단, 경사길이는 10cm 이다) P_1은 대기압이다.

∴ $P_2 = P_1 + Sh = P_1 + S\, x\sin\theta (h = x\sin\theta)$
  = 1.033(kg/cm²) + 0.8(kg/10³cm³) × 10cm × sin45
  = 1.038(kg/cm²)

   ㉰ 링밸런스식 압력계(환상천평식 압력계)
      ㉠ 압력에 의해 링이 회전시 회전하는 각도로 압력을 측정
      ㉡ 하부에는 액체가 있으므로 상부의 기체압력의 압력차를 측정
      ㉢ 원격 전송이 가능
      ㉣ 설치시 주의점
         • 수평 수직으로 설치
         • 진동 충격이 없는 장소에 설치
         • 보수점검이 용이한 장소에 설치
   ㉱ 단관식 압력계 : U자관의 변형으로 가장 간단한 압력계
   ㉲ 플로트식 압력계 : 탱크 내부에 플로트를 띄워 변화되는 액면을 이용하여 압력을 측정

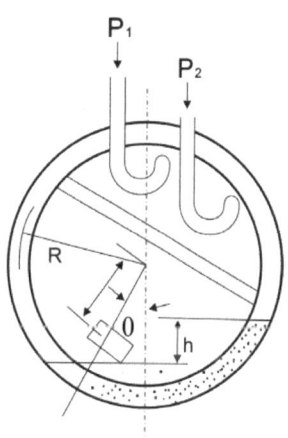

링밸런스식 압력계

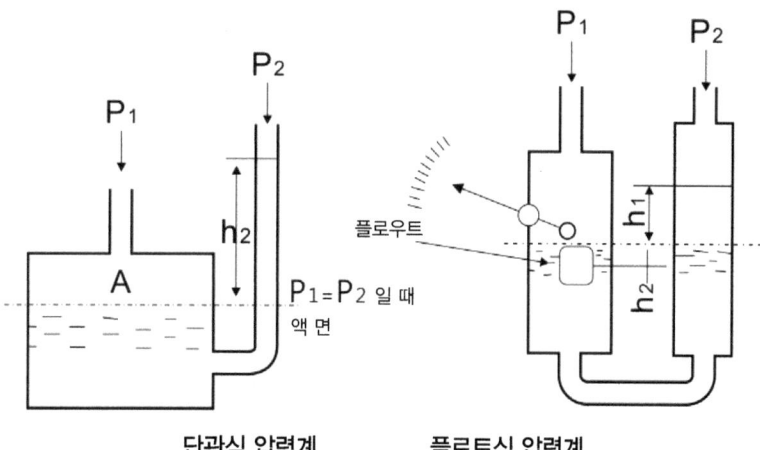

단관식 압력계   **플로트식 압력계**

② **침종식 압력계(아르키메데스의 원리를 이용한 압력계)**
　㉮ 침종의 변위가 내부압력에 비례하여 측정
　㉯ 저압의 압력 측정에 이용
　㉰ 단종식, 복종식의 2종류가 있음
　㉱ 침종내부에 수은 등의 액이 들어 있음

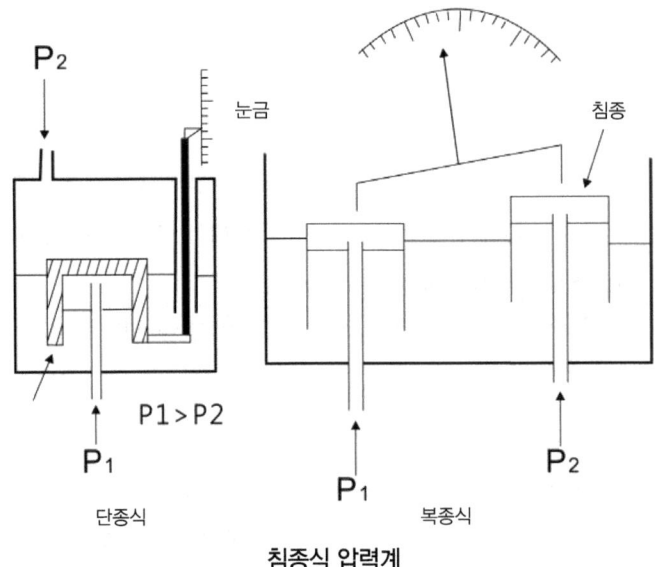

침종식 압력계

● **액주식 압력계 내부에 사용되는 액체의 구비조건**

① 화학적으로 안정할 것　　② 모세관 표면장력이 적을 것
③ 열팽창계수가 적을 것　　④ 점성이 적을 것
⑤ 밀도 변화가 적을 것　　　⑥ 액면은 수평일 것

---

③ **자유(부유) 피스톤식 압력계**
　모든 압력계의 기준기로서 2차 압력의 교정장치로 적합하다.

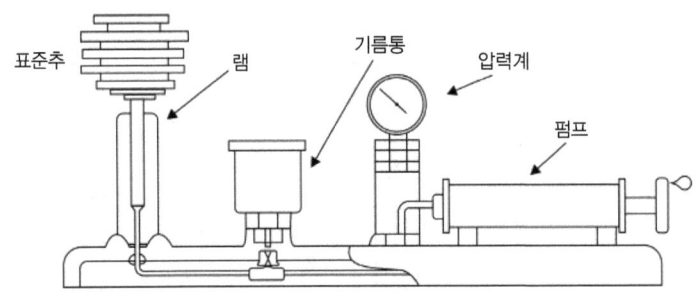

자유 피스톤식 압력계
(부르돈관 압력계의 눈금 교정 및 연구실용으로 사용)

㉮ 게이지압력 $P = \dfrac{W+w}{A}$ $\begin{cases} P : 게이지압력 \\ W : 추의 무게 \\ A : 실린더의 단면적 \end{cases}$ $\begin{matrix} A : 실린더의 단면적 \\ W : 피스톤의 무게 \end{matrix}$

㉯ 대기압이 P0이면 절대압력 = 대기압 + 게이지압력

∴ 절대압력 = $P_0 + \dfrac{W+w}{A}$

㉰ 측정압력이 게이지 압력보다 클수도 작을수도 있으므로 큰 압력에서 작은 압력을 감하여 오차값(%)을 계산

오차값(%) = $\dfrac{측정값 - 진실값}{진실값} \times 100(\%)$

㉱ 자유 피스톤식 압력계에서 압력 전달의 유체는 오일이며, 사용되는 오일은 다음과 같다.
모빌유($3,000kg/cm^2$), 피마자유($100 \sim 1,000kg/cm^2$), 경유($40 \sim 100kg/cm^2$)

● 추와 피스톤 무게 합계가 20kg이고 실린더 직경 4cm 피스톤 직경이 2cm일 때 절대압력은 몇 kg/cm^2인가?(단, 대기압은 $1kg/cm^2$으로 한다)

절대압력 = 대기압 + 게이지 압력

$$P = P_0 + \dfrac{W+w}{A} = 1 + \dfrac{20}{\dfrac{\pi}{4} \times (2cm^2)} = 7.37 kg/cm^2 a$$

(실린더와 피스톤 직경이 동시에 주어질 때 피스톤 직경을 기준으로 단면적을 계산)

---

3) 측정원리에 따른 분류
① **탄성식 압력계**

2차 압력계의 측정방법에는 물질변화, 전기변화, 탄성변화를 이용한 것이 있으며 탄성의 원리를 이용하고 가장 많이 쓰이는 압력계는 부르돈관 압력계다.

㉮ 부르돈관 압력계(Bourdon Tube Gauge)
  ㉠ 금속의 탄성원리를 이용한 것으로서 2차 압력계의 대표적인 압력계이며 가장 많이 사용된다.
  ㉡ 재질
    • 저압인 경우 : 황동, 청동, 인청동
    • 고압인 경우 : 니켈강, 스테인리스강
  ㉢ 산소용 : 금유라고 명기된 산소 전용의 것을 사용한다.
    (산소 + 유지류 → 연소폭발)
  ㉣ 암모니아, 아세틸렌 : 압력계의 재질로 동을 사용시 동함유량이 62% 미만 이어야 한다.
    (C_2H_2 + CU → 폭발, NH_3 + Cu → 부식)

ⓜ 최고 3,000kg/cm²까지 측정이 가능하다.
　　ⓑ 정도는 ±1~2%이다.
　　ⓢ 압력계의 최고눈금범위는 사용압력의 1.5~2배이다.

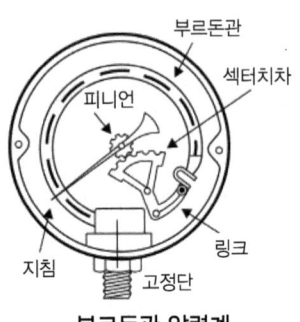

부르돈관 압력계

● **부르돈관 압력계**

1. **부르돈관 사용시 필요사항**
  ① 안전장치가 있는 것 확인할 것
  ② 진동 충격이 적은 장소에 설치할 것
  ③ 가스유입 유출시 서서히 조작할 것.
  ④ 압력계 온도는 80℃ 이하로 유지한다.

2. **부르돈관 압력계의 성능시험**
  ① **정압시험** : 최대압력 72시간 지속시 클리프 현상은 1/2 눈금 이하
  ② **내진시험** : 지진 등에 이상유무를 시험(시험시간 16시간, 지침각도 4~5° 이하)
  ③ **시도시험** : 시험후 기차 ±1/2 눈금 이하 유지
  ④ **내열시험** : 시험압력 100℃ 누설변형이 없어야 함

　㈏ 다이어프램 압력계(Diaphragm gauge)의 특징
　　㉠ 부식성의 유체에 적합하고 미소압력 측정에 사용한다.
　　㉡ 온도의 영향을 받기 쉽다.
　　㉢ 금속식에는 인, 청동, 구리, 스테인리스, 비금속식에는 천연고무, 가죽 등을 사용한다.

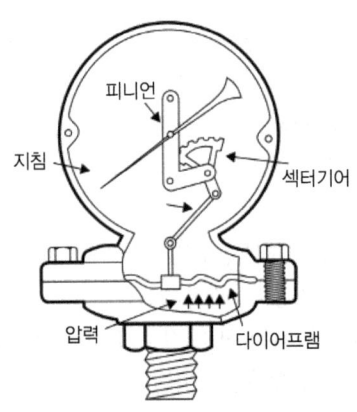

다이어프램 압력계

㉰ 벨로우즈 압력계(Bellows, Gaage) : 벨로우즈의 신축하는 성질을 이용하여 압력을 측정
  ㉠ 구조가 간단 압력검출용으로 사용
  ㉡ 0.01~10kg/cm² 정도 측정, 정도는 ±1~2% 정도
  ㉢ 먼지의 영향이 적고 변동에 대한 적응성이 적다.

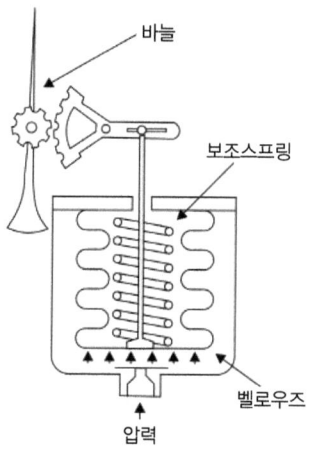

벨로우즈식 압력계

② **전기식 압력계**
  ㉮ 피에조 전기압력계
    ㉠ 가스폭발 등 급속한 압력변화를 측정하는데 유효하다.
    ㉡ 수정전기석·롯셀염 등이 결정체의 특수방향에 압력을 가하여 발생되는 전기량으로 압력을 측정한다.

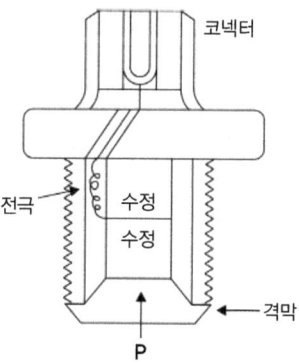

피에조 전기압력계

㉯ 전기저항 압력계 : 금속의 전기저항값이 변화되는 것을 이용하여 측정
  ㉠ 망가닌선을 코일로 감아 전기저항을 측정
  ㉡ 응답속도가 빠르고 초고압에서 미압까지 측정

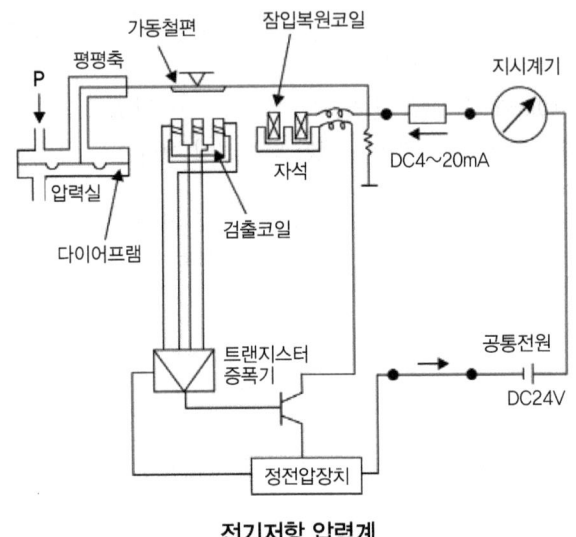

전기저항 압력계

② **아네로이드식 압력계** : 대기압에서 스프링변위를 이용 변위를 확대 입력을 지시하는 형식
  • 용도 : 공기압 측정, 바이메탈 온도 보정

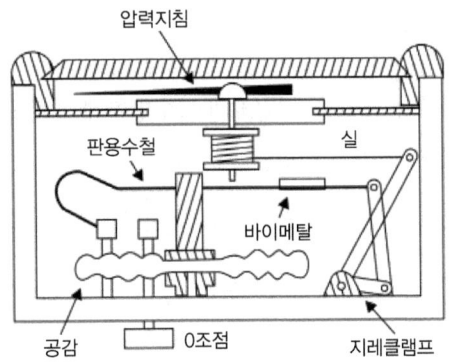

아네로이드식 압력계

 온도계

1. 온도의 측정

1) 온도의 기본단위(K)

2) 온도측정시 물의 삼중점(273.16K = 0.01℃)

국제 실용 온도

온도 정점	온도(℃)	온도정점	온도(℃)
물의 삼중점	0.01	산소의 비점	−183℃
얼음의 융점	0.00	백금의 응고점	1,773.0℃
주석의 응고점	231.83	은의 응고점	961.03℃
물의 비등점	100.00	금의 응고점	1,064.43℃
납의 응고점	327.30		
아연의 응고점	419.50		

3) 온도계 선정시 주의점

① 측정 물체의 원격지시 자동제어 필요여부 검토

② 측정 범위와 정밀도가 적당

③ 지시 기록이 편리할 것

④ 온도의 변동에 대하여 반응이 신속할 것

⑤ 측정 물체와 화학반응을 일으키지 않을 것

2. 온도계의 종류

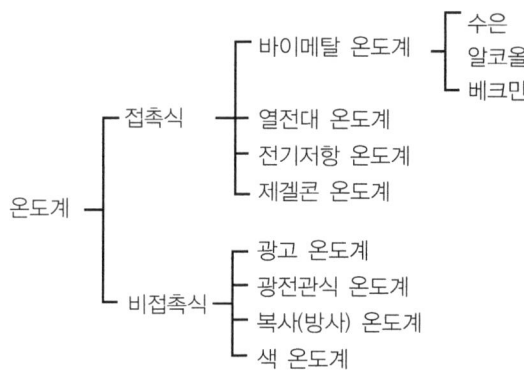

1) 접촉식 온도계

측정하고자 하는 물체에 온도계를 직접 접촉시켜 온도를 측정

① **유리제 온도계** : 유리막대에 액체를 알코올, 수은, 펜탄 등을 봉입하여 표시된 눈금으로 온도를 측정(검정유효기간 : 3년)

> **특징**
> - 취급이 간단하다.
> - 연속기록, 자동제어가 불가능하다.
> - 원격측정 불가능

㉮ 알코올 온도계
　㉠ 측정범위 : -100~100℃ 알코올의 열팽창을 이용
　㉡ 수은보다 저온측정용
　㉢ 수은보다 정밀도가 낮음

㉯ 수은 온도계
　㉠ 측정범위 : -35~350℃
　㉡ 알코올보다 고온측정
　㉢ 알코올보다 정밀도가 좋다.

㉰ 베크만 온도계
　㉠ 수은 온도계의 일종으로서 미소범위 온도를 정밀 측정할 수 있다
　　(0.001℃까지 측정가능).
　㉡ 수은은 사용온도에 따라 양을 조절
　㉢ 열량계 온도측정에 사용된다.
　㉣ 정밀측정용이다.
　㉤ 가격이 저렴하다.

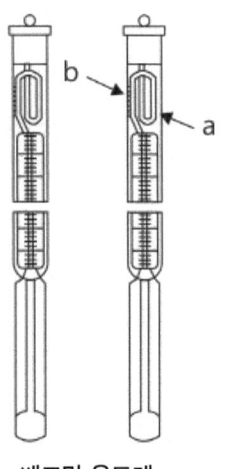

베크만 온도계

② **바이메탈 온도계** : 열팽창계수가 다른 금속판을 이용하여 측정 물체를 접촉시 열팽창계수에 따라 휘어지는 정도로 눈금을 표시

㉮ 측정원리 : 열팽창계수
㉯ 정도 : 0.5~1%
㉰ 특징
　㉠ 구조 간단, 보수 용이, 내구성이 있다.
　㉡ 온도값을 직독할 수 있다.
　㉢ 오차(히스테리)발생의 우려가 있다.

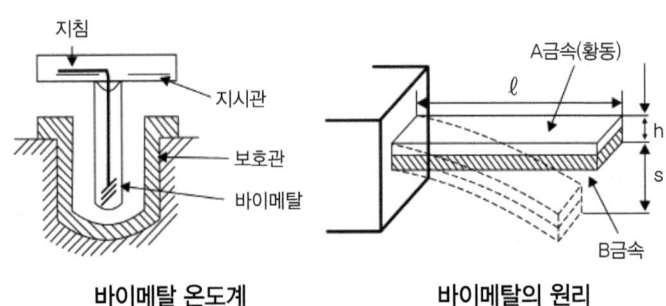

바이메탈 온도계　　**바이메탈의 원리**

㉱ 용도 : 자동제어용

③ **압력식 온도계(아네로이드형 온도계)** : 액체, 기체, 증기 등은 온도 상승시 체적 팽창하는데 팽창 또는 수축된 체적으로 압력값을 지시하여 압력의 상승변화에 따라 측정하는 온도계
  ㉮ 측정원리 : 압력값의 변화 정도
  ㉯ 특징
    ㉠ 저온용의 측정에 사용
    ㉡ 자동제어 가능
    ㉢ 연속측정이 가능하다.
    ㉣ 조작에 숙련을 요한다.
    ㉤ 진동, 충격의 영향을 받지 않는다.
    ㉥ 경년 변화가 있다.(금속 피로에 의한 이상 현상)
  ㉰ 종류

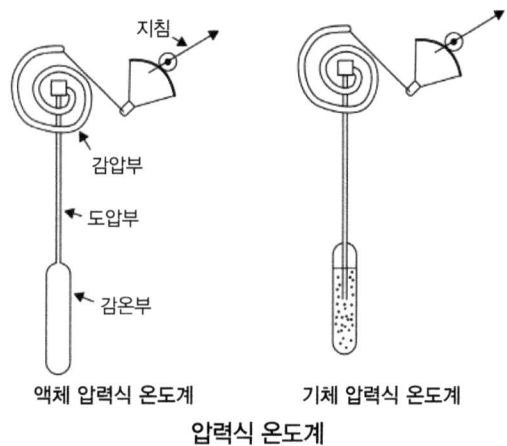

압력식 온도계

  ㉱ 구성
    ㉠ 감온부 : 온도를 감지하는 부분
    ㉡ 도압부 : 감지된 온도를 감압부에 전달
    ㉢ 감압부 : 모세관으로 감지된 온도를 지침으로 온도를 지시
④ **전기저항 온도계** : 온도상승시 저항이 증가하는 것을 이용
  ㉮ 측정 원리 : 금속의 전기저항
  ㉯ 종류

전기저항 온도계의 종류	특 징
백금저항 온도계	• 측정범위(-20~500℃) • 저항계수가 크다. • 가격이 고가이다. • 정밀측정이 가능하다. • 표준저항값으로 25, 50, 100이 있다.

니켈저항 온도계	• 측정범위(-50~150℃) • 가격이 저렴하다. • 안정성이 있다. • 표준저항값(500)
구리저항 온도계	• 측정범위 (0~120℃) • 가격이 저렴하다. • 유지 관리가 쉽다.
더미스터 온도계 Ni + Cu + Mn + Fe + Co등을 압축소결 시켜 만든 온도계	• 측정범위 (-100~200℃) • 저항계수가 백금의 10배이다. • 경년 변화가 있다. • 응답이 빠르다.
저항계수가 큰순서	• 더미스터 〉백금〉 니켈 〉구리

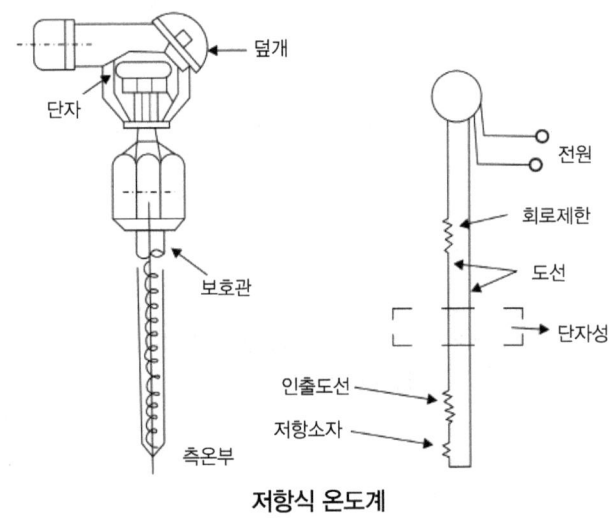

저항식 온도계

⑤ **열전대 온도계** : 열전쌍회로에서 두 접점 사이에 열기전력을 발생시켜 그 전위차를 측정하여 두 접점의 온도차를 밀리볼트계로 온도를 측정하는데 이것을 제백효과라 한다.
  ㉮ 측정원리 : 열기전력
  ㉯ 특징
    ㉠ 접촉식 중 가장 고온용이다.
    ㉡ 냉접점, 열접점이 있다.
    ㉢ 원격 측정 온도계로 적합하다.
    ㉣ 전원이 필요없고 자동제어가 가능하다.
  ㉰ 구성요소 : (열접점, 냉접점, 보상도선, 밀리볼트계, 보호관)
  ㉱ 열전대의 구비조건
    ㉠ 기전력이 강하고 안정되며 내열성, 내식성이 클 것
    ㉡ 열전도율 전기저항이 작고, 가공하기 쉬울 것

ⓒ 열기전력이 크고 온도 상승에 따라 연속으로 상승할 것
ⓓ 경제적이고 구입이 용이하며, 기계적 강도가 클 것
㉮ 취급시 주의점
　ⓐ 단자의 (+)(-) 보상도선의(+)(-)를 일치시킨다.
　ⓑ 열전대 삽입길이는 보호관 외경의 1.5배 이상
　ⓒ 도선 접속전 지시의 0점을 조정
　ⓓ 습기, 먼지 등에 주의하고 청결하게 유지한다.
　ⓔ 정기적으로 지시눈금의 교정 필요가 있다.
㉯ 열전대 온도계의 측정 온도범위와 특성

종류	온도범위	특성
PR(R형)(백금 – 백금로듐) P(-), R(+)	0~1,600℃	산에 강하고 환원성에 약함
CA(K형)(크로멜 – 알루멜) C(+), A(-)	-20~1200℃	환원성에 강하고 산화성에 약함
IC(J형)(철 – 콘스탄탄) I(+), C(-)	-20~800℃	환원성에 강하고 산화성에 약함
CC(T형)(동 – 콘스탄탄) C(+), C(-)	-200~400℃	수분에 약하고 약산성에만 사용

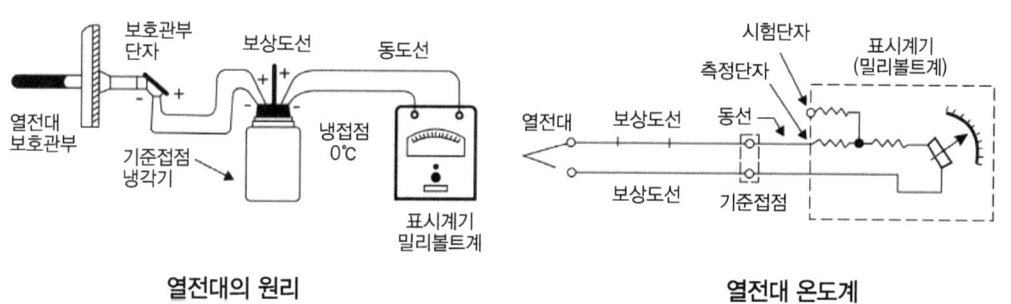

열전대의 원리 　　　　　열전대 온도계

- 냉접점 0℃를 유지
- 보상도선 : 열전선은 가격이 고가이므로 열접점에서 측정한 온도를 전달하기 위한 목적으로 보상 도선을 사용
- 보호관 : 열전대를 보호할 목적으로 사용
- 보호관의 종류 : 비금속관 : 카보램던관(1,700℃까지 견딤)
  금속관 : 자기관(알루미나 + 산화규소)(1,500℃), 자기관(산화말루미나)(1,750℃), 석영관(1,000℃), 동관(800℃)
- 보호관의 **고온에 견디는 순서** : 카보램던관 > 자기관(알루미나 + 산화규소) > 석영관 > 동관
- 열전대 온도계의 고온측정의 순서 : PR > CA > IC > CG
- 콘스틴탄의 **성분** : Cu 55% + Ni 45%

⑥ 제겔콘 온도계 : 금속의 산화물로 만든 삼각추가 기울어지는 각도로 온도를 측정
   ㉠ 측정원리 : 내열성의 금속산화물이 기울어지는 각도
   ㉡ 측정온도 : 600~2,000℃
   ㉢ 종류 : 59종(SK022~SK042)
   ㉣ 용도 : 요업용, 벽돌 등의 내화도

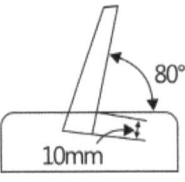
제겔콘

● **제겔콘 온도계의 종류**
SK022~SK42(01, 02, 03, 04, 05, 5종 없음)
42~022(64종) - (5 종) =59

2) 비접촉식 온도계

측정하고자 하는 물체에 온도계를 접촉시키지 않고 간접적으로 온도를 측정

특징
- 측정온도의 오차가 크다.
- 방사율의 보정이 필요하다.
- 응답이 빠르고 내구성이 좋다.
- 고온 측정이 가능하고 이동물체 측정에 알맞다.
- 접촉에 의한 열손실이 없다.

① 광고 온도계
   ㉮ 측정원리 : 고온의 물체에서 방사되는 방사에너지를 통과시켜 표준온도 전구의 필라멘트 것에 휘도를 비교하여 측정
   ㉯ 측정범위 : 700~3,000℃
   ㉰ 특징
      ㉠ 고온측정에 적합
      ㉡ 방사온도계에 비하여 방사율의 보정이 적다.
      ㉢ 비접촉식 중 정확한 측정이 가능하다.
      ㉣ 측정시간이 길다.
      ㉤ 구조가 간단하고 휴대가 편리하다.

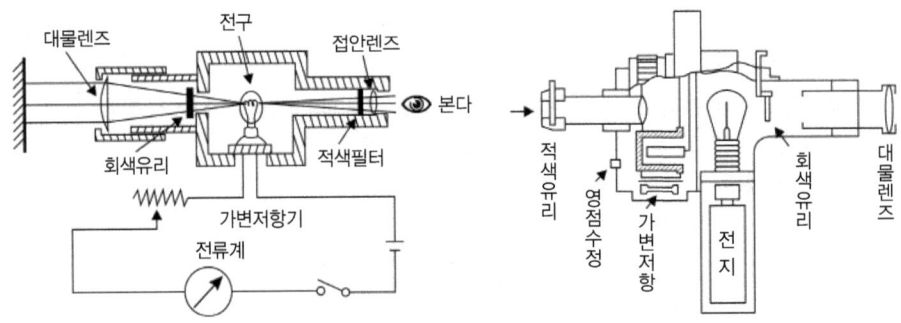

광고 온도계의 측정원리 및 구조

② 광전관식 온도계
  ㉮ 측정원리 : 광고 온도계를 자동화 시킨 온도계
  ㉯ 측정온도 : 700℃ 이상
  ㉰ 특징
    ㉠ 이동물체 측정 용이
    ㉡ 자동제어 기록 가능
    ㉢ 응답시간이 빠르다.
    ㉣ 구조가 복잡하다.

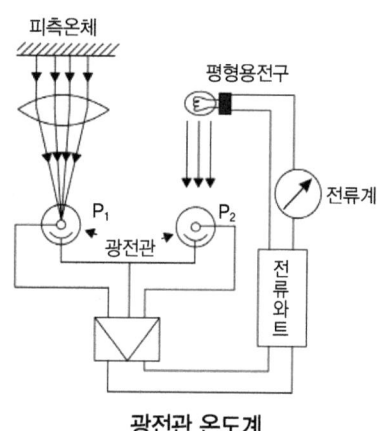

광전관 온도계

③ 방사 온도계
  ㉮ 측정원리 : 방사에너지를 측정하여 온도를
  ㉯ 측정온도 : 600~2,500℃
  ㉰ 특징
    ㉠ 물체의 표면온도 측정
    ㉡ 이동물체 온도 측정
    ㉢ 연속측정 가능
    ㉣ 오차의 우려가 있다.
    ㉤ 방사율에 의한 보정량이 크고 오차가 발생

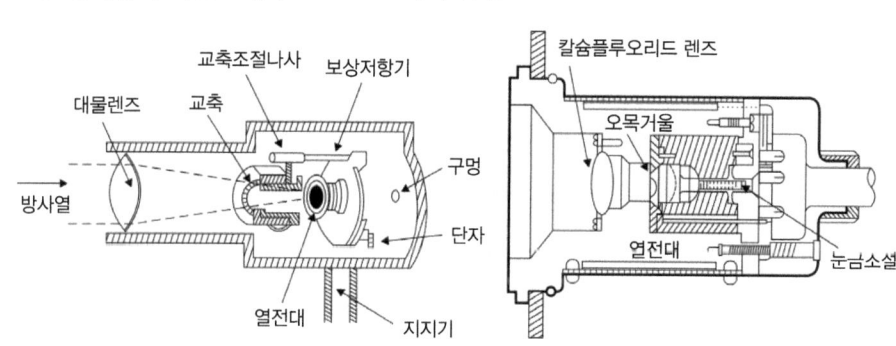

방사 온도계의 원리와 내부구조

● **스테판 볼츠만의 법칙** : 물체에 방사되는 전방사 에너지는 절대온도 4승에 비례한다.

$$Q = 4.88\varepsilon \left(\frac{T}{100}\right)^4$$ Q : 방사에너지 (kcal/hr)   ε : 보정율   T : 절대온도

④ 색 온도계
  ㉮ 측정원리 : 고온의 복사 에너지는 온도가 낮으면 파장이 길어지고 온도가 상승하면 파장이 짧아지는 것을 이용하여 온도를 측정
  ㉯ 측정온도 : 600~2,500℃
  ㉰ 특징

㉠ 개인오차가 있다.
㉡ 고장율은 적다.
㉢ 연기, 먼지 등에 영향이 없다.
㉣ 온도와 색의 한계

온도(℃)	색 깔
600	어 두운 색
800	붉은색
1,000	오랜지 색
1,200	노란색
1,500	눈부신 황백색
2,000	매우 눈부신 흰색
2,500	푸른기가 있는 흰백색

❸ 유량계

1. 유량계산식

1) 원관유량

$$Q = AV \begin{cases} Q : 유량(m^3/sec)(m^3/hr) \\ A : 단면적(직경이\ d이면\ \frac{\pi}{4}d^2) \\ V : 유속\ (m/s) \end{cases}$$

● 관경이 50cm인 관에 어떤 유체가 10m/s로 흐를 때 유량은 몇 m³/hr인가?

$$Q = \frac{\pi}{4}d^2V = \frac{\pi}{4} \times (0.5.m)^2 \times 10m/s = 1.96m/s = 1.96 \times 3,600 = 7,068.58 m^3/hr$$

2. 측정방법에 의한 유량계의 분류

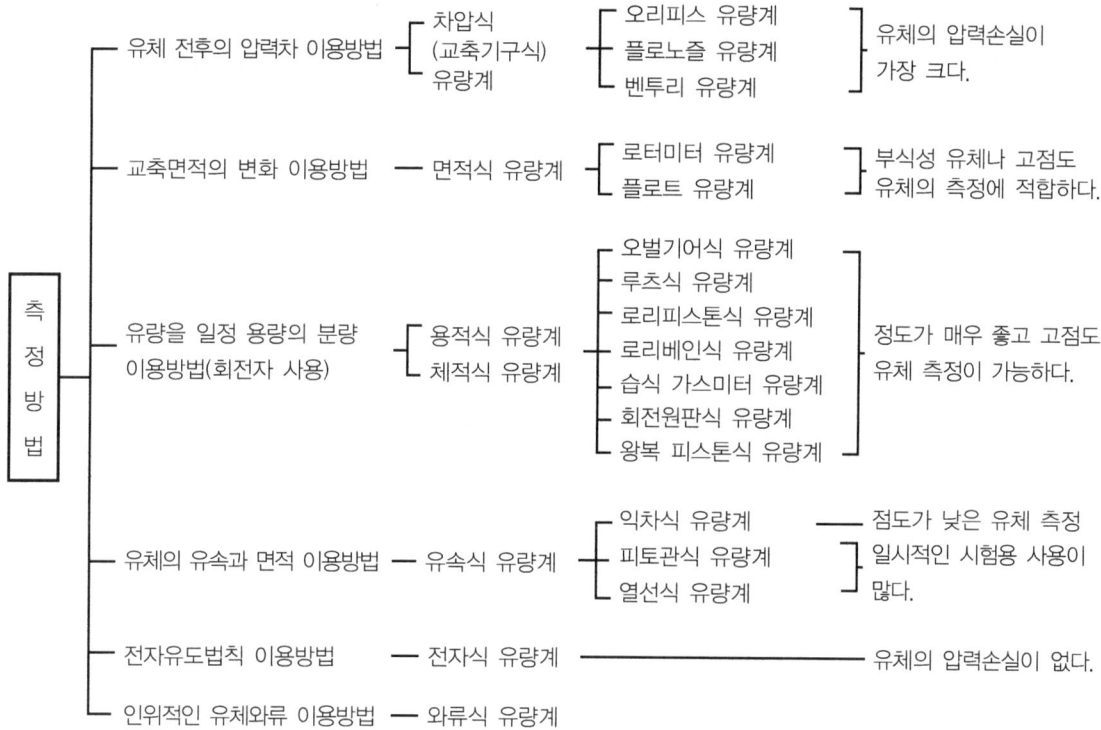

① **직접법** : 유체의 유량을 직접 측정(습식 가스미터)
② **간접법** : 유량과 관계있는 유속 단면적을 측정하고 비교값으로 유량을 측정(오리피스, 벤투리관, 피토관, 로터미터)

3. 유량계의 종류

1) **차압식 유량계**(교축기구식 유량계)
   ① 유량 측정은 베르누이 정리를 이용
   ② 교축기구 전후 압력차를 이용해 순간 유량을 측정
   ③ 유체가 흐르는 관로에 교축기구를 설치, 압력차를 이용하여 계산
   ⑤ 측정 유체의 압력손실이 크고 저유량 유체에는 측정이 곤란하다.
   ⑥ **종류** : 오리피스, 플로노즐, 벤투리

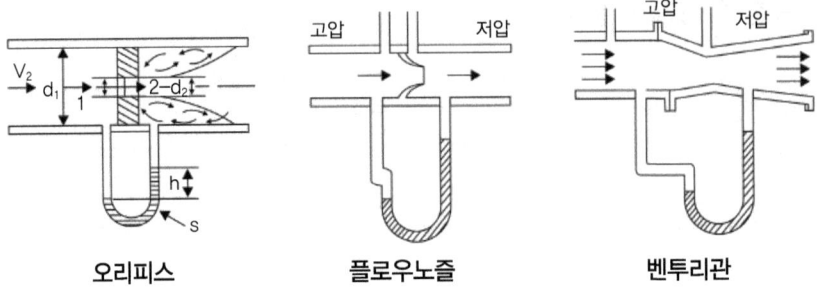

⑦ **차압식 유량계의 압력손실이 큰 순서**

⑧ **차압식 유량계의 특징** (Re=10^5정도)

유량계 종류	특징 / 장점	단점
오리피스	• 설치가 쉽다. • 값이 싸다.	• 압력손실이 가장 크다.
플로우 노즐	• 압력손실은 중간이다. • 고압용에 사용한다. • Re수가 클 때 사용한다.	• 가격은 중간이다.
벤투리관	• 압력손실이 가장 적다. • 정도가 좋다.	• 구조가 복잡하다. • 가격이 비싸다.

1. 차압식 유량계의 유량계산

$$Q = C \times \frac{\pi}{4}d_2^2 \times \sqrt{\frac{2gH}{1-m^4} \times \left(\frac{Sm-S}{S}\right)} \times 3600 \, (m^3/hr)$$

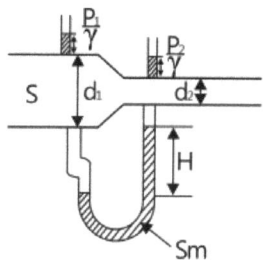

- Q : 유량(m^3/hr)
- C : 유량계수,
- H : 압력차(m)
- Sm : 마노미터액의 비중
- g : 중력가속도$(9.8 \, m/s^2)$
- $\frac{\pi}{4}d_2^2$: 적은 직경의 단면적
- s : 주관내의 액비중
- m : 지름비 $\frac{d_2}{d_1}(d_1 > d_2)$

예) 관경 400 mm 원관에 200 mm 의 오리피스를 설치하였다. 원관에 물이 흐를 때 다음 조건을 만족하는 원관의 유량(m^3/hr)은 얼마인가?

유량계수(C) : 0.624   압력차 : 370 mmHg   마노미터의 수은비중 : 13.55

$$Q = C \times \frac{\pi}{4}d_2^2 \times \sqrt{\frac{2gH}{1-m^4} \times \left(\frac{Sm-S}{S}\right)} \times 3{,}600$$

$$= 0.624 \times \frac{\pi}{4} \times (0.2m)^2 \sqrt{\frac{2 \times 9.8 \times 0.376}{1 - \left(\frac{0.2}{0.4}\right)^4} \left(\frac{13.55-1}{1}\right)} \times 3{,}600 = 700.96 \, m^3/hr$$

2. 오리피스 유량계에 사용되는 교축기구의 종류

① 베나탭(Vend-tap) : 교축기구를 중심으로 유입은 관내경의 거리에서 취출 유출은 가장 낮은 압력이 되는 위치에서 취출하며 가장 많이 사용된다.
② 프렌지탭(Flange-tap) : 교축기구로부터 25mm 전후의 위치에서 차압을 취출
③ 코넬탭(Conner-tap) : 평균압력을 취출하며 교축기구 직전 전후의 차압을 취출하는 형식이다.

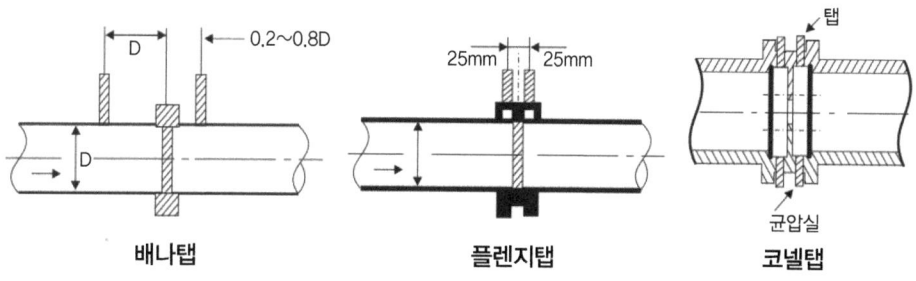

배나탭   플렌지탭   코넬탭

2) 유속식 유량계
   ① **측정원리** : 관로에 흐르는 유체의 유속을 측정하여 단면적을 곱하면 유량이 계산
   ② **종류** : 피토관, 임펠라식, 열선식
   ③ **특징**

종류	피토관	임펠라식(액류계)	열선식
특징	• 피토관의 두부는 유체의 흐름 방향과 평행하게 설치 • 유속이 5m/s 이상이어야 한다. • 측정압력은 동압이다.	• 유체의 관로에 익차를 설치하고 유속을 측정 • 임펠라의 형식은 프로펠라, 터빈형이 있다.	• 관로에 설치된 전열선을 이용하여 순간 유량을 측정한다. • 압력손실은 적다.

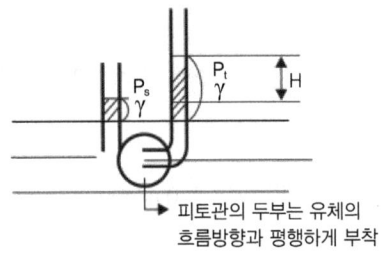

↳ 피토관의 두부는 유체의 흐름방향과 평행하게 부착

피토관의 두부는 유체의 흐름방향과 평행하게 부착

$$H(동압) = \frac{Pt}{\gamma}(전압) - \frac{Ps}{\gamma}(정압)$$

• 피토관은 동압을 측정하여 유속에 대한 유량을 측정

$$유속계산식\ V = C\sqrt{2gH} = C\sqrt{2g\frac{Pt-Ps}{\gamma}}$$

V : 유속(ms) C : 유속계

g : 중력가속도(9.8 m/s²) $\frac{Pt}{\gamma}$: 전압(kg/m²)

$\frac{Ps}{\gamma}$: 정압(kg/m²)

예) 피토관 내부의 압력차가 100mmH₂O 일 때 유속을 계산하여라(단, 유속계수 C=0.88이다).

$V = C\sqrt{2gH} = 0.88\sqrt{2 \times 9.8 \times 0.1} = 1.23\ m/s = (100mmH_2O = 100kg/m^2 = 0.1mH_2O)$

3) 용적식 유량계

① **측정원리** : 어느 정도의 체적 안에 유체의 양을 유입하여 유출되는 유량을 연속 측정

② **특징**
- ㉮ 크기가 주로 대형이다.
- ㉯ 내식성 재질로 제작시 가격이 고가이다.
- ㉰ 적산유량을 측정
- ㉱ 입구에는 필히 여과기를 설치
- ㉲ 고점도 유체에 적합
- ㉳ 진동의 영향이 적다.

③ **용적식 유량계의 종류별 특징**

종류	습식 가스미터	건식 가스미터	로터리 피스톤식	왕복 피스톤식
특징	• 드럼형이다. • 드럼의 회전수로 기체량을 적산하여 유량을 측정	• 격막식이다. • 계량실내에는 4개의 계량막이 있다.	• 수도계량기로 많이 사용된다. • 내부의 피스톤이 회전하면서 적산 유량을 측정	• 내부의 피스톤 왕복 운동으로 유량측정 • 부식성이 없다 • 점도가 적은 유체에 적합하다. • 주유소의 유량측정에 많이 쓰인다.

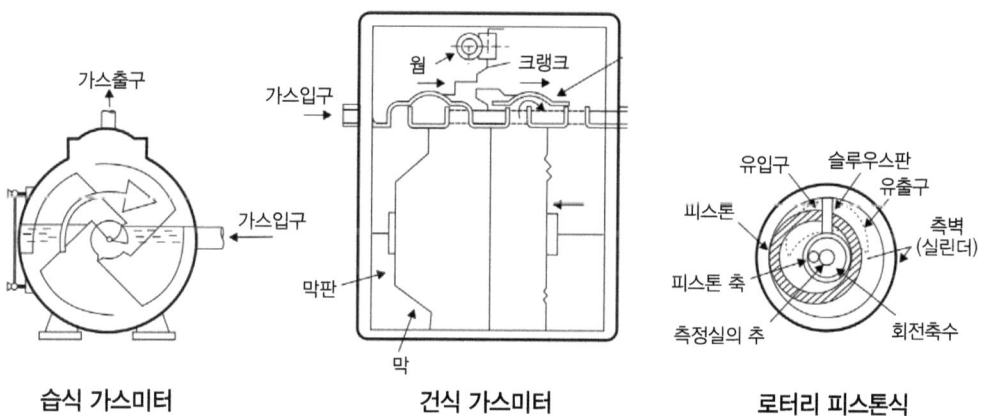

습식 가스미터   건식 가스미터   로터리 피스톤식

4) 면적식 유량계

① **측정원리** : 유리관 속에 부자를 이용 부자의 변위를 면적으로 변화시켜 순간 유량을 측정

② **특징**
- ㉮ 부식성 유체에 적합하다.
- ㉯ 진동의 영향이 크다.
- ㉰ 유체에 대하여 수직으로 부착하여야 한다.
- ㉱ 정도는 ±1~2%이다.

③ 종류

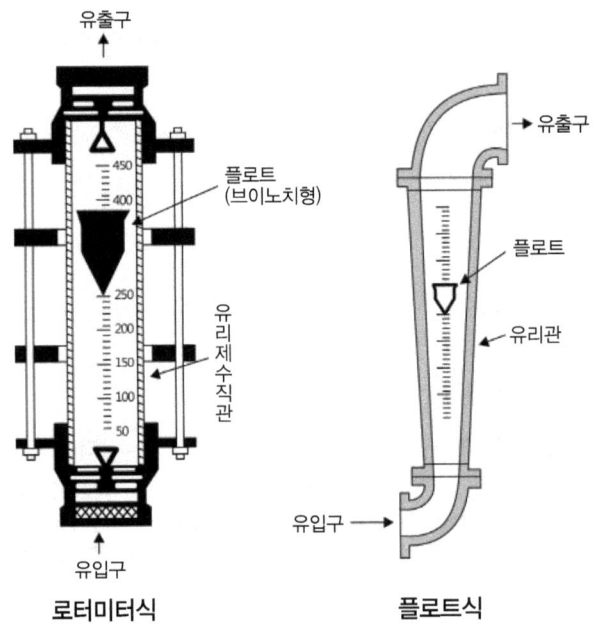

로터미터식   플로트식

5) 전자유량계
   ① **측정원리** : 전자유도법칙을 이용 도전성 액체의 순간 유량을 측정
   ② **특징**
      ㉮ 압력손실이 적다.
      ㉯ 자동제어에 적용할 수 있다.

● **전자유도법칙(패러데이 법칙)**

1F의 전기량 96,500Cb으로 1g 당 양 석출

$$수소\ 1당량 = 1g = \frac{1}{2}mol = 11.2\ell$$

$$수소\ 1당량 = 8g = \frac{1}{4}mol = 5.6\ell$$

예) 2F의 전기량으로 물을 전기분해시 양극에서 석출되는 기체의 부피는 몇 ℓ 인가?

$2H_2O \rightarrow 2H_2O + O_2$ 1F : $(11.2\ell + 5.6\ell)$
                         2F : $x\ell$ $x = 33.6\ell$

4 액면계

1. 액면의 측정방법
① **직접법** : 측정하고자 하는 액면의 높이를 직접 측정
  - 종류 : 직관식, 플로트식, 검척식
② **간접법** : 측정하고자 하는 액면의 높이를 압력차나 초음파 방사선 등을 이용하여 간접방법으로 액면을 측정
  - 종류 : 다이어프램식, 방사선식, 차압식, 초음파식, 기포식 등

2. 액면계의 구비조건
① 구조가 간단하고 경제적일 것
② 보수점검이 용이하고 내구·내식성이 있을 것
③ 고온 고압에 견딜 것
④ 연속 측정이 가능할 것
⑤ 원격 측정이 가능할 것
⑥ 자동제어장치에 적용 가능할 것

3. 액면계의 종류
1) 직접식 액면계
① **직관식 액면계** : 육안으로 액면의 높이를 관찰할 수 있으므로 액면계에 표시된 눈금을 읽음으로 액면을 측정(자동제어 불가능)
  ㉮ 종류 : 크린카식, 게이지 글라스식

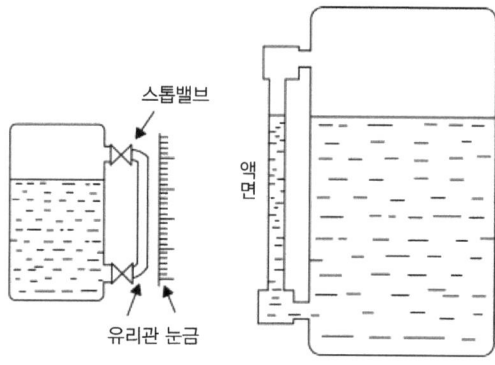

직관식(게이지 글라스)

② **검척식 액면계**
  ㉮ 측정하고자 하는 액면을 직접자로 측정
  ㉯ 자의 눈금을 읽음으로서 액면을 측정
  ㉰ 개방 탱크에 많이 사용한다.

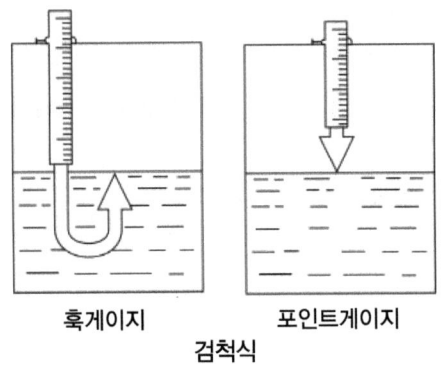
훅게이지   포인트게이지
검척식

③ **클린카식 액면계** : 지상에 설치하는 LP가스 탱크에 주로 사용하는 액면계
④ **플로트(부자)식** : 액면에 플로트를 띄우고 액의 높이가 변하면 플로트가 유동하는 정도를 지침으로 가르켜 액면을 측정하는 방법으로 고압 밀폐 탱크의 압력차를 측정하는데 사용되고 있다.(유리관을 이용 액위를 직접판독)

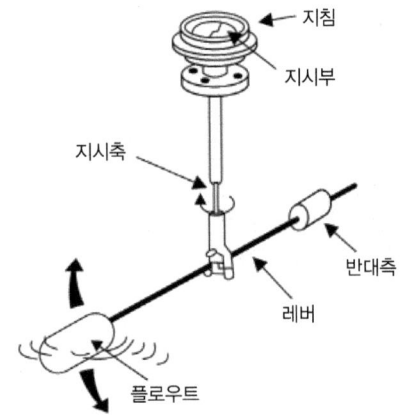

2) 간접식 액면계
  ① **차압식 액면계(햄프슨식 액면계)**
    ㉮ 자동제어장치에 적용이 쉽다.
    ㉯ 액면을 유지하고 있는 압력과 탱크내 유체의 압력차를 이용하여 액면을 측정
    ㉰ 고압밀폐탱크의 압력차를 측정하는데 널리 사용된다.

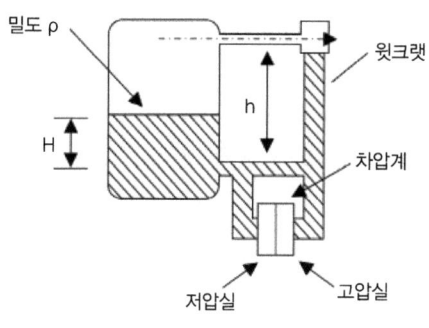

차압식 액면계

② **기포식 액면계**
　㉮ 탱크 속에 관을 삽입하여 이 관으로 공기를 보내면 액중에 발생하는 기포로 액면을 측정
　㉯ 공기를 액면 속으로 넣기 위한 공기 압축기(Air Compressor)가 필요하다.
　㉰ 모든 유체에 적용가능

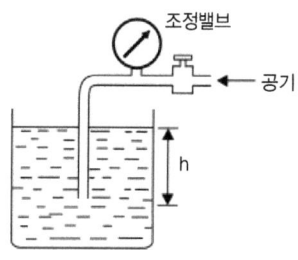

기포식 액면계

③ **다이어프램식 액면계**
액의 높이 따라 변화될 수 있는 압력을 다이프램에 전달 그 압력을 공기압으로 변환하여 액면을 측정 방사선식 액면계

④ **방사선식 액면계**
　㉮ Co(코발트)나 Cs(세슘) 등은 γ(감마)선이 방사선을 투과시켜 탱크상부면 측 면 등에 설치된 검출기를 이용하여 액면의 변동시 방사선의 강도 변화를 액면을 측정
　㉯ 방사성 물질이므로 선원은 절대로 액면에 띄워서 안된다.

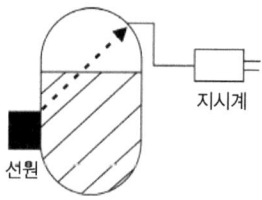

⑤ **초음파식 액면계**
　㉮ 초음파가 액면에서 반사되어 수신기로 돌아오는 시간으로 액면을 측정
　㉯ 형태가 단순하다.
　㉰ 간단하게 설치할 수 있으므로 널리 사용된다.
　㉱ 액상 초음파 전파형, 기상 : 초음파 전파형이 있다.

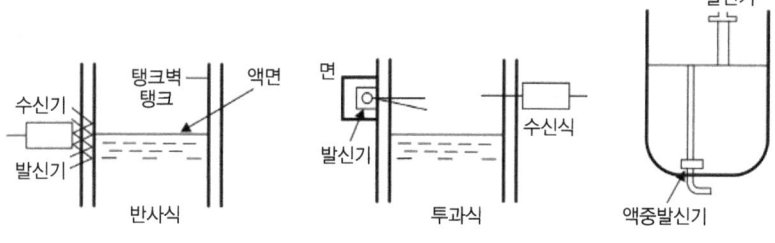

초음파식 액면계

⑥ **정전 용량식 액면계**
　㉮ 2개의 금속도체가 공간을 이루고 있을 때 이 도체 사이에는 정전용량이 존재하며, 그 크기는 두 도체 사이에 존재하는 물질에 따라 다르다는 원리를 이용한 것이다.
　㉯ 탱크 안에 전극을 넣고 액위변화에 의한 전극과 탱크 사이의 정전용량 변화를 측정함으로써 액면을 알 수 있다.
　㉰ 측정물의 유전율(전기선 속밀도 : 전기장)을 이용하여 정전용량의 변화로 액면을 측정한다.
　㉱ 정전용량 C는 다음과 같다.

$$C = \frac{2\pi(\varepsilon_1 H_1 + \varepsilon_2 H_2)}{\log(R/r)}$$
ε_1 : 액체의 유전율
ε_2 : 기체의 유전율
H_1 : 액면 하에 있는 전극 길이
H_2 : 액면 상에 있는 전극 길이
r : 내부 전극의 외면 반경
R : 외부 전극의 내면 반경

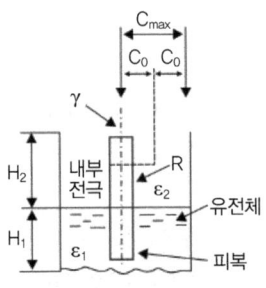
정전용량식 액면계

⑦ **슬립튜브식 액면계** : 인화중독의 우려가 없는 곳에 사용되는 액면계의 일종으로 튜브식에는 슬립튜브식 이외에 고정튜브식, 회전튜브식 등이 있으며 주로 지하에 설치되는 LP가스 탱크에 사용된다.

⑧ **압력검출식 액면계** : 액면으로부터 작용하는 압력을 압력계에 의해 액면을 측정 밀도가 변하는 유체에는 적용이 불가능하며 정도가 낮은 곳에 사용된다. 압력의 계산은 다음의 식으로 계산한다.

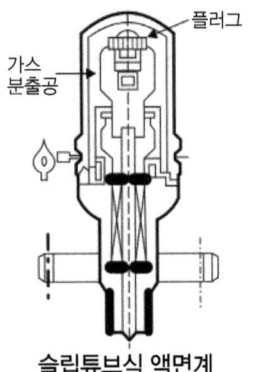
슬립튜브식 액면계

$P = \gamma h$
P : 압력(kg/m²)
γ : 비중량(kg/m³)
h : 액면높이(m)

5 가스분석계

1. 가스검지법

1) 가스의 검지목적

석유화학 공장에서 가스누설시 초기에 차단하지 않으면 대량으로 누설되 인명, 재산 의 피해가 막대하므로 현장에서 신속하게 검지하여 위해 예방과 공공의 안전을 확보함으로 인명, 재산의 피해를 줄이는데 있음

2) 검지법의 종류

① **시험지법** : 가스를 시험지에 접촉시 변색하는 현상을 이용하여 누설가스를 검지하는 방법(주로 독성가스 검지에 이용)

시험지와 변색 상태

검지기스 시험지	시험지	변색	감도
NH_3	적색 리트머스지	청변	0.0007(mg/ℓ)
C_2H_2	염화 제1동착염지	적변	2.5(mg/ℓ)
$COCl_2$	하리슨시험지	심등색	1(mg/ℓ)
CO	염화파라듐지	흑변	0.01(mg/ℓ)
H_2S	연당지	황갈색 (흑색)	0.001(mg/l)
HCN	초산 벤젠지	청변	0.001(mg/ℓ)

② **검지관법** : 검치관의 가스채취기를 이용하여 내경 2~4mm 유리관 중에 발색 시약을 흡착시킨 검지제를 충전 시료가스의 착색층 길이, 착색 정도로 성분농도를 측정

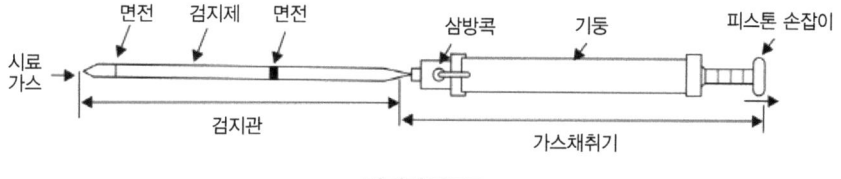

검지관의구조

3) 가연성 가스 검출기

① **간섭계형** : 가스의 굴절률의 차이를 이용하여 농도를 측정하는 법(CH_4 및 일반 가연성가스 검출)

$$x = \frac{Z}{(n_m - n_a)\ell}$$

$\begin{cases} x : 성분\ 가스의\ 농도(\%) \\ Z : 공기의\ 굴절률\ 차에\ 의한\ 간섭\ 무늬의\ 이동 \\ n_m : 성분\ 가스의\ 굴절률 \\ n_a : 공기의\ 굴절률 \\ \ell : 가스실의\ 유효\ 길이(빛의\ 통로) \end{cases}$

② **안전등형** : 탄광 내에서 메탄(CH_4)의 발생을 검출하는 데 안전등형 간이 가연성 가스 검정기가 이용 검정기는 철망에 싸인 석유-램프의 일종으로 인화 점 50℃의 등유를 연료로 사용

이 램프가 점화하고 있는 공기 중에 CH_4가 있으면 불꽃 주위의 발열량이 증가하므로 불꽃의 모양이 커진다. 이 불꽃의 길이로 CH_4의 농도를 측정 CH_4의 연소범위에 가깝게 5.7% 정도되면 불꽃이 흔들리기 시작하고 5.85%가 되면 등내에서 폭발연소하여 불꽃이 작아지거나 철망 때문에 등 외에 가스가 점화되는 경우가 있으므로 주의해야 한다.

불꽃 길이와 메탄 농도의 관계

청염길이(mm)	7	8	9.5	11	13.5	17	24.5	47
메탄농도(%)	1	1.5	2	2.5	3	3.5	4	4.5

③ **열선형** : 브리지 회로의 편위 전류로서 가스의 농도지시 또는 자동적으로 경보하는 것

4) 가스검지 경보장치의 종류 및 특성

① **접촉연소방식**

백금 필라멘트 주변에 백금 Palladium 등의 촉매를 놓고 내구처리를 가한 검지소자에 산소를 함유한 가연성 가스가 접촉하게 되면 가연성 가스의 농도가 폭발하한계(LEL) 이하에 있어도 접촉연소 반응을 일으킨다.

이 반응열로 검지소자의 온도가 상승하여 전기저항이 커지게 된다.

이 전기저항의 변화를 휘스톤 브릿지의 불평형 전압에서 전류변화를 검출한다.

• 장기 안정성에 우수하며 출력특성, 정도, 응답특성이 좋아 소자 수명이 길다.

② **반도체 방식**

금속산화물(SnO_2, ZnO 등)소결체에 2개의 전극(1개는 히터 겸용전극)을 밀봉하여 가열한 것으로 되어있다.

이 가스 검출소자는 환원성가스에 접촉하면 화학흡착이 생기며 반도체 소자내에서 자유전자의 이동이 생기고 소자의 전기전도도가 증대한다.

2. 가스분석법

1) 흡수 분석법

① 오르잣트법

㉮ 분석성분과 흡수제

㉠ 분석성분 : CO_2, O_2, CO, N_2
  $N_2(\%) = 100 - (CO_2\% + O_2\% + CO\%)$

㉡ 분석순서 : $CO_2 \rightarrow O_2 \rightarrow CO \rightarrow N_2$ (N_2는 분석기에서 분석되지 않고 전체에서 감한 나머지 양으로 계산한다)

㉢ 흡수제
- CO_2 : KOH 33%(수산화칼륨 33% 수용액)
- O_2 : 알칼리성 피로카롤용액
- CO : 암모니아성 염화 제1동 용액

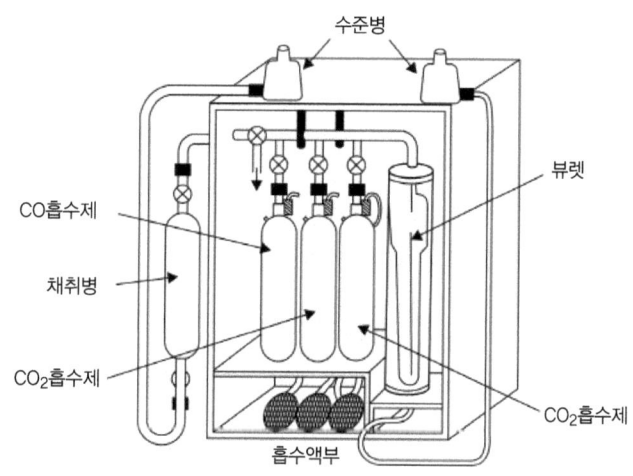

오르잣트 가스분석기

㉯ 특징

㉠ 구조가 간단하고 취급이 용이하며 휴대가 간편하다.
㉡ 분석 순서가 바뀌면 오차가 크다.
㉢ 수동조작에 의해 성분을 분석한다.
㉣ 정도가 매우 좋다.
㉤ 뷰렛, 피펫은 유리로 되어 있다.
㉥ 수분은 분석할 수 없고, 건배기 가스에 대한 각 성분 분석이다.
㉦ 연속 측정이 불가능하다.

㉰ 성분 계산방법

㉠ $CO_2(\%) = \dfrac{CO_2\text{의 체적감량}}{\text{시료채취량}} \times 100$

㉡ $O_2(\%) = \dfrac{O_2\text{의 체적감량}}{\text{시료채취량}} \times 100$

㉢ $CO(\%) = \dfrac{CO의\ 체적감량}{시료채취량} \times 100$

㉣ $N_2(\%)$는 $100-(CO_2+CO+O_2)$

> ● 100mℓ 시료가스를 $CO_2 \to O_2 \to CO$의 순서로 흡수시켜 남는 부피가 50mℓ, 30mℓ, 20mℓ 일 때 가스조성을 구하여라(최종 남는 가스는 N_2이다).
>
> $CO_2(\%) = \dfrac{100-50}{100} \times 100 = 50\%$ $O_2(\%) = \dfrac{50-30}{100} \times 100 = 20\%$
>
> $CO\% = \dfrac{30-20}{100} \times 100 = 10\%$ $N_2(\%) = 100-(50+20+10) = 20\%$

② **헴펠법**

　㉮ 분석성분과 흡수제

　　㉠ 분석성분 : CO_2, C_mH_n, O_2, CO, N_2

　　　$N_2(\%) = 100-(CO_2\% + C_mH_n\% + O_2\% + CO\%)$

　　ⓑ 흡수제

　　　CO_2 : KOH 33%(수산화 칼륨 33% 용액)

　　　C_mH_n(탄화수소) : 발연황산

　　　O_2 : 알칼리성 피로카롤용액

　　　CO : 암모니아성 염화 제1동 용액

③ **게겔(Gockel)법** : 저급 탄화수소의 분석용에 사용되는 것으로 CO_2(33% KOH용액), C_2H_2 (요오드 수은칼륨 용액), C_3H_6, n-C_3H_8 (87% H_2SO_4), C_2H_4 (취소수 용액), O_2 (알칼리성 피로카롤용액), CO(암모니아성 염화 제1동 용액)의 순으로 흡수된다.

2) 연소분석법

분석하고자 하는 시료가스를 연소(공기, 산소 등)에 의해 발생된 결과를 근거로 하여 가스의 성분을 분석

- 발생결과 : 산소 소비량, CO_2 생성량, 생성몰수 등
- 연소분석법의 종류 : 완만연소, 분별연소, 폭발법

① **완만연소법**

　㉮ 직경 0.5mm 정도의 백금선을 3~4mm의 코일로 한 적열부를 가진 완만연소 피펫으로 시료가스를 연소시키는 방법으로, 일명 우인클레범 또는 적열백금 법이라고 한다.

　㉯ 산소와 시료가스를 피펫에 천천히 넣고 백금선으로 연소시키므로 폭발위험성이 작다.

　㉰ N_2가 혼재되어 있을 때도 질소산화물의 생성을 방지할 수 있다.

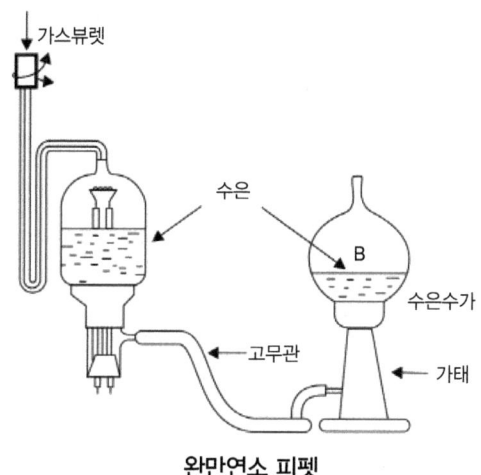

완만연소 피펫

㉣ 이 방법은 보통 흡수법과 조합하여 사용되며, H_2와 CH_4을 산출하는 것 이외에 H_2와 CO, H_2와 CH_4, C_2H_6 등 체적의 수축과 CO_2의 생성량 및 소비산소량에서 농도를 측정한다.

② **분별연소법** : 2종 이상의 동족 탄화수소와 H_2가 혼재하고 있는 시료에서는 폭발법과 완만연소법이 이용될 수 없다. 이 경우에 탄화수소는 산화시키지 않고 H_2 및 CO만을 분별적으로 완전산화시키는 분별연소법이 사용된다.

㉮ **파라듐관 연소법** : 약 10%의 파라듐 석면 $0.1\sim0.2$g을 넣은 파라듐관을 80℃ 전후로 유지하고 시료가스와 적당량의 O_2를 통하여 연소시키면 $2H_2 + O_2 \rightarrow 2H_2O$와 같으며, 연소 전후의 체적 차 2/3가 H_2 양이 되어 이 때 CnH_2n+2는 변화하지 않으므로 H_2양이 산출된다. 촉매로서 파라듐 석면 이외에 파라듐, 흑연, 백금, 실리카겔 등도 사용된다.

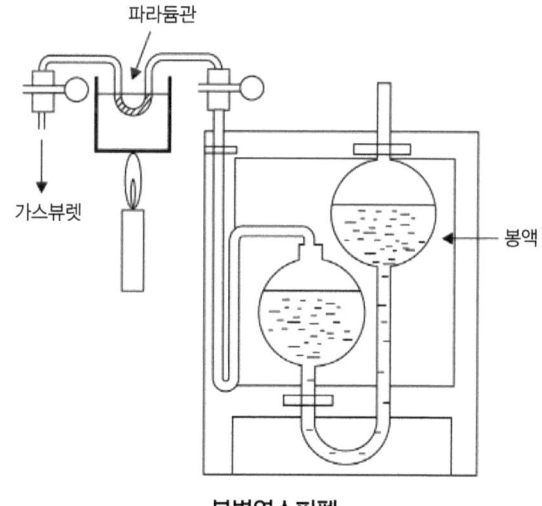

분별연소피펫

㉯ **산화동법** : 산화동을 250~300℃이상 가열하여 시료가스를 통과 CO, H_2를 연소시킨 후 계속 고온 800℃~900℃에서 CH_4가스를 연소시켜 정량하는 방법

③ **폭발법** : 일정량의 가연성 가스 시료를 부렛에 넣고 적당량의 산 또는 공기를 혼합하여 폭발 피펫

에 옮겨 전기 스파크로 폭발시킨다.
가스를 다시 뷰렛에 되돌려 연소에 의한 용적의 감소에서 목적성분을 구하는 방법이다.
연소에서 생성된 CO_2 및 남아있는 O_2는 흡수법에 의해 구할 수 있다.
폭발법은 가스 조성이 변할 때에 사용하는 것이 안전하다.

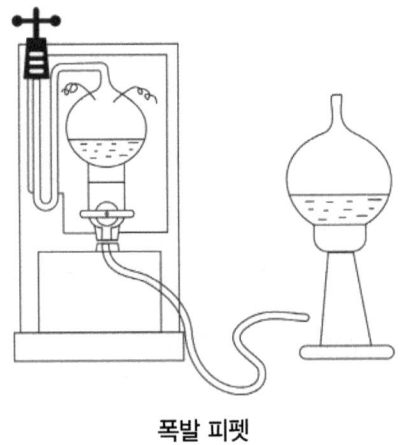

폭발 피펫

3) 기기 분석법

① **가스 크로마토그래피(Gas Chromatography)법**

㉮ 흡착 크로마토그래피 : 흡착제(고정상)를 충전한 관 속에 혼합가스 시료를 넣고 용제(이동상)를 유동시켜 전개를 행하면 흡착력(용해도)의 차이에 따라 시료 각 성분의 분리가 일어난다.. 주로 기체시료 분석에 널리 이용되고 있다.

㉯ 분배 크로마토그래피 : 액체를 고정상태로 하여 이것과 자유롭게 혼합하지 않는 액체를 전개제(이등상)로 하여 시료 각 성분의 분배율 차이에 의하여 분리하는 것이다. 주로 액체시료 분석에 많이 이용되고 있다.

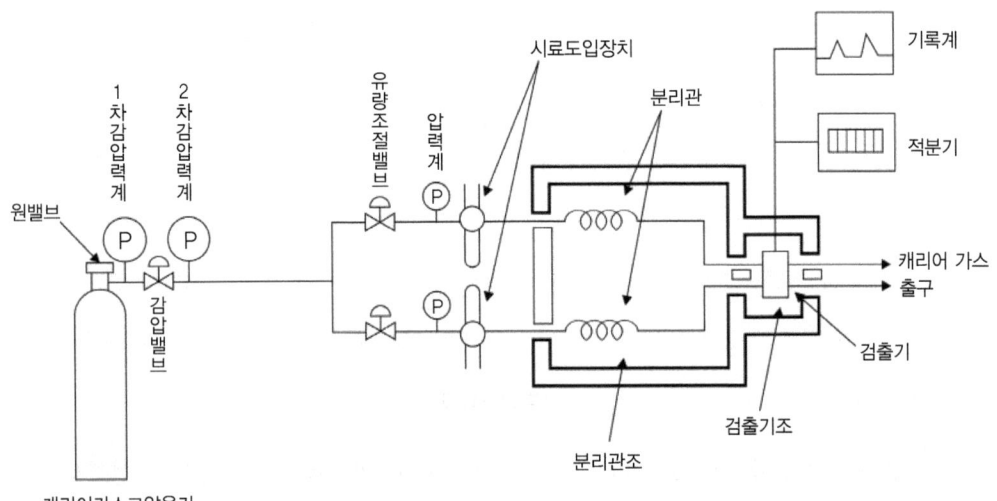

가스 크로마토그래피

> ● **GC(Gas Chromatography)**
> ① **측정원리** : 시료가스를 기화시켜 컬럼 충진물과 친화도(가스의 확산, 이동속도)차이를 이용하여 유기화합물을 분리하고 각종 검출기(FID, ECD, FPD, NPD) 등을 이용하여 분석측정
> ② **용도** : 잔류농약 독성 유기화합물 미량의 필수영양성분 유류 등을 분석 측정
> ③ **운반용 전개제(캐리어가스)** : H_2, He, Ne, Ar, N_2 (가장 많이 사용 He, N_2)
> ④ **캐리어가스의 역할** : 시료가스를 크라마토그래피 내부에서 분석을 위하여 이동시키는 전개제 역할
> ⑤ **GC의 3대 장치** : 컬럼(분리관), 검출기, 기록계

② GC 검출기

검출기는 운반기체 중에 혼합되어 있는 시료의 양을 각종 감응장치를 통해 전기적 신호로써 나타내주는 장치로, 현재 주로 사용되고 있는 GC용 검출기는 다음과 같다.

㉮ 열전도도 검출기(TCD : Thermal Conductivity Detector)
㉯ 불꽃이온화 검출기(FID : Flame Ionization Detector)
㉰ 전자포착 검출기(ECD : Electron Capture Detector)(=전자포획 이온화 검출기)
㉱ 불꽃광도법 검출기(FPD) : Flame Photometric Detector)(=염광 광도형 검출기)
㉲ 열이온화 검출기(TID : Thermionic Detector)(NPD)
㉳ 광이온화 검출기(PID : Photoionic Detector)

④ 검출기의 종류

㉮ 열전도도 검출기(TCD) : 기체가 열을 전도하는 물리적 성질을 응용하여 순수한 운반 기체와 시료가 섞인 운반기체의 열전도도(Thermal Cond-uctivity)의 차이를 측정하여 검출하며, 구조가 간단하고 검출기중 가장 많이 사용한다.
  • 주의사항 : 분리관이나 주입부의 탄성격막을 교체할 때에도 TCD 내부로 공기가 유입될 수 있으므로 넌서 빌라멘트의 전류를 써야 하나. TCD 조작 전에 Filament의 산화 방지를 위하여 약 5분 동안 운반 기체를 흘려보내 Air를 방출시킨다.
    필요 이상의 전류를 흘려보내면 필라멘트의 온도가 높아져 필라멘트의 수명이 짧아지고 Noise나 Drift의 원인이 된다.
㉯ 불꽃이온화 접촉기(FID) : 높은 강도 넓은 적선성 범위 높은 검출능력이 있으며 유기물이 수소-공기 불꽃에서 연소될 때 양이온 전자가 생성되는 불꽃 이온화 현상에 바탕을 둔 것이므로 유기화합물 분석에 많이 사용된다.
    FID강도에 영향을 미치는 요인은 운반기체의 종류와 흐름속도 불꽃의 온도 등이다.
㉰ 전자포획 이온화 검출기(ECD) : 방사선 동위원소의 자연붕괴과정에서 발생하는 β입자를 이용하여 시료량을 측정하는 검출기 할로겐원소(F, $C\ell$, Br, I) 등이 전자포착 화합물에 의하여 감소된 전자의 흐름이 측정되어짐(운반기체는 질소이며 검출기의 온도는 250~300℃)
㉱ 불꽃 광도법 검출기 (FPD : Flame Photometric Detector)
    (=염광광도검출기)
    황(S)이나 인(P)을 포함한 탄화수소 화합물이 FID형태의 불꽃으로 연소될 때 화학적이 발광음 일으키는 성분을 생성한다. 이러한 성분들은 시료에 함유된 성분의 따라 나오는 특정 파장의

복사선이 광전자증배관(PMT)에 도달하여, 이에 연결된 전자회로에 신호가 전달되며 특히 S,P 화합물에 대하여 선택성이 높다. 기체의 흐름속도에 민감하게 반응한다.
㉳ 열 이온화 검출기(TID : Therminonic Detector)(NPD)

TID는 인 또는 질소 화합물에 선택적으로 감응하도록 개발된 검출기로서 NPD라고도 한다. 작동원리는 특정한 알칼리 금속이온이 수소가 많은 불꽃에 존재할 때, 질소 혹은 인 화합물들의 이온화 율이 다른 화합물보다 훨씬 증가하는 현상에 근거한 것이다.

컬럼 충전물

품명			
흡착형	활성탄	분배형	DMF(Dimethyl Fomiamide)
	활성알루미나		DMS(Dimethyl Sulfolance)
	실리 카겔		T체 (Ticresyl Phosphate)
	Molecular sieves 13X		Silicone SE-30
	Porapak Q		Goaly U-90(Squalane)

⑤ 분석법의 종류

㉮ 질량 분석법

㉠ 측정원리 : 가스 크래마토그래피의 원리를 이용하여 분리된 성분에 전해질을 가하여 해리시켜 생성된 조각이온을 질량-전하비에 따라 흡수스펙트럼을 얻고 이를 해석하여 미량 화합물질을 확인·정량

㉡ 용도 : 잔류농약, 식품 중의 냄새 및 색 성분, 수질오염물질 등 확인

㉯ 적외선 분석법

㉠ 원리 : 분자가 보유하는 에너지는 전자, 진동 및 회전각의 각 에너지가 있다. 적외선 분광분석법은 분자의 진동 중 쌍극자 모멘트의 변화를 일으킬 진동에 의하여 적외선에 흡수가 일어나는 것을 이용한 것이다.

㉡ H_2, O_2, Cl_2, N_2 등 2원자 가스는 적외선을 흡수하지 않으므로 분석이 불능하다.

㉰ 화학 분석법

㉠ 흡광광도법

- 시료가스를 발색시켜 흡광도의 측정을 정량분석
- 미량분석에 효과적이다.
- 분석 시 광전광도계를 사용

● 램버트-비어법칙

$$E = \varepsilon c l$$

E : 흡광도 ε : 흡광계수 c : 농도 l : 빛이 통하는 액층의 길이

㉔ 적정법
  ㉠ 중화 적정법 : 연소가스 중 NH_3를 H_2SO_4에 흡수시켜 나머지 황산(H_2SO_4)을 수산화 나트륨(NaOH)용액으로 적정하는 방법
  ㉡ 킬레히트 적정법 : EDTA 용액으로 적정
  ㉢ 요오드 적정법

---

1. 가스 채취장치의 필터(여과막)의 종류

① **1차 필터** : 내열성 필터 — 카보랜덤
② **2차 필터** : 일반 필터 — 유리솜, 석면

2. 시료가스 채취시 주의점

① 시료가스 채취관은 수평에서 10°~15° 경사 각도 유지
② 관하부에는 드레인을 설치하여 청소와 관막힘에 대비한다.
③ 채취관에 공기 침투시 채취에 불리하므로 공기 침입이 없도록 한다.
④ 가스채취는 관의 중심부에서 한다.

3. 가스분석계 종류에 따른 측정 방법

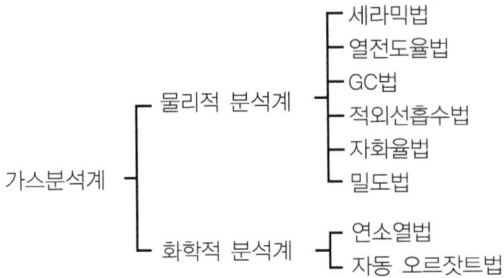

1) 각 가스분석계의 특징

① 물리적 가스분석계

측정방법	분석대상가스	특징
세라믹법	O_2	가장 정량범위가 우수하다.
열전도율법	CO_2	수소가스 혼입에 주의 (수소가스는 열전도가 매우 높으므로)
GC법	유기화합물, 농약, S, P화합물, 폐기물중의 금속 등 검출기에 따라 달라짐	크라마토그래피 내부에서 캐리 어가스의 이동에 의한 가스의 확산속도(이동 속도) 차에 의해 분석대상 시료 가스를 검출, 측정하며 응답속도가 늦고 선택성이 우수하며 분리능력이 좋다. 여러 종류의 가스분석이 가능하다.
적외선 흡수법	대칭 이원자 분자(H_2, N_2, O_2, Cl_2) 와 단원자 분자(Ar, He) 등 이외의 모든 가스가 분석가능	
자화율법	O_2	선택성이 우수하다.
밀도법	CO_2	

② 화학적 가스분석계

측정방법	분석대상가스	특징
연소열법	탄화수소, CO, H_2, O_2	분석시 폭발성 혼합가스 축적에 유의
자동 오르잣트법	오르잣트법 CO_2, O_2, CO	흡수액을 사용하여 성분가스를 흡수 분석

4. 가스미터(가스 계량기)

1) 가스미터의 사용목적, 종류

① **가스미터의 사용목적**

가스미터는 소비자에게 공급하는 가스의 체적을 측정하기 위하여 사용되는 것이다. 따라서 가스미터에는 다음의 것을 고려하지 않으면 안 된다.
㉮ 가스의 사용 최대유량에 적합한 계량능력의 것일 것
㉯ 사용중에 기차변화가 없고 정확하게 계량함이 가능한 것일 것
㉰ 내압, 내열성이 좋고 가스의 기밀성이 양호하여 내구성이 좋으며 부착이 간단하여 유지관리가 용이할 것

2) 가스미터의 성능

① **가스미터의 기밀시험** : 가스미터는 수주 1,000mm(10kPa)의 기밀시험에 합격한 것이어야 한다.

② **가스미터의 선편** : 막식 가스미터를 통하여 출구로 나오고 있는 가스는 2개의 계량실로부터 1/4주기의 위상차를 갖고 배출되는 가스량의 합계이므로 유량에 맥동성이 있다. 이 맥동량이 압력차로 나타나는 것을 선편이라고 부른다. 선편의 양이 많은 미터를 사용하면 도시가스와 같이 말단 공급압력 이 저하되었을 경우 연소불꽃이 흔들거리는 상태가 생길 염려가 있다.

③ **가스미터의 압력 손실** : 30mmH$_2$O

④ **검정공차** : 계량법에서 정하여진 검정시의 오차의 한계(검정공차)는 사용 최대 유량의 20~80%의 범위에서는 ±1.5%이다.
㉮ 검정공차
   ㉠ 최대유량의 1/5 미만 ±2.5%
   ㉡ 최대유량의 1/5 이상 4/5 미만 ±1.5%
   ㉢ 최대유량의 4/5 이상 ±2.5%
㉯ 검정공차와 사용공차

$$E = \frac{I-Q}{I} \times 100$$

E : 기차(%) : 미터 자체가 가지는 오차   I : 시험용 미터의 지시량
Q : 기준미터의 지시량

⑤ **감도유량** : 가스미터가 작동하는 최소유량을 감도유량이라 하며 계량법에서는 일반 가정용의 L.P.가스미터는 15ℓ/h 이하로 되어 있고 일반 가스미터(막식)의 감도는 대체로 3ℓ/h 이하로 되어 있다.

3) 가스미터의 설치기준

소비설비에는 다음 각 호의 기준에 의해 일반소비자 1호에 대하여 1개소, 이상의 가스미터를 부착하는 것으로 한다.

① **가스미터는 저압배관에 부착할 것**

② **가스미터 부착 장소는 다음의 조건에 적합할 것**

㉮ 습도가 낮을 것
㉯ 높이는 지면으로부터 1.6m 이상 2m 이내로 수직, 수평으로 설치하고 밴드 등으로 고정할 것
㉰ 화기로부터 2m 이상 떨어지고 또는 화기에 대하여 차열판을 설치하여 놓을 것
㉱ 저압전선으로부터 가스미터까지는 15cm 이상 전기개폐기 및 안전기에 대하여는 60cm 이상 떨어진 장소일 것
㉲ 직사광선 또는 빗물을 받을 우려가 있는 곳에 설치할 때에는 격납상자 내에 설치할 것(격납상자내에 설치시 높이 제한을 받지 않는다)

4) 가스미터의 종류

일반적인 가스미터는 다음의 것이 있지만 LP가스에서는 「독립내기식」이 많이 사용되고 있다. 가스미터는 사용하는 Gas질에 따라 계량법에 의하여 도시가스용, LP 가스용 양자병용 등으로 구별되어 시판되고 있다.

실측식	건식형	막식	독립내기식, 클로버식
		회전자식	루트형, 오벌형, 로타리 피스톤형
	습식형		
추량식	델타형		
	터빈형		
	선근차형		
	벤투리형		
	오리피스형		
	와류형		

가스미터의 장·단점

	막식 가스미터	습식 가스미터	ROOTS 미터
장점	• 값이 싸다. • 설치 후의 유지관리에 시간을 요하지 않는다.	• 계량이 정확하다. • 사용중에 기차의 변동이 크지 않다. • 원리는 드럼형이다.	• 대유량의 가스측정에 적합하다. • 중압가스의 계량이 가능하다. • 설치 면적이 작다..
단점	• 대용량의 것은 설치면적이 크다.	• 사용중에 수위조정 등의 관리가 필요하다. • 설치 면적이 크다.	• 스트레이너의 설치 및 설치 후의 유지관리가 필요 하다. • 소유량(0.5m³/h이하)의 것은 부동의 우려가 있다.
일반적용도	일반 수용가	기준기 실험실용	대수용가
용량범위	1.5~200m³/h	0.2 ~ 3,000m³/h	100~5,000m³/h

5) 가스미터의 용량 : 최대 소비량의 1.2배

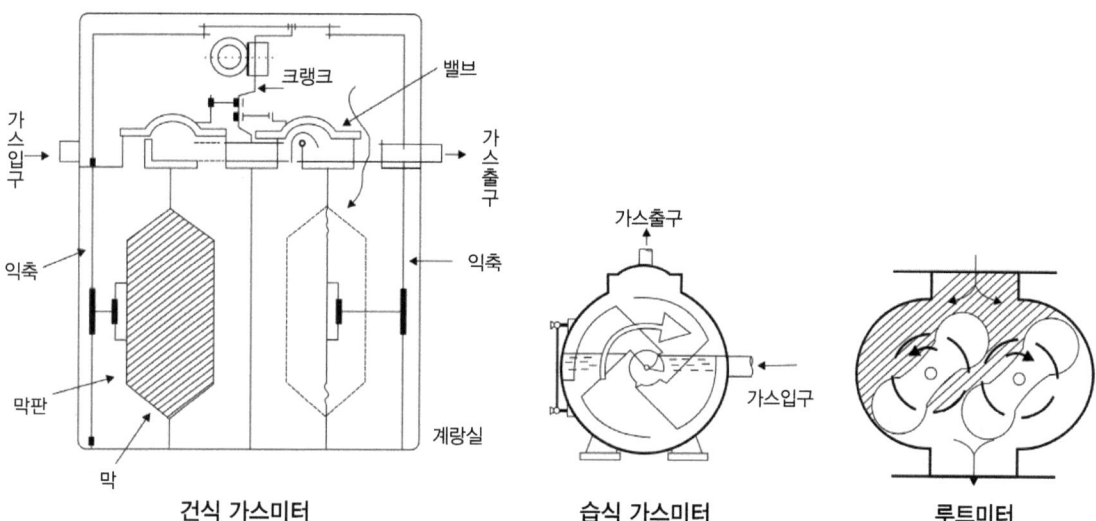

건식 가스미터　　　　습식 가스미터　　　　루트미터

STEP 03 기타 계측기기

1 비중계

1. 비중의 측정방법

1) 분젠시링법

시료가스를 세공에서 유출시키고 동일한 방법으로 공기를 유출하여 비중을 산출

$$S = \left(\frac{Ts}{Ta}\right)^2 \quad \begin{cases} S : 비중 \\ Ts : 시료가스 유출시간 \\ Ta : 공기의 유출시간 \end{cases}$$

- 분젠시링법에 의한 비중측정시 필요기구 : stop watch(스톱워치)

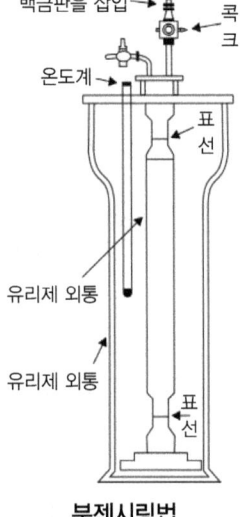

분젠시링법

2) 비중병법

무게가 적은 동일 비중병에 건조공기와 시료가스를 충전 후 온도 압력을 조정 후 비중을 계산

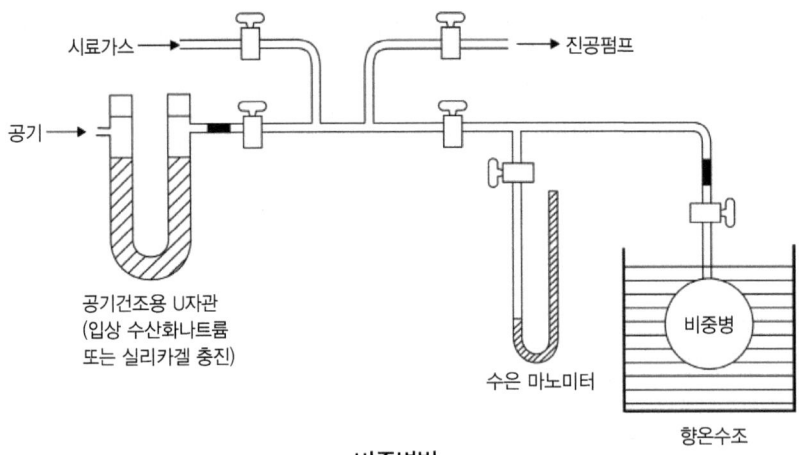

비중병법

2 열량계

1. 융커스식 열량계

1) 특징

가스의 발열량 측정에 가장 많이 사용됨

2) 구성요소

가스계량기, 압력조정기, 기압계, 온도계, 저울 등

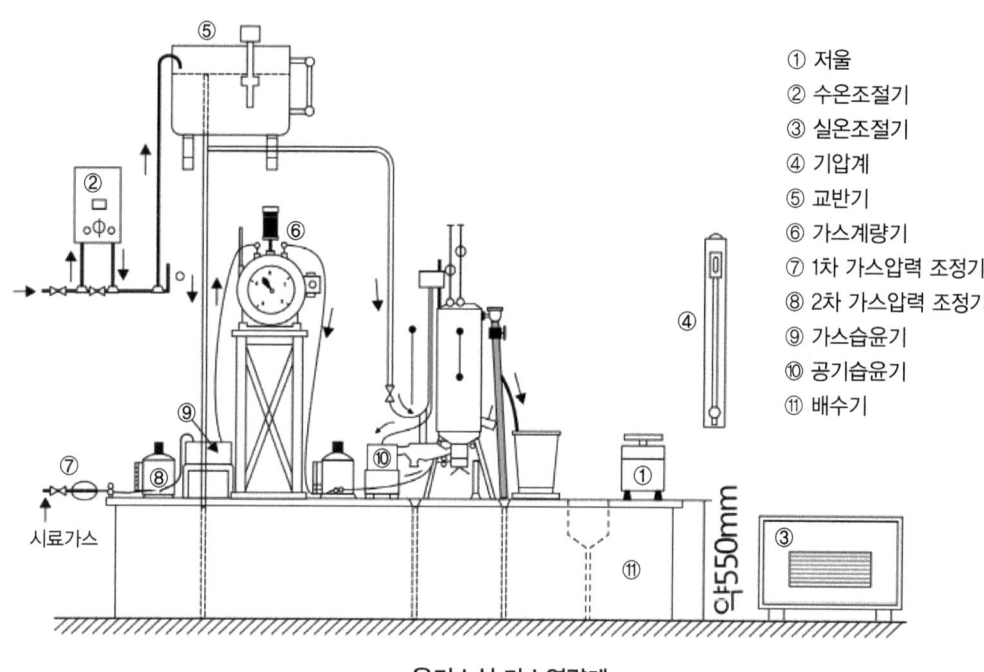

① 저울
② 수온조절기
③ 실온조절기
④ 기압계
⑤ 교반기
⑥ 가스계량기
⑦ 1차 가스압력 조정기
⑧ 2차 가스압력 조정기
⑨ 가스습윤기
⑩ 공기습윤기
⑪ 배수기

융커스식 가스열량계

3) 열량측정시 측정항목

① 시료가스온도
② 시료가스압력
③ 압력계의 시도 및 부착 온도계 시도
④ 실온
⑤ 가스열량계의 배기온도

2. Cutler hammer 열량계

1) 특징

① 가격이 고가이다.
② 온실수온이나 가압변동에 영향이 있다.
③ 안정성이 있다.

3 습도계

1. 습도

1) 절대습도(x) : 건조공기 1kg중 수증기량

$$x = 수증기량(kg)/건조공기량(kg)$$

2) 상대습도(ø) : 습공기 중 수증기 분압에 대한 포화공기 중 수증기 분압

$$ø = (습공기 중 수증기 분압/포화공기 중 수증기 분압) \times 100\%$$

2. 습도계의 종류

1) 모발습도계의 특징
   ① 재현성이 가장 우수하다.
   ② 상대습도가 즉시 측정된다.
   ③ 구조 취급이 간단하다.
   ④ 히스테리가 발생할 우려가 있다.

2) 건습구 습도계의 특징
   ① 수은온도계를 이용한 습도계이다.
   ② 3~5m/s 통풍속도가 필요하다.
   ③ 구조 취급이 간단하다.
   ④ 경제적이다.

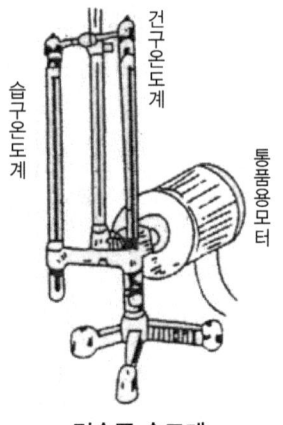

건습구 습도계

3) 저항식 습도계의 특징
   ① 염화리듐 용액을 이용하여 습도를 측정
   ② 응답이 빠르다.
   ③ 자동제어가 용이하다.
   ④ 상대습도 측정이 쉽다.

4) 듀셀노점계의 특징
   ① 고온에서 정도가 좋다.
   ② 자동제어가 가능하다.
   ③ 습도측정시 가열이 필요하다.
     • 습도측정시 흡수제의 종류 : 염화칼슘, 실리카겔, 오산화인

STEP 04 자동제어(自動制御)

1 비중계

1. 자동제어의 정의 및 용어해설

제어 : 어떤 목적에 적합하도록 어떤 대상에 적당한 조작을 하는 행위

1) **수동제어**(Manual control)

   제어의 행위를 인간의 손으로 하는 행위

2) **자동제어**(Automatic control)

   제어대상의 행위를 인간의 손을 거치지 않고 기계장치를 이용하여 하는 행위

   ① **자동제어의 장단점**

장점	단점
• 정확도 · 정밀도 높아진다. • 대량생산으로 생산성이 향상 • 신뢰성이 향상	• 공장 자동화로 인한 실업률 증가 • 시설 투자비가 많이 든다. • 설비의 : 일부 고장시 전 라인에 영향을 미침 - 운영에 고도의 숙련을 요한다.

   ㉮ 자동제어 : 유출되는 압력을 감지 다이어프램에서 가스 유입량을 자동제어하는 경우

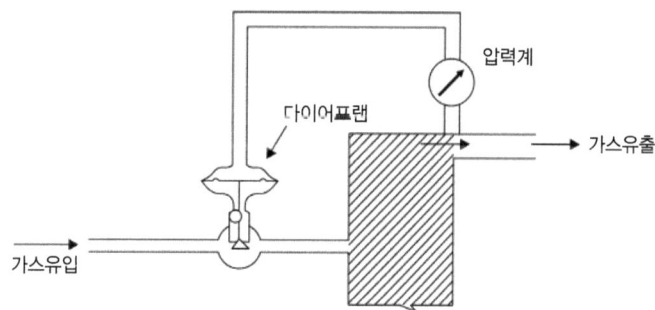

   ㉯ 수동제어 : 유출되는 가스압력을 육안으로 확인하여 밸브의 개폐정도를 사람이 직접 수동으로 조작

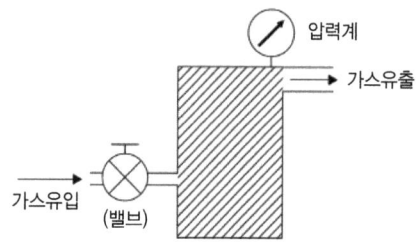

2. 자동제어계의 기본 블록선도

1) 기본순서 : 검출 → 조절 → 조작(조절 : 비교 → 판단)

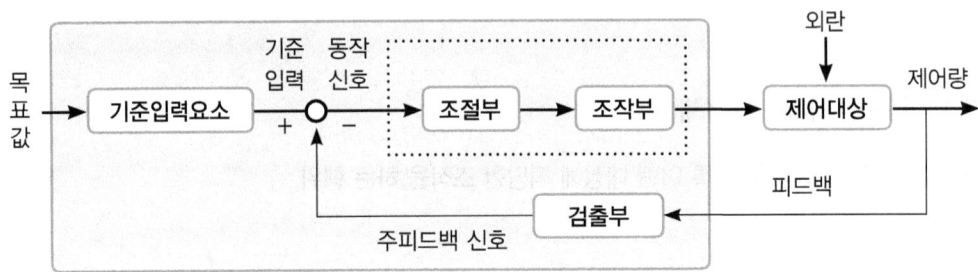

자동제어 기본 블록

2) 용어해설
   ① **제어장치** : 제어대상에 조합되어 제어를 행하는 장치로서 다음 조건을 만족해야 한다.
      ㉮ 제어장치가 인간과 동일한 판단이 가능할 것
      ㉯ 제어장치가 인간과 동일한 수정이 가능할 것
   ② **제어계(Control System)** : 제어장치와 제어 대상과의 계통적인 조합
   ③ **블록선도** : 제어신호의 전달 경로를 표시하는 것으로 각 요소간 출입하는 신호 연락 등을 사각으로 둘러쌓아 표시
   ④ **제어요소(Control Element)** : 동작신호를 조작량으로 변환하는 요소이며 조절부와 조작부로 되어 있다.
   ⑤ **조절부(Controlling Means)** : 입력과 검출부의 출력의 합이 되는 신호를 받아서 조작부로 전송하는 부분
   ⑥ **조작부** : 조절부로부터 받은 신호를 조작량으로 바꾸어 제어대상에 보내는 부분
   ⑦ **제어대상(Controlled System)** : 제어계에서 직접제어를 받는 제어량을 발생시키는 장치
   ⑧ **외란** : 제어량의 값이 목표값과 달라지게 하는 외적인 영향(주위의 온도, 압력 등)
   ⑨ **목표값(희망값)** : 외부에서 제어량이 그 값에 맞도록 제어계에 주어지는 값
   ⑩ **기준입력** : 제어계를 동작시키는 기준으로 직접 제어계에 가해지는 신호
   ⑪ **제어편차** : 목표값 − 제어량
   ⑫ **잔류편차(오프셋)** : (설정값 − 최종출력)
   ⑬ **헌팅(난조)** : 제어량이 주기적으로 변화하는 좋지 못한 현상

3. 제어계의 종류

1) **개루프 제어계**(Open-Loop Control System)

   제어동작이 출력과 관계없이 신호의 통로가 열려있는 제어계통

   ① **특징**

   ㉮ 오차가 생기는 확률이 높고, 생긴 오차의 교정이 불가능하다.

   ㉯ 정해놓은 순서에 따라 제어의 단계가 순차적으로 진행된다(시퀀스회로).

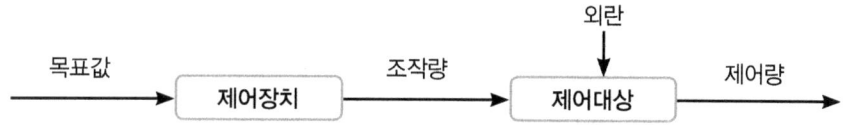

2) **폐루프 제어계**(Closed-Loop Control System)(피드백 제어계)

   출력의 일부를 입력 방향으로 피드백 시켜 목표값과 비교되도록 폐루프를 형성하는 제어계

   ① **특징**

   ㉮ 오차를 수정하는 귀한 경로가 있다.

   ㉯ 귀한 경로가 있으므로 피드백 제어계라고 한다.

   ㉰ 균일한 제품을 얻을 수 있다.

   ㉱ 작업환경의 안정성을 기할 수 있다.

   ㉲ 반드시 입력, 출력을 비교하는 장치가 필요

   ㉳ 감대폭 증가(신호를 감지하는 영역)

   ㉴ 비선형과 외형에 대한 효과의 감소

   ㉵ 정확성이 증가된다.

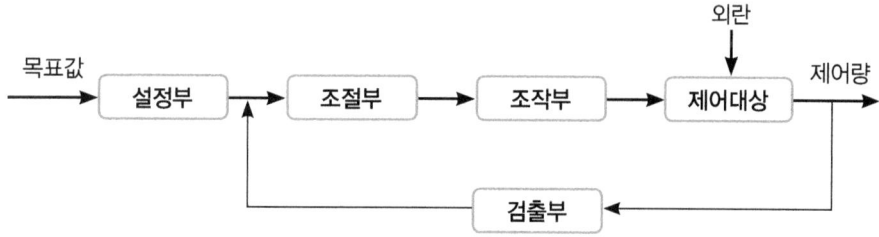

4. 자동제어계의 분류

1) 제어량의 성질에 의한 분류

① **프로세스 제어(Process Control)** : 제어량이 온도, 유량, 압력, 액위, 농도 등의 플랜트나 생산공정중의 상태량을 제어량으로 하는 제어로서 화학공장에서 원료를 이용하여 목적하는 제품을 생산하는 제어이다.

② **서보기구(Serovo Mechanism)** : 물체의 위치, 방위, 자세 등이 기계적 변위를 제어량으로 해서 목표값이 임의의 변화에 추종하도록 구성된 제어계(비행기, 선박의 방향제어계, 인공위성, 공업용, 로봇 등에 이용)

③ **자동조정(Automatic Regulation)** : 전압, 전류, 주파수, 회전속도, 힘 전기적, 기계적 양을 주로 제어, 응답속도가 빨라야 하는 것이 특징(전전압 장치, 발전기의 조속기 제어 등)

2) 제어목적에 의한 분류

① **정치제어(Constanc Value Control)** : 제어량을 어떤 일정한 목표값으로 유지하는게 목적
예) 자동조정, 프로세스 제어

② **추치제어** : 목표치가 변화하는 제어
㉮ 프로그램 제어(Program Control) : 미리 정해진 프로그램에 따라 제어량을 변화
예) 지하철, 건널목의 신호, 무인운전열차, 열처리 노의 온도제어
㉯ 추종제어 : 미지의 임의 시간적 변화를 하는 목표값에 제어량을 추종시키는 것을 목적
㉰ 비율제어 : 목표값이 다른 것과 일정비율 관계를 가지고 변화하는 경우의 추종제어

3) 제어동작에 의한 분류

제어동작 : 동작신호에 따라 조작량을 제어대상에 주어 제어 편차를 감소시키는 동작

① **불연속 동작**
㉮ ON-OFF 제어(2위치 동작) →조작신호의 +, - 에 따라서 조작량을 on, off 하는 방식
㉠ 특징
• 설정값에 의하여 조작부를 개폐하여 운전
• 응답속도가 빨라야 하는 제어계는 사용불가능
• 제어결과가 사이클링 (Cycling) : 오프셋(off set)을 일으킴

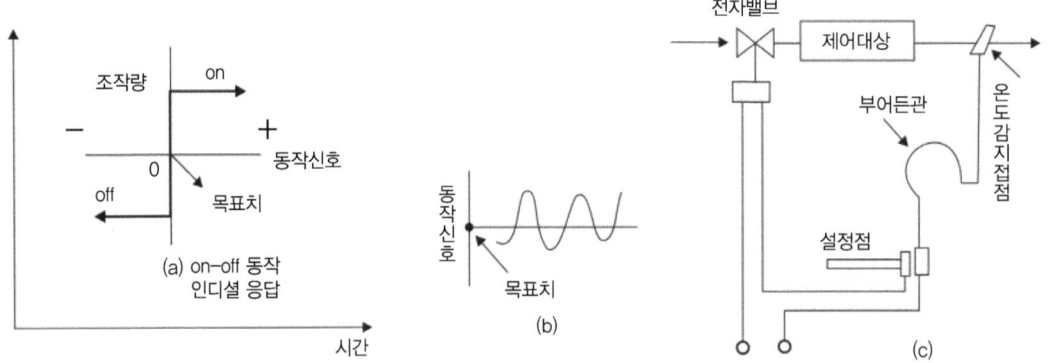

㈋ 다위치 동작 : 2단 이상의 속도를 조작량이 가지는 동작

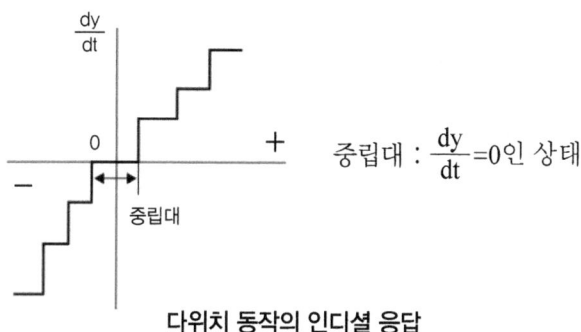

중립대 : $\dfrac{dy}{dt}=0$인 상태

다위치 동작의 인디셜 응답

㈌ 단속도 동작(부동동작) : 동작신호의 크기에 따라 일정한 속도로 조작량이 변함

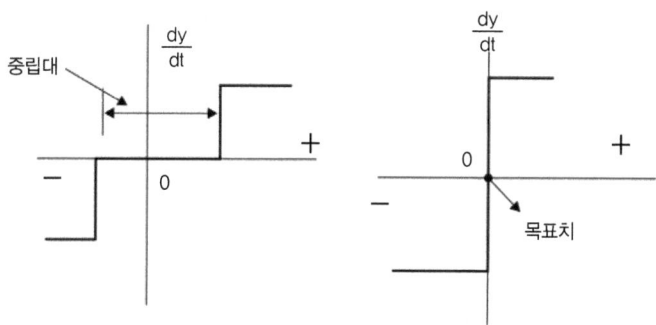

중립대가 없는 부동동작의 인디셜 응답

㉠ 불연속 속도 동작
- 정작동 : 제어량이 목표값보다 증가함에 따라 출력이 증가하는 방향으로 동작(제어편차와 조절계의 출력이 비례)
- 역작동 : 제어량이 목표값보다 증가함에 따라 출력이 감소하는 방향로 동작(제어편차와 조절계의 출력이 반비례)

② **연속동작**
㉮ 비례동작(P동작) : 검출값 편차의 크기에 비례하여 조작부를 제어하는 것
  ㉠ 정상 오차를 수반 사이클링은 없으나 오프셋을 일으킴
  ㉡ 외란의 영향이 큰 곳에는 부적당
  $x_0 = Kp\, x_1$ (Kp : 비례감도, x_1 : 동작신호, x_0 : 조작량)

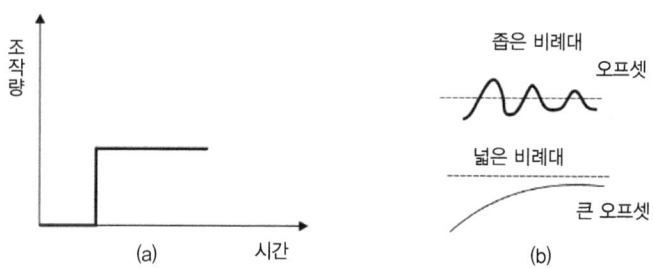

㉯ 적분동작(I동작) : 적분값의 크기에 비례하여 조작부를 소멸
 오프셋을 소멸하여 진동이 발생, 제어의 안정성이 떨어진다.

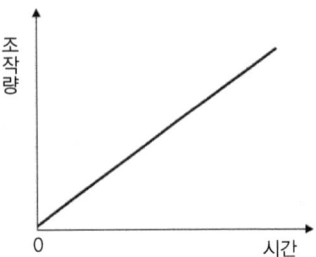

조작량이 시간과 더불어 비례적으로 증가

㉰ 미분동작(D동작) : 제어오차가 검출될 때 오차가 변화하는 속도에 비례하여 조작량을 가감하는 동작, 싸이클링(진동)을 소멸시키기 위하는 동작, 오차가 커지는 것을 미연에 방자한다. 비례동작과 같이 사용된다. 출력이 제어편차의 시간에 비례한다.

$$x_0 : T_d \frac{dx_i}{dt} T_d 인 상태$$

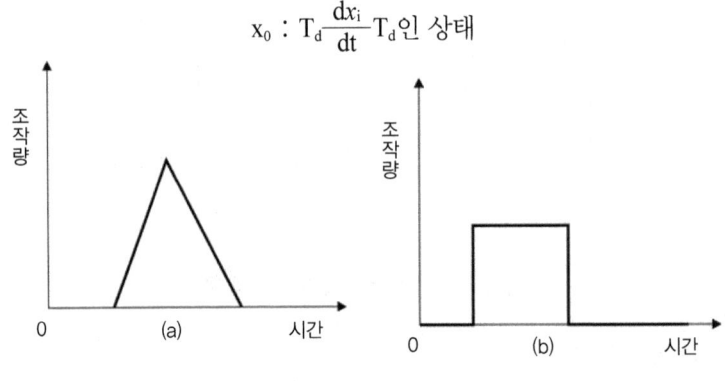

조작량이 증가했다가 감소함

㉱ 비례적분동작(PI동작) : 오프셋을 소멸시키기 위하여 적분동작을 부가시킨 제어
 ㉠ 제어결과가 진동적으로 되기 쉽다.
 ㉡ 반응속도가 동시에 사용된다.
 ㉢ 반응속도가 빠르고 느린 프로세스에 동시에 사용된다.
 ㉣ 부하변화가 커도 잔류편차가 남지 않는다.

$$\chi_0 = kp\left(\chi_i + \frac{1}{T_1}\int \chi\, idt\right)$$

조작량이 일정하였다가 시간과 더불어 비례적으로 증가

㉰ 비례미분동작(PD동작) : 제어결과에 속응성이 있게끔 미분동작을 부가한 것

$$\chi_0 = kp\left(\chi_i + T_D \frac{d\chi_i}{dt}\right)$$

㉱ 비례적분 미분동작(PID) : 제어결과의 단점을 보완시킨 제어, 온도, 농도제어에 사용하며 조절 속도가 빠르며 경제성이 있는 동작으로 미분동작으로 오버 슈트값을 적분동작으로는 잔류 편차를 줄인다.

$$\chi_0 = kp\left(\chi_i + \frac{1}{T_I}\int \chi\, idt + T_D \frac{d\chi_i}{dt}\right)$$

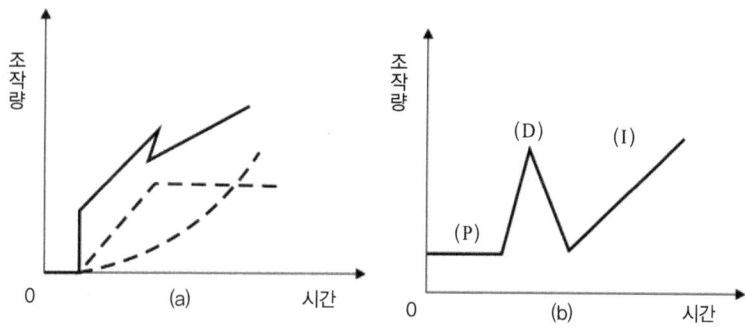

조작량이 일정(P) 조작량이 증가하였다가 감소(D) 조작량이 비례적으로 증가(I)

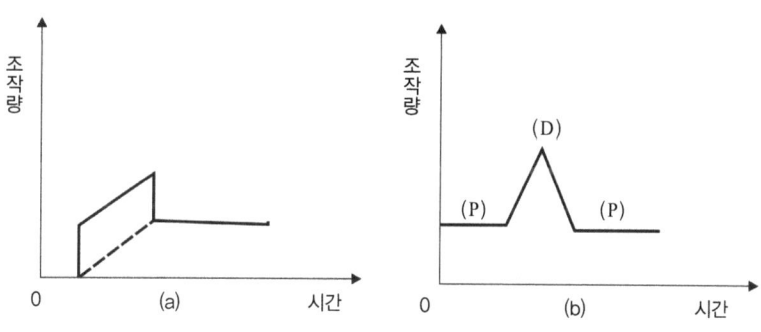

조작량이 일정(P) 조작량이 증가하였다가 감소(D) 조작량이 일정(P)

㉾ 비례대 : 비례동작이 있어 단위 크기의 동작신호를 주었을 때 조작단위 변화량

  예) 조절기가 50~90°F 범위에서 온도를 비례제어하고 있다. 측정온도가 70°F와 74°F에 대응하여 그 출력이 각각 5inHg(전폐) 17inHg(전개)의 출력일 때 비례대와 비례강도를 구하여라.

$$비례대 = \frac{측정온도차}{조절온도차} = \frac{74-70}{90-50} \times 100 = 10\%$$

$$비례대 = \frac{출력차}{측정차} = \frac{17-5}{74-70} = 3\,inHg/°F$$

5. 제어시스템의 종류

응답 : 입력신호에 따른 출력의 변화

1) 과도응답

정상상태에 있는 계에 급격한 변화의 입력을 가했을 때 생기는 출력의 변화

2) 스텝응답(인디셜응답)

정상상태에 있는 요소의 입력을 스텝형태로 변화할 때 출력이 새로운 값에 도달스텝입력에 의한 출력의 변화상태

3) 주파수 응답

출력은 입력과 같은 주파수로 진동하며 정현파상의 입력신호로 출력의 진폭과 위 상각으로 특성을 규명

4) 자동제어계의 시간응답 특성

① **오버슈트**(over shoot) : 과도기간 중 응답이 목표값을 넘어감

$$오버슈트(\%) = \frac{최대\ 오버슈트}{최종\ 목표값} \times 100(\%)$$

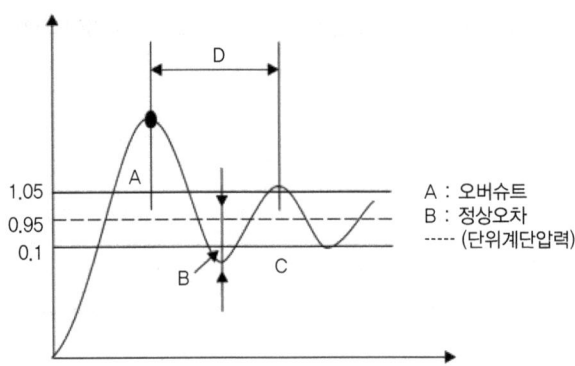

② **감쇠비** (Decay Ratio) = $\dfrac{제2오버슈트}{최대\ 오버슈트}$

③ **지연시간**(Dead Time) : 응답이 최초로 목표값의 50%가 되는데 요하는 시간

④ **상승시간**(Rising Time) : 목표값의 10%에서 90%까지 도달하는데 요하는 시간

⑤ **응답시간**(Settling) : 응답이 요구하는 오차 이내로 되는데 요하는 시간

⑥ **과도응답의 특성 방정식**

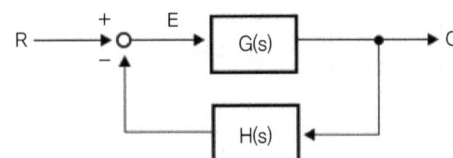

⑦ **정상특성** : 출력이 일정값 도달 후의 제어계 특성

5) 1차 지연요소
입력변화에 따른 출력에 지연이 생겨 시간이 경과 후 어떤 값에 도달하는 요소

$$Y = 1-e^{-\left(\frac{t}{T}\right)} \begin{cases} Y : 1차\ 지연요소 \\ T : 시정수(출력이\ 최대출력\ 63\%에\ 이를\ 때까지\ 시간) \\ t : 걸린시간 \end{cases}$$

6) 2차 지연요소
1차보다 응답속도가 느린 지연요소

$$\frac{L}{T} \begin{cases} L : 낭비시간 \\ T : 시정수 \\ \frac{L}{T}\ 값이\ 클\ 때\ 낭비시간이\ 커지므로\ 제어가\ 어렵다. \\ \frac{L}{T}\ 값이\ 적을\ 때\ 낭비시간이\ 적어지므로\ 제어가\ 쉽다. \end{cases}$$

6. 신호전송의 종류

1) 공기압전송

① **장점**
㉮ 수리가 용이하다.
㉯ 위험성이 적다.
㉰ 배관작업이 용이하다.

② **단점**
㉮ 전송거리가 짧다.
㉯ 신호전달에 시간이 길다.
㉰ 전송거리 : 100m
㉱ 전송공기 압력 : 0.2~1kg/cm²

2) 유압전송
    ① 장점
        ㉮ 선택 특성이 우수하다.
        ㉯ 조작속도 조작력이 크다.
        ㉰ 전송지연이 적다.
        ㉱ 응답속도가 빠르다.
    ② 단점
        ㉮ 위험성이 크다.
        ㉯ 오일로 인한 환경문제가 있다.
        ㉰ 오일로 인한 유동저항을 고려해야 한다.
        ㉱ 전송거리 : 300m
        ㉲ 전송유압 : 0.2~1kg/cm²

3) 전기압 전송
    ① 장점
        ㉮ 복잡한 신호 취급에 유리하다.
        ㉯ 신호전달이 빠르다.
        ㉰ 배선작업이 용이하다.
    ② 단점
        ㉮ 조작시 숙련을 요한다.
        ㉯ 조작속도가 빠른 비례 조작부를 만들기 어렵다.
        ㉰ 전송거리 : 300m~10km
        ㉱ 전류 : 4~20mA(DC)
            4~20mA 수치가 아닐 때 수치를 보상하여 계산
            예) 15.6mA의 수치로 주어지고 유량값을 계산시
            $\dfrac{15.6-4}{20-4} \times Q(유량)$ 보상값으로 계산

> A지역 송수관로에서 1,000mm로 분기된 A 수용가 디지털 유량계의 최대 용수 공급이 24,000m³/d 측정시 순시유량의 DC값이 15.6mA로 계측되었다. 이 때의 유량은 몇 m³/hr인가?
>
> 24,000m³/24hr = 1,000m³/hr
>
> $\therefore 1,000 \times \dfrac{15.6-4}{20-4} = 725 \text{m}^3/\text{hr}$

7. 변환요소의 종류

변환내용	해당항목
압력 → 변위	다이어프램, 벨로우즈
변위 → 압력	노즐플래퍼, 유압분사관
변위 → 임피던스	가변저 항기, 가변저항스프링
온도 → 임피던스	측온저항, 열선 더미스트, 백금, 니켈
온도 → 전압	(열전대, PR, CA, IC, CC)
변위 → 공기압	(폴래 퍼 노즐)

8. 가스크로마토그램의 이론단수

$$N = 16 \times \left(\frac{tr}{w}\right)^2$$

$$N = 5.55 \times \left(\frac{tr}{W\frac{1}{2}}\right)^2$$

- tr : (그 물질의 머문 시간), (지속용량), (체류부피)
- W : 봉우리의 나비(봉우리 양쪽 끝의 변곡점에서 접선을 그어서 바닥선과 만나는 점으로부터 길이)
- $W\frac{1}{2}$: 반치폭(피크놀이 반에서의 폭)

ex)

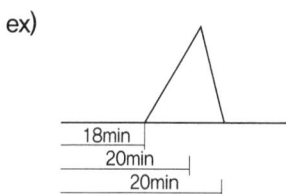

$$N = 16 \times \left(\frac{20}{22-18}\right)^2 = 400$$

* 피크의 좌우 변곡점에서 점선이 자르는 바탕선의 길이 5mm

$$N = 16 \times \left(\frac{20}{5}\right)^2 = 256$$

* 이론단의높이(HETP) = $\frac{L}{N}$ (L : 관길이, N : 이론단수)

9. 습도계

1) 습도의 종류

① **절대습도** : 건조공기 1kg에 포함된 수증기양

$$x = \frac{G_w}{G_d}$$

Gw : 습공기 1kg 중 수증기 양(kg) Gd : 습공기 1kg 중 건조공기 양(kg)

② **상대습도** : 대기 중 존재할 수 있는 최대수분과 현재 수분과의 비율(%)

$$\emptyset(\text{상대습도}) = \frac{\gamma w}{\gamma s} \times 100 = \frac{P_w}{P_s} \times 100$$

- γs : 포화습공기 1m³ 당 수분중량(kg)
- γw : 수증기 중량(kg)
- Ps : 습공기 중 수증기 분압
- Pw : 수증기 분압

③ **절대습도(x)와 상대습도($\emptyset$)의 관계**

$$P_w = \phi P_s$$

$$x = 0.622 \times \frac{\phi P_s}{P - \phi P_s}$$

$$\phi = \frac{xP}{P_s(0.622 + x)}$$

- P : 대기압($P_a + P_w$)
- Pa : 건조공기분압
- Pw : 수증기분압

2) 습도계의 종류

종류	용도 및 특징	세부종류
모발 습도계	실내 습도 조절용	
노점 습도계	• 구조간단 휴대가 편리 • 저습도 측정 가능 • 오차발생이 쉽다	• 냉각식 노점계 • 가열식 노점계 • 듀셀식 노점계
저항식 습도계	• 염화리듐(LiCℓ)을 이용하여 습도를 측정 • 전기저항의 변화에 의해 측정이 쉽다. • 연속·기록 원격 전송 자동제어에 이용	
건습구 습도계	• 원격측정 자동제어용 • 습도측정을 위하여 3~5m/s의 통풍이 필요 • 구조 간단 휴대 취급이 편리 • 조건에 따라 오차가 발생한다.	• 간이 건습구습도계 • 통풍형 건습습도계

CHAPTER 02

Industrial Engineer Gas

가스산업기사
공단 기출문제

2014년 1회 공단 기출문제
03월 02일 시행

제1과목 연소공학

01 다음 연료 중 착화온도가 가장 낮은 것은?

① 벙커 C유 ② 무연탄
③ 역청탄 ④ 목재

🔍 연료의 착화온도

구분	목탄	갈탄	역청탄	무연탄	중유(벙커C유)	수소
착화온도 ℃	320~370	250~450	320~400	440~500	530~580	580~600

구분	CO	CH_4	발생로가스		목재	
착화온도	580~650	650~750	700~800		250~300	

02 예혼합연소에 대한 설명으로 옳지 않은 것은?

① 난류연소속도는 연료의 종류, 온도, 압력에 대응하는 고유값을 갖는다.
② 전형적인 층류 예혼합화염은 원추상 화염이다.
③ 층류 예혼합화염의 경우 대기압에서의 화염두께는 대단히 얇다.
④ 난류 예혼합화염은 층류 화염보다 훨씬 높은 연소속도를 가진다.

🔍 확산, 예혼합 연소특징

확산연소	예혼합연소
조작이 용이하다.	조작이 어렵다.
역화위험이 없다.	미리공기와 혼합하여 화염이 불안정하다.
고온예열이 가능하다.	역화위험이 크다.
화염이 안정하다.	완전연소가 확산연소보다 높다.
화염길이는 길다.	화염길이는 짧다.

03 다음 중 액체연료의 인화점 측정방법이 아닌 것은?

① 타그법
② 펜스키 마르텐스법
③ 에벨펜스키법
④ 봄브법

🔍 다음 항목 이외에 에벨펜스키법 등이 있음

구 분	특 징
타그개방식	인화점 80℃ 이하 휘발성 가연물
타그밀폐식	인화점 80℃ 이하 석유제품
펜스키마프텐스	등유, 경유, 중유 등의 연료유, 컷 백 아스팔트 등

04 공기 중에서 압력을 증가시켰더니 폭발범위가 좁아지다가 고압 이후부터 폭발범위가 넓어지기 시작했다. 어떤 가스인가?

① 수소 ② 일산화탄소
③ 메탄 ④ 에틸렌

🔍 • CO : 압력을 올리면 폭발범위가 좁아짐
• H_2 : 압력을 올리면 폭발범위가 좁아지다가 계속 압력을 올리면 어느 한계점에서 다시 넓어짐

05 연소범위에 대한 온도의 영향으로 옳은 것은?

① 온도가 낮아지면 방열속도가 느려져서 연소범위가 넓어진다.
② 온도가 낮아지면 방열속도가 느려져서 연소범위가 좁아진다.
③ 온도가 낮아지면 방열속도가 빨라져서 연소범위가 넓어진다.
④ 온도가 낮아지면 방열속도가 빨라져서 연소범위가 좁아진다.

06 상온, 상압 하에서 에탄(C_2H_6)이 공기와 혼합되는 경우 폭발범위는 약 몇 %인가?

① 3.0~10.5% ② 3.0~12.5%
③ 2.7~10.5% ④ 2.7~12.5%

07 다음은 폭굉의 정의에 관한 설명이다. 공란에 알맞은 용어는?

"폭굉이란 가스의 화염(연소)[ ]가(이) [ ]보다 큰 것으로 파면선단의 압력파에 의해 파괴작용을 일으키는 것을 말한다"

① 전파속도-화염온도
② 폭발파-충격파
③ 전파온도-충격파
④ 전파속도-음속

🔍 폭발과 폭굉

구분	특 징
폭발	음속이하이며 정상연소속도는 0.03~10m/s
폭굉	가스 중 음속보다 화염전파속도가 큰 경우로 파면선단에 솟구치는 압력파가 발생 격렬한 파괴작용을 일으키는 원인. 폭굉속도는 1000~3500m/s

08 층류 연소속도에 대한 설명으로 옳은 것은?

① 미연소 혼합기의 비열이 클수록 층류 연소속도는 크게 된다.
② 미연소 혼합기의 비중이 클수록 층류 연소속도는 크게 된다.
③ 미연소 혼합기의 분자량이 클수록 층류 연소속도는 크게 된다.
④ 미연소 혼합기의 열전도율이 클수록 층류 연소속도는 크게 된다.

🔍 층류의 연소속도가 빨라지는 조건
(1) 열전도율이 클수록
(2) 압력 온도가 높을수록
(3) 비열이 작을수록
(4) 분자량이 작을수록
(5) 착화온도가 낮을수록

09 폭발과 관련한 가스의 성질에 대한 설명으로 옳지 않은 것은?

① 연소속도가 큰 것일수록 위험하다.
② 인화온도가 낮을수록 위험하다.
③ 안전간격이 큰 것일수록 위험하다.
④ 가스의 비중이 크면 낮은 곳에 체류한다.

🔍 안전간격이 큰 것은 안전하다.

10 다음 반응식을 이용하여 메탄(CH_4)의 생성열을 계산하면?

① $C + O_2 \rightarrow CO_2$	$\Delta H = -97.2 kcal/mol$
② $H_2 + \frac{1}{2}O_2 \rightarrow H_2O$	$\Delta H = -57.6 kcal/mol$
③ $CH_4 + 2O_2 \rightarrow CO_2 + 2H_2O$	$\Delta H = -194.4 kcal/mol$

① $\Delta H = -17 kcal/mol$
② $\Delta H = -18 kcal/mol$
③ $\Delta H = -19 kcal/mol$
④ $\Delta H = -20 kcal/mol$

🔍 CH_4의 생성반응
$C + 2H_2 \rightarrow CH_4$이므로
②×2 = $2H_2 + O_2 \rightarrow 2H_2O$-②'
②'+① = $C + 2H_2 + 2O_2 \rightarrow CO_2 + 2H_2O$-①'
①'-③ = $C + 2H_2 + 2O_2 \rightarrow CO_2 + 2H_2O - (CH_4 + 2O_2 \rightarrow CO_2 + 2H_2O)$
∴ $Q = -57.6 \times 2 + (97.2) - (-194.4) = -212.4 + 194.4$
    $= -18(kcal/mol)$

11 다음 반응에서 평형을 오른쪽으로 이동시켜 생성물을 더 많이 얻으려면 어떻게 해야 하는가?

$CO + H_2O \rightleftharpoons H_2 + CO_2 + Q\ kcal$

① 온도를 높인다.
② 압력을 높인다.
③ 온도를 낮춘다.
④ 압력을 낮춘다.

🔍 ① 상기 반응에서 좌우측 몰수가 같으므로 압력의 영향은 없음
② +Q(발열)이므로 온도는 낮춤
③ 압력을 올리면 몰수가 큰 쪽에서 적은 쪽으로 반응이 진행
④ 압력을 낮추면 몰수가 적은 쪽에서 큰 쪽으로 반응이 진행
⑤ 온도를 낮추면 +Q(발열) 방향으로 반응이 진행
⑥ 온도를 올리면 -Q(흡열) 방향으로 반응이 진행

구 분		반응이동
압력	상승	상승시 몰수가 큰 쪽에서 적은 쪽으로
	하강	하강시 몰수가 적은 쪽에서 큰 쪽으로
온도	상승	-Q(흡열) 방향으로 진행
	하강	+Q(발열) 방향으로 진행

12 어떤 기체의 확산속도가 SO_2의 2배였다. 이 기체는 어떤 물질로 추정되는가?

① 수소 ② 메탄
③ 산소 ④ 질소

🔍 기체의 확산속도는 분자량의 제곱근에 반비례
$$\frac{U_x}{U_{SO_2}} = \sqrt{\frac{64}{M_x}} = \frac{2}{1}$$
$$\frac{60}{M_x} = \frac{4}{1}$$
$4M_x = 64$, $M_x = 16g$이므로 이 가스는 메탄임

13 가연성 물질의 위험성에 대한 설명으로 틀린 것은?

① 화염일주한계가 작을수록 위험성이 크다.
② 최소 점화에너지가 작을수록 위험성이 크다.
③ 위험도는 폭발상한과 하한의 차를 폭발하한계로 나눈 값이다.
④ 암모니아의 위험도는 2이다.

🔍 NH_3의 위험도 = $\frac{28-15}{15}$ = 0.86

14 폭굉유도거리(DID)가 짧아지는 요인이 아닌 것은?

① 압력이 낮을 때
② 점화원의 에너지가 클 때
③ 관 속에 장애물이 있을 때
④ 관 지름이 작을 때

🔍 폭굉유도 거리가 짧아지는 원인
② ③ ④ 이외에 압력이 높을수록, 정상연소속도가 큰 혼합가스일수록

15 가로, 세로, 높이가 각각 3m, 4m, 3m인 가스 저장소에 최소 몇 ℓ의 부탄가스가 누출되면 폭발될 수 있는가?(단, 부탄가스의 폭발범위는 1.8~8.4%이다.)

① 460 ② 560
③ 660 ④ 760

🔍 공기량 : $3 \times 4 \times 3 = 36m^3$
폭발하한에 도달하는 부탄의 누출량 xm^3
$$\therefore \frac{x}{36+x} = 0.0180$$이므로
$x = 0.018(36+x)$
$x = 0.018 \times 36 + 0.018 \times x$
$\therefore x - 0.018x = 0.018 \times 36$
$\therefore x(1-0.018) = 0.018 \times 36$
$\therefore x = \frac{0.018 \times 36}{1-0.018} = 0.6598m^3 = 659.8ℓ ≒ 660ℓ$

16 일정량의 기체의 체적은 온도가 일정할 때 어떤 관계가 있는가?(단, 기체는 이상기체로 거동한다.)

① 압력에 비례한다.
② 압력에 반비례한다.
③ 비열에 비례한다.
④ 비열에 반비례한다.

🔍 보일의 법칙 : 온도가 일정할 때 기체의 체적은 압력에 반비례

17 1kWh의 열당량은 약 몇 kcal인가?(단, 1kcal는 4.2J이다.)

① 427 ② 576
③ 660 ④ 860

🔍 $1kWh = 102kg \cdot m/s \times 3600s/h$
$= 102 \times 3600 kg \cdot m/h \times \frac{1}{427} kcal/kg \cdot m$
$= 859.99 ≒ 860 kcal/h$

18 안전간격에 대한 설명으로 옳지 않은 것은?

① 안전간격은 방폭전기기기 등의 설계에 중요하다.
② 한계직경은 가는 관 내부를 화염이 진행할 때 도중에 꺼지는 관의 직경이다.
③ 두 평행판 간의 거리를 화염이 전파하지 않을 때까지 좁혔을 때 그 거리를 소염거리라고 한다.
④ 발화의 제반조건을 갖추었을 때 화염이 최대한으로 전파되는 거리를 화염일주라고 한다.

🔍 화염일주한계
폭발성 혼합가스를 금속성의 두 개의 공간에 넣고 그 사이에 미세한 틈을 갖는 벽으로 분리, 한쪽에 점화하여 폭발되는 경우에 그 틈을 통해 다른 쪽의 가스가 인화폭발 되는가를 보는 시험. 틈의 간격만 증감시키면서 시험을 하고 틈의 간격이 어느 이하에서는 한쪽이 폭발하여도 다른 쪽의 가스는 인화하지 않게 되는데 이를 화염일주한계라고 한다.

19 화학 반응속도를 지배하는 요인에 대한 설명으로 옳은 것은?

① 압력이 증가하면 반응속도는 항상 증가한다.
② 생성물질의 농도가 커지면 반응속도는 항상 증가한다.
③ 자신은 변하지 않고 다른 물질의 화학변화를 촉진하는 물질을 부촉매라고 한다.
④ 온도가 높을수록 반응속도가 증가한다.

🔍 온도 10℃ 상승할 때마다 반응속도는 2배 증가

20 다음 기체 가연물 중 위험도(H)가 가장 큰 것은?

① 수소   ② 아세틸렌
③ 부탄   ④ 메탄

🔍 위험도(H) = $\frac{u-L}{L}$ u : 폭발상한 L : 폭발하한
① 수소(4~75%) ② 아세틸렌(2.5~81%)
③ 부탄(1.8~8.4%) ④ 메탄(5~15%)
아세틸렌 위험도 = $\frac{81-2.5}{2.5}$ = 31.4

제2과목 가스설비

21 에어졸 용기의 내용적은 몇 ℓ 이하 인가?

① 1   ② 3
③ 5   ④ 10

🔍 에어졸 용기
· 내용적 : 1ℓ 이하
· 두께 : 0.125mm
· 재료 : 강 또는 경금속
· 내압시험압력 : 0.8MPa
· 가압시험압력 : 1.3MPa
· 파열시험압력 : 1.5MPa
· 누출시험온도 : 46℃ 이상 50℃ 미만
· 불꽃길이 시험온도 : 24℃ 이상 26℃ 이하

22 저압 가스 배관에서 관의 내경이 1/2로 되면 압력손실은 몇 배로 되는가?(단, 다른 모든 조건은 동일한 것으로 본다.)

① 4   ② 16
③ 32   ④ 64

🔍 저압배관 유량식
$Q = K\sqrt{\frac{D^5 H}{SL}}$ 에서 $H = \frac{Q^2 \cdot S \cdot L}{K^2 \cdot D^5} = \frac{1}{\left(\frac{1}{2}\right)^5} = 32$ 배

23 성능계수가 3.2인 냉동기가 10ton의 냉동을 하기 위하여 공급하여야 할 동력은 약 몇 kW인가?

① 10   ② 12
③ 14   ④ 16

🔍 kW = $\frac{10 \times 3320(\text{kcal/hr})/}{3.2 \times 860(\text{kcal/hr})/\text{kw}}$ = 12.06kW

24 액화천연가스(LNG)의 탱크로서 저온수축을 흡수하는 기구를 가진 금속박판을 사용한 탱크는?

① 프리스트레스트 탱크
② 동결식 탱크
③ 금속제 이중구조 탱크
④ 멤브레인 탱크

25 가연성가스 및 독성가스 용기의 도색 구분이 옳지 않은 것은?

① LPG - 회색
② 액화암모니아 - 백색
③ 수소 - 주황색
④ 액화염소 - 청색

🔍 용기의 도색 표시

가스의 종류	공업용	의료용
액화석유가스	회색	-
수소	주황색	-
아세틸렌	황색	-
암모니아	백색	-
염소	갈색	-
산소	녹색	백색
액화탄산가스	청색	회색
질소	회색	흑색
헬륨	-	갈색
에틸렌	-	자색
아산화질소	-	청색
사이클로프로판	-	주황색
그 밖의 가스	회색	회색
소방용 용기	소방법에 따른 도색	

26 다음 [보기] 중 비등점이 낮은 것부터 바르게 나열 된 것은?

[보기] ⓐ O_2 ⓑ H_2 ⓒ N_2 ⓓ CO

① ⓑ-ⓒ-ⓓ-ⓐ
② ⓑ-ⓒ-ⓐ-ⓓ
③ ⓑ-ⓓ-ⓒ-ⓐ
④ ⓑ-ⓓ-ⓐ-ⓒ

🔍 비등점
$H_2(-252℃)$ $N_2(-196℃)$ $CO(-192℃)$ $O_2(-183℃)$

27 아세틸렌 용기의 다공질물 용적이 30ℓ, 침윤잔용적이 6ℓ일 때 다공도는 몇 %이며 관련법상 합격인지 판단하면?

① 20%로서 합격이다.
② 20%로서 불합격이다.
③ 80%로서 합격이다.
④ 80%로서 불합격이다.

🔍 다공도 $\frac{V-E}{V} \times 100(\%)$
(V : 다공물질의 용적(m^3), E : 침윤잔용적(m^3))
$= \frac{30-6}{30} \times 100 = 80\%$ 다공도 합격기준 : 75% 이상 92% 미만

28 LPG 저장탱크 2기를 설치하고자 할 경우, 두 저장 탱크의 최대 지름이 각각 2m, 4m일 때 상호 유지하여야 할 최소 이격거리는?

① 0.5m
② 1m
③ 1.5m
④ 2m

🔍 두 저장탱크 이격거리 : $(2m + 4m) \times \frac{1}{4} = 1.5m$
1m 이상일 때는 그 길이를
1m 미만일 때는 1m를 유지

29 원통형 용기에서 원주방향 응력은 축방향 응력의 얼마인가?

① 0.5
② 1배
③ 2배
④ 4배

🔍 원통형용기
• 원주방향응력 $\sigma_t = \frac{PD}{2t}$
• 축방향응력 이므로 $\sigma_z = \frac{PD}{4t}$ 이므로 $\sigma_t = 2\sigma_z$

30 LPG가스의 연소방식 중 분젠식 연소방식에 대한 설명으로 옳은 것은?

① 불꽃의 색깔은 적색이다.
② 연소시 1차 공기, 2차 공기가 필요하다.
③ 불꽃의 길이가 길다.
④ 불꽃의 온도가 900℃ 정도이다.

🔍 1·2차 공기에 의한 연소의 방법

1·2차 공기에 의한 연소의 방법

연소방법	특징
분젠식	• 가스와 1차 공기가 혼합관 속에서 혼합되어 염공에서 나오면서 연소 • 불꽃주위 확산에 의해 2차 공기 취함(불꽃온도 1200~1300℃)
적화식	• 가스를 그대로 대기 중에서 분출하여 연소 • 필요공기는 불꽃주변에서 확산에 의하여 취함(불꽃온도 1000℃)
세미분젠식	• 적화식과 분젠식의 중간 형식 • 1차 공기율 40% 이하(불꽃온도 1000℃)
전 1차 공기식	• 필요공기는 전부 1차 공기만으로 공급 • 역화 우려가 있음(불꽃온도 850~900℃)

31 고온, 고압 하에서 수소를 사용하는 장치공정의 재질은 어느 재료를 사용하는 것이 가장 적당한가?

① 탄소강
② 스테인리스강
③ 타프치동
④ 실리콘강

> 고온고압하에서 수소를 사용 시 수소취성(강의탈탄)이 일어나므로 5~6% cr강에 W, Mo, Ti, V을 첨가하거나 스텐레스강을 사용

32 금속 재료에 대한 설명으로 틀린 것은?

① 탄소강은 철과 탄소를 주요성분으로 한다.
② 탄소 함유량이 0.8% 이하의 강을 저탄소강이라 한다.
③ 황동은 구리와 아연의 합금이다.
④ 강의 인장강도는 300℃ 이상이 되면 급격히 저하된다.

> 탄소강

구분	C의 함유 (%)
저탄소강	0.2% 이하
중탄소강	0.2% 이상 0.8% 이하
고탄소강	0.8% 이상 1.7% 이하

33 가스온수기에 반드시 부착하지 않아도 되는 안전장치는?

① 소화안전장치
② 과열방지장치
③ 불완전연소방지장치
④ 전도안전장치

> 온수기의 설치장치
> • 정전안전장치
> • 역풍방지장치
> • 소화안전장치
> • 그 밖의 장치
> - 거버너(세라믹버너온수기의 경우)
> - 과열방지장치
> - 물온도 조절장치
> - 점화장치
> - 물빼기장치
> - 수압자동가스밸브
> - 동결방지장치
> - 과압방지안전장치

34 자동절체식 조정기 설치에 있어서 사용측과 예비측 용기의 밸브 개폐방법에 대한 설명으로 옳은 것은?

① 사용측 밸브는 열고 예비측 밸브는 닫는다.
② 사용측 밸브는 닫고 예비측 밸브는 연다.
③ 사용측 예비측 밸브 전부를 닫는다.
④ 사용측 예비측 밸브 전부를 연다.

35 고압가스용 기화장치에 대한 설명으로 옳은 것은?

① 증기 및 온수가열구조의 것에는 기화장치 내의 물을 쉽게 뺄 수 있는 드레인 밸브를 설치한다.
② 기화기에 설치된 안전장치는 최고충전압력에서 작동하는 것으로 한다.
③ 기화장치에는 액화가스의 유출을 방지하기 위한 액 밀봉 장치를 설치한다.
④ 임계온도가 -50℃ 이하인 액화가스용 고정식 기화장치의 압력이 허용압력을 초과하는 경우 압력을 허용압력 이하로 되돌릴 수 있는 안전장치를 설치한다.

> ② 안전밸브작용압력 $Tp \times \frac{8}{10}$ 이하에서 작동
> ③ 액화가스 유출을 방지하기 위해 액유출방지장치 설치

36 전열 온수기 기화기에서 사용되는 열매체는?

① 공기
② 기름
③ 물
④ 액화가스

37 저온 수증기 개질 프로세스의 방식이 아닌 것은?

① C.R.G식
② M.R.G식
③ Lurgi식
④ I.C.I식

38 린데식 액화장치의 구조상 반드시 필요하지 않은 것은?

① 열교환기
② 증발기
③ 팽창밸브
④ 액화기

> • 린데식 액화장치 : 열교환기, 팽창밸브, 액화기
> • 클로우드식 액화장치 : 열교환기, 팽창기, 팽창밸브, 액화기

39 축류 펌프의 특징에 대한 설명으로 틀린 것은?

① 비속도가 적다.
② 마감기동이 불가능하다.
③ 펌프의 크기가 작다.
④ 높은 효율을 얻을 수 있다.

> 펌프의 특징 및 비속도

항목 명칭	특징	비속도 (m^3/min, m, rpm)
원심	비교적 고양정에 적합	100~600
사류	비교적 중양정	500~1300
축류	비교적 저양정	1200~2000

40 가스용 PE배관을 온도 40℃ 이상의 장소에 설치할 수 있는 가장 적절한 방법은?

① 단열성능을 가지는 보호판을 사용한 경우
② 단열성능을 가지는 침상재료를 사용한 경우
③ 로케이팅 와이어를 이용하여 단열조치를 한 경우
④ 파이프슬리브를 이용하여 단열조치를 한 경우

제3과목 가스안전관리

41 액화가스를 차량에 고정된 탱크에 의해 250km의 거리까지 운반하려고 한다. 운반책임자가 동승하여 감독 및 지원을 할 필요가 없는 경우는?

① 에틸렌 : 3000kg
② 아산화질소 : 3000kg
③ 암모니아 : 1000kg
④ 산소 : 6000kg

> 운반책임자 동승기준

가스의 종류		허용농도기준	적재용량
독성가스	압축가스	200ppm 초과	100m^3 이상
		200ppm 이하	10m^3 이상
	액화가스	200ppm 초과	10000kg 이상
		200ppm 이하	100kg 이상
비독성 가스	압축가스	가연성 가스	300m^3 이상
		조연성 가스	600m^3 이상
	액화가스	가연성가스	3000kg 이상(납붙임 접합용기는 2000kg 이상)
		조연성 가스	6000kg 이상

* 차량고정탱크 200km 이상 운반 시 운반책임자 동승이 필요한 운반량 (액화 : kg, 압축 : m^3)으로 아산화질소는 조연성으로 60000kg 이상 운반책임자 동승

42 일반도시가스공급시설의 기화장치에 대한 기준으로 틀린 것은?

① 기화장치에는 액화가스가 넘쳐 흐르는 것을 방지하는 장치를 설치한다.
② 기화장치는 직화식 가열구조가 아닌 것으로 한다.
③ 기화장치로서 온수로 가열하는 구조의 것은 급수부에 동결방지를 위하여 부동액을 첨가한다.
④ 기화장치의 조작용 전원이 정지할 때에도 가스공급을 계속 유지할 수 있도록 자가발전기를 설치한다.

> ③ 동결방지를 위하여 동결방지장치 설치

43 액화석유가스를 충전한 자동차에 고정된 탱크는 지상에 설치된 저장탱크의 외면으로부터 몇 m 이상 떨어져 정차하여야 하는가?

① 1
② 3
③ 5
④ 8

44 가스의 종류와 용기도색의 구분이 잘못된 것은?

① 액화염소 : 황색
② 액화암모니아 : 백색
③ 에틸렌(의료용) : 자색
④ 싸이크로프로판(의료용) : 주황색

🔍 용기의 도색 표시

가스의 종류	공업용	의료용
액화석유가스	회색	-
수소	주황색	-
아세틸렌	황색	-
암모니아	백색	-
염소	갈색	-
산소	녹색	백색
액화탄산가스	청색	회색
질소	회색	흑색
헬륨	-	갈색
에틸렌	-	자색
아산화질소	-	청색
사이클로프로판	-	주황색
그 밖의 가스	회색	회색
소방용 용기	소방법에 따른 도색	

45 저장탱크의 내용적이 몇 m³ 이상일 때 가스방출장치를 설치하여야 하는가?

① 1m³
② 3m³
③ 5m³
④ 10m³

46 안전성 평가는 관련 전문가로 구성된 팀으로 안전평가를 실시해야 한다. 다음 중 안전평가 전문가의 구성에 해당 하지 않는 것은?

① 공정운전 전문가
② 안전성평가 전문가
③ 설계 전문가
④ 기술용역 진단전문가

🔍 안전성평가의 관련전문가 : 고압가스제조시설(KGS GC 211)의 안정성 평가는 ① 안정성평가 전문가 ② 설계전문가 ③ 공정 전문가 1인 이상 참여하여 구성된 팀이 실시한다.

47 도시가스 사업자는 가스공급시설을 효율적으로 안전 관리하기 위하여 도시가스 배관망을 전산화하여야 한다. 전산화 내용에 포함되지 않는 사항은?

① 배관의 설치도면
② 정압기의 시방서
③ 배관의 시공자, 시공연월일
④ 배관의 가스흐름 방향

🔍 배관망의 전산화(KGS, FS, 551)(일반도시가스)(P55)
가스공급시설을 효율적으로 관리할 수 있도록
① 배관, 정압기 등의 설치도면
② 시방서(호칭지름과 재질 등에 관한 사항을 기재한다.)
③ 시공자
④ 시공년월일을 전산화한다.

48 가스설비 및 저장설비에서 화재폭발이 발생하였다. 원인이 화기였다면 관련법상 화기를 취급하는 장소까지 몇 m 이내이어야 하는가?

① 2m
② 5m
③ 8m
④ 10m

🔍 가스설비 저장설비와 화기의 직선거리 2m 이상 이격

49 도시가스 제조시설에서 벤트스택의 설치에 대한 설명으로 틀린 것은?

① 벤트스택 높이는 방출된 가스의 착지농도가 폭발상한계값 미만이 되도록 설치한다.
② 벤트스택에는 액화가스가 함께 방출되지 않도록 하는 조치를 한다.
③ 벤트스택 방출구는 작업원이 통행하는 장소로부터 5m 이상 떨어진 곳에 설치한다.
④ 벤트스택에 연결된 배관에는 응축액의 고임을 제거할 수 있는 조치를 한다.

🔍 벤트스택의 착지농도
- 가연성 : 폭발하한계값 미만
- 독성 : TLV-TWA 허용농도 미만

50 고압가스 저장탱크 물분무장치의 설치에 대한 설명으로 틀린 것은?

① 물분무장치는 30분 이상 동시에 방사할 수 있는 수원에 접속되어야 한다.
② 물분무장치는 매월 1회 이상 작동상황을 점검하여야 한다.
③ 물분무장치는 저장탱크 외면으로부터 10m 이상 떨어진 위치에서 조작할 수 있어야 한다.
④ 물분무장치는 표면적 1㎡ 당 8ℓ/분을 표준으로 한다.

🔍 물분무장치 조작위치
저장탱크외면에서 15m 이상 떨어진 장소

51 가연성가스를 차량에 고정된 탱크에 의하여 운반할 때 갖추어야 할 소화기의 능력단위 및 비치 개수가 옳게 짝지어진 것은?

① ABC용, B-12 이상 - 차량 좌우에 각각 1개 이상
② AB용, B-12 이상 - 차량 좌우에 각각 1개 이상
③ ABC용, B-12 이상 - 차량에 1개 이상
④ AB용, B-12 이상 - 차량에 1개 이상

🔍 차량에 고정된 탱크 운반시 소화설비

가스의 구분	소화기 종류		
	소화약제 종류	능력 단위	비치개수
가연성	분말소화제	BC용, B-10이상 또는 ABC용, B-12이상	차량 좌우 각각 1개 이상
독성	분말소화제	BC용, B-8이상, 또는 ABC용 B-10 이상	차량 좌우 각각 1개 이상

52 용기보관 장소에 대한 설명 중 옳지 않은 것은?

① 산소 충전용기 보관실의 지붕은 콘크리트로 견고히 하여야 한다.
② 독성가스 용기보관실에는 가스누출검지 경보장치를 설치하여야 한다.
③ 공기보다 무거운 가연성가스의 용기보관실에는 가스 누출검지경보장치를 설치하여야 한다.
④ 용기보관장소는 그 경계를 명시하여야 한다.

🔍 가연성 산소의 용기보관실 지붕은 가벼운 불연성 또는 난연성의 재료를 사용

53 고압가스 특정설비 제조자의 수리범위에 해당되지 않는 것은?

① 단열재 교체
② 특정설비의 부품교체
③ 특정설비의 부속품 교체 및 가공
④ 아세틸렌 용기내의 다공질물 교체

🔍 수리자격별 수리범위

수리자격자	수리범위
용기 제조자	• 용기몸체의 용접 • 아세틸렌용기 내의 다공질물 교체 • 용기의 스커트·프로텍터 및 넥크링의 교체 및 가공 • 용기부속품의 부품교체 • 저온 또는 초저온용기의 단열재 교체 초저온용기부속품의 탈·부착
특정 설비 제조자	• 특성설비몸체의 용접 • 특정설비의 부속품(그 부품을 포함)의 교체 및 가공 • 단열재교체

냉동기 제조자	• 냉동기용접부분의 용접 • 냉동기부속품(그 부품을 포함)의 교체 및 가공 • 냉동기의 단열재 교체
고압 가스 제조자	• 초저온용기부속품의 탈·부착 및 용기부속품의 부품(안전장치 제외) 교체(용기 부속품제조자가 그 부속품의 규격에 적합하게 제조한 부품의 교체만을 말한다.) • 특정설비의 부품 교체 • 냉동기의 부품 교체 • 단열재 교체(고압가스특정제조자만을 말한다) • 용접가공[고압가스특정제조자로 한정하며, 특정설비몸체의 용접가공은 제외. 다만, 특정설비몸체의 용접 수리를 할 수 있는 능력을 갖추었다고 한국가스안전공사가 인정하는 제조자의 경우에는 특정설비(차량에 고정된 탱크는 제외) 몸체의 용접가공도 할 수 있다.]
검사 기관	• 특정설비의 부품교체 및 용접(특정설비몸체의 용접은 제외. 다만, 특정설비제조자와 계약을 체결하고 해당 제조업소로 하여금 용접을 하게 하거나, 특정설비몸체의 용접수리를 할 수 있는 용접설비기능사 또는 용접기능사 이상의 자격자를 보유하고 있는 경우에는 그러하지 아니하다.) • 냉동설비의 부품 교체 및 용접 • 단열재 교체 • 용기의 프로텍터·스커트 교체 및 용접(열처리설비를 갖춘 전문검사기관만을 말한다.) • 초저온용기부속품의 탈·부착 및 용기부속품의 부품 교체 • 액화석유가스를 액체상태로 사용하기 위한 액화석유가스용기 액출구의 나사 사용 막음조치(막음조치에 사용하는 나사의 규격은 KS B6212에 적합한 경우만을 말한다.)
액화석유 가스 충전 사업자	• 액화석유가스용기용 밸브의 부품 교체(핸들 교체 등 그 부품의 교체 시 가스누출의 우려가 없는 경우만을 말한다.)
자동차 관리 사업자	• 자동차의 액화석유가스용기에 부착된 용기부속품의 수리

54 소형저장탱크의 설치방법으로 옳은 것은?

① 동일한 장소에 설치하는 경우 10기 이하로 한다.
② 동일한 장소에 설치하는 경우 충전질량의 합계는 7000kg 미만으로 한다.
③ 탱크 지면에서 3cm 이상 높게 설치된 콘크리트 바닥 등에 설치한다.
④ 탱크가 손상 받을 우려가 있는 곳에는 가드레일 등의 방호조치를 한다.

🔍 **소형저장탱크**
① 동일 장소에 설치하는 경우 6기 이하
② 동일 장소에 설치하는 경우 충전질량합계 5000kg 이하
③ 탱크지면에서 5cm 이상 높게 설치된 콘크리트 바닥위에 설치

55 어떤 온도에서 압력 6.0MPa, 부피 125ℓ의 산소와 8.0MPa, 부피 200ℓ의 질소가 있다. 두 기체를 부피 500ℓ의 용기에 넣으면 용기 내 혼합기체의 압력은 약 몇 MPa이 되는가?

① 2.5
② 3.6
③ 4.7
④ 5.6

🔍 $P = \dfrac{P_1V_1 + P_2V_2}{V} = \dfrac{6 \times 125 + 8 \times 200}{500} = 4.7\text{MPa}$

56 고압가스 일반제조의 시설기준에 대한 설명으로 옳은 것은?

① 초저온저장탱크에는 환형유리관 액면계를 설치할 수 없다.
② 고압가스설비에 장치하는 압력계는 상용압력의 1.1배 이상 2배 이하의 최고눈금이 있어야 한다.
③ 공기보다 가벼운 가연성가스의 가스설비실에는 1방향 이상의 개구부 또는 자연환기 설비를 설치하여야 한다.
④ 저장능력이 1000톤 이상인 가연성가스(액화가스)의 지상 저장탱크의 주위에는 방류둑을 설치하여야 한다.

🔍 ① 환형유리제 액면계 설치 가능가스 : 산소 불활성, 초저온가스의 저장탱크
② 상용압력 1.5배 이상 2배 이하에 최고눈금범위
③ 공기보다 무거운 가연성가스 설비실에는 2방향 이상의 개구부 및 자연환기 설비를 설치

57 고압가스 특정제조시설에서 작업원에 대한 제독작업에 필요한 보호구의 장착훈련 주기는?

① 매 15일마다 1회 이상
② 매 1개월마다 1회 이상
③ 매 3개월마다 1회 이상
④ 매 6개월마다 1회 이상

58 최고사용압력이 고압이고 내용적이 5m³인 도시가스 배관의 자기압력기록계를 이용한 기밀시험 시 기밀 유지 시간은?

① 24분 이상
② 240분 이상
③ 300분 이상
④ 480분 이상

🔍 압력계, 자기압력계 기밀시험유지시간

최고사용 압력	용적	기밀유지시간
저압 중압	1m³ 미만	24분
	1m³ 이상 10m³ 미만	240분
	10m³ 이상 300m³ 미만	24×V분 (1440분 초과시 1440분으로 할 수 있음)
고압	m³ 미만	48분
	1m³ 이상 10m³ 미만	480분
	10m³ 이상 300m³ 미만	48×V분(2880분 초과시 2880분으로 할 수 있음)

※ V는 피시험부분의 용적(단위 : m³)이다.

59 고압가스 안전관리법에서 정하고 있는 특정 고압가스가 아닌 것은?

① 천연가스
② 액화염소
③ 게르만
④ 염화수소

🔍 특정고압, 특수고압가스

특정고압가스		특수고압가스
① 포스핀	② 셀렌화수소	
③ 게르만	④ 디실란	
⑤ 오불화비소	⑥ 오불화인	
⑦ 삼불화인	⑧ 삼불화질소	①②③④ 이외에 압축모노실란, 압축디보레인, 액화알진
⑨ 삼불화붕소	⑩ 사불화유황	
⑪ 사불화규소	⑫ 수소	
⑬ 산소	⑭ 액화암모니아	
⑮ 아세틸렌	⑯ 액화염소	
⑰ 천연가스	⑱ 압축모노실란	
⑲ 압축디보레인		

60 가연성가스의 폭발등급 및 이에 대응하는 내압방폭구조 폭발등급의 분류기준이 되는 것은?

① 최대안전틈새 범위
② 폭발 범위
③ 최소점화전류비 범위
④ 발화온도

🔍 방폭안전구조의 틈새범위

최대안전틈새 범위(mm)	0.9 이상	0.5 초과 0.9 미만	0.5 이하
가연성가스의 폭발등급	A	B	C
방폭전기기기의 폭발등급	ⅡA	ⅡB	ⅡC

※ 최대 안전틈새는 내용적이 8리터이고 틈새깊이가 25mm인 표준용기 안에서 가스가 폭발할 때 발생한 화염이 용기 밖으로 전파하여 가연성 가스에 점화되지 않는 최대값

제4과목 가스계측

61 스팀을 사용하여 원료가스를 가열하기 위하여 [그림]과 같이 제어계를 구성하였다. 이 중 온도를 제어하는 방식은?

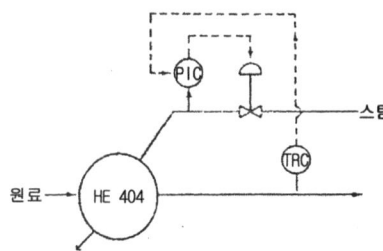

① Feedback ② Forward
③ Cascade   ④ 비례식

62 자동제어에서 블록 선도란 무엇인가?

① 제어대상과 변수편차를 표시한다.
② 제어신호의 전달 경로를 표시한다.
③ 제어편차의 증감 변화를 나타낸다.
④ 제어회로의 구성요소를 표시한다.

🔍 자동제어계의 블록선도 : 제어신호를 블록과 화살표로 하여 전달경로를 표시한 것

63 열전대와 비교한 백금저항온도계의 장점에 대한 설명 중 틀린 것은?

① 큰 출력을 얻을 수 있다.
② 기준접점의 온도보상이 필요 없다.
③ 측정온도의 상한이 열전대보다 높다.
④ 경시변화가 적으며 안정적이다.

🔍 열전대 온도계의 측정온도범위 특성

종류	극성		온도범위	특성
	(+)	(-)		
PR (R형) (백금-백금로듐)	Rh (백금로듐)	P(Pt)(백금)	0~1600℃	산에 강하고 환원성에 약하다.
CA(K형) (크로멜, 알루멜)	C(+) CNi 90% Cr 10%	A(-) (Ni 94% Al 3% Mn 2% Si 1%)	-20~1200℃	환원성에 강하고 산화성에 약하다.
IC (J형) (철-콘스탄탄)	I(+)	C(-) Cu 55% Ni 45%	-20~800℃	환원성에 강하고 산화성에 약하다.
CC (T형) (동-콘스탄탄)	C(+)	C(-)	-200~400℃	수분에 약하고 약산성에만 사용 가능하다.

🔍 전기저항온도계 : 온도상승시 저항이 증가하는 것을 이용
• 측정원리 : 금속의 전기저항(공칭저항치 0℃의 저항소자)
• 종류

종류	특징
백금저항온도계	• 측정범위(-200~850℃) • 저항계수가 크다. • 가격이 고가이다. • 정밀특정이 가능하다. • 표준저항값으로 25, 50, 100Ω이 있다.
니켈저항온도계	• 측정범위(-50~150℃) • 가격이 저렴하다. • 안전성이 있다. • 표준저항값(500)
구리저항온도계	• 측정범위(0~120℃) • 가격이 저렴하다. • 유지관리가 쉽다.
더미스터온도계 Ni + Cu + n + Fe + Co 등을 압축소결 시켜 만든 온도계	• 측정범위(-50~350℃) • 저항계수가 백금 • 경년 변화가 있다. • 응답이 빠르다.
저항계수가 큰 순서	더미스터 > 백금 > 니켈 > 구리

64 가스 크로마토그래피의 검출기가 갖추어야 할 구비 조건으로 틀린 것은?

① 감도가 낮을 것
② 재현성이 좋을 것
③ 시료에 대하여 선형적으로 감응할 것
④ 시료를 파괴하지 않을 것

🔍 감도가 좋을 것

65 증기압식 온도계에 사용되지 않는 것은?

① 아닐린   ② 프레온
③ 에틸에테르   ④ 알코올

> 온도계 종류
> • 접촉식
>   – 유리온도계(수은, 알콜, 베크만)
>   – 팽창식 : 압력팽창식(액, 증기, 가스), 바이메탈식
>   – 전기식 : 저항온도계, 더미스트 온도계
>   – 열전대온도계(PR, CA, IC, CC)
> • 비접촉식
>   – 광고온도계
>   – 광전광식 온도계
>   – 방사(복사)온도계
>   – 색온도계

66 가스크로마토그래피에서 운반기체(carrier gas)의 불순물을 제거하기 위하여 사용하는 부속품이 아닌 것은?

① 수분제거트랩(Moisture Trap)
② 산소제거트랩(Oxygen Trap)
③ 화학필터(Chemical Filter)
④ 오일트랩(Oil Trap)

67 수평 30°의 각도를 갖는 경사마노미터의 액면의 차가 10cm라면 수직 U자 마노메타의 액면차는?

① 2cm   ② 5cm
③ 20cm   ④ 50cm

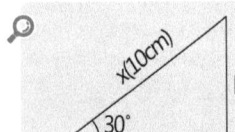

$\therefore h = x \sin \theta$
$= 10 \times \sin 30°$
$= 10 \times \dfrac{1}{2} = 5cm$

68 공업용 액면계가 갖추어야 할 구비조건에 해당되지 않는 것은?

① 비연속적 측정이라도 정확해야 할 것
② 구조가 간단하고 조작이 용이할 것
③ 고온, 고압에 견딜 것
④ 값이 싸고 보수가 용이할 것

> 액면계의 구비조건
> ② ③ ④ 이외에
> • 내구·내식성이 있을 것
> • 연속측정이 가능할 것
> • 원격측정이 가능할 것
> • 자동제어장치에 적용이 가능할 것

69 염소가스를 분석하는 방법은?

① 폭발법
② 수산화나트륨에 의한 흡수법
③ 발열황산에 의한 흡수법
④ 열전도법

> $2NaOH + Cl_2 \rightarrow NaCl + NaClO + H_2O$

70 편위법에 의한 계측기기가 아닌 것은?

① 스프링 저울   ② 부르동관 압력계
③ 전류계   ④ 화학천칭

> 계측의 측정법

편위법	측정량과 관계있는 다른 양으로 변화시켜 측정하는 방법으로 정도는 낮으나 측정방법이 간단하며 부르동관의 탄성변위를 이용(부르동관 압력계, 스프링저울, 전류계)
영위법	측정하고자 하는 상태과 독립적 크기를 조정할 수 있는 조정할 수 있는 기준량과 비교하여 측정(블록게이지 등)
치환법	지시량과 미리 알고 있는 다른 양으로 측정량을 나타내는 방법(화학천칭)
보상법	측정량과 거의 같은 미리 알고 있는 양을 준비하여 측정량과 그 미리 알고 있는 양의 차이로 측정량을 알아내는 방법

71 오리피스유량계의 유량계산식은 다음과 같다. 유량을 계산하기 위하여 설치한 유량계에서 유체를 흐르게 하면서 측정해야 할 값은? (단, C : 오리피스계수, A_2 : 오리피스 단면적, H : 마노 미터액주계 눈금, γ_1 : 유체의 비중량이다.)

$$Q = C \times A_2 \left(2gH \left[\dfrac{\gamma_1 - 1}{\gamma} \right] \right)^{0.5}$$

① C   ② A_2
③ H   ④ γ_1

72 접촉식 온도계의 종류와 특징을 연결한 것 중 틀린 것은?

① 유리 온도계 – 액체의 온도에 따른 팽창을 이용한 온도계
② 바이메탈 온도계 – 바이메탈이 온도에 따라 굽히는 정도가 다른 점을 이용한 온도계
③ 열전대 온도계 – 온도 차이에 의한 금속의 열상승속도의 차이를 이용한 온도계
④ 저항 온도계 – 온도 변화에 따른 금속의 전기저항 변화를 이용한 온도계

🔍 **열전대의 열기전력의 법칙**

종류	정의
균일회로의 법칙	단일한 균일재료로 되어있는 금속선은 형상, 온도분포에 상관없이 열기전력이 발생하지 않는다는 법칙
중간금속의 법칙	열전대가 회로의 임의의 위치에 다른 금속선을 봉입해도 이 봉입 금속선의 양단 온도가 같은 경우 이 열전대의 기전력은 변하지 않는다는 법칙
중간온도의 법칙	두 가지 열전대를 직렬로 접속할 때 얻을 수 있는 열기전력은 두 가지 열전대에 발생하는 열기전력의 합을 나타내며 이 두 가지의 열전대는 같은 종류이든 다른 종류이든 관계가 없다는 법칙
측정원리 및 효과	① 측정원리 : 열기전력 ② 효과 : 제이베크효과 ③ 구성요소 : 열접점, 냉접점, 보상도선, 열전선, 보호관 등

73 고속회전형 가스미터로서 소형으로 대용량의 계량이 가능하고, 가스압력이 높아도 사용이 가능한 가스미터는?

① 막식가스미터
② 습식가스미터
③ 루츠(Roots)가스미터
④ 로터미터

🔍 **가스미터의 장·단점**

구분	막식	습식	루트식
장점	• 값이 싸다. • 설치 후의 유지관리에 시간을 요하지 않는다.	• 계량이 정확하다. • 사용중에 기차의 변동이 크지 않다. • 원리는 드럼형이다.	• 대유량의 가스 측정에 적합하다. • 중압가스의 계량이 가능하다. • 설치면적이 작다.
단점	대용량의 것은 설치면적이 크다.	• 사용중에 수위 조정 등의 관리가 필요하다. • 설치면적이 크다.	• 스트레이너의 설치 및 설치 후의 유지관리가 필요하다. • 소유량(0.5m³/h 이하)의 것은 부동의 우려가 있다.
일반적 용도	일반 수용가	기준기 실험실용	대수용가
용량 범위	1.5~200m³/h	0.2~3,000m³/h	100~5,000m³/h

74 도시가스 사용압력이 2.0kPa인 배관에 설치된 막식 가스미터기의 기밀시험 압력은?

① 2.0kPa 이상
② 4.4kPa 이상
③ 6.4kPa 이상
④ 8.4kPa 이상

75 다음 중 포스겐가스의 검지에 사용되는 시험지는?

① 하리슨 시험지
② 리트머스 시험지
③ 연당지
④ 염화제일구리 착염지

🔍 **독성가스 누출검지 시험지의 종류와 변색 상태**

가스명	시험지	변색상태
염소	KI전분지	청색
암모니아	적색 리트머스지	청색
시안화수소	초산벤젠지 (질산구리벤젠지)	청색
포스겐	하리슨시험지	심등색, 귤색, 오렌지색
일산화탄소	염화파라듐지	흑색
황화수소	연당지	흑색
아세틸렌	염화제1동착염지	적색

76 기체 크로마토그래피에 대한 설명으로 틀린 것은?

① 액체 크로마토그래피보다 분석 속도가 빠르다.
② 컬럼에 사용되는 액체 정지상은 휘발성이 높아야 한다.
③ 운반기체로서 화학적으로 비활성인 헬륨을 주로 사용한다.
④ 다른 분석기기에 비하여 감도가 뛰어나다.

77 온도가 60°F에서 100°F까지 비례제어된다. 측정 온도가 71°F에서 75°F로 변할 때 출력압력이 3PSI에서 15PSI로 도달하도록 조정될 때 비례대역(%)은?

① 5% ② 10%
③ 20% ④ 33%

🔍 비례대(%) = $\dfrac{\text{측정온도차}}{\text{조절온도차}} \times 100$

= $\dfrac{75-71}{100-60} \times 100(\%) = 10\%$

78 압력계 교정 또는 검정용 표준기로 사용되는 압력계는?

① 표준 부르동관식
② 기준 박막식
③ 표준 드럼식
④ 기준 분동식

79 막식 가스미터 고장의 종류 중 부동(不動)의 의미를 가장 바르게 설명한 것은?

① 가스가 크랭크축이 녹슬거나 밸브와 밸브시트가 타르(tar)접착 등으로 통과하지 않는다.
② 가스의 누출로 통과하나 정상적으로 미터가 작동하지 않아 부정확한 양만 측정된다.
③ 가스가 미터는 통과하나 계량막의 파손, 밸브의 탈락 등으로 계량기지침이 작동하지 않는 것이다.
④ 날개나 조절기에 고장이 생겨 회전장치에 고장이 생긴 것이다.

🔍 가스미터의 고장

종류	정의
기차불량	기차가 변하여 계량법에 규정된 사용공차를 넘어서는 경우이며, 계량막이 신축하여 계량실부피가 변화하거나 막에서의 누설, 밸브와 밸브시트 사이의 누설, 패킹부의 누설 등이 원인
감도불량	미터에 감도유량을 올렸을 때 지침의 시도에 변화가 나타나지 않는 고장, 계량막과 밸브 및 밸브시트 사이 패킹 누설 등이 원인
부동	가스는 가스미터를 통과하나 미터지침이 작동하지 않는 고장, 계량막의 파손, 밸브의 탈락, 밸브와 밸브시트 사이에 누설 등과 같이 계량하는 부분에 누설이 발생하고 있는 경우 지시장치의 기어불량 등에 가스미터 지침에 전달되지 않으므로 일어난다.
불통	가스가 미터를 통과하지 않는 고장, 크랭크축이 녹이 슬거나 밸브와 밸브시트가 타르수분 등에 의하여 점착이나 고착 동결하여 움직일 수 없게 된 경우 날개조절기 등의 납땜에 떨어지는 등 회전장치부분에 고장시 일어남
누설	날개축이나 평축이 각 격벽을 관통하는 시일부분의 기밀이 파손된 경우
이물질에 의한 불량	크랭크축에 이물질이 들어가거나 밸브와 밸브시트 사이에 유분 등의 점성 물질이 부착한 경우

80 헴펠식 가스분석에 대한 설명으로 틀린 것은?

① 산소는 염화구리 용액에 흡수시킨다.
② 이산화탄소는 30% KOH 용액에 흡수시킨다.
③ 중탄화수소는 무수황산 25%를 포함한 발연황산에 흡수시킨다.
④ 수소는 연소시켜 감량으로 정량한다.

🔍 흡수분석법

(1) 오르잣트 분석기의 분석순서와 흡수액

분석가스명	흡수액
CO_2	33% KOH 용액
O_2	알칼리성 피로카롤 용액
CO	암모니아 염화제1동 용액
N_2	$N_2 = 100 - (CO_2 + O_2 + CO)$ 값으로 정량

(2) 헴펠법 분석기의 분석순서와 흡수액

분석가스명	흡수액
CO_2	33% KOH 용액
C_mH_n	발연황산

O_2	알칼리성 피로카롤 용액
CO	암모니아성 염화제1동 용액

(3) 게겔법의 분석순서 흡수액

분석가스명	흡수액
CO_2	33% KOH 용액
C_2H_2	옥소수은칼륨 용액
C_3H_6, $n-C_4H_{10}$	87% H_2SO_4
C_2H_4	취수소
O_2	알칼리성 피로카롤 용액
CO	암모니아성 염화제1동 용액

정답 2014년 1회 기출문제

01 ④	02 ①	03 ④	04 ①	05 ④
06 ②	07 ④	08 ④	09 ③	10 ②
11 ③	12 ②	13 ④	14 ①	15 ③
16 ②	17 ④	18 ④	19 ④	20 ②
21 ①	22 ③	23 ②	24 ④	25 ④
26 ①	27 ③	28 ③	29 ③	30 ②
31 ②	32 ②	33 ④	34 ④	35 ①
36 ③	37 ④	38 ②	39 ①	40 ④
41 ②	42 ③	43 ②	44 ①	45 ③
46 ④	47 ④	48 ①	49 ①	50 ③
51 ①	52 ①	53 ④	54 ④	55 ③
56 ④	57 ③	58 ④	59 ④	60 ①
61 ③	62 ②	63 ③	64 ①	65 ④
66 ④	67 ②	68 ①	69 ②	70 ④
71 ③	72 ③	73 ②	74 ④	75 ①
76 ②	77 ②	78 ④	79 ③	80 ①

2014년 2회 공단 기출문제
05월 25일 시행

제1과목 연소공학

01 산소 32kg과 질소 28kg의 혼합가스가 나타내는 전압이 20atm이다. 이 때 산소의 분압은 몇 atm인가?(단, O_2의 분자량은 32, N_2의 분자량은 28 이다.)

① 5
② 10
③ 15
④ 20

$$Po = 20atm \times \frac{\frac{32}{32}}{\frac{32}{32}+\frac{28}{28}} = 10atm$$

02 정전기를 제어하는 방법으로서 전하의 생성을 방지하는 방법이 아닌 것은?

① 접속과 접지(Bonding and Grounding)
② 도전성 재료 사용
③ 침액파이프(Dip Pipes)설치
④ 첨가물에 의한 전도도 억제

03 폭발범위(폭발한계)에 대한 설명으로 옳은 것은?

① 폭발범위 내에서만 폭발한다.
② 폭발상한계에서만 폭발한다.
③ 폭발상한계 이상에서만 폭발한다.
④ 폭발하한계 이하에서만 폭발한다.

04 다음 중 공기비를 옳게 표시한 것은?

① $\frac{실제공기량}{이론공기량}$
② $\frac{이론공기량}{실제공기량}$
③ $\frac{사용공기량}{1-이론공기량}$
④ $\frac{이론공기량}{1-사용공기량}$

🔍 공기비
• 공기비(m) = 과잉공기계수

$m = \frac{A(실제공기량)}{A_0(이론공기량)}$ 과잉공기비=(m-1)   과잉공기율(m-1)×100%

(1) 공기비가 클 경우 영향	(2) 공기비가 적을 경우 영향
① 연소가스 온도저하	① 미연소가스에 의한 역화의 위험성
② 배기가스량 증가	② 불완전연소
③ 연소가스 중 황 등의 영향으로 저온 부식 초래	③ 매연발생
④ 연소가스 중 질소산화물 증가	④ 미연소 가스에 의한 열손실 증가

05 LP 가스의 연소 특성에 대한 설명으로 옳은 것은?

① 일반적으로 발열량이 작다.
② 공기 중에서 쉽게 연소 폭발하지 않는다.
③ 공기보다 무겁기 때문에 바닥에 체류한다.
④ 금수성 물질이므로 흡수하여 발화한다.

06 가스용기의 물리적 폭발 원인이 아닌 것은?

① 압력 조정 및 압력 방출 장치의 고장
② 부식으로 인한 용기 두께 축소
③ 과열로 인한 용기 강도의 감소
④ 누출된 가스의 점화

🔍 누출된 가스의 점화 : 화학적 폭발

07 화재나 폭발의 위험이 있는 장소를 위험장소라 한다. 다음 중 제1종 위험장소에 해당하는 것은?

① 상용의 상태에서 가연성 가스의 농도가 연속해서 폭발하한계 이상으로 되는 장소
② 상용상태에서 가연성 가스가 체류해 위험하게 될 우려가 있는 장소
③ 가연성 가스가 밀폐된 용기 또는 설비의 사고로 인해 파손되거나 오조작의 경우에만 누출

할 위험이 있는 장소
④ 환기장치에 이상이나 사고가 발생한 경우에 가연성 가스가 체류하여 위험하게 될 우려가 있는 장소

🔍 **위험장소**

종류	정의
0종 장소	상용의 상태에서 가연성가스의 농도가 연속해서 폭발하한계 이상으로 되는 장소(폭발상한계를 넘는 경우에는 폭발한계 이내로 들어 갈 우려가 있는 경우를 포함한다.)
1종 장소	상용상태에서 가연성가스가 체류해 위험하게 될 우려가 있는 장소, 정비보수 또는 누출 등으로 인하여 종종 가연성가스가 체류하여 위험하게 될 우려가 있는 장소
2종 장소	• 밀폐된 용기 또는 설비 안에 밀봉된 가연성가스가 그 용기 또는 설비의 사고로 인하여 파손되거나 오조작의 경우에만 누출 할 위험이 있는 장소 • 확실한 기계적 환기조치에 따라 가연성가스가 체류하지 아니하도록 되어 있으나 환기장치에 이상이나 사고가 발생한 경우에는 가연성가스가 체류해 위험하게 될 우려가 있는 장소 • 1종 장소의 주변 또는 인접한 실내에서 위험한 농도의 가연성가스가 종종 침입할 우려가 있는 장소

08 배관 내 혼합가스의 한 점에서 착화되었을 때 연소파가 일정거리를 진행한 후 급격히 화염전파속도가 증가되어 1000~3500m/s에 도달하는 경우가 있다. 이와 같은 현상을 무엇이라 하는가?

① 폭발(Exposion)
② 폭굉(Detonation)
③ 충격(Shock)
④ 연소(Combustion)

🔍 **폭발과 폭굉**

구분	특징
폭발	음속 이하이며 정상연소속도는 0.03~10m/s
폭굉	가스 중 음속보다 화염전파 속도가 큰 경우로 파면선단에 솟구치는 압력파가 발생 격렬한 파괴작용을 일으키는 원인. 폭굉속도는 1000~3500m/s

09 탄소 2kg이 완전 연소할 경우 이론 공기량은 약 몇 kg 인가?

① 5.3
② 11.6
③ 17.9
④ 23.0

🔍 $C + O_2 \rightarrow CO_2$
12kg : 32kg
2kg : xkg
$x = \dfrac{2 \times 32}{12} = 5.33 \text{kg}$

공기량 $= 5.33 \times \dfrac{100}{23.2} = 22.98 ≒ 23 \text{kg}$

10 물 250ℓ를 30℃에서 60℃로 가열시킬 때 프로판 0.9kg이 소비되었다면 열효율은 약 몇 %인가?(단, 물의 비열은 1kcal/kg℃, 프로판의 발열량은 12000kcal/kg 이다.)

① 13
② 20
③ 27
④ 54

🔍 $\eta = \dfrac{250 \times 1 \times 30}{0.9 \text{kg} \times 12000 \text{kcal/kg}} \times 100 = 69.4\%$

11 분자의 운동상태(분자의 병진운동·회전운동·분자 내의 원자의 진동)와 분자의 집합 상태(고체·액체·기체의 상태)에 따라서 달라지는 에너지는?

① 내부에너지
② 기계적 에너지
③ 외부에너지
④ 비열에너지

12 미연소혼합기의 흐름이 화염부근에서 층류에서 난류로 바뀌었을 때의 현상으로 옳지 않은 것은?

① 화염의 성질이 크게 바뀌며 화염대의 두께가 증대한다.
② 예혼합연소일 경우 화염전파속도가 가속된다.
③ 적화식연소는 난류 확산연소로서 연소율이 높다.
④ 확산연소일 경우는 단위면적당 연소율이 높아진다.

13 방폭구조 종류 중 전기기기의 불꽃 또는 아크를 발생하는 부분을 기름 속에 넣어 유면상에 존재하는 폭발성 가스에 인화될 우려가 없도록 한 구조는?

① 내압방폭구조
② 유입방폭구조
③ 안전증방폭구조
④ 압력방폭구조

🔍 **방폭구조**

종류	내용
내압(d) 방폭구조	용기의 내부에 폭발성 가스의 폭발이 일어날 경우, 용기가 폭발 압력에 견디고 외부의 폭발성 가스에 인화될 위험이 없도록 한 방폭구조
압력(p) 방폭구조	점화원이 될 우려가 있는 부분을 용기 안에 넣고 보호기체(신선한 공기 또는 불활성기체)를 용기 안에 압입함으로써 폭발성 가스가 침입하는 것을 방지하도록 되어 있는 방폭구조
유입(o) 방폭구조	전기 불꽃을 발생하는 부분을 용기 내부의 기름에 내장하여 외부의 폭발성 가스 또는 점화원 등에 접촉시 점화의 우려가 없도록 한 방폭구조
안전증(e) 방폭구조	정상 운전 중의 내부에서 불꽃이 발생하지 않도록 전기적, 기계적, 구조적으로 온도 상승에 대해 안전도를 증가시킨 구조로 내압 방폭구조보다 용량이 적음
본질안전 (ia, ib) 방폭구조	정상시 또는 단락, 단선, 지락 등의 사고시에 발생하는 아크, 불꽃, 고열에 의하여 폭발성 가스나 증기에 점화되지 않는 것이 확인된 구조
특수(s) 방폭구조	폭발성 가스, 증기 등에 의하여 점화하지 않는 구조로서 모래 등을 채워 놓은 사입 방폭구조 등
몰드(m) 방폭구조	폭발성가스의 증기입자 잠재적 위험 부위에 사용, 정격전압 11000V를 넘지 않는 전기제품 등에 대한 시험요건에 대하여 규정된 방폭구조
비점화(n) 방폭구조	2종 장소에 사용되는 가스 증기 방폭기기 등에 적용, 폭발성 가스 분위기에서 사용 전기기구조시험표시 등에 대하여 규정된 방폭구조

14 연소한계에 대한 설명으로 옳은 것은?

① 착화온도의 상한과 하한값
② 화염온도의 상한과 하한값
③ 완전연소가 될 수 있는 산소의 농도한계
④ 공기 중 연소 가능한 가연성가스의 최저 및 최고 농도

15 CO_2 32vol%, O_2 5vol%, N_2 64vol%의 혼합기체의 평균분자량은 얼마인가?

① 29.3
② 31.3
③ 33.3
④ 35.3

🔍 $44 \times 0.32 + 32 \times 0.05 + 28 \times 0.63 = 33.3$

16 고체연료의 일반적인 연소방법이 아닌것은?

① 분무연소
② 화격자연소
③ 유동층연소
④ 미분탄연소

🔍 분무연소 : 액체물질의 연소

17 분진폭발에 대한 설명으로 옳지 않은 것은?

① 입자의 크기가 클수록 위험성은 더 크다.
② 분진의 농도가 높을수록 위험성은 더 크다.
③ 수분함량의 증가는 폭발위험을 감소시킨다.
④ 가연성분진의 난류확산은 일반적으로 분진위험을 증가시킨다.

🔍 입자의 크기가 작을수록 위험성은 크다.

18 방폭 구조 및 대책에 관한 설명으로 옳지 않은 것은?

① 방폭대책에는 예방, 국한, 소화, 피난 대책이 있다.
② 가연성가스의 용기 및 탱크 내부는 제2종 위험장소이다.
③ 분진폭발은 1차 폭발과 2차 폭발로 구분되어 발생한다.
④ 내압방폭구조는 내부폭발에 의한 내용물 손상으로 영향을 미치는 기기에는 부적당하다.

🔍 가연성 가스 용기 및 탱크 내부 : 0종 장소

🔍 **위험장소**

종류	정의
0종 장소	상용의 상태에서 가연성가스의 농도가 연속해서 폭발하한계 이상으로 되는 장소(폭발상한계를 넘는 경우에는 폭발한계 이내로 들어 갈 우려가 있는 경우를 포함한다.)
1종 장소	상용상태에서 가연성가스가 체류해 위험하게 될 우려가 있는 장소, 정비보수 또는 누출 등으로 인하여 종종 가연성가스가 체류하여 위험하게 될 우려가 있는 장소
2종 장소	• 밀폐된 용기 또는 설비 안에 밀봉된 가연성가스가 그 용기 또는 설비의 사고로 인하여 파손되거나 오조작의 경우에만 누출 할 위험이 있는 장소

- 확실한 기계적 환기조치에 따라 가연성가스가 체류하지 아니하도록 되어 있으나 환기장치에 이상이나 사고가 발생한 경우에는 가연성가스가 체류해 위험하게 될 우려가 있는 장소
- 1종 장소의 주변 또는 인접한 실내에서 위험한 농도의 가연성가스가 종종 침입할 우려가 있는 장소

19 다음 중 가연물의 조건으로 옳지 않은 것은?

① 열전도율이 작을 것
② 활성화에너지가 클 것
③ 산소와의 친화력이 클 것
④ 발열량이 클 것

🔍 활성화 에너지가 적을 것

20 차가운 물체에 뜨거운 물체를 접촉시키면 뜨거운 물체에서 차가운 물체로 열이 전달되지만, 반대의 과정은 자발적으로 일어나지 않는다. 이러한 비가역성을 설명하는 법칙은?

① 열역학 제0법칙
② 열역학 제1법칙
③ 열역학 제2법칙
④ 열역학 제4법칙

🔍 열역학의 법칙

종류	정의
0법칙	열평형의 법칙
제1법칙	에너지 보존(이론)적인 법칙
제2법칙	열이동 방향성의 법칙(100% 효율을 가진 것은 불가능)
제3법칙	어떠한 열기관을 이용하더라도 절대온도를 0으로 만들 수 없다.

제2과목 가스설비

21 최고충전압력이 15MPa인 질소용기에 12MPa로 충전되어 있다. 이 용기의 안전밸브 작동압력은 얼마인가?

① 15MPa
② 18MPa
③ 20MPa
④ 25MPa

🔍 안전밸브 작동 압력

$$= F_p \times \frac{5}{3} \times \frac{8}{10} = 15 \times \frac{5}{3} \times \frac{8}{10} = 20 MPa$$

22 가연성가스 운반차량의 운행 중 가스가 누출할 경우 취해야 할 긴급조치 사항으로 가장 거리가 먼 것은?

① 신속히 소화기를 사용한다.
② 주위가 안전한 곳으로 차량을 이동시킨다.
③ 누출 방지 조치를 취한다.
④ 교통 및 화기를 통제한다.

23 원심압축기의 특징에 대한 설명으로 틀린 것은?

① 맥동현상이 적다.
② 용량조정범위가 비교적 좁다.
③ 압축비가 크다.
④ 윤활유가 불필요하다.

🔍 압축기의 특징

왕복 압축기	원심 압축기
• 용적형이다. • 소음, 진동이 있다. • 설치면적이 크다. • 압축이 단속적이다. • 용량조절범위가 넓고 쉽다. • 오일윤활식 또는 무급유식이다. • 압축효율이 높다.	• 무급유식 • 압축이 연속적이다. • 소음, 진동이 적다. • 용량 조정 범위가 좁고 어렵다. • 압축효율이 낮다.

24 터보 펌프의 특징에 대한 설명으로 옳은 것은?

① 고양정이다.
② 토출량이 크다.
③ 높은 점도의 액체용이다.
④ 시동 시 물이 필요 없다.

25 어떤 냉동기가 20℃의 물에서 −10℃의 얼음을 만드는데 톤당 50PSh의 일이 소요되었다. 물의 융해열이 80kcal/kg, 얼음의 비열을 0.5kcal/kg℃라고 할 때 냉동기의 성능계수는 얼마인가?(단, 1PSh=632.3kcal 이다.)

① 3.05
② 3.32
③ 4.15
④ 5.17

🔍 성적계수 = $\dfrac{g(냉동효과)}{Aw(압축일량)}$
g = 1000 × 20 + 1000 × 80 + 1000 × 0.5 × 10 = 105000kcal
Aw = 50 × 632.3 = 31615
∴ = 3.32

26 LPG 용기에 대한 설명으로 옳은 것은?

① 재질은 탄소강으로서 성분은 C:0.33% 이하, P:0.04% 이하, S:0.05% 이하로 한다.
② 용기는 주물형으로 제작하고 충분한 강도와 내식성이 있어야 한다.
③ 용기의 바탕색은 회색이며 가스명칭과 충전기한은 표시하지 아니한다.
④ LPG는 가연성 가스로서 용기에 반드시 "연"자 표시를 한다.

27 정압기의 정상상태에서 유량과 2차 압력의 관계를 의미하는 정압기의 특성은?

① 정특성
② 동특성
③ 유량특성
④ 사용 최대차압 및 작동 최소차압

🔍 정압기의 특성

종류	특징
정특성	정상상태에서 유량과 2차 압력과의 관계 (시이프트, 오프셋, 로크업)
동특성	부하변동에 대한 응답의 신속성과 안정성
유량특성	메인밸브의 열림과 유량과의 관계
사용최대차압	메인 밸브에 1차 압력 2차 압력이 작용하여 최대로 되었을 때의 차압
작동최소차압	정압기가 작동할 수 있는 최소차압

28 설치위치, 사용목적에 따른 정압기의 분류에서 가스도매 사업자에서 도시가스사용자의 소유 배관과 연결되기 직전에 설치되는 정압기는?

① 저압정압기
② 지구정압기
③ 지역정압기
④ 단독정압기

29 강의 열처리 방법 중 오스테나이트 조직을 마텐자이트 조직으로 바꿀 목적으로 0℃ 이하로 처리하는 방법은?

① 담금질
② 불림
③ 심냉 처리
④ 염욕 처리

30 고압가스 배관에서 발생할 수 있는 진동의 원인으로 가장 거리가 먼 것은?

① 파이프의 내부에 흐르는 유체의 온도변화에 의한 것
② 펌프 및 압축기의 진동에 의한 것
③ 안전밸브 분출에 의한 영향
④ 바람이나 지진에 의한 영향

🔍 ① 관 내를 흐르는 유체의 압력변화에 따른 진동

31 원심펌프로 물을 지하 10m 에서 지상 20m 높이의 탱크에 유량 3m³/min로 양수하려고 한다. 이론적으로 필요한 동력은?

① 10PS
② 15PS
③ 20PS
④ 25PS

$$Lps = \frac{r \cdot Q \cdot H}{75 \times n} = \frac{1000 \times (3/60) \times 30}{75 \times 1} = 20PS$$

32 전기방식시설의 유지관리를 위한 도시가스시설의 전위측정용 터미널(T/B) 설치에 대한 설명으로 옳은 것은?

① 희생양극법에 의한 배관에는 500m 이내 간격으로 설치한다.
② 배류법에 의한 배관에는 500m 이내 간격으로 설치한다.
③ 외부전원법에 의한 배관에는 300m 이내 간격으로 설치한다.
④ 직류전철 횡단부 주위에 설치한다.

전기방식효과를 유지하기 위해 절연조치를 하는 장소
- 교량횡단 배관의 양단(다만, 외부전원법에 의한 전기방식을 한 경우에는 제외할 수 있다.)
- 배관 등과 철근콘크리트 구조물 사이
- 배관과 강재 보호관 사이
- 지하에 매설된 배관의 부분과 지상에 설치된 부분과의 경계(가스사용자에게 공급하기 위하여 지중에서 지상으로 연결되는 배관에 한한다.)
- 타시설물과 접근 교차지점(다만, 타시설물과 30cm 이상 이격 설치된 경우에는 제외할 수 있다.)
- 배관과 배관지지물 사이
- 기타 절연이 필요한 장소

방식전위 상한 값	포화황산동 기준전극	황산염 환원 박테리아가 번식하는 토양	자연전위와의 전위변화
	−0.85V 이하	−0.95V 이하	−300mV

전기방식방법			
외부전원법	희생양극법	강제배류법	선택배류법

전위측정용터미널(T/B) 간격
외부전원법 : 500m, 희생양극법 · 배류법 : 300m
배관에 대한 전위 측정은 가능한 가까운 위치에서 기준전극으로 실시한다.

33 고압가스 관련설비 중 특정설비가 아닌 것은?

① 기화장치
② 독성가스배관용 밸브
③ 특정고압가스용 실린더캐비넷
④ 초저온용기

산업통상자원부령으로 정하는 고압가스 관련 설비(특정설비)
- 안전밸브 · 긴급차단장치 · 역화방지장치
- 기화장치
- 압력용기
- 자동차용 가스 자동주입기
- 독성가스배관용 밸브
- 냉동설비(일체형 냉동기는 제외)를 구성하는 압축기 · 응축기 · 증발기 또는 압력용기
- 특정고압가스용 실린더캐비넷
- 자동차용 압축천연가스 완속충전설비(처리능력이 시간당 18.5m³ 미만인 충전설비를 말함)
- 액화석유가스용 용기 잔류가스회수장치

34 도시가스 배관 등의 용접 및 비파괴검사 중 용접부의 외관검사에 대한 설명으로 틀린 것은?

① 보강 덧붙임은 그 높이가 모재 표면보다 낮지 않도록 하고, 3mm 이상으로 할 것
② 외면의 언더컷은 그 단면이 V자형이 되지 않도록 하며, 1개의 언더컷 길이 및 깊이는 각각 30mm 이하 및 0.5mm 이하일 것
③ 용접부 및 그 부근에는 균열, 아크 스트라이크, 위해하다고 인정되는 지그의 흔적, 오버랩 및 피트 등의 결함이 없을 것
④ 비드 형상이 일정하며 슬러그, 스패터 등이 부착되어 있지 않을 것

가스배관의 용접 및 비파괴검사 기준(KGS GC 205)
① 보강 덧붙임은 그 높이가 모재 표면보다 낮지 않도록 하고 3mm 이하를 원칙으로 한다.

35 다음 중 왕복펌프가 아닌 것은?

① 피스톤(piston) 펌프
② 베인(vane) 펌프
③ 플런저(plunger) 펌프
④ 다이어프램(diaphragm) 펌프

🔍 **펌프의 분류**

용적형	왕복	피스톤, 플런저, 다이어프램
	회전	기어, 나사, 베인
터보형	원심	볼류터(안내깃 없음), 터빈(안내깃 있음)
	축류	
	사류	
특수		제트, 마찰, 기포, 수격

36 다음 중 SNG에 대한 설명으로 옳은 것은?

① 순수 천연가스를 뜻한다.
② 각종 도시가스의 총칭이다.
③ 대체(합성) 천연가스를 뜻한다.
④ 부생가스로 고로가스가 주성분이다.

37 증기압축식 냉동기에서 고온·고압의 액체 냉매를 교축작용에 의해 증발을 일으킬 수 있는 압력까지 감압시켜 주는 역할을 하는 기기는?

① 압축기
② 팽창밸브
③ 증발기
④ 응축기

🔍 **냉동사이클의 주기**

증기 압축식 냉동기

- 압축기(Compressor) : 증발기에서 증발한 저온 저압의 기체 냉매를 흡입 압축하여 온도를 상승. 응축기에서 액화가 용이하게 하는 기계
- 응축기(Condrnser) : 압축기에서 토출된 고온 고압의 냉매가스를 열교환에 의하여 응축 액화시킴(수액기 응축기에서 응축 액화된 액체냉매를 일시 저장 및 액체냉매를 일정하게 흐르게 함)
- 팽창밸브 : 고온 고압의 액체냉매를 증발기에서 증발이 쉽도록 저온 저압의 액체냉매로 단열팽창시키며 여기서 교축과정이 일어난다.
- 증발기(Enaporator) : 팽창밸브에서 토출된 저온 저압의 액체 냉매가 증발잠열을 흡수 피냉동물질과 열교환냉동이 이루어지는 기계이다.

흡수식 냉동기

흡수기 – 발생기 – 응축기 – 증발기

38 가스를 충전하는 경우에 밸브 및 배관이 얼었을 때 응급조치하는 방법으로 틀린 것은?

① 석유 버너 불로 녹인다.
② 40℃ 이하의 물로 녹인다.
③ 미지근한 물로 녹인다.
④ 얼어있는 부분에 열습포를 사용한다.

39 용기의 내압시험 시 항구증가율이 몇 % 이하인 용기를 합격한 것으로 하는가?

① 3
② 5
③ 7
④ 10

40 고압가스 배관의 기밀시험에 대한 설명으로 옳지 않은 것은?

① 상용압력 이상으로 하되, 1MPa를 초과하는 경우 1MPa 압력 이상으로 한다.
② 원칙적으로 공기 또는 불활성 가스를 사용한다.
③ 취성파괴를 일으킬 우려가 없는 온도에서 실시한다.
④ 기밀시험압력 및 기밀유지시간에서 누설 등의 이상이 없을 때 합격으로 한다.

🔍 배관의 기밀시험 압력은 상용압력 이상으로 하되 배관의 상용압력이 0.7MPa를 초과하는 경우 0.7MPa 압력 이상으로 함

제3과목 가스안전관리

41 독성가스가 누출할 우려가 있는 부분에는 위험표지를 설치하여야 한다. 이에 대한 설명으로 옳은 것은?

① 문자의 크기는 가로 10cm, 세로 10cm 이상으로 한다.
② 문자는 30m 이상 떨어진 위치에서도 알 수 있도록 한다.
③ 위험표지의 바탕색은 백색, 글씨는 흑색으로 한다.
④ 문자는 가로 방향으로만 한다.

🔍 독성가스의 표지

구분	식별거리	글자크기	바탕색	글자색	적색으로 표시
식별표지	30m	10×10cm	백색	흑색	가스 명칭
위험표지	10m	5×5cm	백색	흑색	주의 글자

42 용기보관 장소에 고압가스용기를 보관 시 준수해야 하는 사항 중 틀린 것은?

① 용기는 항상 40℃ 이하를 유지해야 한다.
② 용기 보관장소 주위 3m 이내에는 화기 또는 인화성 물질을 두지 아니 한다.
③ 가연성가스 용기보관 장소에는 방폭형 휴대용 전등 외의 등화를 휴대하지 아니한다.
④ 용기보관 장소에는 충전용기와 잔가스 용기를 각각 구분하여 놓는다.

🔍 용기보관 장소 2m 이내에는 화기 또는 인화성 물질을 두지 아니한다.

43 가스 관련법에서 정한 고압가스 관련 설비에 해당 되지 않는 것은?

① 안전밸브
② 압력용기
③ 기화장치
④ 정압기

🔍 산업통상자원부령으로 정하는 고압가스 관련 설비(특정설비)
• 안전밸브·긴급차단장치·역화방지장치
• 기화장치
• 압력용기
• 자동차용 가스 자동주입기
• 독성가스배관용 밸브
• 냉동설비(일체형 냉동기는 제외)를 구성하는 압축기·응축기·증발기 또는 압력용기
• 특정고압가스용 실린더캐비넷
• 자동차용 압축천연가스 완속충전설비(처리능력이 시간당 18.5m³ 미만인 충전설비를 말함)
• 액화석유가스용 용기 잔류가스회수장치

44 독성가스 저장탱크를 지상에 설치하는 경우 몇 톤 이상일 때 방류둑을 설치하여야 하는가?

① 5
② 10
③ 50
④ 100

🔍 방류둑 설치기준

법규구분		저장탱크 및 가스홀더
고압가스 안전관리법	특정 제조 - 독성	5t 이상
	특정 제조 - 가연성	500t 이상
	특정 제조 - 산소	1000t 이상
	일반 제조 - 독성	5t 이상
	일반 제조 - 가연성	1000t 이상
	일반 제조 - 산소	1000t 이상
도시가스 사업법	가스도매사업	500t 이상
	일반도시가스업	1000t 이상
액화석유가스의 안전관리 및 사업법		1000t 이상
냉동제조		수액기 용량 10000ℓ 이상

45 차량에 고정된 탱크에 설치된 긴급차단장치는 차량에 고정된 탱크 또는 이에 접속하는 배관 외면의 온도가 몇 ℃일 때 자동적으로 작동할 수 있어야 하는가?

① 40
② 65
③ 80
④ 110

46 고압가스설비에 설치하는 안전장치의 기준으로 옳지 않은 것은?

① 압력계는 상용압력의 1.5배 이상 2배 이하의 최고 눈금이 있는 것일 것
② 가연성 가스를 압축하는 압축기와 오토크레이브와의 사이의 배관에는 역화방지장치를 설치할 것
③ 가연성 가스를 압축하는 압축기와 충전용 주관과의 사이에는 역류방지밸브를 설치할 것
④ 독성가스 및 공기보다 가벼운 가연성 가스의 제조 시설에는 가스누출검지경보장치를 설치할 것

🔍 ④ 독성가스 및 공기보다 무거운 가연성 가스 제조 시설에는 가스누출 검지 경보장치를 설치할 것

47 가스 배관은 움직이지 아니하도록 고정 부착하는 조치를 하여야 한다. 관경이 13mm 이상 33mm 미만의 것에는 얼마의 길이마다 고정 장치를 하여야 하는가?

① 1m마다 ② 2m마다
③ 3m마다 ④ 4m마다

🔍 배관의 고정장치

호칭경(A)	지지 간격(m)
13mm 미만	1
13mm 이상 33mm 미만	2
33mm 이상	3

• 교량에 설치되는 100A 이상의 관경

호칭경(A)	지지 간격(m)
100	8
150	10
200	12
300	16
400	19
500	22
600	25

48 C_2H_2 가스 충전 시 희석제로 적당하지 않은 것은?

① N_2 ② CH_4
③ CS_2 ④ CO

🔍 C_2H_2 희석제
N_2, CH_4, CO, C_2H_4

49 다음 중 가연성 가스가 아닌 것은?

① 아세트알데히드
② 일산화탄소
③ 산화에틸렌
④ 염소

50 시안화수소를 장기간 저장하지 못하는 주된 이유는?

① 중합폭발 때문에
② 산화폭발 때문에
③ 악취 발생 때문에
④ 가연성가스 발생 때문에

51 가스설비실에 설치하는 가스누출경보기에 대한 설명으로 틀린 것은?

① 담배연기 등 잡가스에는 경보가 울리지 않아야 한다.
② 경보기의 경보부와 검지부는 분리하여 설치할 수 있어야 한다.
③ 경보가 울린 후 주위의 가스농도가 변화되어도 계속 경보를 울려야 한다.
④ 경보기의 검지부는 연소기의 폐가스가 접촉하기 쉬운 곳에 설치한다.

🔍 가스설비실에 설치하는 가스누출 검지 경보장치
• 기능
 - 누출 검지 시 그 농도를 지시함과 동시에 경보가 울리는 것
 - 가연성인 경우 폭발한 1/4 이하에서 경보 독성인 경우 TLV-TWA 허용농도 이하에서 경보
 - 경보가 울린 후 농도 변화 시에도 계속 경보 확인, 대책 강구 후 경보 정지
 - 담배연기, 잡가스에 경보가 울리지 않도록
• 구조
 - 가스 공급시설에는 분리형 공업용 가스누출 경보기 설치
 - 취급과 정비가 용이한 것으로 한다.
 - 경보부와 검지부는 분리하여 설치
 - 검지부가 다점식인 경우 경보 시 검지장소를 알 수 있는 구조
 - 경보는 램프의 점등 또는 점멸과 동시에 경보가 울리는 것

52 검사에 합격한 고압가스용기의 각인사항에 해당하지 않는 것은?

① 용기제조업자의 명칭 또는 약호
② 충전하는 가스의 명칭
③ 용기의 번호
④ 기밀시험압력

> 용기의 각인 순서
> • 용기 제조업자의 명칭 또는 약호
> • 충전하는 가스의 명칭
> • 용기의 번호
> • 내용적(기호 : V, 단위 : ℓ)
> • 최고충전압력 Fp(MPa)(압축가스에 한함)
> • 동판 두께 t(mm)(내용적 500ℓ 이상에 한함)
> • 밸브 및 부속품을 포함하지 아니하는 용기 질량 w(kg)
> • C_2H_2의 경우 밸브, 용제, 다공물질 부속품을 포함한 질량 Tw(kg)

53 LP가스용 금속플렉시블호스에 대한 설명으로 옳은 것은?

① 배관용 호스는 플레어 또는 유니온의 접속 기능을 갖추어야 한다.
② 연소기용 호스의 길이는 한쪽 이음쇠의 끝에서 다른쪽 이음쇠까지로 하며 길이허용오차는 +4%, -3% 이내로 한다.
③ 스테인리스강은 튜브의 재료로 사용하여서는 아니 된다.
④ 호스의 내열성시험은 100±2℃에서 10분간 유지 후 균열 등의 이상이 없어야 한다.

> 금속 플렉시블 호스(KGS AA$_{53}$5)(3.4)
> • 호스는 튜브의 양단에 관용 테이퍼 나사를 가리는 이음쇠나 호스엔드를 접속할 수 있는 이음쇠를 플레어 이음 또는 경납땜 등으로 부착한 구조로 한다.
> • 튜브는 금속제로서 주름가공으로 제작하여 쉽게 굽혀질 수 있는 구조로 하고 외면에는 보호 피막을 입힌 것으로 한다.
> • 연소기용 호스는 플레어 이음 경납땜 등으로 튜브와 이음쇠를 분리할 수 없는 구조로 하고 배관용 호스는 플레어 또는 유니온의 접속기능을 가지는 것으로 한다.
> • 호스의 외관에는 경납땜한 부분에 용제가 남아 있지 아니하는 것으로 한다.
> • 연소기용 호스의 길이는 한쪽 이음쇠 끝에서 다른 이음쇠 끝까지로 하고 최대 길이는 3m 이내로 한다. 튜브의 길이 허용오차는 +3%, -2% 이내로 한다.
> • 내열성능은 538±2℃에서 1시간 후 기밀시험시 파손 누출 이상이 없어야 한다.

54 액화석유가스 사용시설에서 가스배관 이음부(용접이음매 제외)와 전기개폐기와는 몇 cm 이상의 이격거리를 두어야 하는가?

① 15cm   ② 30cm
③ 40cm   ④ 60cm

55 지상에 설치된 액화석유가스 저장탱크와 가스 충전장소와의 사이에 설치하여야 하는 것은?

① 역화방지기
② 방호벽
③ 드레인 세퍼레이터
④ 정제장치

> 방호벽 적용시설
> • 일반 제조 중 C_2H_2 가스 또는 압력 9.8MPa 이상 압축가스 충전 시
> - 압축기와 당해 충전장소 사이
> - 압축기와 당해 충전용기 보관 장소 사이
> - 당해 충전장소와 당해 가스 충전용기 보관 장소 사이 및 당해 충전장소와 당해 충전용 주관밸브 사이
> - 고압가스 판매시설 중 용기보관실의 벽
> • 특정고압가스 중 300kg 이상 60m³ 이상 사용 시설의 용기 보관실의 벽
> • 액화석유가스 저장탱크와 가스 충전장소와의 사이

56 고압가스제조자 또는 고압가스판매자가 실시하는 용기의 안전점검 및 유지관리 사항에 해당되지 않는 것은?

① 용기의 도색상태
② 용기관리 기록대장의 관리상태
③ 재검사기간 도래여부
④ 용기밸브의 이탈방지 조치여부

> 고법시행규칙 별표 18(용기의 안전점검유지·관리기준)
> 유통 중 열 영향을 받았는지 여부를 점검. 이 경우 열 영향을 받은 용기는 재검사를 받아야 한다.
> 상기 항목 이외에
> • 용기의 내외면을 점검, 위험한 부식, 금, 주름이 있는지 여부를 점검
> • 용기의 스커트에 찌그러짐이 있는지 사용할 때 위험하지 않도록 적정 간격을 유지하고 있는지 여부 확인
> • 용기의 아래 부분 부식을 확인
> • 밸브의 몸통, 충전구 나사, 안전밸브 사용에 지장을 주는 홈, 주름, 스프링 부식 여부를 확인
> • 밸브의 그랜드너트가 고정핀에 의하여 이탈방지조치가 되어 있는지 확인
> • 밸브의 개폐 조작이 쉬운 핸들이 부착되어 있는지 여부 확인

57 고압가스의 제조설비에서 사용개시 전에 점검하여야 할 항목이 아닌 것은?

① 불활성가스 등에 의한 치환 상황
② 자동제어장치의 기능
③ 가스설비의 전반적인 누출 유무
④ 배관계통의 밸브개폐 상황

🔍 고압가스 제조설비의 사용 전후 점검사항(KGS·Fp112)
• 사용 개시 전 점검사항
  – 가스설비에 있는 내용물 상황
  – 계기류의 기능 특히 인터록, 긴급용 시퀀스 경보 및 자동제어장치의 기능
  – 긴급차단 및 긴급방출장치, 통신설비, 제어설비, 정전기 방지 및 제거설비, 그 밖의 안전장치의 기능
  – 각 배관계통에 부착된 밸브 등의 개폐상황 및 맹판의 탈착 부착 상황
  – 회전기계의 윤활유 보급상황 및 회전 구동 상황
  – 가스설비의 전반적인 누출 유무
  – 가연성 가스, 독성가스가 체류하기 쉬운 곳의 해당 가스 농도
  – 전기, 물, 증기, 공기 등 유틸리티 시설의 준비상황
  – 안전용 불활성 가스 등의 준비상황
  – 비상전력 등의 준비상황
• 사용 종료 시 점검사항
  – 사용 종료 직전에 각 설비의 운전상황
  – 사용 종료 후에 가스설비에 있는 잔유물의 상황
  – 가스설비 안의 가스 액 등의 불활성 가스 치환상황 또는 설비 내 공기의 치환상황
  – 개방하는 가스설비와 다른 가스설비와의 차단상황
  – 부식, 마모, 손상, 폐쇄, 결합부의 풀림, 기초의 경사 침하 이상 유무

58 고압가스 냉동제조의 기술기준에 대한 설명으로 옳지 않은 것은?

① 암모니아를 냉매로 사용하는 냉동제조시설에는 제독제로 물을 다량 보유한다.
② 냉동기의 재료는 냉매가스 또는 윤활유 등으로 인 한 화학작용에 의하여 약화되어도 상관없는 것으로 한다.
③ 독성가스를 사용하는 내용적이 1만 ℓ 이상인 수액기 주위에는 방류둑을 설치한다.
④ 냉동기의 냉매설비는 설계압력 이상의 압력으로 실시하는 기밀시험 및 설계압력의 1.5배 이상의 압력으로 하는 내압시험에 각각 합격한 것이어야 한다.

59 가스누출자동차단기의 제품성능에 대한 설명으로 옳은 것은?

① 고압부는 5MPa 이상, 저압부는 0.5MPa 이상의 압력으로 실시하는 내압시험에 이상이 없는 것으로 한다.
② 고압부는 1.8MPa 이상, 저압부는 8.4kPa 이상 10kPa 이하의 압력으로 실시하는 기밀시험에서 누출이 없는 것으로 한다.
③ 전기적으로 개폐하는 자동차단기는 5000회의 개폐조작을 반복한 후 성능에 이상이 없는 것으로 한다.
④ 전기적으로 개폐하는 자동차단기는 전기충전부와 비충전금속부와의 절연저항은 1kΩ 이상으로 한다.

60 -162℃의 LNG(액비중 : 0.46, CH_4 : 90%, C_2H_6 : 10%) 1m³을 20℃까지 기화시켰을 때의 부피는 약 몇 m³ 인가?

① 592.6
② 635.6
③ 645.6
④ 692.6

🔍 M(분자량) = 16×0.9+30×0.1 = 17.4g
$$= \frac{0.46 \times 10^3}{17.4} \times 22.4 \times \frac{293}{273} = 635.56 m^3$$

제4과목 가스계측

61 수정이나 전기석 또는 롯 쉘염 등의 결정체의 특정 방향으로 압력을 가할 때 발생하는 표면 전기량으로 압력을 측정하는 압력계는?

① 스트레인 게이지
② 피에조 전기 압력계
③ 자기변형 압력계
④ 벨로우즈 압력계

62 가스크로마토그램에서 성분 X의 보유시간이 6분, 피크폭이 6mm이었다. 이 경우 X에 관하여 HETP는 얼마인가? (단, 분리관 길이는 3m, 기록지의 속도는 분당 15m이다.)

① 0.83mm
② 8.30mm
③ 0.64mm
④ 6.40mm

🔍 15mm/min × 6min = 90mm

$\therefore N = 16 \times \left(\dfrac{90mm}{6mm}\right)^2 = 3600$

$HETP = \dfrac{L}{N} = \dfrac{3000}{3600} = 0.83$

63 두 개의 계측실이 가스흐름에 의해 상호 보완작용으로 밸브시스템을 작동하여 계측실의 왕복운동을 회전운동으로 변환하여 가스량을 적산하는 가스미터는?

① 오리피스 유량계
② 막식 유량계
③ 터빈 유량계
④ 볼텍스 유량계

64 점도가 높거나 점도 변화가 있는 유체에 가장 적합한 유량계는?

① 차압식 유량계
② 면적식 유량계
③ 유속식 유량계
④ 용적식 유량계

65 니켈, 망간, 코발트, 구리 등의 금속산화물을 압축, 소결시켜 만든 온도계는?

① 바이메탈 온도계
② 서미스터저항체 온도계
③ 제겔콘 온도계
④ 방사 온도계

🔍 전기저항온도계 : 온도상승시 저항이 증가하는 것을 이용
• 측정원리 : 금속의 전기저항(공칭저항치 0℃의 저항소자)
• 종류

종류	특징
백금저항온도계	• 측정범위(-200~850℃) • 저항계수가 크다. • 가격이 고가이다. • 정밀측정이 가능하다. • 표준저항값으로 25, 50, 100Ω이 있다.
니켈저항온도계	• 측정범위(-50~150℃) • 가격이 저렴하다. • 안전성이 있다. • 표준저항값(500)
구리저항온도계	• 측정범위(0~120℃) • 가격이 저렴하다. • 유지관리가 쉽다.
더미스터온도계 Ni + Cu + n + Fe + Co 등을 압축소결 시켜 만든 온도계	• 측정범위(-50~350℃) • 저항계수가 백금 • 경년 변화가 있다. • 응답이 빠르다.
저항계수가 큰 순서	더미스터 > 백금 > 니켈 > 구리

66 다음 [그림]과 같이 시차 액주계의 높이 H가 60mm 일 때 유속(V)은 약 몇 m/s 인가?(단, 비중 γ와 γ′는 1과 13.6 이고, 속도계수는 1, 중력 가속도는 9.8m/s² 이다.)

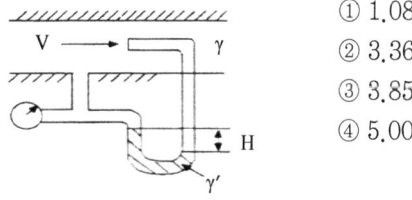

① 1.08
② 3.36
③ 3.85
④ 5.00

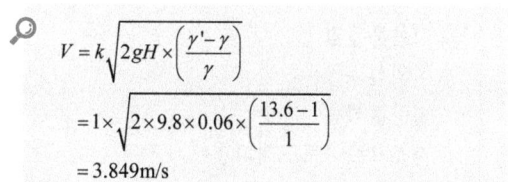

$V = k\sqrt{2gH \times \left(\dfrac{\gamma' - \gamma}{\gamma}\right)}$

$= 1 \times \sqrt{2 \times 9.8 \times 0.06 \times \left(\dfrac{13.6 - 1}{1}\right)}$

$= 3.849 m/s$

67 일반적으로 계측기는 크게 3부분으로 구성되어 있다. 이에 해당되지 않는 것은?

① 검출부
② 전달부
③ 수신부
④ 제어부

68 가스크로마토그래피(gas chronatograghy)를 이용하여 가스를 검출할 때 반드시 필요하지 않는 것은?

① Column
② Gas Sampler
③ Carrier gas
④ UV detector

> 🔍 GC의 3대 장치
> 컬럼(분리관), 검출기, 기록계 그 외에 캐리어 가스, 가스 샘플 등

69 계량에 관한 법률의 목적으로 가장 거리가 먼 것은?

① 계량의 기준을 정함
② 공정한 상거래 질서유지
③ 산업의 선진화 기여
④ 분쟁의 협의 조정

70 400K는 몇 °R 인가?

① 400   ② 620
③ 720   ④ 820

> 🔍 $400 \times 1.8 = 720°R$

71 화합물이 가지는 고유의 흡수정도의 원리를 이용하여 정성 및 정량분석에 이용할 수 있는 분석 방법은?

① 저온분류법
② 적외선분광분석법
③ 질량분석법
④ 가스크로마토그래피법

72 다음 중 추량식 가스미터에 해당하지 않는 것은?

① 오리피스 미터
② 벤투리 미터
③ 회전자식 미터
④ 터빈식 미터

> 🔍 가스계량기의 분류
>
> | | | | |
> |---|---|---|---|
> | 실측식 | 건식형 | 막식 | 독립내기식, 클로버식 |
> | | | 회전자식 | 루트형, 오벌형, 로타리 피스톤형 |
> | | 습식형 | | |
> | 추량식 | 델타형 | | |
> | | 터빈형 | | |
> | | 선근차형 | | |
> | | 벤투리형 | | |
> | | 오리피스형 | | |
> | | 와류형 | | |

73 보상도선, 측온접점 및 기준접점, 보호관 등으로 구성되어 있는 온도계는?

① 복사 온도계   ② 열전대 온도계
③ 광고 온도계   ④ 저항 온도계

> 🔍 열전대의 열기전력의 법칙
>
> | 종류 | 정의 |
> |---|---|
> | 균일회로의 법칙 | 단일한 균일재료로 되어있는 금속선은 형상, 온도분포에 상관없이 열기전력이 발생하지 않는다는 법칙 |
> | 중간금속의 법칙 | 열전대가 회로의 임의의 위치에 다른 금속선을 봉입해도 이 봉입 금속선의 양단 온도가 같은 경우 이 열전대의 기전력은 변하지 않는다는 법칙 |
> | 중간온도의 법칙 | 두 가지 열전대를 직렬로 접속할 때 얻을 수 있는 열기전력은 두 가지 열전대에 발생하는 열기전력의 합을 나타내며 이 두 가지의 열전대는 같은 종류이든 다른 종류이든 관계가 없다는 법칙 |
> | 측정원리 및 효과 | ① 측정원리 : 열기전력
② 효과 : 제이베크효과
③ 구성요소 : 열접점, 냉접점, 보상도선, 열전선, 보호관 등 |

74 다음 압력계 중 미세압 측정이 가능하여 통풍계로도 사용되며, 감도(정도)가 좋은 압력계는?

① 경사관식 압력계
② 분동식 압력계
③ 부르동관 압력계
④ 마노미터(U자관 압력계)

75 물 100cm 높이에 해당하는 압력은 몇 Pa인가? (단, 물의 비중량은 9803N/m³ 이다.)

① 4,901
② 490,150
③ 9,803
④ 980,300

$$\frac{100cm}{1033.2cm} \times 101325[Pa] = 9,806$$

76 다음 열전대 온도계 중 가장 고온에서 사용할 수 있는 것은?

① R형
② K형
③ T형
④ J형

열전대 온도계의 측정온도범위 특성

종류	극성 (+)	극성 (−)	온도범위	특성
PR (R형) (백금–백금로듐)	Rh (백금로듐)	P(Pt)(백금)	0 ~ 1600℃	산에 강하고 환원성에 약하다.
CA(K형) (크로멜, 알루멜)	크로멜 C(+) CNi 90% Cr 10%	알루멜 A(−) (Ni 94% Al 3% Mn 2% Si 1%)	−20 ~ 1200℃	환원성에 강하고 산화성에 약하다.
IC (J형) (철–콘스탄탄)	I(+)	C(−) Cu 55% Ni 45%	−20 ~ 800℃	환원성에 강하고 산화성에 약하다.
CC (T형) (동–콘스탄탄)	C(+)	C(−)	−200 ~ 400℃	수분에 약하고 약산성에만 사용 가능하다.

77 계량기 형식 승인 번호의 표시방법에서 계량기의 종류별 기호 중 가스미터의 표시 기호는?

① G   ② N
③ K   ④ H

계량기 종류별 기호
- G : 전력량계
- N : 전량눈금새김탱크
- K : 연료유미터
- H : 가스미터
- R : 로드셀

78 광학적 방법은 슈리렌법(Schlieren method)은 무엇을 측정하는가?

① 기체의 흐름에 대한 속도변화
② 기체의 흐름에 대한 온도변화
③ 기체의 흐름에 대한 압력변화
④ 기체의 흐름에 대한 밀도변화

79 계측기기의 측정과 오차에서 흩어짐의 정도를 나타내는 것은?

① 정밀도
② 정확도
③ 정도
④ 불확실성

80 0℃에서 저항이 120Ω 이고 저항온도계수가 0.0025인 저항 온도계를 노 안에 삽입하였을 때 저항이 210Ω 이 되었다면 노 안의 온도는 몇 ℃인가?

① 200℃
② 250℃
③ 300℃
④ 350℃

$$R = R_0(1 + at)$$
$$R = R_0 + R_0 at$$
$$\therefore t = \frac{R - R_0}{R_0 \cdot a}$$
$$= \frac{210 - 120}{120 \times 0.0025} = 300℃$$

정답 2014년 2회 기출문제

01 ②	02 ④	03 ①	04 ①	05 ③
06 ④	07 ②	08 ②	09 ④	10 ②
11 ①	12 ③	13 ②	14 ④	15 ③
16 ①	17 ①	18 ②	19 ②	20 ③
21 ③	22 ①	23 ③	24 ②	25 ②
26 ①	27 ①	28 ②	29 ③	30 ①
31 ③	32 ④	33 ④	34 ①	35 ②
36 ③	37 ②	38 ①	39 ④	40 ①
41 ③	42 ②	43 ④	44 ①	45 ④
46 ④	47 ②	48 ③	49 ④	50 ①
51 ④	52 ④	53 ①	54 ④	55 ②
56 ②	57 ①	58 ②	59 ②	60 ②
61 ②	62 ①	63 ②	64 ④	65 ②
66 ③	67 ④	68 ④	69 ④	70 ③
71 ②	72 ③	73 ②	74 ①	75 ③
76 ①	77 ④	78 ④	79 ①	80 ③

제1과목 연소공학

01 연소의 난이성에 대한 설명으로 옳지 않은 것은?

① 화학적 친화력이 큰 가연물이 연소가 잘된다.
② 연소성가스가 많이 발생하면 연소가 잘된다.
③ 환원성 분위기가 잘 조성되면 연소가 잘된다.
④ 열전도율이 낮은 물질은 연소가 잘된다.

🔍 산화성 분위기가 조성되면 연소는 잘된다.

02 과열증기온도와 포화증기온도의 차를 무엇이라고 하는가?

① 포화도
② 비습도
③ 과열도
④ 건조도

🔍 · 포화도(비교습도) : 습공기의 절대습도와 그와 동일온도인 포화습공기의 절대습도의 비 = $\dfrac{실제물습도}{포화물습도}$

· 과열도 = 과열증기온도 - 포화증기온도

· 건조도 = $\dfrac{습증기중\ 건조포화증기무게}{습증기무게}$

= $\dfrac{습증기엔트로피 - 포화수엔트로피}{포화증기엔트로피 - 포화수엔트로피}$

참고	습도 = $\dfrac{(포화증기 - 습증기)엔트로피}{(포화증기 - 포화수)엔트로피}$

03 이너트 가스(Inert gas)로 사용되지 않는 것은?

① 질소
② 이산화탄소
③ 수증기
④ 수소

🔍 · **불활성화 정의**
 - 가연성혼합가스에 불활성가스를 주입하여 산소의 농도를 최소산소농도 이하로 낮게 하는 공정이다.
 - 이너트 가스로는 질소, 이산화탄소 또는 수증기가 사용된다.
 - 이너팅은 산소농도를 안전한 농도로 낮추기 위하여 이너트 가스를 용기에 처음 주입하면서 시작한다.
 - 일반적으로 실시되는 산소농도의 제어점은 최소산소농도보다 4% 낮은 농도이다.
MOC(최소산소농도) = (산소몰수) × (폭발하한계)

🔍 **불활성화 방법**

방법	정의
스위프퍼지	용기의 한 개구부로 이너팅 가스를 주입하여 타 개구부로부터 대기 또는 스크러버로 혼합가스를 용기에서 추출하는 방법으로 이너팅 가스를 상압에서 가하고 대기압으로 방출하는 방법이다.
압력퍼지	일명 가압퍼지로 용기를 가압하여 이너팅 가스를 주입함 용기 내를 가한 가스가 충분히 확산된 후 그것을 대로 방출하여 원하는 산소농도(MOC)를 구하는 방법이다.
진공퍼지	일명 저압퍼지로 용기에 일반적으로 쓰이는 방법으로 모든 반응기는 완전진공에 가깝도록 하여야 한다.
사이펀퍼지	용기에 액체를 채운 다음 용기로부터 액체를 배출시키는 동시에 증기층으로부터 불활성 가스를 주입하여 원하는 산소농도를 구하는 퍼지 방법이다.

04 화학반응 중 폭발의 원인과 관련이 가장 먼 반응은?

① 산화반응
② 중화반응
③ 분해반응
④ 중합반응

🔍 중화 : 산과 염기가 결합 염과 물이 되는 화학적 반응(폭발과 무관)

05 상온, 상압 하에서 프로판이 공기와 혼합되는 경우 폭발범위는 약 몇 % 인가?

① 1.9~8.5
② 2.2~9.5
③ 5.3~14
④ 4.0~75

06 CO_2 40 vol%, O_2 10 vol%, N_2 50 vol% 인 혼합기체의 평균분자량은 얼마인가?

① 16.8
② 17.4
③ 33.5
④ 34.8

🔍 혼합분자량 = $44 \times 0.4 + 32 \times 0.1 + 28 \times 0.5 = 34.8g$

07 가스를 연료로 사용하는 연소의 장점이 아닌 것은?

① 연소의 조절이 신속, 정확하며 자동제어에 적합하다.
② 온도가 낮은 연소실에서도 안정된 불꽃으로 높은 연소효율이 가능하다.
③ 연소속도가 커서 연료로서 안전성이 높다.
④ 소형 버너를 병용 사용하여 로내 온도분포를 자유로이 조절할 수 있다.

🔍 연소속도가 클 것 : 위험성이 높다.

08 기체상수 R을 계산한 결과 1.987 이었다. 이때 사용되는 단위는?

① $L \cdot atm/mol \cdot K$
② $cal/mol \cdot K$
③ $erg/kmol \cdot K$
④ $Joule/mol \cdot K$

🔍 R = $0.082 atm \cdot L/mol \cdot K$
  = $1.987 cal/mol \cdot K$
  = $8.314 J/mol \cdot K = 8.314 \times 10^7 erg/mol \cdot K$
  = $\frac{848}{M} kgf \cdot m/kg \cdot K$
  = $\frac{8.314}{M} kJ/kg \cdot K$
  = $\frac{8.314}{M} J/kg \cdot K$

09 500ℓ의 용기에 40 atm · abs, 30℃ 에서 산소(O_2)가 충전되어 있다. 이때 산소는 몇 kg 인가?

① 7.8kg
② 12.9kg
③ 25.7kg
④ 31.2kg

🔍 $w = \frac{PVM}{RT} = \frac{40 \times 0.5 \times 32}{0.082 \times (273+30)} = 25.7kg$

10 소화의 종류 및 주변의 공기 또는 산소를 차단하여 소화하는 방법은?

① 억제소화
② 냉각소화
③ 제거소화
④ 질식소화

11 폭굉(Detonation)에 대한 설명으로 옳지 않은 것은?

① 발열반응이다.
② 연소의 전파속도가 음속보다 느리다.
③ 충격파가 발생한다.
④ 짧은 시간에 에너지가 방출된다.

🔍 • 폭발 : 화염전파속도가 음속보다 느림
  • 폭굉 : 화염전파속도가 음속보다 빠름

12 위험장소 분류 중 폭발성 가스의 농도가 연속적이거나 장시간 지속적으로 폭발한계 이상이 되는 장소 또는 지족적인 위험상태가 생성되거나 생성될 우려가 있는 장소는?

① 제0종 위험장소
② 제1종 위험장소
③ 제2종 위험장소
④ 제3종 위험장소

🔍 위험장소

종류	정 의
0종 장소	상용의 상태에서 가연성가스의 농도가 연속해서 폭발하한계 이상으로 되는 장소(폭발상한계를 넘는 경우에는 폭발한계 이내로 들어 갈 우려가 있는 경우를 포함한다.)
1종 장소	상용상태에서 가연성가스가 체류해 위험하게 될 우려가 있는 장소, 정비보수 또는 누출 등으로 인하여 종종 가연성가스가 체류하여 위험하게 될 우려가 있는 장소
2종 장소	• 밀폐된 용기 또는 설비 안에 밀봉된 가연성가스가 그 용기 또는 설비의 사고로 인하여 파손되거나 오조작의 경우에만 누출 할 위험이 있는 장소 • 확실한 기계적 환기조치에 따라 환기되지 아니하도록 되어 있으나 환기장치에 이상이나 사고가 발생한 경우에는 가연성가스가 체류해 위험하게 될 우려가 있는 장소 • 1종 장소의 주변 또는 인접한 실내에서 위험한 농도의 가연성가스가 종종 침입할 우려가 있는 장소

13 불활성화 방법 중 용액에 액체를 채운 다음 용기로부터 액체를 배출시키는 동시에 증기층으로 불활성가스를 주입하여 원하는 산소농도를 만드는 퍼지방법은?

① 사이폰퍼지
② 스위프퍼지
③ 압력퍼지
④ 진공퍼지

🔍 **불활성화 방법**

방법	정의
스위프퍼지	용기의 한 개구부로 이너팅 가스를 주입하여 타 개구부로부터 대기 또는 스크러버로 혼합가스를 용기에서 추출하는 방법으로 이너팅 가스를 상압에서 가하고 대기압으로 방출하는 방법이다.
압력퍼지	일명 가압퍼지로 용기를 가압하여 이너팅 가스를 주입항 용기 내를 가한 가스가 충분히 확산된 후 그것을 대로 방출하여 원하는 산소농도(MOC)를 구하는 방법이다.
진공퍼지	일명 저압퍼지로 용기에 일반적으로 쓰이는 방법으로 모든 반응기는 완전진공에 가깝도록 하여야 한다.
사이펀퍼지	용기에 액체를 채운 다음 용기로부터 액체를 배출시키는 동시에 증기층으로부터 불활성 가스를 주입하여 원하는 산소농도를 구하는 퍼지 방법이다.

• 불활성화 정의
 – 가연성혼합가스에 불활성가스를 주입하여 산소의 농도를 최소산소농도 이하로 낮게 하는 공정이다.
 – 이너트 가스로는 질소, 이산화탄소 또는 수증기가 사용된다.
 – 이너팅은 산소농도를 안전한 농도로 낮추기 위하여 이너트 가스를 용기에 서서 주입하면서 시작된다.
 – 일반적으로 실시되는 산소농도의 제어점은 최소산소농도보다 4% 낮은 농도이다.
 MOC(최소산소농도) = (산소몰수) × (폭발하한계)

14 BLEVE(Boiling Liquid Expanding Vapour Explosion) 현상에 대한 설명으로 옳은 것은?

① 물이 점성의 뜨거운 기름 표면 아래서 끓을 때 연소를 동반하지 않고 overflow 되는 현상
② 물이 연소유(oil)의 뜨거운 표면에 들어갈 때 발생되는 overflow 현상
③ 탱크바닥에 물과 기름의 에멀젼이 섞여있을 때 기름의 비등으로 인하여 급격하게 overflow 되는 현상
④ 과열상태의 탱크에서 내부의 액화 가스가 분출, 일시에 기화되어 착화, 폭발하는 현상

🔍 ② slop over(슬롭오버)
③ boil over(보일오버)
④ BLEVE
층류의 연소속도 측정법(층류의 연소속도는 온도, 압력, 속도, 농도 분포에 의하여 결정)

종류	세부 내용
슬롯버너법(slot)	균일한 속도 분포를 갖는 노즐을 이용, V자형의 화염을 만들고 미연소 혼합기 흐름을 화염이 둘러 싸여 있어 혼합기가 화염대에 들어갈 때까지 혼합기의 유선은 직선을 유지한다.
비누방울법 (soap Bubble Method)	비누 방울이 연소의 진행으로 팽창되면 연소속도를 측정할 수 있다.
평면화염 버너법 (Flat Flame Method)	혼합기에 유속을 일정하게 하여 유속으로 연소속도를 측정한다.
분젠버너법 (Bunsen Burner Method)	버너 내부의 시간당 화염이 소비되는 체적을 이용하여 연소속도를 측정

15 액체연료의 연소형태와 가장 거리가 먼 것은?

① 분무연소
② 등심연소
③ 분해연소
④ 증발연소

🔍 **연소의 종류**

종류	해당 연소물질
분해연소	목재, 종이, 플라스틱, 석탄
증발연소	경유, 휘발유 : 액체에서 발생한 가연성 증기가 액화하여 화염을 내고 이 화염의 온도에 의하여 액체 표면에서 증기의 발생을 촉진
표면연소	숯, 코크스, 목탄, 알미늄막 : 고체물질의 대표적인 연소로서 표면에 산소가 접촉하여 연소하는 형태
확산연소	수소, 아세틸렌 등 공기보다 가벼운 가스물질의 연소
액면연소	등유의 Pot Burner : 연료표면에 화염의 복사열 대류 및 열전도에 의해 연료가 가열 증발 발생한 증기가 공기 중에서 연소하는 형태
분무연소	액체연료를 미립화하여 연료의 표면적을 증가, 공기혼합을 원활하게 하여 연소하는 방법(액체연료 중 가장 효율적인 연소)

16 연소한계, 폭발한계, 폭굉한계를 일반적으로 비교한 것 중 옳은 것은?

① 연소한계는 폭발한계보다 넓으며, 폭발한계와 폭굉한계는 같다.
② 연소한계와 폭발한계는 같으며, 폭굉한계보다는 넓다.
③ 연소한계는 폭발한계보다 넓고, 폭발한계는 폭굉한계보다 넓다.
④ 연소한계, 폭발한계, 폭굉한계는 같으며, 단지 연소현상으로 구분된다.

🔍 폭굉이란 폭발 중 가장 격렬한 폭발로서 폭발범위의 어느 한 지점이 폭굉범위이므로 폭발범위는 폭굉범위보다 넓다.
(폭발범위 = 폭발한계 = 연소한계)

17 폭발범위가 넓은 것부터 차례로 된 것은?

① 일산화탄소 〉 메탄 〉 프로판
② 일산화탄소 〉 프로판 〉 메탄
③ 프로판 〉 메탄 〉 일산화탄소
④ 메탄 〉 프로판 〉 일산화탄소

🔍 폭발범위
$CO : 12.5\sim74\%$, $CH_4 : 5\sim15\%$, $C_3H_8 : 2.1\sim9.5\%$

18 액체공기 100kg중에는 산소가 약 몇 kg이 들어있는가?(단, 공기는 79 mol% N_2와 21mol% O_2로 되어 있다.)

① 18.3   ② 21.1
③ 23.3   ④ 25.4

🔍 $100 \times 0.232 = 23.2kg$

19 100℃의 수증기 1kg이 100℃의 물로 응결될 때 수증기 엔트로피 변화량은 몇 kJ/K 인가?(단, 물의 증발잠열은 2256.7kJ/kg 이다.)

① -4.87   ② -6.05
③ -7.24   ④ -8.67

🔍 $\Delta S = \dfrac{dQ}{T} = \dfrac{2256.7[kJ/kg] \times 1[kg]}{(273+100)K}$
$= 6.05[kJ/K]$
△S는 (-)의 부호를 가지므로 -6.05[kJ/K]

20 다음 연소와 관련된 식으로 옳은 것은?

① 과잉공기비 = 공기비(m)-1
② 과잉공기량 = 이론공기량(Ao) + 1
③ 실제공기량 = 공기비(m) + 이론공기량(Ao)
④ 공기비 = (이론산소량 / 실제공기량) - 이론공기량

🔍 공기비

• 공기비(m) = 과잉공기계수
$m = \dfrac{A(\text{실제공기량})}{A_0(\text{이론공기량})}$ 과잉공기비=(m-1)   과잉공기율(m-1)×100%

(1) 공기비가 클 경우 영향	(2) 공기비가 적을 경우 영향
① 연소가스 온도저하	① 미연소가스에 의한 역화의 위험성
② 배기가스량 증가	② 불완전연소
③ 연소가스 중 황 등의 영향으로 저온 부식 초래	③ 매연발생
④ 연소가스 중 질소산화물 증가	④ 미연소 가스에 의한 열손실 증가

• 과잉공기량(P)=A(실제공기량)-Ao(이론공기량)=(m-1)Ao[m:공기비]
• 실제공기량(A)=Ao(이론공기량)+P(과잉공기량)
• 공기비(m)=$\dfrac{A}{A_0}$

제2과목 가스설비

21 고압가스냉동제조시설의 자동제어장치에 해당하지 않는 것은?

① 저압차단장치
② 과부하보호장치
③ 자동급수 및 살수장치
④ 단수보호장치

냉동제조의 자동제어장치 종류

장치명	기능
고압차단장치	압축기 고압측 압력이 상용압력을 초과시 압축기 운전을 정지
저압차단장치	개방형 압축기인 경우 저압측 압력이 상용압력보다 이상 저하시 압축기 운전을 정지
과부하보호장치	압축기를 구동하는 동력장치
액체의 동결방지장치	쉘형 액체 냉각기의 경우 설치
과열방지장치	난방기 전열기를 내장한 에어콘 냉동설비에서 사용

참고 냉동설비의 과압차단장치 종류
- 과압차단장치 : 냉매설비안 냉매가스 압력이 상용압력 초과시 즉시 상용압력 이하로 되돌릴 수 있는 장치
- 종류 : 고압차단장치, 안전밸브, 파열판, 용전 압력 릴리프 장치

설비별\압력	상용압력	Tp	Ap	안전밸브 작동압력
고압가스 및 액화 석유가스 분야	통상설비에서 사용되는 압력	상용압력×1.5 (단, 공기질소 등으로 시험시 상용압력×1.25)	상용압력	Tp= $\times \frac{8}{10}$ 이하 (단, 액화산소 탱크의 안전밸브작동압력 = 상용압력×1.5)
냉동분야	설계압력	설계압력×1.5 (공기 질소 등으로 시험시 설계압력×1.25)	설계압력	
도시가스 분야	최고사용 압력	최고사용압력×1.5 (단 공기, 질소 등으로 시험시 최고사용압력×1.25)	(공급시설) 최고상용압력×1.1 (사용시설 및 정압기 시설) 8.4KPa 또는 최고사용압력×1.1배 중 높은 압력	

22 압축가스를 저장하는 납붙임 용기의 내압시험압력은?

① 상용압력 수치의 5분의 3배
② 상용압력 수치의 3분의 5배
③ 최고충전압력수치의 5분의 3배
④ 최고충전압력 수치의 3분의 5배

Tp(내압시험압력) Fp(최고충전압력) Ap(기밀시험압력), 상용압력, 안전밸브작동압력

용기분야				
압력\용기구분	Fp	Tp	Ap	안전밸브 작동압력
압축가스 충전용기	35℃에서 용기에 충전할 수 있는 최고 압력	Fp= $\times \frac{5}{3}$	Fp	
저온용기	상용압력 중 최고의 압력		Fp×1.1	Tp= $\times \frac{8}{10}$ 이하
저온용기 이외 액화가스 충전용기		Tp= $\times \frac{3}{5}$	법규에 정한 A·B로 구분된 압력	Fp
C_2H_2 용기	15℃에서 1.5MPa	Fp(1.5)× 3=4.5MPa	Fp(1.5)× 1.8 =2.7MPa	
용기 이외의 분야 (저장탱크 및 배관 등)				

23 노즐에서 분출되는 가스 분출속도에 의해 연소에 필요한 공기의 일부를 흡입하여 혼합기 내에서 잘 혼합하여 염공으로 보내 연소하고 이때 부족한 연소공기는 불꽃주위로부터 새로운 공기를 혼입하여 가스를 연소시키며 연소실 온도가 가장 높은 방식의 버너는?

① 분젠식 버너
② 전1차식버너
③ 적화식 버너
④ 세미분젠식 버너

1·2차 공기에 의한 연소의 방법

연소방법	특징
분젠식	• 가스와 1차 공기가 혼합관 속에서 혼합되어 염공에서 나오면서 연소 • 불꽃주위 확산에 의해 2차 공기 취함(불꽃온도 1200~1300℃)
적화식	• 가스를 그대로 대기 중에서 분출하여 연소 • 필요공기는 불꽃주변에서 확산에 의하여 취함(불꽃온도 1000℃)
세미분젠식	• 적화식과 분젠식의 중간 형식 • 1차 공기율 40% 이하(불꽃온도 1000℃)
전 1차 공기식	• 필요공기는 전부 1차 공기만으로 공급 • 역화 우려가 있음(불꽃온도 850~900℃)

24 입구 측 압력이 0.5MPa 이상인 정압기의 안전밸브 분출구의 크기는 얼마 이상으로 하여야 하는가?

① 20A
② 25A
③ 32A
④ 50A

🔍 **정압기 안전밸브 분출부 크기**

입구측압력	유량	분출구 크기
0.5MPa 이상	–	50A 이상
0.5MPa 미만	1000Nm³/h 이상	50A 이상
	1000Nm³/h 미만	25A 이상

25 직동식 정압기와 비교한 파이럿식 정압기의 특성에 대한 설명으로 틀린 것은?

① 대용량이다.
② 오프셋이 커진다.
③ 요구 유량제어 범위가 넓은 경우에 적합하다.
④ 높은 압력제어 정도가 요구되는 경우에 적합하다.

26 도시가스 공급관에서 전위차가 일정하고 비교적 작기 때문에 전위구배가 적은 장소에 적합한 전기방식법은?

① 외부전원법
② 희생양극법
③ 선택배류법
④ 강제배류법

🔍 **전기방식법**

(1) 개요
지하의 매설 배관에 부식을 방지하기 위하여 양전류를 흘러보내 토양의 음전류와 상쇄하여 배관의 부식을 방지하는 방법

(2) 종류 및 장단점

전기방식법	장점	단점
희생양극법(유전양극법) Fe보다 (–)방향 전위를 가지고 있는 Mg, Al, Zn 등의 금속을 배관과 연결 Fe이(–) 방향으로 전위변화를 일으켜 배관의 부식을 방지하는 방법	• 시공이 간단하고 값이 싸다. • 타 매설물의 간섭이 없다. • 단거리 배관에 경제적이다. • 과방식의 우려가 없다. • 전위경사가 적은 장소에 적합 • 도복장의 저항이 큰 대상물에 적합	• 효과 범위가 좁다. • 전류조절이 어렵다. • 강한 전식에는 효과가 없다. • 양극의 보충이 필요하다.
외부전원법 방식정류기를 이용한 전의 교류전원을 직류로 바꾸어 매설배관에 외부에서 방식전류를 흐르게 하여 부식을 방지하는 방법	• 방식효과 범위가 넓다. • 장거리배관에 경제적이다. • 전압전류조절이 용이하다. • 전식에 대한 방식이 가능하다. • 전위차가 크고 적용이 가능하다.	• 타 매설물의 간섭이 있다. • 교류전원이 필요하다. • 비용이 많이 든다. • 과방식의 우려가 있다.
선택배류법 직류전철에서 누설되는 전류에 의한 전식을 방지하기 위해 배관의 직류 전원의 (–)선을 레일에 연결함으로 전기부식을 억제하는 방법	• 전철의 전류로 인한 비용이 절감된다. • 시공비가 저렴하다. • 전철의 위치에 따라 효과 범위가 넓다.	• 타 매설물의 간섭에 유의해야 한다. • 과방식의 우려가 있다. • 전철 운행 중지 시에는 효과가 없다.
강제배류법 외부전원법과 선택배류법의 중간 형태로 레일에서 멀리 있는 경우 외부 전원 장치로 가까운 경우 선택 배류방법으로 전기방식하는 방법	• 전기방식의 효과범위가 넓다. • 전압전류 조정이 가능하다. • 전철의 운휴에도 방식이 가능하다.	• 타 매설물의 장해가 있다. • 과방식 우려가 있다. • 전원이 필요하다. • 전철의 신호 장애에 의한 검토가 필요하다.

27 도시가스용 압력조정기에서 스프링은 어떤 재질을 사용하는가?

① 주물
② 강재
③ 알루미늄합금
④ 다이케스팅

28 대기 중에 10m 배관을 연결할 때 중간에 상온스프링을 이용하여 연결하려 한다면 중간 연결부에서 얼마의 간격으로 하여야 하는가?(단, 대기 중의 온도는 최저 –20℃, 최고 30℃ 이고, 배관의 열팽창 계수는 7.2×10^{-5}/℃ 이다.)

① 18mm
② 24mm
③ 36mm
④ 48mm

$$\Delta \ell = (\ell \alpha \, \Delta t) \times \frac{1}{2}$$
$$= 10 \times 10^3 (mm) \times 7.2 \times 10^{-5} /℃ \times (30+20) \times \frac{1}{2}$$
$$= 18mm \text{(상온스프링 : 신축량의 1/2 길이로 연결)}$$

29 압축기의 종류 중 구동모터와 압축기가 분리된 구조로서 벨트나 커플링에 의하여 구동되는 압축기의 형식은?

① 개방형
② 반밀폐형
③ 밀폐형
④ 무급유형

30 물 수송량이 6000ℓ/min, 전양정이 45m, 효율이 75%인 터빈 펌프의 소요 마력은 약 몇 kW 인가?

① 40
② 47
③ 59
④ 68

> $LkW = \dfrac{rQH}{102\eta}$
> $= \dfrac{1000 \times (6/60) \times 45}{102 \times 0.75}$
> $= 58.82(kW) \fallingdotseq 59(kW)$

31 고압장치의 재료로 구리관의 성질과 특징으로 틀린 것은?

① 알칼리에는 내식성이 강하지만 산성에는 약히다.
② 내면이 매끈하여 유체저항이 적다.
③ 굴곡성이 좋아 가공이 용이하다.
④ 전도 및 전기절연성이 우수하다.

32 원심펌프를 병렬로 연결하는 것은 무엇을 증가시키기 위한 것인가?

① 양정
② 동력
③ 유량
④ 효율

> 원심펌프
> • 직렬 : 양정증가, 유량불변
> • 병렬 : 양정불변, 유량증가

33 배관에는 온도변화 및 여러 가지 하중을 받기 때문에 이에 견디는 배관을 설계해야 한다. 외경과 내경의 비가 1.2 미만인 경우 배관의 두께는 식 $t(mm) = \dfrac{PD}{2\frac{f}{s} - P} + C$ 에 의하여 계산된다. 기호 P의 의미로 옳게 표시된 것은?

① 충전압력
② 상용압력
③ 사용압력
④ 최고충전압력

> 배관의 두께(t) 계산식
> • 외경내경의 비가 1.2 미만
> $t = \dfrac{PD}{2\frac{f}{s} - P} + C$
> • 외경 내경의 비가 1.2 이상
> $t = \dfrac{D}{2}\left[\sqrt{\dfrac{\frac{f}{s} + P}{\frac{f}{s} - P}} - 1\right] + C$
>
> t = 배관두께(mm)
> P = 상용압력(MPa)
> D : 내경에서 부식여유에 상당하는 부분을 뺀 부분(mm)
> S : 재료의 인장강도(N/㎟) 규격 최소치이거나 항복점 규격 최소치의 1.6배
> C : 부식 여유치(mm)
> S : 안전율

34 액화석유가스사용시설에서 배관의 이음매와 절연조치를 한 전선과는 최소 얼마 이상의 거리를 두어야 하는가?

① 10 cm
② 15 cm
③ 30 cm
④ 40 cm

35 천연가스 중앙공급 방식의 특징에 대한 설명으로 옳은 것은?

① 단시간의 정전이 발생하여도 영향을 받지 않고 가스를 공급할 수 있다.
② 고압공급 방식보다 가스 수송능력이 우수하다.
③ 중앙 공급배관(강관)은 전기방식을 할 필요가 없다.
④ 중압배관에서 발생하는 압력감소의 주된 원인은 가스의 재응축 때문이다.

36 고압가스설비의 운전을 정지하고 수리할 때 일반적으로 유의하여야 할 사항이 아닌 것은?

① 가스 치환작업
② 안전밸브 작동
③ 장치내부 가스분석
④ 배관의 차단

🔍 운전정지 수리시 일반적 사항
- 설비내 가스 방출
- 잔가스 방출 및 유입가스 차단
- 가스치환 및 가스 분석
  - 가연성 : 폭발한 1/4 이하
  - 독성 : TLV-TWA 허용농도 이하
- 공기로 재치환
  - 공기중 산소의 농도 (18-22)%
- 수리 점검, 보수

37 액화석유가스(LPG) 20 kg 용기를 재검사하기 위하여 수압에 의한 내압시험을 하였다. 이때 전증가량이 200mℓ, 영구증가량이 20mℓ였다면 영구증가율과 적합 여부를 판단하면?

① 10%, 합격
② 10%, 불합격
③ 20%, 합격
④ 20%, 불합격

🔍 항구증가율 = ×100 = 10%
10% 이하이므로 합격

38 배관설계 시 고려하여야 할 사항으로 가장 거리가 먼 것은?

① 가능한 옥외에 설치할 것
② 굴곡을 적게 할 것
③ 은폐하여 매설할 것
④ 최단거리로 할 것

🔍 배관설계시 고려사항
- 가능한 옥외에 설치할 것
- 구부러지거나 오르내림이 적을 것
- 은폐 매설을 피한 것
- 최단거리로 할 것

39 도시가스 배관의 내진설계 기준에서 일반도시가스사업자가 소유하는 배관의 경우 내진 1등급에 해당되는 압력은 최고 사용압력이 얼마의 배관을 말하는가?

① 0.1MPa
② 0.3MPa
③ 0.5MPa
④ 1MPa

🔍 가스배관 내진 설계 기준
- 내진 특등급 : 막대한 피해를 초래하는 경우로서 최고사용압력 6.0MPa 이상 배관
- 내진 1등급 : 상당한 피해를 초래하는 경우로서 최고사용압력 0.5MPa 배관
- 내진 2등급 : 경미한 피해를 초래하는 경우로서 특등급, 1등급 이외의 배관

40 정압기의 이상감압에 대처할 수 있는 방법이 아닌 것은?

① 저압배관의 loop화
② 2차 측 압력 감시장치 설치
③ 정압기 2계열 설치
④ 필터 설치

제3과목 가스안전관리

41 일반도시가스사업소에 설치된 정압기 필터 분해점검에 대하여 옳게 설명한 것은?

① 가스공급 개시 후 매년 1회 이상 실시한다.
② 가스공급 개시 후 2년에 1회 이상 실시한다.
③ 설치 후 매년 1회 이상 실시한다.
④ 설치 후 2년에 1회 이상 실시한다.

🔍 정압기와 필터의 분해점검

공급시설		사용시설	
정압기	필터	정압기	필터
2년 1회	1년 1회 (공급개시 처음 시작시는 1월 이내)	3년 1회	3년 1회
			그 이후는 4년 1회

42. 가연성가스 저장탱크 및 처리설비를 실내에 설치하는 기준에 대한 설명 중 틀린 것은?

① 저장탱크와 처리설비는 구분 없이 동일한 실내에 설치한다.
② 저장탱크 및 처리설비가 설치된 실내는 천정·벽 및 바닥의 두께가 30cm 이상인 철근콘크리트로 한다.
③ 저장탱크의 정상부와 저장탱크실 천정과의 거리는 60cm 이상으로 한다.
④ 저장탱크에 설치한 안전밸브는 지상 5m 이상의 높이에 방출구가 있는 가스 방출관을 설치한다.

🔍 저장탱크와 처리 설비는 구분하여 설치한다.

43. LPG 사용시설에서 용기보관실 및 용기집합설비의 설치에 대한 설명으로 틀린 것은?

① 저장능력이 100kg을 초과하는 경우에는 옥외에 용기보관실을 설치한다.
② 용기보관실의 벽, 문, 지붕은 불연재료로 하고 복층구조로 한다.
③ 건물과 건물사이 등 용기보관실 설치가 곤란한 경우에는 외부인의 출입을 방지하기 위한 출입문을 설치한다.
④ 용기집합설비의 양단 마감조치 시에는 캡 또는 플랜지로 마감한다.

🔍 용기보관실 및 용기집합설비 설치(KGS Fu 431)
  저장능력이 100kg 초과시 용기보관실을 설치하고 용기를 보관
  • 용기보관실의 벽, 문, 지붕은 불연재료(지붕은 가벼운 불연재료) 설치하고 단층구조로 한다.
  • 용기보관실 설치 곤란시 외부인의 출입을 방지하기 위해 출입문을 설치하고 경계표시를 한다.
  • 용기집합설비의 양단 마감조치에는 캡 또는 플렌지를 설치한다.
  • 용기를 3개 이상 집합하여 사용시 용기집합장치로 설치한다.
  • 용기와 연결된 측도관 트윈호스의 조정기 연결 부는 조정기 이외의 설비에는 연결하지 않는다.

44. 액화석유가스 충전시설에서 가스산업기사 이상의 자격을 선임하여야 하는 저장능력의 기준은?

① 30톤 초과   ② 100톤 초과
③ 300톤 초과   ④ 500톤 초과

🔍 안전관리자 자격과 선임 임원

시설구분	저장능력	선임구분 안전관리자	자격
액화석유가스 충전시설	500톤 초과	총괄자 1인 부총괄자 1인	
		책임자 : 1인	가스산업기사 이상
		원 : 2인	가스기능사 이상 및 충전시설 양성교육 이수자
	100톤 초과 500톤 이하	총괄자 1인 부총괄자 1인	
		책임자 : 1인	가스기능사 이상
		원 : 2인	가스기능사 이상 충전시설 양성교육 이수자
	100톤 이하	총괄자 1인 부총괄자 1인	
		책임자	가스기능사 이상 실무경력 5년 이상 충전시설 양성교육 이수자
	30톤 이하 (자동차 충전시설)	총괄자 1인	
		책임자 1인	가스기능사 및 충전시설 양성교육 이수자

45. 고정식 압축도시가스 이동식 충전차량 충전시설에 설치하는 가스누출검지경보장치의 설치위치가 아닌 것은?

① 개방형 피트외부에 설치된 배관 접속부 주위
② 압축가스설비 주변
③ 개별 충전설비 본체 내부
④ 펌프 주변

🔍 고정식 압축도시가스 이동식 충전차량 충전시설의 가스누출검지경보장치 설치장소 및 설치개수(KGS. Fp 653) (2.6.2.3)
  • 설치장소
    - 압축설비 주변
    - 압축가스설비 주변
    - 개방충전설비 본체 내부
    - 밀폐형 피트 내부에 설치된 배관접속부(용접접속을 제외) 주위
  • 설치개수
    - 압축설비 주변 충전설비 내부 1개 이상
    - 압축가스설비 주변 2개
    - 배관 접속부마다 10m 이내 1개
    - 펌프주변 1개 이상

46 소비자 1호당 1일 평균 가스소비량이 1.6kg/day이고, 소비호수 10호인 경우 자동절체조정기를 사용하는 설비를 설계하면 용기는 몇 개 정도 필요한가?(단, 표준 가스발생능력은 1.6kg/h 이고, 평균가스소비율은 60%, 용기는 2계열 집합으로 사용한다.)

① 8개
② 10개
③ 12개
④ 14개

> 용기수 = $\dfrac{\text{피크시사용량}}{\text{용기1개당 가스발생량}}$
>
> 용기수 = $\dfrac{1.6 \times 10 \times 0.6}{1.6}$ = 6개
>
> 자동절체기 사용시 = 6 × 2 = 12개

47 저장탱크의 맞대기 용접부 기계시험 방법이 아닌것은?

① 비파괴시험
② 이음매 인장 시험
③ 표면 굽힘 시험
④ 측면 굽힘 시험

48 고압가스 안전관리법에 의한 LPG용접 용기를 제조하고자 하는 자가 반드시 갖추지 않아도 되는 설비는?

① 성형설비
② 원료 혼합설비
③ 열처리 설비
④ 세척설비

> 1. LPG 용접용기 제조설비 (KGS. AC211)
>   (1) 성형설비   (2) 용접설비
>   (3) 열처리 설비 (4) 부식도장설비
>   (5) 각인기   (6) 자동밸브 탈착기
>   (7) 용기내부 건조설비 및 진공흡입 설비
> 2. 그 밖의 용접 용기 제조 설비
>   (1) 성형설비   (2) 용접설비
>   (3) 넥크링 가공설비 (4) 세척설비
>   (5) 열처리로   (6) 부식방지 도장설비
>   (7) 쇼트브라스팅 (8) 밸브 탈·부착기
>   (9) 용기건조내부설비 및 진공흡입설비

49 가스위험성 평가에서 위험도가 큰 가스부터 작은 순서대로 바르게 나열된 것은?

① C_2H_6, CO, CH_4, NH_3
② C_2H_6, CH_4, CO, NH_3
③ CO, CH_4, C_2H_6, NH_3
④ CO, C_2H_6, CH_4, NH_3

> 위험도 = $\dfrac{\text{상한} - \text{하한}}{\text{폭발하한}}$
>
> CO = $\dfrac{74-12.5}{12.5}$ = 4.92
>
> C_2H_6 = $\dfrac{12.5-3}{3}$ = 3.16
>
> CH_4 = $\dfrac{15-5}{5}$ = 2
>
> NH_3 = $\dfrac{28-15}{15}$ = 0.87

50 저장능력이 20톤인 암모니아 저장탱크 2기를 지하에 인접하여 매설할 경우 상호간에 최소 몇 m 이상의 이격거리를 유지하여야 하는가?

① 0.6 m
② 0.8 m
③ 1 m
④ 1.2 m

> 저장탱크 이격거리
> • 지상설치 : 두 저장탱크 최대 직경을 합한 것의 1/4 이 1m 보다 클 때 : 그 길이 / 1m 보다 작을 때 : 1m 이상
> • 지하설치 : 1m 이상

51 고압가스의 운반기준에서 동일 차량에 적재하여 운반할 수 없는 것은?

① 염소와 아세틸렌
② 질소와 산소
③ 아세틸렌과 산소
④ 프로판과 부탄

52 독성가스가 누출되었을 경우 이에 대한 제독조치로서 적당하지 않은 것은?

① 물 또는 흡수제에 의하여 흡수 또는 중화하는 조치
② 벤트스텍을 통하여 공기 중에 방출시키는 조치
③ 흡착제에 의하여 흡착제거하는 조치
④ 집액구 등으로 고인 액화가스를 펌프 등의 이송설비로 반송하는 조치

53 폭발방지대책을 수립하고자 할 경우 먼저 분석하여야 할 사항으로 가장 거리가 먼 것은?

① 요인분석
② 위험성평가분석
③ 피해예측분석
④ 보험가입여부분석

54 가연성가스 또는 산소를 운반하는 차량에 휴대하여야 하는 소화기로 옳은 것은?

① 포말소화기
② 분말소화기
③ 화학포소화기
④ 간이소화기

55 용기에 의한 액화석유가스 사용시설의 기준으로 틀린 것은?

① 가스저장실 주위에 보기 쉽게 경계표시를 한다.
② 저장능력이 250kg 이상인 사용시설에는 압력이 상승한 때를 대비하여 과압안전장치를 설치한다.
③ 용기는 용기집합설비의 저장능력이 300kg 이하인 경우 용기, 용기밸브 및 압력조정기가 직사광선, 빗물 등에 노출되지 않도록 한다.
④ 내용적 20ℓ 이상의 충전용기를 옥외에서 이동하여 사용하는 때에는 용기운반손수레에 단단히 묶어 사용한다.

🔍 ③ 100kg 이하인 경우 용기보관실에 보관할 필요가 없으며 이 경우 용기 및 그 부속품이 직사광선, 빗물 등이 노출되지 않도록 한다.

56 발연황산시약을 사용한 오르잣드법 또는 브롬시약을 사용한 뷰렛법에 의한 시험으로 품질검사를 하는 가스는?

① 산소
② 암모니아
③ 수소
④ 아세틸렌

57 고압가스 저장설비에 설치하는 긴급차단장치에 대한 설명으로 틀린 것은?

① 저장설비의 내부에 설치하여도 된다.
② 동력원(動力源)은 액압, 기압, 전기 또는 스프링으로 한다.
③ 조작 버튼(Button)은 저장설비에서 가장 가까운 곳에 설치한다.
④ 간단하고 확실하며 신속히 차단되는 구조라야 한다.

🔍 ③ 조작위치는 저장설비 5m 이상 떨어진 장소 3곳 이상 설치

58 고압가스 일반제조시설의 배관설치에 대한 설명으로 틀린 것은?

① 배관은 지면으로부터 최소한 1m 이상의 깊이에 매설한다.
② 배관의 부식방지를 위하여 지면으로부터 30cm 이상의 거리를 유지한다.
③ 배관설비는 상용압력의 2배 이상의 압력에 항복을 일으키지 아니하는 두께 이상으로 한다.
④ 모든 독성가스는 2중관으로 한다.

🔍 독성가스 이중관으로 설치하는 가스의 종류 : 아황산, 암모니아, 염소, 염화메탄, 산화에틸렌, 시안화수소, 포스겐, 황화수소

59 고압가스 운반 중 가스누출 부분에 수리가 불가능한 사고가 발생하였을 경우의 조치로서 가장 거리가 먼 것은?

① 상황에 따라 안전한 장소로 운반한다.
② 부근의 화기를 없앤다.
③ 소화기를 이용하여 소화한다.
④ 비상연락망에 따라 관계업소에 원조를 의뢰한다.

60 공기액화 분리기의 운전을 중지하고 액화산소를 방출해야 하는 경우는?

① 액화산소 5ℓ 중 아세틸렌의 질량이 1mg을 넘을 때.
② 액화산소 5ℓ 중 아세틸렌의 질량 5mg을 넘을 때
③ 액화산소 5ℓ 중 탄화수소의 탄소의 질량이 5mg을 넘을 때
④ 액화산소 5ℓ 중 탄화수소의 탄소의 질량이 50mg을 넘을 때

> 공기액화 분리기의 운전을 중지하고 액화산소를 방출하여야 하는 경우
> • 액화산소 5ℓ 중 탄화수소 중 탄소의 질량이 500mg을 넘을 때
> • 액화산소 5ℓ 중 C_2H_2의 질량이 5mg을 넘을 때

제4과목 가스계측

61 열전도율식 CO_2 분석계 사용 시 주의사항 중 틀린 것은?

① 가스의 유속을 거의 일정하게 한다.
② 수소가스(H_2)의 혼입으로 지시 값을 높여 준다.
③ 셀의 주위 온도와 측정가스의 온도를 거의 일정하게 유지시키고 과도한 상승을 피한다.
④ 브리지의 공급 전류의 점검을 확실하게 한다.

> 열전도율 CO_2계 : 수소가스는 열전도율이 높으므로 수소가스 혼입에 주의하여야 한다.

62 가스 분석에서 흡수 분석법에 해당하는 것은?

① 적정법   ② 중량법
③ 흡광광도법 ④ 헴펠법

> 흡수분석법
> • 오르잣트법
> • 헴펠법
> • 게겔법

63 용적식 유량계의 특징에 대한 설명 중 옳지 않은 것은?

① 유체의 물성치(온도, 압력 등)에 의한 영향을 거의 받지 않는다.
② 점도가 높은 액의 유량 측정에는 적합하지 않다.
③ 유량계 전후의 직관길이에 영향을 받지 않는다.
④ 외부 에너지의 공급이 없어도 측정할 수 있다

64 물체는 고온이 되면, 온도 상승과 더불어 짧은 파장의 에너지를 발산한다. 이러한 원리를 이용하는 색온도계의 온도와 색과의 관계가 바르게 짝지어진 것은?

① 800℃ - 오렌지색
② 1000℃ - 노란색
③ 1200℃ - 눈부신 황백색
④ 2000℃ - 매우 눈부신 흰색

> 색온도계

온도 (℃)	색깔
600	어두운색
800	붉은색
1000	오렌지색
1200	노란색
1500	눈부신 황백색
2000	매우 눈부신 흰색
2500	푸른기가 있는 흰 백색

65 전자유량계는 다음 중 어느 법칙을 이용한 것인가?

① 쿨롱의 전자유도법칙
② 오옴의 전자유도법칙
③ 패러데이의 전자유도법칙
④ 주울의 전자유도법칙

66 막식가스미터의 고장에 대한 설명으로 틀린 것은?

① 부동 : 가스미터기를 통과하지만 계량되지 않는 고장
② 떨림 : 가스가 통과할 때에 출구 측의 압력 변동이 심하게 되어 가스의 연소형태를 불안정하게 하는 고장형태
③ 기차불량 : 설치오류, 충격, 부품의 마모 등으

로 계량정밀도가 저하되는 경우
④ 불통 : 회전자 베어링 마모에 의한 회전저항이 크거나 설치 시 이물질이 기어 내부에 들어갈 경우

🔍 가스미터의 고장

종류	정의
기차불량	기차가 변하여 계량법에 규정된 사용공차를 넘어서는 경우이며, 계량막이 신축하여 계량실부피가 변화하거나 막에서의 누설, 밸브와 밸브시트 사이의 누설, 패킹부의 누설 등이 원인
감도불량	미터에 감도유량을 올렸을 때 지침의 시도에 변화가 나타나지 않는 고장, 계량막과 밸브 사이 패킹 누설 등이 원인
부동	가스는 가스미터를 통과하나 미터지침이 작동하지 않는 고장. 계량막의 파손, 밸브의 탈락, 밸브와 밸브시트 사이에 누설 등과 같이 계량하는 부분에 누설이 발생하고 있는 경우 지시장치의 기어불량 등에 가스미터 지침에 전달되지 않으므로 일어난다.
불통	가스가 미터를 통과하지 않는 고장. 크랭크축이 녹이 슬거나 밸브와 밸브시트가 타르수분 등에 의하여 점착이나 고착 동결하여 움직일 수 없게 된 경우 날개조절기 등의 납땜에 떨어지는 등 회전장치부분에 고장시 일어남
누설	날개축이나 평축이 각 격벽을 관통하는 시일부분의 기밀이 파손된 경우
이물질에 의한 불량	크랭크축에 이물질이 들어가거나 밸브와 밸브시트 사이에 유분 등의 점성 물질이 부착한 경우

67 다음 중 람베르트-비어의 법칙을 이용한 분석법은?

① 분광광도법
② 분별연소법
③ 전위차적정법
④ 가스크로마토그래피법

🔍 램버트-비어법칙[흡광(분광)광도법]
$E = \varepsilon \times C \times L$
E : 흡광도, ε : 흡광계수, C : 농도, L : 빛이 통하는 액층의 길이

68 내경 50mm 의 배관으로 평균유속 1.5m/s 의 속도로 흐를 때의 유량(m³/h)은 얼마인가?

① 10.6   ② 11.2
③ 12.1   ④ 16.2

🔍
$Q = \dfrac{\pi}{4} d^2 \cdot V$
$= \dfrac{\pi}{4} \times (0.05\,\text{m})^2 \times 1.5(\text{m/s})$
$= 0.00294\,\text{m}^3/s$
∴ $0.0029 \times 3600 = 10.60\,\text{m}^3/h$

69 전압 또는 전력증폭기, 제어밸브 등으로 되어 있으며 조절부에서 나온 신호를 증폭시켜, 제어대상을 작동시키는 장치는?

① 검출부   ② 전송기
③ 조절기   ④ 조작부

70 유리제 온도계 중 알코올 온도계의 특징으로 옳은 것은?

① 저온측정에 적합하다.
② 표면장력이 커 모세관현상이 적다.
③ 열팽창계수가 작다.
④ 열전도율이 좋다.

🔍 알콜온도계의 특징
• 측정범위 : −100~100℃
• 측정원리 : 알콜의 열팽창을 이용
• 수은보다 정밀도가 낮음

71 가스크로마토그래피의 운반기체(carrier gas)가 구비해야 할 조건으로 옳지 않은 것은?

① 비활성일 것   ② 확산속도가 클 것
③ 건조할 것   ④ 순도가 높을 것

🔍 캐리어 가스
• 종류 : H_2, He, Ne, Ar, N_2
• 역할 : 시료가스를 크라마토그래피 내부에서 분석을 위하여 이동시키는 전개제
• 구비조건 : 비활성일 것, 건조할 것, 확산속도가 적을 것, 순도가 높을 것

72 다음 가스계량기 중 간접측정 방법이 아닌 것은?

① 막식계량기   ② 터빈계량기
③ 오리피스 계량기   ④ 볼텍스 계량기

가스계량기의 분류

실측식	건식형	막식	독립내기식, 클로버식
		회전자식	루트형, 오벌형, 로타리 피스톤형
	습식형		
추량식	델타형		
	터빈형		
	선근차형		
	벤투리형		
	오리피스형		
	와류형		

가스누출경보기 및 자동차단장치 설치(KGS Fu 2.8.2)(KGS Fp211)

(1) 설치개요 : 독성 및 공기보다 무거운 가연성가스의 저장설비에는 가스가 누출될 경우 이를 신속히 검지 효과적 대응을 하여 설치
(2) 검지경보장치기능(2.8.2.1) : 가스의 누출을 검지 그 농도를 지시함과 동시에 경보
① 접촉연소방식, 격막갈바니전지방식, 반도체방식 그 밖의 방식으로 검지 엘리먼트의 변화를 전기적 신호에 의해 설정가스농도에서 자동적으로 울리는 기능(단, 담배연기 및 다른 잡가스에는 경보하지 않을 것)
② 경보농도
  가. 가연성 : 폭발하한의 1/4 이하
  나. 독성 : (TLV-TWA)기준 허용농도 이하(NH_3는 실내에서 사용시 50ppm 이하)
③ 경보기 정밀도
  가. 가연성 ±25% 이하
  나. 독성 ±30% 이하
④ 검지에서 발신까지 걸리는 시간
  경보농도의 1.6배 농도에서 30초 이내(단, NH_3, CO는 60초 이내)
⑤ 경보정밀도 : 전원 전압의 변동이 ±10% 정도일 때도 저하되지 않을 것
⑥ 지시계 눈금
  가. 가연성 : 0~폭발하한계 값
  나. 독성 : TLV-TWA 기준농도의 3배 값(NH_3는 실내에서 사용 시 150ppm)
* 경보를 발신 후 그 농도가 변화하더라도 계속 경보하고 대책을 강구한 후 경보가 정지하게 된다.

73 유량측정에 대한 설명으로 옳지 않은 것은?

① 유체의 밀도가 변할 경우 질량유량을 측정하는 것이 좋다.
② 유체가 액체일 경우 온도와 압력에 의한 영향이 크다.
③ 유체가 기체일 때 온도나 압력에 의한 밀도의 변화는 무시할 수 없다.
④ 유체의 흐름이 층류일 때와 난류일 때의 유량 측정 방법은 다르다.

74 가스누출 검지경보장치의 기능에 대한 설명으로 틀린 것은?

① 경보농도는 가연성가스인 경우 폭발하한계의 1/4 이하 독성가스인 경우 TLV-TWA 기준 농도 이하로 할 것
② 경보를 발신한 후 5분 이내에 자동적으로 경보정지가 되어야 할 것
③ 지시계의 눈금은 독성가스인 경우 0 ~ TLV-TWA 기준 농도 3배 값을 명확하게 지시하는 것일 것
④ 가스검지에서 발신까지의 소요시간은 경보농도의 1.6배 농도에서 보통 30초 이내 일 것

75 다음 중 접촉식 온도계에 해당하는 것은?

① 바이메탈 온도계
② 광고온계
③ 방사온도계
④ 광전관온도계

• 비접촉식 온도계 : 광고, 광전관식, 색, 방사(복사) 온도계
• 접촉식 온도계 : 열전대, 바이메탈, 유리제, 전기저항온도계

76 가스크로마토그래피에서 사용하는 검출기가 아닌 것은?

① 원자방출검출기(AED)
② 황화학발광검출기(SCD)
③ 열추적검출기(TTD)
④ 열이온검출기(TID)

77 산소 64kg 과 질소 14kg 의 혼합기체가 나타내는 전압이 10 기압이면 이 때 산소의 분압은 얼마인가?

① 2기압
② 4기압
③ 6기압
④ 8기압

🔍 $P_0 = 10 \times \dfrac{\left(\dfrac{64}{32}\right)}{\left(\dfrac{64}{32}\right) + \left(\dfrac{14}{28}\right)} = 8\,\text{atm}$

78 열전대 온도계의 일반적인 종류로서 옳지 않은 것은?

① 구리–콘스탄틴
② 백금–백금로듐
③ 방사온도계
④ 크로멜–알루멜

🔍 열전대 온도계의 측정온도 범위 특성

종류	극성 (+)	극성 (–)	온도범위	특성
PR (R형) (백금–백금로듐)	Rh (백금로듐)	P(Pt)(백금)	0~1600℃	산에 강하고 환원성에 약하다.
CA(K형) (크로멜, 알루멜)	크로멜 C(+) CNi 90% Cr 10%	알루멜 A(–) (Ni 94% Al 3% Mn 2% Si 1%)	-20~1200℃	환원성에 강하고 산화성에 약하다.
IC (J형) (철–콘스탄탄)	I(+)	C(–) Cu 55% Ni 45%	-20~800℃	환원성에 강하고 산화성에 약하다.
CC (T형) (동–콘스탄탄)	C(+)	C(–)	-200~400℃	수분에 약하고 약산성에만 사용 가능하다.

79 전기저항 온도계에서 측온 저항체의 공칭저항치라고 하는 것은 몇 ℃ 의 온도일 때 저항소자의 저항을 의미하는가?

① –273℃
② 0℃
③ 5℃
④ 21℃

🔍 전기저항온도계 : 온도상승시 저항이 증가하는 것을 이용
• 측정원리 : 금속의 전기저항(공칭저항치 0℃의 저항소자)
• 종류

종류	특징
백금저항온도계	• 측정범위(-200~850℃) • 저항계수가 크다. • 가격이 고가이다. • 정밀측정이 가능하다. • 표준저항값으로 25, 50, 100Ω이 있다.
니켈저항온도계	• 측정범위(-50~150℃) • 가격이 저렴하다. • 안전성이 있다. • 표준저항값(500)
구리저항온도계	• 측정범위(0~120℃) • 가격이 저렴하다. • 유지관리가 쉽다.
더미스터온도계 Ni + Cu + n + Fe + Co 등을 압축소결 시켜 만든 온도계	• 측정범위(-50~350℃) • 저항계수가 백금 • 경년 변화가 있다. • 응답이 빠르다.
저항계수가 큰 순서	더미스터 > 백금 > 니켈 > 구리

80 대용량 수요처에 적합하며 100~5000m³/h 의 용량 범위를 갖는 가스미터는?

① 막식 가스미터
② 습식 가스미터
③ 마노미터
④ 루츠미터

🔍 가스미터의 장·단점

구분	막식	습식	루트식
장점	• 값이 싸다. • 설치 후의 유지관리에 시간을 요하지 않는다.	• 계량이 정확하다. • 사용중에 기차의 변동이 크지 않다. • 원리는 드럼형이다.	• 대유량의 가스 측정에 적합 하다. • 중압가스의 계량이 가능하다. • 설치면적이 작다.
단점	대용량의 것은 설치면적이 크다.	• 사용중에 수위 조정 등의 관리가 필요하다. • 설치면적이 크다.	• 스트레이너의 설치 및 설치 후의 유지관리가 필요하다. • 소유량(0.5㎥/h 이하)의 것은 부동의 우려가 있다.
일반적 용도	일반 수용가	기준기 실험실용	대수용가
용량 범위	1.5~200㎥/h	0.2~3,000㎥/h	100~5,000㎥/h

정답 2014년 3회 기출문제

01 ③	02 ③	03 ④	04 ②	05 ②
06 ④	07 ③	08 ②	09 ③	10 ④
11 ②	12 ①	13 ①	14 ②	15 ③
16 ②	17 ①	18 ③	19 ②	20 ①
21 ③	22 ④	23 ①	24 ④	25 ②
26 ②	27 ②	28 ①	29 ①	30 ③
31 ④	32 ③	33 ②	34 ①	35 ①
36 ②	37 ①	38 ③	39 ①	40 ④
41 ①	42 ①	43 ②	44 ③	45 ①
46 ③	47 ①	48 ②	49 ④	50 ③
51 ①	52 ①	53 ④	54 ②	55 ①
56 ④	57 ③	58 ④	59 ③	60 ②
61 ②	62 ④	63 ②	64 ④	65 ③
66 ④	67 ①	68 ①	69 ④	70 ①
71 ②	72 ①	73 ②	74 ③	75 ①
76 ③	77 ④	78 ③	79 ②	80 ④

2015년 1회 03월 08일 시행
공단 기출문제

제1과목 연소공학

01 공기압축기의 흡입구로 빨려 들어간 가연성 증기가 압축되어 그 결과로 큰 재해가 발생하였다. 이 경우 가연성 증기에 작용한 기계적인 발화원으로 볼 수 있는 것은?

① 충격 ② 마찰
③ 단열압축 ④ 정전기

🔍 단열압축 : 화학적

02 다음 중 연소속도에 영향을 미치지 않는 것은?

① 관의 단면
② 내염표면적
③ 염의 높이
④ 관의 염경

03 고체연료에 있어 탄화도가 클수록 발생하는 성질은?

① 휘발분이 증가한다.
② 매연발생이 많아진다.
③ 연소속도가 증가한다.
④ 고정탄소가 많아져 발열량이 커진다.

🔍 탄화도

구분	내용
정의	천연고체연료에 포함된 탄소, 수소의 함량의 변해가는 현상
탄화도가 클수록 인체에 미치는 영향	• 연료비가 증가한다. • 매연발생이 적어진다. • 휘발분이 감소하고 발열량이 커진다. • 고정탄소가 많아지고 착화온도가 높아진다. • 연소속도가 늦어진다.

04 폭발에 대한 설명으로 틀린 것은?

① 폭발한계란 폭발이 일어나는데 필요한 농도의 한계를 의미한다.
② 온도가 낮을 때는 폭발 시의 방열속도가 느려지므로 연소범위는 넓어진다.
③ 폭발시의 압력을 상승시키면 반응속도는 증가한다.
④ 불활성기체를 공기와 혼합하면 폭발범위는 좁아진다.

🔍 폭발관련 변동사항

구분		간추린 핵심내용
안전간격	클 때	안전하다.
	적을 때	위험하다.
폭발범위	넓을 때	위험하다.
	좁을 때	안전하다.
압력	높으면	폭발범위가 넓어진다.
	낮으면	폭발범위가 좁아진다.
연소속도	빠르면	위험하다.
	느리면	안전하다.
비중	공기보다 크면	낮은 곳에 체류한다.
	공기보다 적으면	높은 곳에 체류한다.

05 다음 [보기]는 가스의 폭발에 관한 설명이다. 옳은 내용으로만 짝지어 진 것은?

㉮ 안전간격이 큰 것 일수록 위험하다.
㉯ 폭발 범위가 넓은 것은 위험하다.
㉰ 가스압력이 커지면 통상 폭발 범위는 넓어진다.
㉱ 연소속도가 크면 안전하다.
㉲ 가스비중이 큰 것은 낮은 곳에 체류할 위험이 있다.

① ㉰, ㉱, ㉲ ② ㉯, ㉰, ㉱, ㉲
③ ㉯, ㉰, ㉲ ④ ㉮, ㉯, ㉰, ㉲

06 메탄 50v%, 에탄 25v%, 프로판 25v%가 섞여 있는 혼합기체의 공기 중에서의 연소하한계(v%)는 얼마인가?(단, 메탄, 에탄, 프로판의 연소하한계는 각각 5v%, 3v%, 2.1v% 이다.)

① 2.3
② 3.3
③ 4.3
④ 5.3

$$\frac{100}{L} = \frac{50}{5} + \frac{25}{3} + \frac{25}{2.1}$$

$$\therefore L = \frac{100}{\frac{50}{5} + \frac{25}{3} + \frac{25}{2.1}} = 3.3\%$$

07 활성화에너지가 클수록 연소반응속도는 어떻게 되는가?

① 빨라진다.
② 활성화에너지와 연소반응속도는 관계가 없다.
③ 느려진다.
④ 빨라지다가 점차 느려진다.

활성화에너지 : 반응에 필요한 최소한의 에너지로 크면 반응속도가 느리고 적으면 반응속도가 빨라진다.

08 액체연료의 연소에 있어서 1차 공기란?

① 착화에 필요한 공기
② 연료의 무화에 필요한 공기
③ 연소에 필요한 계산상 공기
④ 화격자 아래쪽에서 공급되어 주로 연소에 관여하는 공기

09 열역학법칙 중 '어떤 계의 온도를 절대온도 0K 까지 내릴 수 없다'에 해당하는 것은?

① 열역학 제0법칙
② 열역학 제1법칙
③ 열역학 제2법칙
④ 열역학 제3법칙

열역학 법칙

종류	정의
제 0 법칙	온도가 서로 다른 물체를 접촉시 고온, 저온이 혼합하여 동일온도가 되는 열평형의 법칙
제 1 법칙	일은 열, 열은 일로 상호변환이 가능한 에너지 보존의 법칙
제 2 법칙	열은 항상 고온에서 저온으로 흐름. 열이동방향성의 법칙(100% 효율의 열기관은 불가능)
제 3 법칙	어떤 계의 온도를 절대온도 0K까지 내릴 수 없음

10 이산화탄소 40v%, 질소 40v%, 산소 20v%로 이루어진 혼합기체의 평균분자량은 약 얼마인가?

① 17
② 25
③ 35
④ 42

$44 \times 0.4 + 28 \times 0.4 + 32 \times 0.2 = 35.2g$

11 정상운전 중에 가연성가스의 점화원이 될 전기불꽃, 아크 등의 발생을 방지하기 위하여 기계적, 전기적 구조상 또 온도상승에 대해서 안전도를 증가시킨 방폭구조는?

① 내압방폭구조
② 압력방폭구조
③ 안전증방폭구조
④ 본질안전방폭구조

방폭구조

종류	내용
내압 방폭구조(d)	용기의 내부에 폭발성 가스의 폭발이 일어날 경우, 용기가 폭발 압력에 견디고 외부의 폭발성 가스에 인화될 위험이 없도록 한 방폭구조
압력 방폭구조(p)	점화원이 될 우려가 있는 부분을 용기 안에 넣고 보호기체(신선한 공기 또는 불활성기체)를 용기 안에 압입함으로써 폭발성 가스가 침입하는 것을 방지하도록 되어 있는 방폭구조
유입 방폭구조(o)	전기 불꽃을 발생하는 부분을 용기 내부의 기름에 내장하여 외부의 폭발성 가스 또는 점화원 등에 접촉시 점화의 우려가 없도록 한 방폭구조
안전증 방폭구조(e)	정상 운전 중의 내부에서 불꽃이 발생하지 않도록 전기적, 기계적, 구조적으로 온도 상승에 대해 안전도를 증가시킨 구조로 내압 방폭구조보다 용량이 적음

본질안전 방폭구조 (ia, ib)	정상시 또는 단락, 단선, 지락 등의 사고시에 발생하는 아크, 불꽃, 고열에 의하여 폭발성 가스나 증기에 점화되지 않는 것이 확인된 구조
특수 방폭구조(s)	폭발성 가스, 증기 등에 의하여 점화하지 않는 구조로서 모래 등을 채워 넣은 사입 방폭구조 등
몰드 방폭구조(m)	폭발성가스의 증기입자 잠재적 위험 부위에 사용 정격전압 11000V를 넘지 않는 전기제품 등에 대한 시험요건에 대하여 규정된 방폭구조
비점화 방폭구조(n)	2종 장소에 사용되는 가스 증기 방폭기기 등에 적용 폭발성 가스 분위기에서 사용 전기기기구조시험표시 등에 대하여 규정된 방폭구조

12 시안화수소의 위험도(H)는, 약 얼마인가?

① 5.8 ② 8.8
③ 11.8 ④ 14.8

🔍 위험도 = $\dfrac{\text{폭발상한} - \text{폭발하한}}{\text{폭발하한}}$ (HCN = 6~41%)

= $\dfrac{41-6}{6}$ = 5.8

13 이상연소 현상인 리프팅(Lifting)의 원인이 아닌 것은?

① 버너 내의 압력이 높아져 가스가 과다 유출할 경우
② 가스압이 이상 저하한다든지 노즐과 콕크 등이 막혀 가스량이 극히 적게 될 경우
③ 공기 및 가스의 양이 많아져 분출량이 증가한 경우
④ 버너가 낡고 염공이 막혀 염공의 유효면적이 작아져 버너 내압이 높게 되어 분출속도가 빠르게 되는 경우

🔍 선화(Lifting)와 역화(Back Fire)

구분	선화	역화
정의	가스의 유출속도가 연소속도보다 커 염공에 접하지 않고 염공을 떠나 연소함	가스의 연소속도가 유출속도보다 커 연소기내부에서 연소하는 현상
원인	• 인화점이 높을 때 • 염공이 적을 때 • 노즐구경이 적을 때 • 가스압력이 높을 때	• 인화점이 낮을 때 • 콕크에 먼지나 이물질 부착 시 • 염공이 클 때 • 노즐구경이 클 때 • 가스압력이 낮을 때

14 내용적 5m³의 탱크에 압력 6kg/cm², 건성도 0.98의 습윤 포화증기를 몇 kg 충전할 수 있는가?(단, 이 압력에서의 건성포화증기의 비용적은 0.278m³/kg 이다.)

① 3.67 ② 11.01
③ 14.68 ④ 18.35

🔍 $\dfrac{5[m^3]}{0.287(m^3/kg) \times 0.98} = 18.35(kg)$

15 상온, 표준대기압 하에서 어떤 혼합기체의 각 성분에 대한 부피가 각각 CO_2 20%, N_2 20%, O_2 40%, Ar 20% 이면 이 혼합기체 중 CO_2 분압은 약 몇 mmHg인가?

① 152 ② 252
③ 352 ④ 452

🔍 PCO_2 = 760[mmHg] × $\dfrac{20}{100}$ = 152(mmHg)

16 연료 1kg을 완전 연소시키는데 소요되는 건공기의 질량은 0.232kg = $\dfrac{O_0}{A_0}$으로 나타낼 수 있다. 이 때 A_o가 의미하는 것은?

① 이론산소량 ② 이론공기량
③ 실제산소량 ④ 실제공기량

17 기체의 압력이 클수록 액체 용매에 잘 용해된다는 것을 설명한 법칙은?

① 아보가드로 ② 게이뤼삭
③ 보일 ④ 헨리

18 이상기체에서 정적비열(Cv) 정압비열(Cp)과의 관계로 옳은 것은?

① Cp − Cv = R
② Cp + Cv = R
③ Cp + Cv = 2R
④ Cp − Cv = 2R

19 액체연료의 연소형태 중 램프등과 같이 연료를 심지로 빨아올려 심지의 표면에서 연소시키는 것은?

① 액면연소
② 증발연소
③ 분무연소
④ 등심연소

🔍 액체물질연소

구분	세부내용
증발연소	액체연료가 증발하는 성질을 이용하여 증발관에서 증발시켜 연소시키는 방법
액면연소	액체연료의 표면에서 연소시키는 방법
분무연소	액체연료를 분무시켜 미세한 액적으로 미립화시켜 연소시키는 방법
등심연소	일명 심지연소라고 하며 램프 등과 같이 연료를 심지로 빨아올려 심지표면에서 연소시키는 것으로 공기온도가 높을수록 화염의 높이가 커진다.

20 다음 중 강제점화가 아닌 것은?

① 가전(加電)점화
② 열면점화(Hot Surface Ignition)
③ 화염점화
④ 자기점화(Self Ignition, Auto Ignition)

🔍 강제점화의 종류 : 가전점화, 열면점화, 화염점화

제2과목 가스설비

21 비중이 1.5인 프로판이 입상 30m일 경우의 압력손실은 약 몇 Pa 인가?

① 130 ② 190
③ 256 ④ 450

🔍 H=1.293 × (s-1)=1.293 × (1.5-1) × 30= 19.395(mmH₂O)

$$\therefore \frac{19.395}{10332} \times 101325(Pa) = 190.20 Pa$$

22 고압원통형 저장탱크의 지지방법 중 횡형탱크의 지지방법으로 널리 이용되는 것은?

① 새들형(Saddle형)
② 지주형(Leg형)
③ 스커트형(Skirt형)
④ 평판형(Flat Plate형)

23 정압기의 기본구조 중 2차 압력을 감지하여 그 2차 압력의 변동을 메인밸브로 전하는 부분은?

① 다이어프램
② 조정밸브
③ 슬리브
④ 웨이트

24 1단감압식준저압조정기의 입구압력과 조정압력으로 맞는 것은?

① 입구압력 : 0.07~1.56MPa, 조정압력 : 2.3~3.3kPa
② 입구압력 : 0.07~1.56MPa, 조정압력 : 5~30kPa 이내에서 제조자가 설정한 기준압력의 ± 20%
③ 입구압력 : 0.1~1.56MPa, 조정압력 : 2.3~3.3kPa
④ 입구압력 : 0.1~1.56MPa, 조정압력 : 5~30kPa 이내에서 제조자가 설정한 기준압력의 ± 20%

25 단면적이 300mm²인 봉을 매달고 600kg의 추를 그 자유단에 달았더니 재료의 허용인장응력에 도달하였다. 이 봉의 인장강도가 400kg/cm²이라면 안전율은 얼마인가?

① 1 ② 2
③ 3 ④ 4

🔍 $$안전율 = \frac{인장강도}{허용응력} = \frac{400(kg/cm^2)}{\left(\frac{600kg}{3cm^2}\right)} = 2$$

26 가연성 고압가스 저장탱크 외부에는 은백색 도료를 바르고 주위에서 보기 쉽도록 가스의 명칭을 표시한다. 가스 명칭 표시의 색상은?

① 검정색
② 녹색
③ 적색
④ 황색

27 고압가스설비에 대한 설명으로 옳은 것은?

① 고압가스 저장탱크에는 환형 유리관 액면계를 설치한다.
② 고압가스 설비에 장치하는 압력계의 최고 눈금은 상용압력의 1.1배 이상 2배 이하 이어야 한다.
③ 저장능력이 1000톤 이상인 액화산소 저장탱크의 주위에는 유출을 방지하는 조치를 한다.
④ 소형저장탱크 및 충전용기는 항상 50℃ 이하를 유지한다.

🔍 ① 저장탱크에 환형유리제 액면계 사용하지 못함.(단, 산소, 초저온 불활성 탱크의 경우 사용 가능)
② 상용압력 1.5배 이상 2배 이하
③ 40℃ 이하 유지

28 전용보일러실에 반드시 설치해야 하는 보일러는?

① 밀폐식 보일러
② 반밀폐식 보일러
③ 가스보일러를 옥외에 설치하는 경우
④ 전용 급기구 통을 부착시키는 구조로 검사에 합격한 강제 배기식 보일러

🔍 전용보일러실에 설치할 필요가 있는 보일러의 종류
• 밀폐식 보일러
• 가스보일러를 옥외에 설치하는 경우
• 전용급기통을 부착시키는 구조로 검사에 합격한 강제 배기식 보일러

29 탱크로리에서 저장 탱크로 LP 가스 이송 시 잔가스 회수가 가능한 이송법은?

① 차압에 의한 방법
② 액송펌프 이용법
③ 압축기 이용법
④ 압축가스 용기 이용법

🔍 LP 가스 이송시 압축기 펌프의 장·단점

구분	장점	단점
압축기	• 충전시간이 짧다. • 잔가스 회수가 용이하다. • 베이퍼록의 우려가 없다.	• 재액화 우려가 있다. • 드레인 우려가 있다.
펌프	• 재액화 우려가 없다. • 드레인 우려가 없다.	• 충전시간이 길다. • 잔가스 회수가 불가능하다. • 베이퍼록의 우려가 있다.

30 3톤 미만의 LP가스 소형저장탱크에 대한 설명으로 틀린 것은?

① 동일 장소에 설치하는 소형저장탱크의 수는 6기 이하로 한다.
② 화기와의 우회거리는 3m 이상을 유지한다.
③ 지상 설치식으로 한다.
④ 건축물이나 사람이 통행하는 구조물의 하부에 설치하지 아니한다.

🔍 LPG 소형저장탱크 설치공급 사용 기준

구분	세부내용
시설기준	• 지상식으로 설치 • 사업소 경계는 바다, 호수, 하천, 도로의 경우 토지 경계와 탱크 외면간 0.5m이상 안전 공지 유지
설치기준	• 동일장소 설치수 6기 이하, 충전질량 합계 5000kg 미만 • 바닥에서 5cm 이상 콘크리트바닥에 설치
기화기	• 자동안전장치 부착
소화설비	• 충전질량 1000kg 이상 ABC용 분말소화기 B-12 이상 2개 이상 보유 • 충전호스길이 10m 이상
1000kg 이상	• 1m 이상의 높이 경계책 설치

31 원심펌프의 유량 1m³/min, 전양정 50m, 효율이 80%일 때, 회전수율 10% 증가시키려면 동력은 몇 배가 필요한가?

① 1.22　　② 1.33
③ 1.51　　④ 1.73

🔍 $P_2 = P_1 \left(\dfrac{N_2}{N_1}\right)^3 = P_1 \times \left(\dfrac{N_1 + 0.1N}{N_1}\right)^3 = P_1 \times \left(\dfrac{1.1N_1}{N_1}\right)^3 = 1.33P_1$

32 다음 중 정특성, 동특성이 양호하며 중압용으로 주로 사용되는 정압기는?

① Fisher식
② KRF식
③ Reynolds식
④ ARF식

🔍 정압기 특성

종류	특성
Fisher식	로딩형이다. 정특성 및 동특성이 양호. 콤팩트하다.
Reynold식과 KRF식	언로딩형. 정특성은 좋으나, 안전성이 부족. 크기가 대형이다.
Axial-flow식	변칙언로딩형. 정특성 및 동특성이 양호. 고차압이 될수록 특성이 양호. 극히 콤팩트하다.

33 고압가스 용기 충전구의 나사가 왼나사인 것은?

① 질소
② 암모니아
③ 브롬화메탄
④ 수소

🔍 용기밸브 충전구 나사 형식

구분	간추린 핵심내용
왼나사	NH₃, CH₃Br을 제외한 모든 가연성 가스
오른나사	NH₃, CH₃Br을 포함한 가연성 이외의 가스
A형	충전구 나사가 숫나사
B형	충전구 나사가 암나사
C형	충전구에 나사가 없음

34 고압가스 배관의 최소두께 계산 시 고려하지 않아도 되는 것은?

① 관의 길이　　② 상용압력
③ 안전율　　　④ 재료의 인장강도

🔍 배관의 두께 계산식

구분	공식	기호(단위)
외경, 내경의 비가 1.2 미만	$t = \dfrac{PD}{2 \cdot \dfrac{f}{s} - p} + C$	t : 배관두께(mm) P : 상용압력(MPa) D : 내경에서 부식여유에 상당하는 부분을 뺀 부분(mm) f : 재료인장강도(N/mm²) 규격 최소치이거나 항복점 규격 최소치의 1.6배 C : 부식여유치(mm) s : 안전율
외경, 내경의 비가 1.2 이상	$t = \dfrac{D}{2}\left[\sqrt{\dfrac{\frac{f}{s}+p}{\frac{f}{s}-p}} - 1\right] + C$	

35 매설배관의 경우에는 유기물질 재료를 피복재로 사용하면 방식이 된다. 이 중 타르 에폭시 피복재의 특성에 대한 설명 중 틀린 것은?

① 저온에서도 경화가 빠르다.
② 밀착성이 좋다.
③ 내마모성이 크다.
④ 토양응력에 강하다.

36 재료 내·외부의 결함 검사방법으로 가장 적당한 방법은?

① 침투탐상법　　② 유침법
③ 초음파탐상법　④ 육안검사법

🔍 초음파 검사 : 내부, 외부 결함 검출 가능

37 고압가스 설비 및 배관의 두께 산정 시 용접이음매의 효율이 가장 낮은 것은?

① 맞대기 한면 용접
② 맞대기 양면 용접
③ 플러그 용접을 하는 한면 전두께 필렛 겹치기 용접
④ 양면 전두께 필렛 겹치기 용접

38 도시가스의 원료로서 적당하지 않은 것은?

① LPG
② Naphtha
③ Natural gas
④ Acetylene

39 외경(D)이 216.3mm, 구경 두께 5.8mm 인 200A 의 배관용 탄소강관이 내압 0.99MPa 을 받았을 경우에 관에 생기는 원주방향 응력은 약 몇 MPa 인가?

① 8.8   ② 17.5
③ 26.3 ④ 35.1

$$\sigma_t = \frac{P(D-2t)}{2t} = \frac{0.99 \times (216.3 - 2 \times 5.8)}{2 \times 5.8} \fallingdotseq 17.5$$

40 고압가스 관이음으로 통상적으로 사용되지 않는 것은?

① 용접   ② 플랜지
③ 나사   ④ 리벳팅

제3과목 가스안전관리

41 액체염소가 누출된 경우 필요한 조치가 아닌 것은?

① 물 살포
② 가성소다 살포
③ 탄산소다 수용액 살포
④ 소석회 살포

독성가스와 제독제, 보유량

가스별	제독제	보유량
염소(Cl_2)	가성소다수용액	670kg
	탄산소다수용액	870kg
	소석회	620kg
포스겐($COCl_2$)	가성소다수용액	390kg
	소석회	360kg
황화수소(H_2S)	가성소다수용액	1,140kg
	탄산소다수용액	1,500kg
시안화수소(HCN)	가성소다수용액	250kg
아황산가스(SO_2)	가성소다수용액	530kg
	탄산소다수용액	700kg
	물	다량
암모니아(HN_3), 산화에틸렌(C_2H_4O), 염화메탄(CH_3Cl)	물	다량

42 고압가스 제조허가의 종류가 아닌 것은?

① 고압가스 특정제조
② 고압가스 일반제조
③ 고압가스 충전
④ 독성가스제조

43 저장탱크의 설치방법 중 위해방지를 위하여 저장 탱크를 지하에 매설할 경우 저장탱크의 주위에 무엇으로 채워야 하는가?

① 흙
② 콘크리트
③ 마른모래
④ 자갈

탱크지하 설치 시 채우는 모래 종류

탱크구분	빈 공간에 채우는 모래 종류
고법의 일반 저장탱크	마른모래
LPG 저장탱크	세립분을 함유하지 않은 모래

44 다음 중 2중관으로 하여야 하는 독성가스가 아닌 것은?

① 염화메탄
② 아황산가스
③ 염화수소
④ 산화에틸렌

2중관 독성가스 : 아황산, 암모니아, 염소, 염화메탄, 산화에틸렌, 시안화수소, 포스겐, 황화수소

45 고압가스 용기보관 장소에 대한 설명으로 틀린 것은?

① 용기보관 장소는 그 경계를 명시하고, 외부에서 보기 쉬운 장소에 경계표시를 한다.
② 가연성가스 및 산소 충전용기 보관실은 불연재료를 사용하고 지붕은 가벼운 재료로 한다.
③ 가연성가스의 용기보관실은 가스가 누출될 때 체류하지 아니하도록 통풍구를 갖춘다.
④ 통풍이 잘 되지 아니하는 곳에는 자연환기시설을 설치한다.

🔍 ④ 용기보관 장소는 통풍이 잘되는 장소에 설치하되 통풍이 잘 되지 않는 곳에는 강제통풍장치(기계환기시설)을 설치한다.

46 액화석유가스 저장탱크에는 자동차에 고정된 탱크에서 가스를 이입할 수 있도록 로딩암을 건축물 내부에 설치할 경우 환기구를 설치하여야 한다. 환기구 면적의 합계는 바닥면적의 얼마 이상으로 하여야 하는가?

① 1%   ② 3%
③ 6%   ④ 10%

🔍 액화석유가스 자동차에 고정된 충전시설의 가스설비 –충전시설의 건축물 외부에 로딩암을 설치
• 건축물 내부에 설치 시 환기구 2 방향 설치
• 환기구 면적은 바닥면적의 6% 이상

47 산소가스 설비를 수리 또는 청소를 할 때는 안전관리상 탱크 내부의 산소를 농도가 몇 % 이하로 될 때까지 계속 치환하여야 하는가?

① 22%   ② 28%
③ 31%   ④ 35%

🔍 산소의 유지 농도 : 18% 이상 22% 이하

48 액화가스 저장탱크의 저장능력을 산출하는 식은?(단, Q : 저장능력(m³), W : 저장능력(kg), P : 35℃에서 최고충전압력(MPa), V : 내용적(ℓ), d : 상용 온도 내에서 액화가스 비중(kg/ℓ), C : 가스의 종류에 따르는 정수이다.)

① $W = \dfrac{V}{C}$ ② $W = 0.9dV$
③ $Q = (10P+1)V$ ④ $Q = (P+2)V$

🔍 **저장능력 계산식**

가스의 종류		계산식	기호단위
압축가스		$Q=(10P+1)V$	Q : 저장능력(m³) P : 35℃의 Fp(MPa) V : 내용적(m³)
액화가스	저장탱크	$W=0.9dv$	W : 저장능력(kg) d : 액비중(kg/ℓ) V : 내용적(L) C : 충전상수
	소형저장탱크	$W=0.85dv$	
	용기	$W=\dfrac{V}{C}$	

49 국내에서 발생한 대형 도시가스 사고 중 대구 도시가스 폭발사고의 주 원인은 무엇인가?

① 내부부식
② 배관의 응력부족
③ 부적절한 매설
④ 공사 중 도시가스 배관 손상

50 다음 [보기]의 가스 중 분해폭발을 일으키는 것을 모두 고른 것은?

┌─────────────┐
│ ㉠ 이산화탄소   │
│ ㉡ 산화에틸렌   │
│ ㉢ 아세틸렌   │
└─────────────┘

① ㉡
② ㉢
③ ㉠, ㉡
④ ㉡, ㉢

51 압축기는 그 최종단에, 그 밖의 고압가스 설비에는 압력이 상용압력을 초과한 경우에 그 압력을 직접 받는 부분마다 각각 내압시험 압력의 10분의 8이하의 압력에서 작동되게 설치하여야 하는 것은?

① 역류방지밸브
② 안전밸브
③ 스톱밸브
④ 긴급차단장치

52 차량에 고정된 고압가스 탱크에 설치하는 방파판의 갯수는 탱크 내용적 얼마 이하마다 1개씩 설치해야 하는가?

① $3m^3$
② $5m^3$
③ $10m^3$
④ $20m^3$

🔍 **방파판**
- 개요 : 액화가스 충전탱크 및 차량고정탱크에 액면요동을 방지하기 위해 설치되는 판
- 면적 : 탱크 횡단부 면적의 40% 이상
- 부착위치 : 원호부면적이 탱크횡단 면적의 20% 이하되는 위치
- 설치수 : 내용적 $5m^3$ 마다 1개씩

53 액화석유가스 제조설비에 대한 기밀시험 시 사용되지 않는 가스는?

① 질소
② 산소
③ 이산화탄소
④ 아르곤

54 지상에 설치하는 액화석유가스 저장탱크의 외면에는 어떤 색의 도료를 칠하여야 하는가?

① 은백색
② 노란색
③ 초록색
④ 빨간색

55 고압가스 충전용기의 운반기준으로 틀린 것은?

① 밸브가 돌출한 충전용기는 캡을 부착시켜 운반한다.
② 원칙적으로 이륜차에 적재하여 운반이 가능하다.
③ 충전용기와 위험물안전관리법에서 정하는 위험물과는 동일차량에 적재, 운반하지 않는다.
④ 차량의 적재함을 초과하여 적재하지 않는다.

🔍 ② 충전용기는 이륜차에 적재 운반하지 않는다. 단, 아래의 경우는 운반이 가능하다.
- 차량통행이 곤란한 지역 또는 시도지사가 이륜차 운반 가능하다고 인정한 경우
- 용기운반 전용 적재함을 장착한 경우
- 충전량 20kg 이하 2개 이하 적재 시

56 이동식 부탄연소기의 올바른 사용방법은?

① 바람의 영향을 줄이기 위해서 텐트 안에서 사용한다.
② 효율을 높이기 위해서 두 대를 나란히 연결하여 사용한다.
③ 사용하는 그릇은 연소기의 삼발이보다 폭이 좁은 것을 사용한다.
④ 연소기 운반 중에는 용기를 내부에 보관한다.

57 고압가스용 차량에 고정된 초저온 탱크의 재검사 항목이 아닌 것은?

① 외관검사
② 기밀검사
③ 자분탐상검사
④ 방사선투과검사

🔍 **고압가스용 차량에 고정된 탱크의 재검사(KGS AC117)**

구분	재검사 항목
초저온 탱크	• 외관검사 • 자분탐상 또는 침투탐상검사 • 기밀검사 • 단열성능검사
초저온 이외의 탱크	• 외관검사 • 두께측정검사 • 자분탐상 또는 침투탐상검사 • 방사선 투과 또는 초음파 탐상검사 • 내압검사 • 기밀검사

58 액화석유가스 저장탱크의 설치기준으로 틀린 것은?

① 저장탱크에 설치한 안전밸브는 지면으로 부터 2m 이상의 높이에 방출구가 있는 가스 방출관을 설치한다.
② 지하저장탱크를 2개 이상 인접 설치하는 경우 상호 간에 1m 이상의 거리를 유지한다.
③ 저장탱크의 지면으로 부터 지하저장탱크의 정상부까지의 깊이는 60cm 이상으로 한다.
④ 저장탱크의 일부를 지하에 설치한 경우 지하에 묻힌 부분이 부식되지 않도록 조치한다.

🔍 저장탱크에 설치한 안전밸브는 지면으로부터 5m, 탱크 정상부에서 2m 중 높은 위치에 가스방출관을 설치한다.

59 고압가스 일반제조의 시설기준 및 기술기준으로 틀린 것은?

① 가연성가스 제조시설의 고압가스설비 외면으로부터 다른 가연성가스 제조시설의 고압가스설비까지의 거리는 5m 이상으로 한다.
② 저장설비 주위 5m 이내에는 화기 또는 인화성 물질을 두지 않는다.
③ 5m³ 이상의 가스를 저장하는 것에는 가스방출장치를 설치한다.
④ 가연성가스 제조시설의 고압가스설비 외면으로부터 산소 제조시설의 고압가스설비까지의 거리는 10m 이상으로 한다.

🔍 저장설비 주위 2m 이내에는 화기 또는 인화성 물질을 두지 않는다.

60 아세틸렌을 용기에 충전하는 때의 다공도는?

① 65% 이하
② 65~75%
③ 75~92%
④ 92% 이상

제4과목 가스계측

61 가스미터 중 실측식에 속하지 않는 것은?

① 건식
② 회전식
③ 습식
④ 오리피스식

🔍 가스계량기 분류

실측식	건식형	막식	독립내기식, 클로버식
		회전자식	루트형, 오벌형, 로타리피스톤형
추량식	오리피스형, 와류형, 델타형, 터빈형, 벤투리형, 선근차형		

62 다음 중 온도측정 범위가 가장 좁은 온도계는?

① 알루멜-크로멜
② 구리-콘스탄탄
③ 수은
④ 백금-백금·로듐

🔍 온도측정 범위
 • CA(크로멜-알루멜) : -20~1200℃
 • CC(동-콘스탄틴) : -200~400℃
 • 수은 : -35~350℃
 • PR(백금, 백금로듐) : 0~1600℃

63 습도를 측정하는 가장 간편한 방법은?

① 노점을 측정
② 비점을 측정
③ 밀도를 측정
④ 점도를 측정

64 가스미터 설치 시 입상배관을 금지하는 가장 큰 이유는?

① 겨울철 수분 응축에 따른 밸브, 밸브시트 동결 방지를 위하여
② 균열에 따른 누출방지를 위하여
③ 고장 및 오차 발생 방지를 위하여
④ 계량막 밸브와 밸브시트 사이의 누출방지를 위하여

65 적외선분광분석계로 분석이 불가능한 것은?

① CH_4
② Cl_2
③ $COCl_2$
④ NH_3

🔍 적외선 분광 분석계 : 대칭이원자분자(H_2, O_2, N_2), 단원자 분자(He, Ne, Ar) 이외의 모든 가스 분석 가능

66 LPG의 성분분석에 이용되는 분석법 중 저온분류법에 의해 적용될 수 있는 것은?

① 관능기의 검출
② cis, trans 의 검출
③ 방향족 이성체의 분리정량
④ 지방족 탄화수소의 분리정량

67 벨로우즈식 압력계로 압력 측정 시 벨로우즈 내부에 압력이 가해질 경우 원래 위치로 돌아가지 않는 현상을 의미하는 것은?

① limited 현상
② bellows 현상
③ end all 현상
④ hysteresis 현상

68 비중이 0.8인 액체의 압력이 2kg/cm² 일 때 액면높이(head)는 약 몇 m 인가?

① 16   ② 25
③ 32   ④ 40

$h = \dfrac{P}{\gamma} = \dfrac{2 \times 10^4 (kg/m^3)}{0.8 \times 10^3 (kg/m^3)} = 25m$

69 분별연소법 중 산화구리법에 의하여 주로 정량할 수 있는 가스는?

① O_2 ② N_2
③ CH_4 ④ CO_2

🔍 연소분석법

구분		내용
정의		시료가스를 공기 또는 산소 또는 산화제에 의해서 연소하고 그 결과 생긴 용적의 감소 이산화탄소의 생성량, 산소의 소비량 등을 측정 목적성분을 산출하는 방법
종류	분별 연소법	2종의 동족 탄화수소와 H_2가 혼재하고 있는 시료에서는 폭발법, 완만연소법이 불가능할 때 탄화수소는 산화시키지 않고 H_2 및 CO만을 분별적으로 연소시키는 방법(종류 : 파라듐관 연소법, 산화동법) • 파라듐관 연소분석법 : 10% 파라듐석면을 넣은 파라듐관에 시료가스와 적당량의 O_2를 통하여 연소시켜 파라핀계 탄화수소가 변화하지 않을 때 H_2를 산출하는 방법으로 파라듐석면, 파라듐흑연, 백금, 실리카겔이 촉매로 사용된다. • 산화구리법 : 산화구리를 250℃로 가열 시료가스 통과시 H_2, CO는 연소 CH_4이 남는다. 800~900℃ 가열된 산화구리에서 CH_4도 연소되므로 H_2, CO 제거한 가스에 대하여 CH_4도 정량이 된다.
	완만 연소법	직경 0.5mm 정도 백금선을 3~4mm 코일로 한 적열부를 가진 완만 연소 피펫으로 시료가스를 연소시키는 방법
	폭발법	일정 양의 가연성 가스 시료를 뷰렛에 넣고 적량의 산소 또는 공기를 혼합 폭발 피펫에 옮겨 전기 스파크로 폭발시킨다.

70 검지가스와 누출 확인 시험지가 옳은 것은?

① 하리슨씨시약 : 포스겐
② KI전분지 : CO
③ 염화파라듐지 : HCN
④ 연당지 : 할로겐

🔍 • KI전분지 : Cl_2
• 염화파라듐지 : CO
• 연당지 : H_2S

71 깊이 5.0m 인 어떤 밀폐탱크 안에 물이 3.0m 채워져 있고 2kgf/cm²의 증기압이 작용하고 있을 때 탱크 밑에 작용하는 압력은 몇 kgf/cm² 인가?

① 1.2   ② 2.3
③ 3.4   ④ 4.5

🔍 $P = P_1 + SH$
$= 2(kg/cm^2) + 10^3 (kg/cm^2) \times 3(m)$
$= 2(kg/cm^2) + \dfrac{10^3 \times 3}{10^4} (kg/cm^2)$
$= 2.3 (kg/cm^2)$

72 편차의 크기에 비례하여 조절요소의 속도가 연속적으로 변하는 동작은?

① 적분동작   ② 비례동작
③ 미분동작   ④ 뱅뱅동작

73 자동제어장치를 제어량의 성질에 따라 분류한 것은?

① 프로세스제어   ② 프로그램제어
③ 비율제어   ④ 비례제어

🔍 자동조정의 분류

구분		분류
제어 목적에 따라		정치제어
	추치제어	프로그램
		추종
		비율

제어량의 성질에 따라	프로세스
	서보기구
	자동조정

74 블록선도의 구성요소로 이루어진 것은?

① 전달요소, 가합점, 분기점
② 전달요소, 가감점, 인출점
③ 전달요소 가합점, 인출점
④ 전달요소, 가감점, 분기점

75 계측기기의 감도(Sensitivity)에 대한 설명으로 틀린 것은?

① 감도가 좋으면 측정시간이 길어진다.
② 감도가 좋으면 측정범위가 좁아진다.
③ 계측기가 측정량의 변화에 민감한 정도를 말한다.
④ 측정량의 변화를 지시량의 변화로 나누어 준 값이다.

> 감도 : 지시량의 변화를 측정값의 변화로 나누어 준 값
> $= \dfrac{\text{지시량의 변화}}{\text{측정값의 변화}}$

76 흡수분석법 중 게겔법에 의한 가스분석의 순서로 옳은 것은?

① CO_2, O_2, C_2, H_2, C_2H_4, CO
② CO_2, C_2H_2, C_2H_4, O_2, CO
③ CO, C_2H_2, C_2H_4, O_2, CO_2
④ CO, O_2, C_2H_2, C_2H_4, CO

구분	순서
오르잣트법	$CO_2 \to O_2 \to CO$
헴펠법	$CO_2 \to C_mH_n \to O_2 \to CO$
게겔	$CO_2 \to C_2H_2 \to C_2H_4 \to O_2 \to CO$

77 서브기구에 해당되는 제어로서 목표치가 임의의 변화를 하는 제어로 옳은 것은?

① 정치제어   ② 캐스케이드제어
③ 추치제어   ④ 프로세스제어

> • 정치제어 : 제어량을 일정한 목표값으로 유지하는 제어
> • 추치제어 : 목표치가 변화하는 제어로 서보기구에 해당되는 제어

78 크로마토그래피의 피크가 그림과 같이 기록되었을 때 피크의 넓이(A)를 계산하는 식으로 가장 적합한 것은?

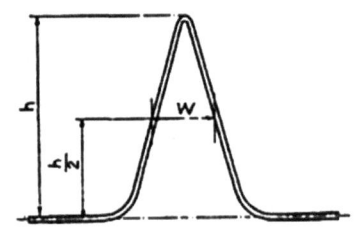

① $\dfrac{1}{4}Wh$ ② $\dfrac{1}{2}Wh$

③ Wh ④ $2Wh$

79 액면계로부터 가스가 방출되었을 때 인화 또는 중독의 우려가 없는 장소에 주로 사용하는 액면계는?

① 플로트식 액면계
② 정전용량식 액면계
③ 슬립튜브식 액면계
④ 전기저항식 액면계

> 인화중독의 우려가 없는 곳에 사용되는 액면계의 종류 : 슬립튜브식, 회전튜브식, 고정튜브식

80 다이어프램 가스미터의 최대유량이 $4m^3/h$ 일 경우 최소유량의 상한값은?

① $4\ell/h$ ② $8\ell/h$
③ $16\ell/h$ ④ $25\ell/h$

> $4m^3/h = 4000\ell/h$
> ∴ 최소유지량 상한값 $4000 \times \dfrac{1}{16} = 25L/h$

정답 2015년 1회 기출문제

01 ③	02 ③	03 ④	04 ②	05 ③
06 ②	07 ③	08 ②	09 ④	10 ③
11 ③	12 ①	13 ②	14 ④	15 ①
16 ②	17 ④	18 ①	19 ④	20 ④
21 ②	22 ①	23 ①	24 ④	25 ②
26 ③	27 ③	28 ②	29 ③	30 ②
31 ②	32 ①	33 ④	34 ①	35 ①
36 ③	37 ③	38 ④	39 ②	40 ④
41 ①	42 ④	43 ③	44 ③	45 ④
46 ③	47 ①	48 ②	49 ④	50 ④
51 ②	52 ②	53 ②	54 ①	55 ②
56 ③	57 ④	58 ①	59 ②	60 ③
61 ④	62 ③	63 ①	64 ①	65 ②
66 ④	67 ④	68 ②	69 ③	70 ①
71 ②	72 ①	73 ①	74 ③	75 ④
76 ②	77 ③	78 ③	79 ③	80 ④

2015년 2회 05월 31일 시행
공단 기출문제

제1과목 연소공학

01 다음에서 설명하는 법칙은?

"임의의 화학 반응에서 발생(또는 흡수)하는 열은 변화전과 변화후의 상태에 의해서 정해지며 그 경로는 무관하다."

① Dalton의 법칙
② Henry의 법칙
③ Avogadro의 법칙
④ Hess의 법칙

🔍 Hess 법칙(총열량불변의 법칙) : 임의의 화학 반응에서 발생(또는 흡수)하는 열은 변화 전과 변화 후의 상태에 의해서 정해지며 그 경로는 무관하다.

02 수소가 완전 연소 시 발생되는 발열량은 약 몇 kcal/kg 인가?(단, 수증기 생성열은 57.8kcal/mol 이다.)

① 12000
② 24000
③ 28900
④ 57800

🔍 $H_2 + \frac{1}{2}O_2 \rightarrow H_2O$ 에서
수소 2g(1mol)의 발열량 57.8kcal이므로
2g : 57.8kcal
1kg(1000g) : x
$\therefore x = \frac{1000 \times 57.8}{2} = 28900$ kcal/kg

03 전 폐쇄 구조인 용기 내부에서 폭발성가스의 폭발이 일어났을 때 용기가 압력에 견디고 외부의 폭발성 가스에 인화할 우려가 없도록 한 방폭구조는?

① 안전증 방폭구조
② 내압 방폭구조
③ 특수 방폭구조
④ 유입 방폭구조

🔍 방폭구조

종류	내용
내압 방폭구조(d)	용기의 내부에 폭발성 가스의 폭발이 일어날 경우, 용기가 폭발 압력에 견디고 외부의 폭발성 가스에 인화될 위험이 없도록 한 방폭구조
압력 방폭구조(p)	점화원이 될 우려가 있는 부분을 용기 안에 넣고 보호기체(신선한 공기 또는 불활성기체)를 용기 안에 압입함으로써 폭발성 가스가 침입하는 것을 방지하도록 되어 있는 방폭구조
유입 방폭구조(o)	전기 불꽃을 발생하는 부분을 용기 내부의 기름에 내장하여 외부의 폭발성 가스 또는 점화원 등에 접촉시 점화의 우려가 없도록 한 방폭구조
안전증 방폭구조(e)	정상 운전 중의 내부에서 불꽃이 발생하지 않도록 전기적, 기계적, 구조적으로 온도 상승에 대해 안전도를 증가시킨 구조로 내압 방폭구조보다 용량이 적음
본질안전 방폭구조 (ia, ib)	정상시 또는 단락, 단선, 지락 등의 사고시에 발생하는 아크, 불꽃, 고열에 의하여 폭발성 가스나 증기에 점화되지 않는 것이 확인된 구조
특수 방폭구조(s)	폭발성 가스, 증기 등에 의하여 점화하지 않는 구조로서 모래 등을 채워 넣은 사입 방폭구조 등
몰드 방폭구조(m)	폭발성가스의 증기입자 잠재적 위험 부위에 사용 정격전압 11000V를 넘지 않는 전기제품 등에 대한 시험요건에 대하여 규정된 방폭구조
비점화 방폭구조(n)	2종 장소에 사용되는 가스 증기 방폭기기 등에 적용 폭발성 가스 분위기에서 사용 전기기기구조시험표시 등에 대하여 규정된 방폭구조

04 밀폐된 용기속에 3atm, 25℃에서 프로판과 산소가 2:8의 몰비로 혼합되어 있으며 이것이 연소하면 다음 식과 같이 된다. 연소 후 용기내의 온도가 2500K로 되었다면 용기 내의 압력은 약 몇 atm이 되는가?

$$2C_3H_8 + 8O_2 \rightarrow 6H_2O + 4CO_2 + 2CO + 2H_2$$

① 3
② 15
③ 25
④ 35

🔍
$2C_3H_8 + 8O_2 \rightarrow 6H_2O + 4CO_2 + 2CO + 2H_2$
$P_1V_1 = n_1R_1T_1, P_2V_2 = n_2R_2T_2$ 에서

$(V_1 = V_2) \dfrac{n_1R_1T_1}{P_1} = \dfrac{n_2R_2T_2}{P_2}$

$\therefore P_2 = \dfrac{P_1n_2T_2}{n_1T_1} = \dfrac{3 \times 14 \times 2500}{10 \times 298} = 35.23\,\text{atm}$

🔍 **탄화도**

구분	내용
정의	천연고체연료에 포함된 탄소, 수소의 함량의 변해 가는 현상
탄화도가 클수록 인체에 미치는 영향	• 연료비가 증가한다. • 매연발생이 적어진다. • 휘발분이 감소하고 발열량이 커진다. • 고정탄소가 많아지고 착화온도가 높아진다. • 연소속도가 늦어진다.

05 메탄 50%, 에탄 40%, 프로판 5%, 부탄 5%인 혼합가스의 공기 중 폭발하한값(%)은?(단, 폭발하한값은 메탄 5%, 에탄 3%, 프로판 2.1%, 부탄 1.8%이다.)

① 3.51
② 3.61
③ 3.71
④ 3.81

🔍
$\dfrac{100}{L} = \dfrac{50}{5} + \dfrac{40}{3} + \dfrac{5}{2.1} + \dfrac{5}{1.8}$

$L = \dfrac{100}{\dfrac{50}{5} + \dfrac{40}{3} + \dfrac{5}{2.1} + \dfrac{5}{1.8}} = 3.51\%$

06 분진폭발에 대한 설명 중 틀린 것은?

① 분진은 공기 중에 부유하는 경우 가연성이 된다.
② 분진은 구조물 위에 퇴적하는 경우 불연성이다.
③ 분진이 발화, 폭발하기 위해서는 점화원이 필요하다.
④ 분진폭발은 입자표면에 열에너지가 주어져 표면 온도가 상승한다.

07 탄화도가 커질수록 연료에 미치는 영향이 아닌 것은?

① 연료비가 증가한다.
② 연소속도가 늦어진다.
③ 매연발생이 상대적으로 많아진다.
④ 고정탄소가 많아지고 발열량이 커진다.

08 폭굉유도거리를 짧게 하는 요인에 해당하지 않는 것은?

① 관경이 클수록
② 압력이 높을수록
③ 연소열량이 클수록
④ 연소속도가 클수록

🔍 **폭굉유도거리(DID)**

구분	내용
정의	최초의 완만한 연소가 격렬한 폭굉으로 발전하는 거리
짧아지는 조건	• 점화원의 에너지가 클수록 • 압력이 높을수록 • 정상연소속도가 큰 혼합가스일수록 • 관속에 방해물이 있거나 관경이 가늘수록

09 연소 시 배기가스 중의 질소산화물(NOx)의 함량을 줄이는 방법으로 가장 거리가 먼 것은?

① 굴뚝을 높게 한다.
② 연소온도를 낮게 한다.
③ 질소함량이 적은 연료를 사용한다.
④ 연소가스가 고온으로 유지되는 시간을 짧게 한다.

🔍 보기 중 ①항은 대기오염도와 관련이 있다.

10 수소의 연소반응은 $H_2 + \frac{1}{2}O_2 \rightarrow H_2O$ 로 알려져 있으나 실제반응은 수많은 소반응이 연쇄적으로 일어난다고 한다. 다음은 무슨 반응에 해당하는가?

$$OH + H_2 \rightarrow H_2O + H$$
$$O + HO_2 \rightarrow O_2 + OH$$

① 연쇄창시반응
② 연쇄분지반응
③ 기상정지반응
④ 연쇄이동반응

🔍 수소-산소의 양론혼합반응에서 소반응의 종류

반응의 종류	반응
연쇄이동반응	$OH + H_2 \rightarrow H_2O + H$ $O + HO_2 \rightarrow O_2 + OH$
안정분자(표면정지반응)	$H, O, OH \rightarrow$ 안정분자
연쇄분지반응	$H + O_2 \rightarrow OH + O$ $O + H_2 \rightarrow OH + H$
기상정지반응	$H + O_2 + M \rightarrow H_2O + M$

11 설치장소의 위험도에 대한 방폭구조의 선정에 관한 설명 중 틀린 것은?

① 0종 장소에서는 원칙적으로 내압방폭구조를 사용한다.
② 2종 장소에서 사용하는 전선관용 부속품은 KS에서 정하는 일반품으로서 나사접속의 것을 사용할 수 있다.
③ 두 종류 이상의 가스가 같은 위험장소에 존재하는 경우에는 그 중 위험등급이 높은 것을 기준으로 하여 방폭전기기기의 등급을 선정하여야 한다.
④ 유입방폭구조는 1종 장소에서는 사용을 피하는 것이 좋다.

🔍 0종 장소에는 원칙적으로 본질안전방폭구조를 사용한다.

12 유황(S kg)의 완전연소 시 발생하는 SO_2의 양을 구하는 식은?

① $4.31 \times S$ Nm^3
② $3.33 \times S$ Nm^3
③ $0.7 \times S$ Nm^3
④ $4.38 \times S$ Nm^3

🔍 $S + O_2 \rightarrow SO_2$
32kg : 22.4 SNm^3
1kg : x

$= \frac{1 - 22.4}{32} = 0.75 SNm^3$

13 아세틸렌(C_2H_2)가스의 위험도는 얼마인가?(단, 아세틸렌의 폭발한계는 2.51~81.2% 이다.)

① 29.15
② 30.25
③ 31.35
④ 32.45

🔍 위험도 $= \frac{폭발상한 - 폭발하한}{폭발하한}$

$= \frac{81.2 - 2.51}{2.51} = 31.35$

14 LPG가 완전연소 될 때 생성되는 물질은?

① CH_4, H_2
② CO_2, H_2O
③ C_3H_8, CO_2
④ C_4H_{10}, H_2O

🔍 $C_3H_8 + 5O_2 \rightarrow 3CO_2 + 4H_2O$
$C_4H_{10} + 6.5O_2 \rightarrow 4CO_2 + 5H_2O$

15 디토네이션(detonation)에 대한 설명으로 옳지 않은 것은?

① 발열반응으로서 연소의 전파속도가 그 물질 내에서 음속보다 느린 것을 말한다.
② 물질 내에 충격파가 발생하여 반응을 일으키고 또한 반응을 유지하는 현상이다.
③ 충격파에 의해 유지되는 화학 반응 현상이다.
④ 디토네이션은 확산이나 열전도의 영향을 거의 받지 않는다.

> 폭굉(디토네이션) : 가스 중의 음속보다 화염전파속도(폭발속도)가 큰 경우로 파면선단에 솟구치는 압력파가 발생하여 격렬한 파괴작용을 일으키는 원인

16 불꽃 중 탄소가 많이 생겨서 황색으로 빛나는 불꽃은?

① 휘염
② 층류염
③ 환원염
④ 확산염

17 가스연료와 공기의 흐름이 난류일 때의 연소상태에 대한 설명으로 옳은 것은?

① 화염의 윤곽이 명확하게 된다.
② 층류일 때 보다 연소가 어렵다.
③ 층류일 때 보다 열효율이 저하된다.
④ 층류일 때 보다 연소가 잘되며 화염이 짧아진다.

> 난류예혼합화염과 층류예혼합화염의 비교

난류예혼합화염	층류예혼합화염
• 층류일 때 보다 연소가 잘되며 화염은 단염이다. • 연소속도가 수 십배 빠르다. • 연소시 다량의 미연소분이 존재한다.	• 난류보다 연소가 느리다. • 연소속도가 느리다. • 화염의 두께가 얇다. • 화염은 청색, 난류보다 휘도가 낮다.

18 프로판 1몰 연소 시 필요한 이론 공기량은 약 얼마인가? (단, 공기 중 산소량은 21v%이다.)

① 16mol
② 24mol
③ 32mol
④ 44mol

> $C_3H_8 + 5O_2 \rightarrow 3CO_2 + 4H_2O$
> $1 : 5$
> $\therefore 공기량 = 5 \times \frac{100}{21} ≒ 24mol$

19 다음은 고체연료의 연소과정에 관한 사항이다. 보통 기상에서 일어나는 반응이 아닌 것은?

① $C + CO_2 \rightarrow 2CO$
② $CO + \frac{1}{2}O_2 \rightarrow CO_2$
③ $H_2 + \frac{1}{2}O_2 \rightarrow H_2O$
④ $CO + H_2O \rightarrow CO_2 + H_2$

20 위험성평가기법 중 공정에 존재하는 위험요소들과 공정의 효율을 떨어뜨릴 수 있는 운전상의 문제점을 찾아내어 그 원인을 제고하는 정성적인 안전성평가 기법은?

① What-if
② HEA
③ HAZOP
④ FMECA

> 위험성 평가 방법의 분류
> • What-if : 사고예방 질문분석(정성)
> • HEA : 작업자분석기법(정량)
> • HAZOP : 위험과 운전분석(정성)
> • FMECA : 이상위험도분석(정성)

제2과목 가스설비

21 고온·고압상태의 암모니아 합성탑에 대한 설명으로 틀린 것은?

① 재질은 탄소강을 사용한다.
② 재질은 18-8 스테인리스강을 사용한다.
③ 촉매로는 보통 산화철에 CaO를 첨가한 것이 사용된다.
④ 촉매로는 보통 산화철에 K_2O 및 Al_2O_3를 첨가한 것이 사용된다.

> 암모니아 합성탑(신파우스법 반응탑)

구분		세부내용
재질, 촉매관 구조		18-8STS
촉매		Fe_3O_4(산화철)에 Al_2O_3, K_2O, CaO 등을 보조촉매로 가한 용융 촉매가 사용
촉매층	단수	5단으로 나누어짐
	최하단	촉매를 충전한 열 교환기
냉각코일과 보일러 순환물의 증기압력		8atm

22 정압기의 정특성에 대한 설명으로 옳지 않은 것은?

① 정상상태에서의 유량과 2차압력의 관계를 뜻한다.
② Lock-up 이란 폐쇄압력과 기준유량일 때의 2차압력과의 차를 뜻한다.
③ 오프셋 값은 클수록 바람직하다.
④ 유량이 증가할수록 2차압력은 점점 낮아진다.

23 가스의 압축방식이 아닌 것은?

① 등온압축   ② 단열압축
③ 폴리트로픽압축 ④ 감열압축

- 등온압축 : 압축 전후의 온도가 같은 압축
- 단열압축 : 압축 후 열손실이 전혀 없는 압축
- 폴리트로픽압축 : 압축 전후 약간의 열손실이 있는 압축

24 액화석유가스 저장소의 저장탱크는 몇 ℃ 이하의 온도를 유지하여야 하는가?

① 20℃
② 35℃
③ 40℃
④ 50℃

25 전기방식방법 중 희생양극법의 특징에 대한 설명으로 틀린 것은?

① 시공이 간단하다.
② 과방식의 우려가 없다.
③ 방식효과 범위가 넓다.
④ 단거리 배관에 경제적이다.

희생 양극법

장점	단점
• 시공이 간단하고 시공비용이 저렴하다. • 단거리 배관에 유리하다. • 과방식의 우려가 없다. • 전위경사가 적은 장소에 적합하다.	• 효과 범위가 좁다. • 전류조절이 어렵다. • 강한 전식에는 효과가 없다. • 양극의 보충이 필요하다.

26 고압 산소 용기로 가장 적합한 것은?

① 주강용기
② 이중용접용기
③ 이음매 없는 용기
④ 접합용기

27 기화장치의 성능에 대한 설명으로 틀린 것은?

① 온수가열방식은 그 온수의 온도가 80℃ 이하이어야 한다.
② 증기가열방식은 그 온수의 온도가 120℃ 이하이어야 한다.
③ 가연성 가스용 기화장치의 접지 저항치는 100Ω 이상이어야 한다.
④ 압력계는 계량법에 의한 검사 합격품이어야 한다.

28 염화비닐호스에 대한 규격 및 검사방법에 대한 설명으로 맞는 것은?

① 호스의 안지름은 1종, 2종, 3종으로 구분하며 2종의 안지름은 9.5mm이고 그 허용오차는 ±0.8mm 이다.
② -20℃ 이하에서 24시간 이상 방치한 후 지체 없이 10회 이상 굽힘시험을 한 후에 기밀시험에 누출이 없어야 한다.
③ 3MPa 이상의 압력으로 실시하는 내압시험에서 이상이 없고 4MPa 이상의 압력에서 파열되지 아니하여야 한다.
④ 호스의 구조는 안층·보강층·바깥층으로 되어 있고 안층이 재료는 염화비닐을 사용하며, 인장 강도는 65.6N/5mm 폭 이상이다.

염화비닐호스

구분	세부 내용
호스의 구조 및 치수	• 호스는 안층, 보강층, 바깥층의 구조 • 안지름과 두께가 균일한 것으로 굽힘성이 좋고 홈·기포·균열등의 결점이 없을 것 • 강선보강층은 직경 0.18mm 이상의 강선을 상하 겹치도록 편조하여 제조한다.

호스의 안지름 치수	종류	안지름(mm)	허용차(mm)
	1종	6.3	±0.7
	2종	9.5	
	3종	12.7	
내압성능	1m호스를 3MPa에서 5분간 실시하는 내압시험에서 누출이 없으며 파열, 국부적인 팽창이 없을 것		
파열성능	1m호스를 4MPa 이상의 압력에서 파열되는 것으로 한다.		
기밀성능	1m호스를 2MPa 압력에서 실시하는 기밀시험에서 3분간 누출이 없고 국부적인 팽창이 없을 것		
내인장성능	호스의 안층 인장 강도는 73.6N/5mm 폭 이상		

29 냄새가 나는 물질(부취제)의 구비조건으로 옳지 않은 것은?

① 부식성이 없어야 한다.
② 물에 녹지 않아야 한다.
③ 화학적으로 안정하여야 한다.
④ 토양에 대한 투과성이 낮아야 한다.

🔍 부취제 구비조건
· 독성이 없을 것
· 화학적으로 안정할 것
· 보통 냄새와 구별될 것
· 토양에 대한 투과성이 클 것
· 완전 연소할 것
· 물에 녹지 않을 것

30 배관의 온도변화에 의한 신축을 흡수하는 조치로 틀린 것은?

① 루프이음
② 나사이음
③ 상온스프링
④ 벨로우즈형 신축이음매

🔍 신축이음종류 : 루프, 슬리브, 스위블, 벨로우즈, 상온스프링 등

31 1단 감압식 저압조정기 출구로부터 연소기 입구까지의 허용압력 손실로 옳은 것은?

① 수주 10mm를 초과해서는 아니 된다.
② 수주 15mm를 초과해서는 아니 된다.
③ 수주 30mm를 초과해서는 아니 된다.
④ 수주 50mm를 초과해서는 아니 된다.

32 안지름 10cm의 파이프를 플랜지에 접속하였다. 이 파이프 내에 40kgf/cm² 의 압력으로 볼트 1개에 걸리는 힘을 400kgf 이하로 하고자 할 때 볼트는 최소 몇 개가 필요한가?

① 7개
② 8개
③ 9개
④ 10개

🔍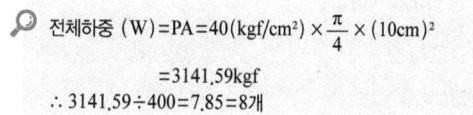
전체하중 $(W) = PA = 40(kgf/cm^2) \times \frac{\pi}{4} \times (10cm)^2$
$= 3141.59 kgf$
∴ $3141.59 \div 400 = 7.85 = 8$개

33 아세틸렌을 용기에 충전하는 경우 충전중의 압력은 온도에 불구하고 몇 MPa 이하로 하여야 하는가?

① 2.5
② 3.0
③ 3.5
④ 4.0

34 수동교체 방식의 조정기와 비교한 자동절체식 조정기의 장점이 아닌 것은?

① 전체 용기 수량이 많아져서 장시간 사용할 수 있다.
② 분리형을 사용하면 1단 감압식 조정기의 경우보다 배관의 압력손실을 크게 해도 된다.
③ 잔액이 거의 없어질 때까지 사용이 가능하다.
④ 용기 교환주기의 폭을 넓힐 수 있다.

🔍 전체 용기 수량이 적어도 된다.

35 다음 중 LP가스의 성분이 아닌 것은?

① 프로판   ② 부탄
③ 메탄올   ④ 프로필렌

36 직경 50mm의 강재로 된 둥근 막대가 8000kgf의 인장하중을 받을 때의 응력은 약 몇 kgf/mm² 인가?

① 2   ② 4
③ 6   ④ 8

🔍 $\sigma = \dfrac{W}{A} = \dfrac{8000\text{kgf}}{\dfrac{\pi}{4} \times (50\text{mm})^2} = 4.07\text{kgf/mm}^2$

37 가스설비 공사 시 지반이 점토질 지반일 경우 허용지지력도(MPa)는?

① 0.02   ② 0.05
③ 0.5   ④ 1.0

🔍 지반의 종류에 따른 허용응력 지지도(KGS FP112 2.2.5)

지반의 종류	허용응력 지지도(MPa)	지반의 종류	허용응력 지지도(MPa)
암반	1	조밀한 모래질 지반	0.2
단단히 응결된 모래층	0.5	단단한 점토질 지반	0.1
황토흙	0.3	점토질 지반	0.02
조밀한 자갈층	0.3	단단한 롬(loam)층	0.1
모래질 지반	0.05	롬(loam)층	0.05

38 압축기 실린더 내부 윤활유에 대한 설명으로 옳지 않은 것은?

① 공기 압축기에는 광유(鑛油)를 사용한다.
② 산소 압축기에는 기계유를 사용한다.
③ 염소 압축기에는 진한 황산을 사용한다.
④ 아세틸렌 압축기에는 양질의 광유(鑛油)를 사용한다.

🔍 압축기에 사용되는 윤활유의 종류

가스의 종류	윤활유
O_2(산소)	물 또는 10% 이하 글리세린수
Cl_2(염소)	진한 황산
LP가스	식물성유
H_2(수소), C_2H_2(아세틸렌), 공기	양질의 광유

39 용접장치에서 토치에 대한 설명으로 틀린 것은?

① 불변압식 토치는 니들밸브가 없는 것으로 독일식이라 한다.
② 팁의 크기는 용접할 수 잇는 판 두께에 따라 선정한다.
③ 가변압식 토치를 프랑스식이라 한다.
④ 아세틸렌 토치의 사용압력은 0.1MPa 이상에서 사용한다.

40 가로 15cm, 세로 20cm의 환기구에 철재갤러리를 설치한 경우 환기구의 유효면적은 몇 cm² 인가?(단, 개구율은 0.3 이다.)

① 60
② 90
③ 150
④ 300

🔍 $A_e = A \times r = (15 \times 20) \times 0.3 = 90\text{cm}^2$
[A_e : 통풍가능면적, A : 환기구 면적, r : 개구율]

제3과목 가스안전관리

41 도시가스배관을 도로매설 시 배관의 외면으로부터 도로 경계까지 얼마 이상의 수평거리를 유지하여야 하는가?

① 0.8m
② 1.0m
③ 1.2m
④ 1.5m

42 에어졸의 충전 기준에 적합한 용기의 내용적은 몇 ℓ 이하이어야 하는가?

① 1   ② 2
③ 3   ④ 5

43 내용적 20000ℓ의 저장탱크에 비중량이 0.8kg/ℓ인 액화가스를 충전할 수 있는 양은?

① 13.6톤   ② 14.4톤
③ 16.5톤   ④ 17.7톤

🔍 G = 0.9dv
 = 0.9 × 0.8(kg/ℓ) × 20000ℓ
 = 14400kg = 14.4ton

44 기업활동 전반을 시스템으로 보고 시스템 운영 규정을 작성·시행하여 사업장에서의 사고 예방을 위한 모든 형태의 활동 및 노력을 효과적으로 수행하기 위한 체계적이고 종합적인 안전관리체계를 의미하는 것은?

① MMS
② SMS
③ CRM
④ SSS

45 특수가스의 하나인 실란(SiH_4)의 주요 위험성은?

① 상온에서 쉽게 분해된다.
② 분해 시 독성물질을 생성한다.
③ 태양광에 의해 쉽게 분해된다.
④ 공기 중에 누출되면 자연발화한다.

46 에어졸 충전시설에는 온수시험탱크를 갖추어야 한다. 충전용기의 가스누출시험 온도는?

① 26℃ 이상 30℃ 미만
② 30℃ 이상 50℃ 미만
③ 46℃ 이상 50℃ 미만
④ 50℃ 이상 66℃ 미만

47 LPG 판매 사업소의 시설기준으로 옳지 않은 것은?

① 가스누출경보기는 용기보관실에 설치하되 일체형으로 한다.
② 용기보관실의 전기설비 스위치는 용기보관실 외부에 설치한다.
③ 용기보관실의 실내온도는 40℃ 이하로 유지한다.
④ 용기보관실 및 사무실은 동일 부지 내에 구분하여 설치한다.

🔍 가스누출경보기는 용기보관실에 설치하되 분리형으로 설치한다.

48 최대지름이 6m인 고압가스 저장탱크 2기가 있다. 이 탱크에 물분부장치가 없을 때 상호유지되어야 할 최소 이격거리는?

① 1m   ② 2m
③ 3m   ④ 4m

🔍 $(6m+6m) \times \frac{1}{4} = 3m$

49 산화에틸렌(C_2H_4O)에 대한 설명으로 틀린 것은?

① 휘발성이 큰 물질이다.
② 독성이 없고 회염속도기 빠르다.
③ 사염화탄소, 에테르 등에 잘 녹는다.
④ 물에 녹으면 안정된 수화물을 형성한다.

🔍 산화에틸렌은 독성 가연성 가스이다.

50 액화석유가스 저장설비 및 가스설비실의 통풍구조 기준에 대한 설명으로 옳은 것은?

① 사방을 방호벽으로 설치하는 경우 한 방향으로 2개소의 환기구를 설치한다.
② 환기구의 1개소 면적은 2400cm² 이하로 한다.
③ 강제통풍 시설의 방출구는 지면에서 2m 이상의 높이에서 설치한다.
④ 강제통풍 시설의 통풍능력은 1m² 마다 0.1m³/분 이상으로 한다.

🔍 **LPG 저장설비 환기설비(KGS FS231)**

자연환기	강제환기
• 환기구는 바닥면에 접하고 외기에 면하게 설치 • 환기구 통풍가능면적의 합계는 바닥면적 1m² 당 300cm² 의 비율 • 환기구 1개의 면적은 2400cm² 이하 • 환기구에 철망 틀 부착 시 통풍가능면적은 철망환기구의 면적을 뺀 면적 • 알루미늄 강판제 갤러리 부착시 통풍가능면적은 환기구 면적의 50% • 한 방향 환기구 통풍가능면적은 전체 환기구 필요 통풍가능면적의 70%까지 계산 • 사방을 방호벽으로 설치 시 환기구 방향은 2방향으로 분산 설치	• 통풍능력은 바닥면적 1m² 마다 0.5m³/min 이상 • 흡입구는 바닥면 가까이 • 배기가스 방출구를 지면에서 5m 이상 높이에 설치

51 도시가스를 지하에 매설할 경우 배관은 그 외면으로부터 지하의 다른 시설물과 얼마 이상의 거리를 유지하여야 하는가?

① 0.3m　② 0.5m
③ 1m　④ 1.5m

52 암모니아의 성질에 대한 설명으로 틀린 것은?

① 20℃에서 약 8.5기압의 가압으로 액화시킬 수 있다.
② 암모니아를 물에 계속 녹이면 용액의 비중은 물보다 커진다.
③ 액체 암모니아가 피부에 접촉하면 동상에 걸려 심한 상처를 입게 된다.
④ 암모니아 가스는 기도, 코, 인후의 점막을 자극한다.

🔍 NH_3 액비중 0.597

53 고압가스 특정제조시설에 설치되는 가스누출 검지경보장치의 설치기준에 대한 설명으로 옳지 않은 것은?

① 경보농도는 가연성가스의 경우 폭발한계의 1/2 이하로 하여야 한다.
② 검지에서 발신까지 걸리는 시간은 경보농도의 1.2배 농도에서 보통 20초 이내로 한다.
③ 경보기의 정밀도는 경보농도 설정치에 대하여 가연성가스용은 ±25% 이하이어야 한다.
④ 검지경보장치의 경보정밀도는 전원의 전압 등 변동이 ±20% 정도일 때에도 저하되지 아니하여야 한다.

54 LPG 저장설비 주위에는 경계책을 설치하여 외부인의 출입을 방지할 수 있도록 해야 한다. 경계책의 높이는 몇 m 이상 이어야 하는가?

① 0.5m
② 1.5m
③ 2.0m
④ 3.0m

55 독성가스 충전시설에서 다른 제조시설과 구분하여 외부로부터 독성가스 충전시설임을 쉽게 식별할 수 있도록 설치하는 조치는?

① 충전표지
② 경계표지
③ 위험표지
④ 안전표지

🔍 독성가스의 표지 : 위험표지, 식별표지

56 고압가스 특정제조의 기술기준으로 옳지 않은 것은?

① 가연성가스 또는 산소의 가스설비 부근에는 작업에 필요한 양 이상의 연소하기 쉬운 물질을 두지 아니할 것
② 산소 중의 가연성가스의 용량이 전용량의 3% 이상의 것은 압축을 금지할 것
③ 석유류 또는 글리세린은 산소압축기의 내부 윤활제로 사용하지 말 것
④ 산소 제조 시 공기액화분리기 내에 설치된 액화산소 통 내의 액화산소는 1일 1회 이상 분석할 것

🔍 산소 중의 가연성가스의 용량이 전용량의 4% 이상의 것은 압축을 금지할 것

57 수소용기의 외면에 칠하는 도색의 색깔은?

① 주황색
② 적색
③ 황색
④ 흑색

58 용기 파열사고의 원인으로서 가장 거리가 먼 것은?

① 염소용기는 용기의 부식에 의하여 파열사고가 발생할 수 있다.
② 수소용기는 산소와 혼합충전으로 격심한 가스폭발에 의한 파열사고가 발생할 수 있다.
③ 고압아세틸렌가스는 분해폭발에 의한 파열사고가 발생될 수 있다.
④ 용기 내 과다한 수증기 발생에 의한 폭발로 용기파열이 발생할 수 있다.

59 LP가스 용기저장소를 그림과 같이 설치 할 때 자연환기시설의 위치로서 가장 적당한 곳은?

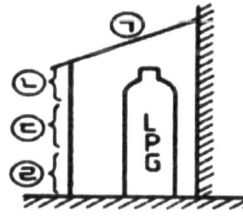

① ㄱ
② ㄴ
③ ㄷ
④ ㄹ

60 LPG용 가스렌지를 사용하는 도중 불꽃이 치솟는 사고가 발생하였을 때 가장 직접적인 사고 원인은?

① 압력조정기 불량
② T관으로 가스누출
③ 연소기의 연소불량
④ 가스누출자동차단기 미작동

제4과목 가스계측

61 액면계의 종류로만 나열된 것은?

① 플로트식, 퍼지식, 차압식, 정전용량식
② 플로트식, 터빈식, 액비중식, 광전관식
③ 퍼지식, 터빈식, Oval식, 차압식
④ 퍼지식, 터빈식, Roots식, 차압식

62 가연성가스 검지 방식으로 가장 적합한 것은?

① 격막전극식
② 정전위전해식
③ 접촉연소식
④ 원자흡광광도법

63 가스미터 출구 측 배관을 수직배관으로 설치하지 않는 가장 큰 이유는?

① 설치면적을 줄이기 위하여
② 화기 및 습기 등을 피하기 위하여
③ 검침 및 수리 등의 작업이 편리하도록 하기 위하여
④ 수분응축으로 밸브의 동결을 방지하기 위하여

64 도플러 효과를 이용한 것으로, 대유량을 측정하는데 적합하며 압력손실이 없고, 비전도성 유체도 측정할 수 있는 유량계는?

① 임펠러 유량계
② 초음파 유량계
③ 코리올리 유량계
④ 터빈 유량계

65 도로에 매설된 도시가스가 누출되는 것을 감지하여 분석한 후 가스누출 유무를 알려주는 가스검출기는?

① FID
② TCD
③ FTD
④ FPD

66 30℃는 몇 °R(rankine)인가?

① 528°R ② 537°R
③ 546°R ④ 555°R

°R={(℃ + 273)}×1.8=(30 + 273)×1.8=546°R

67 연소분석법 중 2종 이상의 동족 탄화수소와 수소가 혼합된 시료를 측정할 수 있는 것은?

① 폭발법, 완만 연소법
② 산화구리법, 완만 연소법
③ 분별 연소법, 완만 연소법
④ 파라듐관 연소법, 산화구리법

68 제어기기의 대표적인 것을 들면 검출기, 증폭기, 조작기기, 변환기로 구분되는데 서보전동기(servo motor)는 어디에 속하는가?

① 검출기 ② 증폭기
③ 변환기 ④ 조작기기

69 가스크로마토그래피의 구성요소가 아닌 것은?

① 분리관(컬럼)
② 검출기
③ 유속조절기
④ 단색화 장치

70 그림과 같은 조작량의 변화는 어떤 동작인가?

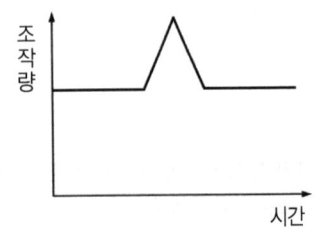

① I동작 ② PD동작
③ D동작 ④ PI동작

71 가스크로마토그래피의 불꽃이온화검출기에 대한 설명으로 옳지 않은 것은?

① N_2 기체는 가장 높은 검출한계를 갖는다.
② 이온의 형성은 불꽃 속에 들어온 탄소 원자의 수에 비례한다.
③ 열전도도 검출기보다 감도가 높다.
④ H_2, NH_3 등 비탄화수소에 대하여는 감응이 없다.

가스크로마토그래피 검출기의 특징

명칭	원리	특성
TCD (열전도도형 검출기)	운반가스와 시료 성분가스의 열전도차를 금속필라멘트의 저항 변화로 검출	구조가 간단하다. 선형 감응범위가 넓다. 검출 후 용질을 파괴하지 않는다. 가장 널리 사용한다.
FID (수소염 이온화 검출기)	불꽃으로 시료성분이 이온화됨으로써 불꽃 중에 놓여진 전극간의 전기 전도도가 증대하는 것을 이용	탄화수소에서 감응이 최고이고, H_2, O_2, CO, CO_2, SO_2 등에 감응이 없다.(유기화합물 분리에 적합)
ECD (전자포획 이온화 검출기)	방사선으로 운반가스가 이온화되고 생긴 자유전자를 시료 성분이 포획하면 이온전류가 감소되는 것을 이용	할로겐 및 산소화합물에서의 감응이 최고, 탄화수소는 감도가 나쁘다(베타입자 이용).
FPD (염광광도 검출기)	—	인, 유황화합물을 선택적으로 검출
FTD (알칼리성 열이온화 검출기)	—	유기질소화합물 유기인화합물을 선택적으로 검출

72 공업용으로 사용될 수 있는 LP 가스미터기의 용량을 가장 정확하게 나타낸 것은?

① 1.5m³/h 이하 ② 10m³/h 초과
③ 20m³/h 초과 ④ 30m³/h 초과

73 MAX 1.0m³/h, 05ℓ/rev 로 표기된 가스미터가 시간당 50회전 하였을 경우 가스 유량은?

① 0.5m³/h ② 25ℓ/h
③ 25m³/h   ④ 50ℓ/h

🔍 0.5ℓ/REV × 50REV/h = 25ℓ/h

74 염소(Cℓ₂)가스 누출 시 검지하는 가장 적당한 시험지는?

① 연당지
② KI-전분지
③ 초산벤젠지
④ 염화제일구리착염지

75 복사에너지의 온도와 파장과의 관계를 이용한 온도계는?

① 열선온도계 ② 색 온도계
③ 광고온계   ④ 방사 온도계

76 동특성 응답이 아닌 것은?

① 과도응답
② 임펄스응답
③ 스텝응답
④ 정오차응답

77 1차 제어장치가 제어량을 측정하여 제어명령을 발하고 2차 제어장치가 이 명령을 바탕으로 제어량을 조절하는 측정제어는?

① 비율제어
② 자력제어
③ 캐스케이드제어
④ 프로그램제어

78 기본단위가 아닌 것은?

① 전류(A)   ② 온도(K)
③ 속도(V)   ④ 질량(kg)

🔍 기본단위 : 전류(A), 온도(K), 질량(kg), 물질량(mol), 길이(m), 광도(cd), 시간(sec)

79 기계식 압력계가 아닌 것은?

① 환상식 압력계
② 경사관식 압력계
③ 피스톤식 압력계
④ 자기변혁식 압력계

80 공업계기의 구비조건으로 가장 거리가 먼 것은?

① 구조가 복잡해도 정밀한 측정이 우선이다.
② 주변 환경에 대하여 내구성이 있어야 한다.
③ 경제적이며 수리가 용이하여야 한다.
④ 원격조정 및 연속 측정이 가능하여야 한다.

정답 2015년 2회 기출문제

01 ④	02 ③	03 ②	04 ④	05 ①
06 ②	07 ③	08 ①	09 ①	10 ④
11 ①	12 ③	13 ③	14 ②	15 ①
16 ①	17 ④	18 ②	19 ①	20 ③
21 ①	22 ③	23 ④	24 ③	25 ③
26 ③	27 ③	28 ③	29 ④	30 ②
31 ③	32 ②	33 ①	34 ①	35 ③
36 ②	37 ①	38 ②	39 ④	40 ②
41 ②	42 ①	43 ②	44 ②	45 ④
46 ③	47 ①	48 ③	49 ②	50 ②
51 ①	52 ②	53 ②	54 ②	55 ①
56 ②	57 ②	58 ④	59 ④	60 ①
61 ①	62 ②	63 ②	64 ②	65 ①
66 ③	67 ④	68 ②	69 ④	70 ②
71 ①	72 ②	73 ②	74 ②	75 ②
76 ④	77 ③	78 ③	79 ④	80 ①

2015년 3회 09월 19일 시행
공단 기출문제

제1과목 연소공학

01 상온, 상압에서 프로판-공기의 가연성 혼합기체를 완전 연소시킬 때 프로판 1kg을 연소시키기 위하여 공기는 약 몇 kg 이 필요한가?(단, 공기 중 산소는 23.15wt% 이다.)

① 13.6　② 15.7
③ 17.3　④ 19.2

$C_3H_8 + 5O_2 \rightarrow 3CO_2 + 4H_2O$
44kg : 5 × 32kg
1kg : x(산소량)kg
$x = \dfrac{1 \times 5 \times 32}{44} = 3.6363$
∴ 공기량 $3.6363 \times \dfrac{100}{23.15} = 15.7$ kg

02 메탄(CH_4)에 대한 설명으로 옳은 것은?

① 고온에서 수증기와 작용하면 일산화탄소와 수소를 생성한다.
② 공기 중 메탄성분이 60% 정도 함유되어 있는 혼합기체는 점화되면 폭발한다.
③ 부취제와 메탄을 혼합하면 서로 반응한다.
④ 조연성가스로서 유기화합물을 연소시킬 때 발생한다.

① $CH_4 + H_2O \rightarrow CO + 3H_2$
② CH_4의 연소범위 5~15%
③ 부취제와 반응하지 않음
④ CH_4은 가연성

03 발화지연시간(Ignition delay time)에 영향을 주는 요인으로 가장 거리가 먼 것은?

① 온도　② 압력
③ 폭발하한 값　④ 가연성가스의 농도

04 다음 중 폭발 범위가 가장 좁은 것은?

① 이황화탄소
② 부탄
③ 프로판
④ 시안화수소

폭발범위

가스명	연소범위	가스명	연소범위
CS_2 (이황화탄소)	1.2~44%	C_3H_8 (프로판)	2.1~9.5%
C_4H_{10} (부탄)	1.8~8.4%	HCN (시안화수소)	6~41%

05 프로판(C_3H_8)가스 1Sm³를 완전연소시켰을 때의 건조 연소가스량은 약 몇 Sm³인가?(단, 공기 중 산소의 농도는 21 vol% 이다.)

① 19.8　② 21.8
③ 23.8　④ 25.8

$C_3H_8 + 5O_2 \rightarrow 3CO_2 + 4H_2O$
건조 연소가스량 : N_2, CO_2 이므로
$N_2 : 5 \times \dfrac{0.79}{0.21}$
$CO_2 : 3$
∴ $5 \times \dfrac{0.79}{0.21} + 3 = 21.80 Sm^3$

06 다음 중 산소 공급원이 아닌 것은?

① 공기
② 산화제
③ 환원제
④ 자기연소성 물질

환원제 : 가연성 물질

07 LPG 저장탱크의 배관이 파손되어 가스로 인한 화재가 발생하였을 때 안전관리자가 긴급차단장치를 조작하여 LPG 저장탱크로부터의 LPG 공급을 차단하여 소화하는 방법은?

① 질식소화
② 억제소화
③ 냉각소화
④ 제거소화

🔍 소화의 종류

종류	내용
제거소화	연소반응이 일어나고 있는 가연물 및 주변의 가연물을 제거하여 연소반응을 중지시켜 소화하는 방법
질식소화	가연물에 공기 및 산소의 공급을 차단하여 산소의 농도를 16% 이하로 하여 소화하는 방법 • 불연성 기체로 가연물을 덮는 방법 • 연소실을 완전 밀폐하는 방법 • 불연성 포로 가연물을 덮는 방법 • 고체로 가연물을 덮는 방법
냉각소화	연소하고 있는 가연물의 열을 빼앗아 온도를 인화점 및 발화점 이하로 낮추어 소화하는 방법 • 소화약제(CO_2)에 의한 방법 • 엑체를 사용하는 방법 • 고체를 사용하는 방법
억제소화 (부촉매효과법)	연쇄적 산화반응을 약화시켜 소화하는 방법
희석소화	산소나 가연성 가스의 농도를 연소범위 이하로 하여 소화하는 방법. 즉, 가연물의 농도를 작게 하여 연소를 중지시킨다.

08 연소로(燃燒爐) 내의 폭발에 의한 과압을 안전하게 방출시켜 노의 파손에 의한 피해를 최소화하기 위해 폭연벤트(deflagration vent)를 설치한다. 이에 대한 설명으로 옳지 않은 것은?

① 가능한 한 곡절부에 설치한다.
② 과압으로 손쉽게 열리는 구조로 한다.
③ 과압을 안전한 방향으로 방출시킬 수 있는 장소를 선택한다.
④ 크기와 수량은 노의 구조와 규모 등에 의해 결정한다.

🔍 폭연벤트는 가능한 직선부에 설치한다.

09 가연물의 위험성에 대한 설명으로 틀린 것은?

① 비등점이 낮으면 인화의 위험성이 높아진다.
② 파라핀 등 가연성 고체는 화재 시 가연성 액체가 되어 화재를 확대한다.
③ 물과 혼합되기 쉬운 가연성 액체는 물과 혼합되면 증기압이 높아져 인화점이 낮아진다.
④ 전기전도도가 낮은 인화성 액체는 유동이나 여과 시 정전기를 발생하기 쉽다.

10 공기와 연료의 혼합기체의 표시에 대한 설명 중 옳은 것은?

① 공기비(excess air ratio)는 연공비의 역수와 같다.
② 연공비(fuel air ratio)라 함은 가연 혼합기중의 공기와 연료의 질량비로 정의된다.
③ 공연비(air fuel ratio)라 함은 가연 혼합기중의 연료와 공기의 질량비로 정의된다.
④ 당량비(equivalence ratio)는 이론연공비 대비 실제연공비로 정의한다.

🔍 • 연공비($\frac{연료질량}{공기질량}$) : 가연 혼합기중의 연료와 공기의 질량비
• 공연비($\frac{공기질량}{연료질량}$) : 가연 혼합기중의 공기와 연료의 질량비 (연공비의 역수)
• 당량비($\frac{이론연공비}{실제연공비}$) : 이론연공비 대비 실제연공비

11 1atm, 27℃의 밀폐된 용기에 프로판과 산소가 1:5 부피비로 혼합되어 있다. 프로판이 완전연소하여 화염의 온도가 1000℃가 되었다면 용기 내에 발생하는 압력은?

① 1.95atm
② 2.95atm
③ 3.95atm
④ 4.95 atm

🔍 $C_3H_8 + 5O_2 \rightarrow 3CO_2 + 4H_2O$
$P_1V_1 = n_1R_1T_1$, $P_2V_2 = n_2R_2T_2$ 에서
$V_1 = V_2 = \frac{n_1R_1T_2}{P_1} = \frac{n_2R_2T_2}{P_2}$ ($R_2 = R_2$이므로)
$\therefore P_2 = \frac{P_1n_2T_2}{n_1T_1} = \frac{1 \times 7 \times (273+1000)}{6 \times (273+27)} = 35.23atm$

12 연소에 대한 설명으로 옳지 않은 것은?

① 열, 빛을 동반하는 발열반응이다.
② 반응에 의해 발생하는 열에너지가 반자발적으로 반응이 계속되는 현상이다.
③ 활성물질에 의해 자발적으로 반응이 계속되는 현상이다.
④ 분자 내 반응에 의해 열에너지를 발생하는 발열 분해 반응도 연소의 범주에 속한다.

13 어떤 기체가 168kJ의 열을 흡수하면서 동시에 외부로부터 20kJ의 열을 받으면 내부에너지의 변화는 약 얼마인가?

① 20kJ
② 148kJ
③ 168kJ
④ 188kJ

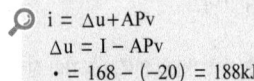
$i = \Delta u + APv$
$\Delta u = I - APv$
• = 168 − (−20) = 188kJ

14 연소에 대한 설명으로 옳지 않은 것은?

① 착화온도는 인화온도보다 항상 낮다.
② 인화온도가 낮을수록 위험성이 크다.
③ 착화온도는 물질의 종류에 따라 다르다.
④ 기체의 착화온도는 산소의 함유량에 따라 달라진다.

15 자연발화(自然發火)의 원인으로 옳지 않은 것은?

① 건초의 발효열
② 활성탄의 흡수열
③ 셀룰로이드의 분해열
④ 불포화 유지의 산화열

16 고압가스설비의 퍼지(purging)방법 중 한 쪽 개구부에 퍼지가스를 가하고 다른 개구부로 혼합가스를 대기 또는 스크러버로 빼내는 공정은?

① 진공퍼지(vacuum purging)
② 압력퍼지(pressure purging)
③ 사이폰퍼지(siphon purging)
④ 스위프퍼지(sweep-through pursing)

불활성화 방법

방법	정의
스위프퍼지	용기의 한 개구부로 이너팅 가스를 주입하여 타 개구부로부터 대기 또는 스크러버로 혼합가스를 용기에서 추출하는 방법으로 이너팅 가스를 상압에서 가하고 대기압으로 방출하는 방법이다.
압력퍼지	일명 가압퍼지로 용기를 가압하여 이너팅 가스를 주입항 용기 내의 가한 가스가 충분히 확산된 후 그것을 대로 방출하여 원하는 산소농도(MOC)를 구하는 방법이다.
진공퍼지	일명 저압퍼지로 용기에 일반적으로 쓰이는 방법으로 모든 반응기는 완전진공에 가깝도록 하여야 한다.
사이펀퍼지	용기에 액체를 채운 다음 용기로부터 액체를 배출시키는 동시에 증기층으로부터 불활성 가스를 주입하여 원하는 산소농도를 구하는 퍼지 방법이다.

17 연소가스량 10Nm³/kg, 비열 0.325kcal/Nm³·℃인 어떤 연료의 저위 발열량이 6700kcal/kg 이었다면 이론 연소온도는 약 몇 ℃ 인가?

① 1962℃   ② 2062℃
③ 2162℃   ④ 2262℃

이론연소온도
$$t = \frac{Hl}{G \cdot Cp} = \frac{6700(Kcal/kg)}{10(Nm^3/kg) \times 0.325 Kcal/Nm^3 \cdot ℃}$$
$= 2061.53℃$

18 용기 내부에 공기 또는 불활성가스 등의 보호가스를 압입하여 용기 내의 압력이 유지됨으로써 외부로부터 폭발성가스 또는 증기가 침입하지 못하도록 한 방폭구조는?

① 내압방폭구조   ② 압력방폭구조
③ 유입방폭구조   ④ 안전증방폭구조

🔍 방폭구조

종류	내용
내압 방폭구조(d)	용기의 내부에 폭발성 가스의 폭발이 일어날 경우, 용기가 폭발 압력에 견디고 외부의 폭발성 가스에 인화될 위험이 없도록 한 방폭구조
압력 방폭구조(p)	점화원이 될 우려가 있는 부분을 용기 안에 넣고 보호기체(신선한 공기 또는 불활성기체)를 용기 안에 압입함으로써 폭발성 가스가 침입하는 것을 방지하도록 되어 있는 방폭구조
유입 방폭구조(o)	전기 불꽃을 발생하는 부분을 용기 내부의 기름에 내장하여 외부의 폭발성 가스 또는 점화원 등에 접촉 시 점화의 우려가 없도록 한 방폭구조
안전증 방폭구조(e)	정상 운전 중의 내부에서 불꽃이 발생하지 않도록 전기적, 기계적, 구조적으로 온도 상승에 대해 안전도를 증가시킨 구조로 내압 방폭구조보다 용량이 적음
본질안전 방폭구조 (ia, ib)	정상시 또는 단락, 단선, 지락 등의 사고시에 발생하는 아크, 불꽃, 고열에 의하여 폭발성 가스나 증기에 점화되지 않는 것이 확인된 구조
특수 방폭구조(s)	폭발성 가스, 증기 등에 의하여 점화하지 않는 구조로서 모래 등을 채워 넣은 사입 방폭구조 등
몰드 방폭구조(m)	폭발성가스의 증기입자 잠재적 위험 부위에 사용 정격전압 11000V를 넘지 않는 전기제품 등에 대한 시험요건에 대하여 규정된 방폭구조
비점화 방폭구조(n)	2종 장소에 사용되는 가스 증기 방폭기기 등에 적용 폭발성 가스 분위기에서 사용 전기기기구조시험표시 등에 대하여 규정된 방폭구조

🔍 연소의 종류

종류	해당 연소물질
분해연소	목재, 종이, 플라스틱, 석탄
증발연소	경유, 휘발유 : 액체에서 발생한 가연성 증기가 액화하여 화염을 내고 이 화염의 온도에 의하여 액체 표면에서 증기의 발생을 촉진
표면연소	숯, 코크스, 목탄, 알루미늄막 : 고체물질의 대표적인 연소로서 표면에 산소가 접촉하여 연소하는 형태
확산연소	수소, 아세틸렌 등 공기보다 가벼운 가스물질의 연소
액면연소	등유의 Pot Burner : 연료표면에 화염의 복사열 대류 및 열전도에 의해 연료가 가열 증발 발생한 증기가 공기 중에서 연소하는 형태
분무연소	액체연료를 미립화하여 연료의 표면적을 증가, 공기혼합을 원활하게 하여 연소하는 방법(액체연료 중 가장 효율적인 연소)

19 메탄(CH_4)의 기체 비중은 약 얼마인가?

① 0.55
② 0.65
③ 0.75
④ 0.85

🔍 $CH_4 = 16g$
비중 $= \frac{16}{29} = 0.55$

20 석탄이나 목재가 연소 초기에 화염을 내면서 연소하는 형태는?

① 표면연소
② 분해연소
③ 증발연소
④ 확산연소

제 2 과목 가스설비

21 구형저장 탱크의 특징이 아닌 것은?

① 모양이 아름답다.
② 기초구조를 간단하게 할 수 있다.
③ 동일 용량, 동일 압력의 경우 원통형 탱크보다 두께가 두껍다.
④ 표면적이 다른 탱크보다 적으며 강도가 높다.

🔍 동일 용량, 동일 압력의 경우 원통형 탱크보다 강도가 높다.

22 정류(Rectification)에 대한 설명으로 틀린 것은?

① 비점이 비슷한 혼합물의 분리에 효과적이다.
② 상층의 온도는 하층의 온도보다 높다.
③ 환류비를 크게 하면 제품의 순도는 좋아진다.
④ 포종탑에서는 액량이 거의 일정하므로 접촉효과가 우수하다.

🔍 정류 시 온도가 높은 물질이 하부에서 정류된다.

23 용기내장형 LP가스 난방기용 압력조정기에 사용되는 다이어프램의 물성시험에 대한 설명으로 틀린 것은?

① 인장강도는 12MPa 이상인 것으로 한다.
② 인장응력은 3.0MPa 이상인 것으로 한다.
③ 신장영구 늘음율은 20% 이하인 것으로 한다.
④ 압축영구 줄음율은 30% 이하인 것으로 한다.

🔍 용기내장형 LP가스 난방기용 압력조정기 다이어프램의 물성시험 (KGS)

구분		내용
인강강도		12MPa 이상
신장율		300% 이상
인장응력		2.0MPa 이상
신장 영구 늘음		20% 이하
압축 영구 늘음		30% 이하
-25℃ 공기 중 24시간 방치 후	인장강도	변화율 ±15% 이내
	신장율	변화율 ±30% 이내
	경도변화	+15° 이하

24 가스충전구가 왼나사 구조인 가스밸브는?

① 질소용기
② 엘피지용기
③ 산소용기
④ 암모니아 용기

🔍 충전구 나사형태

구분	해당가스
왼나사	가연성가스(NH_3, CH_3Br 제외)
오른나사	가연성가스 이외의 가스 가연성가스 중 NH_3, CH_3Br

25 도시가스 정압기의 일반적인 설치 위치는?

① 입구밸브와 필터사이
② 필터와 출구밸브사이
③ 차단용 바이패스밸브 앞
④ 유량조절용 바이패스밸브 앞

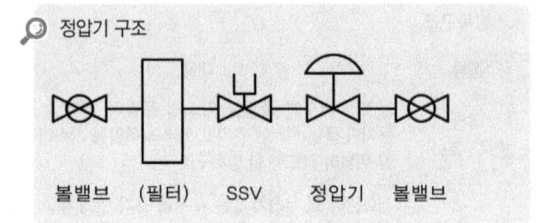

정압기 구조
볼밸브 (필터) SSV 정압기 볼밸브

26 도시가스 제조공정 중 가열방식에 의한 분류로 원료에 소량의 공기와 산소를 혼합하여 가스발생의 반응기에 넣어 원료의 일부를 연소시켜 그 열을 열원으로 이용하는 방식은?

① 자열식
② 부분연소식
③ 축열식
④ 외열식

🔍 도시가스 제조공정 분류

분류방법		핵심내용
원료 송입법에 의한 분류	연속식	원료는 연속으로 송입되며 가스의 발생도 연속적. 가스량의 조절은 원료의 송입량 조절에 의하고, 장치능력의 50~100% 사이에서 발생량이 조절
	배치식	원료를 일정량 취하여 가스화실에 넣어 가스화시키며 가스발생이 중지될 때 잔류물을 제거하는 등의 조작을 반복하여 원료를 가스화하는 방법
	싸이클식	연속식과 배치식의 중간 형태이며 원료의 연속 송입으로 가스발생시 온도가 저하하면 원료 송입을 중지, 가온하여 다시 원료를 송입하여 가스발생을 한다.
가열방식에 의한 분류	외열식	원료가 들어있는 용기를 외부에서 가열
	축열식	가스화 반응기에서 연료를 연소시켜 충분히 가열한 후 이 반응 내에 원료를 송입하여 가스화의 열원으로 한다.
	부분 연소식	원료에 소량의 공기와 산소를 혼합하여 가스발생기의 반응기에 넣어 원료의 일부를 연소시켜 그 열을 이용, 원료를 가스화 열원으로 한다.
	자열식	가스화에 필요한 열을 산화반응과 수첨 분해 반응 등의 발열반응에 의해 가스를 발생시키는 방식이다.

27 왕복식 압축기의 특징에 대한 설명으로 틀린 것은?

① 기체의 비중에 영향이 없다.
② 압축하면 맥동이 생기기 쉽다.
③ 원심형이어서 압축 효율이 낮다.
④ 토출압력에 의한 용량 변화가 적다.

🔍 **압축기의 특징**

왕복	원심
• 용적형이다. • 소음, 진동이 있다. • 압축이 단속적이다. • 압축 효율이 높다. • 오일 윤활식 또는 무급유식이다. • 용량조정범위가 넓고 쉽다.	• 무급유식이다. • 소음, 진동이 적다. • 압축이 연속적이다. • 용량 조정범위가 좁고 어렵다.

28 20kg 용기(내용적 47ℓ)를 3.1MPa 수압으로 내압시험 결과 내용적이 47.8ℓ로 증가하였다. 영구(항구) 증가율은 얼마인가?(단, 압력을 제거하였을 때 내용적은 47.1ℓ이었다.)

① 8.3% ② 9.7%
③ 11.4% ④ 12.5%

🔍 영구증가율 = $\dfrac{영구증가량}{전증가량} \times 100(\%)$

= $\dfrac{47.1-47}{47.8-47} \times 100(\%) = 12.5\%$

29 고온, 고압 장치의 가스배관 플랜지 부분에서 수소가스가 누출되기 시작하였다. 누출원인으로 가장 거리가 먼 것은?

① 재료 부품이 적당하지 않았다.
② 수소 취성에 의한 균열이 발생하였다.
③ 플랜지 부분의 가스켓이 불량하였다.
④ 온도의 상승으로 이상 압력이 되었다.

30 안지름 10cm의 파이프를 플랜지에 접속하였다. 이 파이프 내에 40kgf/cm²의 압력으로 볼트 1개에 걸리는 힘을 300kgf/cm² 이하로 하고자 할 때 볼트의 수는 최소 몇 개 필요한가?

① 7개 ② 11개
③ 15개 ④ 19개

🔍 전하중
$W = PA = 40\text{kg/cm}^2 \times \dfrac{\pi}{4} \times (10\text{cm})^2 = 3141.59$
∴ $3141.59 \div 300 = 10.47 = 11$개

31 배관의 부식과 그 방지에 대한 설명으로 옳은 것은?

① 매설되어 있는 배관에 있어서 일반적인 강관이 주철관보다 내식성이 좋다.
② 구상흑연 주철관의 인장강도는 강관과 거의 같지만 내식성은 강관보다 나쁘다.
③ 전식이란 땅속으로 흐르는 전류가 배관으로 흘러 들어간 부분에 일어나는 전기적인 부식을 한다.
④ 전식은 일반적으로 천공성 부식이 많다.

32 금속재료에 대한 충격시험의 주된 목적은?

① 피로도 측정
② 인성 측정
③ 인장강도 측정
④ 압축강도 측정

33 다음 [보기]의 특징을 가진 오토클레이브는?

- 가스누설의 가능성이 적다.
- 고압력에서 사용할 수 있고 반응물의 오손이 없다.
- 뚜껑판에 뚫어진 구멍에 촉매가 끼어 들어갈 염려가 없다.

① 교반형 ② 진탕형
③ 회전형 ④ 가스교반형

🔍 **오토클레이브**

항목		내용
정의		고온, 고압 하에서 화학적 합성이나 반응을 하기 위한 고압반응가마솥
종류	교반형	전자코일을 이용하거나 모터에 연결된 베일을 이용하는 방법
	회전형	오토클레이브 자체를 회전하는 방식
	진탕형	수평이나 전후 운동을 함으로써 내용물을 교반하는 형식으로 가스누설이 있고 고압력에 사용하며 반응물의 오손이 없다.
	가스교반형	가늘고 긴 수평반응기로 유체가 순환되어 교반하는 방식으로 레페반응장치에 이용된다.

34 LiBr – H_2O 계 흡수식 냉동기에서 가열원으로서 가스가 사용되는 곳은?

① 증발기   ② 흡수기
③ 재생기   ④ 응축기

35 시안화수소를 용기에 충전하는 경우 품질검사시 합격 최저 순도는?

① 98%   ② 98.5%
③ 99%   ④ 99.5%

36 다음 [그림]은 압력조정기의 기본 구조이다. 옳은 것으로만 나열된 것은?

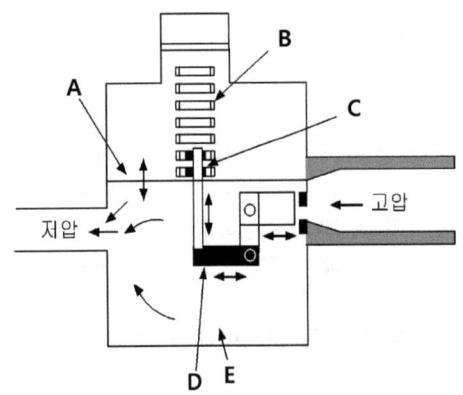

① A: 다이아프램, B: 안전장치용 스프링
② B: 안전장치용 스프링, C: 압력조정용 스프링
③ C: 압력조정용 스프링, D: 레버
④ D: 레버, E: 감압실

> A : 다이어프램, B : 압력조정용 스프링, C : 안전장치용 스프링, D : 레버, E : 감압실

37 정압기의 유량특성에서 메인밸브의 열림(스트로그 리프트)과 유량의 관계를 말하는 유량특성에 해당되지 않는 것은?

① 직선형   ② 2차형
③ 3차형   ④ 평방근형

> 정압기 특성

종류	특성
정특성	정상상태에서 유량과 2차 압력과의 관계(시이프트, 오프셋, 로크업)
동특성	부하변동에 대한 응답의 신속성과 안정성
유량특성	메인밸브 열림과 유량과의 관계(종류 : 평방근형, 직선형, 2차형)
사용 최대 차압	메인밸브에 1차 압력, 2차 압력이 작용하여 최대로 되었을 때 차압
작동 최소 차압	정압기가 작동할 수 있는 최소 차압

38 배관 설비에 있어서 유속을 5m/s, 유량을 20m³/s 이라고 할 때 관경의 직경은?

① 175cm
② 200cm
③ 225cm
④ 250cm

> $Q = \dfrac{\pi}{4}D^2 \cdot V$ 에서
> $D = \sqrt{\dfrac{4Q}{\pi V}} = \sqrt{\dfrac{4 \times 20}{\pi \times 5}} = 2.25m = 225cm$

39 도시가스 공급방식에 의한 분류방법 중 저압공급 방식이란 어떤 압력을 뜻하는가?

① 0.1MPa 미만
② 0.5MPa 미만
③ 1MPa 미만
④ 0.1MPa 이상 1MPa 미만

> 압력에 따른 도시가스 공급방식

구분	압력
고압공급	1MPa 이상(액체상태의 액화가스의 경우 이를 고압으로 본다.)
중압공급	0.1MPa 이상 1MPa 미만(단, 액화가스가 기화되고 다른 물질 혼합이 없는 경우 0.01MPa 이상 0.2MPa 미만)
저압공급	0.1MPa 미만(단, 액화가스가 기화되고 다른 물질 혼합이 없는 경우 0.01MPa 미만)

40 도시가스의 배관의 굴착으로 인하여 20m 이상 노출된 배관에 대하여 누출된 가스가 체류하기 쉬운 장소에 설치하는 가스누출경보기는 몇 m 마다 설치하여야 하는가?

① 10
② 20
③ 30
④ 50

🔍 굴착으로 인한 노출가스배관에 대한 시설 설치기준

구분		세부내용
노출 배관길이 15m 이상 점검통로 조명시설	가드레일	0.9m 이상 높이
	점검통로 폭	80cm 이상
	발판	통행상 지장이 없는 각목
	점검통로 조명	가스배관 수평거리 1m 이내 설치, 70Lux 이상
노출 배관길이 20cm 이상 시 가스누출 경보장치 설치기준	설치간격	20m마다 설치, 근무자가 상주하는 곳에 경보음이 전달되도록
	작업장	경광등 설치 (현장상황에 맞추어)

제3과목 가스안전관리

41 가스안전사고를 방지하기 위하여 내입시험입력이 25MPa인 일반가스용기에 가스를 충전할 때는 최고 충전압력을 얼마로 하여야 하는가?

① 42MPa
② 25MPa
③ 15MPa
④ 12MPa

🔍 $Fp = Tp \times \frac{3}{5} = 25 \times \frac{3}{5} = 15MPa$

42 공기액화분리에 의한 산소와 질소 제조시설에 아세틸렌가스가 소량 혼입되었다. 이 때 발생가능한 현상으로 가장 유의하여야 할 사항은?

① 산소에 아세틸렌이 혼합되어 순도가 감소한다.
② 아세틸렌이 동결되어 파이프를 막고 밸브를 고장낸다.
③ 질소와 산소 분리 시 비점차이의 변화로 분리를 방해한다.
④ 응고되어 이동하다가 구리 등과 접촉하면 산소 중에서 폭발할 가능성이 있다.

43 액화석유가스 저장탱크에 가스를 충전할 때 액체 부피가 내용적의 90%를 넘지 않도록 규제하는 가장 큰 이유는?

① 액체팽창으로 인한 탱크의 파열을 방지하기 위하여
② 온도상승으로 인한 탱크의 취약방지를 위하여
③ 등적팽창으로 인한 온도상승 방지를 위하여
④ 탱크내부의 부압(negative pressure)발생 방지를 위하여

44 냉장고 수리를 위하여 아세틸렌 용접작업 중 산소가 떨어지자 산소에 연결된 호스를 뽑아 얼마 남지 않은 것으로 생각되는 LPG 용기에 연결하여 용접 토치에 불을 붙이자 LPG 용기가 폭발하였다. 그 원인으로 가장 가능성이 높을 것으로 예상되는 경우는?

① 용접열에 의한 폭발
② 호스 속의 산소 또는 아세틸렌이 역류되어 역화에 의한 폭발
③ 아세틸렌과 LPG가 혼합된 후 반응에 의한 폭발
④ 아세틸렌 불법제조에 의한 아세틸렌 누출에 의한 폭발

45 다음 중 고압가스 충전용기 운반 시 운반책임자의 동승이 필요한 경우는?(단, 독성가스는 허용농도가 100만분의 200을 초과한 경우이다.)

① 독성압축가스 100m³ 이상
② 독성액화가스 500kg 이상
③ 가연성압축가스 100m³ 이상
④ 가연성액화가스 1000kg 이상

🔍 **용기에 의한 운반**

가스종류		허용농도 기준	적재 용량
독성	압축가스	200ppm 초과	100m³ 이상
	액화가스	200ppm 이하	10m³ 이상
비독성	압축 가연성	300m³ 이상	
	압축 조연성	600m³ 이상	
	액화 가연성	3000kg 이상(납붙임 접합 용기는 2000kg 이상)	
	액화 조연성	6000kg 이상	

46 고압가스 사업소에 설치하는 경계표지에 대한 설명으로 틀린 것은?

① 경계표지는 외부에서 보기 쉬운 곳에 게시한다.
② 사업소 내 시설 중 일부만이 같은 법의 적용을 받더라도 사업소 전체에 경계표지를 한다.
③ 충전용기 및 잔가스 용기 보관장소는 각각 구획 또는 경계선에 따라 안전확보에 필요한 용기 상태를 식별할 수 있도록 한다.
④ 경계표지는 법의 적용을 받는 시설이란 것을 외부사람이 명확히 식별할 수 있어야 한다.

🔍 적용받는 부분만 경계표지를 한다.

47 독성가스 충전용기를 운반하는 차량의 경계표지 크기의 가로 치수는 차체 폭의 몇 % 이상으로 하는가?

① 5%
② 10%
③ 20%
④ 30%

🔍 **차량의 경계표시**

구분		세부내용
직사각형	가로치수	차폭의 30% 이상
	세로치수	가로의 20% 이상
정사각형		경계면적 600cm² 이상
적색 삼각기	가로	40cm 이상
	세로	30cm 이상

48 용기의 각인 기호에 대해 잘못 나타낸 것은?

① V : 내용적
② W : 용기의 질량
③ TP : 기밀시험압력
④ FP : 최고충전압력

🔍 TP : 내압시험압력(MPa)

49 다음 [보기] 중 용기 제조자의 수리범위에 해당하는 것을 모두 옳게 나열된 것은?

> Ⓐ 용기몸체의 용접
> Ⓑ 용기부속품의 부품교체
> Ⓒ 초저온용기의 단열재 교체
> Ⓓ 아세틸렌용기 내의 다공질물 교체

① Ⓐ, Ⓑ
② Ⓒ, Ⓓ
③ Ⓐ, Ⓑ, Ⓒ
④ Ⓐ, Ⓑ, Ⓒ, Ⓓ

🔍 **수리자격별 수리범위**

수리자격자	수리범위
용기 제조자	• 용기몸체의 용접 • 아세틸렌용기 내의 다공질물 교체 • 용기의 스커트·프로텍터 및 넥크링의 교체 및 가공 • 용기부속품의 부품교체 • 저온 또는 초저온용기의 단열재 교체 초저온용기부속품의 탈·부착
특정 설비 제조자	• 특성설비몸체의 용접 • 특정설비의 부속품(그 부품을 포함)의 교체 및 가공 • 단열재교체
냉동기 제조자	• 냉동기용접부분의 용접 • 냉동기부속품(그 부품을 포함)의 교체 및 가공 • 냉동기의 단열재 교체
고압 가스 제조자	• 초저온용기부속품의 탈·부착 및 용기부속품의 부품(안전장치 제외) 교체(용기 부속품제조자가 그 부속품의 규격에 적합하게 제조한 부품의 교체만을 말한다.) • 특정설비의 부품 교체 • 냉동기의 부품 교체 • 단열재 교체(고압가스특정제조자만을 말한다) • 용접가공[고압가스특정제조자로 한정하며, 특정설비 몸체의 용접가공은 제외. 다만, 특정설비몸체의 용접 수리를 할 수 있는 능력을 갖추었다고 한국가스안전공사가 인정하는 제조자의 경우에는 특정설비(차량에 고정된 탱크는 제외) 몸체의 용접가공도 할 수 있다.]

검사 기관	• 특정설비의 부품교체 및 용접(특정설비몸체의 용접은 제외. 다만, 특정설비제조자와 계약을 체결하고 해당 제조업소로 하여금 용접을 하게 하거나, 특정설비 몸체의 용접수리를 할 수 있는 용접설비기능사 또는 용접기능사 이상의 자격을 보유하고 있는 경우에는 그러하지 아니하다.) • 냉동설비의 부품 교체 및 용접 • 단열재 교체 • 용기의 프로텍터·스커트 교체 및 용접(열처리설비를 갖춘 전문검사기관만을 말한다.) • 초저온용기부속품의 탈·부착 및 용기부속품의 부품 교체 • 액화석유가스를 액체상태로 사용하기 위한 액화석유 가스용기 액출구의 나사 사용 막음조치(막음조치에 사용하는 나사의 규격은 KS B6212에 적합한 경우 만을 말한다.)
액화석유 가스 충전 사업자	• 액화석유가스용기용 밸브의 부품 교체(핸들 교체 등 그 부품의 교체 시 가스누출의 우려가 없는 경우만을 말한다.)
자동차 관리 사업자	• 자동차의 액화석유가스용기에 부착된 용기부속품의 수리

50 고압가스용 용접용기제조의 기준에 대한 설명으로 틀린 것은?

① 용기동판의 최대 두께와 최소두께의 차이는 평균두께의 20% 이하로 한다.
② 용기의 재료는 탄소, 인 및 황의 함유량이 각각 0.33%, 0.04%, 0.05% 이하인 강으로 한다.
③ 액화석유가스용 강제용기와 스커트 접속부의 안쪽 각도는 30도 이상으로 한다.
④ 용기에는 그 용기의 부속품을 보호하기 위하여 프로텍트 또는 캡을 부착한다.

🔍 용접용기 동판의 최대 두께와 최소 두께의 차이는 평균 두께의 10% 이하로 한다.

51 가연성 가스에 대한 정의로 옳은 것은?

① 폭발한계의 하한 20% 이하, 폭발범위 상한과 하한의 차가 20% 이상인 것
② 폭발한계의 하한 20% 이하, 폭발범위 상한과 하한의 차가 10% 이상인 것
③ 폭발한계의 하한 10% 이하, 폭발범위 상한과 하한의 차가 20% 이상인 것
④ 폭발한계의 하한 10% 이하, 폭발범위 상한과 하한의 차가 10% 이상인 것

🔍 가연성과 독성

구분		정의
가연성		폭발한계 하한이 10% 이하, 폭발한계 상한 하한의 차이가 20% 이상인 것
독성	Lc 50	성숙한 흰쥐의 집단에서 1시간 흡입 실험에 의하여 14일 이내 실험 동물의 50%가 사망할 수 있는 농도로서 허용농도 100만분의 5000 이하가 독성가스이다.
	TLV-TWA	건강한 성인 남자가 1일 8시간 주 40시간 동안 그 분위기에서 작업하여도 건강에 지장이 없는 농도로서 허용농도 100만분의 200 이하가 독성가스이다.

52 다음 그림은 LPG 저장탱크의 최저부이다. 이는 어떤 기능을 하는가?

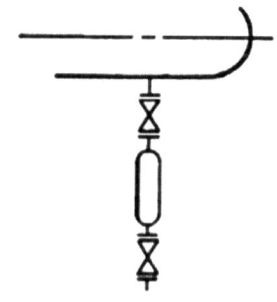

① 대량의 LPG가 유출되는 것을 방지한다.
② 일정압력 이상 시 압력을 낮춘다.
③ LPG내의 수분 및 불순물을 제거한다.
④ 화재 등에 의해 온도가 상승시 긴급 차단한다.

53 용기에 의한 액화석유가스 사용시설에서 용기보관실을 설치하여야 할 기준은?

① 용기 저장능력 50kg 초과
② 용기 저장능력 100kg 초과
③ 용기 저장능력 300kg 초과
④ 용기 저장능력 500kg 초과

🔍 용기보관실 및 용기 집합시설 설치(KGS Fu 431)

저장능력에 따른 구분	세부내용
100kg 이하	• 용기가 직사광선 빗물을 받지 않도록 조치한다.

100kg 초과	용기보관실 설치	• 용기보관실의 벽, 문, 지붕은 불연재료(지붕은 가벼운 불연재료)로 설치하고 단층구조로 한다.
	용기보관실 설치 곤란시	• 외부인 출입을 방지하기 위하여 출입문 설치하고 경계표시 한다.
	기타사항	• 용기집합설비의 양단 마감조치에는 캡 또는 플랜지를 설치한다. • 용기를 3개 이상 집합 사용 시 용기집합장치를 설치한다. • 용기와 연결된 측도관 트윈호스 조정기 연결부 조정기 이외의 설비는 연결하지 않는다.

54 허가를 받아야 하는 사업에 해당되지 않는 자는?

① 압력조정기 제조사업을 하고자 하는 자
② LPG자동차 용기 충전사업을 하고자 하는 자
③ 가스난방기용 용기 제조사업을 하고자 하는 자
④ 도시가스용 보일러 제조사업을 하고자 하는 자

> 허가대상사업
> • 압력조정기 제조사업
> • LPG 충전사업
> • 보일러 제조사업
> • 가스누출 자동차단장치 제조사업
> • 그 밖의 가스용품(정압기용필터, 매몰형 정압기, 호스, 배관용 밸브, 퓨즈콕, 상자콕, 주물연소기용 노즐콕, 배관이음관, 강제혼합식 버너)
> • 연소기(가스소비량 232.6kW 이하의 것)

55 고압가스특정제조시설에서 안전구역안의 고압가스 설비는 그 외면으로부터 다른 안전구역 안에 있는 고압가스설비의 외면까지 몇 m 이상의 거리를 유지하여야 하는가?

① 10m   ② 20m
③ 30m   ④ 50m

> 고압가스 특정제조 시설의 위치

구분	시설물과의 관계	이격거리(m)
안전구역 내 고압설비	당해 안전구역에 인접하는 다른 안전구역 설비	30m 이상
제조설비	당해 제조소 경계	20m 이상
가연성가스 저장탱크	처리능력 20만m³ 압축기	30m 이상

56 가연성가스와 공기혼합물의 점화원이 될 수 없는 것은?

① 정전기   ② 단열압축
③ 융해열   ④ 마찰

> 점화원의 종류 : 타격, 마찰, 충격, 단열압축, 정전기, 전기불꽃

57 액화석유가스가스집단공급시설의 점검기준에 대한 설명으로 옳은 것은?

① 충전용주관의 압력계는 매분기 1회 이상 국가표준기본법에 따른 교정을 받은 압력계로 그 기능을 검사한다.
② 안전밸브는 매월 1회 이상 설정되는 압력 이하의 압력에서 작동하도록 조정한다.
③ 물분무장치, 살수장치와 소화전은 매월 1회 이상 작동상황을 점검한다.
④ 집단공급시설 중 충전설비의 경우에는 매월 1회 이상 작동상황을 점검한다.

> 점검기준
> • 충전용 주관의 압력계 : 월 1회 기능검사
> • 안전밸브 : 압축기 최종단 1년 1회 작동검사, 그 밖의 것 2년 1회 작동검사
> • 집단공급시설 중 충전설비 : 1일 1회 이상 작동상황점검

58 자동차 용기 충전시설에서 충전용 호스의 끝에 반드시 설치하여야 하는 것은?

① 긴급차단장치
② 가스누출경보기
③ 정전기 제거장치
④ 인터록 장치

59 다음 가스안전성평가기법 중 정성적 안전성 평가기법은?

① 체크리스트 기법
② 결함수 분석 기법
③ 원인결과 분석 기법
④ 작업자실수 분석 기법

공정위험성 평가 방법

정성적 분석	정량적 분석
• 체크리스트(Check List) • 상대 위험 순위 결정(Dow and Mond Indices) • 사고예방질문분석(WHAT-IF) • 위험과 운전분석(HAZOP) • 이상위험도 분석	• 결함수 분석(FTA) • 사건수 분석(ETA) • 원인 결과 분석(CCA) • 작업자 실수 분석(HEA)

탄성식에 따른 종류	부르동관	가장 많이 쓰이는 2차압력계의 대표압력계로 고압을 측정하며($3000kg/cm^2$) 정확도는 낮음
	다이어프램	미소압력을 측정하며 부식성유체에 적합하며 응답속도가 빠름
	벨로즈식	진공압이나 차압의 측정에 사용되며, 벨로우즈의 탄성을 이용하여 압력을 측정

60 이동식부탄연소기와 관련된 사고가 액화석유가스 사고의 약 10% 수준으로 발생하고 있다. 이를 예방하기 위한 방법으로 가장 부적당한 것은?

① 연소기에 접합용기를 정확히 장착한 후 사용한다.
② 과대한 조리기구를 사용하지 않는다.
③ 잔가스 사용을 위해 용기를 가열하지 않는다.
④ 사용한 접합용기는 파손되지 않도록 조치한 후 버린다.

🔍 사용한 1회용 용기는 구멍을 뚫어 잔가스를 제거한 후 버린다.

제4과목 가스계측

61 가스폭발 등 급속한 압력변화를 측정하는 데 가장 적합한 압력계는?

① 다이어프램 압력계
② 벨로우즈 압력계
③ 부르동관 압력계
④ 피에조 전기압력계

🔍 **2차압력계 특징**

측정 방법에 따른 분류		간추린 핵심 내용
전기적 변화에 따른 종류	전기저항식 압력계	금속의 전기저항이 압력에 의해 변하는 것을 이용
	피에조 전기압력계	수정, 전기석, 롯셀염 등을 이용하여 압력을 측정하는 것으로 C_2H_2과 같은 가스 폭발 등 급격한 압력 변화를 측정

62 가스는 분자량에 따라 다른 비중 값을 갖는다. 이 특성을 이용하는 가스분석기기는?

① 자기식 O_2 분석기기
② 밀도식 CO_2 분석기기
③ 적외선식 가스분석기기
④ 광화학 발광식 NOx 분석기기

63 [보기]에서 나타내는 제어동작은?(단, Y : 제어출력신호, ps : 전 시간에서의 제어 출력신호, Kc : 비례상수, ϵ : 오차를 나타낸다.)

$$Y = ps + Kc\,\epsilon$$

① O 동작   ② D 동작
③ I 동작   ④ P 동작

🔍 비례상수(Kc) - 비례동작(Proportional action, P 동작)

64 직접적으로 자동제어가 가장 어려운 액면계는?

① 유리관식
② 부력검출식
③ 부자식
④ 압력검출식

65 루트미터에서 회전자는 회전하고 있으나 미터의 지침이 작동하지 않는 고장의 형태로서 가장 옳은 것은?

① 부동   ② 불통
③ 기차불량   ④ 감도불량

🔍 **루트(Roots)미터의 고장**

구분	정의
부동	회전자는 회전하고 있으나 미터의 지침이 작동하지 않는 고장으로 마그넷 커플링의 슬립 감속 또는 지시장치의 기어물림 불량 등이 원인
불통	회전자의 회전이 정지하여 가스가 통과하지 못하는 고장으로 회전자 베어링 마모에 의한 회전자의 접촉, 설치공사 불량에 의한 먼지, Seal제 등의 이물질의 끼어듦이 원인
기차 불량	사용 중의 가스미터가 기차부동 마모 등에 의하여 계량법에 규정된 사용공차를 넘어서는 경우를 말하며 회전자 부분의 마찰 저항 증가, 회전자 베어링의 마모에 의한 간격의 증대 등이 원인
그 밖의 고장	계량된 유리 파손 또는 떨어짐, 외관 손상, 압력보정장치 고장, 이상음 누설, 감도불량 등

66 차압유량계의 특징에 대한 설명으로 틀린 것은?

① 액체, 기체, 스팀 등 거의 모든 유체의 유량 측정이 가능하다.
② 관로의 수축부가 있어야 하므로 압력손실이 비교적 높은 편이다.
③ 정확도가 우수하고, 유량측정 범위가 넓다.
④ 가동부가 없어 수명이 길고 내구성도 좋으나 마모에 의한 오차가 있다.

🔍 **차압식(교축기구식) 유량계 특징**

구분	특징
측정원리	베르누이 정리
측정방법	교축기구 전후의 압력차로 순간유량 측정
측정대상	액체 기체 증기 등 모든 유체 가능하며 저유량을 측정
유량계 구조	가동부가 없어 수명이 길고 내구성이 우수, 마모에 의한 오차 발생 우려가 있음
압력 손실	압력손실이 크다.
종류	오리피스, 플로노즐, 벤투리

67 최대 유량이 10m³/h인 막식가스미터기를 설치하고 도시가스를 사용하는 시설이 있다. 가스렌지 2.5m³/h를 1일 8시간 사용하고 가스보일러 6m³/h를 1일 6시간 사용했을 경우 월 가스사용량은 약 몇 m³인가?(단, 1개월은 31일이다.)

① 1570　　② 1680
③ 1736　　④ 1950

🔍 $[2.5(m^3/h) \times 8(h/d) + 6(m^3/h) \times 6(h/d)] \times 31(d/월)$
　$= 1736 m^3/월$

68 자동조정의 제어량에서 물리량의 종류가 다른 것은?

① 전압　　② 위치
③ 속도　　④ 압력

🔍 • 전압 : 전기적 제어량
　• 위치, 속도, 압력 : 기계적 제어량

69 습도에 대한 설명으로 틀린 것은?

① 상대습도는 포화증기량과 습가스 수증기와의 중량비이다.
② 절대습도는 습공기 1kg에 대한 수증기의 양과의 비율이다.
③ 비교습도는 습공기의 절대습도와 포화증기의 절대습도와의 비이다.
④ 온도가 상승하면 상대습도는 감소한다.

🔍 절대습도 : 건조공기 1kg에 대한 수증기량

70 적외선분광분석법으로 분석이 가능한 가스는?

① N_2　　② CO_2
③ O_2　　④ H_2

🔍 적외선 분광 분석계 : 대칭이원자분자(H_2, O_2, N_2), 단원자 분자(He, Ne, Ar) 이외의 모든 가스 분석 가능

71 어떤 잠수부가 바다에서 15m 아래 지점에서 작업을 하고 있다. 이 잠수부가 바닷물에 의해 받는 압력은 몇 kPa인가?(단, 해수의 비중은 1.025이다.)

① 46
② 102
③ 151
④ 252

🔍 $P = \gamma H = 1.025(kg/10^3 cm^3) \times 1500cm = 1.5375(kg/cm^2)$
∴ $\frac{1.5375}{1.0332} \times 101.325(KPa) = 150.78 ≒ 151 KPa$

72 오리피스 유량계는 어떤 형식의 유량계인가?

① 용적식
② 오벌식
③ 면적식
④ 차압식

🔍 차압식 유량계의 종류 : 오리피스, 벤투리, 플로노즐

73 전자밸브(solenoid valve)의 작동 원리는?

① 토출압력에 의한 작동
② 냉매의 과열도에 의한 작동
③ 냉매 또는 유압에 의한 작동
④ 전류의 자기작용에 의한 작동

74 오르자트 분석기에 의한 배기가스의 성분을 계산하고자 한다. [보기]의 식은 어떤 가스의 함량 계산식인가?

$$\frac{\text{암모니아성 염화제일구리 용액 흡수량}}{\text{시료 채취량}} \times 100$$

① CO_2
② CO
③ O_2
④ N_2

🔍 흡수분석법의 흡수액 종류
• CO_2 : KOH 용액
• O_2 : 알칼리성 피로카롤용액
• C_mH_n : 발연황산
• CO : 암모니아성 염화 제1동 용액
• C_2H_2 : 요오드수은칼륨 용액
• C_3H_6, nC_3H_8 : 87% H_2SO_4
• C_2H_4 : 취소수

75 압력계의 부품으로 사용되는 다이어프램의 재질로서 가장 부적당한 것은?

① 고무
② 청동
③ 스테인리스
④ 주철

76 가스미터의 원격계측(검침) 시스템에서 원격계측 방법으로 가장 거리가 먼 것은?

① 제트식
② 기계식
③ 펄스식
④ 전자식

77 가스미터 선정 시 고려할 사항으로 틀린 것은?

① 가스의 최대사용유량에 적합한 계량능력인 것을 선택한다.
② 가스의 기밀성이 좋고 내구성이 큰 것을 선택한다.
③ 사용 시 기차가 커서 정확하게 계량할 수 있는 것을 선택한다.
④ 내열성, 내압성이 좋고 유지관리가 용이한 것을 선택한다.

🔍 사용 시 기차가 적을 것

78 가스크로마토그래피에 사용되는 운반기체의 조건으로 가장 거리가 먼 것은?

① 습도가 높아야 한다.
② 비활성이어야 한다.
③ 독성이 없어야 한다.
④ 기체 확산을 최대로 할 수 있어야 한다.

🔍 가스크라마토그래피의 운반기체의 조건
• 기체의 확산 : 최소화할 수 있어야 한다.
• 순도 : 순도가 높고 구입이 용이
• 가스의 성질 : 불활성
• 사용검출기 : 사용검출기의 적합
• 종류 : He, H_2, Ar, N_2

79 메탄, 에틸알코올, 아세톤 등을 검지하고자 할 때 가장 적합한 검지법은?

① 시험지법
② 검지관법
③ 흡광광도법
④ 가연성 가스검출기법

80 열전도형 진공계 중 필라멘트의 열전대로 측정하는 열전대 진공계의 측정 범위는?

① $10^{-5} \sim 10^{-3}$ torr
② $10^{-3} \sim 0.1$ torr
③ $10^{-3} \sim 1$ torr
④ $10 \sim 100$ torr

정답 2015년 3회 기출문제				
01 ②	02 ①	03 ③	04 ②	05 ②
06 ③	07 ④	08 ①	09 ③	10 ④
11 ④	12 ②	13 ④	14 ①	15 ②
16 ④	17 ②	18 ②	19 ①	20 ②
21 ③	22 ②	23 ②	24 ②	25 ②
26 ②	27 ③	28 ④	29 ④	30 ②
31 ④	32 ②	33 ②	34 ③	35 ①
36 ④	37 ③	38 ③	39 ①	40 ②
41 ③	42 ④	43 ①	44 ②	45 ①
46 ②	47 ④	48 ③	49 ④	50 ①
51 ③	52 ②	53 ②	54 ③	55 ③
56 ③	57 ③	58 ③	59 ①	60 ④
61 ④	62 ②	63 ④	64 ②	65 ①
66 ③	67 ②	68 ①	69 ②	70 ②
71 ③	72 ④	73 ④	74 ②	75 ④
76 ①	77 ③	78 ④	79 ④	80 ③

2016년 1회 공단 기출문제
03월 06일 시행

제1과목 연소공학

01 LPG를 연료로 사용할 때의 장점으로 옳지 않은 것은?

① 발열량이 크다.
② 조성이 일정하다.
③ 특별한 가압장치가 필요하다.
④ 용기, 조정기와 같은 공급설비가 필요하다.

🔍 LPG 연료의 장·단점

장점	단점
• 발열량이 크다. • 조성이 일정하다. • 입지적 제약이 없다.	• 연소시 다량의 공기가 필요하다. • 특별한 가압장치가 필요하다. • 공기보다 무겁다

02 2kg 의 기체를 0.15MPa, 15℃에서 체적이 0.1m³가 될 때까지 등온압축할 때 압축 후 압력은 약 몇 MPa 인가?(단, 비열은 각각 Cp = 0.8, Cv = 0.6kJ/kg · K)

① 1.10
② 1.15
③ 1.20
④ 1.25

🔍
$R = C_p - C_v = 0.8 - 0.6 = 0.2 \text{kJ/kg·K}$
$= 0.2 \times 10^{-3} \text{MJ/kg·K}$

$\therefore V_1 = \dfrac{GRT}{P_1} = \dfrac{2 \times (0.2 \times 10^{-3}) \times (273+15)}{0.15}$
$= 0.768 \text{m}^3$

$\therefore P_1 V_1 = P_2 V_2$에서
$P_2 = P_1 \dfrac{V_1}{V_2} = 0.15 \times \dfrac{0.768}{0.1}$
$= 1.15 \text{MPa}$

03 1Sm³의 합성가스 중의 CO와 H_2의 몰비가 1:1일 때 연소에 필요한 이론 공기량은 약 몇 Sm³/Sm³ 인가?

① 0.50
② 1.00
③ 2.38
④ 4.76

🔍
$CO + \dfrac{1}{2}O_2 \rightarrow CO_2$

$H_2 + \dfrac{1}{2}O_2 \rightarrow H_2O$ 에서

산소의 몰수가 각각 $\dfrac{1}{2}$ 이므로

$CO : H_2$가 1:1이면
각각 50%가 반응이 되어 공기량은

$\therefore \left(\dfrac{1}{2} \times 0.5 + \dfrac{1}{2} \times 0.5\right) \times \dfrac{100}{21} = 2.38 \text{Sm}^3/\text{Sm}^3$

04 공기 중에서 가스가 정상연소 할 때 속도는?

① 0.03 ~ 10m/s
② 11 ~ 20m/s
③ 21 ~ 30m/s
④ 31~40m/s

🔍
• 공기 중의 정상연소속도 : 0.03~10 m/s
• 폭굉속도 : 1000~3500 m/s

05 고온체의 색깔과 온도를 나타낸 것 중 옳은 것은?

① 적색 : 1500℃
② 휘백색 : 1300℃
③ 황적색 : 1100℃
④ 백적색 : 850℃

🔍 연소에 의한 빛의 색 및 온도

색	적열상태	적색	백열상태	황적색	백적색	휘백색
온도	500℃	850℃	1,000℃	1,100℃	1,300℃	1,500℃

06 다음 중 이론연소온도(화염온도, t℃)를 구하는 식은?
(단, H_h : 고발열량, H_L : 저발열량, G : 연소가스량, C_p : 비열이다.)

① $t = \dfrac{H_L}{G \times C_p}$ ② $t = \dfrac{H_h}{G \times C_p}$

③ $t = \dfrac{G \times C_p}{H_L}$ ④ $t = \dfrac{G \times C_p}{H_h}$

🔍 이론 연소 온도와 실제 연소 온도

구분	이론 연소온도	실제 연소온도
공식	$t = \dfrac{H_L}{GC_p}$	$t = \dfrac{H_L + 현열 - 손실열}{G_S C_p} + t_1$
기호설명	• H_L : 저발열량 • G : 이론 연소가스량 • C_p : 비열	• t_1 : 기준온도 • t_2 : 실제연소온도 • G_S : 실제연소가스량

07 다음 중 불연성 물질이 아닌 것은?

① 주기율표의 0족 원소
② 산화반응 시 흡열반응을 하는 물질
③ 완전연소한 산화물
④ 발열량이 크고 계의 온도 상승이 큰 물질

08 메탄 80v%, 프로판 5v%, 에탄 15v% 인 혼합가스의 공기 중 폭발하한계는 약 얼마인가?

① 2.1%   ② 3.3%
③ 4.3%   ④ 5.1%

🔍 $\dfrac{100}{L} = \dfrac{V_1}{L_1} + \dfrac{V_2}{L_2} + \dfrac{V_3}{L_3}$

$L = \dfrac{100}{\dfrac{V_1}{L_1} + \dfrac{V_2}{L_2} + \dfrac{V_3}{L_3}}$

$= \dfrac{100}{\dfrac{80}{5} + \dfrac{5}{2.1} + \dfrac{15}{3}}$

$= 4.27\% ≒ 4.3\%$

09 점화원이 될 우려가 있는 부분을 용기 안에 넣고 불활성 가스를 용기 안에 채워 넣어 폭발성가스가 침입하는 것을 방지한 방폭구조는?

① 압력방폭구조   ② 안전증방폭구조
③ 유입방폭구조   ④ 본질방폭구조

🔍 방폭구조

종류	내용
내압 방폭구조(d)	용기의 내부에 폭발성 가스의 폭발이 일어날 경우, 용기가 폭발 압력에 견디고 외부의 폭발성 가스에 인화될 위험이 없도록 한 방폭구조
압력 방폭구조(p)	점화원이 될 우려가 있는 부분을 용기 안에 넣고 보호기체(신선한 공기 또는 불활성기체)를 용기 안에 압입함으로써 폭발성 가스가 침입하는 것을 방지하도록 되어 있는 방폭구조
유입 방폭구조(o)	전기 불꽃을 발생하는 부분을 용기 내부의 기름에 내장하여 외부의 폭발성 가스 또는 점화원 등에 접촉 시 점화의 우려가 없도록 한 방폭구조
안전증 방폭구조(e)	정상 운전 중의 내부에서 불꽃이 발생하지 않도록 전기적, 기계적, 구조적으로 온도 상승에 대해 안전도를 증가시킨 구조로 내압 방폭구조보다 용량이 적음
본질안전 방폭구조 (ia, ib)	정상시 또는 단락, 단선, 지락 등의 사고시에 발생하는 아크, 불꽃, 고열에 의하여 폭발성 가스나 증기에 점화되지 않는 것이 확인된 구조
특수 방폭구조(s)	폭발성 가스, 증기 등에 의하여 점화하지 않는 구조로서 모래 등을 채워 넣은 사입 방폭구조 등
몰드 방폭구조(m)	폭발성가스의 증기입자 잠재적 위험 부위에 사용 정격전압 11000V를 넘지 않는 전기제품 등에 대한 시험요건에 대하여 규정된 방폭구조
비점화 방폭구조(n)	2종 장소에 사용되는 가스 증기 방폭기기 등에 적용 폭발성 가스 분위기에서 사용 전기기기구조시험표시 등에 대하여 규정된 방폭구조

10 다음 중 가연물의 구비조건이 아닌 것은?

① 연소열량이 커야 한다.
② 열전도도가 작아야 된다.
③ 활성화에너지가 커야 한다.
④ 산소와의 친화력이 좋아야 한다.

🔍 활성화 에너지가 적어야 한다.

11 아세틸렌(C_2H_2)의 완전연소반응식은?

① $C_2H_2 + O_2 \rightarrow CO_2 + H_2O$
② $2C_2H_2 + O_2 \rightarrow 4CO_2 + H_2O$
③ $C_2H_2 + 5O_2 \rightarrow CO_2 + 2H_2O$
④ $2C_2H_2 + 5O_2 \rightarrow 4CO_2 + 2H_2O$

12 연소속도에 대한 설명 중 옳지 않은 것은?

① 공기의 산소분압을 높이면 연소속도는 빨라진다.
② 단위면적의 화염면이 단위시간에 소비하는 미연소혼합기의 체적이라 할 수 있다.
③ 미연소혼합기의 온도를 높이면 연소속도는 증가한다.
④ 일산화탄소 및 수소 기타 탄화수소계 연료는 당량비가 1.1 부근에서 연소속도의 피크가 나타난다.

🔍 당량비와 연소속도는 관계가 없다.

13 화재와 폭발을 구별하기 위한 주된 차이점은?

① 에너지방출속도   ② 점화원
③ 인화점   ④ 연소한계

14 최소 점화에너지에 대한 설명으로 옳지 않은 것은?

① 연소속도가 클수록, 열전도도가 작을수록 큰 값을 갖는다.
② 가연성 혼합기체를 점화시키는데 필요한 최소에너지를 최소 점화에너지라 한다.
③ 불꽃 방전 시 일어나는 점화에너지의 크기는 전압의 제곱에 비례한다.
④ 일반적으로 산소농도가 높을수록, 압력이 증가할수록 값이 감소한다.

🔍 최소점화에너지 : 반응에 필요한 최소한의 에너지로서 연소속도가 클수록 열전도도가 작을수록 최소점화에너지는 적게 필요하다.

15 "착화온도가 85℃ 이다."를 가장 잘 설명한 것은?

① 85℃ 이하로 가열하면 인화한다.
② 85℃ 이하로 가열하고 점화원이 있으면 연소한다.
③ 85℃로 가열하면 공기 중에서 스스로 발화한다.
④ 85℃로 가열해서 점화원이 있으면 연소한다.

🔍 착화온도(발화점) : 점화원이 없이 스스로 연소하는 최저온도

16 가연성 물질을 공기로 연소시키는 경우 공기중의 산소농도를 높게 하면 어떻게 되는가?

① 연소속도는 빠르게 되고, 발화온도는 높게 된다.
② 연소속도는 빠르게 되고, 발화온도는 낮게 된다.
③ 연소속도는 느리게 되고, 발화온도는 높게 된다.
④ 연소속도는 느리게 되고, 발화온도는 낮게 된다.

🔍 산소농도를 높게하면
 • 연소범위가 넓어진다.
 • 연소속도가 빨라진다.
 • 점화에너지가 적어진다.
 • 발화온도가 낮아진다.

17 기체연료의 주된 연소형태는?

① 확산연소   ② 증발연소
③ 분해연소   ④ 표면연소

🔍 연소의 형태

구 분	연소의 종류
고 체	표면연소, 분해연소, 증발연소, 자기연소
액 체	증발연소, 액면연소, 분무연소, 등심연소(심화연소)
기 체	확산연소, 예혼합연소

18 아세틸렌 가스의 위험도(H)는 약 얼마인가?

① 21   ② 23
③ 31   ④ 33

🔍 위험도 = $\dfrac{폭발상한 - 폭발하한}{폭발하한}$

$= \dfrac{81 - 2.5}{6} = 31.4$

19 용기내의 초기 산소농도를 설정치 이하로 감소시키도록 하는데 이용되는 퍼지방법이 아닌 것은?

① 진공퍼지   ② 온도퍼지
③ 스위프퍼지   ④ 사이폰퍼지

불활성화 방법

방법	정의
스위프퍼지	용기의 한 개구부로 이너팅 가스를 주입하여 타 개구부로부터 대기 또는 스크러버로 혼합가스를 용기에서 추출하는 방법으로 이너팅 가스를 상압에서 가하고 대기압으로 방출하는 방법이다.
압력퍼지	일명 가압퍼지로 용기를 가압하여 이너팅 가스를 주입한 용기 내의 가한 가스가 충분히 확산된 후 그것을 대로 방출하여 원하는 산소농도(MOC)를 구하는 방법이다.
진공퍼지	일명 저압퍼지로 용기에 일반적으로 쓰이는 방법으로 모든 반응기는 완전진공에 가깝도록 하여야 한다.
사이펀퍼지	용기에 액체를 채운 다음 용기로부터 액체를 배출시키는 동시에 증기층으로부터 불활성 가스를 주입하여 원하는 산소농도를 구하는 퍼지 방법이다.

20 폭굉을 일으킬 수 있는 기체가 파이프 내에 있을 때 폭굉 방지 및 방호에 대한 설명으로 옳지 않은 것은?

① 파이프 라인에 오리피스 같은 장애물이 없도록 한다.
② 공정 라인에서 회전이 가능하면 가급적 원만한 회전을 이루도록 한다.
③ 파이프의 지름대 길이의 비는 가급적 작게 한다.
④ 파이프 라인에 장애물이 있는 곳은 관경을 축소한다.

🔍 관경 축소시 폭굉이 더욱 더 발생할 확률이 높다.

제2과목 가스설비

21 강을 연하게 하여 기계가공성을 좋게 하거나, 내부 응력을 제거하는 목적으로 적당한 온도까지 가열한 다음 그 온도를 유지한 후에 서냉하는 열처리 방법은?

① Marquenching
② Quenching
③ Tempering
④ Annealing

🔍 열처리 종류
- 담금질(Quenching, 소입) : 강의 경도나 강도를 증가시키기 위해 적당히 가열한 후 급냉시키는 방법이다.
- 뜨임(Tempering, 소려) : 강에 인성을 주고 내부 잔류응력을 제거하기 위해 담금질한 강을 담금질 온도보다 조금 낮게 가열한 후 공기 중에 서서히 냉각시키는 방법이다.
- 풀림(Annealing, 소둔) : 강을 높은 온도로 가열하고 이를 로(爐)속에서 서서히 냉각시키는 것으로 잔류응력을 제거하고 냉간가공을 용이하게 한다.
- 불림(Normalizing, 소준) : 소성가공 등으로 거칠어진 조직을 정상상태로 하거나 조직을 미세화 하기 위한 것으로 가열 후 공랭하면 연신율이 증가된다.

22 원유, 나프타 등의 분자량이 큰 탄화수소를 원료로 고온에서 분해하여 고열량의 가스를 제조하는 공정은?

① 열분해공정
② 접촉분해공정
③ 부분연소공정
④ 수소화분해공정

🔍
- 부분연소프로세스 : 메탄에서 원유까지의 탄화수소를 가스화제로서 산소, 공기 및 수증기를 이용 CH_4, H_2, CO, CO_2 로 변환하는 방법
- 수소화 분해 프로세스 : 고압 고온에서 C/H 비가 비교적 큰 탄화수소를 수증기 흐름중 또는 Ni 등의 수소화촉매를 사용해서 나프타 등의 비교적 C/H 비가 낮은 탄화수소를 메탄으로 변환시키는 방법으로 수증기 자체가 가스화제로 사용되지 않고 탄화수소를 수증기 흐름 중에 분해를 시키는 방법
- 접촉분해 프로세스 : 탄화수소와 수증기를 반응시킨 수소, CO, CO_2, CH_4 등의 저급 탄화수소를 변화하는 반응
- 열분해 공정 : 분자량이 큰 탄화수소 원료 즉 나프타, 중유, 원유 등을 800~900℃에서 열분해하여 고열량의 가스를 제조하는 공정

23 도시가스 원료의 접촉분해공정에서 반응온도가 상승하면 일어나는 현상으로 옳은 것은?

① CH_4, CO 가 많고 CO_2, H_2 가 적은 가스 생성
② CH_4, CO_2 가 적고 CO, H_2 가 많은 가스 생성
③ CH_4, H_2 가 많고 CO_2, CO 가 적은 가스 생성
④ CH_4, H_2 가 적고 CO_2, CO 가 많은 가스 생성

🔍 접촉분해(수증기개질) 프로세스
- 반응온도 상승시 CH_4, CO_2 감소 CO, H_2 증가 반응온도 내리면 CH_4, CO_2 증가 CO, H_2 감소
- 반응압력 상승시 CH_4, CO_2 증가 H_2, CO 감소 반응압력 하강시 CH_4, CO_2 감소 H_2, CO 증가
- 수증기비 증가시 CH_4, CO 감소 CO_2, H_2 증가

24 LPG 집단공급시설에서 입상관이란?

① 수용가에 가스를 공급하기 위해 건축물에 수직으로 부착되어 있는 배관을 말하며 가스의 흐름방향이 공급자에서 수용가로 연결된 것을 말한다.
② 수용가에 가스를 공급하기 위해 건축물에 수평으로 부착되어 있는 배관을 말하며 가스의 흐름방향이 공급자에서 수용가로 연결된 것을 말한다.
③ 수용가에 가스를 공급하기 위해 건축물에 수직으로 부착되어 있는 배관을 말하며 가스의 흐름방향과 관계없이 수직배관은 입상관으로 본다.
④ 수용가에 가스를 공급하기 위해 건축물에 수평으로 부착되어 있는 배관을 말하며 가스의 흐름방향과 관계없이 수직배관은 입상관으로 본다.

🔍 일반도시가스 용어 정의

용어	정의
이상압력 통보설비	정압기 출구압력이 설정압력보다 상승하거나 낮아지는 경우에 이상 유무를 상황실에서 알 수 있도록 경보음(70db) 이상 등으로 알려주는 설비를 말한다.
긴급차단 장치	정압기의 이상 발생 등으로 출구측 압력이 설정압력보다 이상 상승하는 경우 입구측으로 유입되는 가스를 자동차단하는 장치를 말한다.
안전밸브	정압기의 압력이 이상 상승하는 경우 자동으로 압력을 대기중으로 방출하는 밸브이다.
상용압력	통상의 사용상태에서 사용하는 최고의 압력으로서 정압기 출구 압력이 2.5MPa이하인 경우 2.5MPa를 말하며 그 외의 것은 일반도시가스 사업자가 설정한 최대 출구압력을 말한다.
입상관	수용가에서 가스를 공급하기 위해 건축물에 수직으로 부착되어 있는 배관을 말하며 가스의 흐름 방향에 관계없이 수직으로 부착되어 있는 배관은 입상관으로 본다.

25 유체에 대한 저항은 크나 개폐가 쉽고 유량조절에 주로 사용되는 밸브는?

① 글로브 밸브
② 게이트 밸브
③ 플러그 밸브
④ 버터플라이 밸브

🔍
1. 체크 밸브(Check Valve)
  ① 유체의 역류를 막기 위해서 설치한다.
  ② 체크 밸브는 고압배관 중에 사용된다.
  ③ 체크 밸브는 스윙형과 리프트형의 2가지가 있다.
    ㉠ 스윙형 : 수평, 수직관에 사용
    ㉡ 리프트형 : 수평 배관에만 사용
2. 게이트 밸브 = 슬루스 밸브
  ① 대형관로의 개폐용 개폐에 시간이 소요
  ② 유체의 저항이 적다.
3. 플러그(Pulg) 밸브
  ① 용도 : 중·고압용
  ② 장점 : 개폐 신속
  ③ 단점 : 가스관 중의 불순물에 따라 차단효과 불량
4. 글로브(Golbe) 밸브
  ① 용도 : 중·저압관용 유량조절용
  ② 장점 : 기밀성 유지 양호, 유량조절 용이
  ③ 단점 : 압력손실이 크다.
5. 볼(Ball) 밸브
  ① 용도 : 고·중·저압관용 등으로 주로 사용
  ② 장점 : 배관의 내경과 동일하여 관내 흐름이 양호, 압력손실이 적음
  ③ 단점 : 보올과 밸브 몸통 접촉면의 기밀성 유지가 곤란

26 2단 감압식 2차용 저압조정기의 출구쪽 기밀시험 압력은?

① 3.3kPa
② 5.5kPa
③ 8.4kPa
④ 10.0kPa

🔍 (1) 압력조정기의 종류에 따른 입구압력, 조정압력 범위

종류	입구압력	조정압력
1단 감압식 저압 조정기	0.07MPa ~ 1.56MPa	2.3kPa~3.3kPa
1단 감압식준저압 조정기	0.1MPa ~ 1.56MPa	5kPa~3kPa
2단 감압식 1차용 조정기	용량 100kg 이하 : 0.1~1.56 용량 100kg 초과 : 0.3~1.56	57~83kPa
2단 감압식 2차용 조정기	0.01MPa ~ 0.1MPa 또는 0.025MPa~0.1MPa	2.3kPa~3.3kPa
자동절체식 일체형 저압 조정기	0.1MPa ~ 1.56MPa	2.55kPa ~ 3.3kPa
자동절체식 분리형 조정기	0.1MPa ~ 1.56MPa	0.032MPa ~ 0.083MPa
자동절체식 일체형 준저압 조정기	0.1MPa ~ 1.56MPa	5kPa~30kPa

| 그밖의 압력조정기 | 조정압력 이상 ~1.56MPa | 제조자가 표시한 사양에 따르되 조정압력이 0.005 MPa 초과인 것에 한한다. |

| 세미분젠식 | • 적화식과 분젠식의 중간 형식
• 1차 공기율 40% 이하(불꽃온도 1000℃) |
| 전 1차 공기식 | • 필요공기는 전부 1차 공기만으로 공급
• 역화 우려가 있음(불꽃온도 850~900℃) |

(2) 종류별 기밀시험압력

종류 구분	1단 감압식 저압	1단 감압식 준저압	2단 감압식 1차용	2단 감압식 2차용 저압	2단 감압식 2차용 준저압	자동 절체식 저압	자동 절체식 준저압	그 밖의 조정기
입구측 (MPa)	1.56 이상	1.56 이상	1.8 이상	0.5 이상		1.8 이상		최대 입구 압력 1.1배 이상
출구측 (kPa)	5.5	조정압력의 2배 이상	150 이상	5.5	조정압력의 2배 이상	5.5	조정압력의 2배 이상	조정압력의 1.5배

27 펌프에서 일반적으로 발생하는 현상이 아닌 것은?

① 서징(Surging)현상
② 시일링(Sealing)현상
③ 캐비테이션(공동)현상
④ 수격(Water hammering)작용

> 펌프의 이상 현상
> • 케비테이션(공동현상)   • 베이퍼록 현상
> • 서징 현상   • 수격작용

28 분젠식 버너의 특징에 대한 설명 중 틀린 것은?

① 고온을 얻기 쉽다.
② 역화의 우려가 없다.
③ 버너가 연소가스량에 비하여 크다.
④ 1차 공기와 2차 공기 모두를 사용한다.

> 1·2차 공기에 의한 연소의 방법

연소방법	특징
분젠식	• 가스와 1차 공기가 혼합관 속에서 혼합되어 염공에서 나오면서 연소 • 불꽃주위 확산에 의해 2차 공기 취함(불꽃온도 1200~1300℃)
적화식	• 가스를 그대로 대기 중에서 분출하여 연소 • 필요공기는 불꽃주변에서 확산에 의하여 취함(불꽃온도 1000℃)

29 다음 중 동 및 동합금을 장치의 재료로 사용할 수 있는 것은?

① 암모니아   ② 아세틸렌
③ 황화수소   ④ 아르곤

> 동·동합금 사용이 불가능 금속
> • 암모니아 : 착이온 생성으로 부식
> • 아세틸렌 : 폭발
> • 황화수소 : 부식

30 직경 100mm, 행정 150mm, 회전수 600rpm, 체적효율이 0.8인 2기통 왕복압축기의 송출량은 약 몇 m³/min인가?

① 0.57   ② 0.84
③ 1.13   ④ 1.54

> $Q = \dfrac{\pi}{4} \cdot D^2 L \cdot N \cdot \eta$
> $= \dfrac{\pi}{4} \times (0.1\text{m})^2 \times (0.15\text{m}) \times 600 \times 0.8 \times 2$
> $= 1.13 \text{m}^3/\text{min}$

31 기화기에 의해 기화된 LPG에 공기를 혼합하는 목적으로 가장 거리가 먼 것은?

① 발열량 조절
② 재액화 방지
③ 압력 조절
④ 연소효율 증대

> 가연성 가스에 공기혼합

구분	내용	세부내용
	목 적	재액화 방지, 누설시 손실 감소, 연소효율 증대, 발열량 조절
	주의사항	폭발 범위 내에 들지 않도록

32 고압가스 일반제조시설에서 저장탱크를 지하에 묻는 경우의 기준으로 틀린 것은?

① 저장탱크 정상부와 지면과의 거리는 60cm 이상으로 할 것
② 저장탱크의 주위에 마른 흙을 채울 것
③ 저장탱크를 2개 이상 인접하여 설치하는 경우 상호간에 1m 이상의 거리를 유지할 것
④ 저장탱크를 묻는 곳의 주위에는 지상에 경계표지를 할 것

🔍 저장탱크 주위에는 마른모래를 채울 것

33 다음 보기는 터보펌프의 정지 시 조치사항이다. 정지 시의 작업순서가 올바르게 된 것은?

> ㉠ 토출밸브를 천천히 닫는다.
> ㉡ 전동기의 스위치를 끊는다.
> ㉢ 흡입밸브를 천천히 닫는다.
> ㉣ 드레인 밸브를 개방시켜 펌프속의 액을 빼낸다.

① ㉠ - ㉡ - ㉢ - ㉣
② ㉠ - ㉡ - ㉣ - ㉢
③ ㉡ - ㉠ - ㉢ - ㉣
④ ㉡ - ㉠ - ㉣ - ㉢

34 고온·고압에서 수소를 사용하는 장치는 일반적으로 어떤 재료를 사용하는가?

① 탄소강   ② 크롬강
③ 조강   ④ 실리콘강

35 액화염소가스 68kg를 용기에 충전하려면 용기의 내용적은 약 몇 ℓ가 되어야 하는가? (단, 연소가스의 정수 C는 0.8 이다.)

① 54.4   ② 68
③ 71.4   ④ 75

🔍 $W = \dfrac{V}{C}$
$V = W \cdot C$
$= 68 \times 0.8 = 54.4 L$

36 공기 액화장치 중 수소, 헬륨을 냉매로 하며 2개의 피스톤이 한 실린더에 설치되어 팽창기와 압축기의 역할을 동시에 하는 형식은?

① 캐스케이드식
② 캐피자식
③ 클라우드식
④ 필립스식

🔍 가스액화 분리장치 특징

종류	특징
린데식	상온 상압의 공기를 압축기에 의해 등온 압축 후 열교환기에서 저온으로 냉각하여 팽창밸브에서 단열 팽창시켜 액체 공기로 만든다.
클라우드식	압축기에서 0.4MPa 압축 제1열교환기에서 -100℃ 냉각되어 팽창기에 들어가 대기압까지 단열팽창하여 제2, 제3열교환기에서 다시 냉각, 팽창밸브에서 단열교축 팽창을 하게된다.
캐피자식	압축압력 7atm 정도이며 열교환기에서 축냉기를 사용하여 원료공기를 냉각시킴과 동시에 수분과 탄산가스를 제거, 송입공기량은 전체의 9% 정도이다.
필립스식	피스톤과 보조피스톤이 있으며 상부에 팽창기 하부에 압축기로 구성된다. 수소 또는 헬륨이 냉매로 장치 내에 봉입되어 있다.
캐스케이드식	비점이 점차 낮은 냉매를 사용 저비점기체를 액화하는 싸이클로서 다원액화사이클라고 한다.

37 다음 중 가스홀더의 기능이 아닌 것은?

① 가스수요의 시간적 변화에 따라 제조가 따르지 못할 때 가스의 공급 및 저장
② 정전, 배관공사 등에 의한 제조 및 공급설비의 일시적 중단 시 공급
③ 조성의 변동이 있는 제조가스를 받아들여 공급가스의 성분, 열량, 연소성 등의 균일화
④ 공기를 주입하여 발열량이 큰 가스로 혼합 공급

38 지하 정압실 통풍구조를 설치할 수 없는 경우 적합한 기계환기 설비기준으로 맞지 않는 것은?

① 통풍능력이 바닥면적 1m²마다 0.5m³/분 이상으로 한다.
② 배기구는 바닥면(공기보다 가벼운 경우는 천장면) 가까이 설치한다.
③ 배기가스 방출구는 지면에서 5m 이상 높게 설치한다.
④ 공기보다 비중이 가벼운 경우에는 배기가스 방출구는 5m 이상 높게 설치한다.

> 공기보다 비중이 가벼운 경우 배기가스 방출구는 지면에서 3m 이상 높게 설치한다.

39 가스액화 분리장치 구성기기 중 터보 팽창기의 특징에 대한 설명으로 틀린 것은?

① 팽창비는 약 2 정도이다.
② 처리가스량은 10000m³/h 정도이다.
③ 회전수는 10000 ~ 20000rpm 정도이다.
④ 처리가스에 윤활유가 혼입되지 않는다.

> 가스액화분리장치의 팽창기

종류		특징
왕복동식	팽창비	40 정도
	효율	60~65%
	처리가스량	1000 m³/h
터보식	회전수	10000~20000 rpm
	팽창비	5
	효율	80~85%

40 배관재료의 허용응력(S)이 8.4kg/mm² 이고 스케줄 번호가 80 일 때 최고 사용압력 P[kg/cm²] 는?

① 67
② 105
③ 210
④ 650

> $SCH = 10 \times \dfrac{P}{S}$
> $\therefore P = \dfrac{SCH \times S}{10}$
> $= \dfrac{80 \times 8.4}{10}$
> $= 67.2$

제 3 과목 가스안전관리

41 독성가스 용기 운반차량 운행 후 조치사항에 대한 설명으로 틀린 것은?

① 충전용기를 적재한 차량은 제1종 보호시설에서 15m 이상 떨어진 장소에 주정차한다.
② 충전용기를 적재한 차량은 제2종 보호시설에서 10m 이상 떨어진 장소에 주정차한다.
③ 주정차장소 선정은 지형을 고려하여 교통량이 적은 안전한 장소를 택한다.
④ 차량의 고장 등으로 인하여 정차하는 경우는 적색 표지판 등을 설치하여 다른 차량과의 충돌을 피하기 위한 조치를 한다.

> 충전용기를 적재한 차량은 2종 보호시설이 밀집되어 있는 지역으로 육교 및 고가차도 아래는 피해야 한다.

42 고압가스 용기의 재검사를 받아야 할 경우가 아닌 것은?

① 손상의 발생
② 합격표시의 훼손
③ 충전한 고압가스의 소진
④ 산업통상자원부령이 정하는 기간의 경과

43 고압가스 운반 등의 기준에 대한 설명으로 옳은 것은?

① 염소와 아세틸렌, 암모니아 또는 수소는 동일 차량에 혼합 적재할 수 있다.
② 가연성가스와 산소는 충전용기의 밸브가 서로 마주보게 적재할 수 있다.

③ 충전용기와 경유는 동일차량에 적재하여 운반할 수 있다.
④ 가연성가스 또는 산소를 운반하는 차량에는 소화설비 및 응급조치에 필요한 자재 및 공구를 휴대한다.

44 액화석유가스 판매사업소 및 영업소 용기저장소의 시설 기준 중 틀린 것은?

① 용기보관소와 사무실은 동일 부지 내에 설치하지 않을 것
② 판매업소의 용기 보관실 벽은 방호벽으로 할 것
③ 가스누출경보기는 용기보관실에 설치하되 분리형으로 설치할 것
④ 용기보관실은 불연성 재료를 사용한 가벼운 지붕으로 할 것

🔍 용기보관소와 사무실은 동일 부지 내에 구분하여 설치하여야 한다.

45 전기기기의 내압방폭구조의 선택은 가연성가스의 무엇에 의해 주로 좌우되는가?

① 인화점, 폭굉한계
② 폭발한계, 폭발등급
③ 최대안전틈새, 발화온도
④ 발화도, 최소발화에너지

🔍 가연성가스의 폭발등급 및 이에 대응하는 내압방폭구조의 폭발등급

최대안전틈새범위(mm)	0.9 이상	0.5 초과 0.9 미만	0.5 이하
가연성가스의 폭발등급	A	B	C
방폭전기기기의 폭발등급	ⅡA	ⅡB	ⅡC

최대안전틈새는 내용적이 8리터이고 틈새깊이가 25mm인 표준용기 안에서 가스가 폭발할 때 발생한 화염이 용기 밖으로 전파하여 가연성 가스에 점화되지 않는 최대값

가연성가스의 폭발등급 및 이에 대응하는 본질안전방폭 구조의 폭발등급

최소점화전류비의 범위(mm)	0.8 초과	0.45 이상 0.8 이하	0.45 미만
가연성가스의 폭발등급	A	B	C
방폭전기기기의 폭발등급	ⅡA	ⅡB	ⅡC

최소점화 전류비는 메탄가스의 최소화전류를 기준으로 나타낸다.

가연성가스의 발화도 범위에 따른 방폭전기기기의 온도등급

가연성가스의 발화도(℃) 범위	방폭전기 기기의 온도등급
450 초과	T1
300 초과 450 이하	T2
200 초과 300 이하	T3
135 초과 200 이하	T4
100 초과 135 이하	T5
85 초과 100 이하	T6

46 산소 중에서 물질의 연소성 및 폭발성에 대한 설명으로 틀린 것은?

① 기름이나 그리스 같은 가연성물질은 발화 시에 산소 중에서 거의 폭발적으로 반응한다.
② 산소농도나 산소분압이 높아질수록 물질의 발화온도는 높아진다.
③ 폭발한계 및 폭굉한계는 공기 중과 비교할 때 산소 중에서 현저하게 넓어진다.
④ 산소 중에서는 물질의 점화에너지가 낮아진다.

🔍 산소농도나 산소분압이 높아질수록 물질의 발화온도는 낮아진다.

47 정전기 제거 또는 발생방지 조치에 대한 설명으로 틀린 것은?

① 상대습도를 높인다.
② 공기를 이온화 시킨다.
③ 대상물을 접지 시킨다.
④ 전기저항을 증가시킨다.

48 고압가스제조시설은 안전거리를 유지해야 한다. 안전거리를 결정하는 요인이 아닌 것은?

① 가스사용량
② 가스저장능력
③ 저장하는 가스의 종류
④ 안전거리를 유지해야 할 건축물의 종류

49 용기에 의한 액화석유가스 저장소에서 액화석유가스 저장설비 및 가스설비는 그 외면으로부터 화기를 취급하는 장소까지 최소 몇 m 이상의 우회거리를 두어야 하는가?

① 3   ② 5
③ 8   ④ 10

50 가스의 분류에 대하여 바르지 않게 나타낸 것은?

① 가연성가스 : 폭발범위 하한이 10% 이하이거나, 상한과 하한의 차가 20% 이상인 가스
② 독성가스 : 공기 중에 일정량 이상 존재하는 경우 인체에 유해한 독성을 가진 가스
③ 불연성가스 : 반응을 하지 않는 가스
④ 조연성가스 : 연소를 도와주는 가스

🔍 불연성 가스 : 불에 타지 않는 가스

51 가연성가스 및 독성가스 용기의 도색 및 문자표시의 색상으로 틀린 것은?

① 수소 – 주황색으로 용기도색, 백색으로 문자표기
② 아세틸렌 – 황색으로 용기도색, 흑색으로 문자표기
③ 액화암모니아 – 백색으로 용기도색, 흑색으로 문자표기
④ 액화염소 – 회색으로 용기도색, 백색으로 문자표기

🔍 염소의 용기도색은 갈색, 문자표기는 백색으로 한다.

52 고압가스 장치의 운전을 정지하고 수리할 때 유의할 사항으로 가장 거리가 먼 것은?

① 가스의 치환
② 안전밸브의 작동
③ 배관의 차단확인
④ 장치 내 가스분석

53 액화가스를 충전하는 탱크의 내부에 액면의 요동을 방지하기 위하여 설치하는 장치는?

① 방호벽   ② 방파판
③ 방해판   ④ 방지판

🔍 **방파판**(KGS AC 113)

정의	액화가스 충전탱크 및 차량고정 탱크에 액면 요동을 방지하기 위해 설치 되는 판
면적	탱크 횡단부 면적의 40% 이상
부착위치	원호부 면적이 탱크 횡단부 면적의 20% 이하가 되는 위치
설치수	내용적 5m³ 마다 1개씩
재료 및 두께	3.2mm 이상의 SS41 또는 이와 동등 이상의 강도 (단 초저온 탱크는 2mm 이상 오스테나이트계 스텐레스강 또는 4mm 이상 알루미늄 합금판)

54 합격용기 각인사항의 기호 중 용기의 내압시험압력을 표시하는 기호는?

① TP   ② TW
③ TV   ④ FP

🔍 **용기의 각인**

기호	내용	단위
V	내용적	L
W	초저온 용기 이외의 용기에 밸브 부속품을 포함하지 아니한 용기 질량	kg
Tw	아세틸렌 용기에 있어 용기 질량에 다공물질 용제 및 밸브의 질량을 합한 질량	kg
Tp	내압시험압력	MPa
Fp	최고충전압력	MPa
t	500ℓ초과 용기의 동판두께	mm

55 HCN은 충전한 후 며칠이 경과하기 전에 다른 용기에 옮겨 충전하여야 하는가?

① 30일
② 60일
③ 90일
④ 120일

56 LPG 압력조정기 중 1단감압식 저압조정기의 용량이 얼마 미만에 대하여 조정기의 몸통과 덮개를 일반공구(몽키렌치, 드라이버 등)로 분리할 수 없는 구조로 하여야 하는가?

① 5kg/h
② 10kg/h
③ 100kg/h
④ 300kg/h

57 아세틸렌 용기에 충전하는 다공물질의 다공도 값은?

① 62~75%
② 72~85%
③ 75~92%
④ 82~95%

58 전기방식전류가 흐르는 상태에서 토양 중에 매설되어 있는 도시가스 배관의 방식전위는 포화황산동 기준전극으로 몇 V 이하이어야 하는가?

① -0.75
② -0.85
③ -1.2
④ -1.5

🔍 전기방식 기준 : 방식전류가 흐르는 상태 토양중에 있는
- 고압가스시설의 방식전기 : 포화황산동 기준전극으로 -5V 이상 ~ 0.85V 이하(황산염 환원 박테리아가 번식하는 토양에서는 -0.95V 이하)
- 액화석유가스시설의 방식전위 : 포화황산동기준 전극으로 -0.85V (황산염 환원 박테리아가 번식하는 토양에서는 -0.95V 이하)
- 도시가스시설 : 포화황산동 기준 전극으로 -0.85V 이하(황산염 환원 박테리아가 번식하는 토양에서는 -0.95V 이하)로 하고 방식전위 하한값은 전기철도 등의 영향을 제외하고 포화황산동 기준전극으로 -2.5V 이상

59 도시가스사업이 허가된 지역에서 도로를 굴착하고자 하는 자는 가스안전영향평가를 하여야 한다. 이 때 가스안전영향평가를 하여야 하는 굴착공사가 아닌 것은?

① 지하보도 공사
② 지하차도 공사
③ 광역상수도 공사
④ 도시철도 공사

60 도시가스용 압력조정기란 도시가스 정압기 이외에 설치되는 압력조정기로서 입구 쪽 호칭지름과 최대 표시유량을 각각 바르게 나타낸 것은?

① 50A 이하, 300Nm³/h 이하
② 80A 이하, 300Nm³/h 이하
③ 80A 이하, 500Nm³/h 이하
④ 100A 이하, 500Nm³/h 이하

제4과목 가스계측

61 미리 알고 있는 측정량과 측정치를 평형시켜 알고 있는 양의 크기로부터 측정량을 알아내는 방법으로 대표적인 예로서 천칭을 이용하여 질량을 측정하는 방식을 무엇이라 하는가?

① 영위법
② 평형법
③ 방위법
④ 편위법

🔍 계측의 측정법

편위법	측정량과 관계있는 다른 양으로 변화시켜 측정하는 방법으로 정도는 낮으나 측정방법이 간단하며 부르동관의 탄성변위를 이용(부르동관 압력계, 스프링저울, 전류계)
영위법	측정하고자 하는 상태량과 독립적 크기를 조정할 수 있는 조정할 수 있는 기준량과 비교하여 측정(블록게이지 등)
치환법	지시량과 미리 알고 있는 다른 양으로 측정량을 나타내는 방법(화학천칭)
보상법	측정량과 거의 같은 미리 알고 있는 양을 준비하여 측정량과 그 미리 알고 있는 양의 차이로 측정량을 알아내는 방법

62 현재 산업체와 연구실에서 사용하는 가스크로마토그래피의 각 피크(Peak) 면적측정법으로 주로 이용되는 방식은?

① 중량을 이용하는 방법
② 면적계를 이용하는 방법
③ 적분계(integrator)에 의한 방법
④ 각 기체의 길이를 총량한 값에 의한 방법

63 400m 길이의 저압본관에 시간당 200m³ 가스를 흐르도록 하라면 가스배관의 관경은 약 몇 cm가 되어야 하는가? (단, 기점, 종점간의 압력강하를 1.47mmHg, K값 = 0.707이고, 가스비중을 0.64로 한다.)

① 12.45cm
② 15.93cm
③ 17.23cm
④ 21.34cm

$$Q = K\sqrt{\frac{D^5 H}{SL}}$$

$$\therefore D = \sqrt[5]{\frac{Q^2 S \cdot L}{K^2 \cdot H}}$$

$$H = \frac{1.47}{760} \times 10332 = 19.98 mmH_2O$$

$$D = \sqrt[5]{\frac{200^2 \times 0.64 \times 400}{0.707^2 \times 19.98}}$$
$$= 15.928 \fallingdotseq 15.3 cm$$

64 계측기의 원리에 대한 설명으로 가장 거리가 먼 것은?

① 기전력의 차이로 온도를 측정한다.
② 액주높이로 부터 압력을 측정한다.
③ 초음파 속도 변화로 유량을 측정한다.
④ 정전용량을 이용하여 유속을 측정한다.

65 같은 무게와 내용적의 빈 실린더에 가스를 충전하였다. 다음 중 가장 무거운 것은?

① 5기압, 300K의 질소
② 10기압, 300K의 질소
③ 10기압, 360K의 질소
④ 10기압, 300K의 헬륨

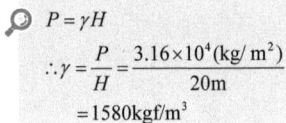

$PV = \frac{W}{M} RT$ 에서

$W = \frac{PVM}{RT}$ (무게는 압력과 분자량에 비례, 온도에는 반비례)

① $\frac{5 \times 28}{300} = 0.47$
② $\frac{10 \times 28}{300} = 0.93$
③ $\frac{10 \times 28}{360} = 0.78$
④ $\frac{10 \times 4}{300} = 0.13$

66 수면에서 20m 깊이에 있는 지점에서의 게이지압이 3.16kgf/cm²이었다. 이 액체의 비중량은?

① 1580kgf/m³
② 1850kgf/m³
③ 15800kgf/m³
④ 18500kgf/m³

$P = \gamma H$

$\therefore \gamma = \frac{P}{H} = \frac{3.16 \times 10^4 (kg/m^2)}{20m}$
$= 1580 kgf/m^3$

67 수소염이온화식 가스검지기에 대한 설명으로 옳지 않은 것은?

① 검지성분은 탄화수소에 한한다.
② 탄화수소의 상대감도는 탄소수에 반비례한다.
③ 검지감도가 다른 감지기에 비하여 아주 높다.
④ 수소 불꽃 속에 시료가 들어가면 전기전도도가 증대하는 현상을 이용한 것이다.

68 가스검지법 중 아세틸렌에 대한 염화제1구리착염지의 반응색은?

① 청색
② 적색
③ 흑색
④ 황색

독성가스 누출검지 시험지의 종류와 변색 상태

가스명	시험지	변색상태
염소	KI전분지	청색
암모니아	적색 리트머스지	청색
시안화수소	초산벤젠지 (질산구리벤젠지)	청색
포스겐	하리슨시험지	심등색, 귤색, 오렌지색

일산화탄소	염화파라듐지	흑색
황화수소	연당지	흑색
아세틸렌	염화제1동착염지	적색

🔍 신호의 전송방법

종류	개요	장점	단점
전기식	DC 전류를 신호로 사용하며 전송거리가 길어도 전송에 지연이 없다.	• 전송거리가 길다 (300~1000m) • 조작력이 용이하다. • 복잡한 신호에 용이, 대규모 장치 이용이 가능하다. • 신호전달에 지연이 없다.	• 수리, 보수가 어렵다. • 조작속도가 빠른 경우 비례 조작부를 만들기가 곤란하다.
유압식	전송거리 300m 정도로 오일을 사용하며 전송지연이 적고 조작력이 크다.	• 조작력이 강하고, 조작속도가 크다. • 전송지연이 적다. • 응답속도가 빠르고, 희망특성을 만들기 쉽다.	• 오일로 인한 인화의 우려가 있다. • 오일 누유로 인한 환경문제를 고려하여야 한다.
공기압식	전송거리가 가장 짧고(100~150m) 석유화학단지 등의 위험성이 있는 곳에 주로 사용되는 방법이다.	• 위험성이 없다. • 수리보수가 용이하다. • 배관시공이 용이하다.	• 조작 및 신호전달에 지연이 있다. • 희망특성을 살리기 어렵다.

69 습증기의 열량을 측정하는 기구가 아닌 것은?

① 조리개 열량계　② 분리 열량계
③ 과열 열량계　　④ 봄베 열량계

70 2원자 분자를 제외한 대부분의 가스가 고유한 흡수 스펙트럼을 가지는 것을 응용한 것으로 대기오염 측정에 사용되는 가스분석기는?

① 적외선 가스분석기
② 가스크로마토그래피
③ 자동화학식 가스분석기
④ 용액흡수도전율식 가스분석기

71 내경 50mm인 배관으로 비중이 0.98인 액체가 분당 1m³의 유량으로 흐르고 있을 때 레이놀즈수는 약 얼마인가? (단, 유체의 점도는 0.05kg/m · s 이다.)

① 11210　② 8320
③ 3230　　④ 2210

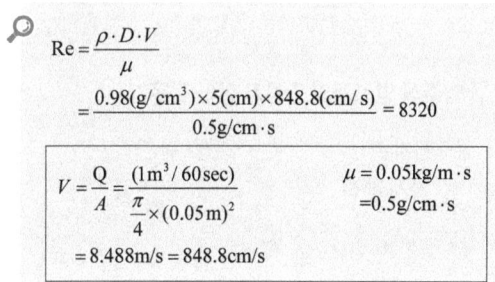

72 전기식 제어방식의 장점에 대한 설명으로 틀린 것은?

① 배선작업이 용이하다.
② 신호전달 지연이 없다.
③ 신호의 복잡한 취급이 쉽다.
④ 조작속도가 빠른 비례 조작부를 만들기 쉽다.

73 검사절차를 자동화하려는 계측작업에서 반드시 필요한 장치가 아닌 것은?

① 자동가공장치　② 자동급송장치
③ 자동선별장치　④ 자동검사장치

74 가스미터의 필요 조건이 아닌 것은?

① 구조가 간단할 것
② 감도가 좋을 것
③ 대형으로 용량이 클 것
④ 유지관리가 용이할 것

75 오차에 비례한 제어 출력 신호를 발생시키며 공기식 제어기의 경우에는 압력 등을 제어 출력신호로 이용하는 제어기는?

① 비례제어기
② 비례적분제어기
③ 비례미분제어기
④ 비례적분-미분제어기

동작신호

구분	항목	정의	특징	수식
연속동작	비례(P) 동작	입력의 편차에 대하여 조작량의 출력변화가 비례 관계에 있는 동작	• 동작신호에 의하여 조작량을 정해야 잔류편차가 남는다. • 부하변화가 크지 않은 곳에 사용하며, 싸이클링은 없다. • 정상오차를 수반한다.	$y = K_p x_1$ y : 조작량 K_p : 비례정수 x_1 : 동작신호
	적분(I) 동작	제어량의 편차 발생 시 적분치를 가감 조작단의 이동속도에 비례하는 동작	• P동작과 조합하여 사용하며, 안정성이 떨어진다. • 잔류편차를 제거한다. • 진동하는 경향이 있다.	$y = \dfrac{1}{T_1}\int x_1 dt$ y : 조작량 T_1 : 적분시간
	미분(D) 동작	제어편차가 검출 시 편차가 변화하는 속도의 미분값에 비례하여 조작량을 가감하는 동작	• 조작량이 동작신호의 미분값에 비례한다. • 진동이 제어되고, 안정속도가 빠르다. • 오차가 커지는 것을 미리 방지한다.	$y = K_d \dfrac{dx}{dt}$ y : 조작량 K_d : 미분동작계수
	비례적분(PI) 동작	잔류편차(오프셋)를 소멸시키기 위하여 적분동작을 부가시킨 제어동작	• 잔류편차를 제거한다. • 제어 결과가 진동적으로 될 수 있다. • 오차가 커지는 것을 미리 방지한다.	$y = K_p\left(x_i + \dfrac{1}{T_1}\int x_1 dt\right)$ y : 조작량 T_1 : 적분시간 $\dfrac{1}{T_1}$: 리셋률
	비례미분(PD) 동작	제어결과에 속응성이 있도록 미분동작을 부가한 것	응답의 속응성을 개선할 수 있다.	$y = K_p\left(x_i + T_D \dfrac{dx}{dt}\right)$ y : 조작량 T_D : 미분시간
	비례미분적분(PID) 동작	제어결과의 단점을 보완하기 위하여 비례 미분적 분동작을 조합시킨 동작으로서 온도 및 농도 제어에 사용	• 잔류편차를 제거한다. • 응답의 오버슈터를 감소한다. • 응답의 속응성을 개선할 수 있다.	$y = K_p\left(x_i + \dfrac{1}{T_1}\int x_1 dt + T_D \dfrac{dx}{dt}\right)$
불연속동작	on-off(2위치동작)	조작량이 정해진 두 값 중 하나를 취함	제어량이 목표치를 중심으로 그 상하의 한계점에서 on - off 동작을 지령 제어결과가 사이클링 또는 off set을 일으킴	

76 가스분석 중 화학적 방법이 아닌 것은?

① 연소열을 이용한 방법
② 고체흡수제를 이용한 방법
③ 용액흡수제를 이용한 방법
④ 가스밀도, 점성을 이용한 방법

🔍 가스 분석계

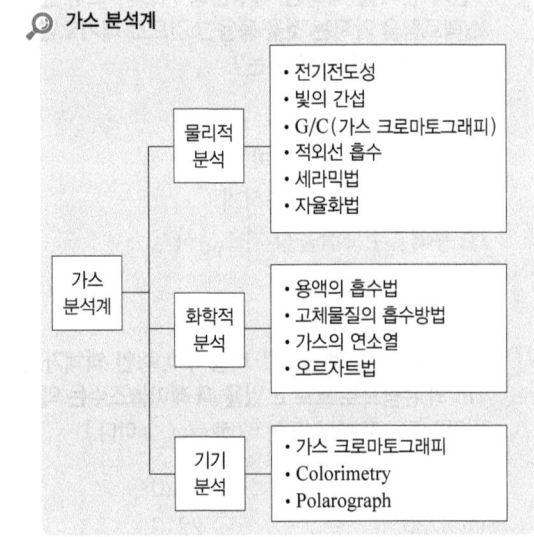

77 액주식 압력계의 종류가 아닌 것은?

① U자관　　　　② 단관식
③ 경사관식　　　④ 단종식

🔍 침종압력계(단종식, 복종식)

78 막식가스미터에서 크랭크축이 녹슬거나, 날개 등의 납땜이 떨어지는 등 회전장치 부분에 고장이 생겨 가스가 미터기를 통과하지 않는 고장의 형태는?

① 부동　　　　　② 불통
③ 누설　　　　　④ 감도불량

가스미터의 고장

종류	정의
기차불량	기차가 변하여 계량법에 규정된 사용공차를 넘어서는 경우이며, 계량막이 신축하여 계량실부피가 변화하거나 막에서의 누설, 밸브와 밸브시트 사이의 누설, 패킹부의 누설 등이 원인
감도불량	미터에 감도유량을 올렸을 때 지침의 시도에 변화가 나타나지 않는 고장, 계량막과 밸브와 밸브시트 사이 패킹누설 등이 원인
부동	가스는 가스미터를 통과하나 미터지침이 작동하지 않는 고장. 계량막의 파손, 밸브의 탈락, 밸브와 밸브시트 사이에 누설 등과 같이 계량하는 부분에 누설이 발생하고 있는 경우 지시장치의 기어불량 등에 가스미터 지침에 전달되지 않으므로 일어난다.
불통	가스가 미터를 통과하지 않는 고장. 크랭크축이 녹이 슬거나 밸브와 밸브시트가 타르수분 등에 의하여 점착이나 고착 동결하여 움직일 수 없게 된 경우 날개조절기 등의 납땜에 떨어지는 등 회전장치부분에 고장시 일어남
누설	날개축이나 평축이 각 격벽을 관통하는 시일부분의 기밀이 파손된 경우
이물질에 의한 불량	크랭크축에 이물질이 들어가거나 밸브와 밸브시트 사이에 유분 등의 점성 물질이 부착한 경우

79 가스성분과 그 분석 방법으로 가장 옳은 것은?

① 수분 : 노점법
② 전유황 : 요오드적정법
③ 나프탈렌 : 중화적정법
④ 암모니아 : 가스크로마토그래피법

80 가스계량기 중 추량식이 아닌 것은?

① 오리피스식 ② 벤투리식
③ 터빈식   ④ 루트식

가스계량기의 분류

실측식	건식형	막식	독립내기식, 클로버식
		회전자식	루트형, 오벌형, 로타리 피스톤형
	습식형		
추량식			델타형
			터빈형
			선근차형
			벤투리형
			오리피스형
			와류형

정답 2016년 1회 기출문제

01 ③	02 ②	03 ③	04 ①	05 ③
06 ①	07 ④	08 ③	09 ①	10 ③
11 ④	12 ④	13 ①	14 ①	15 ③
16 ②	17 ①	18 ③	19 ②	20 ④
21 ④	22 ①	23 ②	24 ③	25 ①
26 ②	27 ②	28 ②	29 ④	30 ③
31 ③	32 ②	33 ①	34 ②	35 ①
36 ④	37 ④	38 ④	39 ①	40 ①
41 ②	42 ①	43 ④	44 ①	45 ③
46 ②	47 ①	48 ①	49 ③	50 ③
51 ④	52 ②	53 ②	54 ①	55 ②
56 ②	57 ③	58 ②	59 ③	60 ①
61 ①	62 ②	63 ②	64 ④	65 ②
66 ①	67 ②	68 ②	69 ④	70 ①
71 ②	72 ②	73 ①	74 ③	75 ①
76 ④	77 ④	78 ②	79 ①	80 ④

2016년 2회 05월 08일 시행

제1과목 연소공학

01 다음 중 기상 폭발에 해당되지 않는 것은?

① 혼합가스 폭발
② 분해 폭발
③ 증기 폭발
④ 분진 폭발

02 열기관에서 온도 10℃의 엔탈피 변화가 단위중량당 100kcal 일 때 엔트로피 변화량(kcal/kg · K)은?

① 0.35
② 0.37
③ 0.71
④ 10

🔍 $\Delta S = \dfrac{dQ}{T} = \dfrac{100}{(273+10)} = 0.35 \text{kcal/g} \cdot \text{K}$

03 내압(耐壓)방폭구조로 방폭 전기기기를 설계할 때 가장 중요하게 고려해야 할 사항은?

① 가연성가스의 발화점
② 가연성가스의 연소열
③ 가연성가스의 최대안전틈새
④ 가연성가스의 최소 점화에너지

🔍 방폭안전구조의 틈새범위

최대안전틈새 범위(mm)	0.9 이상	0.5 초과 0.9 미만	0.5 이하
가연성가스의 폭발등급	A	B	C
방폭전기기기의 폭발등급	ⅡA	ⅡB	ⅡC

※ 최대 안전틈새는 내용적이 8리터이고 틈새깊이가 25mm인 표준용기 안에서 가스가 폭발할 때 발생한 화염이 용기 밖으로 전파하여 가연성 가스에 점화되지 않는 최대값

04 가스의 폭발범위(연소범위)에 대한 설명 중 옳지 않은 것은?

① 일반적으로 고압일 경우 폭발범위가 더 넓어진다.
② 수소와 공기 혼합물의 폭발범위는 저온보다 고온일 때 더 넓어진다.
③ 프로판과 공기 혼합물에 질소를 더 가할 때 폭발범위가 더 넓어진다.
④ 메탄과 공기 혼합물의 폭발범위는 저압보다 고압일 때 더 넓어진다.

🔍 N_2는 불연성이므로 폭발범위가 좁아진다.

05 층류확산화염에서 시간이 지남에 따라 유속 및 유량이 증대할 경우 화염의 높이는 어떻게 되는가?

① 높아진다.
② 낮아진다.
③ 거의 변화가 없다.
④ 처음에는 어느 정도 낮아지다가 점점 높아진다.

06 시안화수소를 장기간 저장하지 못하는 주된 이유는?

① 산화폭발
② 분해폭발
③ 중합폭발
④ 분진폭발

07 상용의 상태에서 가연성가스가 체류해 위험하게 될 우려가 있는 장소를 무엇이라 하는가?

① 0종 장소
② 1종 장소
③ 2종 장소
④ 3종 장소

🔍 **위험장소**

종류	정 의
0종 장소	상용의 상태에서 가연성가스의 농도가 연속해서 폭발하한계 이상으로 되는 장소(폭발상한계를 넘는 경우에는 폭발한계 이내로 들어 갈 우려가 있는 경우를 포함한다.)
1종 장소	상용상태에서 가연성가스가 체류해 위험하게 될 우려가 있는 장소, 정비보수 또는 누출 등으로 인하여 종종 가연성가스가 체류하여 위험하게 될 우려가 있는 장소
2종 장소	• 밀폐된 용기 또는 설비 안에 밀봉된 가연성가스가 그 용기 또는 설비의 사고로 인하여 파손되거나 오조작의 경우에만 누출 할 위험이 있는 장소 • 확실한 기계적 환기조치에 따라 가연성가스가 체류하지 아니하도록 되어 있으나 환기장치에 이상이나 사고가 발생한 경우에는 가연성가스가 체류해 위험하게 될 우려가 있는 장소 • 1종 장소의 주변 또는 인접한 실내에서 위험한 농도의 가연성가스가 종종 침입할 우려가 있는 장소

08 자연발화온도(Autoignition temperature : AIT)에 영향을 주는 요인에 대한 설명으로 틀린 것은?

① 산소량의 증가에 따라 AIT는 감소한다.
② 압력의 증가에 의하여 AIT는 감소한다.
③ 용량의 크기가 작아짐에 따라 AIT는 감소한다
④ 유기화합물의 동족열 물질은 분자량이 증가할수록 AIT는 감소한다.

🔍 • 자연발화온도 : 가연성과 공기의 혼합기체에 온도상승에 의한 에너지를 주었을 때 스스로 연소를 개시하는 온도. 이때 스스로 점화할 수 있는 최저온도를 최소자연발화온도라 하며 가연성증기 농도가 양론의 농도보다 약간 높을 때 가장 낮다.
• 영향인자 : 온도, 압력, 농도, 촉매, 발화지연시간, 용기의 크기, 형태 등

09 프로판 가스의 연소 과정에서 발생한 열량이 13000kcal/kg, 연소할 때 발생된 수증기의 잠열이 2500kcal/kg 이면 프로판 가스의 연소효율(%)은 약 얼마인가?
(단, 프로판 가스의 진발열량은 11000kcal/kg 이다.)

① 65.4
② 80.8
③ 92.5
④ 95.4

🔍 $\frac{13000 - 2500}{11000} \times 100(\%) = 95.4\%$

10 융점이 낮은 고체연료가 액상으로 용융되어 발생한 가연성 증기가 착화하여 화염을 내고, 이 화염의 온도에 의하여 액체표면에서 증기의 발생을 촉진시켜 연소를 계속해 나가는 연소형태는?

① 증발연소
② 분무연소
③ 표면연소
④ 분해연소

🔍 • 증발연소 : 액체, 고체(양초)
• 확산연소 : 공기보다 가벼운 기체 물질의 연소
• 표면연소 : 고체물질(목탄, 코우크스)등의 연소

11 다음 중 질소산화물의 주된 발생원인은?

① 연소실 온도가 높을 때
② 연료가 불완전연소할 때
③ 연료 중에 질소분의 연소 시
④ 연료 중에 회분이 많을 때

12 탄소 1mol이 불완전연소하여 전량 일산화탄소가 되었을 경우 몇 mol이 되는가?

① $\frac{1}{2}$
② 1
③ $1\frac{1}{2}$
④ 2

🔍 $C + \frac{1}{2} O_2 \rightarrow CO$

13 폭굉유도거리(DID)에 대한 설명으로 옳은 것은?

① 관경이 클수록 짧다.
② 압력이 낮을수록 짧다.
③ 점화원의 에너지가 약할수록 짧다.
④ 정상연소 속도가 빠른 혼합가스일수록 짧다.

🔍 • 폭굉유도거리(DID) : 최초의 완만한 연소가 격렬한 폭굉으로 발전하는 거리
• 폭굉유도거리가 짧아지는 조건
  - 정상연소속도가 큰 혼합가스일수록
  - 관속에 방해물이 있거나 관경이 가늘수록
  - 압력이 높을수록
  - 점화원의 에너지가 클수록

14 다음 중 염소폭명기의 정의로 옳은 것은?

① 염소와 산소가 점화원에 의해 폭발적으로 반응하는 현상
② 염소와 수소가 점화원에 의해 폭발적으로 반응하는 현상
③ 염화수소가 점화원에 의해 폭발하는 현상
④ 염소가 물에 용해하여 염산이 되어 폭발하는 현상

15 1기압, 40ℓ의 공기를 4ℓ 용기에 넣었을 때 산소의 분압은 얼마인가? (단, 압축 시 온도변화는 없고, 공기는 이상기체로 가정하며 공기 중 산소는 20%로 가정한다.)

① 1기압　② 2기압
③ 3기압　④ 4기압

🔍 공기압력
$P_1V_1 = P_2V_2$ 에서
$P_2 = \dfrac{P_1V_1}{V_2} = \dfrac{1 \times 40}{4} = 10\,atm$
∴ 산소분압 $P_0 = 10 \times 0.2 = 2\,atm$

16 가연성 혼합기체가 폭발범위 내에 있을 때 점화원으로 작용할 수 있는 정전기의 방지대책으로 틀린 것은?

① 접지를 실시한다.
② 제전기를 사용하여 대전된 물체를 전기적 중성상태로 한다.
③ 습기를 제거하여 가연성 혼합기가 수분과 접촉하지 않도록 한다.
④ 인체에서 발생하는 정전기를 방지하기 위하여 방전복 등을 착용하여 정전기 발생을 제거한다.

17 가연성물질의 성질에 대한 설명으로 옳은 것은?

① 끓는점이 낮으면 인화의 위험성이 낮아진다.
② 가연성액체는 온도가 상승하면 점성이 약해지고 화재를 확대시킨다.
③ 전기전도도가 낮은 인화성액체는 유동이나 여과 시 정전기를 발생시키지 않는다.
④ 일반적으로 가연성액체는 물보다 비중이 작으므로 연소 시 축소된다.

18 연료와 공기를 별개로 공급하여 연료와 공기의 경계에서 연소시키는 것으로서 화염의 안정범위가 넓고 조작이 쉬우며 역화의 위험성이 적은 연소방식은?

① 예혼합연소
② 분젠연소
③ 전1차식연소
④ 확산연소

확산연소	예혼합연소
• 조작이 용이하다. • 역화위험이 없다. • 고온 예열이 가능하다. • 화염이 안정하다. • 화염길이는 길다.	• 조작이 어렵다. • 미리 공기와 혼합 화염이 불안정하다. • 역화 위험이 크다. • 완전연소가 확산연소보다 높다. • 화염길이는 짧다.

19 다음 연료 중 착화온도가 가장 높은 것은?

① 메탄
② 목탄
③ 휘발유
④ 프로판

🔍 • CH_4 : 645℃
• 목탄 : 320℃
• 휘발유 : 300℃
• 프로판 : 510℃

20 층류의 연소속도가 작아지는 경우는?

① 압력이 높을수록
② 비중이 작을수록
③ 온도가 높을수록
④ 분자량이 작을수록

🔍 층류의 연소 속도는 온도가 높을수록, 압력이 높을수록, 열전도율이 클수록, 분자량이 작을수록 커진다.

제2과목 가스설비

21 기지국에서 발생된 정보를 취합하여 통신선로를 통해 원격감시제어소에 실시간으로 전송하고, 원격감시제어소로부터 전송된 정보에 따라 해당 설비의 원격제어가 가능하도록 제어신호를 출력하는 장치를 무엇이라 하는가?

① Master Station
② Communication Unit
③ Remote Terminal Unit
④ 음성경보장치 및 Map Board

22 프로판(C_3H_8)과 부탄(C_4H_{10})의 몰비가 2:1인 혼합가스가 3atm(절대압력), 25℃로 유지되는 용기 속에 존재할 때 이 혼합 기체의 밀도는?(단, 이상 기체로 가정한다.)

① 5.40g/ℓ
② 5.98g/ℓ
③ 6.55g/ℓ
④ 17.7g/ℓ

🔍
$$PV = \frac{W}{M}RT$$
$$P = \frac{M}{V} \times \frac{1}{M}RT$$
$$W/V = \frac{MP}{RT} = \frac{(48.67 \times 3)}{0.082 \times (273+25)}$$
$$= 5.975 ≒ 5.98$$

$$M = \frac{2}{2+1} \times 44 + \frac{1}{2+1} \times 58$$
$$= 48.6666$$

23 내용적 10m³의 액화산소 저장설비(지상설치)와 제1종 보호시설과 유지해야 할 안전거리는 몇 m 인가?(단, 액화산소의 비중은 1.14이다.)

① 7
② 9
③ 14
④ 21

🔍 w = 0.9dv = 0.9 × 1.14 × 10000 = 10260kg

🔍 산소의 안전거리

저장능력(kg, m³)	1종	2종
1만 이하	12m	8m
1만 초과 2만 이하	14m	9m
2만 초과 3만 이하	16m	11m
3만 초과 4만 이하	18m	13m
4만 초과	20m	14m

24 가스 배관의 구경을 산출하는 데 필요한 것으로만 짝지어진 것은?

㉮ 가스유량   ㉯ 배관길이
㉰ 압력손실   ㉱ 배관재질
㉲ 가스의 비중

① ㉮, ㉯, ㉰, ㉱
② ㉯, ㉰, ㉱, ㉲
③ ㉮, ㉯, ㉰, ㉲
④ ㉮, ㉱, ㉰, ㉲

🔍
$$Q = K\sqrt{\frac{D^5 H}{SL}}$$
$$D^5 = \frac{Q^2 \cdot S \cdot L}{K^2 \cdot H}$$ (Q : 가스유량, S : 가스비중, L : 배관길이 (m), K : 유량계수, H : 압력손실)

25 배관의 기호와 그 용도 및 사용조건에 대한 설명으로 틀린 것은?

① SPSS 는 350℃ 이하의 온도에서, 압력 9.8 N/mm² 이하에 사용된다.
② SPPH 는 450℃ 이하의 온도에서, 압력 9.8 N/mm² 이하에 사용된다.
③ SPLT는 빙점 이하의 특히 낮은 온도의 배관에 사용한다.
④ SPPW는 정수두 100m 이하의 급수배관에 사용한다.

🔍 SPPH : 고압배관용 탄소강관9.8 N/mm² 이상에 사용

26 동일한 가스 입상배관에서 프로판가스와 부탄가스를 흐르게 할 경우 가스자체의 무게로 인하여 입상관에서 발생하는 압력손실을 서로 비교하면?(단, 부탄 비중은 2, 프로판 비중은 1.5 이다.)

① 프로판이 부탄보다 약 2배 정도 압력손실이 크다.
② 프로판이 부탄보다 약 4배 정도 압력손실이 크다.
③ 부탄이 프로판보다 약 2배 정도 압력손실이 크다.
④ 부탄이 프로판보다 약 4배 정도 압력손실이 크다.

🔍 h = 1.293(S−1)H에서
$h_1 = 1.293(1.5-1)H$
$h_2 = 1.293(2-1)H$ 이므로
$\dfrac{h_1}{h_2} = \dfrac{0.5}{1} = 2$
C_4H_{10}이 C_2H_8보다 압력손실이 2배 크다.

27 작은 구멍을 통해 새어나오는 가스의 양에 대한 설명으로 옳은 것은?

① 비중이 작을수록 많아진다.
② 비중이 클수록 많아진다.
③ 비중과는 관계가 없다.
④ 압력이 높을수록 적어진다.

🔍 유량은 비중의 평방근의 역수에 비례하므로 비중이 작을수록 가스의 양이 많아진다.

28 염소가스 압축기에 주로 사용되는 윤활제는?

① 진한 황산   ② 양질의 광유
③ 식물성유   ④ 묽은 글리세린

🔍 윤활제의 종류

가스명	윤활제
O_2	물 10% 이하 글리세린수
LP 가스	식물성유
Cl_2	진한 황산
H_2, C_2H_2, 공기	양질의 광유

29 프로판 용기에 V : 47, TP : 31로 각인이 되어 있다. 프로판의 충전상수가 2.35 일 때 충전량(kg)은?

① 10kg   ② 15kg
③ 20kg   ④ 50kg

🔍 $W = \dfrac{V}{C} = \dfrac{47}{2.35} = 20kg$

30 다음 [그림]의 냉동장치와 일치하는 행정 위치를 표시한 TS선도는?

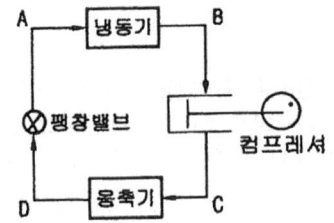

① 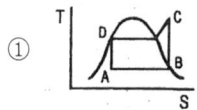 ②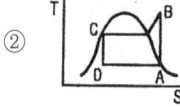

③ 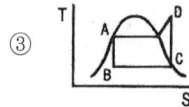 ④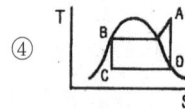

31 부식을 방지하는 효과가 아닌 것은?

① 피복한다.
② 잔류응력을 없앤다.
③ 이종금속을 접촉시킨다.
④ 관이 콘크리트 벽을 관통할 때 절연한다.

32 가스액화분리장치의 구성요소에 해당되지 않는 것은?

① 한냉발생장치
② 정류장치
③ 고온발생장치
④ 불순물제거장치

33 LPG 저장설비 중 저온 저장탱크에 대한 설명으로 틀린 것은?

① 외부압력이 내부압력보다 저하됨에 따라 이를 방지하는 설비를 설치한다.
② 주로 탱커(tanker)에 의하여 수입되는 LPG를 저장하기 위한 것이다.
③ 내부압력이 대기압 정도로서 강재 두께가 얇아도 된다.
④ 저온액화의 경우에는 가스체적이 적어 다량 저장에 사용된다.

34 나프타를 원료로 접촉분해 프로세스에 의하여 도시가스를 제조할 때 반응온도를 상승시키면 일어나는 현상으로 옳은 것은?

① CH_4, CO_2 가 많이 포함된 가스가 생성된다.
② C_3H_8, CO_2 가 많이 포함된 가스가 생성된다.
③ CO, CH_4 가 많이 포함된 가스가 생성된다.
④ CO, H_2 가 많이 포함된 가스가 생성된다.

🔍 접촉분해(수증기개질) 프로세스
· 반응온도 상승시 CH_4, CO_2 감소 CO, H_2 증가
· 반응온도 내리면 CH_4, CO_2 증가 CO, H_2 감소
· 반응압력 상승시 CH_4, CO_2 증가 H_2, CO 감소
· 반응압력 하강시 CH_4, CO_2 감소 H_2, CO 증가
· 수증기비 증가시 CH_4, CO 감소 CO_2, H_2 증가

35 고압가스 일반제조시설 중 고압가스설비의 내압시험 압력은 상용압력의 몇 배 이상으로 하는가?

① 1
② 1.1
③ 1.5
④ 1.8

36 [그림]은 수소용기의 각인이다. Ⓐ V, Ⓑ TP, Ⓒ FP의 의미에 대하여 바르게 나타낸 것은?

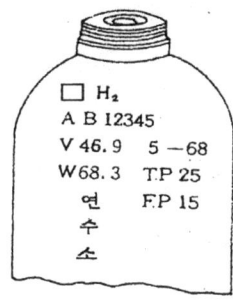

① Ⓐ내용적, Ⓑ최고충전압력, Ⓒ내압시험압력
② Ⓐ총부피, Ⓑ내압시험압력, Ⓒ기밀시험압력
③ Ⓐ내용적, Ⓑ내압시험압력, Ⓒ최고충전압력
④ Ⓐ내용적, Ⓑ사용압력, Ⓒ기밀시험압력

🔍 용기의 각인

기호	내용	단위
V	내용적	L
W	초저온 용기 이외의 용기에 밸브 부속품을 포함하지 아니한 용기 질량	kg
Tw	아세틸렌 용기에 있어 용기 질량에 다공물질 용제 및 밸브의 질량을 합한 질량	kg
Tp	내압시험압력	MPa
Fp	최고충전압력	MPa
t	500ℓ 초과 용기의 동판두께	mm

37 냉동장치에서 냉매가 냉동실에서 무슨 열을 흡수함으로써 온도를 강하시키는가?

① 융해잠열
② 용해열
③ 증발잠열
④ 승화잠열

38 가스가 공급되는 시설 중 지하에 매설되는 강재배관에는 부식을 방지하기 위하여 전기적 부식방지조치를 한다. Mg-Anode를 이용하여 양극금속과 매설배관을 전선으로 연결하여 양극금속과 매설배관 사이의 전지작용에 의해 전기적 부식을 방지하는 방법은?

① 직접배류법
② 외부전원법
③ 선택배류법
④ 희생양극법

🔍 **전기방식법**

• **희생(유전) 양극법**

정의	특징	
	장점	단점
양극의 금속 Mg, Zn 등을 지하매설배관에 일정간격으로 설치하면 Fe보다 (-) 방향 전위를 가지고 있어 Fe이 (-) 방향으로 전위변화를 일으켜 양극의 금속이 Fe 대신 소멸되어 관의 부식을 방지	• 타 매설물의 간섭이 없다. • 시공이 간단하다. • 단거리 배관에 경제적이다. • 과방식의 우려가 없다.	• 전류조절이 어렵다. • 강한 전식에는 효과가 없고, 효과 범위가 좁다. • 양극의 보충이 필요하다.

※ 심매전극법 : 지표면의 비저항보다 깊은 곳의 비저항이 낮은 경우 적용하는 양극 설치 방법

• **외부전원법**

정의	특징	
	장점	단점
방식 전류기를 이용 한전의 교류전원을 직류로 전환 매설배관에 전기를 공급하여 부식을 방지	• 전압전류 조절이 쉽다. • 방식 효과범위가 넓다. • 전식에 대한 방식이 가능하다. • 장거리 배관에 경제적이다.	• 과방식의 우려가 있다. • 비경제적이다. • 타 매설물의 간섭이 있다. • 교류전원이 필요하다.

• **강제배류법**

정의	특징	
	장점	단점
레일에서 멀리 떨어져 있는 경우에 외부전원장치로 가장 가까운 선택배류 방법으로 전기방식하는 방법	• 전압전류 조정이 가능하다. • 전기방식의 효과 범위가 넓다. • 전철이 운행중지에도 방식이 가능하다.	• 과방식의 우려가 있다. • 전원이 필요하다. • 타 매설물의 장애가 있다. • 전철의 신호장애를 고려해야 한다.

• **선택배류법**

정의	특징	
	장점	단점
직류전철에서 누설되는 전류에 의한 전식을 방지하기 위해 배관의 직류전원 (-)선을 레일에 연결하여 부식을 방지	• 전철의 위치에 따라 효과범위가 넓다. • 시공비가 저렴하다. • 전철의 전류를 사용 비용절감의 효과가 있다.	• 과방식의 우려가 있다. • 전철의 운행중지 시에는 효과가 없다. • 타 매설물의 간섭에 유의해야 한다.

39 지하매몰 배관에 있어서 배관의 부식에 영향을 주는 요인으로 가장 거리가 먼 것은?

① pH
② 가스의 폭발성
③ 토양의 전기전도성
④ 배관주위의 지하전선

40 도시가스 공급시설에 해당되지 않는 것은?

① 본관
② 가스계량기
③ 사용자 공급관
④ 일반도시가스사업자의 정압기

🔍 가스계량기 : 사용시설

제3과목 가스안전관리

41 흡수식 냉동설비에서 1일 냉동능력 1톤의 산정기준은?

① 발생기를 가열하는 1시간의 입열량 3,320kcal
② 발생기를 가열하는 1시간의 입열량 4,420kcal
③ 발생기를 가열하는 1시간의 입열량 5,540kcal
④ 발생기를 가열하는 1시간의 입열량 6,640kcal

🔍 **냉동기별 냉동능력**

구분	1RT(톤)
증기 압축식	3320 kcal/hr
원심식 압축기	1.2kW
흡수식 냉동기	6640 kcal/hr

42 고압가스 특정제조 시설에서 배관이 도로 밑 매설기준에 대한 설명으로 틀린 것은?

① 배관의 외면으로부터 도로의 경계까지 2m 이상의 수평거리를 유지한다.

② 배관은 그 외면으로부터 도로 밑의 다른 시설물과 0.3m 이상의 거리를 유지한다.
③ 시가지 도로노면 밑에 매설할 때는 노면으로부터 배관의 외면까지의 깊이를 1.5m 이상으로 한다.
④ 포장되어 있는 차도에 매설하는 경우에는 그 포장부분의 노반 밑에 매설하고 배관의 외면과 노반의 최하부와의 거리는 0.5m 이상으로 한다.

🔍 가스도매사업 고압가스 특정 제조 배관의 설치 기준

구분							
지하매설			시가지의 도로 노면		시가지외 도로 노면	철도 부지에 매설	
건축물	타 시설물	산들	산들 이외 그 밖의 지역	배관 외면	방호구조물 내 설치 시	배관의 외면	궤도 중심	철도 부지 경계
1.5m 이상	0.3m 이상	1m 이상	1.2m 이상	1.5m 이상	1.2m 이상	1.2m 이상	4m 이상	1m 이상

43 시안화수소를 용기에 충전한 후 정치해 두어야 할 기준은?

① 6시간 ② 12시간
③ 20시간 ④ 24시간

44 LPG사용시설에서 충전질량이 500kg인 소형저장탱크를 2개 설치하고자 할 때 탱크 간 거리는 얼마 이상을 유지하여야 하는가?

① 0.3m ② 0.5m
③ 1m ④ 2m

🔍 소형저장탱크 이격거리

충전질량(kg)	충전구로부터 토지 경계선 수평거리(m)	탱크간 거리(m)	충전구로부터 건축개구부에 대한거리(m)
1000 미만	0.5 이상	0.3 이상	0.5 이상
1000 이상 ~ 2000 미만	3.0 이상	0.5 이상	3.0 이상
2000 이상	5.5 이상	0.5 이상	3.5 이상

45 가스공급자가 수요자에게 액화석유가스를 공급할 때에는 체적판매방법으로 공급하여야 한다. 다음 중 중량판매 방법으로 공급할 수 있는 경우는?

① 1개월 이내의 기간 동안만 액화석유가스를 사용하는 자
② 3개월 이내의 기간 동안만 액화석유가스를 사용하는 자
③ 6개월 이내의 기간 동안만 액화석유가스를 사용하는 자
④ 12개월 이내의 기간 동안만 액화석유가스를 사용하는 자

🔍 액화석유가스 중량 판매 기준

항목		내용
적용범위		가스공급자가 중량 판매방법으로 공급하는 경우와 잔량가스 확인방법에 대하여 적용
중량으로 판매하는 사항	내용적	30ℓ 미만 용기로 사용 시
	주택 제외 영업장 면적	40m² 이하인 곳 사용시
	사용기간	6개월만 사용 시
	용도	• 산업용, 선박용, 농축산용 사용 및 그 부대시설에서 사용 • 경로당 및 가정보육시설에서 사용 시
	기타	• 단독주택에서 사용 시 • 체적 판매방법으로 판매 곤란 시 • 용기를 이동하면서 사용 시

46 수소의 품질 검사에 사용하는 시약으로 옳은 것은?

① 동·암모니아 시약 ② 피로카롤 시약
③ 발연황산 시약 ④ 브롬 시약

🔍 산소, 수소, 아세틸렌 품질검사

항목	간추린 핵심내용		
검사장소	1일 1회 이상 가스제조장		
검사자	안전관리 책임자가 실시 / 부총괄자와 책임자가 함께 확인 후 서명		
해당 가스 및 판정기준			
해당가스	순도	시약 및 방법	합격온도, 압력
산소	99.5% 이상	동암모니아 시약, 오르자트법	35℃, 11.8MPa 이상

| 수소 | 98.5% 이상 | 피로카롤시약, 하이드로설파이드시약, 오르자트법 | 35℃, 11.8MPa 이상 |
| 아세틸렌 | • 발연황산 시약을 사용한 오르자트법, 브롬 시약을 사용한 뷰렛법에서 순도가 98% 이상
• 질산은 시약을 사용한 정성시험에서 합격한 것 | | |

47 고압가스 특정제조시설에서 저장량 15톤인 액화산소 저장탱크의 설치에 대한 설명으로 틀린 것은?

① 저장탱크 외면으로부터 인근 주택과의 안전거리는 9m 이상 유지하여야 한다.
② 저장탱크 또는 배관에는 그 저장탱크 또는 배관을 보호하기 위하여 온도상승방지 등 필요한 조치를 하여야 한다.
③ 저장탱크는 그 외면으로부터 화기를 취급하는 장소까지 2m 이상의 우회거리를 유지하여야 한다.
④ 저장탱크 주위에는 액상의 가스가 누출한 경우에 그 유출을 방지하기 위한 조치를 반드시 할 필요는 없다.

🔍 저장탱크는 그 외면으로부터 화기를 취급하는 장소까지 8m 이상의 우회거리를 유지하여야 한다.

48 수소의 성질에 대한 설명으로 옳은 것은?

① 비중이 약 0.07 정도로서 공기보다 가볍다.
② 열전도도가 아주 낮아 폭발하한계도 낮다.
③ 열에 대하여 불안정하여 해리가 잘 된다.
④ 산화제로 사용되며 용기의 색은 적색이다.

49 액화석유가스 사용시설의 기준에 대한 설명으로 틀린 것은?

① 용기저장능력이 100kg 초과 시에는 용기보관실을 설치한다.
② 저장설비를 용기로 하는 경우 저장능력은 500kg 이하로 한다.
③ 가스온수기를 목욕탕에 설치할 경우에는 배기가 용이하도록 배기통을 설치한다.
④ 사이폰 용기는 기화장치가 설치되어 있는 시설에서만 사용한다.

🔍 가스온수기는 환기가 불량한 목욕탕 내에 설치하지 않는다.

50 용접결함에 해당되지 않는 것은?

① 언더컷(undercut) ② 피트(pit)
③ 오버랩(overlap) ④ 비드(bead)

51 공기 중에 누출되었을 때 바닥에 고이는 가스로만 나열된 것은?

① 프로판, 에틸렌, 아세틸렌
② 에틸렌, 천연가스, 염소
③ 염소, 암모니아, 포스겐
④ 부탄, 염소, 포스겐

🔍 분자량 : 부탄(58g), 염소(71g), 포스겐(99g)

52 고압가스 저장탱크 및 처리설비를 실내에 설치하는 경우의 기준에 대한 설명으로 틀린 것은?

① 천장, 벽 및 바닥의 두께가 각각 30cm 이상인 철근콘크리트로 만든 실로서 방수처리가 된 것으로 한다.
② 저장탱크실과 처리설비실은 각각 구분하여 설치하되 출입문은 공용으로 한다.
③ 저장탱크의 정상부와 저장탱크실 천장과의 거리는 60cm 이상으로 한다.
④ 저장탱크에 설치한 안전밸브는 지상 5m 이상의 높이에 방출구가 있는 가스방출관을 설치한다.

🔍 저장탱크 및 처리설비의 실내 설치

구분	내용
저장탱크실, 처리설비실	• 구분하여 설치하고 강제환기시설을 갖춘다. • 주위에 경계표시 • 저장탱크 및 부속시설에 부식방지도장을 한다.

천장, 벽, 바닥의 두께	30cm 이상 철근콘크리트로 만든 실로 방수처리가 된 것
독성, 가연성 저장탱크실, 처리설비실	가스누출검지 경보장치 설치
저장탱크 정상부와 천장과의 거리	60cm 이상
저장탱크 2개 이상 설치시	저장탱크실을 구분하여 설치
저장탱크실, 처리설비실의 출입문	각각 따로 설치, 외부인이 출입할 수 없도록 자물쇠 채움
가연성, 독성 용기 보관장소	충전용 인도 시 가스누출 여부를 인수자가 보는데서 확인

53 밸브가 돌출한 용기를 용기보관소에 보관하는 경우 넘어짐 등으로 인한 충격 및 밸브의 손상을 방지하기 위한 조치를 하지 않아도 되는 용기의 내용적의 기준은?

① 1ℓ 미만 ② 3ℓ 미만
③ 5ℓ 미만 ④ 10ℓ 미만

🔍 용기보관실 및 용기집합설비 설치

저장능력	
100kg 이하	100kg 초과
용기가 직사광선, 빗물을 받지 않도록 조치	• 용기보관실 설치 시 용기보관실의 벽, 문, 지붕은 불연재료(지붕은 가벼운 불연재료)로 설치하고, 단층구조로 한다. • 용기보관실 설치 곤란 시 외부인의 출입을 방지하기 위해 출입문을 설치하고 경계표시를 한다. • 용기집합설비의 양단 마감조치에는 캡 또는 플랜지를 설치한다. • 용기를 3개 이상 집합하여 사용 시 용기집합장치로 설치한다. • 용기와 연결된 측도관 트윈호스의 조정기 연결부는 조정기 이외의 설비에는 연결하지 않는다.

고압가스 용기의 보관

항목	간추린 핵심내용
구분보관	• 충전용기 잔가스 용기 • 가연성 독성 산소 용기
충전용기	• 40℃ 이하 유지 • 직사광선을 받지 않도록 • 넘어짐 및 충격, 밸브손상 방지조치 난폭한 취급 금지(5ℓ 이하 제외) • 밸브 돌출용기 가스충전 후 넘어짐 밸브손상 방지조치(5ℓ 이하 제외)
용기 보관장소	• 2m 이내 화기인화성, 발화성 물질을 두지 않을 것
가연성 보관 장소	• 방폭형 휴대용 손전등 이외 등화를 휴대하지 않을 것 • 보관장소는 양호한 통풍구조로 할 것

54 내용적 50ℓ의 용기에 프로판을 충전할 때 최대 충량은?(단, 프로판 충전정수는 2.35이다.)

① 21.3kg ② 47kg
③ 117.5kg ④ 11.8kg

🔍 $W = \dfrac{V}{C}$
$= \dfrac{50}{2.35} = 21.3kg$

55 고압가스 배관을 보호하기 위하여 배관과의 수평거리 얼마 이내에서는 파일박기 작업을 하지 아니하여야 하는가?

① 0.1m ② 0.3m
③ 0.5m ④ 1m

🔍 도시가스 배관 손상 방지 기준

구분		간추린 핵심내용
굴착공사		
매설 배관 위치 확인	확인방법	지하 매설배관 탐지장치 등으로 확인
	시험굴착 지점	확인이 곤란한 분기점, 곡선부, 장애물 우회 지점
	인력굴착 지점	가스 배관 주위 1m 이내
	준비사항	위치표시용 페인트, 표지판, 황색 깃발
매설 배관 위치 표시	굴착예정 지역 표시 방법	환색 페인트로 표시(표시 곤란 시는 말뚝, 깃발 표지판으로 표시)
	포장도로 표시방법	←페인트 / 도시가스관 매설지점
	표시 말뚝	전체 수직거리 50cm
	깃발	도시가스관 매설지점 / 바탕색 : 황색 / 글자색 : 적색
	표지판	도시가스관 매설지점 심도, 경관, 압력 등 표시 / 가로 : 80cm 세로 : 40cm / 바탕색 : 황색 글자색 : 흑색 위험글씨 : 적색

파일박기 또는 빼기 작업	시험굴착으로 가스배관의 위치를 정확히 파악하여야 하는 경우	배관 수평거리 2m 이내에서 파일박기를 할 경우 (위치파악 후는 표지판 설치), 가스배관 수평거리 30cm 이내는 파일박기 금지, 항타기는 배관 수평거리 2m 이상 되는 곳에 설치
줄파기 작업	줄파기 심도	1.5m 이상
	줄파기 공사 후 배관 1m 이내 파일박기를 할 경우	유도관을 먼저 설치 후 되메우기 실시

56 고압가스 충전 등에 대한 기준으로 틀린 것은?

① 산소충전작업 시 밀폐형의 수전해조에는 액면계와 자동급수장치를 설치한다.
② 습식아세틸렌 발생기의 표면은 70℃ 이하의 온도로 유지한다.
③ 산화에틸렌의 저장탱크에는 45℃에서 그 내부 가스의 압력이 0.4MPa 이상이 되도록 탄산가스를 충전한다.
④ 시안화수소를 충전한 용기는 충전한 후 90일이 경과되기 전에 다른 용기에 옮겨 충전한다.

🔍 시안화수소를 충전한 용기는 충전한 후 60일이 경과되기 전에 다른 용기에 옮겨 충전한다.

57 액화가스의 저장탱크 설계 시 저장능력에 따른 내용적 계산식으로 적합한 것은?
(단, V : 용적(m³), W : 저장능력(톤), d : 상용온도에서 액화가스의 비중)

① $V = \dfrac{W}{0.9d}$

② $V = \dfrac{W}{0.85d}$

③ $V = \dfrac{W}{0.8d}$

④ $V = \dfrac{W}{0.6d}$

🔍 저장능력 계산

압축가스	액화가스		
	저장탱크	소형 저장탱크	용기
Q=(10P+1)V	W=0.9V	W=0.85dV	$W = \dfrac{V}{C}$

여기서
Q : 저장능력(m³)
P : 35℃ F_p(MPa)
V : 내용적(m³)

여기서, W : 저장능력(kg)
d : 액비중(kg/L)
V : 내용적(L)
C : 충전상수

58 고압가스 운반 기준에 대한 설명으로 틀린 것은?

① 충전용기와 휘발유는 동일 차량에 적재하여 운반하지 못한다.
② 산소탱크의 내용적은 1만 6천ℓ를 초과하지 않아야 한다.
③ 액화 염소탱크의 내용적은 1만 2천ℓ를 초과하지 않아야 한다.
④ 가연성가스와 산소를 동일차량에 적재하여 운반하는 때에는 그 충전용기의 밸브가 서로 마주보지 않도록 적재하여 운반하는 때에는 그 충전용기의 밸브가 서로 마주보지 않도록 적재하여야 한다.

🔍 고압가스 용기에 의한 운반기준

구분		독성 가스 용기운반기준	독성 가스 용기 이외 용기운반기준
차량 구조	허용 농도 100만 분의 200 초과 시	① 적재함에 리프트 설치 ② 리프트 설치 예외 경우 – 용기보관실 바닥이 운반차량 적재함 최저높이로 설치된 경우 – 용기 상하차 설비가 설치된 업소에서 공급하는 경우 – 적재능력 1톤 이하 차량	
	허용 농도 100만 분의 200 이하	① 용기 승하차용 리프트와 밀폐된 구조의 적재함이 부착된 전용차량(독성 가스 전용차량)으로 운반 ② 단, 내용적 1000ℓ 이상 충전용기는 독성 가스 운반전용차량으로 운반하지 않아도 된다.	
경계표지		① 차량 앞뒤 보기 쉬운 곳에 붉은 글씨로 위험고압가스, 독성 가스 표시, 상호, 전화번호, 운반기준, 위반행위 신고할 수 있는 허가신고 등록관청 전화번호표시, 적색상 각기 표시	독성 가스 경계표시에 독성 가스 문구를 제외 그 밖의 표시방법은 동일

경계표시규격	직사각형	② RTC 차량의 경우는 좌우에서 볼 수 있도록	
	직사각형	① 가로 : 차폭의 30% 이상 ② 세로 : 가로의 20% 이상	
	정사각형	전체 경계면적을 600cm² 이상	
	적색 삼각기	가로 : 40cm 이상, 세로 : 30cm 이상	
보호장비 (월 1회 이상 점검)		방독면, 고무장갑, 고무장화, 기타 보호구 및 제독제, 자재공구	가연성 또는 산소의 경우, 소화설비 재해발생 방지를 위한 자재 및 공구
적재		① 충전용기는 적재함에 세워 적재 ② 차량의 최대적재량, 적재함을 초과하지 아니할 것 ③ 납붙임 접합용기의 보호망을 적재함에 세워 적재한다. ④ 충전용기는 고무링을 씌우거나 적재함에 세워 적재한다. ⑤ 충전용기는 로프, 그물공구 등으로 확실하게 묶어 적재 운반차량 뒷면에 두께 5mm 이상, 폭 100mm 이상 범퍼 또는 동등 효과의 완충장치 설치 ⑥ 독성 중 가연성, 조연성을 동일차량에 적재 금지 ⑦ 밸브 돌출용기는 밸브 손상방지 조치 ⑧ 충전용기 상하차 시 완충판을 이용 ⑨ 충전용기 이륜차 운반 금지 ⑩ 염소와 아세틸렌, 암모니아, 수소는 동일차량 적재금지 ⑪ 가연성 산소는 충전용기 밸브가 마주보지 않도록 적재 ⑫ 충전용기와 위험물 관리법의 위험물과 동일차량 적재금지	① 충전용기는 고압가스 전용 운반차량에 세워 적재 ② 충전용기는 이륜차에 적재운반금지 (단, 차량통행 곤란 지역 LPG 충전용기는 운반전용 적재함이 장착되어 있거나 20kg 이하 2개를 초과하지 않을 경우 이륜차 운반 가능) 그 밖의 좌측 ⑩, ⑪, ⑫항 동일
			운반 등의 기준 적용 제외
			① 운반의 양이 13kg (1.3m³) 이하인 경우 ② 소방차 구급자동차 구조차량 등이 긴급 시에 사용 시 ③ 스킨스쿠버 목적으로 공기충전 용기 2개 이하 운반 시 ④ 산업통상자원부장관이 필요하다고 인정 시
			차량고정 탱크로 운반 시 내용적의 기준
			가스명 / 내용적
			가연성 (LPG 제외) 산소 / 18000ℓ 이상 운반 금지
			독성(암모니아 제외) / 12000ℓ 이상 운반 금지

59 염소 누출에 대비하여 보유하여야 하는 제독제가 아닌 것은?

① 가성소다 수용액
② 탄산소다 수용액
③ 암모니아수
④ 소석회

🔍 독성 가스 제독제와 보유량

가스별	제독제	보유량
염소(Cl_2)	가성소다 수용액	670kg
	탄산소다 수용액	870kg
	소석회	620kg
포스겐($COCl_2$)	가성소다 수용액	390kg
	소석회	360kg
황화수소(H_2S)	가성소다 수용액	1140kg
	탄산소다 수용액	1500kg
시안화수소(HCN)	가성소다 수용액	250kg
아황산가스(SO_2)	가성소다 수용액	530kg
	탄산소다 수용액	700kg
	물	다량
암모니아(NH_3), 산화에틸렌(C_2H_4O), 염화메탄(CH_3Cl)	물	다량

60 고압가스안전관리법에서 주택은 제 몇 종 보호시설로 분류되는가?

① 제0종
② 제1종
③ 제2종
④ 제3종

🔍 보호시설과 유지하여야 할 안전거리(m)

개요	고압가스 처리 저장설비의 유지거리 규정 지하저장설비는 규정 안전거리 1/2 이상 유지 저장능력(압축가스 : m³, 액화가스 : kg)		
구분	저장 능력	제1종 보호시설	제2종 보호시설
처리 및 저장능력		학교, 유치원, 어린이집, 놀이방, 어린이 놀이터, 학원, 병원, 도서관, 청소년 수련시설, 경로당, 시장, 호텔, 여관, 공중목욕탕, 극장, 교회, 사람을 수용하는 건축물(가설건축물을 제외)로서 사실상 독립된 부분의 연면적이 1,000m² 이상인 것, 예식장·장례식장 및 전시장, 그 밖에 이와 유사한 시설로서 300명 이상 수용할 수 있는 건축물, 아동복지시설 또는 장애인복지시설로서 수용능력이 20명 이상 수용할 수 있는 건축물, 문화재보호법에 의하여 지정문화재로 지정된 건축물	사람을 수용하는 건축물(가설건축물을 제외)로서 사실상 독립된 부분의 연면적이 100m² 이상 1,000m² 미만인 것

제4과목 가스계측

61 접촉연소식 가스검지기의 특징에 대한 설명으로 틀린 것은?

① 가연성가스는 검지대상이 되므로 특정한 성분만을 검지할 수 없다.
② 측정가스의 반응열을 이용하므로 가스는 일정 농도 이상이 필요하다.
③ 완전연소가 일어나도록 순수한 산소를 공급해 준다.
④ 연소반응에 따른 필라멘트의 전기저항 증가를 검출한다.

62 "계기로 같은 시료를 여러 번 측정하여도 측정값이 일정하지 않다." 여기에서 이 일치하지 않는 것이 작은 정도를 무엇이라고 하는가?

① 정밀도(精密度)
② 정도(程度)
③ 정확도(正確度)
④ 감도(感度)

63 날개에 부딪히는 유체의 운동량으로 회전체를 회전시켜 운동량과 회전량의 변화로 가스흐름을 측정하는 것으로 측정 범위가 넓고 압력손실이 적은 가스유량계는?

① 막식 유량계
② 터빈 유량계
③ Roots 유량계
④ Vortex 유량계

64 기체크로마토그래피에서 시료성분의 통과속도를 느리게 하여 성분을 분리시키는 부분은?

① 고정상
② 이동상
③ 검출기
④ 분리관

65 가스 유량 측정기구가 아닌 것은?

① 막식미터
② 토크미터
③ 델타식미터
④ 회전자식미터

66 피토관을 사용하여 유량을 구할 때의 식으로 옳은 것은?(단, Q : 유량, A : 관의 단면적, C : 유량계수, P_t : 전압, P_s : 정압, r : 유체의 비중량)

① $Q = AC(P_t - P_s)\sqrt{2g/r}$
② $Q = AC\sqrt{2g(P_t - P_s)/r}$
③ $Q = \sqrt{2gAC(P_t - P_s)/r}$
④ $Q = (P_t - P_s)\sqrt{2g/ACr}$

67 도시가스로 사용하는 NG의 누출을 검지하기 위하여 검기지는 어느 위치에 설치하여야 하는가?

① 검지기 하단은 천장면의 아래쪽 0.3m 이내
② 검지기 하단은 천장면의 아래쪽 3m 이내
③ 검지기 상단은 바닥면에서 위쪽으로 0.3m 이내
④ 검지기 상단은 바닥면에서 위쪽으로 3m 이내

🔍 검지기 설치 위치
- 공기보다 가벼운 경우 : 천장에서 검지기 하단부까지 30cm 이내
- 공기보다 무거운 경우 : 지면에서 검지기 상단부까지 30cm 이내

68 막식 가스미터에서 이물질로 인한 불량이 생기는 원인으로 가장 옳지 않은 것은?

① 연동기구가 변형된 경우
② 계량기의 유리가 파손된 경우
③ 크랭크축에 이물질이 들어가 회전부에 윤활유가 없어진 경우
④ 밸브와 시트 사이에 점성물질이 부착된 경우

69 어떤 분리관에서 얻은 벤젠의 가스크로마토그램을 분석하였더니 시료 도입점으로부터 피크최고점까지의 길이가 85.4mm, 봉우리의 폭이 9.6mm 이었다. 이론단수는?

① 835　　② 935
③ 1046　　④ 1266

🔍 이론단수

$$N = 16 \times \left(\frac{t}{W}\right)^2 = 16 \times \left(\frac{85.4}{9.6}\right)^2 = 1266$$

70 방사고온계에 적용되는 이론은?

① 필터 효과
② 제백효과
③ 윈-프랑크 법칙
④ 스테판-볼쯔만 법칙

71 정확한 계량이 가능하여 기준기로 주로 이용되는 것은?

① 막식 가스미터
② 습식 가스미터
③ 회전자식 가스미터
④ 벤투리식 가스미터

🔍 가스미터의 장·단점

구분	막식	습식	루트식
장점	• 값이 싸다. • 설치 후의 유지관리에 시간을 요하지 않는다.	• 계량이 정확하다. • 사용중에 기차의 변동이 크지 않다. • 원리는 드럼형이다.	• 대유량의 가스 측정에 적합하다. • 중압가스의 계량이 가능하다. • 설치면적이 작다.
단점	대용량의 것은 설치면적이 크다.	• 사용중에 수위조정 등의 관리가 필요하다. • 설치면적이 크다.	• 스트레이너의 설치 및 설치 후의 유지관리가 필요하다. • 소유량(0.5m³/h 이하)의 것은 부동의 우려가 있다.
일반적 용도	일반 수용가	기준기 실험실용	대수용가
용량 범위	1.5~200m³/h	0.2~3,000m³/h	100~5,000m³/h

72 계통적오차(systematic error)에 해당되지 않는 것은?

① 계기오차　　② 환경오차
③ 이론오차　　④ 우연오차

🔍 계통 오차

종류	환경오차	계기오차	개인(판단)오차	이론(방법)오차
정의	측정환경의 변화(온도 압력)에 의하여 생김	측정기의 불안전 설치의 영향 등으로 생김	개인 판단에 의하여 생김	공식 계산의 오류로 생김
계통 오차의 제거 방법	• 제작 시에 생긴 기차를 보정한다. • 외부의 진동충격을 제거한다. • 외부조건을 표준조건으로 유지한다.			
특징	• 참값에 대하여 치우침이 생길 수 있다. • 측성소선 변화에 따라 규칙적으로 생긴다.			

73 부르동관 압력계의 특징으로 옳지 않은 것은?

① 정도가 매우 높다.
② 넓은 범위의 압력을 측정할 수 있다.
③ 구조가 간단하고 제작비가 저렴하다.
④ 측정 시 외부로부터 에너지를 필요로 하지 않는다.

74 계측시간이 짧은 에너지의 흐름을 무엇이라 하는가?

① 외란　　② 시정수
③ 펄스　　④ 응답

75 가스 사용시설의 가스누출 시 검지법으로 틀린 것은?

① 아세틸렌 가스누출 검지에 염화제1구리착염지를 사용한다.
② 황화수소 가스누출 검지에 초산연지를 사용한다.
③ 일산화탄소 가스누출 검지에 염화파라듐지를 사용한다.
④ 염소 가스누출 검지에 묽은황산을 사용한다.

76 MKS 단위에서 다음 중 중력환산 인자의 차원은?

① $kg \cdot m/sec^2 \cdot kgf$
② $kgf \cdot m/sec^2 \cdot kg$
③ $kgf \cdot m^2/sec \cdot kgf$
④ $kg \cdot m^2/sec \cdot kgf$

🔍 $kgf = kg \cdot m/s^2$이므로
∴ $kg \cdot m/s^2 \cdot kgf$

77 길이 2.19mm인 물체를 마이크로미터로 측정하였더니 2.10mm 이었다. 오차율은 몇 % 인가?

① +4.1%
② -4.1%
③ +4.3%
④ -4.3%

🔍 오차율(%) = $\dfrac{측정값 - 참값}{참값} \times 100$
= $\dfrac{2.10 - 2.19}{2.19} \times 100(\%)$
= 4.10%

78 루츠(roots) 가스미터의 특징이 아닌 것은?

① 설치공간이 적다.
② 여과기 설치를 필요로 한다.
③ 설치 후 유지관리가 필요하다.
④ 소유량에서도 작동이 원활하다.

🔍 가스미터의 장·단점

구분	막식	습식	루트식
장점	• 값이 싸다. • 설치 후의 유지관리에 시간을 요하지 않는다.	• 계량이 정확하다. • 사용중에 기차의 변동이 크지 않다. • 원리는 드럼형이다.	• 대유량의 가스 측정에 적합하다. • 중압가스의 계량이 가능하다. • 설치면적이 작다.
단점	대용량의 것은 설치면적이 크다.	• 사용중에 수위조정 등의 관리가 필요하다. • 설치면적이 크다.	• 스트레이너의 설치 및 설치 후의 유지관리가 필요하다. • 소유량(0.5㎥/h 이하)의 것은 부동의 우려가 있다.
일반적 용도	일반 수용가	기준기 실험실용	대수용가
용량 범위	1.5~200㎥/h	0.2~3,000㎥/h	100~5,000㎥/h

79 속도계수가 C이고 수면의 높이가 h인 오리피스에서 유출하는 물의 속도수두는 얼마인가?

① $h \cdot C$
② h/C
③ $h \cdot C^2$
④ h/C^2

🔍 $V = C\sqrt{2gh}$ 에서
속도수두 $\dfrac{V^2}{2g} = C^2 \cdot h$

80 다음 중 분리분석법에 해당하는 것은?

① 광흡수분석법
② 전기분석법
③ Polarography
④ Chromatography

정답 2016년 2회 기출문제

01 ③	02 ①	03 ③	04 ③	05 ①
06 ③	07 ②	08 ③	09 ④	10 ①
11 ①	12 ②	13 ④	14 ②	15 ②
16 ③	17 ②	18 ④	19 ①	20 ②
21 ③	22 ②	23 ③	24 ①	25 ②
26 ③	27 ①	28 ①	29 ③	30 ①
31 ③	32 ③	33 ①	34 ④	35 ③
36 ③	37 ③	38 ④	39 ②	40 ②
41 ④	42 ①	43 ④	44 ①	45 ③
46 ②	47 ③	48 ①	49 ③	50 ④
51 ④	52 ②	53 ③	54 ①	55 ②
56 ④	57 ①	58 ②	59 ③	60 ③
61 ③	62 ①	63 ②	64 ①	65 ②
66 ②	67 ①	68 ②	69 ④	70 ④
71 ②	72 ④	73 ①	74 ③	75 ④
76 ①	77 ②	78 ④	79 ③	80 ④

2016년 3회 공단 기출문제
10월 01일 시행

제1과목 연소공학

01 가연물과 일반적인 연소형태를 짝지어 놓은 것 중 틀린 것은?

① 등유 – 증발연소
② 목재 – 분해연소
③ 코크스 – 표면연소
④ 니트로글리세린 – 확산연소

> 니트로 글리세린(자기연소 = 내부연소)
> 자기연소 : 공기 중 산소가 필요 없는 자신이 가지고 있는 산소에 의하여 연소

02 내압방폭구조에 대한 설명이 올바른 것은?

① 용기내부에 보호 가스를 압입하여 내부압력을 유지하여 가연성가스가 침입하는 것을 방지하는 구조
② 정상 및 사고 시에 발생하는 전기불꽃 및 고온부로부터 폭발성 가스에 점화되지 않는다는 것을 공적기관에서 시험 및 기타 방법에 의해 확인한 구조
③ 정상운전 중에 전기불꽃 및 고온이 생겨서는 안 되는 부분에 이들이 생기는 것을 방지하도록 구조상 및 온도상승에 대비하여 특별히 안전도를 증가시킨 구조
④ 용기 내부에서 가연성가스의 폭발이 일어났을 때 용기가 압력에 견디고 또한 외부의 가연성가스에 인화되지 않도록 한 구조

> ① 압력방폭구조(p), ② 본질안전방폭구조(ia, ib), ③ 안전증방폭구조(e)

03 증기폭발(Vapor explosion)에 대한 설명으로 옳은 것은?

① 수증기가 갑자기 응축하여 그 결과로 압력 강하가 일어나 폭발하는 현상
② 가연성 기체가 상온에서 혼합 기체가 되어 발화원에 의하여 폭발하는 현상
③ 가연성 액체가 비점 이상의 온도에서 발생한 증기가 혼합기체가 되어 폭발하는 현상
④ 고열의 고체와 저온의 물 등 액체가 접촉할 때 찬 액체가 큰 열을 받아 갑자기 증기가 발생하여 증기의 압력에 의하여 폭발하는 현상

04 다음 폭발 원인에 따른 종류 중 물리적 폭발은?

① 압력폭발   ② 산화폭발
③ 분해폭발   ④ 촉매폭발

05 화학 반응속도를 지배하는 요인에 대한 설명으로 옳은 것은?

① 압력이 증가하면 반응속도는 항상 증가한다.
② 생성물질의 농도가 커지면 반응속도는 항상 증가한다.
③ 자신은 변하지 않고 다른 물질의 화학변화를 촉진하는 물질을 부촉매라고 한다.
④ 온도가 높을수록 반응속도가 증가한다.

> 온도가 10℃ 상승함에 따라 반응속도는 2′배씩 증가한다.

06 수소의 위험도(H)는 얼마인가?(단, 수소의 폭발하한 4%, 폭발상한 75%이다.)

① 5.25   ② 17.75
③ 27.25   ④ 33.75

위험도 = $\dfrac{\text{폭발상한} - \text{폭발하한}}{\text{폭발하한}}$

$= \dfrac{75-4}{4} = 17.75$

07 CO_2 32vol%, O_2 5vol%, N_2 63vol% 의 혼합기체의 평균 분자량은 얼마인가?

① 29.3 ② 31.3
③ 33.3 ④ 35.3

🔍 $(44 \times 0.32) + (32 \times 0.05) + (28 \times 0.63) = 33.32 g$

08 최소 점화에너지(MIE)에 대한 설명으로 틀린 것은?

① MIE는 압력의 증가에 따라 감소한다.
② MIE는 온도의 증가에 따라 증가한다.
③ 질소농도의 증가는 MIE를 증가시킨다.
④ 일반적으로 분진의 MIE는 가연성가스보다 큰 에너지 준위를 가진다.

🔍 최소점화에너지 : 연소에 필요한 최소한의 에너지
• 온도, 압력, 산소 농도가 높을수록 감소
• 연소속도가 빠를수록 감소
• 열전도율이 적을수록 감소

09 착화열에 대한 가장 바른 표현은?

① 연료가 착화해서 발생하는 전 열량
② 외부로부터 열을 받지 않아도 스스로 연소하여 발생하는 열량
③ 연료를 초기 온도로부터 착화온도까지 가열하는 데 필요한 열량
④ 연료 1kg이 착화해서 연소하여 나오는 총발열량

10 인화성물질이나 가연성가스가 폭발성 분위기를 생성할 우려가 있는 장소 중 가장 위험한 장소 등급은?

① 1종 장소 ② 2종 장소
③ 3종 장소 ④ 0종 장소

11 다음 중 가열만으로도 폭발의 우려가 가장 높은 물질은?

① 산화에틸렌
② 에틸렌글리콜
③ 산화철
④ 수산화나트륨

12 자연발화의 형태와 가장 거리가 먼 것은?

① 산화열에 의한 발열
② 분해열에 의한 발열
③ 미생물의 작용에 의한 발열
④ 반응생성물의 중합에 의한 발열

13 이상기체에 대한 달톤(Dalton)의 법칙을 옳게 설명한 것은?

① 혼합기체의 전 압력은 각 성분의 분압의 합과 같다.
② 혼합기체의 부피는 각 성분의 부피의 합과 같다.
③ 혼합기체의 상수는 각 성분의 상수의 합과 같다.
④ 혼합기체의 온도는 항상 일정하다.

14 0.5atm, 10ℓ의 기체 A와 1.0atm 5.0ℓ의 기체 B를 전체 부피 15ℓ의 용기에 넣을 경우 전체 압력은 얼마인가? (단, 온도는 일정하다.)

① 1/3atm
② 2/3atm
③ 1atm
④ 2atm

🔍 $P = \dfrac{P_1V_1 + P_2V_2}{V}$

$= \dfrac{0.5 \times 10 + 1.0 \times 5}{15} = \dfrac{2}{3} atm$

15 점화지연(Ignition delay)에 대한 설명으로 틀린 것은?

① 혼합기체가 어떤 온도 및 압력 상태하에서 자기점화가 일어날 때까지 약간의 시간이 걸린다는 것이다.
② 온도에도 의존하지만 특히 압력에 의존하는 편이다.
③ 자기점화가 일어날 수 있는 최저온도를 점화온도(Ignition Temperature)라 한다.
④ 물리적 점화지연과 화학적 점화지연으로 나눌 수 있다.

🔍 점화지연은 온도와 압력에 모두 의존한다.

16 탄소 2kg이 완전 연소할 경우 이론 공기량은 약 몇 kg인가?

① 5.3
② 11.6
③ 17.9
④ 23.0

🔍 $C + O_2 \rightarrow CO_2$
12kg : 32kg
2kg : xkg
$\therefore x = \dfrac{2 \times 32}{12} = 5.3 \text{kg}$

공기량 $5.3 \times \dfrac{100}{23.2} = 22.98 ≒ 23\text{kg}$

17 프로판 30v% 및 부탄 70v%의 혼합가스 1ℓ가 완전 연소하는 데 필요한 이론 공기량은 약 몇 ℓ인가?(단, 공기 중 산소농도는 20%로 한다.)

① 26
② 28
③ 30
④ 32

🔍 연소반응식
• $C_3H_8 + 5O_2 \rightarrow 3CO_2 + 4H_2O$
• $C_4H_{10} + 6.5O_2 \rightarrow 4CO_2 + 5H_2O$

공기량 $\{5 \times 0.3 + 6.5 \times 0.7\} \times \dfrac{100}{20} = 30ℓ$

18 폭발과 관련한 가스의 성질에 대한 설명으로 옳지 않은 것은?

① 인화온도가 낮을수록 위험하다.
② 연소속도가 큰 것일수록 위험하다.
③ 안전간격이 큰 것일수록 위험하다.
④ 가스의 비중이 크면 낮은 곳에 체류한다.

🔍 안전간격이 큰 것일수록 안전하다.

19 폭발 범위가 넓은 것부터 옳게 나열된 것은?

① $H_2 > CO > CH_4 > C_3H_8$
② $CO > H_2 > CH_4 > C_3H_8$
③ $C_3H_8 > CH_4 > CO > H_2$
④ $H_2 > CH_4 > CO > C_3H_8$

🔍 폭발 범위
• H_2 : 4~75%
• CO : 12.5~74%
• CH_4 : 5~15%
• C_3H_8 : 2.1~9.5%

20 다음 중 폭발방지를 위한 안전장치가 아닌 것은?

① 안전밸브
② 가스누출경보장치
③ 방호벽
④ 긴급차단장치

제2과목 가스설비

21 펌프를 운전하였을 때에 주기적으로 한숨을 쉬는 듯한 상태가 되어 입·출구 압력계 지침이 흔들리고 동시에 송출유량이 변화하는 현상과 이에 대한 대책을 옳게 설명한 것은?

① 서징현상 : 회전차, 안내깃의 모양 등을 바꾼다.
② 캐비테이션 : 펌프의 설치 위치를 낮추어 흡입양정을 짧게 한다.
③ 수격작용 : 플라이 휠을 설치하여 펌프의 속도가 급격히 변하는 것을 막는다.
④ 베이퍼록현상 : 흡입관의 지름을 크게하고 펌프의 설치위치를 최대한 낮춘다.…

22 촉매를 사용하여 반응온도 400~800℃ 에서 탄화수소와 수증기를 반응시켜 메탄, 수소, 일산화탄소 등으로 변환시키는 공정은?

① 열분해공정
② 접촉분해공정
③ 부분연소공정
④ 대체천연가스공정

🔍 도시가스 프로세스

종류	원료	개요
열분해	분자량이 큰 탄화수소 (원유, 중유, 나프타)	800~900℃로 분해 10000kcal/Nm³의 고열량을 제조
접촉분해	탄화수소, 수증기	400℃~800℃ 반응하여 수소, CO, CO_2 등의 저급탄화수소로 변화시킴
부분연소	메탄에서 원유까지 탄화수소를 가스화제로 이용	산소 공기 수증기를 이용 CH_4, H_2, CO, CO_2로 변환하는 방법
수소화분해	C/H 비가 비교적 큰 탄화수소	수증기 흐름 중 Ni 등 수소화 촉매를 사용 나프타 등 비교적 C/H가 낮은 탄화수소를 메탄으로 변화시키는 방법

23 내용적 50ℓ의 고압가스 용기에 대하여 내압시험을 하였다. 이 경우 30kg/cm²의 수압을 걸었을 때 용기의 용적이 50.4ℓ로 늘어났고 압력을 제거하여 대기압으로 하였더니 용기용적은 50.04ℓ로 되었다. 영구증가율은 얼마인가?

① 0.5%   ② 5%
③ 8%   ④ 10%

🔍 영구증가율 = $\dfrac{영구증가량}{전증가량} \times 100(\%)$

= $\dfrac{50.04 - 50}{50.4 - 50} \times 100$

= 10%

24 양정(H)이 10m, 송출량(Q) 0.30m³/min, 효율(η) 0.65인 2단 터빈 펌프의 축출력(L)은 약 몇 kW 인가?(단, 수송유체인 물의 밀도는 1000kg/m³ 이다.)

① 0.75   ② 0.92
③ 1.05   ④ 1.32

🔍 $L_{kW} = \dfrac{\gamma \cdot Q \cdot H}{102\eta}$

= $\dfrac{1000 \times (0.30/60) \times 10}{102 \times 0.65}$

= 0.75kW

25 이음매 없는 고압배관을 제작하는 방법이 아닌 것은?

① 연속주조법
② 만네스만법
③ 인발하는 방법
④ 전기저항용접법(ERW)

26 Loading 형으로 정특성, 동특성이 양호하며 비교적 콤팩트한 형식의 정압기는?

① KRF식 정압기
② Fisher식 정압기
③ Reynolds식 정압기
④ Axial-flow식 정압기

🔍 **정압기별 특성**

종류	특성
피셔식	• 정특성, 동특성이 양호하다. • 비교적 콤팩트하다. • 로딩형이다.
액셀-플로우식	• 정특성, 동특성이 양호하다. • 극히 콤팩트하다. • 변칙언로딩형이다.
레이놀드식	• 언로딩형이다. • 크기가 대형이다.

27 플랜지 이음에 대한 설명 중 틀린 것은?

① 반영구적인 이음이다.
② 플랜지 접촉면에는 기밀을 유지하기 위하여 패킹을 사용한다.
③ 유니온 이음보다 관경이 크고 압력이 많이 걸리는 경우에 사용한다.
④ 패킹 양면에 그리스같은 기름을 발라두면 분해 시 편리하다.

28 LNG의 주성분은?

① 에탄　　　② 프로판
③ 메탄　　　④ 부탄

29 도시가스 배관에 사용되는 밸브 중 전개 시 유동저항이 적고 서서히 개폐가 가능하므로 충격을 일으키는 것이 적으나, 유체 중 불순물이 있는 경우 밸브에 고이기 쉬우므로 차단능력이 저하될 수 있는 밸브는?

① 볼 밸브　　　② 플러그 밸브
③ 게이트 밸브　　④ 버터플라이 밸브

30 배관을 통한 도시가스의 공급에 있어서 압력을 변경하여야 할 지점마다 설치되는 설비는?

① 압송기(壓送器)
② 정압기(Governor)
③ 가스전(栓)
④ 홀더(Holder)

31 탄소강 그대로는 강의 조직이 약하므로 가공이 필요하다. 다음 설명 중 틀린 것은?

① 열간가공은 고온도로 가공하는 것이다.
② 냉간가공은 상온에서 가공하는 것이다.
③ 냉간가공하면 인장강도, 신장, 교축, 충격치가 증가한다.
④ 금속을 가공하는 도중 결정 내 변형이 생겨 경도가 증가하는 것을 가공경화라 한다.

🔍 냉간가공 시 신장, 교축, 충격치가 감소한다.

32 저압배관의 내경만 10cm에서 5cm로 변화시킬 때 압력손실은 몇 배 증가하는가?
(단, 다른 조건은 모두 동일하다고 본다.)

① 4　　　② 8
③ 16　　　④ 32

🔍 저압배관유량식의 압력손실

$$h = \frac{Q^2 \cdot S \cdot L}{K^2 \cdot D^5}$$

$h = \dfrac{1}{D^5}$ 이므로

$$= \frac{1}{\left(\dfrac{10}{5}\right)^5} = 32배$$

33 전기방식법 중 가스배관보다 저전위의 금속(마그네슘 등)을 전기적으로 접촉시킴으로써 목적하는 방식 대상 금속자체를 음극화하여 방식하는 방법은?

① 외부전원법　　② 희생양극법
③ 배류법　　　　④ 선택법

34 프로판 충전용 용기로 주로 사용되는 것은?

① 용접 용기　　② 리벳 용기
③ 주철 용기　　④ 이음매 없는 용기

35 전기방식시설 시공 시 도시가스시설의 전위측정용 터미널(T/B)설치 방법으로 옳은 것은?

① 희생양극법의 경우에는 배관길이 300m 이내의 간격으로 설치한다.
② 배류법의 경우에는 배관길이 500m 이내의 간격으로 설치한다.
③ 외부전원법의 경우에는 배관길이 300m 이내의 간격으로 설치한다.
④ 희생양극법, 배류법, 외부전원법 모두 배관길이 500m 이내의 간격으로 설치한다.

🔍 전위 측정용(T/B) 터미널 설치간격
• 희생 양극법, 배류법 : 300m 마다
• 외부 전원법 : 500m 마다

36 저온장치에 사용되는 진공단열법이 아닌 것은?

① 고진공단열법
② 분말진공단열법
③ 다층진공단열법
④ 저위도 단층진공단열법

37 왕복펌프의 특징에 대한 설명으로 옳지 않은 것은?

① 진동과 설치면적이 적다.
② 고압, 고점도의 소유량에 적당하다.
③ 단속적이므로 맥동이 일어나기 쉽다.
④ 토출량이 일정하여 정량 토출할 수 있다.

🔍 왕복펌프는 진동과 소음이 있고 설치면적이 크다.

38 암모니아를 냉매로 하는 냉동설비의 기밀시험에 사용하기에 가장 부적당한 가스는?

① 공기
② 산소
③ 질소
④ 아르곤

39 고압가스시설에서 사용하는 다음 용어에 대한 설명으로 틀린 것은?

① 압축가스라 함은 일정한 압력에 의하여 압축되어 있는 가스를 말한다.
② 충전용기라 함은 고압가스의 충전질량 또는 충전압력의 2분의 1 이상이 충전되어 있는 상태의 용기를 말한다.
③ 잔가스용기라 함은 고압가스의 충전질량 또는 충전압력의 10분의 1 미만이 충전되어 있는 상태의 용기를 말한다.
④ 처리능력이라 함은 처리설비 또는 감압설비로 압축·액화 그 밖의 방법으로 1일에 처리할 수 있는 가스의 양을 말한다.

🔍 잔가스 용기 : 충전질량, 충전압력의 1/2 미만 충전되어 있는 상태의 용기

40 도시가스사용시설에서 액화가스란 상용의 온도 또는 섭씨 35도의 온도에서 압력이 얼마 이상이 되는 것을 말하는가?

① 0.1MPa
② 0.2MPa
③ 0.5MPa
④ 1MPa

제3과목 가스안전관리

41 고압가스를 압축하는 경우 가스를 압축하여서는 아니 되는 기준으로 옳은 것은?

① 가연성가스 중 산소의 용량이 전체 용량의 10% 이상의 것
② 산소 중의 가연성가스 용량이 전체 용량의 10% 이상의 것
③ 아세틸렌, 에틸렌 또는 수소 중의 산소용량이 전체 용량의 2% 이상의 것
④ 산소 중의 아세틸렌, 에틸렌 또는 수소의 용량 합계가 전체 용량의 4% 이상의 것

🔍 **압축금지 대상**
- 가연성 중 산소 4% 이상
- 산소 중 가연성 4% 이상
- 수소, 아세틸렌, 에틸렌 중 산소 2% 이상
- 산소 중 수소, 아세틸렌, 에틸렌의 합계가 2% 이상

🔍 **배관 경로설정의 고려사항**
- 최단거리로 할 것(최단)
- 가능한 옥외에 설치할 것(옥외)
- 직선배관으로 할 것(직선)
- 노출하여 시공할 것(노출)

42 용접부에서 발생하는 결함이 아닌 것은?

① 오버랩(over-lap)
② 기공(blow hole)
③ 언더컷(under-cut)
④ 클래드(clad)

🔍 **용접결함의 종류**

종류	개요
오버랩	용융금속이 모재와 융합, 모재 상부에서 겹쳐지는 상태
기공	용착금속이 남아 있는 가스로 인한 구멍이 생김
언더컷	용접선 끝 부분의 작은 홈

그밖에 슬래그 섞임, 용입불량, 피트(Pit), 스패터 등의 용접결함이 있다.

43 저장탱크에 의한 액화석유가스 저장소에 설치하는 방류둑의 구조 기준으로 옳지 않은 것은?

① 방류둑은 액밀한 것이어야 한다.
② 성토는 수평에 대하여 30° 이하의 기울기로 한다.
③ 방류둑은 그 높이에 상당하는 액화가스의 액두압에 견딜 수 있어야 한다.
④ 성토 윗부분의 폭은 30cm 이상으로 한다.

🔍 성토는 수평에 대하여 45° 이하 기울기로 한다.

44 배관 설계경로를 결정할 때 고려하여야 할 사항으로 가장 거리가 먼 것은?

① 최단 거리로 할 것
② 가능한 한 옥외에 설치할 것
③ 건축물 기초 하부 매설을 피할 것
④ 굴곡을 많게 하여 신축을 흡수할 것

45 고압가스 특정제조시설에서 안전구역의 면적의 기준은?

① 1만 m^2 이하　② 2만 m^2 이하
③ 3만 m^2 이하　④ 5만 m^2 이하

46 아세틸렌용 용접용기 제조 시 다공질물의 다공도는 다공질물을 용기에 충전한 상태로 몇 ℃에서 아세톤 또는 물의 흡수량으로 측정하는가?

① 0℃　② 15℃
③ 20℃　④ 25℃

47 아세틸렌가스에 대한 설명으로 옳은 것은?

① 습식아세틸렌 발생기의 표면은 62℃ 이하의 온도를 유지한다.
② 충전 중의 압력은 일정하게 1.5MPa 이하로 한다.
③ 아세틸렌이 아세톤에 용해되어 있을 때에는 비교적 안정해진다.
④ 아세틸렌을 압축하는 때에는 희석제로 PH_3, H_2S, O_2를 사용한다.

🔍
- 습식 C_2H_2 발생기 표면온도 70℃ 이하, 최적온도 50~60℃
- 희석제 : N_2, CH_4, CO, C_2H_4

48 액화석유가스 압력조정기 중 1단감압식 저압조정기의 조정압력은?

① 2.3~3.3MPa
② 5~30MPa
③ 2.3~3.3kPa
④ 5~30kPa

49 전가스 소비량이 232.6kW 이하인 가스 온수기의 성능기준에서 전가스 소비량은 표시치의 얼마 이내이어야 하는가?

① ±1%
② ±3%
③ ±5%
④ ±10%

50 일반도시가스사업 정압기실의 시설기준으로 틀린 것은?

① 정압기실 주위에는 높이 1.2m 이상의 경계책을 설치한다.
② 지하에 설치하는 지역정압기실의 조명도는 150룩스를 확보한다.
③ 침수위험이 있는 지하에 설치하는 정압기에는 침수방지 조치를 한다.
④ 정암기실에는 가스공급시설 외의 시설물을 설치하지 아니한다.

🔍 정압기실의 경계책 : 1.5m 이상

51 용기에 의한 고압가스 판매소에서 용기 보관실은 그 보관할 수 있는 압축가스 및 액화가스가 얼마 이상인 경우 보관실 외면으로부터 보호시설까지의 안전거리를 유지하여야 하는가?

① 압축가스 100m³ 이상, 액화가스 1톤 이상
② 압축가스 300m³ 이상, 액화가스 3톤 이상
③ 압축가스 500m³ 이상, 액화가스 5톤 이상
④ 압축가스 500m³ 이상, 액화가스 10톤 이상

52 다음 가스용품 중 합격표시를 각인으로 하여야 하는 것은?

① 배관용 밸브
② 전기절연 이음관
③ 금속플렉시블 호스
④ 강제혼합식 가스버너

53 일반도시가스사업제조소의 가스공급시설에 설치하는 벤트스택의 기준에 대한 설명으로 틀린 것은?

① 벤트스택 높이는 방출된 가스의 착지농도가 폭발 상한계 값 미만이 되도록 설치한다.
② 액화가스가 함계 방출될 우려가 있는 경우에는 기액분리기를 설치한다.
③ 벤트스택 방출구는 작업원이 통행하는 장소로부터 10m 이상 떨어진 곳에 설치한다.
④ 벤트스택에 연결된 배관에는 응축액의 고임을 제거할 수 있는 조치를 한다.

🔍 벤트스택 핵심정리

항목	개요	
벤트스택 높이	방출가스의 착지농도가 폭발 하한계값 미만의 높이	
액화가스 방출우려	기액분리기 설치	
방출구 높이 (작업원이 통행하는 장소에서)	공급시설 및 긴급용 벤트스택	10m 이상
	그밖의 벤트스택	5m 이상
연결배관	응축액의 고임방지 조치	

54 밀폐된 목욕탕에서 도시가스 순간온수기로 목욕하던 중 의식을 잃은 사고가 발생하였다. 사고 원인을 추정할 때 가장 옳은 것은?

① 일산화탄소 중독
② 가스누출에 의한 질식
③ 온도 급상승에 의한 쇼크
④ 부취제(mercaptan)에 의한 질식

55 처리능력 및 저장능력이 20톤인 암모니아(NH_3)의 처리설비 및 저장설비와 제2종 보호시설과의 안전거리의 기준은?(단, 제2종 보호시설은 사업소 및 전용공업지역 안에 있는 보호시설이 아님)

① 12m
② 14m
③ 16m
④ 18m

🔍 독성, 가연성 가스의 처리능력에 따른 안전거리

능력	1종	2종
10000kg 이하(m³)	17m	12m
10000 초과 20000 이하	21m	14m
20000 초과 30000 이하	24m	16m
30000 초과 40000 이하	27m	18m
40000 초과 50000 이하	30m	20m
50000 초과 99만 이하	30m	20m
99만 초과	30m	20m

단, 가연성가스 저온저장탱크의 경우 법령에서 정한 공식으로 계산

56 LPG용기에 있는 잔가스의 처리법으로 가장 부적당한 것은?

① 폐기 시에는 용기를 분리한 후 처리한다.
② 잔 가스 폐기는 통풍이 양호한 장소에서 소량씩 실시한다.
③ 되도록이면 사용 후 용기에 잔 가스가 남지 않도록 한다.
④ 용기를 가열할 때는 온도 60℃ 이상의 뜨거운 물을 사용한다.

🔍 용기를 가열할 때는 40℃ 이하의 물을 사용해야 한다.

57 질소 충전용기에서 질소가스의 누출여부를 확인하는 방법으로 가장 쉽고 안전한 방법은?

① 기름 사용
② 소리 감지
③ 비눗물 사용
④ 전기스파크 이용

58 고압가스 특정제조시설 중 배관의 누출확산 방지를 위한 시설 및 기술기준으로 옳지 않은 것은?

① 시가지, 하천, 터널 및 수로 중에 배관을 설치하는 경우에는 누출된 가스의 확산방지조치를 한다.
② 사질토 등의 특수성 지반(해저 제외) 중에 배관을 설치하는 경우에는 누출가스의 확산방지조치를 한다.
③ 고압가스의 온도와 압력에 따라 배관의 유지관리에 필요한 거리를 확보한다.
④ 독성가스의 용기보관실은 누출되는 가스의 확산을 적절하게 방지할 수 있는 구조로 한다.

59 고압가스안전관리법시행규칙에서 정의하는 '처리능력'이라 함은?

① 1시간에 처리할 수 있는 가스의 양이다.
② 8시간에 처리할 수 있는 가스의 양이다.
③ 1일에 처리할 수 있는 가스의 양이다.
④ 1년에 처리할 수 있는 가스의 양이다.

60 액화가스를 충전한 차량에 고정된 탱크는 그 내부에 액면요동을 방지하기 위하여 무엇을 설치하는가?

① 슬립튜브
② 방파판
③ 긴급차단밸브
④ 역류방지밸브

🔍 방파판

개요	액화가스의 액면 요동을 방지하기 위하여 설치되는 판
면적	탱크 횡단 면적의 40% 이상
설치수	내용적 5m³ 마다 1개씩

제4과목 가스계측

61 소형으로 설치공간이 적고 가스압력이 높아도 사용 가능하지만 0.5m³/h 이하의 소용량에서 작동하지 않을 우려가 있는 가스 계측기는?

① 막식 가스미터
② 습식 가스미터
③ 델타형 가스미터
④ 루츠식(Roots)식 가스미터

62 작은 압력변화에도 크게 편향하는 성질이 있어 저기압의 압력측정에 사용되고 점도가 큰 액체나 고체 부유물이 있는 유체의 압력을 측정하기에 적합한 압력계는?

① 다이어프램 압력계
② 부르동관 압력계
③ 벨로우즈 압력계
④ 맥클레오드 압력계

63 표준대기압 1atm과 같지 않은 것은?

① 1.013bar
② 10.332mH₂O
③ 1.013N/m²
④ 29.92inHg

🔍 1atm = 1.013 bar = 10.332 mH₂O
= 101325(N/m²)(Pa) = 29.92 inHg

64 FID 검출기를 사용하는 가스크로마토그래피는 검출기의 온도가 100℃ 이상에서 작동되어야 한다. 주된 이유로 옳은 것은?

① 가스소비량을 적게하기 위하여
② 가스의 폭발을 방지하기 위하여
③ 100℃ 이하에서는 점화가 불가능하기 때문에
④ 연소 시 발생하는 수분의 응축을 방지하기 위하여

65 가스크로마토그래피의 칼럼(분리관)에 사용되는 충전물로 부적당한 것은?

① 실리카겔   ② 석회석
③ 규조토   ④ 활성탄

🔍 G/C 컬럼(분리관)에 사용되는 충전물

흡착형	분배형
활성탄 활성알루미나 실리카겔 몰러쿨러시브 포라팩(Porapak)	DMF DMS TCP 실리콘 SE

66 유황분 정량 시 표준용약으로 적절한 것은?

① 수산화나트륨
② 과산화수소
③ 초산
④ 요오드칼륨

67 계량기 종류별 기호에서 LPG 미터의 기호는?

① H   ② P
③ L   ④ G

68 다음 온도계 중 연결이 바르지 않은 것은?

① 상태변화를 이용한 것 – 써모 컬러
② 열팽창을 이용한 것 – 유리 온도계
③ 열기전력을 이용한 것 – 열전대 온도계
④ 전기저항 변화를 이용한 것 – 바이메탈 온도계

69 오르자트 가스 분석기에서 가스의 흡수 순서로 옳은 것은?

① $CO \rightarrow CO_2 \rightarrow O_2$
② $CO_2 \rightarrow CO \rightarrow O_2$
③ $O_2 \rightarrow CO_2 \rightarrow CO$
④ $CO_2 \rightarrow O_2 \rightarrow CO$

70 다음 중 탄성 압력계의 종류가 아닌 것은?

① 시스턴(Cistern) 압력계
② 부르동(Bourdon)관 압력계
③ 벨로우즈(Bellows) 압력계
④ 다이어프램(Diaphragm) 압력계

🔍 압력계 구분

구분	종류
탄성식	부르동관, 벨로우즈, 다이어프램
전기식	전기저항, 피에조전기
액주식	U자관, 경사관식, 링밸런스식

71 가스의 발열량 측정에 주로 사용되는 계측기는?

① 봄베열량계
② 단열열량계
③ 융커스식열량계
④ 냉온수적산열량계

72 가스미터에서 감도유량의 의미를 가장 바르게 설명한 것은?

① 가스미터 유량이 최대유량의 50%에 도달했을 때의 유량
② 가스미터가 작동하기 시작하는 최소유량
③ 가스미터가 정상상태를 유지하는데 필요한 최소유량
④ 가스미터 유량이 오차 한도를 벗어났을 때의 유량

73 평균유속이 5m/s인 원관에서 20kg/s의 물이 흐르도록 하려면 관의 지름은 약 몇 mm 로 해야 하는가?

① 31
② 51
③ 71
④ 91

🔍

$$G = \gamma \cdot A \cdot V = \gamma \times \frac{\pi}{4} D^2 \cdot V$$

$$\therefore G = \sqrt{\frac{4G}{\gamma \cdot \pi \cdot V}}$$

$$= \sqrt{\frac{4 \times 20}{1000 \times \pi \times 5}}$$

$$= 0.07136m$$

$$= 71mm$$

74 다음 중 차압식 유량계에 해당하지 않는 것은?

① 벤투리미터 유량계
② 로터미터 유량계
③ 오리피스 유량계
④ 플로노즐

🔍 로터미터 : 면적식 유량계

75 수정이나 전기석 또는 로쉘염 등의 결정체의 특정방향으로 압력을 가할 때 발생하는 표면전기량으로 압력을 측정하는 압력계는?

① 스트레인 게이지
② 자기변형 압력계
③ 벨로우즈 압력계
④ 피에조 전기 압력계

76 다음 유량계측기 중 압력손실 크기 순서를 바르게 나타낸 것은?

① 전자유량계 〉 벤투리 〉 오리피스 〉 플로노즐
② 벤투리 〉 오리피스 〉 전자유량계 〉 플로노즐
③ 오리피스 〉 플로노즐 〉 벤투리 〉 전자유량계
④ 벤투리 〉 플로노즐 〉 오리피스 〉 전자유량계

77 기체가 흐르는 관 안에 설치된 피토관의 수주높이가 0.46m일 때 기체의 유속은 약 몇 m/s 인가?

① 3   ② 4
③ 5   ④ 6

$V = \sqrt{2gh}$
$= \sqrt{2 \times 9.8 \times 0.46}$
$= 3.0 m/s$

78 제어계가 불안정하여 주기적으로 변화하는 좋지 못한 상태를 무엇이라 하는가?

① step 응답
② 헌팅(난조)
③ 외란
④ 오버슈트

79 오르자트 가스분석계로 가스분석 시 가장 적당한 온도는?

① 0 ~ 15℃
② 10 ~ 15℃
③ 16 ~ 20℃
④ 20 ~ 28℃

80 가스크로마토그래피에서 운반기체(carrier gas)의 불순물을 제거하기 위하여 사용하는 부속품이 아닌 것은?

① 오일트랩(Oil Trap)
② 화학필터(Chemical Filter)
③ 산소제거트랩(Oxygen Trap)
④ 수분제거트랩(Moisture Trap)

정답 2016년 3회 기출문제

01 ④	02 ④	03 ④	04 ①	05 ④
06 ②	07 ③	08 ②	09 ③	10 ④
11 ①	12 ④	13 ①	14 ②	15 ②
16 ④	17 ③	18 ③	19 ①	20 ③
21 ①	22 ②	23 ④	24 ①	25 ④
26 ②	27 ①	28 ③	29 ③	30 ②
31 ③	32 ④	33 ②	34 ①	35 ①
36 ④	37 ①	38 ②	39 ③	40 ②
41 ③	42 ④	43 ②	44 ④	45 ②
46 ③	47 ③	48 ③	49 ④	50 ①
51 ②	52 ①	53 ①	54 ①	55 ②
56 ④	57 ③	58 ③	59 ③	60 ②
61 ④	62 ①	63 ③	64 ④	65 ②
66 ①	67 ③	68 ④	69 ④	70 ①
71 ③	72 ②	73 ③	74 ②	75 ④
76 ③	77 ①	78 ②	79 ③	80 ①

2017년 1회 공단 기출문제
03월 05일 시행

제1과목 연소공학

01 연소속도를 결정하는 가장 중요한 인자는 무엇인가?

① 환원반응을 일으키는 속도
② 산화반응을 일으키는 속도
③ 불완전 환원반응을 일으키는 속도
④ 불완전 산화환원을 일으키는 속도

🔍 연소는 산소와 결합하는 산화반응이다.

02 수소의 연소반응식이 다음과 같을 경우 1mol의 수소를 일정한 압력에서 이론산소량으로 완전연소 시켰을 때의 온도는 약 몇 K인가?(단, 정압비열은 10cal/mol·K, 수소와 산소의 공급온도는 25℃, 외부로의 열손실은 없다)

$$H_2 + \frac{1}{2}O_2 \rightarrow H_2O(g) + 57.8 kcal/mol$$

① 5780   ② 5805
③ 6053   ④ 6078

🔍 $H_2 + \frac{1}{2}O_2 \rightarrow H_2O(g) + 57.8 kcal/mol$

$\dfrac{57.8 \times 10^3 cal/mol}{10 cal/m \cdot K} = 5780K$

∴ 5780 + (25 + 273) = 6078K

03 상온, 상압 하에서 에탄(C_2H_6)이 공기와 혼합되는 경우 폭발범위는 약 몇 %인가?

① 3.0~10.5
② 3.0~12.5
③ 2.7~10.5
④ 2.7~12.5

04 방폭구조의 종류에 대한 설명으로 틀린 것은?

① 내압 방폭구조는 용기 외부의 폭발에 견디도록 용기를 설계한 구조이다.
② 유입 방폭구조는 기름면 위에 존재하는 가연성가스에 인화될 우려가 없도록 한 구조이다.
③ 본질안전 방폭구조는 공적기관에서 점화시험 등의 방법으로 확인한 구조이다.
④ 안전증 방폭구조는 구조상 및 온도의 상승에 대하여 특별히 안전도를 증가시킨 구조이다.

🔍 내압 : 내부 폭발 시 견디는 구조

종류	내용
내압방폭구조(d)	용기의 내부에 폭발성 가스의 폭발이 일어날 경우, 용기가 폭발 압력에 견디고 외부의 폭발성 가스에 인화될 위험이 없도록 한 방폭구조
압력방폭구조(p)	점화원이 될 우려가 있는 부분을 용기 안에 넣고 보호 기체(신선한 공기 또는 불활성기체)를 용기 안에 압입함으로써 폭발성 가스가 침입하는 것을 방지하도록 되어 있는 방폭구조
유입방폭구조(o)	전기 불꽃을 발생하는 부분을 용기 내부의 기름에 내장하여 외부의 폭발성 가스 또는 점화원 등에 접촉시 점화의 우려가 없도록 한 방폭구조
안전증방폭구조(e)	정상 운전 중의 내부에서 불꽃이 발생하지 않도록 전기적, 기계적, 구조적으로 온도 상승에 대해 안전도를 증가시킨 구조로 내압 방폭구조보다 용량이 적음
본질안전방폭구조 (ia, ib)	정상시 또는 단락, 단선, 지락 등의 사고시에 발생하는 아크, 불꽃, 고열에 의하여 폭발성 가스나 증기에 점화되지 않는 것이 확인된 구조
특수방폭구조(s)	폭발성 가스, 증기 등에 의하여 점화하지 않는 구조로서 모래 등을 채워 넣은 사입 방폭구조 등
몰드방폭구조(m)	폭발성가스의 증기입자 잠재적 위험 부위에 사용 정격 전압 11000V를 넘지 않는 전기제품 등에 대한 시험요건에 대하여 규정된 방폭구조
비점화방폭구조(n)	2종 장소에 사용되는 가스 증기 방폭기기 등에 적용 폭발성 가스 분위기에서 사용 전기기구구조 시험표시 등에 대하여 규정된 방폭구조

05 기체연료의 예혼합연소에 대한 설명 중 옳은 것은?

① 화염의 길이가 길다.
② 화염이 전파하는 성질이 있다.
③ 연료와 공기의 경계에서 주로 연소가 일어난다.
④ 연료와 공기의 혼합비가 순간적으로 변한다.

🔍 예혼합연소의 정의 및 특징

구 분	핵심 내용
정 의	• 산소 및 공기를 미리 혼합시켜 연소시키므로 연소효율이 높다.
특 징	• 조작이 어렵다. • 화염이 전파하는 성질이 있다. • 미리공기와 혼합하여 화염이 불안정하다. • 역화위험이 있다. • 화염길이가 짧다.

06 공기와 혼합하였을 때 폭발성 혼합가스를 형성할 수 있는 것은?

① NH_3
② N_2
③ CO_2
④ SO_2

🔍 NH_3(암모니아)
• 독성 : 25ppm   • 가연성 : 15 ~ 28%

07 다음 기체 가연물 중 위험도(H)가 가장 큰 것은?

① 수소
② 아세틸렌
③ 부탄
④ 메탄

🔍 위험도(H) = $\dfrac{U-L}{L}$ (U : 폭발 상한값, L : 폭발 하한값)

① 수소 : $\dfrac{75-4}{L}$ = 17.75
② 아세틸렌 : $\dfrac{81-2.5}{2.5}$ = 31.4
③ 부탄 : $\dfrac{8.4-1.8}{1.8}$ = 3.67
④ 메탄 : $\dfrac{15-5}{5}$ = 2

08 열전도율 단위는 어느 것인가?

① $kcal/m \cdot h \cdot ℃$
② $kcal/m^2 \cdot h \cdot ℃$
③ $kcal/m^2 \cdot ℃$
④ $kcal/h$

🔍
• 열전도율 : $kcal/m \cdot h \cdot ℃$
• 열전달율 : $kcal/m^2 \cdot h \cdot ℃$
• 열관류(열통과)율 : $kcal/m^2 \cdot h \cdot ℃$

09 연소 및 폭발에 대한 설명 중 틀린 것은?

① 폭발이란 주로 밀폐된 상태에서 일어나며 급격한 압력상승을 수반한다.
② 인화점이란 가연물이 공기 중에서 가열될 때 그 산화열로 인해 스스로 발화하게 되는 온도를 말한다.
③ 폭굉은 연소파의 화염 전파속도가 음속을 돌파할 때 그 선단에 충격파가 발달하게 되는 현상을 말한다.
④ 연소란 적당한 온도의 열과 일정 비율의 산소와 연료와의 결합반응으로 발열 및 발광현상을 수반하는 것이다.

🔍
• 인화점 : 공기 중에서 연소 시 연소의 3요소인 점화원을 가지고 연소하는 최저온도
• 발화점(착화점) : 공기 중에서 연소 시 점화원이 없이 스스로 연소하는 최저온도

10 가연성가스의 폭발범위에 대한 설명으로 옳은 것은?

① 폭굉에 의한 폭풍이 전달되는 범위를 말한다.
② 폭굉에 의하여 피해를 받는 범위를 말한다.
③ 공기 중에서 가연성가스가 연소할 수 있는 가연성가스의 농도범위를 말한다.
④ 가연성가스와 공기의 혼합기체가 연소하는데 있어서 혼합기체의 필요한 압력범위를 말한다.

🔍 폭발범위 : 공기 중 가연성가스가 연소할 수 있는 부피%로서 최소값을 폭발하한, 최고값을 폭발상한이라 한다.

11 프로판(C_3H_8)과 부탄(C_4H_{10})의 혼합가스가 표준상태에서 밀도가 2.25kg/m³이다. 프로판의 조성은 약 몇 %인가?

① 35.16
② 42.72
③ 54.28
④ 68.53

> C_3H_8의 밀도 : 44kg/22.4m³, C_4H_{10}의 밀도 : 58kg/22.4m³
>
> $\frac{44}{22.4} \times x + \frac{58}{22.4} \times (1-x) = 2.25$ 이므로
>
> $1.96x + 2.59(1-x) = 2.25$
>
> $\therefore x ≒ 0.5428 = 54.28\%$

12 연소의 3요소 중 가연물에 대한 설명으로 옳은 것은?

① 0족 원소들은 모두 가연물이다.
② 가연물은 산화반응 시 발열반응을 일으키며 열을 축적하는 물질이다.
③ 질소와 산소가 반응하여 질소산화물을 만들므로 질소는 가연물이다.
④ 가연물은 반응 시 흡열반응을 일으킨다.

> ① 0족은 불활성
> ③ 질소는 불연성
> ④ 가연물은 발열반응 단, C_2H_2은 흡열반응

13 액체 시안화수소를 장기간 저장하지 않는 이유는?

① 산화폭발하기 때문에
② 중합폭발하기 때문에
③ 분해폭발하기 때문에
④ 고결되어 장치를 막기 때문에

> HCN(시안화수소)는 60일 이상 경과 시 수분에 의한 중합폭발을 일으킨다.

14 다음 보기에서 설명하는 소화제의 종류는?

[보기]
- 유류 및 전기화재에 적합하다.
- 소화 후 잔여물을 남기지 않는다.
- 연소반응을 억제하는 효과와 냉각소화 효과를 동시에 가지고 있다.
- 소화기의 무게가 무겁고, 사용 시 동상의 우려가 있다.

① 물
② 하론
③ 이산화탄소
④ 드라이케미칼분말

15 연료의 구비조건이 아닌 것은?

① 발열량이 클 것
② 유해성이 없을 것
③ 저장 및 운반 효율이 낮을 것
④ 안전성이 있고 취급이 쉬울 것

> 저장이 용이하고 운반효율이 좋을 것

16 대기 중에 대량의 가연성 가스나 인화성 액체가 유출되어 발생 증기가 대기 중의 공기와 혼합하여 폭발성인 증기운을 형성하고 착화 폭발하는 현상은?

① BLEVE
② UVCE
③ Jet fire
④ Flash over

> 특수폭발 및 화염의 종류

항목		정의
BLEVE (비등액체 증기폭발)	정의	가연성 액화가스에서 외부 화재로 탱크 내 액체의 비등 증기가 팽창하면서 폭발을 일으키는 현상
	방지법	• 탱크를 2중 탱크로 한다. • 단열재를 사용한다. • 화재발생 시 탱크에 물을 뿌려 냉각시킨다.
UVCE (증기운폭발)	정의	대기 중 다량의 가연성가스 또는 액체의 유출로 발생한 증기가 공기와 혼합하여 가연성 혼합기체를 형성하고 발화원에 의해 발생하는 폭발
	특징	• 폭발효율이 낮다. • 증기운의 크기가 크면 점화우려가 높다. • 대부분 폭연으로 화재가 발생한다. • 점화위치가 방출점에서 멀어질수록 위력이 크다. • 증기와 공그의 난류혼합을 폭발력을 증대시킨다.
	영향 인자	• 방출물질의 양 • 점화원인의 위치 • 증발물질의 분율
Jet fire(제트화재)		고압의 LPG 누출 시 점화원에 의해 불기둥을 이루는 화재이며 주로 복사열에 의해 발생
Flash over (전실화재)		화재 시 가연물의 모든 노출 표면에서 빠르게 열분해가 일어나 가연성가스가 충만해져 이 가연성가스가 빠르게 발화하여 격렬하게 타는 현상

17 표준상태에서 질소가스의 밀도는 몇 g/ℓ인가?

① 0.97
② 1.00
③ 1.07
④ 1.25

> 가스 밀도는 Mg/22.4ℓ 이므로 28g/22.4ℓ = 1.25g/ℓ

18 "기체분자의 크기가 0이고 서로 영향을 미치지 않는 이상기체의 경우, 온도가 일정할 때 가스의 압력과 부피는 서로 반비례한다."와 관련이 있는 법칙은?

① 보일의 법칙
② 샤를의 법칙
③ 보일-샤를의 법칙
④ 돌턴의 법칙

> - 보일의 법칙 : 이상기체의 온도가 일정할 때 절대압력은 부피에 반비례한다.
> - 샤를의 법칙 : 이상기체의 압력이 일정할 때 부피는 절대온도에 비례한다.
> - 보일·샤를의 법칙 : 이상기체의 부피는 절대압력에 반비례하고 절대온도에 비례한다.

19 부피로 Hexane 0.8v%, Methane 2.0v%, Ethylene 0.5v%로 구성된 혼합가스의 LFL을 계산하면 약 얼마인가?(단, Hexane, Methane, Ethylene의 폭발하한계는 각각 1.1v%, 5.0v%, 2.7v%라고 한다)

① 2.5%
② 3.0%
③ 3.3%
④ 3.9%

> $V = 0.8 + 2.0 + 0.5 = 3.3$
>
> $\dfrac{3.3}{L} = \dfrac{0.8}{1.1} + \dfrac{2.0}{5.0} + \dfrac{0.5}{2.7}$
>
> $\therefore L = \dfrac{3.3}{\dfrac{0.8}{1.1} + \dfrac{2.0}{5.0} + \dfrac{0.5}{2.7}}$
>
> $= 2.5\%$

20 불활성화에 대한 설명으로 틀린 것은?

① 가연성혼합가스에 불활성가스를 주입하여 산소의 농도를 최소산소농도 이하로 낮게 하는 공정이다.
② 인너트 가스로는 질소, 이산화탄소 또는 수증기가 사용된다.
③ 인너팅은 산소농도를 안전한 농도로 낮추기 위하여 인너트 가스를 용기에 처음 주입하면서 시작한다.
④ 일반적으로 실시되는 산소농도의 제어점은 최소 산소농도보다 10% 낮은 농도이다.

> 일반적으로 실시되는 산소농도의 제어점은 최소산소농도 보다 4% 낮은 농도이다.

제2과목 가스설비

21 수격작용(water hammering)의 방지법으로 적합하지 않은 것은?

① 관내의 유속을 느리게 한다.
② 밸브를 펌프 송출구 가까이 설치한다.
③ 서지 탱크(Surge tank)를 설치하지 않는다.
④ 펌프의 속도가 급격히 변화하는 것을 막는다.

> 수격작용(워터 해머)
> - 정의 : 관속을 충만하여 흐르는 대형 송수관로에서 정전 등에 의한 심한 압력변화가 생기면 심한 속도변화를 일으켜 물의 힘이 해머를 치는 힘과 같게 되는 현상
> - 방지법- 펌프 회전축에 플라이 휠(fly wheel)을 설치하여 펌프의 급격한 속도변화를 방지한다.
>   - 관경을 굵게 하여 관내의 유속을 낮춘다.
>   - 펌프 토출 측에 서지 탱크(조압수조) 또는 수격방지기를 설치한다.
>   - 밸브를 송출구 가까이 설치하고 적당히 제어한다.

22 다음은 수소의 성질에 대한 설명이다. 옳은 것으로만 나열된 것은?

Ⓐ 공기와 혼합된 상태에서의 폭발범위는 4.0~65%이다.
Ⓑ 무색, 무취, 무미이므로 누출되었을 경우 색깔이나 냄새로 알 수 없다.
Ⓒ 고온, 고압 하에서 강(鋼)중의 탄소와 반응하여 수소취성을 일으킨다.
Ⓓ 열전달율이 아주 낮고, 열에 대하여 불안정하다.

① Ⓐ, Ⓑ　　　　② Ⓐ, Ⓒ
③ Ⓑ, Ⓒ　　　　④ Ⓑ, Ⓓ

🔍 Ⓐ 공기와 혼합된 상태에서의 수소 폭발범위는 4.0~75%이다.
　Ⓓ 수소는 열전달율이 높다.

23 제1종 보호시설은 사람을 수용하는 건축물로서 사실상 독립된 부분의 연면적이 얼마 이상인 것에 해당하는가?

① 100m²　　　　② 500m²
③ 1000m²　　　④ 2000m²

🔍 보호시설과 유지하여야 할 안전거리(m)

구분	저장 능력	제1종 보호시설	제2종 보호시설
개요	고압가스 처리 저장설비의 유지거리 규정 지하저장설비는 규정 안전거리 1/2 이상 유지 저장능력(압축가스 : m³, 액화가스 : kg)		
처리 및 저장능력		학교, 유치원, 어린이집, 놀이방, 어린이 놀이터, 학원, 병원, 도서관, 청소년 수련시설, 경로당, 시장, 호텔, 여관, 공중목욕탕, 극장, 교회, 사람을 수용하는 건축물(가설건축물을 제외)로서 사실상 독립된 부분의 연면적이 1,000m² 이상인 것, 예식장·장례식장 및 전시장, 그 밖에 이와 유사한 시설로서 300명 이상 수용할 수 있는 건축물, 아동복지시설 또는 장애인복지시설로서 수용능력이 20명 이상 수용할 수 있는 건축물, 문화재보호법에 의하여 지정문화재로 지정된 건축물	사람을 수용하는 건축물(가설건축물을 제외)로서 사실상 독립된 부분의 연면적이 100m² 이상 1,000m² 미만인 것

24 공기냉동기의 표준사이클은?

① 브레이튼 사이클
② 역브레이튼 사이클
③ 카르노 사이클
④ 역카르노 사이클

25 기화장치의 구성이 아닌 것은?

① 검출부　　　② 기화부
③ 제어부　　　④ 조압부

26 배관 내 가스 중의 수분 응축 또는 배관의 부식 등으로 인하여 지하수가 침입하는 등의 장애발생으로 가스의 공급이 중단되는 것을 방지하기 위해 설치하는 것은?

① 슬리브
② 리시버 탱크
③ 솔레노이드
④ 후프링

27 피스톤 펌프의 특징으로 옳지 않은 것은?

① 고압, 고점도의 소유량에 적당하다.
② 회전수에 따른 토출 압력 변화가 많다.
③ 토출량이 일정하므로 정량토출이 가능하다.
④ 고압에 의하여 물성이 변화하는 수가 있다.

28 포스겐의 제조 시 사용되는 촉매는?

① 활성탄　　　② 보크사이트
③ 산화철　　　④ 니켈

🔍 $CO + Cl_2 \xrightarrow{\text{(활성탄)}} COCl_2$

29 일정 압력 이하로 내려가면 가스분출이 정지되는 안전밸브는?

① 가용전식　　② 파열식
③ 스프링식　　④ 박판식

30 대용량의 액화가스저장탱크 주위에는 방류둑을 설치하여야 한다. 방류둑의 주된 설치목적은?

① 테러범 등 불순분자가 저장탱크에 접근하는 것을 방지하기 위하여
② 액상의 가스가 누출될 경우 그 가스를 쉽게 방류시키기 위하여
③ 빗물이 저장탱크 주위로 들어오는 것을 방지하기 위하여
④ 액상의 가스가 누출된 경우 그 가스의 유출을 방지하기 위하여

31 3단 압축기로 압축비가 다같이 3일 때 각 단의 이론 토출압력은 각각 몇 MPa·g인가?(단, 흡입압력은 0.1MPa이다)

① 0.2, 0.8, 2.6
② 0.2, 1.2, 6.4
③ 0.3, 0.9, 2.7
④ 0.3, 1.2, 6.4

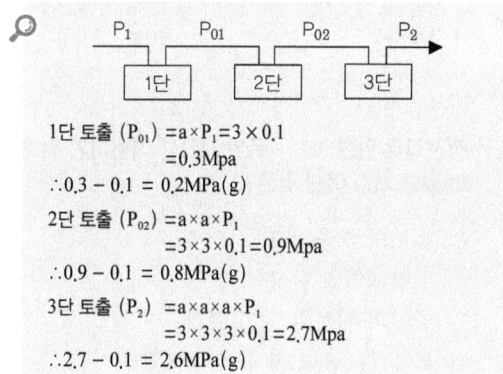

1단 토출 (P_{01}) = $a \times P_1$ = 3×0.1
= 0.3Mpa
∴ 0.3 − 0.1 = 0.2MPa(g)
2단 토출 (P_{02}) = $a \times a \times P_1$
= $3 \times 3 \times 0.1$ = 0.9Mpa
∴ 0.9 − 0.1 = 0.8MPa(g)
3단 토출 (P_2) = $a \times a \times a \times P_1$
= $3 \times 3 \times 3 \times 0.1$ = 2.7Mpa
∴ 2.7 − 0.1 = 2.6MPa(g)

32 최고 사용온도가 100℃, 길이(L)가 10m인 배관을 상온 (15℃)에서 설치하였다면 최고 온도로 사용 시 팽창으로 늘어나는 길이는 약 몇 mm인가?(단, 선팽창계수 α는 12×10^{-6}m/m℃이다)

① 5.1
② 10.2
③ 102
④ 204

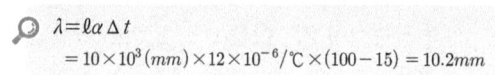
$\lambda = \ell \alpha \Delta t$
= $10 \times 10^3 (mm) \times 12 \times 10^{-6}/℃ \times (100 - 15) = 10.2mm$

33 공기액화분리장치의 폭발원인으로 가장 거리가 먼 것은?

① 공기 취입구로부터의 사염화탄소의 침입
② 압축기용 윤활유의 분해에 따른 탄화수소의 생성
③ 공기 중에 있는 질소 화합물(산화질소 및 과산화질소 등)의 흡입
④ 액체 공기 중의 오존의 혼입

① 공기 취입구로부터 C_2H_2의 혼입

34 원통형 용기에서 원주방향 응력은 축방향 응력의 얼마인가?

① 0.5
② 1배
③ 2배
④ 4배

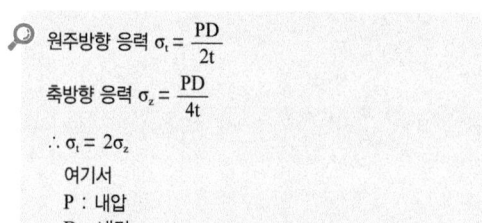

원주방향 응력 $\sigma_t = \dfrac{PD}{2t}$

축방향 응력 $\sigma_z = \dfrac{PD}{4t}$

∴ $\sigma_t = 2\sigma_z$
여기서
P : 내압
D : 내경
t : 관의 두께

35 압축기에서 압축비가 커짐에 따라 나타나는 영향이 아닌 것은?

① 소요 동력 감소
② 토출가스 온도 상승
③ 체적 효율 감소
④ 압축 일량 증가

① 소요 동력 증가

36 피셔(fisher)식 정압기에 대한 설명으로 틀린 것은?

① 로딩형 정압기이다.
② 동특성이 양호하다.
③ 정특성이 양호하다.
④ 다른 것에 비하여 크기가 크다.

정압기의 종류별 특성

종류	특성
피셔식	• 정특성 및 동특성이 양호하다. • 비교적 콤팩트하다. • 로딩형이다.
AFV식	• 정특성 및 동특성이 양호하다. • 극히 콤팩트하다. • 변칙 언로딩형이다.
레이놀즈식	• 언로딩형이다. • 크기가 대형이다. • 정특성이 좋다. • 안정성이 부족하다.

37 발열량이 10000kcal/Sm³, 비중이 1.2인 도시가스의 웨베지수는?

① 8333
② 9129
③ 10954
④ 12000

> $WI = \dfrac{H}{\sqrt{d}} = \dfrac{10000}{\sqrt{1.2}} = 9128.7 ≒ 9129$

38 아세틸렌 제조설비에서 정제장치는 주로 어떤 가스를 제거하기 위해 설치하는가?

① PH₃, H₂S, NH₃
② CO₂, SO₂, CO
③ H₂O(수증기), NO, NO₂, NH₃
④ SiHCℓ₃, SiH₂Cℓ₂, SiH₄

> C₂H₂ 제조장치의 불순물의 종류 : 스테인리스강 조성 PH₃(인화수소), NH₄(암모니아), SiH₄(규화수소), H₂S(황화수소)

39 스테인리스강의 조성이 아닌 것은?

① Cr
② Pb
③ Fe
④ Ni

> 스테인리스강은 Fe를 주성분으로 하며 Cr, Ni, Mn 등을 가하여 녹이 슬지 않도록 한 것으로 Cr 12~20%를 함유한 Cr계와 Ni 9~14%를 함유한 Cr-Ni로 나뉜다.

40 산소제조 장치설비에 사용되는 건조제가 아닌 것은?

① NaOH
② SiO₂
③ NaCℓO₃
④ Al₂O₃

> 건조제 : NaOH(가성소다), SiO₂(실리카겔), Al₂O₃(알루미나), 소바비드, 몰러쿨러시브

제3과목 가스안전관리

41 고온, 고압 시 가스용기의 탈탄작용을 일으키는 가스는?

① C₃H₈
② SO₃
③ H₂
④ CO

> 탈탄작용(수소취성) 방지법 : 5~6%의 Cr강에 W, Mo, Ti, V 등을 첨가

42 정전기로 인한 화재·폭발 사고를 예방하기 위해 취해야 할 조치가 아닌 것은?

① 유체의 분출 방지
② 절연체의 도전성 감소
③ 공기의 이온화 장치 설치
④ 유체 이·충전 시 유속의 제한

43 고압가스안전관리법상 가스저장탱크 설치 시 내진설계를 하여야 하는 저장탱크는?(단, 비가연성 및 비독성인 경우는 제외한다)

① 저장능력이 5톤 이상 또는 500m³ 이상인 저장탱크
② 저장능력이 3톤 이상 또는 300m³ 이상인 저장탱크
③ 저장능력이 2톤 이상 또는 200m³ 이상인 저장탱크
④ 저장능력이 1톤 이상 또는 100m³ 이상인 저장탱크

법령 구분		저장탱크 및 가스홀더·압력용기
고압가스 안전관리법	독성, 가연성	5톤, 500m³ 이상
	비독성 및 비가연성	10톤, 1000m³ 이상
액화석유가스 안전관리법		3톤, 300m³ 이상
도시가스 사업법		3톤, 300m³ 이상
액화도시(천연)가스자동차 충전시설, 고정식압축도시(천연) 충전시설, 고정식압축도시(천연)가스 충전시설, 이동식압축도시(천연)가스 자동차 충전시설		5톤, 500m³ 이상

44 고압가스 안전관리법에서 정하고 있는 특정고압가스가 아닌 것은?

① 천연가스
② 액화염소
③ 게르만
④ 염화수소

🔍 사용신고대상, 특정고압, 특수고압가스

사용신고대상가스	특정고압가스	특수고압가스
수소, 산소, 액화암모니아, 아세틸렌, 액화염소, 천연가스, 압축모노실란, 압축디보레인 및 특정고압가스	① 포스핀 ② 셀렌화수소 ③ 게르만 ④ 디실란 ⑤ 오불화비소 ⑥ 오불화인 ⑦ 삼불화인 ⑧ 삼불화질소 ⑨ 삼불화붕소 ⑩ 사불화유황 ⑪ 사불화규소	① ② ③ ④ 이외에 압축모노실란, 압축디보레인, 액화알진

45 용기보관실을 설치한 후 액화석유가스를 사용하여야 하는 시설기준은?

① 저장능력 1000kg 초과
② 저장능력 500kg 초과
③ 저장능력 300kg 초과
④ 저장능력 100kg 초과

🔍 용기보관실 및 용기 집합시설 설치(KGS Fu 431)

저장능력에 따른 구분		세부내용
100kg 이하		• 용기가 직사광선 빗물을 받지 않도록 조치한다.
100kg 초과	용기보관실 설치	• 용기보관실의 벽, 문, 지붕은 불연재료(지붕은 가벼운 불연재료)로 설치하고 단층구조로 한다.
	용기보관실 설치 곤란시	• 외부인 출입을 방지하기 위하여 출입문 설치하고 경계표시 한다.
	기타사항	• 용기집합설비의 양단 마감조치에는 캡 또는 플랜지를 설치한다. • 용기를 3개 이상 집합 사용 시 용기집합장치를 설치한다. • 용기와 연결된 측도관 트윈호스 조정기 연결부 조정기 이외의 설비는 연결하지 않는다.

46 독성의 액화가스 저장탱크 주위에 설치하는 방류둑의 저장능력은 몇 톤 이상의 것에 한하는가?

① 3톤
② 5톤
③ 10톤
④ 50톤

🔍 방류둑 설치기준

가스의 종류	고압가스		도시가스		LPG
	특정제조	일반제조	가스도매	일반도시가스	
독성	5t 이상	5t 이상			
가연성	500t 이상	1000t 이상	500t 이상	1000t 이상	1000t 이상
산소	1000t 이상	1000t 이상			

47 가스사용시설에 퓨즈콕 설치 시 예방 가능한 사고 유형은?

① 가스렌지 연결호스 고의절단사고
② 소화안전장치고장 가스누출사고
③ 보일러 팽창탱크과열 파열사고
④ 연소기 전도 화재사고

🔍 퓨즈콕 : 연소되지 않는 생가스 누출 시 가스의 자동차단 기능

48 아세틸렌가스 충전 시 희석제로 적합한 것은?

① N_2
② C_3H_8
③ SO_2
④ H_2

🔍 C_2H_2 희석제 : N_2, CH_4, CO, C_2H_4

49 압력방폭구조의 표시방법은?

① p
② d
③ ia
④ s

🔍 **방폭구조**

종류	내용
내압 방폭구조(d)	용기의 내부에 폭발성 가스의 폭발이 일어날 경우, 용기가 폭발 압력에 견디고 외부의 폭발성 가스에 인화될 위험이 없도록 한 방폭구조
압력 방폭구조(p)	점화원이 될 우려가 있는 부분을 용기 안에 넣고 보호기체(신선한 공기 또는 불활성기체)를 용기 안에 압입함으로써 폭발성 가스가 침입하는 것을 방지하도록 되어 있는 방폭구조
유입 방폭구조(o)	전기 불꽃을 발생하는 부분을 용기 내부의 기름에 내장하여 외부의 폭발성 가스 또는 점화원 등에 접촉시 점화의 우려가 없도록 한 방폭구조
안전증 방폭구조(e)	정상 운전 중의 내부에서 불꽃이 발생하지 않도록 전기적, 기계적, 구조적으로 온도 상승에 대해 안전도를 증가시킨 구조로 내압 방폭구조보다 용량이 적음
본질안전 방폭구조 (ia, ib)	정상시 또는 단락, 단선, 지락 등의 사고시에 발생하는 아크, 불꽃, 고열에 의하여 폭발성 가스나 증기에 점화되지 않는 것이 확인된 구조
특수 방폭구조(s)	폭발성 가스, 증기 등에 의하여 점화하지 않는 구조로서 모래 등을 채워 넣은 사입 방폭구조 등
몰드 방폭구조(m)	폭발성가스의 증기입자 잠재적 위험 부위에 사용 정격 전압 11000V를 넘지 않는 전기제품 등에 대한 시험요건에 대하여 규정된 방폭구조
비점화 방폭구조(n)	2종 장소에 사용되는 가스 증기 방폭기기 등에 적용 폭발성 가스 분위기에서 사용 전기기기구조시험표시 등에 대하여 규정된 방폭구조

50 액화석유가스의 특성에 대한 설명으로 옳지 않은 것은?

① 액체는 물보다 가볍고, 기체는 공기보다 무겁다.
② 액체의 온도에 의한 부피변화가 작다.
③ 일반적으로, LNG보다 발열량이 크다.
④ 연소 시 다량의 공기가 필요하다.

🔍 LPG 액체 1ℓ → 기체 250L로 변함

51 액화석유가스 사업자 등과 시공자 및 액화석유가스 특정사용자의 안전관리 등에 관계되는 업무를 하는 자는 시·도지사가 실시하는 교육을 받아야 한다. 교육대상자의 교육내용에 대한 설명으로 틀린 것은?

① 액화석유가스 배달원으로 신규종사하게 될 경우 특별교육을 1회 받아야 한다.
② 액화석유가스 특정사용시설의 안전관리책임자로 신규종사하게 될 경우 신규종사 후 6개월 이내 및 그 이후에는 3년이 되는 해마다 전문교육을 1회 받아야 한다.
③ 액화석유가스를 연료로 사용하는 자동차의 정비작업에 종사하는 자가 한국가스안전공사에서 실시하는 액화석유가스 자동차 정비 등에 관한 전문교육을 받은 경우에는 별도로 특별교육을 받을 필요가 없다.
④ 액화석유가스 충전시설의 충전원으로 신규종사하게 될 경우 6개월 이내 전문교육을 1회 받아야 한다.

🔍 ④ 액화석유가스 충전시설의 충전원으로 신규종사하게 될 경우 1회 특별교육을 받아야 한다.

52 저장량 15톤의 액화산소 저장탱크를 지하에 설치할 경우 인근에 위치한 연면적 300m²인 교회와 몇 m 이상의 거리를 유지하여야 하는가?

① 6m
② 7m
③ 12m
④ 14m

🔍
- 저장능력 15t = 15000kg
- 연면적 300m² 교회 : 1종 보호시설
- 산소 가스의 보호시설과 안전거리

저장능력(kg, m³)	1종	2종
1만 이하	12m	8m
1만 초과 2만 이하	14m	9m
2만 초과 3만 이하	16m	11m
3만 초과 4만 이하	18m	13m
4만 초과	20m	14m

- 지하에 설치 시 안전거리의 1/2 이므로
- $14 \times \dfrac{1}{2} = 7m$

53 아세틸렌용 용접용기 제조 시 내압시험압력이란 최고 압력 수치의 몇 배의 압력을 말하는가?

① 1.2
② 1.5
③ 2
④ 3

🔍 Tp(내압시험압력) Fp(최고충전압력) Ap(기밀시험압력), 상용압력, 안전밸브작동압력

용기분야

압력 용기구분	Fp	Tp	Ap	안전밸브 작동압력
압축가스 충전용기	35℃에서 용기에 충 전할 수 있는 최고 압력	Fp= $\times \frac{5}{3}$	Fp	
저온용기	상용압력 중 최고의 압력		Fp×1.1	Tp= $\times \frac{8}{10}$ 이하
저온용기 이외 액화가스 충전용기		Tp= $\times \frac{3}{5}$	법규에 정한 A·B로 구분 된 압력	Fp
C_2H_2 용기	15℃에서 1.5MPa	Fp(1.5)× 3=4.5MPa	Fp(1.5)× 1.8 =2.7MPa	

용기 이외의 분야 (저장탱크 및 배관 등)

압력 설비별	상용압력	Tp	Ap	안전밸브 작동압력
고압가스 및 액화 석유가스 분야	통상설비 에서 사용 되는 압력	상용압력× 1.5 (단, 공기질소 등으로 시험 시 상용압력 ×1.25)	상용압력	
냉동분야	설계압력	설계압력× 1.5 (공기 질소 등 으로 시험시 설계압력× 1.25)	설계압력	Tp= $\times \frac{8}{10}$ 이하 (단, 액화 산소 탱크 의 안전밸 브작동 압력 = 상 용압력 × 1.5)
도시가스 분야	최고사용 압력	최고사용압 력×1.5 (단 공기, 질 소 등으로 시 험시 최고사 용압력 ×1.25)	(공급시설) 최고상용압 력×1.1(사 용시설 및 정압기 시 설) 8.4KPa 또는 최고사 용압력×1.1 배 중 높은 압력	

54 액화암모니아 70kg을 충전하여 사용하고자 한다. 충전정수가 1.86일 때 안전관리상 용기의 내용적은?

① 27ℓ　　② 37.6ℓ
③ 75ℓ　　④ 131ℓ

🔍 $W = \dfrac{V}{C}$

$V = W \times C$

$= 70 \times 1.86 = 130.2 ≒ 131L$

55 차량에 혼합 적재할 수 없는 가스끼리 짝지어져 있는 것은?

① 프로판, 부탄
② 염소, 아세틸렌
③ 프로필렌, 프로판
④ 시안화수소, 에탄

구분		독성 가스 용기운반기준	독성 가스 용기 이외 용기운반기준
차량 구조	허용 농도 100만 분의 200 초과 시	① 적재함에 리프트 설치 ② 리프트 설치 예외 경우 　- 용기보관실 바닥이 운반차량 적재함 최저높이 　　로 설치된 경우 　- 용기 상하차 설비가 설치된 업소에서 공급하는 　　경우 　- 적재능력 1톤 이하 차량	
	허용 농도 100만 분의 200 이하	① 용기 승하차용 리프트와 밀폐된 구조의 적재함 이 부착된 전용차량(독성 가스 전용차량)으로 운반 ② 단, 내용적 1000ℓ 이상 충전용기는 독성 가스 운 반전용차량으로 운반하지 않아도 된다.	
경계표지		① 차량 앞뒤 보기 쉬운 곳에 붉은 글씨로 위 험고압가스, 독성 가 스 표시, 상호, 전화번 호, 운반기준, 위반행 위 신고할 수 있는 허 가신고 등록관청 전 화번호표시, 적색상 각기 표시 ② RTC 차량의 경우는 좌우에서 볼 수 있도 록	독성 가스 경계표시에 독성 가스 문구를 제외 그 밖의 표시방법은 동일
경계 표시 규격	직각각형	① 가로 : 차폭의 30% 이상 ② 세로 : 가로의 20% 이상	
	정사각형	전체 경계면적을 600cm² 이상	
	적색 삼각기	가로 : 40cm 이상, 세로 : 30cm 이상	
보호장비 (월 1회 이상 점검)		방독면, 고무장갑, 고무 장화, 기타 보호구 및 제 독제, 자재공구	가연성 또는 산소의 경 우, 소화설비 재해발생 방지를 위한 자재 및 공구

적재	① 충전용기는 적재함에 세워 적재 ② 차량의 최대적재량, 적재함을 초과하지 아니할 것 ③ 납붙임 접합용기의 보호망을 적재함에 세워 적재한다. ④ 충전용기는 고무링을 씌우거나 적재함에 세워 적재한다. ⑤ 충전용기는 로프, 그물공구 등으로 확실하게 묶어 적재 운반차량 뒷면에 두께 5mm 이상, 폭 100mm 이상 범퍼 또는 동등 효과의 완충장치 설치 ⑥ 독성 중 가연성, 조연성을 동일차량에 적재금지 ⑦ 밸브 돌출용기는 밸브 손상방지 조치 ⑧ 충전용기 상하차 시 완충판을 이용 ⑨ 충전용기 이륜차 운반금지 ⑩ 염소와 아세틸렌, 암모니아, 수소는 동일차량 적재금지 ⑪ 가연성 산소는 충전용기 밸브가 마주보지 않도록 적재 ⑫ 충전용기와 위험물 관리법의 위험물과 동일차량 적재금지	① 충전용기는 고압가스 전용 운반차량에 세워 적재 ② 충전용기는 이륜차에 적재운반금지 (단, 차량통행 곤란 지역 LPG 충전용기는 운반전용 적재함이 장착되어 있거나 20kg 이하 2개를 초과하지 않을 경우 이륜차 운반 가능) 그 밖의 좌측 ⑩, ⑪, ⑫항 동일 운반 등의 기준 적용 제외 ① 운반의 양이 13kg (1.3m³) 이하인 경우 ② 소방차 구급자동차 구조차량 등이 긴급 시에 사용 시 ③ 스킨스쿠버 목적으로 공기충전 용기 2개 이하 운반 시 ④ 산업통상자원부장관이 필요하다고 인정 시 차량고정 탱크로 운반 시 내용적의 기준	

가스명	내용적
가연성 (LPG 제외) 산소	18000ℓ 이상 운반금지
독성(암모니아 제외)	12000ℓ 이상 운반금지

암모니아	백색	–
염소	갈색	–
산소	녹색	백색
액화탄산가스	청색	회색
질소	회색	흑색
헬륨	–	갈색
에틸렌	–	자색
아산화질소	–	청색
사이클로프로판	–	주황색
그 밖의 가스	회색	회색
소방용 용기	소방법에 따른 도색	

56 공업용 액화염소를 저장하는 용기의 도색은?

① 주황색 ② 회색
③ 갈색   ④ 백색

🔍 용기의 도색 표시

가스의 종류	공업용	의료용
액화석유가스	회색	–
수소	주황색	–
아세틸렌	황색	–

57 냉동기의 냉매설비에 속하는 압력용기의 재료는 압력용기의 설계압력 및 설계온도 등에 따른 적절한 것이어야 한다. 다음 중 초음파탐상 검사를 실시하지 않아도 되는 재료는?

① 두께가 40mm 이상인 탄소강
② 두께가 38mm 이상인 저합금강
③ 두께가 6mm 이상인 9% 니켈강
④ 두께가 19mm 이상이고 최소인장강도가 568.4N/mm² 이상인 강

🔍 ① 두께가 50mm 이상인 탄소강

58 고압가스 제조설비에서 기밀시험용으로 사용할 수 없는 것은?

① 질소   ② 공기
③ 탄산가스 ④ 산소

59 가스설비가 오조작되거나 정상적인 제조를 할 수 없는 경우 자동적으로 원재료를 차단하는 장치는?

① 인터록기구
② 원료제어밸브
③ 가스누출기구
④ 내부반응 감시기구

60 저장능력이 20톤인 암모니아 저장탱크 2기를 지하에 인접하여 매설할 경우 상호간에 최소 몇 m 이상의 이격거리를 유지하여야 하는가?

① 0.6m
② 0.8m
③ 1m
④ 1.2m

🔍 탱크 상호간의 이격거리

구분	이격거리
물분무 장치가 없을 경우	$(D_1+D_2) \times \frac{1}{4} > 1m$ 일 때 : 그 길이 이상 유지 $(D_1+D_2) \times \frac{1}{4} < 1m$ 일 때 : 1m 이상 유지
지하 설치 시	상호간 1m 이상 유지

전기저항 (측정범위)(℃)	열전대 온도계(측정범위)(℃)
백금저항 (-200~850)	PR(백금-백금로듐) (0~1600)
니켈저항 (-50~150)	CA(크로멜-알루멜) (-20~1200)
구리저항 (0~120)	IC(철-콘스탄탄) (-20~800)
서미스터 (-50~350)	CC(동-콘스탄탄) (-200~400)

제4과목 가스계측

61 다음 가스 분석법 중 흡수분석법에 해당되지 않는 것은?

① 헴펠법
② 게겔법
③ 오르자트법
④ 우인클러법

🔍 흡수분석법 : 오르자트법, 헴펠법, 게겔법

62 전기 저항식 온도계에 대한 설명으로 틀린 것은?

① 열전대 온도계에 비하여 높은 온도를 측정하는데 적합하다.
② 저항선의 재료는 온도에 의한 전기저항의 변화(저항 온도계수)가 커야 한다.
③ 저항 금속재료는 주로 백금, 니켈, 구리가 사용된다.
④ 일반적으로 금속은 온도가 상승하면 전기 저항 값이 올라가는 원리를 이용한 것이다.

63 토마스식 유량계는 어떤 유체의 유량을 측정하는데 가장 적당한가?

① 용액의 유량
② 가스의 유량
③ 석유의 유량
④ 물의 유량

64 측정 범위가 넓어 탄성체 압력계의 교정용으로 주로 사용되는 압력계는?

① 벨로즈식 압력계
② 다이어프램식 압력계
③ 부르동관식 압력계
④ 표준 분동식 압력계

65 일반적으로 기체 크로마토그래피 분석 방법으로 분석하지 않는 가스는?

① 염소(Cl_2)
② 수소(H_2)
③ 이산화탄소(CO_2)
④ 부탄($n-C_4H_{10}$)

66 계량에 관한 법률의 목적으로 가장 거리가 먼 것은?

① 계량의 기준을 정함
② 공정한 상거래 질서유지
③ 산업의 선진화 기여
④ 분쟁의 협의 조정

67 가스크로마토그래피에서 사용하는 검출기가 아닌 것은?

① 원자방출검출기(AED)
② 황화학발광검출기(SCD)
③ 열추적검출기(TTD)
④ 열이온검출기(TID)

68 자동제어에 대한 설명으로 틀린 것은?

① 편차의 정(+), 부(-)에 의하여 조작신호가 최대, 최소가 되는 제어를 on-off 동작이라고 한다.
② 1차 제어장치가 제어량을 측정하여 제어명령을 하고 2차 제어장치가 이 명령을 바탕으로 제어량을 조절하는 것을 캐스케이드 제어라고 한다.
③ 목표값이 미리 정해진 시간적 변화를 할 경우의 수치제어를 정치제어라고 한다.
④ 제어량 편차의 과소에 의하여 조작단을 일정한 속도로 정작동, 역작동 방향으로 움직이게 하는 동작을 부동제어라고 한다.

- 정치제어 : 목표값이 시간에 관계없이 항상 일정한 제어(프로세스 자동조정)
- 추치제어 : 목표값의 위치크기가 시간에 따라 변화하는 제어(추종, 프로그램, 비율)

69 습공기의 절대습도와 그 온도와 동일한 포화공기의 절대습도와의 비를 의미하는 것은?

① 비교습도   ② 포화습도
③ 상대습도   ④ 절대습도

습도	정의
절대습도	건조공기 1kg과 여기에 포함되어 있는 수증기량(kg)을 합한 것에 대한 수증기량
상대습도(∅)	대기 중 존재할 수 있는 최대 습기량과 현존하는 습기량
비교습도(포화도)	습공기의 절대습도와 그와 동일 온도인 포화습공기의 절대 습도비 $= \dfrac{\text{실제 몰습도}}{\text{포화 몰습도}}$

70 관이나 수로의 유량을 측정하는 차압식 유량계는 어떠한 원리를 응용한 것인가?

① 토리첼리(Torricelli's)정리
② 페러데이(Faraday's)법칙
③ 베르누이(Bernoulli's)정리
④ 파스칼(Pascal's)원리

- 차압식 유량계
  - 측정원리 : 베르누이 정리
  - 효과 : 제이베크 효과
  - 종류 : 오리피스, 플로노즐 벤투리

71 실측식 가스미터가 아닌 것은?

① 터빈식 가스미터
② 건식 가스미터
③ 습식 가스미터
④ 막식 가스미터

가스계량기의 분류

	건식형	막식	독립내기식, 클로버식
실측식		회전자식	루트형, 오벌형, 로타리 피스톤형
	습식형		
추량식	델타형		
	터빈형		
	선근차형		
	벤투리형		
	오리피스형		
	와류형		

72 일반적으로 장치에 사용되고 있는 부르동관 압력계 등으로 측정되는 압력은?

① 절대압력
② 게이지압력
③ 진공압력
④ 대기압

73 가스미터에 공기가 통과 시 유량이 300m³/h라면 프로판 가스를 통과하면 유량은 약 몇 kg/h로 환산되겠는가?(단, 프로판의 비중은 1.52, 밀도는 1.86kg/m³이다)

① 235.9
② 373.5
③ 452.6
④ 579.2

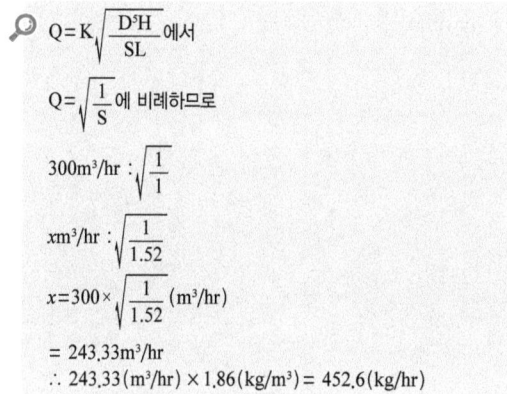

74 가스미터에 다음과 같이 표시되어 있었다. 다음 중 그 의미에 대한 설명으로 가장 옳은 것은?

$$0.6[L/rev], MAX\ 1.8[m^3/hr]$$

① 기준실 10주기 체적이 0.6ℓ, 사용 최대 유량은 시간당 1.8m³이다.
② 기준실 1주기 체적이 0.6ℓ, 사용 감도 유량은 시간당 1.8m³이다.
③ 기준실 10주기 체적이 0.6ℓ, 사용 감도 유량은 시간당 1.8m³이다.
④ 기준실 1주기 체적이 0.6ℓ, 사용 최대 유량은 시간당 1.8m³이다.

75 가스누출경보차단장치에 대한 설명 중 틀린 것은?

① 원격개폐가 가능하고 누출된 가스를 검지하여 경보를 울리면서 자동으로 가스통로를 차단하는 구조이어야 한다.
② 제어부에서 차단부의 개폐상태를 확인할 수 있는 구조이어야 한다.
③ 차단부가 검지부의 가스검지 등에 의하여 닫힌 후에는 복원조작을 하지 않는 한 열리지 않는 구조이어야 한다.
④ 차단부가 전자밸브인 경우 통전의 경우에는 닫히고, 정전의 경우에는 열리는 구조이어야 한다.

🔍 차단부가 전자밸브인 경우 통전의 경우에는 열리고, 정전의 경우에는 닫히는 구조이어야 한다.

76 탐사침을 액중에 넣어 검출되는 물질의 유전율을 이용하는 액면계는?

① 정전용량형 액면계
② 초음파식 액면계
③ 방사선식 액면계
④ 전극식 액면계

77 제어량의 종류에 따른 분류가 아닌 것은?

① 서보기구
② 비례제어
③ 자동조정
④ 프로세스제어

🔍 자동조정의 분류

구분	분류	
제어 목적에 따라	정치제어	
	추치제어	프로그램
		추종
		비율
제어량의 성질에 따라	프로세스	
	서보기구	
	자동조정	

78 유량의 계측 단위가 아닌 것은?

① kg/h
② kg/s
③ Nm³/s
④ kg/m³

79 크로마토그램에서 머무름 시간이 45초인 어떤 용질을 길이 2.5m의 컬럼에서 바닥에서의 나비를 측정하였더니 6초이었다. 이론단수는 얼마인가?

① 800
② 900
③ 1000
④ 1200

🔍 $N = 16 \times \left(\dfrac{체류부피}{띠나비}\right)^2$

$= 16 \times \left(\dfrac{머무른부피}{봉우리폭}\right)^2 = 16 \times \left(\dfrac{45}{6}\right)^2 = 900$

80 시료 가스를 각각 특정한 흡수액에 흡수시켜 흡수 전후의 가스체적을 측정하여 가스의 성분을 분석하는 방법이 아닌 것은?

① 오르자트(Orsat)법
② 헴펠(Hempel)법
③ 적정(滴定)법
④ 게겔(Gockel)법

🔍 흡수분석법 : 오르자트법, 헴펠법, 게겔법

정답 2017년 1회 기출문제

01 ②	02 ④	03 ②	04 ①	05 ②
06 ①	07 ②	08 ①	09 ②	10 ③
11 ③	12 ②	13 ②	14 ③	15 ③
16 ②	17 ④	18 ①	19 ①	20 ④
21 ③	22 ③	23 ③	24 ②	25 ①
26 ②	27 ②	28 ①	29 ③	30 ④
31 ①	32 ②	33 ①	34 ②	35 ①
36 ④	37 ②	38 ①	39 ②	40 ③
41 ③	42 ②	43 ①	44 ④	45 ④
46 ②	47 ①	48 ①	49 ①	50 ②
51 ④	52 ②	53 ④	54 ④	55 ②
56 ③	57 ①	58 ④	59 ①	60 ③
61 ④	62 ①	63 ②	64 ②	65 ①
66 ④	67 ③	68 ③	69 ①	70 ③
71 ①	72 ②	73 ③	74 ④	75 ④
76 ①	77 ②	78 ④	79 ②	80 ③

2017년 2회 05월 07일 시행
공단 기출문제

제1과목 연소공학

01 압력이 0.1MPa, 체적이 3m³인 273.15K의 공기가 이상적으로 단열압축되어 그 체적이 1/3으로 되었다. 엔탈피의 변화량은 약 몇 kJ인가?(단, 공기의 기체상수는 0.287kJ/kg · K, 비열비는 1.4이다.)

① 480
② 580
③ 680
④ 780

🔍 단열압축엔탈피변화량 $\Delta H = GC_p(T_2 - T_1)$ 이므로

① $G = \dfrac{PV}{RT}$ 에서 $= \dfrac{0.1 \times 10^3 (kN/m^2) \times 3m^3}{0.278(kJ/kg \cdot k) \times 273.15(K)} = 3.82682kg$

② 단열변화 $\dfrac{T_2}{T_1} = \left(\dfrac{V_1}{V_2}\right)^{K-1}$ 에서

$T_2 = T_1 \times \left(\dfrac{V_1}{V_2}\right)^{K-1} = 273.15 \times \left(\dfrac{3}{1}\right)^{1.4-1} = 423.8866$

∴ $\Delta H = GC_p(T_2 - T_1)$
$= 3.82682 \times \dfrac{1.4}{1.4-1} \times 0.287 \times (423.8866 - 273.15)$
$= 579.43 \fallingdotseq 580kJ$

02 다음 연소와 관련된 식으로 옳은 것은?

① 과잉공기비 = 공기비(m) − 1
② 과잉공기량 = 이론공기량(Ao) + 1
③ 실제공기량 = 공기비(m) + 이론공기량(Ao)
④ 공기비 = (이론산소량/실제공기량) − 이론공기량

🔍 ② 과잉공기량(P) = (m−1)Ao = (실제공기량) − (이론공기량)
③ 실제공기량(A) = Ao(이론공기량) + P(과잉공기량)
④ 공기비(m) = $\dfrac{A(실제공기량)}{A_0(이론공기량)}$

03 다음 중 폭굉(detonation)의 화염전파속도는?

① 0.1~10m/s
② 10~100m/s
③ 1000~3500m/s
④ 5000~10000m/s

04 다음 중 착화온도가 낮아지는 이유가 되지 않는 것은?

① 반응활성도가 클수록
② 발열량이 클수록
③ 산소농도가 높을수록
④ 분자구조가 단순할수록

🔍 착화온도가 낮아지는 이유
• 온도압력이 높을수록
• 반응활성도가 클수록
• 산소농도가 높을수록
• 분자구조가 복잡할수록
• 발열량이 높을수록

05 단원자 분자의 정적비열(C_v)에 대한 정압비열(C_p)의 비인 비열비(k) 값은?

① 1.67
② 1.44
③ 1.33
④ 1.02

🔍 $K = \dfrac{C_p}{C_v}$
• 단원자 분자 : k = 1.66
• 이원자 분자 : k = 1.4
• 3원자 분자 : k = 1.33

06 증기운 폭발에 영향을 주는 인자로서 가장 거리가 먼 것은?

① 방출된 물질의 양
② 증발된 물질의 분율
③ 점화원의 위치
④ 혼합비

🔍 증기운 폭발 : 대기 중 다량의 가연성 가스 또는 액체의 유출로 발생한 증기가 공기와 혼합해서 가연성 혼합기체를 형성, 발화원에 의하여 발생하는 폭발로서 영향인자는 방출물질의 양, 점화원의 위치, 증발물질의 분율이다.

07 시안화수소는 장기간 저장하지 못하도록 규정되어 있다. 가장 큰 이유는?

① 분해폭발하기 때문에
② 산화폭발하기 때문에
③ 분진폭발하기 때문에
④ 중합폭발하기 때문에

🔍 시안화수소(HCN)
• 수분 2% 함유 시 중합폭발
• 충전 후 60일이 경과하기 전 다른 용기에 충전

08 다음 중 물리적 폭발에 속하는 것은?

① 가스폭발
② 폭발적 증발
③ 디토네이션
④ 중합폭발

🔍 물리, 화학의 구분

구분	정의	보기
물리	특성이 변하지 않고 모양 형태가 변함	기화, 액화, 증발, 융해, 응고
화학	물질의 특성이 완전히 변하여 다른 물질이 됨	연소, 산화, 분해, 폭굉 가스의 폭발

09 유동층 연소의 장점에 대한 설명으로 가장 거리가 먼 것은?

① 부하변동에 따른 적응력이 좋다.
② 광범위하게 연료에 적용할 수 있다.
③ 질소산화물의 발생량이 감소된다.
④ 전열면적이 적게 소요된다.

🔍 • 유동층 연소의 장점
  - 연소 시 활발하고 교환혼합이 이루어진다.
  - 광범위한 연료에 적용할 수 있다.
  - 질소산화물의 발생이 감소된다.
  - 전열면적이 적게 소요된다.
  - 연소 시 화염층이 작아진다.
  - 증기 내 균일온도를 유지할 수 있다.
• 유동층 연소의 단점
  - 석탄입자의 비산우려가 있다.
  - 공기공급 시 압력손실이 크다.
  - 송풍에 동력원이 필요하다.

10 0.5atm, 10ℓ의 기체 A와 1.0atm, 5ℓ의 기체 B를 전체부피 15ℓ의 용기에 넣을 경우, 전압은 얼마인가? (단, 온도는 항상 일정하다.)

① 1/3atm
② 2/3atm
③ 1.5atm
④ 1 atm

🔍 $P = \dfrac{P_1 V_1 + P_2 V_2}{V}$
$= \dfrac{0.5 \times 10 + 1.0 \times 5}{15}$
$= 0.67 atm = \dfrac{2}{3} atm$

11 다음 가연성 가스 중 폭발하한 값이 가장 낮은 것은?

① 메탄
② 부탄
③ 수소
④ 아세틸렌

🔍 폭발범위
• CH_4 : 5~15%
• C_4H_{10} : 1.8~8.4%
• H_2 : 4~75%
• C_2H_2 : 2.5~81%

12 피크노미터는 무엇을 측정하는데 사용되는가?

① 비중
② 비열
③ 발화점
④ 열량

🔍 피크노미터 = 비중계

13 피스톤과 실린더로 구성된 어떤 용기 내에 들어있는 기체의 처음 체적은 0.1m³이다. 200kPa의 일정한 압력으로 체적이 0.3m³으로 변했을 때의 일은 약 몇 kJ 인가?

① 0.4
② 4
③ 40
④ 400

🔍 $P_1V_1 = P_2V_2$
$\therefore P_2 = \dfrac{P_1V_1}{V_1} = \dfrac{200 \times 0.1}{0.3} = 66.67kPa$
$W = P(V_2 - V_1)$
$= 200(kN/m^2) \times (0.3-0.1)[m^3]$
$= 400 kN \cdot m$
$= 40 kJ$

14 미연소혼합기의 흐름이 화염부근에서 층류에서 난류로 바뀌었을 때의 현상으로 옳지 않은 것은?

① 확산연소일 경우는 단위면적당 연소율이 높아진다.
② 적화식연소는 난류 확산연소로서 연소율이 높다.
③ 화염의 성질이 크게 바뀌며 화염대의 두께가 증대한다.
④ 예혼합연소일 경우 화염전파속도가 가속된다.

🔍 적화식은 단위 면적당 연소율이 낮다.

15 어떤 반응물질이 반응을 시작하기 전에 반드시 흡수하여야 하는 에너지의 양을 무엇이라 하는가?

① 점화에너지
② 활성화에너지
③ 형성엔탈피
④ 연소에너지

16 압력 2atm, 온도 27℃에서 공기 2kg의 부피는 약 몇 m³인가?(단, 공기의 평균분자량은 29이다.)

① 0.45
② 0.65
③ 0.75
④ 0.85

🔍 $PV = \dfrac{W}{M}RT$
$V = \dfrac{WRT}{PM} = \dfrac{2 \times 0.082 \times 300}{2 \times 29}$
$= 0.85 m^3$

17 정상동작 상태에서 주변의 폭발성가스 또는 증기에 점화시키지 않고 점화시킬 수 있는 고장이 유발되지 않도록 한 방폭구조는?

① 특수방폭구조
② 비점화방폭구조
③ 본질안전방폭구조
④ 몰드방폭구조

🔍 방폭구조

종류	내용
내압 방폭구조(d)	용기의 내부에 폭발성 가스의 폭발이 일어날 경우, 용기가 폭발 압력에 견디고 외부의 폭발성 가스에 인화될 위험이 없도록 한 방폭구조
압력 방폭구조(p)	점화원이 될 우려가 있는 부분을 용기 안에 넣고 보호기체(신선한 공기 또는 불활성기체)를 용기 안에 압입함으로써 폭발성 가스가 침입하는 것을 방지하도록 되어 있는 방폭구조
유입 방폭구조(o)	전기 불꽃을 발생하는 부분을 용기 내부의 기름에 내장하여 외부의 폭발성 가스 또는 점화원 등에 접촉 시 점화의 우려가 없도록 한 방폭구조
안전증 방폭구조(e)	정상 운전 중의 내부에서 불꽃이 발생하지 않도록 전기적, 기계적, 구조적으로 온도 상승에 대해 안전도를 증가시킨 구조로 내압 방폭구조보다 용량이 적음
본질안전 방폭구조 (ia, ib)	정상시 또는 단락, 단선, 지락 등의 사고시에 발생하는 아크, 불꽃, 고열에 의하여 폭발성 가스나 증기에 점화되지 않는 것이 확인된 구조
특수 방폭구조(s)	폭발성 가스, 증기 등에 의하여 점화하지 않는 구조로서 모래 등을 채워 넣은 사입 방폭구조 등
몰드 방폭구조(m)	폭발성가스의 증기입자 잠재적 위험 부위에 사용 정격 전압 11000V를 넘지 않는 전기제품 등에 대한 시험요건에 대하여 규정된 방폭구조
비점화 방폭구조(n)	2종 장소에 사용되는 가스 증기 방폭기기 등에 적용 폭발성 가스 분위기에서 사용 전기기기구조시험표시 등에 대하여 규정된 방폭구조

18 고부하 연소 중 내연기관의 동작과 같은 흡입, 연소, 팽창, 배기를 반복하면서 연소를 일으키는 것은?

① 펄스연소
② 에멀전연소
③ 촉매연소
④ 고농도산소연소

🔍 고부하 연소

구분		내용
촉매연소 (Catalytic Combustion)	정의	촉매 하에서 연소시켜 화염을 발하지 않고, 착화온도 이하에서 연소시키는 방법
	촉매의 구비 조건	• 경제성이 있을 것 • 기계적 강도가 있을 것 • 촉매독에 저항력이 클 것 • 활성이 크고 압력손실이 적을 것
펄스연소 (Pulse Combustion)	정의	내연기관의 동작과 같은 흡입, 연소, 팽창, 배기를 반복하면서 연소를 일으키는 과정
	특성	• 공기비가 적어도 된다. • 연소 조절범위가 좁다. • 설비비가 절감되고, 연소 효율이 높다. • 소음 발생의 우려가 있다.
에멀전연소 (Emulsion Combustion)	정의	액체 중에 액체의 소립자 형태로 분산되어 있는 것을 연소에 이용한 방법으로 오일-알코올, 오일-석탄-물 등에 사용하는 연소방식
고농도 산소연소	정의	공기 중의 산소 농도를 높여 연소에 이용한 방법
	특성	• 질소산화물 발생이 적으므로 연소생성물이 적어진다. • 연소에 필요한 공기량이 적어도 된다. • 화염온도가 높아진다. • 열전달 계수가 크다.

19 연소에서 사용되는 용어와 그 내용에 대하여 가장 바르게 연결된 것은?

① 폭발 – 정상연소
② 착화점 – 점화 시 최대에너지
③ 연소범위 – 위험도의 계산기준
④ 자연발화 – 불씨에 의한 최고 연소시작 온도

🔍 위험도(H)=$\dfrac{U-L}{L}$
• U : 폭발 상한값
• L : 폭발 하한값

20 버너 출구에서 가연성 기체의 유출 속도가 연소속도보다 큰 경우 불꽃이 노즐에 정착되지 않고 꺼져버리는 현상을 무엇이라 하는가?

① boil over
② flash back
③ blow off
④ back fire

🔍 폭발화재의 이상현상

구분	정의
boil over (보일오버)	유류탱크에서 탱크바닥에 물과 기름의 에멀전이 모여 있을 때 이로 인하여 화재가 발생하는 현상
blow-off (블로우 오프)	불꽃 주위 특히 기저부에 대한 공기의 움직임이 강해지며 불꽃이 노즐에 정착하지 않고 꺼져버리는 현상
yello-tip (옐로팁)	염의 선단이 적황색이 되어 타고 있는 현상으로 연소반응의 속도가 느리다는 것을 의미하며 1차 공기부족이나 주물 밑부분 철가루 등이 원인
back fire (백파이어)	가스의 연소속도가 유출속도보다 빨라 불길이 역화하면서 연소기 내부에서 연소하는 현상
Roll-over (롤오버)	LNG 저장탱크에서 상이한 액체 밀도로 인하여 층상화된 액체의 불안정한 상태가 바로 잡힐 때 생기는 LNG의 급격한 물질혼합현상으로 상당량의 증발가스가 발생하는 현상

제2과목 가스설비

21 용기 충전구에 "V" 홈의 의미는?

① 왼나사를 나타낸다.
② 독성가스를 나타낸다.
③ 가연성가스를 나타낸다.
④ 위험한 가스를 나타낸다.

22 LP가스를 이용한 도시가스 공급방식이 아닌 것은?

① 직접 혼입방식
② 공기 혼합방식
③ 변성 혼입방식
④ 생가스 혼합방식

🔍 LP가스 공급방식, 기화방식 구분

구분	종류
LP가스의 도시가스 공급방식	• 직접 공급방식 • 공기 혼입 공급방식 • 변성가스 공급방식
기화방식	• 생가스 공급방식 • 공기혼입 공급방식 • 변성가스 공급방식

23 고압가스 설비 설치 시 지반이 단단한 점토질 지반일 때의 허용지지력도는?

① 0.05MPa ② 0.1MPa
③ 0.2MPa ④ 0.3MPa

🔍 지반의 종류에 따른 허용응력 지지도(KGS FP112 2.2.5)

지반의 종류	허용응력 지지도(MPa)	지반의 종류	허용응력 지지도(MPa)
암반	1	조밀한 모래질 지반	0.2
단단히 응결된 모래층	0.5	단단한 점토질 지반	0.1
황토흙	0.3	점토질 지반	0.02
조밀한 자갈층	0.3	단단한 롬(loam)층	0.1
모래질 지반	0.05	롬(loam)층	0.05

24 가스온수기에 반드시 부착하지 않아도 되는 안전장치는?

① 정전안전장치 ② 역풍방지장치
③ 전도안전장치 ④ 소화안전장치

🔍 가스온수기의 안전장치
• 정전안전장치
• 역풍방지장치
• 소화안전장치
• 그 밖의 장치
 - 거버너(세라믹버너온수기의 경우)
 - 과열방지장치
 - 물온도 조절장치
 - 점화장치
 - 물빼기장치
 - 수압자동가스밸브
 - 동결방지장치
 - 과압방지안전장치

25 폴리에틸렌관(polyethylene pipe)의 일반적인 성질에 대한 설명으로 틀린 것은?

① 인장강도가 적다.
② 내열성과 보온성이 나쁘다.
③ 염화비닐관에 비해 가볍다.
④ 상온에도 유연성이 풍부하다.

26 실린더의 단면적 50cm², 피스톤 행정 10cm, 회전수 200rpm, 체적효율 80%인 왕복압축기의 토출량은 약 몇 ℓ/min인가?

① 60
② 80
③ 100
④ 120

🔍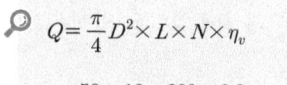
$Q = \frac{\pi}{4}D^2 \times L \times N \times \eta_v$
$= 50 \times 10 \times 200 \times 0.8$
$= 80000 cm^3/min$
$= 80 L/min$

27 철을 담금질하면 경도는 커지지만 탄성이 약해지기 쉬우므로 이를 적당한 온도로 재가열 했다가 공기 중에서 서냉시키는 열처리 방법은?

① 담금질(quenching)
② 뜨임(tempering)
③ 불림(normalizing)
④ 풀림(annealing)

🔍 열처리 종류
• 담금질(Quenching, 소입) : 강의 경도나 강도를 증가시키기 위해 적당히 가열한 후 급냉시키는 방법이다.
• 뜨임(Tempering, 소려) : 강에 인성을 주고 내부 잔류응력을 제거하기 위해 담금질한 강을 담금질 온도보다 조금 낮게 가열한 후 공기 중에서 서서히 냉각시키는 방법이다.
• 풀림(Annealing, 소둔) : 강을 높은 온도로 가열하고 이를 로(爐)속에서 서서히 냉각시키는 것으로 잔류응력을 제거하고 냉간가공을 용이하게 한다.
• 불림(Normalizing, 소준) : 소성가공 등으로 거칠어진 조직을 정상상태로 하거나 조직을 미세화 하기 위한 것으로 가열 후 공랭하면 연신율이 증가된다.

28 금속의 시험편 또는 제품의 표면에 일정한 하중으로 일정모양의 경질 압자를 압입하든가 또는 일정한 높이에서 해머를 낙하시키는 등의 방법으로 금속재료를 시험하는 방법은?

① 인장시험
② 굽힘시험
③ 경도시험
④ 크리프시험

29 전기방식 방법의 특징에 대한 설명으로 옳은 것은?

① 전위차가 일정하고 방식 전류가 작아 도복장의 저항이 작은 대상에 알맞은 방식은 희생양극법이다.
② 매설배관과 변전소의 부극 또는 레일을 직접 도선으로 연결해야 하는 경우에 사용하는 방식은 선택배류법이다.
③ 외부전원법과 선택배류법을 조합하여 레일의 전위가 높아도 방식전류를 흐르게 할 수가 있는 방식은 강제배류법이다.
④ 전압을 임의적으로 선정할 수 있고 전류의 방출을 많이 할 수 있어 전류구배가 작은 장소에 사용하는 방식은 외부전원법이다.

🔍 **전기방식법**

• 희생(유전) 양극법

정의	특징	
	장점	단점
양극의 금속 Mg, Zn 등을 지하매설배관에 일정간격으로 설치하면 Fe보다 (−) 방향 전위를 가지고 있어 Fe이 (−) 방향으로 전위변화를 일으켜 양극의 금속이 Fe 대신 소멸되어 관의 부식을 방지	• 타 매설물의 간섭이 없다. • 시공이 간단하다. • 단거리 배관에 경제적이다. • 과방식의 우려가 없다.	• 전류조절이 어렵다. • 강한 전식에는 효과가 없고, 효과 범위가 좁다. • 양극의 보충이 필요하다.

※ 심매전극법 : 지표면의 비저항보다 깊은 곳의 비저항이 낮은 경우 적용하는 양극 설치 방법

• 외부전원법

정의	특징	
	장점	단점
방식 전류기를 이용 한전의 교류전원을 직류로 전환 매설배관에 전기를 공급하여 부식을 방지	• 전압전류 조절이 쉽다. • 방식 효과범위가 넓다. • 전식에 대한 방식이 가능하다. • 장거리 배관에 경제적이다.	• 과방식의 우려가 있다. • 비경제적이다. • 타 매설물의 간섭이 있다. • 교류전원이 필요하다.

• 강제배류법

정의	특징	
	장점	단점
레일에서 멀리 떨어져 있는 경우에 외부전원장치로 가장 가까운 선택배류방법으로 전기방식하는 방법	• 전압전류 조정이 가능하다. • 전기방식의 효과 범위가 넓다. • 전철이 운행중지에도 방식이 가능하다.	• 과방식의 우려가 있다. • 전원이 필요하다. • 타 매설물의 장애가 있다. • 전철의 신호장애를 고려해야 한다.

• 선택배류법

정의	특징	
	장점	단점
직류전철에서 누설되는 전류에 의한 전식을 방지하기 위해 배관의 직류전원 (−)선을 레일에 연결하여 부식을 방지	• 전철의 위치에 따라 효과범위가 넓다. • 시공비가 저렴하다. • 전철의 전류를 사용 비용절감의 효과가 있다.	• 과방식의 우려가 있다. • 전철의 운행중지 시에는 효과가 없다. • 타 매설물의 간섭에 유의해야 한다.

30 고압가스용기 및 장치 가공 후 열처리를 실시하는 가장 큰 이유는?

① 재료표면의 경도를 높이기 위하여
② 재료의 표면을 연화시켜 가공하기 쉽도록 하기 위하여
③ 가공 중 나타난 잔류응력을 제거하기 위하여
④ 부동태 피막을 형성시켜 내산성을 증가시키기 위하여

31 원유, 중유, 나프타 등의 분자량이 큰 탄화수소 원료를 고온(800~900℃)으로 분해하여 고열량의 가스를 제조하는 방법은?

① 열분해 프로세스
② 접촉분해 프로세스
③ 수소화분해 프로세스
④ 대체 천연가스 프로세스

🔍 도시가스 프로세스

종류	원료	개요
열분해	분자량이 큰 탄화수소 (원유, 중유, 나프타)	800~900℃로 분해 10000kcal/Nm³의 고열량을 제조
접촉 분해	탄화수소, 수증기	400℃~800℃ 반응하여 수소, CO, CO_2 등의 저급탄화수소로 변화시킴
부분 연소	메탄에서 원유까지 탄화수소를 가스화제로 이용	산소 공기 수증기를 이용 CH_4, H_2, CO, CO_2로 변환하는 방법
수소화 분해	C/H 비가 비교적 큰 탄화수소	수증기 흐름 중 Ni 등 수소화 촉매를 사용 나프타 등 비교적 C/H가 낮은 탄화수소를 메탄으로 변화시키는 방법

32 고압가스용 기화장치의 기화통의 용접하는 부분에 사용할 수 없는 재료의 기준은?

① 탄소함유량이 0.05% 이상인 강재 또는 저합금 강재
② 탄소함유량이 0.10% 이상인 강재 또는 저합금 강재
③ 탄소함유량이 0.15% 이상인 강재 또는 저합금 강재
④ 탄소함유량이 0.35% 이상인 강재 또는 저합금 강재

33 내용적 70ℓ의 LPG 용기에 프로판 가스를 충전할 수 있는 최대량은 몇 kg인가?

① 50   ② 45
③ 40   ④ 30

🔍
$$W = \frac{V}{C} = \frac{70}{2.35} = 29.78 ≒ 30$$

34 물을 전양정 20m, 송출량 500ℓ/min로 이송할 경우 원심펌프의 필요동력은 약 몇 kW인가?(단, 펌프의 효율은 60%이다.)

① 1.7   ② 2.7
③ 3.7   ④ 4.7

🔍
$$L_{(kW)} = \frac{\gamma \cdot Q \cdot H}{102\eta}$$
$$= \frac{1000 \times (0.5 m^3/60 sec) \times 20m}{102 \times 0.6}$$
$$= 2.72 kW$$

35 펌프에서 발생하는 캐비테이션의 방지법 중 옳은 것은?

① 펌프의 위치를 낮게 한다.
② 유효흡입수두를 작게 한다.
③ 펌프의 회전수를 크게 한다.
④ 흡입관의 지름을 작게 한다.

🔍 캐비테이션(공동현상)

항목	내용
정의	유수 중 그 수온의 증기압보다 낮은 부분이 생기면 물이 증발을 일으키고 기포를 발생하는 현상
방지법	• 펌프회전수를 낮춘다. • 펌프설치 위치를 낮춘다. • 수직축 펌프를 사용 회전차를 수중에 잠기게 한다. • 양흡입 펌프를 사용한다. • 두 대 이상의 펌프를 사용한다.
발생에 따른 현상	• 소음 • 진동 • 깃을 침식 • 양정, 효율곡선 저하

36 저온장치용 금속재료에서 온도가 낮을수록 감소하는 기계적 성질은?

① 인장강도   ② 연신율
③ 항복점   ④ 경도

37 LP가스용 조정기 중 2단 감압식조정기의 특징에 대한 설명으로 틀린 것은?

① 1차용 조정기의 조정압력은 25kPa이다.
② 배관이 길어도 전 공급지역의 압력을 균일하게 유지할 수 있다.
③ 입상배관에 의한 압력손실을 적게 할 수 있다.
④ 배관구경이 작은 것으로 설계할 수 있다.

🔍 압력조정기의 종류에 따른 입구압력, 조정압력 범위

종류	입구압력	조정압력
1단 감압식 저압 조정기	0.07MPa ~ 1.56MPa	2.3kPa~3.3kPa
1단 감압식준저압 조정기	0.1MPa ~ 1.56MPa	5kPa~3kPa
2단 감압식 1차용 조정기	용량 100kg 이하 : 0.1~1.56 용량 100kg 초과 : 0.3~1.56	57~83kPa
2단 감압식 2차용 조정기	0.01MPa ~ 0.1MPa 또는 0.025MPa~0.1MPa	2.3kPa~3.3kPa
자동절체식 일체형 저압 조정기	0.1MPa~ 1.56MPa	2.55kPa ~ 3.3kPa
자동절체식 분리형 조정기	0.1MPa ~ 1.56MPa	0.032MPa ~ 0.083MPa
자동절체식 일체형 준저압 조정기	0.1MPa ~ 1.56MPa	5kPa~30kPa
그밖의 압력조정기	조정압력 이상 ~1.56MPa	제조자가 표시한 사양에 따르되 조정압력이 0.005 MPa 초과인 것에 한한다.

38 펌프에서 발생하는 수격현상의 방지법으로 틀린 것은?

① 서지(surge)탱크를 관내에 설치한다.
② 관내의 유속 흐름 속도를 가능한 적게 한다.
③ 플라이 휠을 설치하여 펌프이 속도가 급변하는 것을 막는다.
④ 밸브는 펌프 주입구에 설치하고 밸브를 적당히 제어한다.

🔍 수격작용(워터 해머)
- 정의 : 관속을 충만하여 흐르는 대형 송수관로에서 정전 등에 의한 심한 압력변화가 생기면 심한 속도변화를 일으켜 물의 힘이 해머를 치는 힘과 같게 되는 현상
- 방지법 – 펌프 회전축에 플라이 휠(fly wheel)을 설치하여 펌프의 급격한 속도변화를 방지한다.
  – 관경을 굵게 하여 관내의 유속을 낮춘다.
  – 펌프 토출 측에 서지 탱크(조압수조) 또는 수격방지기를 설치한다.
  – 밸브를 송출구 가까이 설치하고 적당히 제어한다.

39 내압시험압력 및 기밀시험압력의 기준이 되는 압력으로서 사용상태에서 해당설비 등의 각부에 작용하는 최고사용압력을 의미하는 것은?

① 설계압력
② 표준압력
③ 상용압력
④ 설정압력

🔍 법규에 규정한 압력의 종류와 정의

종류	정 의
설계압력	고압가스 용기 등의 각부의 계산 두께 또는 기계적 감소를 결정하기 위하여 설계된 압력
상용압력	내압시험 압력 및 기밀시험 압력의 기준이 되는 압력으로서 사용상태에서 해당설비 등의 각부에 작용하는 최고사용압력
설정압력	안전밸브의 설계상 정한 분출압력 또는 분출개시 압력으로서 명판에 표시된 압력
축적압력	내부유체가 배출될 때 안전밸브에 축적되는 압력으로 그 설비 안에서 허용될 수 있는 최대압력
초과압력	안전밸브에서 내부유체가 배출될 때 설정압력 이상으로 올라가는 압력

40 레이놀즈(Reynolds)식 정압기의 특징인 것은?

① 로딩형이다.
② 콤팩트하다.
③ 정특성, 동특성이 양호하다.
④ 정특성은 극히 좋으나 안정성이 부족하다.

🔍 레이놀즈(Reynolds)식 정압기의 특징
- 언로딩형이다.
- 크기가 대형이다.
- 정특성은 좋으나 안정성이 부족하다.

제3과목 가스안전관리

41 냉동용 특정설비 제조시설에서 냉동기 냉매설비에 대하여 실시하는 기밀시험 압력의 기준으로 적합한 것은?

① 설계압력 이상의 압력
② 사용압력 이상의 압력
③ 설계압력의 1.5배 이상의 압력
④ 사용압력의 1.5배 이상의 압력

🔍 Tp(내압시험압력) Fp(최고충전압력) Ap(기밀시험압력), 상용압력, 안전밸브작동압력

압력 용기구분	Fp	Tp	Ap	안전밸브 작동압력
용기분야					
압축가스 충전용기	35℃에서 용기에 충전할 수 있는 최고 압력	$Fp = \times \frac{5}{3}$	Fp	
저온용기	상용압력 중 최고의 압력		Fp×1.1	$Tp = \times \frac{8}{10}$ 이하
저온용기 이외 액화가스 충전용기	$Tp = \times \frac{3}{5}$	법규에 정한 A·B로 구분된 압력	Fp	
C₂H₂ 용기	15℃에서 1.5MPa	Fp(1.5)×3=4.5MPa	Fp(1.5)×1.8 =2.7MPa	
용기 이외의 분야 (저장탱크 및 배관 등)				
설비별 압력	상용압력	Tp	Ap	안전밸브 작동압력
고압가스 및 액화석 유가스 분야	통상설비에서 사용되는 압력	상용압력×1.5 (단, 공기질소 등으로 시험시 상용압력×1.25)	상용압력	$Tp = \times \frac{8}{10}$ 이하 (단, 액화산소 탱크의 안전밸브작동 압력 = 상용압력×1.5)
냉동분야	설계압력	설계압력×1.5 (공기 질소 등으로 시험시 설계압력×1.25)	설계압력	
도시가스 분야	최고사용 압력	최고사용압력×1.5 (단 공기, 질소 등으로 시험시 최고사용압력×1.25)		(공급시설) 최고상용압력×1.1(사용시설 및 정압기 시설) 8.4KPa 또는 최고사용압력×1.1배 중 높은 압력

42 아세틸렌에 대한 설명이 옳은 것으로만 나열된 것은?

㉠ 아세틸렌이 누출하면 낮은 곳으로 체류한다.
㉡ 아세틸렌은 폭발범위가 비교적 광범위하고, 아세틸렌 100%에서도 폭발하는 경우가 있다.
㉢ 발열화합물이므로 압축하면 분해폭발 할 수 있다.

① ㉠
② ㉡
③ ㉡, ㉢
④ ㉠, ㉡, ㉢

43 밀폐식 보일러에서 사고원인이 되는 사항에 대한 설명으로 가장 거리가 먼 것은?

① 전용보일러실에 보일러를 설치하지 아니한 경우
② 설치 후 이음부에 대한 가스누출 여부를 확인하지 아니한 경우
③ 배기통이 수평보다 위쪽을 향하도록 설치한 경우
④ 배기통과 건물의 외벽사이에 기밀이 완전히 유지되지 않는 경우

44 용기보관 장소에 대한 설명 중 옳지 않은 것은?

① 산소 충전용기 보관실의 지붕은 콘크리트로 견고히 한다.
② 독성가스 용기보관실에는 가스누출검지 경보장치를 설치한다.
③ 공기보다 무거운 가연성가스의 용기보관실에는 가스누출검지경보장치를 설치한다.
④ 용기보관 장소의 경계표지는 출입구 등 외부로부터 보기 쉬운 곳에 게시한다.

🔍 **용기보관실 및 용기집합설비 설치**

저장능력	
100kg 이하	100kg 초과
용기가 직사광선, 빗물을 받지 않도록 조치	• 용기보관실 설치 시 용기보관실의 벽, 문, 지붕은 불연재료(지붕은 가벼운 불연재료)로 설치하고, 단층구조로 한다. • 용기보관실 설치 곤란 시 외부인의 출입을 방지하기 위해 출입문을 설치하고 경계표시를 한다. • 용기집합설비의 양단 마감조치에는 캡 또는 플랜지를 설치한다. • 용기를 3개 이상 집합하여 사용 시 용기집합장치로 설치한다. • 용기와 연결된 측도관 트원호스의 조정기 연결부는 조정기 이외의 설비에는 연결하지 않는다.

고압가스 용기의 보관

항목	간추린 핵심내용
구분보관	• 충전용기 잔가스 용기 • 가연성 독성 산소 용기
충전용기	• 40℃ 이하 유지 • 직사광선을 받지 않도록 • 넘어짐 및 충격, 밸브손상 방지조치 난폭한 취급 금지(5ℓ 이하 제외) • 밸브 돌출용기 가스충전 후 넘어짐 밸브손상 방지조치(5ℓ 이하 제외)
용기 보관장소	• 2m 이내 화기인화성, 발화성 물질을 두지 않을 것
가연성 보관장소	• 방폭형 휴대용 손전등 이외 등화를 휴대하지 않을 것 • 보관장소는 양호한 통풍구조로 할 것
가연성, 독성 용기 보관장소	충전용 인도 시 가스누출 여부를 인수자가 보는데서 확인

45 다음 가스의 치환방법으로 가장 적당한 것은?

① 아황산가스는 공기로 치환할 필요 없이 작업한다.
② 염소는 제해시키고 허용농도 이하가 될 때까지 불활성가스로 치환한 후 작업한다.
③ 수소는 불활성가스로 치환한 즉시 작업한다.
④ 산소는 치환할 필요도 없이 작업한다.

🔍 **가스의 치환 후 유지농도**
• 독성 : TLV-TWA 허용농도 이하
• 가연성 : 폭발하한의 1/4 이하
• 산소 : 18% 이상 22% 이하

46 산소, 아세틸렌 및 수소를 제조하는 자가 실시하여야 하는 품질검사의 주기는?

① 1일 1회 이상
② 1주 1회 이상
③ 월 1회 이상
④ 년 2회 이상

🔍 **산소, 수소, 아세틸렌 품질검사**

항목	간추린 핵심내용			
검사장소	1일 1회 이상 가스제조장			
검사자	안전관리 책임자가 실시 / 부총괄자와 책임자가 함께 확인 후 서명			
해당 가스 및 판정기준				
해당가스	순도	시약 및 방법	합격온도, 압력	
산소	99.5% 이상	동암모니아 시약, 오르자트법	35℃, 11.8MPa 이상	
수소	98.5% 이상	피로카롤시약, 하이드로설파이드시약, 오르자트법	35℃, 11.8MPa 이상	
아세틸렌	• 발연황산 시약을 사용한 오르자트법, 브롬 시약을 사용한 뷰렛법에서 순도가 98% 이상 • 질산은 시약을 사용한 정성시험에서 합격한 것			

47 내용적이 50ℓ인 용기에 프로판가스를 충전하는 때에는 얼마의 충전량(kg)을 초과할 수 없는가? (단, 충전상수 C는 프로판의 경우 2.35이다.)

① 20
② 20.4
③ 21.3
④ 24.4

🔍 $W = \dfrac{V}{C} = \dfrac{50}{2.35} = 21.27 = 21.3 kg$

48 액화석유가스 제조시설 저장탱크의 폭발방지 장치로 사용되는 금속은?

① 아연
② 알루미늄
③ 철
④ 구리

🔍 폭발방지장치 : 액화석유 저장탱크 외벽이 화염으로 국부적으로 가열될 경우 그 저장탱크 벽면의 열을 신속히 흡수 분산시킴으로써 탱크 벽면의 국부적인 온도상승에 따른 저장탱크의 파열을 방지하기 위해 저장탱크 내벽에 설치하는 다공성 벌집형 알미늄 합금박판을 말한다.

49 운반책임자를 동승시켜 운반해야 되는 경우에 해당되지 않는 것은?

① 압축산소 : 100m³ 이상
② 독성압축가스 : 100m³ 이상
③ 액화산소 : 6000kg 이상
④ 독성액화가스 : 1000kg 이상

🔍 운반책임자 동승기준

가스의 종류		허용농도기준	적재용량
독성가스	압축가스	200ppm 초과	100m³ 이상
		200ppm 이하	10m³ 이상
	액화가스	200ppm 초과	10000kg 이상
		200ppm 이하	100kg 이상
비독성 가스	압축가스	가연성 가스	300m³ 이상
		조연성 가스	600m³ 이상
	액화가스	가연성 가스	3000kg 이상(납붙임 접합용기는 2000kg 이상)
		조연성 가스	6000kg 이상

* 차량고정탱크 200km 이상 운반 시 운반책임자 동승이 필요한 운반량 (액화 : kg, 압축 : m³)으로 아산화질소는 조연성으로 60000kg 이상 운반책임자 동승

50 염소의 성질에 대한 설명으로 틀린 것은?

① 화학적으로 활성이 강한 산화제이다.
② 녹황색의 자극적인 냄새가 나는 기체이다.
③ 습기가 있으면 철 등을 부식시키므로 수분과 격리시켜야 한다.
④ 염소와 수소를 혼합하면 냉암소에서도 폭발하여 염화수소가 된다.

🔍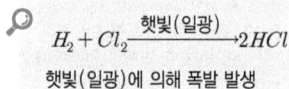
햇빛(일광)에 의해 폭발 발생

51 다음 각 고압가스를 용기에 충전할 때의 기준으로 틀린 것은?

① 아세틸렌은 수산화나트륨 또는 디메틸포름아미드를 침윤시킨 후 충전한다.
② 아세틸렌을 용기에 충전한 후에는 15℃에서 1.5MPa이하로 될 때까지 정치하여 둔다.
③ 시안화수소는 아황산가스 등의 안정제를 첨가하여 충전한다.
④ 시안화수소는 충전 후 24시간 정치한다.

🔍 아세틸렌은 아세톤 또는 디메틸포름아미드를 침윤시킨 뒤 충전한다.

52 이동식 부탄연소기용 용접용기의 검사방법에 해당하지 않는 것은?

① 고압가압검사
② 반복사용검사
③ 진동검사
④ 충수검사

53 LP가스용 염화비닐 호스에 대한 설명으로 틀린 것은?

① 호스의 안지름치수의 허용차는 ±0.7mm로 한다.
② 강선보강층은 직경 0.18mm 이상의 강선을 상하로 겹치도록 편조하여 제조한다.
③ 바깥층의 재료는 염화비닐을 사용한다.
④ 호스는 안층과 바깥층이 잘 접착되어 있는 것으로 한다.

🔍 LPG 염화비닐호스(KGS AA534)

호스의 구조 및 치수	안지름(mm)		허용차(mm)
• 호스는 안층, 보강층, 바깥층의 구조로 하고 안지름과 두께가 균일한 것으로 굽힘성이 좋고 흠·기포·균열 등 결점이 없을 것	1종	6.3	±0.7
• 안층과 바깥층이 잘 접착되어 있는 것으로 한다. 다만 자바라 보강층의 경우는 그러지 아니하다.	2종	9.5	
• 강선보강층은 직경 0.18mm 이상의 강선을 상하 겹치도록 편조하여 제조한다.	3종	12.7	

54 도시가스사용시설에 설치하는 가스누출경보기의 기능에 대한 설명으로 틀린 것은?

① 가스의 누출을 검지하여 그 농도를 지시함과 동시에 경보를 울리는 것으로 한다.
② 미리 설정된 가스농도에서 60초 이내에 경보를 울리는 것으로 한다.
③ 담배연기 등 잡가스에 경보가 울리지 아니하는 것으로 한다.
④ 경보가 울린 후 주위의 가스농도가 기준이하가 되면 멈추는 구조로 한다.

🔍 가스누출경보기 및 자동차단장치 설치(KGS Fu 2.2.)(KGS Fp 211)

항 목		간추린 핵심내용
설치 목적		독성, 공기보다 무거운 가연성가스 누출 시 신속히 검지하고, 효과적인 대응조치를 위하여
기 능		누출검지 후 농도를 지시함과 동시에 경보하는 기능
종 류		접촉연소, 격막, 갈바니전지, 반도체식, 기화열전도도식으로 담배연기, 잡가스 등에는 경보하지 않을 것
경보농도	가연성	폭발하한의 1/4 이하
	독성	TLV-TWA의 허용농도 이하
	NH_3	실내에서 사용 시 50ppm 이하
정밀도	가연성	±25% 이하
	독성	±30% 이하
검지에서 발신까지 시간 (경보농도 1.6배 농도)	NH_3, CO	1분
	그 밖의 가스	30초
지시계 눈금	가연성	0~폭발 하한
	독성	TLV-TWA의 허용농도 3배 값
	NH_3 실내사용	150ppm
경보기가 작동되었을 때		가스 농도가 변화하여도 계속 경보를 울리고 확인 대책 강구 후에 정지되어야 한다.

55 이동식 부탄연소기의 올바른 사용방법은?

① 바람의 영향을 줄이기 위해서 텐트 안에서 사용한다.
② 효율을 높이기 위해서 두 대를 나란히 연결하여 사용한다.
③ 사용하는 그릇은 연소기의 삼발이보다 폭이 좁은 것을 사용한다.
④ 연소기 운반 중에는 용기를 연소기 내부에 보관한다.

🔍 폭이 넓은 것 사용 시 용기가 가열되어 폭발의 우려가 있다.

56 고압가스 용기의 파열사고의 큰 원인 중 하나는 용기의 내압(耐壓)의 이상상승이다. 이상상승의 원인으로 가장 거리가 먼 것은?

① 가열
② 일광의 직사
③ 내용물의 중합반응
④ 적정 충전

57 액화석유가스 자동차용 충전시설의 충전호스의 설치기준으로 옳은 것은?

① 충전호스의 길이는 5m 이내로 한다.
② 충전호스에 과도한 인장력을 가하여도 호스와 충전기는 안전하여야 한다.
③ 충전호스에 부착하는 가스주입기는 더블터치형으로 한다.
④ 충전기와 가스주입기는 일체형으로 하여 분리되지 않도록 하여야 한다.

🔍 ② 충전호스에 과도한 인장력이 걸렸을 때 충전호스와 주입기가 분리되도록 세이프티 커플러가 설치되어 있다.
③ 충전호스에 부착하는 가스주입기는 터치형으로 한다.
④ 충전기와 가스주입기는 분리형으로 과도한 인장력이 가해졌을 때 분리되어야 한다.

58 고압가스 특정제조시설의 특수반응 설비로 볼 수 없는 것은?

① 암모니아 2차 개질로
② 고밀도 폴리에틸렌 분해 중합기
③ 에틸렌제조시설의 아세틸렌수첨탑
④ 싸이크로헥산제조시설의 벤젠수첨반응기

> 🔍 고압가스 특정제조의 특수반응설비
> • 암모니아 2차 개질로
> • 에틸렌제조시설의 아세틸렌수첨탑
> • 산화에틸렌 제조시설의 에틸렌과 산소 또는 공기와의 반응기
> • 싸이크로헥산제조시설의 벤젠수첨반응기

59 독성가스 용기 운반 등의 기준으로 옳지 않은 것은?

① 충전용기를 운반하는 가스운반 전용차량의 적재함에는 리프트를 설치한다.
② 용기의 충격을 완화하기 위하여 완충판 등을 비치한다.
③ 충전용기를 용기보관장소로 운반할 때에는 가능한 손수레를 사용하거나 용기의 밑부분을 이용하여 운반한다.
④ 충전용기를 차량에 적재할 때에는 운행 중의 동요로 인하여 용기가 충돌하지 않도록 눕혀서 적재한다.

> 🔍 고압가스 용기에 의한 운반기준

구분		독성 가스 용기운반기준	독성 가스 용기 이외 용기운반기준
차량 구조	허용 농도 100만 분의 200 초과 시	① 적재함에 리프트 설치 ② 리프트 설치 예외 경우 - 용기보관실 바닥이 운반차량 적재함 최저높이로 설치된 경우 - 용기 상하차 설비가 설치된 업소에서 공급하는 경우 - 적재능력 1톤 이하 차량	
	허용 농도 100만 분의 200 이하	① 용기 승하차용 리프트와 밀폐된 구조의 적재함이 부착된 전용차량(독성 가스 전용차량)으로 운반 ② 단, 내용적 1000ℓ 이상 충전용기는 독성 가스 운반전용차량으로 운반하지 않아도 된다.	

경계표지		① 차량 앞뒤 보기 쉬운 곳에 붉은 글씨로 위험고압가스, 독성 가스 표시, 상호, 전화번호, 운반기준, 위반행위 신고할 수 있는 허가신고 등록관청 전화번호표시, 적색삼각기 표시 ② RTC 차량의 경우는 좌우에서 볼 수 있도록	독성 가스 경계표시에 독성 가스 문구를 제외 그 밖의 표시방법은 동일
경계 표시 규격	직사각형	① 가로 : 차폭의 30% 이상 ② 세로 : 가로의 20% 이상	
	정사각형	전체 경계면적을 600cm² 이상	
	적색 삼각기	가로 : 40cm 이상, 세로 : 30cm 이상	
보호장비 (월 1회 이상 점검)		방독면, 고무장갑, 고무장화, 기타 보호구 및 제독제, 자재공구	가연성 또는 산소의 경우, 소화설비 재해발생 방지를 위한 자재 및 공구
적재		① 충전용기는 적재함에 세워 적재 ② 차량의 최대적재량, 적재함을 초과하지 아니할 것 ③ 납붙임 접합용기의 보호망을 적재함에 세워 적재한다. ④ 충전용기는 고무링을 씌우거나 적재함에 세워 적재한다. ⑤ 충전용기는 로프, 그물공구 등으로 확실하게 묶어 적재 운반차량 뒷면에 두께 5mm 이상, 폭 100mm 이상 범퍼 또는 동등 효과의 완충장치 설치	① 충전용기는 고압가스 전용 운반차량에 세워 적재 ② 충전용기는 이륜차에 적재운반금지 (단, 차량통행 곤란 지역 LPG 충전용기는 운반전용 적재함이 장착되어 있거나 20kg 이하 2개를 초과하지 않을 경우 이륜차 운반 가능) 그 밖의 좌측 ⑩, ⑪, ⑫항 동일
		⑥ 독성 중 가연성, 조연성을 동일차량에 적재금지 ⑦ 밸브 돌출용기는 밸브 손상방지 조치 ⑧ 충전용기 상하자 시 완충판을 이용 ⑨ 충전용기 이륜차 운반금지 ⑩ 염소와 아세틸렌, 암모니아, 수소는 동일 차량 적재금지 ⑪ 가연성 산소는 충전용기 밸브가 마주보지 않도록 적재 ⑫ 충전용기와 위험물 관리법의 위험물과 동일차량 적재금지	운반 등의 기준 적용 제외 ① 운반의 양이 13kg(1.3m³) 이하인 경우 ② 소방차 구급자동차 구조차량 등이 긴급 시에 사용 시 ③ 스킨스쿠버 목적으로 공기충전 용기 2개 이하 운반 시 ④ 산업통상자원부장관이 필요하다고 인정 시

	차량고정 탱크로 운반 시 내용적의 기준	
	가스명	내용적
	가연성 (LPG 제외) 산소	18000ℓ 이상 운반 금지
	독성(암모니아 제외)	12000ℓ 이상 운반 금지

60 액화석유가스 설비의 가스안전사고 방지를 위한 기밀시험 시 사용이 부적합한 가스는?

① 공기   ② 탄산가스
③ 질소   ④ 산소

제4과목 가스계측

61 가스계량기의 검정 유효 기간은 몇 년인가?(단, 최대유량 10m³/h 이하이다.)

① 1년   ② 2년
③ 3년   ④ 5년

🔍 가스계량기 검정 유효기간

계량기 종류	검정유효기간
기준가스 계량기	2년
LPG가스 계량기	3년
최대유량 10m³/h 이하	5년
기타 가스 계량기	8년

62 헴펠식 분석장치를 이용하여 가스 성분을 정량하고자 할 때 흡수법에 의하지 않고 연소법에 의해 측정하여야 하는 가스는?

① 수소   ② 이산화탄소
③ 산소   ④ 일산화탄소

63 공업용 액면계(액위계)로서 갖추어야 할 조건으로 틀린 것은?

① 연속측정이 가능하고, 고온, 고압에 잘 견디어야 한다.
② 지시기록 또는 원격측정이 가능하고 부식에 약해야 한다.
③ 액면의 상, 하한계를 간단히 계측할 수 있어야 하며, 적용이 용이해야 한다.
④ 자동제어장치에 적용이 가능하고, 보수가 용이해야 한다.

64 산소(O_2) 중에 포함되어 있는 질소(N_2) 성분을 가스크로마토그래피로 정량하는 방법으로 옳지 않은 것은?

① 열전도도검출기(TCD)를 사용한다.
② 캐리어가스로는 헬륨을 쓰는 것이 바람직하다.
③ 산소(O_2)의 피크가 질소(N_2)의 피크보다 먼저 나오도록 컬럼을 선택한다.
④ 산소제거트랩(Oxygen trap)을 사용하는 것이 좋다.

65 수은을 이용한 U자관식 액면계에서 그림과 같이 높이가 70cm일 때 P_2는 절대압으로 약 얼마인가?

① 1.92kg/cm²
② 1.92atm
③ 1.87bar
④ 20.24mH₂O

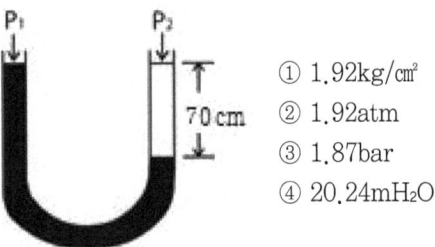

🔍 $P_2 = P_1 + Sh$
$= 76cm + 70cm = 146cmHg$
$\therefore P_2 = \dfrac{146}{76} = 1.92atm$

66 오리피스 플레이트 설계 시 일반적으로 반영되지 않아도 되는 것은?

① 표면 거칠기
② 엣지 각도
③ 베벨 각
④ 스월

67 기체의 열전도율을 이용한 진공계가 아닌 것은?

① 피라니 진공계
② 열전쌍 진공계
③ 서미스터 진공계
④ 매클라우드 진공계

68 게이지 압력(gauge pressure)의 의미를 가장 잘 나타낸 것은?

① 절대압력 0을 기준으로 하는 압력
② 표준대기압을 기준으로 하는 압력
③ 임의의 압력을 기준으로 하는 압력
④ 측정위치에서의 대기압을 기준으로 하는 압력

🔍 압력의 정의

종류	정의
절대압력	완전진공을 기준으로 하여 측정한 압력으로 압력값 뒤에 a를 붙여 표시
게이지압력	대기압을 기준으로 측정한 압력으로 압력값 뒤에 g을 붙여 표시
진공압력	대기압보다 낮은 압력으로 부압(-)의 의미를 가진 압력으로 압력값 뒤에 V를 붙여 표시
공식	절대압력 = 대기압력 + 게이지압력 = 대기압력 - 진공압력

69 아르키메데스의 원리를 이용한 것은?

① 부르동관식 압력계
② 침종식 압력계
③ 벨로우즈식 압력계
④ U자관식 압력계

70 H_2와 O_2 등에는 감응이 없고 탄화수소에 대한 감응이 아주 우수한 검출기는?

① 열이온(TID) 검출기
② 전자포획(ECD) 검출기
③ 열전도도(TCD) 검출기
④ 불꽃이온화(FID) 검출기

🔍 가스크로마토그래피 검출기의 특징

명칭	원리	특성
TCD (열전도도형 검출기)	운반가스와 시료 성분가스의 열전도차를 금속 필라멘트의 저항 변화로 검출	구조가 간단하다. 선형 감응범위가 넓다. 검출 후 용질을 파괴하지 않는다. 가장 널리 사용한다.
FID (수소염 이온화 검출기)	불꽃으로 시료성분이 이온화됨으로써 불꽃 중에 놓여진 전극간의 전기전도도가 증대하는 것을 이용	탄화수소에서 감응이 최고이고, H_2, O_2, CO, CO_2, SO_2 등에 감응이 없다.(유기화합물 분리에 적합)
ECD (전자포획 이온화 검출기)	방사선으로 운반가스가 이온화되고 생긴 자유전자를 시료 성분이 포획하면 이온전류가 감소되는 것을 이용	할로겐 및 산소화합물에서의 감응이 최고, 탄화수소는 감도가 나쁘다 (베타입자 이용).
FPD (염광광도 검출기)	-	인, 유황화합물을 선택적으로 검출
FTD (알칼리성 열이온화 검출기)	-	유기질소화합물 유기인 화합물을 선택적으로 검출

71 다음 가스분석법 중 물리적 가스분석법에 해당하지 않는 것은?

① 열전도율법
② 오르자트법
③ 적외선흡수법
④ 가스크로마피법

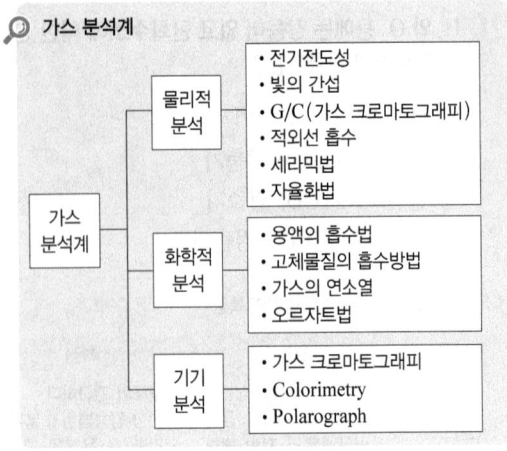

동작신호

구분	항목	정의	특징	수식
연속동작	비례(P) 동작	입력의 편차에 대하여 조작량의 출력변화가 비례 관계에 있는 동작	• 동작신호에 의하여 조작량을 정해야 잔류편차가 남는다. • 부하변화가 크지 않은 곳에 사용하며, 싸이클링은 없다. • 정상오차를 수반한다.	$y = K_P x_1$ y : 조작량 K_P : 비례정수 x_1 : 동작신호
	적분(I) 동작	제어량의 편차 발생 시 적분차를 가감 조작단의 이동속도에 비례하는 동작	• P동작과 조합하여 사용하며, 안정성이 떨어진다. • 잔류편차를 제거한다. • 진동하는 경향이 있다.	$y = \dfrac{1}{T_1}\int x_1 dt$ y : 조작량 T_1 : 적분시간
	미분(D) 동작	제어편차가 검출 시 편차가 변화하는 속도의 미분값에 비례하여 조작량을 가감하는 동작	• 조작량이 동작신호의 미분값에 비례한다. • 진동이 제어되고, 안정속도가 빠르다. • 오차가 커지는 것을 미리 방지한다.	$y = K_d \dfrac{dx}{dt}$ y : 조작량 K_d : 미분동작계수
	비례적분 (PI) 동작	잔류편차(오프셋)를 소멸시키기 위하여 적분동작을 부가시킨 제어동작	• 잔류편차를 제거한다. • 제어 결과가 진동적으로 될 수 있다. • 오차가 커지는 것을 미리 방지한다.	$y = K_P\left(x_i + \dfrac{1}{T_1}\int x_1 dt\right)$ y : 조작량 T_1 : 적분시간 $\dfrac{1}{T_1}$: 리셋률
	비례미분 (PD) 동작	제어결과에 속응성이 있도록 미분동작을 부가한 것	응답의 속응성을 개선할 수 있다.	$y = K_P\left(x_i + T_D \dfrac{dx}{dt}\right)$ y : 조작량 T_D : 미분시간
	비례미분적분 (PID) 동작	제어결과의 단점을 보완하기 위하여 비례 미분적 분동작을 조합시킨 동작으로서 온도 및 농도 제어에 사용	• 잔류편차를 제거한다. • 응답의 오버슈터를 감소한다. • 응답의 속응성을 개선할 수 있다.	$y = K_P\left(x_i + \dfrac{1}{T_1}\int x_1 dt + T_D \dfrac{dx_i}{dt}\right)$

72 가스누출경보기의 검지방법으로 가장 거리가 먼 것은?

① 반도체식 ② 접촉연소식
③ 확산분해식 ④ 기체 열전도도식

73 기체 크로마토그래피(Gas Chromatography)의 일반적인 특성에 해당하지 않는 것은?

① 연속분석이 가능하다.
② 분리능력과 선택성이 우수하다.
③ 적외선 가스분석계에 비해 응답속도가 느리다.
④ 여러 가지 가스 성분이 섞여 있는 시료가스 분석에 적당하다.

> 기체(혼합형)가스크로마토그래피의 특징
> • 운반가스는 시료와 반응하지 않는 불활성이어야 한다.
> • 기체의 확산을 최소화 할 수 있어야 한다.
> • 운반가스는 순도가 높고 구입이 용이해야 한다.
> • 사용검출기에 적합하여야 한다.
> • 운반가스의 종류는 He, H_2, Ar, N_2이며 주로 He, H_2가 많이 사용된다.

74 측정지연 및 조절지연이 작을 경우 좋은 결과를 얻을 수 있으며 제어량의 편차가 없어질 때까지 동작을 계속하는 제어동작은?

① 적분동작 ② 비례동작
③ 평균2위치동작 ④ 미분동작

| 불연속 동작 | on-off(2위치동작) | 조작량이 정해진 두 값 중 하나를 취함 | 제어량이 목표치를 중심으로 그 상하의 한계점에서 on – off 동작을 지령 제어결과가 사이클링 또는 off set을 일으킴 |

75 오리피스, 플로노즐, 벤투리 유량계의 공통점은?

① 직접식
② 열전대를 사용
③ 압력강하 측정
④ 초음속 유체만의 유량측정

🔍 차압식(교축기구식) 유량계 특징

구분	특징
측정원리	베르누이 정리
측정방법	교축기구 전후의 압력차로 순간유량 측정
측정대상	액체 기체 증기 등 모든 유체 가능하며 저유량을 측정
유량계 구조	가동부가 없어 수명이 길고 내구성이 우수. 마모에 의한 오차 발생 우려가 있음
압력 손실	압력손실이 크다.
종류	오리피스, 플로노즐, 벤투리

76 시료 가스 채취 장치를 구성하는데 있어 다음 설명 중 틀린 것은?

① 일반 성분의 분석 및 발열량·비중을 측정할 때, 시료 가스 중의 수분이 응축될 염려가 있을 때는 도관 가운데에 적당한 응축액 트랩을 설치한다.
② 특수 성분을 분석할 때, 시료 가스 중의 수분 또는 기름성분이 응축되어 분석 결과에 영향을 미치는 경우는 흡수장치를 보온하든가 또는 적당한 방법으로 가온한다.
③ 시료 가스에 타르류, 먼지류를 포함하는 경우는 채취관 또는 도관 가운데에 적당한 여과기를 설치한다.
④ 고온의 장소로부터 시료 가스를 채취하는 경우는 도관 가운데에 적당한 냉각기를 설치한다.

77 가스미터의 구비조건으로 틀린 것은?

① 내구성이 클 것
② 소형으로 계량용량이 적을 것
③ 감도가 좋고 압력손실이 적을 것
④ 구조가 간단하고 수리가 용이할 것

🔍 가스미터의 구비조건
- 가스의 사용 최대유량에 적합한 계량능력의 것일 것
- 사용 중에 기차변화가 없고 정확하게 계량함이 가능한 것일 것
- 내압, 내열성이 좋고 가스의 기밀성이 양호하여 내구성이 좋으며 부착이 간단하여 유지관리가 용이할 것
- 소형으로 용량이 클 것

78 계통적 오차에 대한 설명으로 옳지 않은 것은?

① 계기오차, 개인오차, 이론오차 등으로 분류된다.
② 참값에 대하여 치우침이 생길 수 있다.
③ 측정 조건변화에 따라 규칙적으로 생긴다.
④ 오차의 원인을 알 수 없어 제거할 수 없다.

🔍 계통 오차

종류	환경오차	계기오차	개인(판단)오차	이론(방법)오차
정의	측정환경의 변화(온도 압력)에 의하여 생김	측정기의 불안전 설치의 영향 등으로 생김	개인 판단에 의하여 생김	공식 계산의 오류로 생김
계통 오차의 제거 방법	• 제작 시에 생긴 기차를 보정한다. • 외부의 진동충격을 제거한다. • 외부조건을 표준조건으로 유지한다.			

79 루트미터(Roots Meter)에 대한 설명 중 틀린 것은?

① 유량이 일정하거나 변화가 심한 곳, 깨끗하거나 건조하거나 관계없이 많은 가스 타입을 계량하기에 적합하다.
② 액체 및 아세틸렌, 바이오가스, 침전가스를 계량하는 데에는 다소 부적합하다.
③ 공업용에 사용되고 있는 이 가스미터는 칼만(KARMAN)식과 스월(SWIRL)식의 두 종류가 있다.

④ 측정의 정확도와 예상수명은 가스 흐름 내에 먼지의 과다 퇴적이나 다른 종류의 이물질에 따라 다르다.

가스미터의 장·단점

구분	막식	습식	루트식
장점	• 값이 싸다. • 설치 후의 유지관리에 시간을 요하지 않는다.	• 계량이 정확하다. • 사용중에 기차의 변동이 크지 않다. • 원리는 드럼형이다.	• 대유량의 가스 측정에 적합 하다. • 중압가스의 계량이 가능하다. • 설치면적이 작다.
단점	대용량의 것은 설치면적이 크다.	• 사용중에 수위 조정 등의 관리가 필요하다. • 설치면적이 크다.	• 스트레이너의 설치 및 설치 후의 유지관리가 필요하다. • 소유량(0.5㎥/h 이하)의 것은 부동의 우려가 있다.
일반적 용도	일반 수용가	기준기 실험실용	대수용가
용량 범위	1.5~200㎥/h	0.2~3,000㎥/h	100~5,000㎥/h

80 산소 농도를 측정할 때 기전력을 이용하여 분석하는 계측기기는?

① 세라믹 O_2계
② 연소식 O_2계
③ 자기식 O_2계
④ 밀도식 O_2계

정답 2017년 2회 기출문제

01 ②	02 ①	03 ③	04 ④	05 ①
06 ④	07 ④	08 ②	09 ①	10 ②
11 ②	12 ①	13 ③	14 ②	15 ②
16 ④	17 ②	18 ①	19 ③	20 ③
21 ①	22 ④	23 ②	24 ③	25 ②
26 ②	27 ②	28 ②	29 ③	30 ③
31 ①	32 ④	33 ④	34 ②	35 ①
36 ②	37 ①	38 ④	39 ③	40 ④
41 ①	42 ②	43 ①	44 ①	45 ②
46 ①	47 ③	48 ②	49 ①	50 ④
51 ①	52 ④	53 ③	54 ④	55 ③
56 ④	57 ①	58 ②	59 ④	60 ④
61 ④	62 ①	63 ②	64 ③	65 ②
66 ④	67 ④	68 ④	69 ②	70 ④
71 ②	72 ③	73 ①	74 ①	75 ③
76 ②	77 ②	78 ④	79 ③	80 ①

2017년 3회 공단 기출문제

09월 23일 시행

제1과목 연소공학

01 1kg의 공기를 20℃, 1kgf/cm²인 상태에서 일정 압력으로 가열팽창시켜 부피를 처음의 5배로 하려고 한다. 이 때 온도는 초기온도와 비교하여 몇 ℃ 차이가 나는가?

① 1172
② 1292
③ 1465
④ 1561

🔍
$$\frac{V_1}{T_1} = \frac{V_2}{T_2}$$
$$\therefore T_2 = \frac{T_1 V_2}{V_1}$$
$$= \frac{293 \times 5V}{V}$$
$$= 293 \times 5 = 1465 K$$
$$= 1192℃$$
$$\therefore 1192 - 20 = 1172℃$$

02 95℃의 온수를 100kg/h 발생시키는 온수보일러가 있다. 이 보일러에서 저위발열량이 45MJ/Nm³인 LNG를 1m³/h 소비 할 때 열효율은 얼마인가? (단, 급수의 온도는 25℃이고, 물의 비열은 4.184kJ/kg·K이다.)

① 60.07%
② 65.08%
③ 70.09%
④ 75.10%

🔍
$$100 \times 4.184 \times (95-25) \times 10^{-3}$$
$$= 29.288 MJ$$
$$\therefore \eta = \frac{29.288}{45 \times 1} \times 100$$
$$= 65.08\%$$

03 완전기체에서 정적비열(Cv), 정압비열(Cp)의 관계식을 옳게 나타낸 것은? (단, R은 기체상수이다.)

① Cp / Cv = R
② Cp − Cv = R
③ Cv / Cp = R
④ Cp + Cv = R

🔍
- $C_p - C_v = R$
- $\frac{C_p}{C_v} = k$ k : 비열비

04 다음 중 열역학 제2법칙에 대한 설명이 아닌 것은?

① 열은 스스로 저온체에서 고온체로 이동할 수 없다.
② 효율이 100%인 열기관을 제작하는 것은 불가능하다.
③ 자연계에 아무런 변화도 남기지 않고 어느 열원의 열을 계속해서 일로 바꿀 수 없다.
④ 에너지의 한 형태인 열과 일은 본질적으로 서로 같고, 열은 일로, 일은 열로 서로 전환이 가능하며, 이 때 열과 일 사이의 변환에는 일정한 비례관계가 성립한다.

🔍 열역학 2법칙의 정의
- 열은 스스로 저온체에서 고온체로 이동할 수 없다. (Clausius의 정의)
- 효율이 100%인 열기관 제작 불가능(Kelvin-Plank의 정의)
- 제2종 영구기관의 존재가능성 부인(Ostwald의 정의)

05 프로판 5ℓ를 완전연소시키기 위한 이론공기량은 약 몇 ℓ인가?

① 25
② 87
③ 91
④ 119

$C_3H_8 + 5O_2 \rightarrow 3CO_2 + 4H_2O$
  1 : 5
  5L : 5 × 5L
∴ $58 \times \dfrac{100}{21} = 119L$

06 이상기체를 일정한 부피에서 냉각하면 온도와 압력의 변화는 어떻게 되는가?

① 온도저하, 압력강하
② 온도상승, 압력강하
③ 온도상승, 압력일정
④ 온도저하, 압력상승

07 가연성 물질을 공기로 연소시키는 경우에 공기 중의 산소 농도를 높게 하면 연소속도와 발화온도는 어떻게 되는가?

① 연소속도는 느리게 되고, 발화온도는 높아진다.
② 연소속도는 빠르게 되고, 발화온도도 높아진다.
③ 연소속도는 빠르게 되고, 발화온도는 낮아진다.
④ 연소속도는 느리게 되고, 발화온도도 낮아진다.

🔍 연소 시 공기 중 산소의 농도가 높아지면
- 연소속도가 빨라진다.
- 연소범위가 넓어진다.
- 화염온도가 높아진다.
- 발화온도가 낮아진다.
- 점화에너지가 감소한다.

08 프로판과 부탄이 각각 50% 부피로 혼합되어 있을 때 최소산소농도(MOC)의 부피 %는? (단, 프로판과 부탄의 연소하한계는 각각 2.2v%, 1.8v%이다.)

① 1.9%
② 5.5%
③ 11.4%
④ 15.1%

🔍 MOC(최소산소농도) = 산소몰수 × 폭발하한계
$C_3H_8 + 5O_2 \rightarrow 3CO_2 + 4H_2O$
$C_4H_{10} + 6.5O_2 \rightarrow 4CO_2 + 5H_2O$

5 × 0.5 × 2.2 + 6.5 × 0.5 × 1.8
= 11.35 ≒ 11.4

09 방폭구조 및 대책에 관한 설명으로 옳지 않은 것은?

① 방폭대책에는 예방, 국한, 소화, 피난 대책이 있다.
② 가연성가스의 용기 및 탱크 내부는 제2종 위험 장소이다.
③ 분진폭발은 1차 폭발과 2차 폭발로 구분되어 발생한다.
④ 내압방폭구조는 내부폭발에 의한 내용물 손상으로 영향을 미치는 기기에는 부적당하다.

🔍 위험장소

종류	정 의
0종 장소	상용의 상태에서 가연성가스의 농도가 연속해서 폭발하한계 이상으로 되는 장소(폭발상한계를 넘는 경우에는 폭발한계 이내로 들어 갈 우려가 있는 경우를 포함한다.)
1종 장소	상용상태에서 가연성가스가 체류해 위험하게 될 우려가 있는 장소, 정비보수 또는 누출 등으로 인하여 종종 가연성가스가 체류하여 위험하게 될 우려가 있는 장소
2종 장소	• 밀폐된 용기 또는 설비 안에 밀봉된 가연성가스가 그 용기 또는 설비의 사고로 인하여 파손되거나 오조작의 경우에만 누출 할 위험이 있는 장소 • 확실한 기계적 환기조치에 따라 가연성가스가 체류하지 아니하도록 되어 있으나 환기장치에 이상이나 사고가 발생한 경우에는 가연성가스가 체류해 위험하게 될 우려가 있는 장소 • 1종 장소의 주변 또는 인접한 실내에서 위험한 농도의 가연성가스가 종종 침입할 우려가 있는 장소

∴ 가연성 가스의 용기 및 탱크 내부는 0종 위험 장소이다.

10 "압력이 일정할 때 기체의 부피는 온도에 비례하여 변화한다." 라는 법칙은?

① 보일(Boyle)의 법칙
② 샤를(Charles)의 법칙
③ 보일-샤를의 법칙
④ 아보가드로의 법칙

🔍 보일, 샤를, 보일·샤를의 법칙

구분	정의	수식
보일의 법칙	온도가 일정할 때 이상기체의 부피는 압력에 반비례한다.	$P_1V_1 = P_2V_2$
샤를의 법칙	압력이 일정할 때 이상기체의 부피는 절대온도에 비례한다.(℃의 체적 1/273 씩 증가)	$\dfrac{V_1}{T_1} = \dfrac{V_2}{T_2}$

보일·샤를의 법칙	이상기체의 부피는 절대압력에 반비례하고 절대온도에 비례한다.	$\dfrac{P_1 V_1}{T_1} = \dfrac{P_2 V_2}{T_2}$

P_1, V_1, T_1 : 처음의 압력, 부피, 온도
P_2, V_2, T_2 : 변화 후의 압력, 부피, 온도

11 다음 가스 중 공기와 혼합될 때 폭발성 혼합가스를 형성하지 않는 것은?

① 아르곤 ② 도시가스
③ 암모니아 ④ 일산화탄소

🔍 아르곤 : 불연성

12 액체 연료를 수 μm에서 수백 μm으로 만들어 증발 표면적을 크게 하여 연소시키는 것으로서 공업적으로 주로 사용되는 연소방법은?

① 액면연소 ② 등심연소
③ 확산연소 ④ 분무연소

🔍 연소의 종류
- 분해연소(목재, 종이, 플라스틱)
- 증발연소(경유, 휘발유) : 액체에서 발생한 가연성 증기가 액화하여 화염을 내고 이렇게 발생한 화염의 온도에 의하여 액체 표면에서 증기의 발생을 촉진
- 표면연소(숯, 코크스, 알루미늄막) : 고체물질의 대표적인 연소로서 표면에 산소가 접촉하여 연소하는 형태
- 확산연소(수소, 아세틸렌 등 공기보다 가벼운 가스물질의 연소)
- 액면연소(등유의 Pot Burner) : 연료표면에 화염의 복사열 대류 및 열전도에 의해 연료가 가열 증발 발생한 증기가 공기 중에서 연소하는 형태
- 분무연소 : 액체연료를 미립화하여 연료의 표면적을 증가, 공기혼합을 원활하게 하여 연소하는 방법

13 폭굉이 발생하는 경우 파면의 압력은 정상연소에서 발생하는 것보다 일반적으로 얼마나 큰가?

① 2배 ② 5배
③ 8배 ④ 10배

🔍
- 폭굉속도 : 1000~3500m/s, 정상연소속도 : 0.1~10m/s
- 폭굉은 화염전파 속도가 음속이상이다.
- 폭발범위는 폭굉범위보다 넓다.
- 폭굉범위가 폭발범위보다 좁으므로 폭굉의 상한계값은, 폭발의 상한계값 보다 적다.

14 메탄 80vol%와 아세틸렌 20vol%로 혼합된 혼합가스의 공기 중 폭발하한계는 약 얼마인가? (단, 메탄과 아세틸렌의 폭발하한계는 5.0%와 2.5%이다.)

① 6.2% ② 5.6%
③ 4.2% ④ 3.4%

🔍
$\dfrac{100}{L} = \dfrac{80}{5} + \dfrac{20}{2.5}$
$L = \dfrac{100}{\dfrac{80}{5} + \dfrac{20}{2.5}}$
$= 4.2\%$

15 연소부하율에 대하여 가장 바르게 설명한 것은?

① 연소실의 염공면적당 입열량
② 연소실의 단위체적당 열발생률
③ 연소실의 염공면적과 입열량의 비율
④ 연소혼합기의 분출속도와 연소속도와의 비율

🔍
- 연소부하율 kcal/m³
- 화격자 연소율 : kg/m²h
- 화격자 열발생율 : kcal/m³h

16 열분해를 일으키기 쉬운 불안전한 물질에서 발생하가 쉬운 연소로 열분해로 발생한 휘발분이 자기점화온도보다 낮은 온도에서 표면연소가 계속되기 때문에 일어나는 연소는?

① 분해연소 ② 그을음연소
③ 분무연소 ④ 증발연소

17 다음 보기는 가연성가스의 연소에 대한 설명이다. 이중 옳은 것으로만 나열된 것은?

> ㉠ 가연성가스가 연소하는 데에는 산소가 필요하다.
> ㉡ 가연성가스가 이산화탄소와 혼합할 때 잘 연소된다.
> ㉢ 가연성가스는 혼합하는 공기의 양이 적을 때 완전 연소한다.

① ㉠, ㉡ ② ㉡, ㉢
③ ㉠ ④ ㉢

18 자연발화온도(Autoignition temperature : AIT)에 영향을 주는 요인 중에서 증기의 농도에 관한 사항이다. 가장 바르게 설명한 것은?

① 가연성 혼합기체의 AIT는 가연성 가스와 공기의 혼합비가 1:1 일 때 가장 낮다.
② 가연성 증기에 비하여 산소의 농도가 클수록 AIT는 낮아진다.
③ AIT는 가연성 증기의 농도가 양론 농도보다 약간 높을 때가 가장 낮다.
④ 가연성 가스와 산소의 혼합비가 1:1 일 때 AIT는 가장 낮다.

> - 자연발화온도(AIT) : 가연성과 공기의 혼합기체에 온도상승에 의한 에너지를 주었을 때 스스로 연소를 개시하는 온도. 이때 스스로 점화 할 수 있는 최소온도를 자연발화온도라 하며 가연성 증기 농도가 양존의 농도보다 약간 높을 때 가장 낮다.
> - 영향인자 : 온도, 압력, 농도 촉매 발화지연시간 용기의 크기 형태

19 가스를 연료로 사용하는 연소의 장점이 아닌 것은?

① 연소의 조절이 신속, 정확하며 자동제어에 적합하다.
② 온도가 낮은 연소실에서도 안정된 불꽃으로 높은 연소 효율이 가능하다.
③ 연소속도가 커서 연료로서 안전성이 높다.
④ 소형 버너를 병용 사용하여 로내 온도분포를 자유로이 조절할 수 있다.

> 가스를 연료로 사용하는 연소의 장점
> - 연소의 조절이 신속, 정확하며 자동제어에 적합하다.
> - 온도가 낮은 연소실에서도 안정된 불꽃으로 높은 연소 효율이 가능하다.
> - 연소속도가 커서 위험하므로 주의를 요한다.
> - 소형 버너를 병용 사용하여 로내 온도분포를 자유로이 조절할 수 있다.

20 액체 프로판(C_3H_8) 10kg이 들어 있는 용기에 가스미터가 설치되어 있다. 프로판 가스가 전부 소비되었다고 하면 가스미터에서의 계량값은 약 몇 m^3로 나타나 있겠는가? (단, 가스미터에서의 온도와 압력은 각각 T = 15℃와 P_g = 200mmHg이고, 대기압은 0.101MPa이다.)

① 5.3 ② 5.7
③ 6.1 ④ 6.5

> $$V = \frac{GRT}{P} = \frac{10 \times \frac{8.314}{44} kN \cdot m \times (273+15)K}{0.101 \times 10^3 kN/m^3} = 5.3 m^3$$

제2과목 가스설비

21 연소기의 이상연소 현상 중 불꽃이 염공 속으로 들어가 혼합관 내에서 연소하는 현상을 의미하는 것은?

① 황염   ② 역화
③ 리프팅   ④ 블로우 오프

> - 황염 : 염의 선단이 적황색이 되어 타고 있는 현상으로 연소반응의 속도가 느리다는 것을 의미하며 불꽃이 염공 속으로 들어가 혼합관 내에서 연소되는 현상으로 찬 공기가 부족하거나 주물 밑의 철가루 등이 원인
> - 역화(백파이어) : 가스의 연소속도가 유출속도보다 커서 연소기 내부에서 연소하는 현상
> - 리프팅(선화) : 가스의 유출속도가 연소속도 보다 커서 불꽃이 노즐에 정착하지 않고 염공을 떠나 연소하는 현상
> - 블로우 오프 : 불꽃 주위 특히 불꽃 기저부에 대한 공기의 움직임이 강해지면 불꽃이 노즐에 정착하지 않고 꺼져 버리는 현상

22 양정[H] 20m, 송수량[Q] 0.25m³/min, 펌프효율[η] 0.65인 2단 터빈 펌프의 축동력은 약 몇 kW인가?

① 1.26   ② 1.37
③ 1.57   ④ 1.72

> $$L_{kW} = \frac{\gamma \cdot Q \cdot H}{102\eta} = \frac{1000 \times 0.25 \times 20}{102 \times 0.65 \times 60} = 1.256 ≒ 1.26 kW$$

23 고압가스 충전용기의 가스 종류에 따른 색깔이 잘못 짝지어진 것은?

① 아세틸렌 : 황색
② 액화암모니아 : 백색
③ 액화탄산가스 : 갈색
④ 액화석유가스 : 회색

🔍 **용기의 도색 표시**

가스의 종류	공업용	의료용
액화석유가스	회색	–
수소	주황색	–
아세틸렌	황색	–
암모니아	백색	–
염소	갈색	–
산소	녹색	백색
액화탄산가스	청색	회색
질소	회색	흑색
헬륨	–	갈색
에틸렌	–	자색
아산화질소	–	청색
사이클로프로판	–	주황색
그 밖의 가스	회색	회색
소방용 용기	소방법에 따른 도색	

24 용기의 내압시험 시 항구증가율이 몇 % 이하인 용기를 합격한 것으로 하는가?

① 3
② 5
③ 7
④ 10

🔍 **항구증가율**

구분	합격기준	
신규용기	10% 이하	
재검사용기	질량 95% 이상 시	10% 이하
	질량 90% 이상 95% 미만	6% 이하

25 금속 재료에서 어느 온도 이상에서 일정 하중이 작용할 때 시간의 경과와 더불어 그 변형이 증가하는 현상을 무엇이라고 하는가?

① 크리프
② 시효경과
③ 응력부식
④ 저온취성

🔍 ① 크리프 : 재료에 일정한 하중을 가하면 시간과 더불어 변형이 증대하는 현상이다.
② 시효경화 : 재료가 시간이 경과됨에 따라 경화되는 현상으로 두랄루민 등에서 현저하다.
③ 응력부식 : 인장응력 하에서 부식 환경이 되면 금속의 연성 재료에 나타나지 않는 취성파괴가 일어나는 현상이다.
④ 저온취성 : 일반적으로 강재가 온도가 낮아지면 인장강도 경도 등은 온도저하와 함께 증가. 연상충격치는 저하하며 어느 온도 이하 시 급격히 저하, 거의 0으로 되어 소성변형을 일으키는 성질이 없게 된다. 이러한 성질을 저온취성이라 한다.

26 도시가스 배관공사 시 주의사항으로 틀린 것은?

① 현장마다 그 날의 작업공정을 정하여 기록한다.
② 작업현장에는 소화기를 준비하여 화재에 주의한다.
③ 현장 감독자 및 작업원은 지정된 안전모 및 완장을 착용한다.
④ 가스의 공급을 일시 차단할 경우에는 사용자에게 사전 통보하지 않아도 된다.

🔍 ④ 가스의 공급을 일시 차단할 경우에는 사용자에게 사전에 통보하여야 한다.

27 지름이 150mm, 행정 100mm, 회전수 800rpm, 체적효율 85%인 4기통 압축기의 피스톤 압출량은 몇 m^3/h인가?

① 10.2
② 28.8
③ 102
④ 288

🔍 $Q = \dfrac{\pi}{4} D^2 \times L \times N \times n \times \eta$
$= \dfrac{\pi}{4} \times (0.15m)^2 \times 0.1m \times 800 \times 4 \times .85 \times 60$
$= 288 m^3/h$

28 가정용 LP가스 용기로 일반적으로 사용되는 용기는?

① 납땜용기
② 용접용기
③ 구리용기
④ 이음새 없는 용기

29 도시가스 제조 설비에서 수소화분해(수첨분해)법의 특징에 대한 설명으로 옳은 것은?

① 탄화수소의 원료를 수소기류 중에서 열분해 혹은 접촉분해로 메탄을 주성분으로 하는 고열량의 가스를 제조 하는 방법이다.
② 탄화수소의 원료를 산소 또는 공기 중에서 열분해 혹은 접촉분해로 수소 및 일산화탄소를 주성분으로 하는 가스를 제조하는 방법이다
③ 코크스를 원료로 하여 산소 또는 공기 중에서 열분해 혹은 접촉분해로 메탄을 주성분으로 하는 고열량의 가스를 제조하는 방법이다.
④ 메탄을 원료로 하여 산소 또는 공기 중에서 부분연소로 수소 및 일산화탄소를 주성분으로 하는 저열량의 가스를 제조하는 방법이다.

30 냉동장치에서 냉매의 일반적인 구비조건으로 옳지 않은 것은?

① 증발열이 커야 한다.
② 증기의 비체적이 작아야 한다.
③ 임계온도가 낮고, 응고점이 높아야 한다.
④ 증기의 비열은 크고, 액체의 비열은 작아야 한다.

🔍 냉매의 구비조건
• 임계온도가 높을 것
• 응고점이 낮을 것
• 증발열이 크고 액체비열이 적을 것
• 윤활유와 작용하여 영향이 없을 것
• 수분과 혼합 시 영향이 적을 것
• 비열비가 적을 것
• 점도가 적을 것
• 냉매가스의 비중이 클 것

31 대기 중에 10m 배관을 연결할 때 중간에 상온스프링을 이용하여 연결하려 한다면 중간 연결부에서 얼마의 간격으로 하여야 하는가? (단, 대기 중의 온도는 최저 -20℃, 최고 30℃이고, 배관의 열팽창 계수는 7.2×10⁻⁵/℃이다.)

① 18mm   ② 24mm
③ 36mm   ④ 48mm

🔍 $\lambda = \ell \alpha \Delta t = 10 \times 10^3 (mm) \times 7.2 \times 10^{-5}$
/℃ × (30+20)℃
$= 36mm$
$\therefore 36 \times \frac{1}{2} = 18mm$

32 펌프의 운전 중 공동현상(cavitation)을 방지하는 방법으로 적합하지 않은 것은?

① 흡입양정을 크게 한다.
② 손실수두를 적게 한다.
③ 펌프의 회전수를 줄인다.
④ 양흡입 펌프 또는 두 대 이상의 펌프를 사용한다.

🔍 공동현상(캐비테이션)
• 정의 : 유수 중에 그 수온의 증기압보다 낮은 부분이 생기면 물이 증발을 일으키고 기포를 발생하는 현상
• 방지법
– 회전수를 낮춘다.
– 펌프설치 위치를 낮춘다.
– 흡입관경을 넓힌다.
– 두 대 이상의 펌프를 사용한다.
– 수직축 펌프를 사용하고 회전차를 수중에 완전히 잠기게 한다.
– 양흡입 펌프를 사용한다.

33 표면은 견고하게 하여 내마멸성을 높이고, 내부는 강인하게 하여 내충격성을 향상시킨 이중조직을 가지게 하는 열처리는?

① 불림
② 담금질
③ 표면경화
④ 풀림

34 다음 중 신축조인트 방법이 아닌 것은?

① 루프(Loop) 형
② 슬라이드(Slide) 형
③ 슬립-온(Slip-On) 형
④ 벨로즈(Bellows) 형

🔍 **신축이음**

종류	이음 방법
루프(Ω)	배관의 형상을 루프 형태로 구부려 그것을 이용 신축을 흡수하는 이음으로 신축이음 중 가장 큰 신축이음
상온(콜드) 스프링	배관의 자유 팽창량을 미리 계산, 관의 길이를 짧게 절단하는 강제 배관함으로써 신축을 흡수하는 방법으로 이 때의 절단길이는 자유팽창량의 길이이다.
슬리브이음 (슬라이드)	배관 중 슬리브 파이프를 설치하여 수축팽창 시 파이프 내에서 신축을 흡수하는 방법으로 미끄럼형 이음쇠라고 한다.
벨로우즈 이음	주름관의 형태로 만들어진 벨로우즈를 부착하여 신축을 흡수하는 방법이며 팰리스 신축이음쇠라고 한다.

35 왕복 압축기의 특징이 아닌 것은?

① 용적형이다.
② 효율이 낮다.
③ 고압에 적합하다.
④ 맥동 현상을 갖는다.

🔍 **압축기의 특징**

왕복 압축기	원심 압축기
• 용적형, 오일윤활유식, 무급 뉴식 • 압축효율이 높다. • 형태가 크고 접촉부가 많아 소음, 진동이 있다. • 저속회전이다. • 압축이 단속적이다. • 용량근접범위가 넓고 쉽다.	• 원심형 무급유식이다. • 압축이 연속적이다. • 소음, 진동이 적다. • 유량 조절범위가 좁고 어렵다. • 설치 면적이 적다.

36 다음 지상형 탱크 중 내진설계 적용대상 시설이 아닌 것은?

① 고법의 적용을 받는 3톤 이상의 암모니아 탱크
② 도법의 적용을 받는 3톤 이상의 저장탱크
③ 고법의 적용을 받는 10톤 이상의 아르곤 탱크
④ 액법의 적용을 받는 3톤 이상의 액화석유가스 저장탱크

🔍 **내진설계 기준**

법령 구분		저장탱크 및 가스 홀더 · 압력용기
고압가스 안전관리법	독성, 가연성	5톤, 500m³ 이상
	비독성 및 비가연성	10톤, 1000m³ 이상
액화석유가스 안전관리법		3톤, 300m³ 이상
도시가스 사업법		3톤, 300m³ 이상
액화도시(천연)가스자동차 충전시설, 고정압축도시(천연) 충전시설, 고정식압축도시(천연)가스 충전시설, 이동식압축도시(천연)가스 자동차 충전시설		5톤, 500m³ 이상

37 액화석유가스 지상 저장탱크 주위에는 저장능력이 얼마 이상일 때 방류둑을 설치하여야 하는가?

① 6톤
② 20톤
③ 100톤
④ 1000톤

🔍 **방류둑 설치기준**

가스의 종류	고압가스		도시가스		LPG
	특정제조	일반제조	가스도매	일반도시가스	
독성	5t 이상	5t 이상			
가연성	500t 이상	1000t 이상	500t 이상	1000t 이상	1000t 이상
산소	1000t 이상	1000t 이상			

38 다음과 같이 작동되는 냉동 장치의 성적계수(ε_R)는?

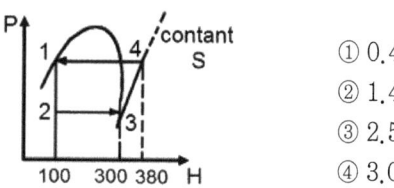

① 0.4
② 1.4
③ 2.5
④ 3.0

🔍 성적계수(COP) = $\dfrac{냉동효과}{압축일량} = \dfrac{380-100}{380-300} = 2.5$

39 기계적인 일을 사용하지 않고 고온도의 열을 직접 적용시켜 냉동하는 방법은?

① 증기압축식냉동기
② 흡수식냉동기
③ 증기분사식냉동기
④ 역브레이톤냉동기

> • 증기압축식 : 기계적인 일을 사용하는 냉동기
> • 흡수식 : 고온도의 열을 직접 적용시키는 냉동기

🔍 냉동사이클의 주기

증기 압축식 냉동기
• 압축기(Compressor) : 증발기에서 증발한 저온 저압의 기체 냉매를 흡입 압축하여 온도를 상승. 응축기에서 액화가 용이하게 하는 기계
• 응축기(Condrnser) : 압축기에서 토출된 고온 고압의 냉매가스를 열교환에 의하여 응축 액화시킴(수액기 응축기에서 응축 액화된 액체 냉매를 일시 저장 및 액체냉매를 일정하게 흐르게 함)
• 팽창밸브 : 고온 고압의 액체냉매를 증발기에서 증발이 쉽도록 저온 저압의 액체냉매로 단열팽창시키며 여기서 교축과정이 일어난다.
• 증발기(Enaporator) : 팽창밸브에서 토출된 저온 저압의 액체 냉매가 증발잠열을 흡수 피냉동물질과 열교환냉동이 이루어지는 기계이다.
흡수식 냉동기
흡수기 – 발생기 – 응축기 – 증발기

40 특정고압가스이면서 그 성분이 독성가스인 것으로 나열된 것은?

① 산소, 수소
② 액화염소, 액화질소
③ 액화암모니아, 액화염소
④ 액화암모니아, 액화석유가스

🔍 사용신고대상, 특정고압, 특수고압가스

사용신고대상가스	특정고압가스	특수고압가스
수소, 산소, 액화암모니아, 아세틸렌, 액화염소, 천연가스, 압축모노실란, 압축디보레인 및 특정고압가스	① 포스핀 ② 셀렌화수소 ③ 게르만 ④ 디실란 ⑤ 오불화비소 ⑥ 오불화인 ⑦ 삼불화인 ⑧ 삼불화질소 ⑨ 삼불화붕소 ⑩ 사불화유황 ⑪ 사불화규소	① ② ③ ④ 이외에 압축모노실란, 압축디보레인, 액화알진

제3과목 가스안전관리

41 다음 중 독성가스의 제독조치로서 가장 부적당한 것은?

① 흡수제에 의한 흡수
② 중화제에 의한 중화
③ 국소배기장치에 의한 포집
④ 제독제 살포에 의한 제독

> 국소배기장치 : 누설 부위에만 집중적으로 흡입하는 방법

42 사람이 사망한 도시가스 사고 발생 시 사업자가 한국가스안전공사에 상보(서면으로 제출하는 상세한 통보)를 할 때 그 기한은 며칠 이내 인가?

① 사고발생 후 5일
② 사고발생 후 7일
③ 사고발생 후 14일
④ 사고발생 후 20일

🔍 사고의 통보방법

사고의 종류	통보방법	통보기한	
		속보	상보
사람이 사망한 사고	전화 또는 팩스를 이용한 통보(속보) 서면으로 제출하는 상세한 통보(상보)	즉시	사고 발생 후 20일 이내
사람이 부상되거나 중독된 사고	속보 및 상보	즉시	사고 발생 후 10일 이내
가스누출에 의한 폭발 또는 화재사고	속보	즉시	
가스시설 파손, 누출로 인하여 인명 대피나 공급중단 발생	속보	즉시	
사업자 등의 저장탱크에 가스가 누출된 사고	속보	즉시	

• 사고의 통보내용에 포함되어야 하는 사항
  – 통보자의 소속, 지위, 성명 및 연락처
  – 사고발생일시
  – 사고발생장소
  – 사고내용(가스의 종류, 양, 및 확산거리 등을 포함)
  – 시설현황(시설의 종류, 위치 등을 포함)
  – 인명 및 재산의 피해현황

43 20kg의 LPG가 누출하여 폭발할 경우 TNT 폭발 위력으로 환산하면 TNT 약 몇 kg에 해당하는가? (단, LPG의 폭발효율은 3%이고 발열량은 12000kcal/kg, TNT의 연소열은 1100kcal/kg이다.)

① 0.6
② 6.5
③ 16.2
④ 26.6

$$\frac{12000\text{kcal/kg} \times 20\text{kg} \times 0.03}{1100\text{kcal/kg}} = 6.54\text{kg}$$

44 고압가스안전관리법에서 정한 특정설비가 아닌 것은?

① 기화장치
② 안전밸브
③ 용기
④ 압력용기

고압가스관련설비(특정설비)
- 안전밸브 긴급차단장치 역화방지 장치
- 기화장치
- 압력용기
- 자동차용 가스자동주입기
- 독성가스 배관용 밸브
- 냉동설비(일체형냉동기는 제외)를 구성하는 압축기, 응축기, 증발기 또는 압력용기
- 특성고압가스용 실린더 캐비닛
- 자동차용 압축천연가스 완속충전설비(처리능력이 시간 당 18.5m³ 미만인 충전설비를 말함)
- 액화석유가스용 용기 잔류가스회수장치

45 소비 중에는 물론 이동, 저장 중에도 아세틸렌 용기를 세워두는 이유는?

① 정전기를 방지하기 위해서
② 아세톤의 누출을 막기 위해서
③ 아세틸렌이 공기보다 가볍기 때문에
④ 아세틸렌이 쉽게 나오게 하기 위해서

46 도시가스 압력조정기의 제품성능에 대한 설명 중 틀린 것은?

① 입구 쪽은 압력조정기에 표시된 최대입구압력의 1.5배 이상의 압력으로 내압시험을 하였을 때 이상이 없어야 한다.
② 출구 쪽은 압력조정기에 표시된 최대출구압력 및 최대 폐쇄압력의 1.5배 이상의 압력으로 내압시험을 하였을 때, 이상이 없어야 한다.
③ 입구 쪽은 압력조정기에 표시된 최대입구압력 이상의 압력으로 기밀시험하였을 때 누출이 없어야 한다.
④ 출구 쪽은 압력조정기에 표시된 최대출구압력 및 최대 폐쇄압력의 1.5배 이상의 압력으로 기밀시험하였을 때 누출이 없어야 한다.

④ 출구 쪽은 압력조정기에 표시된 최대출구압력 및 최대 폐쇄압력의 1.5배 이상의 압력으로 기밀시험하였을 때 누출이 있어야 한다.

47 고압가스의 운반기준에서 동일 차량에 적재하여 운반할 수 없는 것은?

① 염소와 아세틸렌
② 질소와 산소
③ 아세틸렌과 산소
④ 프로판과 부탄

고압가스 용기에 의한 운반기준

구분		독성 가스 용기운반기준	독성 가스 용기 이외 용기운반기준
차량 구조	허용 농도 100만 분의 200 초과 시	① 적재함에 리프트 설치 ② 리프트 설치 예외 경우 - 용기보관실 바닥이 운반차량 적재함 최저높이로 설치된 경우 - 용기 상하차 설비가 설치된 업소에서 공급하는 경우 - 적재능력 1톤 이하 차량	
	허용 농도 100만 분의 200 이하	① 용기 승하차용 리프트와 밀폐된 구조의 적재함이 부착된 전용차량(독성 가스 전용차량)으로 운반 ② 단, 내용적 1000ℓ 이상 충전용기는 독성 가스 운반 전용차량으로 운반하지 않아도 된다.	
경계표지		① 차량 앞뒤 보기 쉬운 곳에 붉은 글씨로 위험고압가스, 독성 가스 표시, 상호, 전화번호, 운반기준, 위반행위 신고할 수 있는 허가신고 등록관청 전화번호표시, 적색상 각기 표시 ② RTC 차량의 경우는 좌우에서 볼 수 있도록	독성 가스 경계표시에 독성 가스 문구를 제외 그 밖의 표시방법은 동일

경계표시규격	직사각형	① 가로 : 차폭의 30% 이상 ② 세로 : 가로의 20% 이상
	정사각형	전체 경계면적을 600cm² 이상
	적색삼각기	가로 : 40cm 이상, 세로 : 30cm 이상

보호장비 (월 1회 이상 점검)	방독면, 고무장갑, 고무장화, 기타 보호구 및 제독제, 자재공구	가연성 또는 산소의 경우, 소화설비 재해발생방지를 위한 자재 및 공구
적재	① 충전용기는 적재함에 세워 적재 ② 차량의 최대적재량, 적재함을 초과하지 아니할 것 ③ 납붙임 접합용기의 보호망을 적재함에 세워 적재한다. ④ 충전용기는 고무링을 씌우거나 적재함에 세워 적재한다. ⑤ 충전용기는 로프, 그물공구 등으로 확실하게 묶어 적재 운반차량 뒷면에 두께 5mm 이상, 폭 100mm 이상 범퍼 또는 이와 동등 효과의 완충장치 설치 ⑥ 독성 중 가연성, 조연성을 동일차량에 적재금지 ⑦ 밸브 돌출용기는 밸브 손상방지 조치 ⑧ 충전용기 상하차 시 완충판을 이용 ⑨ 충전용기 이륜차 운반금지 ⑩ 염소와 아세틸렌, 암모니아, 수소는 동일차량 적재금지 ⑪ 가연성 산소는 충전용기 밸브가 마주보지 않도록 적재 ⑫ 충전용기와 위험물관리법의 위험물과 동일차량 적재금지	① 충전용기는 고압가스 전용 운반차량에 세워 적재 ② 충전용기는 이륜차에 적재운반금지 (단, 차량통행 곤란지역 LPG 충전용기는 운반전용 적재함이 장착되어 있거나 20kg 이하 2개를 초과하지 않을 경우 이륜차 운반 가능) 그 밖의 좌측 ⑩, ⑪, ⑫항 동일 운반 등의 기준 적용 제외 ① 운반의 양이 13kg (1.3m³) 이하인 경우 ② 소방차 구급자동차 구조차량 등이 긴급시에 사용 시 ③ 스킨스쿠버 목적으로 공기충전 용기 2개 이하 운반 시 ④ 산업통상자원부장관이 필요하다고 인정 시 차량고정 탱크로 운반 시 내용적의 기준 | 가스명 | 내용적 | | --- | --- | | 가연성 (LPG 제외) 산소 | 18000ℓ 이상 운반 금지 | | 독성(암모니아 제외) | 12000ℓ 이상 운반 금지 |

48 물분무장치 등은 저장탱크의 외면에서 몇 m 이상 떨어진 위치에서 조작이 가능하여야 하는가?

① 5m ② 10m
③ 15m ④ 20m

> • 물분무장치 : 탱크의 외면에서 15m 이상 떨어진 위치에서 조작
> • 살수장치 : 탱크의 외면에서 5m 이상 떨어진 위치에서 조작

49 고압가스 특정제조시설에서 고압가스 배관을 시가지 외의 도로 노면 밑에 매설하고자 할 때 노면으로부터 배관 외면까지의 매설깊이는?

① 1.0m 이상 ② 1.2m 이상
③ 1.5m 이상 ④ 2.0m 이상

> 가스도매사업·고압가스 특정제조의 배관 설치기준

구 분							
지하매설				시가지의 도로노면	시가지 외의 도로 노면	철도부지 매설	
건축물	타 시설물	산·들	산·들 이외의 지역	배관 외면	방호구조물 내 설치 시	배관 외면	궤도 중심	철도 부지 경계
1.5m 이상	0.3m 이상	1m 이상	1.2m 이상	1.5m 이상	1.2m 이상	1.2m 이상	4m 이상	1m 이상

50 국내에서 발생한 대형 도시가스 사고 중 대구 도시가스 폭발사고의 주 원인은?

① 내부 부식
② 배관의 응력부족
③ 부적절한 매설
④ 공사 중 도시가스 배관 손상

51 초저온 용기 제조 시 적합여부에 대하여 실시하는 설계단계 검사 항목이 아닌 것은?

① 외관검사 ② 재료검사
③ 마멸검사 ④ 내압검사

> 초저온 용기 제조 시 설계단계 검사 항목 : 설계검사, 외관검사, 재료검사, 용접부검사, 용접부 단면 매크로검사, 방사선투과검사, 침투탐상검사, 내압검사, 기밀검사, 단열성능검사

52 우리나라는 1970년부터 시범적으로 동부이촌동의 3,000 가구를 대상으로 LPG/AIR 혼합방식의 도시가스를 공급하기 시작하여 사용한 적이 있다. LPG에 AIR를 혼합하는 주된 이유는?

① 가스의 가격을 올리기 위해서
② 공기로 LPG 가스를 밀어내기 위해서
③ 재액화를 방지하고 발열량을 조정하기 위해서
④ 압축기로 압축하려면 공기를 혼합해야 하므로

> 공기혼합의 목적
> • 재액화 방지
> • 발열량 조절
> • 누설 시 손실 감소
> • 연소효율 증대

53 도시가스 사용시설의 압력조정기 점검 시 확인하여야 할 사항이 아닌 것은?

① 압력조정기의 A/S 기간
② 압력조정기의 정상 작동유무
③ 필터 또는 스트레이너의 청소 및 손상유무
④ 건축물 내부에 설치된 압력조정기의 경우는 가스 방출구의 실외 안전장소 설치여부

54 가연성가스 및 독성가스의 충전용기 보관실의 주위 몇 m 이내에서는 화기를 사용하거나 인화성 물질 또는 발화성 물질을 두지 않아야 하는가?

① 1   ② 2
③ 3   ④ 5

55 가연성가스를 운반하는 경우 반드시 휴대하여야 하는 장비가 아닌 것은?

① 소화설비   ② 방독마스크
③ 가스누출검지기   ④ 누출방지 공구

> 용기 운반 시 보호장비

가스종류	보호장비
독성	방독면, 고무장갑, 고무장화, 기타보호구 및 제독제 자재공구
가연성·산소	소화설비 및 재해발생 방지를 위한 자재 및 공구

56 독성가스 저장탱크를 지상에 설치하는 경우 몇 톤 이상일 때 방류둑을 설치하여야 하는가?

① 5
② 10
③ 50
④ 100

> 방류둑 설치기준

가스의 종류	고압가스		도시가스		LPG
	특정제조	일반제조	가스도매	일반도시가스	
독성	5t 이상	5t 이상			
가연성	500t 이상	1000t 이상	500t 이상	1000t 이상	1000t 이상
산소	1000t 이상	1000t 이상			

57 다량의 고압가스를 차량에 적재하여 운반할 경우 운전상의 주의사항으로 옳지 않은 것은?

① 부득이한 경우를 제외하고는 장시간 정차해서는 아니 된다.
② 차량의 운반책임자와 운전자가 동시에 차량에서 이탈하지 아니하여야 한다.
③ 300km 이상의 거리를 운행하는 경우에는 중간에 충분한 휴식을 취한 후 운행하여야 한다.
④ 가스의 명칭·성질 및 이동 중의 재해방지를 위하여 필요한 주의사항을 기재한 서면을 운반책임자 또는 운전자에게 교부하고 운반 중에 휴대를 시켜야 한다.

> 200km 이상 거리 운반 시 충분한 휴식 후 운행하여야 한다.

58 시안화수소를 충전, 저장하는 시설에서 가스누출에 따른 사고예방을 위하여 누출검사 시 사용하는 시험지(액)는?

① 묽은 염산용액
② 질산구리벤젠지
③ 수산화나트륨용액
④ 묽은 질산용액

🔍 독성가스 누출검지 시험지의 종류와 변색 상태

가스명	시험지	변색상태
염소	KI전분지	청색
암모니아	적색 리트머스지	청색
시안화수소	초산벤젠지 (질산구리벤젠지)	청색
포스겐	하리슨시험지	심등색, 귤색, 오렌지색
일산화탄소	염화파라듐지	흑색
황화수소	연당지	흑색
아세틸렌	염화제1동착염지	적색

59 특정설비의 부품을 교체할 수 없는 수리자격자는?

① 용기제조자
② 특정설비제조자
③ 고압가스제조자
④ 검사기관

🔍 수리자격별 수리범위

수리자격자	수리범위
용기 제조자	• 용기몸체의 용접 • 아세틸렌용기 내의 다공질물 교체 • 용기의 스커트·프로텍터 및 넥크링의 교체 및 가공 • 용기부속품의 부품교체 • 저온 또는 초저온용기의 단열재 교체 초저온용기부속품의 탈·부착
특정 설비 제조자	• 특성설비몸체의 용접 • 특정설비의 부속품(그 부품을 포함)의 교체 및 가공 • 단열재교체
냉동기 제조자	• 냉동기용접부분의 용접 • 냉동기부속품(그 부품을 포함)의 교체 및 가공 • 냉동기의 단열재 교체
고압 가스 제조자	• 초저온용기부속품의 탈·부착 및 용기부속품의 부품(안전장치 제외) 교체(용기 부속품제조자가 그 부속품의 규격에 적합하게 제조한 부품의 교체만을 말한다.) • 특정설비의 부품 교체 • 냉동기의 부품 교체 • 단열재 교체(고압가스특정제조자만을 말한다) • 용접가공[고압가스특정제조자로 한정하며, 특정설비몸체의 용접가공은 제외. 다만, 특정설비몸체의 용접수리를 할 수 있는 능력을 갖추었다고 한국가스안전공사가 인정하는 제조자의 경우에는 특정설비(차량에 고정된 탱크는 제외) 몸체의 용접가공도 할 수 있다.]
검사 기관	• 특정설비의 부품교체 및 용접(특정설비몸체의 용접은 제외. 다만, 특정설비제조자와 계약을 체결하고 해당 제조업소로 하여금 용접을 하게 하거나, 특정설비몸체의 용접수리를 할 수 있는 용접설비기능사 또는 용접기능사 이상의 자격자를 보유하고 있는 경우에는 그러하지 아니하다.) • 냉동설비의 부품 교체 및 용접 • 단열재 교체 • 용기의 프로텍터·스커트 교체 및 용접(열처리설비를 갖춘 전문검사기관만을 말한다.) • 초저온용기부속품의 탈·부착 및 용기부속품의 부품 교체 • 액화석유가스를 액체상태로 사용하기 위한 액화석유가스용기 액출구의 나사 사용 막음조치(막음조치에 사용하는 나사의 규격은 KS B6212에 적합한 경우만을 말한다.)
액화석유 가스 충전 사업자	• 액화석유가스용기용 밸브의 부품 교체(핸들 교체 등 그 부품의 교체 시 가스누출의 우려가 없는 경우만을 말한다.)
자동차 관리 사업자	• 자동차의 액화석유가스용기에 부착된 용기부속품의 수리

60 다음 중 불연성가스가 아닌 것은?

① 아르곤
② 탄산가스
③ 질소
④ 일산화탄소

🔍 일산화탄소 : 독성, 가연성

제4과목 가스계측

61 물의 화학반응을 통해 시료의 수분 함량을 측정하며 휘발성 물질 중의 수분을 정량하는 방법은?

① 램프법
② 칼피셔법
③ 메틸렌블루법
④ 다트와이라법

62 25℃, 1atm 에서 0.21mol% 의 O_2와 0.79mol%의 N_2로 된 공기혼합물의 밀도는 약 몇 kg/m³인가?

① 0.118
② 1.18
③ 0.134
④ 1.34

$$\frac{32kg}{22.4m^3} \times 0.21 + \frac{28kg}{22.4cm^3} \times 0.75 = 1.2875$$
$$\therefore 1.2875 \times \frac{273}{298}$$
$$= 1.179 \doteqdot 1.18 kg/m^3$$

63 압력에 대한 다음 값 중 서로 다른 것은?

① 101325N/m²
② 1013.25hPa
③ 76cmHg
④ 10000mmAq

① 101325N/m² = 1atm
② 1013.25hPa = 1013.25 × 10²Pa = 101325Pa = 1atm
③ 76cmHg = 1atm
④ 10000mmAq = $\frac{10000}{10332}$ = 0.960

64 이동상으로 캐리어가스를 이용, 고정상으로 액체 또는 고체를 이용해서 혼합성분의 시료를 캐리어가스로 공급하여, 고정상을 통과할 때 시료 중의 각 성분을 분리하는 분석법은?

① 자동오르자트법
② 화학발광식 분석법
③ 가스크로마토그래피법
④ 비분산형 적외선 분석법

기체(혼합형)가스크로마토그래피의 특징
- 운반가스는 시료와 반응하지 않는 불활성이어야 한다.
- 기체의 확산을 최소화 할 수 있어야 한다.
- 운반가스는 순도가 높고 구입이 용이해야 한다.
- 사용검출기에 적합하여야 한다.
- 운반가스의 종류는 He, H_2, Ar, N_2이며 주로 He, H_2가 많이 사용된다.

65 감도(感度)에 대한 설명으로 틀린 것은?

① 감도는 측정량의 변화에 대한 지시량의 변화의 비로 나타낸다.
② 감도가 좋으면 측정 시간이 길어진다.
③ 감도가 좋으면 측정 범위는 좁아진다.
④ 감도는 측정 결과에 대한 신뢰도의 척도이다.

66 400K는 약 몇 °R인가?

① 400
② 620
③ 720
④ 820

400 × 1.8 = 720

67 되먹임 제어계에서 설정한 목표값을 되먹임 신호와 같은 종류의 신호로 바꾸는 역할을 하는 것은?

① 조절부
② 조작부
③ 검출부
④ 설정부

- 조절부 : 입력과 검출부의 출력이 합이 되는 신호를 받아서 조작부로 전송하는 방식
- 조작부 : 조절부로 받은 신호를 조작량으로 바꾸어 제어대상에 보내는 부분
- 검출부 : 제어량을 검출하는 부분으로서 입력과 출력을 비교할 수 있는 비교부에 출력신호를 공급하는 장치
- 설정부 : 설정한 목표값을 피드백 신호와 같은 종류의 신호로 바꾸는 역할

68 어느 수용가에 설치한 가스미터의 기차를 측정하기 위하여 지시량을 보니 100m³를 나타내었다. 사용공차를 ±4%로 한다면 이 가스미터에는 최소 얼마의 가스가 통과되었는가?

① 40m³
② 80m³
③ 96m³
④ 104m³

100 × (1−0.04) = 96m³

69 가스계량기의 구비조건이 아닌 것은?

① 감도가 낮아야 한다.
② 수리가 용이하여야 한다.
③ 계량이 정확하여야 한다.
④ 내구성이 우수해야 한다.

70 가스크로마토그래피 분석계에서 가장 널리 사용되는 고체 지지체 물질은?

① 규조토
② 활성탄
③ 활성알루미나
④ 실리카겔

71 자동제어계의 일반적인 동작순서로 맞는 것은?

① 비교 → 판단 → 조작 → 검출
② 조작 → 비교 → 검출 → 판단
③ 검출 → 비교 → 판단 → 조작
④ 판단 → 비교 → 검출 → 조작

72 가스누출 검지기의 검지(sensor)부분에서 일반적으로 사용하지 않는 재질은?

① 백금
② 리튬
③ 통
④ 바나듐

73 제어계의 상태를 교란시키는 외란의 원인으로 가장 거리가 먼 것은?

① 가스 유출량
② 탱크 주위의 온도
③ 탱크의 외관
④ 가스 공급압력

74 수소의 품질검사에 사용되는 시약은?

① 네슬러시약
② 동·암모니아
③ 요오드화칼륨
④ 하이드로설파이드

🔍 산소, 수소, 아세틸렌 품질검사

항 목	간추린 핵심내용
검사장소	1일 1회 이상 가스제조장
검사자	안전관리 책임자가 실시 / 부총괄자와 책임자가 함께 확인 후 서명

해당 가스 및 판정기준

해당가스	순도	시약 및 방법	합격온도, 압력
산소	99.5% 이상	동암모니아 시약, 오르자트법	35℃, 11.8MPa 이상
수소	98.5% 이상	피로카롤시약, 하이드로설파이드시약, 오르자트법	35℃, 11.8MPa 이상
아세틸렌	• 발연황산 시약을 사용한 오르자트법, 브롬 시약을 사용한 뷰렛법에서 순도가 98% 이상 • 질산은 시약을 사용한 정성시험에서 합격한 것		

75 나프탈렌의 분석에 가장 적당한 분석방법은?

① 중화적정법
② 흡수평량법
③ 요오드적정법
④ 가스크로마토그래피법

76 다음 ( )안에 알맞은 것은?

가스미터(최대유량 10m³/h 이하)의 재검정 유효기간은 ( )년이다. 재검정의 유효기간은 재검정을 완료한 날의 다음 달 1일부터 기산한다.

① 1년
② 2년
③ 3년
④ 5년

🔍 가스계량기 검정 유효기간

계량기 종류	검정유효기간
기준가스 계량기	2년
LPG가스 계량기	3년
최대유량 10m³/h 이하	5년
기타 가스 계량기	8년

77 유속이 6m/s인 물속에 피토(Pitot)관을 세울 때 수주의 높이는 약 몇 m인가?

① 0.54   ② 0.92
③ 1.63   ④ 1.83

🔍 $h = \dfrac{V^2}{2g} = \dfrac{6^2}{2} \times 9.8 = 1.83$

78 회로의 두 접점 사이의 온도차로 열기전력을 일으키고, 그 전위차를 측정하여 온도를 알아내는 온도계는?

① 열전대온도계   ② 저항온도계
③ 광고온도계   ④ 방사온도계

🔍 열전대 온도계
- 측정원리 : 열기전력
- 효과 : 제이베크 효과

79 증기압식 온도계에 사용되지 않는 것은?

① 아닐린   ② 알코올
③ 프레온   ④ 에틸에테르

80 가스분석용 검지관법에서 검지관의 검지한도가 가장 낮은 가스는?

① 염소
② 수소
③ 프로판
④ 암모니아

🔍 가스종류별 검지관에 의한 측정농도 범위 및 검지한도

가스명	측정농도범위(%)	검지한도(ppm)
C_2H_2	0~0.3	10
H_2	0~1.5	250
CO	0~0.1	1
C_3H_8	0~5	100
$COCl_2$	0~0.005	0.02
Cl_2	0~30	1000
NH_3	0~25	5

정답 2017년 3회 기출문제

01 ①	02 ②	03 ②	04 ④	05 ④
06 ①	07 ③	08 ③	09 ②	10 ②
11 ①	12 ④	13 ①	14 ③	15 ②
16 ②	17 ③	18 ③	19 ③	20 ①
21 ②	22 ①	23 ③	24 ④	25 ①
26 ④	27 ④	28 ②	29 ①	30 ③
31 ①	32 ①	33 ③	34 ③	35 ②
36 ①	37 ④	38 ③	39 ③	40 ③
41 ③	42 ④	43 ②	44 ③	45 ②
46 ④	47 ①	48 ③	49 ②	50 ④
51 ③	52 ③	53 ①	54 ②	55 ②
56 ①	57 ③	58 ②	59 ①	60 ④
61 ②	62 ②	63 ④	64 ③	65 ④
66 ③	67 ②	68 ③	69 ①	70 ①
71 ③	72 ②	73 ③	74 ④	75 ④
76 ④	77 ④	78 ①	79 ②	80 ①

2018년 1회 03월 04일 시행
공단 기출문제

제1과목 연소공학

01 메탄의 완전연소 반응식을 옳게 나타낸 것은?

① $CH_4 + 2O_2 \rightarrow CO_2 + 2H_2O$
② $CH_4 + 3O_2 \rightarrow 2CO_2 + 2H_2O$
③ $CH_4 + 3O_2 \rightarrow 2CO_2 + 3H_2O$
④ $CH_4 + 5O_2 \rightarrow 3CO_2 + 4H_2O$

02 최소발화에너지(MIE)에 영향을 주는 요인 중 MIE의 변화를 가장 작게 하는 것은?

① 가연성 혼합 기체의 압력
② 가연성 물질 중 산소의 농도
③ 공기 중에서 가연성 물질의 농도
④ 양론 농도하에서 가연성 기체의 분자량

> 최소점화에너지 : 연소에 필요한 최소한의 에너지
> • 온도, 압력, 산소 농도가 높을수록 감소
> • 연소속도가 빠를수록 감소
> • 열전도율이 적을수록 감소

03 에탄의 공기 중 폭발범위가 3.0~12.4% 라고 할 때 에탄의 위험도는?

① 0.76 ② 1.95
③ 3.13 ④ 4.25

> 위험도(H) = $\dfrac{U-L}{L}$ = $\dfrac{12.4-3}{3}$ = 3.13

04 액체연료의 연소형태 중 램프등과 같이 연료를 심지에 빨아올려 심지의 표면에서 연소시키는 것은?

① 액면연소 ② 증발연소
③ 분무연소 ④ 등심연소

> 등심연소(Wick Combustion) : 일명 심지연소라고 하며 램프 등과 같이 연료를 심지로 빨아올려 심지의 표면에서 연소시키는 것으로 공기온도가 높을수록 화염의 길이가 길어진다.

05 가스의 특성에 대한 설명 중 가장 옳은 내용은?

① 염소는 공기보다 무거우며 무색이다.
② 질소는 스스로 연소하지 않는 조연성이다.
③ 산화에틸렌은 분해폭발을 일으킬 위험이 있다.
④ 일산화탄소는 공기 중에서 연소하지 않는다.

> ① 염소가스 : 황색
> 질소가스 : 스스로 연소하지 않는 불연성
> ③ 산화에틸렌 : 분해폭발, 중합폭발, 산화폭발
> ④ 일산화탄소 : 연소하는 가연성

06 메탄 50v%, 에탄 25v%, 프로판 25v%가 섞여있는 혼합 기체의 공기 중에서의 연소하한계(v%)는 얼마인가? (단, 메탄, 에탄, 프로판의 연소하한계는 각각 5v%, 3v%, 2.1v% 이다.)

① 2.3 ② 3.3
③ 4.3 ④ 5.3

> $\dfrac{100}{L} = \dfrac{V_1}{L_1} + \dfrac{V_2}{L_2} + \dfrac{V_3}{L_3} = \dfrac{50}{5} + \dfrac{25}{3} + \dfrac{25}{2.1}$
> L = 3.3%

07 연료가 구비하여야 할 조건으로 틀린 것은?

① 발열량이 클 것
② 구입하기 쉽고 가격이 저렴할 것
③ 연소시 유해가스 발생이 적을 것
④ 공기 중에서 쉽게 연소되지 않을 것

> 공기중에서 쉽게 연소할 것

08 다음 연료 중 표면연소를 하는 것은?

① 양초 ② 휘발유
③ LPG ④ 목탄

🔍 **연소의 종류**

종류	해당 연소물질
분해연소	목재, 종이, 플라스틱, 석탄
증발연소	경유, 휘발유 : 액체에서 발생한 가연성 증기가 액화하여 화염을 내고 이 화염의 온도에 의하여 액체 표면에서 증기의 발생을 촉진
표면연소	숯, 코크스, 목탄, 알미늄막 : 고체물질의 대표적인 연소로서 표면에 산소가 접촉하여 연소하는 형태
확산연소	수소, 아세틸렌 등 공기보다 가벼운 가스물질의 연소
액면연소	등유의 Pot Burner : 연료표면에 화염의 복사열 대류 및 열전도에 의해 연료가 가열 증발 발생한 증기가 공기 중에서 연소하는 형태
분무연소	액체연료를 미립화하여 연료의 표면적을 증가, 공기혼합을 원활하게 하여 연소하는 방법(액체연료 중 가장 효율적인 연소)

09 자연발화를 방지하는 방법으로 옳지 않은 것은?

① 통풍을 잘 시킬 것
② 저장실의 온도를 높일 것
③ 습도가 높은 것을 피할 것
④ 열이 축적되지 않게 연료의 보관방법에 주의할 것

10 연소의 3요소가 바르게 나열된 것은?

① 가연물, 점화원, 산소
② 수소, 점화원, 가연물
③ 가연물, 산소, 이산화탄소
④ 가연물, 이산화탄소, 점화원

11 연료발열량 10000kcal/kg, 이론공기량 11m³/kg, 과잉공기율 30%, 이론습가스량 11.5m³/kg, 외기온도 20℃ 일 때의 이론연소온도는 약 몇 ℃ 인가? (단, 연소가스의 평균비열은 0.31kcal/m³℃ 이다.)

① 1510 ② 2180
③ 2200 ④ 2530

🔍 **이론 연소 온도와 실제 연소 온도**

구분	이론 연소온도	실제 연소온도
공식	$t = \dfrac{H_L}{GC_P}$	$t = \dfrac{H_L + 현열 - 손실열}{G_S C_P} + t_1$
기호설명	• H_L : 저발열량 • G : 이론 연소가스량 • C_P : 비열	• t_1 : 기준온도 • t_2 : 실제연소온도 • G_S : 실제연소가스량

$$t = \dfrac{Q(Hℓ)}{GC_P} + t_1 = \dfrac{10000}{(11.5 + 11 \times 0.3) \times 0.31} + 20 ≒ 2200$$

• 연소가스량 : 이론가스량(11.5) + 과잉공기량
• 과잉공기량 : (1.3−1) × 11

12 다음 [보기] 중 산소농도가 높을 때 연소의 변화에 대하여 올바르게 설명한 것으로만 나열한 것은?

> Ⓐ 연소속도가 느려진다.
> Ⓑ 화염온도가 높아진다.
> Ⓒ 연료 kg당의 발열량이 높아진다.

① Ⓐ
② Ⓑ
③ Ⓐ, Ⓑ
④ Ⓑ, Ⓒ

🔍 **산소농도를 높게하면**
• 연소범위가 넓어진다.   • 연소속도가 빨라진다.
• 점화에너지가 적어진다. • 발화온도가 낮아진다.

13 가스화재 소화대책에 대한 설명으로 가장 거리가 먼 것은?

① LNG에 착화할 때에는 노출된 탱크, 용기 및 장비를 냉각시키면서 누출원을 막아야 한다.
② 소규모 화재 시 고성능 포말소화액을 사용하여 소화할 수 있다.
③ 큰 화재나 폭발로 확대된 위험이 있을 경우에는 누출원을 막지 않고 소화부터 해야 한다.
④ 진화원을 막는 것이 바람직하다고 판단되면 분말소화약제, 탄산가스, 하론소화기를 사용할 수 있다.

🔍 ③ 화재폭발로 이어지기 전 누출부를 먼저 차단 후 소화를 진행하도록 한다.

14 폭발의 정의를 가장 잘 나타낸 것은?

① 화염의 전파 속도가 음속보다 큰 강한 파괴작용을 하는 흡열반응
② 화염의 음속 이하의 속도로 미반응 물질속으로 전파되어 가는 발열반응
③ 물질이 산소와 반응하여 열과 빛을 발생하는 현상
④ 물질을 가열하기 시작하여 발화할 때까지의 시간이 극히 짧은 반응

🔍 폭발과 폭굉

구분	특 징
폭발	음속 이하이며 정상연소속도는 0.03~10m/s
폭굉	가스 중 음속보다 화염전파 속도가 큰 경우로 파면선단에 솟구치는 압력파가 발생 격렬한 파괴작용을 일으키는 원인. 폭굉속도는 1000~3500m/s

15 프로판(C_3H_8)의 표준 총발열량이 −530600cal/gmol일 때 표준 진발열량은 약 몇 cal/gmol인가? (단, $H_2O(L) \rightarrow H_2O(g)$, $\Delta H = 10519$ cal/gmol이다)

① −530600
② −488524
③ −520081
④ −430432

🔍 C_3H_8의 연소반응식에서
$C_3H_8 + 5O_2 \rightarrow 3CO_2 + 4H_2O$에서
$H\ell$(저위) = Hh(고위) − 물의 증발잠열($4H_2O$)
   = 530600 − (4 × 10519) = 488524 cal
ΔH(엔탈피)의 값은 −488524 cal/gmol

16 이상기체를 정적하에서 가열하면 압력과 온도의 변화는 어떻게 되는가?

① 압력 증가, 온도 상승
② 압력 일정, 온도 일정
③ 압력 일정, 온도 상승
④ 압력 증가, 온도 일정

17 가연물질이 연소하는 과정 중 가장 고온일 경우의 불꽃색은?

① 황적색
② 적색
③ 암적색
④ 회백색

🔍 연소에 의한 빛의 색 및 온도

색	적열상태	적색	백열상태	황적색	백적색	휘백색
온도	500℃	850℃	1,000℃	1,100℃	1,300℃	1,500℃

18 연소에 대한 설명 중 옳은 것은?

① 착화온도와 연소온도는 항상 같다.
② 이론연소온도는 실제연소온도보다 높다.
③ 일반적으로 연소온도는 인화점보다 상당히 높다.
④ 연소온도가 그 인화점보다 낮게 되어도 연소는 계속 된다.

🔍 이론 연소 온도와 실제 연소 온도

구분	이론 연소온도	실제 연소온도
공식	$t = \dfrac{H_L}{GC_P}$	$t = \dfrac{H_L + 현열 - 손실열}{G_S C_P} + t_1$
기호설명	• H_L : 저발열량 • G : 이론 연소가스량 • C_P : 비열	• t_1 : 기준온도 • t_2 : 실제연소온도 • G_S : 실제연소가스량

이론연소온도는 손실열을 계산하지 않으므로 실제연소온도 보다 높다.

19 폭굉유도거리에 대한 올바른 설명은?

① 최초의 느린 연소가 폭굉으로 발전할 때까지의 거리
② 어느 온도에서 가열, 발화, 폭굉에 이르기까지의 거리
③ 폭굉 등급을 표시할 때의 안전간격을 나타내는 거리
④ 폭굉이 단위시간당 전파되는 거리

폭굉유도거리(DID)

구분	내용
정의	최초의 완만한 연소가 격렬한 폭굉으로 발전하는 거리
짧아지는 조건	• 점화원의 에너지가 클수록 • 압력이 높을수록 • 정상연소속도가 큰 혼합가스일수록 • 관속에 방해물이 있거나 관경이 가늘수록

20 어떤 혼합가스가 산소 10mol, 질소 10mol, 메탄 5mol을 포함하고 있다. 이 혼합가스의 비중은 약 얼마인가? (단, 공기의 평균분자량은 29 이다.)

① 0.88　　② 0.94
③ 1.00　　④ 1.07

혼합가스 부피% = $\frac{성분몰}{전몰}$ 이므로

• 분자량 = $32 \times \frac{10}{25} + 28 \times \frac{10}{25} + 16 \times \frac{5}{25} = 27.2g$
• 비중 = $\frac{27.2}{29} = 0.94$

제2과목 가스설비

21 다단압축기에서 실린더 냉각의 목적으로 옳지 않은 것은?

① 흡입효율을 좋게 하기 위하여
② 밸브 및 밸브스프링에서 열을 제거하여 오손을 줄이기 위하여
③ 흡입 시 가스에 주어진 열을 가급적 높이기 위하여
④ 피스톤링에 탄소산화물이 발생하는 것을 막기 위하여

실린더 냉각의 목적
① 체적효율증대
② 압축효율증대
③ 윤활기능향상
④ 압축기 수명연장

22 도시가스용 압력조정기에서 스프링은 어떤 재질을 사용하는가?

① 주물　　② 강재
③ 알루미늄합금　　④ 다이케스팅

23 강의 열처리 중 일반적으로 연화를 목적으로 적당한 온도까지 가열한 다음 그 온도에서 서서히 냉각하는 방법은?

① 담금질　　② 뜨임
③ 표면경화　　④ 풀림

열처리 종류
• 담금질(Quenching, 소입) : 강의 경도나 강도를 증가시키기 위해 적당히 가열한 후 급냉시키는 방법이다.
• 뜨임(Tempering, 소려) : 강에 인성을 주고 내부 잔류응력을 제거하기 위해 담금질한 강을 담금질 온도보다 조금 낮게 가열한 후 공기 중에서 서서히 냉각시키는 방법이다.
• 풀림(Annealing, 소둔) : 강을 높은 온도로 가열하고 이를 로(爐)속에서 서서히 냉각시키는 것으로 잔류응력을 제거하고 냉간가공을 용이하게 한다.
• 불림(Normalizing, 소준) : 소성가공 등으로 거칠어진 조직을 정상상태로 하거나 조직을 미세화 하기 위한 것으로 가열 후 공랭하면 연신율이 증가된다.

24 외부의 전원을 이용하여 그 양극을 땅에 접속시키고 땅 속에 있는 금속체에 음극을 접속함으로써 매설된 금속체로 전류를 흘러 보내 전기부식을 일으키는 전류를 상쇄하는 방법이다. 전식방지방법으로 매우 유효한 수단이며 압출에 의한 전식을 방지할 수 있는 이 방법은?

① 희생양극법　　② 외부전원법
③ 선택배류법　　④ 강제배류법

전기방식법
• 희생(유전) 양극법

정의	특징	
	장점	단점
양극의 금속 Mg, Zn 등을 지하매설배관에 일정간격으로 설치하면 Fe보다 (-)방향 전위를 가지고 있어 Fe이 (-) 방향으로 전위변화를 일으켜 양극의 금속이 Fe 대신 소멸되어 관의 부식을 방지	• 타 매설물의 간섭이 없다. • 시공이 간단하다. • 단거리 배관에 경제적이다. • 과방식의 우려가 없다.	• 전류조절이 어렵다. • 강한 전식에는 효과가 없고, 효과 범위가 좁다. • 양극의 보충이 필요하다.

※ 심매전극법 : 지표면의 비저항보다 깊은 곳의 비저항이 낮은 경우 적용하는 양극 설치 방법

• 외부전원법

정의	특징	
	장점	단점
방식 전류기를 이용 한전의 교류전원을 직류로 전환 매설배관에 전기를 공급하여 부식을 방지	• 전압전류 조절이 쉽다. • 방식 효과범위가 넓다. • 전식에 대한 방식이 가능하다. • 장거리 배관에 경제적이다.	• 과방식의 우려가 있다. • 비경제적이다. • 타 매설물의 간섭이 있다. • 교류전원이 필요하다.

• 강제배류법

정의	특징	
	장점	단점
레일에서 멀리 떨어져 있는 경우에 외부전원장치로 가장 가까운 선택배류 방법으로 전기방식하는 방법	• 전압전류 조절이 가능하다. • 전기방식의 효과 범위가 넓다. • 전철이 운행중지에도 방식이 가능하다.	• 과방식의 우려가 있다. • 전원이 필요하다. • 타 매설물의 장애가 있다. • 전철의 신호장애를 고려해야 한다.

• 선택배류법

정의	특징	
	장점	단점
직류전철에서 누설되는 전류에 의한 전식을 방지하기 위해 배관의 직류전원 (−)선을 레일에 연결하여 부식을 방지	• 전철의 위치에 따라 효과범위가 넓다. • 시공비가 저렴하다. • 전철의 전류를 사용 비용절감의 효과가 있다.	• 과방식의 우려가 있다. • 전철의 운행중지 시에는 효과가 없다. • 타 매설물의 간섭에 유의해야 한다.

25 고압장치의 재료로 구리관의 성질과 특징으로 틀린 것은?

① 알칼리에는 내식성이 강하지만 산성에는 약하다.
② 내면이 매끈하여 유체저항이 적다.
③ 굴곡성이 좋아 가공이 용이하다.
④ 전도 및 전기절연성이 우수하다.

🔍 구리관 : 전기 전도성 우수

26 소비자 1호당 1일 평균가스 소비량 1.6kg/day, 소비호수 10호 자동절체조정기를 사용하는 설비를 설계하려면 용기는 몇 개가 필요한가? (단, 액화석유가스 50kg 용기 표준가스 발생능력은 1.6kg/hr이고, 평균가스 소비율은 60%, 용기는 2계열 집합으로 사용한다.)

① 3개
② 6개
③ 9개
④ 12개

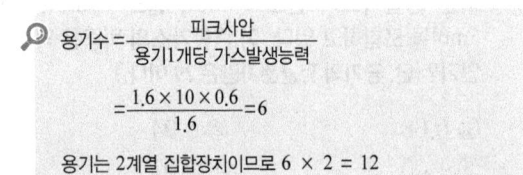

용기수 = $\dfrac{피크사용}{용기1개당 가스발생능력}$

$= \dfrac{1.6 \times 10 \times 0.6}{1.6} = 6$

용기는 2계열 집합장치이므로 $6 \times 2 = 12$

27 도시가스에 첨가하는 부취제로서 필요한 조건으로 틀린 것은?

① 물에 녹지 않을 것
② 토양에 대한 투과성이 좋을 것
③ 인체에 해가 없고 독성이 없을 것
④ 공기 혼합비율이 1/200의 농도에서 가스냄새가 감지될 수 있을 것

🔍 부취제

구 분		내 용
종 류		• TBM : 양파 썩는 냄새 • THT : 석탄가스 냄새 • DMS : 마늘 냄새
냄새의 강도		TBM(강함) 〉 THT(보통) 〉 DMS(약함)
주입설비	액체 주입식	펌프주입식, 적하주입식, 미터연결 바이패스 방식
	증발식	바이패스 증발식, 워크증발식
주입농도		1/1000 = 0.1%에서 감지
구비조건		① 물에 녹지 않을 것 ② 화학적으로 안전할 것 ③ 독성이 없을 것 ④ 완전 연소할 것 ⑤ 보통 냄새와 구별될 것 ⑥ 토양에 대한 투과성이 클 것
토양의 투과성		DMS 〉 TBM 〉 THT

28 액화석유가스 압력조정기 중 1단 감압식 준저압 조정기의 입구압력은?

① 0.07~1.56MPa
② 0.1~1.56MPa
③ 0.3~1.56MPa
④ 조정압력 이상~1.56MPa

🔍 ① 압력조정기의 종류에 따른 입구압력, 조정압력 범위

종류	입구압력	조정압력
1단 감압식 저압 조정기	0.07MPa ~ 1.56MPa	2.3kPa~3.3kPa
1단 감압식준저압 조정기	0.1MPa ~ 1.56MPa	5kPa~30kPa
2단 감압식 1차용 조정기	용량 100kg 이하 : 0.1~1.56	57~83kPa
	용량 100kg 초과 : 0.3~1.56	
2단 감압식 2차용 조정기	0.01MPa ~ 0.1MPa 또는 0.025MPa~0.1MPa	2.3kPa~3.3kPa
자동절체식 일체형 저압 조정기	0.1MPa~ 1.56MPa	2.55kPa ~ 3.3kPa
자동절체식 분리형 조정기	0.1MPa ~ 1.56MPa	0.032MPa~ 0.083MPa
자동절체식 일체형 준저압 조정기	0.1MPa ~ 1.56MPa	5kPa~30kPa
그밖의 압력조정기	조정압력 이상 ~1.56MPa	제조자가 표시한 사양에 따르되 조정압력이 0.005MPa 초과인 것에 한한다.

② 종류별 기밀시험압력

종류\구분	1단 감압식 저압	1단 감압식 준저압	2단 감압식 1차용	2단 감압식 2차용 저압	2단 감압식 2차용 준저압	자동 절체식 저압	자동 절체식 준저압	그 밖의 조정기
입구측 (MPa)	1.56 이상	1.56 이상	1.8 이상	0.5 이상		1.8 이상		최대입구 압력 1.1배 이상
출구측 (MPa)	5.5	조정압력의 2배 이상	150 이상	5.5	조정압력의 2배 이상	5.5	조정압력의 2배 이상	조정압력의 1.5배

29 고압가스설비를 운전하는 중 플랜지부에서 가연성 가스가 누출하기 시작할 때 취해야 할 대책으로 가장 거리가 먼 것은?

① 화기 사용 금지
② 가스 공급 즉시 중지
③ 누출 전, 후단 밸브차단
④ 일상적인 점검 및 정기점검

30 배관의 자유팽창을 미리 계산하여 관의 길이를 약간 짧게 절단하여 강제배관을 함으로써 열팽창을 흡수하는 방법은?

① 콜드 스프링
② 신축이음
③ U형 밴드
④ 파열이음

🔍 신축이음

종류	이음 방법
루프(Ω)	배관의 형상을 루프 형태로 구부려 그것을 이용 신축을 흡수하는 이음으로 신축이음 중 가장 큰 신축이음
상온(콜드) 스프링	배관의 자유 팽창량을 미리 계산, 관의 길이를 짧게 절단하는 강제 배관함으로써 신축을 흡수하는 방법으로 이 때의 절단길이는 자유팽창량의 길이이다.
슬리브이음 (슬라이드)	배관 중 슬리브 파이프를 설치하여 수축팽창 시 파이프 내에서 신축을 흡수하는 방법으로 미끄럼형 이음쇠라고 한다.
벨로우즈 이음	주름관의 형태로 만들어진 벨로우즈를 부착하여 신축을 흡수하는 방법이며 팰리스 신축이음쇠라고 한다.

31 성능계수가 3.2인 냉동기가 10ton을 냉동하기 위해 공급하여야 할 동력은 약 몇 kW인가?

① 10   ② 12
③ 14   ④ 16

🔍 성적계수(COP) = $\dfrac{냉동효과}{압축일량}$

압축일량 = $\dfrac{냉동효과}{성적계수}$ = $\dfrac{10 \times 3320}{3.2} \times 860$ = 12.06kW

32 터보압축기에 대한 설명이 아닌 것은?

① 유급유식이다.
② 고속회전으로 용량이 크다.
③ 용량조정이 어렵고 범위가 좁다.
④ 연속적인 토출로 맥동현상이 적다.

🔍 **압축기 특징**

왕복	원심
• 용적형이다. • 소음, 진동이 있다. • 설치면적이 크다. • 압축이 단속적이다. • 용량조절범위가 넓고 쉽다. • 오일윤활식 또는 무급유식이다. • 압축효율이 높다.	• 무급유식 • 압축이 연속적이다. • 소음, 진동이 적다. • 용량 조정 범위가 좁고 어렵다. • 압축효율이 낮다.

33 산소 압축기의 내부 윤활제로 주로 사용되는 것은?

① 물
② 유지류
③ 석유류
④ 진한 황산

🔍 **압축기에 사용되는 윤활유의 종류**

가스의 종류	윤활유
O_2(산소)	물 또는 10% 이하 글리세린수
Cl_2(염소)	진한 황산
LP가스	식물성유
H_2(수소), C_2H_2(아세틸렌), 공기	양질의 광유

34 -5℃에서 열을 흡수하여 35℃에 방열하는 역카르노 싸이클에 의해 작동하는 냉동기의 성능계수는?

① 0.125   ② 0.15
③ 6.7   ④ 9

🔍 냉동기성적계수 $= \dfrac{T_2}{T_1 - T_2}$
$= \dfrac{(273-5)}{\{(273+35)-(273-5)\}} = 6.7$

35 가연성가스 및 독성가스 용기의 도색 구분이 옳지 않은 것은?

① LPG – 회색
② 액화암모니아 – 백색
③ 수소 – 주황색
④ 액화염소 - 청색

🔍 **용기의 도색 표시**

가스의 종류	공업용	의료용
액화석유가스	회색	–
수소	주황색	–
아세틸렌	황색	–
암모니아	백색	–
염소	갈색	–
산소	녹색	백색
액화탄산가스	청색	회색
질소	회색	흑색
헬륨	–	갈색
에틸렌	–	자색
아산화질소	–	청색
사이클로프로판	–	주황색
그 밖의 가스	회색	회색
소방용 용기	소방법에 따른 도색	

36 고압가스 제조장치의 재료에 대한 설명으로 틀린 것은?

① 상온, 건조 상태의 염소가스에서는 탄소강을 사용할 수 있다.
② 암모니아, 아세틸렌의 배관재료에는 구리재를 사용한다.
③ 탄소강에 나타나는 조직의 특성은 탄소(C)의 양에 따라 달라진다.
④ 암모니아 합성탑 내통의 재료에는 18-8스테인리스강을 사용한다.

🔍 구리를 사용시 위해 발생 금속
C_2H_2 : 폭발 NH_3 : 부식 H_2S : 부식

37 저온 및 초저온 용기의 취급 시 주의사항으로 틀린 것은?

① 용기는 항상 누운 상태를 유지한다.
② 용기를 운반할 때는 별도 제작된 운반용구를 이용한다.
③ 용기를 물기나 기름이 있는 곳에 두지 않는다.
④ 용기 주변에서 인화성 물질이나 화기를 취급하지 않는다.

🔍 용기는 세워서 보관

38 웨베지수에 대한 설명으로 옳은 것은?

① 정압기의 동특성을 판단하는 중요한 수치이다.
② 배관 관경을 결정할 때 사용되는 수치이다.
③ 가스의 연소성을 판단하는 중요한 수치이다.
④ LPG 용기 설치본수 산정 시 사용되는 수치로 지역별 기화량을 고려한 값이다.

🔍 WI(웨베지수)

항목	세부내용
측정목적	가스의 연소성을 판단하는 중요한 지수
수식	$WI = \dfrac{Hg}{\sqrt{d}}$ Hg : 도시가스 총발열량(kcal/m³) $\sqrt{d}$: 도시가스 비중

39 두 개의 다른 금속이 접촉되어 전해질 용액 내에 존재할 때 다른 재질의 금속 간 전위차에 의해 용액 내에서 전류가 흐르는데, 이에 의해 양극부가 부식이 되는 현상을 무엇이라 하는가?

① 공식
② 침식부식
③ 갈바닉 부식
④ 농담 부식

40 고압장치 배관에 발생된 열응력을 제거하기 위한 이음이 아닌 것은?

① 루프형
② 슬라이드형
③ 벨로우즈형
④ 플랜지형

🔍 신축이음

종류	이음 방법
루프(Ω)	배관의 형상을 루프 형태로 구부려 그것을 이용 신축을 흡수하는 이음으로 신축이음 중 가장 큰 신축이음
상온(콜드) 스프링	배관의 자유 팽창량을 미리 계산, 관의 길이를 짧게 절단하는 강제 배관함으로써 신축을 흡수하는 방법으로 이 때의 절단길이는 자유팽창량의 길이이다.
슬리브이음 (슬라이드)	배관 중 슬리브 파이프를 설치하여 수축팽창 시 파이프 내에서 신축을 흡수하는 방법으로 미끄럼형 이음쇠라고 한다.
벨로우즈 이음	주름관의 형태로 만들어진 벨로우즈를 부착하여 신축을 흡수하는 방법이며 팰리스 신축이음쇠라고 한다.

제3과목 가스안전관리

41 염소가스 취급에 대한 설명 중 옳지 않은 것은?

① 재해제로 소석회 등이 사용된다.
② 염소압축기의 윤활유는 진한 황산이 사용된다.
③ 산소와 염소폭명기를 일으키므로 동일 차량에 적재를 금한다.
④ 독성이 강하여 흡입하면 호흡기가 상한다.

🔍 폭명기
• 수소 폭명기 : $2H + O_2 \rightarrow 2H_2O$
• 염소 폭명기 : $H_2 + Cl_2 \rightarrow 2HCl$
• 불소 폭명기 : $H_2 + F_2 \rightarrow 2HF$

42 가연성가스의 폭발등급 및 이에 대응하는 내압방폭구조 폭발등급의 분류기준이 되는 것은?

① 폭발 범위
② 발화 온도
③ 최대안전틈새 범위
④ 최소점화전류비 범위

① 가연성가스의 폭발등급 및 이에 대응하는 내압방폭구조의 폭발등급

최대안전틈새범위(mm)	0.9 이상	0.5 초과 0.9 미만	0.5 이하
가연성가스의 폭발등급	A	B	C
방폭전기기기의 폭발등급	ⅡA	ⅡB	ⅡC

최대안전틈새는 내용적이 8리터이고 틈새깊이가 25mm인 표준용기 안에서 가스가 폭발할 때 발생한 화염이 용기 밖으로 전파하여 가연성가스에 점화되지 않는 최대값

② 가연성가스의 폭발등급 및 이에 대응하는 본질안전방폭 구조의 폭발등급

최소점화전류비의 범위(mm)	0.8 초과	0.45 이상 0.8 이하	0.45 미만
가연성가스의 폭발등급	A	B	C
방폭전기기기의 폭발등급	ⅡA	ⅡB	ⅡC

최소점화 전류비는 메탄가스의 최소화전류를 기준으로 나타낸다.

③ 가연성가스의 발화도 범위에 따른 방폭전기기의 온도등급

가연성가스의 발화도(℃) 범위	방폭전기 기기의 온도등급
450 초과	T1
300 초과 450 이하	T2
200 초과 300 이하	T3
135 초과 200 이하	T4
100 초과 135 이하	T5
85 초과 100 이하	T6

43 액화석유가스의 안전관리 및 사업법에서 규정한 용어의 정의 중 틀린 것은?

① "방호벽"이란 높이 1.5미터, 두께 10센티미터의 철근콘크리트 벽을 말한다.
② "충전용기"란 액화석유가스 충전 질량의 2분의 1 이상이 충전되어 있는 상태의 용기를 말한다.
③ "소형저장탱크"란 액화석유가스를 저장하기 위하여 지상 또는 지하에 고정 설치된 탱크로서 그 저장능력이 3톤 미만인 탱크를 말한다.
④ "가스설비"란 저장설비 외의 설비로서 액화석유가스가 통하는 설비(배관은 제외한다)와 그 부속설비를 말한다.

방호벽

종류		높이	두께
철근 콘크리트		2m 이상	12 cm 이상
콘크리트 블록		2m 이상	15 cm 이상
강판제	박강판	2m 이상	3.2 mm 이상
	후강판	2m 이상	6 mm 이상

44 동절기의 습도 50% 이하인 경우에는 수소용기 밸브의 개폐를 서서히 하여야 한다. 주된 이유는?

① 밸브파열   ② 분해폭발
③ 정전기방지   ④ 용기압력유지

45 LPG 압력조정기를 제조하고자 하는 자가 반드시 갖추어야 할 검사설비가 아닌 것은?

① 유량측정설비
② 내압시설설비
③ 기밀시험설비
④ 과류차단성능시험설비

> 압력조정기 제조시 갖추는 설비
> ①, ②, ③ 이외에
> • 버어니어 캘리퍼스, 마이크로 메타, 나사게이지 등 치수측정 설비
> • 액화석유가스액 또는 도시가스 침적설비
> • 염수분무 설비
> • 출구압력 측정시험설비
> • 내구시험설비
> • 저온시험설비

46 동일 차량에 적재하여 운반할 수 없는 가스는?

① C_2H_4 와 HCN
② C_2H_4 와 NH_3
③ CH_4 와 C_2H_2
④ C_2 와 C_2H_2

> 동일차량 적재금지
> ① 염소, 아세틸렌
> • 염소 암모니아
> • 염소 수소
> ② 가연성 산소가스 운반 시
> • 충전용기 밸브가 마주보게 될 때
> ③ 충전용기와 소방법이 정하는 위험물

47 액화석유가스 자동차 충전소에 설치할 수 있는 건축물 또는 시설은?

① 액화석유가스충전사업자가 운영하고 있는 용기를 재검사하기 위한 시설
② 충전소의 종사자가 이용하기 위한 연면적 200m² 이하의 식당
③ 충전소를 출입하는 사람을 위한 연면적 200m² 이하의 매점
④ 공구 등을 보관하기 위한 연면적 200m² 이하의 창고

🔍 LPG 자동차 충전소 설치가능 건축물(시행규칙 별표 3)

항목	건축물, 시설
충전시설 (충전소 외벽에서 직선 거리 8m 이상 이격)	• 작업장 • 종사자 숙소 • 충전소 내 면적 100m² 이하 식당 • 면적 면적 100m² 이하 비상발전기 공구 보관을 위한 창고 • 충전소 출입대상자(자동판매기, 현금자동지급기, 소매점, 전시장) • 자동차 세정의 세차시설 • 관계자 근무대기실

48 가스보일러 설치 후 설치·시공확인서를 작성하여 사용자에게 교부하여야 한다. 이 때 가스보일러 설치·시공 확인사항이 아닌 것은?

① 사용교육의 실시여부
② 최근의 안전점검 결과
③ 배기가스 적정 배기 여부
④ 연통의 접속부 이탈여부 및 막힘 여부

🔍 가스보일러 설치, 시공 확인사항
① ② ③ 이외에
• 냉동기 제조자의 명칭 약호
• 냉매가스 종류
• 원동기 소요 전력 및 전류
• 제조번호

49 냉동기에 반드시 표기하지 않아도 되는 기호는?

① RT   ② DP
③ TP   ④ DT

50 액화 염소가스를 운반할 때 운반책임자가 반드시 동승하여야 할 경우로 옳은 것은?

① 100kg이상 운반할 때
② 1000kg이상 운반할 때
③ 1500kg이상 운반할 때
④ 2000kg이상 운반할 때

🔍 운반책임자 동승기준

가스의 종류		허용농도기준	적재용량
독성가스	압축가스	200ppm 초과	100m³ 이상
		200ppm 이하	10m³ 이상
	액화가스	200ppm 초과	10000kg 이상
		200ppm 이하	100kg 이상
비독성 가스	압축가스	가연성 가스	300m³ 이상
		조연성 가스	600m³ 이상
	액화가스	가연성가스	3000kg 이상(납붙임 접합용기는 2000kg 이상)
		조연성 가스	6000kg 이상

51 충전설비 중 액화석유가스의 안전을 확보하기 위하여 필요한 시설 또는 설비에 대하여는 작동상황을 주기적으로 점검, 확인하여야 한다. 충전설비의 경우 점검주기는?

① 1일 1회 이상   ② 2일 1회 이상
③ 1주일 1회 이상   ④ 1월 1회 이상

52 시안화수소는 충전 후 며칠이 경과되기 전에 다른 용기에 옮겨 충전하여야 하는가?

① 30일   ② 45일
③ 60일   ④ 90일

53 액체염소가 누출된 경우 필요한 조치가 아닌 것은?

① 물 살포
② 소석회 살포
③ 가성소다 살포
④ 탄산소다 수용액 살포

독성가스와 제독제, 보유량

가스별	제독제	보유량
염소(Cl₂)	가성소다수용액	670kg
	탄산소다수용액	870kg
	소석회	620kg
포스겐(COCl₂)	가성소다수용액	390kg
	소석회	360kg
황화수소(H₂S)	가성소다수용액	1,140kg
	탄산소다수용액	1,500kg
시안화수소(HCN)	가성소다수용액	250kg
아황산가스(SO₂)	가성소다수용액	530kg
	탄산소다수용액	700kg
	물	다량
암모니아(HN₃), 산화에틸렌(C₂H₄O), 염화메탄(CH₃Cl)	물	다량

54 고압가스 용기의 취급 및 보관에 대한 설명으로 틀린 것은?

① 충전용기와 잔가스용기는 넘어지지 않도록 조치한 후 용기보관장소에 놓는다.
② 용기는 항상 40℃ 이하의 온도를 유지한다.
③ 가연성가스 용기보관장소에는 방폭형손전등 외의 등화를 휴대하고 들어가지 아니한다.
④ 용기보관장소 주위 2m 이내에는 화기 등을 두지 아니한다.

① 충전용기 잔가스용기는 구분 보관

- 용기보관실 및 용기집합설비 설치

저장능력	
100kg 이하	100kg 초과
용기가 직사광선, 빗물을 받지 않도록 조치	• 용기보관실 설치 시 용기보관실의 벽, 문, 지붕은 불연재료(지붕은 가벼운 불연재료)로 설치하고, 단층구조로 한다. • 용기보관실 설치 곤란 시 외부인의 출입을 방지하기 위해 출입문을 설치하고 경계표시를 한다. • 용기집합설비의 양단 마감조치에는 캡 또는 플랜지를 설치한다. • 용기를 3개 이상 집합하여 사용 시 용기집합장치로 설치한다. • 용기와 연결된 측도관 트윈호스의 조정기 연결부는 조정기 이외의 설비에는 연결하지 않는다.

• 고압가스 용기의 보관

항목	간추린 핵심내용
구분보관	• 충전용기 잔가스 용기 • 가연성 독성 산소 용기
충전용기	• 40℃ 이하 유지 • 직사광선을 받지 않도록 • 넘어짐 및 충격, 밸브손상 방지조치 난폭한 취급 금지(5ℓ 이하 제외) • 밸브 돌출용기 가스충전 후 넘어짐 밸브손상 방지조치(5ℓ 이하 제외)
용기 보관장소	• 2m 이내 화기인화성, 발화성 물질을 두지 않을 것
가연성 보관장소	• 방폭형 휴대용 손전등 이외 등화를 휴대하지 않을 것 • 보관장소는 양호한 통풍구조로 할 것
가연성, 독성 용기 보관장소	충전용 인도 시 가스누출 여부를 인수자가 보는데서 확인

55 액화석유가스의 일반적인 특징으로 틀린 것은?

① 증발잠열이 적다.
② 기화하면 체적이 커진다.
③ LP 가스는 공기보다 무겁다.
④ 액상의 LP 가스는 물보다 가볍다.

LP 가스 특징

일반적 특징	연소시 특징
① 가스는 공기보다 무겁다. ② 액은 물보다 가볍다. ③ 기화 액화가 용이하다. ④ 기화시 체적이 250배 커진다. ⑤ 증발잠열이 크다.	① 연소속도가 늦다. ② 연소범위가 좁다. ③ 발화온도가 높다. ④ 연소시 다량의 공기가 필요하다.

56 용기내장형 가스 난방기용으로 사용하는 부탄 충전용기에 대한 설명으로 옳지 않은 것은?

① 용기 몸통부의 재료는 고압가스 용기용 강판 및 강대이다.
② 프로텍터의 재료는 일반구조용 압연강재이다.
③ 스커트의 재료는 고압가스 용기용 강판 및 강대이다.
④ 넥크링의 재료는 탄소함유량이 0.48% 이하인 것으로 한다.

넥크링 재료는 탄소함유량이 0.28% 이하인 것으로 간주한다.

57 내용적 50L인 가스용기에 내압시험압력 3.0MPa의 수압을 걸었더니 용기의 내용적이 50.5L로 증가하였고 다시 압력을 제거하여 대기압으로 하였더니 용적이 50.002L가 되었다. 이 용기의 영구증가율을 구하고 합격인가, 불합격인가 판정한 것으로 옳은 것은?

① 0.2%, 합격
② 0.2%, 불합격
③ 0.4%, 합격
④ 0.4%, 불합격

> 항구증가율 = $\dfrac{\text{항구증가량}}{\text{전증가량}} \times 100(\%)$
> $= \dfrac{50.002 - 50}{50.5 - 50} \times 100 = 0.4\%$

58 호칭지름 25A 이하이고 상용압력 2.94MPa 이하의 나사식 배관용 볼밸브는 10회/min 이하의 속도로 몇 회 개폐동작 후 기밀시험에서 이상이 없어야 하는가?

① 3000회
② 6000회
③ 30000회
④ 60000회

> 배관용 볼밸브 기밀시험
> ① 고압시트 누출 성능 : 밸브를 닫고 물로서 상용압력 1.1배 또는 1.76MPa 중 높은 압력의 수압으로 이상이 없을 것
> ② 저압시트 누출성능 : 밸브입구 쪽에서 0.4~0.7MPa 공기·질소를 1분 이상 가압시 누출이 없어야 한다.
> ③ 몸통기밀시험 : 밸브 1/2 개방시 상용압력 1.1배의 공기 질소로 1분 이상 가압시 누출이 없어야 한다.
> ④ 내구성능 : 호칭경 25A 이하 상용압력 2.94MPa 이하 10회/min 이하 속도로 6000회 개폐조작 후 누출이 없는 것으로 한다.

59 암모니아 저장탱크에는 가스 용량이 저장탱크 내용적의 몇 %를 초과하는 것을 방지하기 위하여 과충전 방지조치를 하여야 하는가?

① 65%
② 80%
③ 90%
④ 95%

60 다음 물질 중 아세틸렌을 용기에 충전할 때 침윤제로 사용되는 것은?

① 벤젠
② 아세톤
③ 케톤
④ 알데히드

> 아세틸렌 용기 : 아세톤 DMF

제4과목 가스계측

61 전기저항 온도계에서 측정 저항체의 공칭 저항치는 몇 ℃의 온도일 때 저항소자의 저항을 의미하는가?

① -273℃
② 0℃
③ 5℃
④ 21℃

> 열전대 온도계의 측정온도범위 특성

종류	극성 (+)	극성 (-)	온도범위	특성
PR (R형) (백금-백금로듐)	Rh (백금로듐)	P(Pt)(백금)	0 ~ 1600℃	산에 강하고 환원성에 약하다.
CA(K형) (크로멜, 알루멜)	크로멜 C(+) CNi 90% Cr 10%	알루멜 A(-) (Ni 94% Al 3% Mn 2% Si 1%)	-20 ~ 1200℃	환원성에 강하고 산화성에 약하다.
IC (J형) (철-콘스탄탄)	I(+)	C(-) Cu 55% Ni 45%	-20 ~ 800℃	환원성에 강하고 산화성에 약하다.
CC (T형) (동-콘스탄탄)	C(+)	C(-)	-200 ~ 400℃	수분에 약하고 약산성에만 사용 가능하다.

> 전기저항온도계 : 온도상승시 저항이 증가하는 것을 이용
> • 측정원리 : 금속의 전기저항(공칭저항치 0℃의 저항소자)
> • 종류

종류	특징
백금저항온도계	• 측정범위(-200~850℃) • 저항계수가 크다. • 가격이 고가이다. • 정밀측정이 가능하다. • 표준저항값으로 25, 50, 100Ω이 있다.
니켈저항온도계	• 측정범위(-50~150℃) • 가격이 저렴하다. • 안전성이 있다. • 표준저항값(500)
구리저항온도계	• 측정범위(0~120℃) • 가격이 저렴하다. • 유지관리가 쉽다.
더미스터온도계 Ni + Cu + n + Fe + Co 등을 압축소결 시켜 만든 온도계	• 측정범위(-50~350℃) • 저항계수가 백금 • 경년 변화가 있다. • 응답이 빠르다.
저항계수가 큰 순서	더미스터 > 백금 > 니켈 > 구리

62 적외선 흡수식 가스분석계로 분석하기에 가장 어려운 가스는?

① CO_2
② CO
③ CH_4
④ N_2

> 적외선가스분석계
> He, Ne, Ar 단원자 분자와 N_2, O_2, H_2의 대칭 이원자분자는 분석이 불가능

63 기준 입력과 주피드백량의 차로 제어동작을 일으키는 신호는?

① 기준입력 신호
② 조작 신호
③ 동작 신호
④ 주피드백 신호

> • 기준입력 요소 : 목표값에 비례하는 신호인 기준입력 신호를 발생시키는 장치로서 제어계의 설정부를 의미
> • 동작신호 : 기준입력과 주피드백의 차이로 제어동작을 일으키는 신호

64 가스미터의 구비조건으로 옳지 않은 것은?

① 감도가 예민할 것
② 기계오차 조정이 쉬울 것
③ 대형이며 계량용량이 클 것
④ 사용가스량을 정확하게 지시할 수 있을 것

> 소형이며 계량용량이 클 것

65 물체에서 방사된 빛의 강도와 비교된 필라멘트의 밝기가 일치되는 점을 비교 측정하여 약 3000℃ 정도의 고온도까지 측정이 가능한 온도계는?

① 광고온도계
② 수은온도계
③ 베크만온도계
④ 백금저항온도계

66 가스누출 검지경보장치의 기능에 대한 설명으로 틀린 것은?

① 경보농도는 가연성가스인 경우 폭발하한계의 1/4이하 독성가스인 경우 TLV- TWA 기준 농도 이하로 할 것
② 경보를 발신한 후 5분 이내에 자동적으로 경보 정지가 되어야 할 것
③ 지시계의 눈금은 독성가스인 경우 0~TLV-TWA 기준 농도 3배 값을 명확하게 지시하는 것일 것
④ 가스검시에서 발신까지의 소요시간은 경보농도 1.6배 농도에서 보통 30초 이내 일 것

> 가스누출경보기 및 자동차단장치 설치(KGS Fu 2.8.2)(KGS Fp211)
> (1) 설치개요 : 독성 및 공기보다 무거운 가연성가스의 저장설비에는 가스가 누출될 경우 이를 신속히 검지 효과적 대응을 하여 설치
> (2) 검지경보장치기능(2.8.2.1) : 가스의 누출을 검지 그 농도를 지시함과 동시에 경보
> ① 접촉연소방식, 격막갈바니전지방식, 반도체방식 그 밖의 방식으로 검지 엘리먼트의 변화를 전기적 신호에 의해 설정가스농도에서 자동적으로 울리는 기능(단, 담배연기 및 다른 잡가스에는 경보하지 않을 것)
> ② 경보농도
>   가. 가연성 : 폭발하한의 1/4 이하
>   나. 독성 : (TLV-TWA)기준 허용농도 이하(NH_3는 실내에서 사용시 50ppm 이하)
> ③ 경보기 정밀도
>   가. 가연성 ±25% 이하
>   나. 독성 ±30% 이하
> ④ 검지에서 발신까지 걸리는 시간
>   경보농도의 1.6배 농도에서 30초 이내(단, NH_3, CO는 60초 이내)
> ⑤ 경보정밀도 : 전원 전압의 변동이 ±10% 정도일 때도 저하되지 않을 것
> ⑥ 지시계 눈금
>   가. 가연성 : 0~폭발하한계 값
>   나. 독성 : TLV-TWA 기준농도의 3배 값(NH_3는 실내에서 사용 시 150ppm)
> * 경보를 발신 후 그 농도가 변화하더라도 계속 경보하고 대책을 강구한 후 경보가 정지하게 된다.

67 상대습도가 '0' 이라 함은 어떤 뜻인가?

① 공기 중에 수증기가 존재하지 않는다.
② 공기 중에 수증기가 760mmHg만큼 존재한다.
③ 공기 중에 포화상태의 습증기가 존재한다.
④ 공기 중에 수증기압이 포화증기압보다 높음을 의미한다.

68 가스크로마토그래피(Gas chromatography)에서 전개제로 주로 사용되는 가스는?

① He
② CO
③ Rn
④ Kr

🔍 기체(혼합형)가스크로마토그래피의 특징

구분 항목	핵심내용
측정원리	① 흡착제를 충전한 관 속에서 혼합시료를 넣어 용제를 유동 ② 흡수력, 이동속도 차이에 의해 성분분석이 일어남. 기기분석법에 해당
3대요소	분리관 검출기 기록계
캐리어가스(운반가스)	He, H_2, Ar, N_2(가장 많이 사용 : He, H_2)
구비조건	① 운반가스는 불활성 고순도이며, 구입이 용이하여야 한다. ② 기체의 확산을 최소화 하여야 한다. ③ 사용검출기에 적합하여야 한다. ④ 분리능력 선택이 우수하다. ⑤ 적외선 가스 분석계에 비해 응답속도가 느리다. ⑥ 여러 가지 가스성분이 섞여있는 시료가스 분석에 적당하다.

69 다음 중 전자유량계의 원리는?

① 옴(Ohm)의 법칙
② 베르누이(Bernoulli)의 법칙
③ 아르키메데스(Archimedes)의 원리
④ 패러데이(Faraday)의 전자 유도법칙

70 초음파 유량계에 대한 설명으로 옳지 않은 것은?

① 정확도가 아주 높은 편이다.
② 개방수로에는 적용되지 않는다.
③ 측정체가 유체와 접촉하지 않는다.
④ 고온, 고압, 부식성 유체에도 사용이 가능하다.

71 계측계통의 특성을 정특성과 동특성으로 구분할 경우 동특성을 나타내는 표현과 가장 관계가 있는 것은?

① 직선성(Linerity)
② 감도(Sensitivity)
③ 히스테리시스(Hysteresis) 오차
④ 과도응답(Transient response)

72 가스미터 설치 시 입상배관을 금지하는 가장 큰 이유는?

① 균열에 따른 누출방지를 위하여
② 고장 및 오차 발생 방지를 위하여
③ 겨울철 수분 응축에 따른 밸브, 밸브시트 동결방지를 위하여
④ 계량막 밸브와 밸브시트 사이의 누출방지를 위하여

73 가스크로마토그래피 캐리어가스의 유량이 70mL/min에서 어떤 성분시료를 주입하였더니 주입점에서 피크까지의 길이가 18cm이었다. 지속용량이 450mL라면 기록지의 속도는 약 몇 cm/min 인가?

① 0.28
② 1.28
③ 2.8
④ 3.8

🔍 기록지 속도 = $\dfrac{유량 \times 피크길이}{지속용량}$
  = $70 \text{m}/\min \times \dfrac{18\text{cm}}{450\text{mL}}$ = 2.8cm/min

74 방사성 동위원소의 자연붕괴 과정에서 발생하는 베타입자를 이용하여 시료의 양을 측정하는 검출기는?

① ECD
② FID
③ TCD
④ TID

가스크로마토그래피 검출기의 특징

명칭	원리	특성
TCD (열전도도형 검출기)	운반가스와 시료 성분가스의 열전도차를 금속 필라멘트의 저항 변화로 검출	구조가 간단하다. 선형 감응범위가 넓다. 검출 후 용질을 파괴하지 않는다. 가장 널리 사용한다.
FID (수소염 이온화 검출기)	불꽃으로 시료성분이 이온화됨으로써 불꽃 중에 놓여진 전극간의 전기전도도가 증대하는 것을 이용	탄화수소에서 감응이 최고이고, H_2, O_2, CO, CO_2, SO_2 등에 감응이 없다.(유기화합물 분리에 적합)
ECD (전자포획 이온화 검출기)	방사선으로 운반가스가 이온화되고 생긴 자유전자를 시료 성분이 포획하면 이온전류가 감소되는 것을 이용	할로겐 및 산소화합물에서의 감응이 최고, 탄화수소는 감도가 나쁘다(베타입자 이용).
FPD (염광광도 검출기)	–	인, 유황화합물을 선택적으로 검출
FTD (알칼리성 열이온화 검출기)	–	유기질소화합물 유기인 화합물을 선택적으로 검출

75 막식 가스미터에서 계량막의 파손, 밸브의 탈락, 밸브와 밸브시트 간격에서의 누설이 발생하여 가스는 미터를 통과하나 지침이 작동하지 않는 고장형태는?

① 부동
② 누출
③ 불통
④ 기차불량

막식 가스미터의 고장

종류	정의
기차불량	기차가 변하여 계량법에 규정된 사용공차를 넘어서는 경우이며, 계량막이 신축하여 계량실부피가 변화하거나 막에서의 누설, 밸브와 밸브시트 사이의 누설, 패킹부의 누설 등이 원인
감도불량	미터에 감도유량을 올렸을 때 지침의 시도에 변화가 나타나지 않는 고장, 계량막과 밸브와 밸브시트 사이 패킹누설 등이 원인
부동	가스는 가스미터를 통과하나 미터지침이 작동하지 않는 고장. 계량막의 파손, 밸브의 탈락, 밸브와 밸브시트 사이에 누설 등과 같이 계량하는 부분에 누설이 발생하고 있는 경우 지시장치의 기어불량 등에 가스미터 지침에 전달되지 않으므로 일어난다.
불통	가스가 미터를 통과하지 않는 고장. 크랭크축이 녹이 슬거나 밸브와 밸브시트가 타르수분 등에 의하여 점착이나 고착 동결하여 움직일 수 없게 된 경우 날개조절기 등의 납땜에 떨어지는 등 회전장치부분에 고장시 일어남
누설	날개축이나 평축이 각 격벽을 관통하는 시일부분의 기밀이 파손된 경우
이물질에 의한 불량	크랭크축에 이물질이 들어가거나 밸브와 밸브시트 사이에 유분 등의 점성 물질이 부착한 경우

전기저항온도계 : 온도상승시 저항이 증가하는 것을 이용

① 측정원리 : 금속의 전기저항 (공칭저항치 0℃의 저항소자)
② 종류

종류	특징
백금저항온도계	측정범위(−200~850℃) 저항계수가 크다. 가격이 고가이다. 정밀측정이 가능하다. 표준저항값으로 25, 50, 100Ω이 있다.
니켈저항온도계	측정범위(−50~150℃) 가격이 저렴하다. 안전성이 있다. 표준저항값(500)
구리저항온도계	측정범위(0~120℃) 가격이 저렴하다. 유지관리가 쉽다.
더미스터온도계 Ni + Cu + n + Fe + Co 등을 압축소결 시켜 만든 온도계	측정범위(−50~350℃) 저항계수가 백금 경년 변화가 있다. 응답이 빠르다.
저항계수가 큰 순서	더미스터 > 백금 > 니켈 > 구리

76 계량기의 감도가 좋으면 어떠한 변화가 오는가?

① 측정시간이 짧아진다.
② 측정범위가 좁아진다.
③ 측정범위가 넓어지고, 정도가 좋다.
④ 폭 넓게 사용할 수가 있고, 편리하다.

감도 : 지시량의 변화를 측정값의 변화로 나누어 준 값
$$= \frac{지시량의변화}{측정값의 변화}$$

77 온도 25℃, 노점 19℃인 공기의 상대습도를 구하면? (단, 25℃ 및 19℃에서의 포화수증기압은 각각 23.76mmHg 및 16.47mmHg이다.)

① 56% ② 69%
③ 78% ④ 84%

🔍 상대습도 = $\dfrac{\text{저온의 포화수증기압}}{\text{고온의 포화수증기압}} \times 100$
= $\dfrac{16.47}{23.76} \times 100 = 69\%$

78 50mL의 시료가스를 CO_2, O_2, CO순으로 흡수시켰을 때 이 때 남은 부피가 각각 32.5mL, 24.2mL, 17.8mL이었다면 이들 가스의 조성 중 N_2의 조성은 몇 % 인가? (단, 시료 가스는 CO_2, O_2, CO, N_2로 혼합되어 있다.)

① 24.2% ② 27.2%
③ 34.2% ④ 35.6%

🔍 ① $CO_2\% = \dfrac{50-32.5}{50} \times 100 = 35\%$
② $O_2\% = \dfrac{32.5-24.2}{50} \times 100 = 16.6\%$
③ $CO\% = \dfrac{24.2-17.8}{50} \times 100 = 12.8\%$
$N_2\% = 100 - (35+16.6+12.8) = 35.6\%$

79 오리피스유량계의 유량계산식은 다음과 같다. 유량을 계산하기 위하여 설치한 유량계에서 유체를 흐르게 하면서 측정해야 할 값은? (단, C : 오리피스계수, A_2 : 오리피스 단면적, H : 마노미터액주계 눈금, γ_1 : 유체의 비중량이다.)

$$Q = C \times A_2 \left(2gH\left[\dfrac{\gamma_1-1}{\gamma}\right]\right)^{0.5}$$

① C ② A_2
③ H ④ γ_1

80 목표치가 미리 정해진 시간적 순서에 따라 변할 경우의 추치 제어 방법의 하나로서 가스크로마토그래피의 오븐 온도제어 등에 사용되는 제어방법은?

① 정격치제어
② 비율제어
③ 추종제어
④ 프로그램제어

🔍 목표값에 의한 제어계
· 정치제어 : 목표값이 시간에 관계 없이 항상 항상 일정한 제어(프로세스 자동조정)
· 추치제어 : 목표값의 위치 크기가 시간에 따라 변화하는 제어
① 추종 : 제어량의 분류 중 서보기구에 해당하는 값을 제어하며 미지의 임의시간적 변화를 하는 목표값에 제어량을 추종시키는 제어
② 프로그램 : 미리정해진 시간적 변화에 따라 정해진 순서대로 제어(무인 자판기, 무인열차 등)
③ 비율 : 목표값이 다른 것과 일정비율관계를 가지고 변화하는 추종제어

정답 2018년 1회 기출문제

01 ①	02 ④	03 ③	04 ④	05 ③
06 ②	07 ④	08 ④	09 ②	10 ①
11 ③	12 ②	13 ③	14 ②	15 ②
16 ①	17 ④	18 ②	19 ①	20 ②
21 ②	22 ②	23 ④	24 ④	25 ②
26 ④	27 ②	28 ②	29 ②	30 ①
31 ②	32 ①	33 ①	34 ③	35 ④
36 ②	37 ①	38 ③	39 ③	40 ④
41 ③	42 ③	43 ①	44 ③	45 ④
46 ④	47 ①	48 ②	49 ④	50 ②
51 ①	52 ③	53 ①	54 ①	55 ①
56 ④	57 ③	58 ②	59 ③	60 ②
61 ②	62 ④	63 ③	64 ③	65 ①
66 ②	67 ①	68 ①	69 ②	70 ②
71 ④	72 ③	73 ③	74 ①	75 ①
76 ②	77 ②	78 ④	79 ③	80 ④

2018년 2회 04월 28일 시행
공단 기출문제

제1과목 연소공학

01 다음 중 조연성가스에 해당하지 않는 것은?

① 공기
② 염소
③ 탄산가스
④ 산소

🔍 탄산가스(CO_2) : 불연성 액화가스

02 다음 중 연소의 3요소에 해당하는 것은?

① 가연물, 산소, 점화원
② 가연물, 공기, 질소
③ 불연재, 산소, 열
④ 불연재, 빛, 이산화탄소

03 연소범위에 대한 설명 중 틀린 것은?

① 수소가스의 연소범위는 약 4~75v%이다.
② 가스의 온도가 높아지면 연소범위는 좁아진다.
③ 아세틸렌은 자체분해폭발이 가능하므로 연소상한계를 100%로도 볼 수 있다.
④ 연소범위는 가연성 기체의 공기와의 혼합에 있어 점화원에 의해 연소가 일어날 수 있는 범위를 말한다.

🔍 ② 가스온도 상승시 연소범위는 넓어진다.
　가스의 압력 상승시 연소범위는 넓어진다.
　(단, CO는 압력상승시 좁아지며 H_2는 처음에는 좁아지다가 계속 상승시 어느 시점에서 다시 넓어진다)

04 아세톤, 톨루엔, 벤젠이 제4류 위험물로 분류되는 주된 이유는?

① 공기보다 밀도가 큰 가연성 증기를 발생시키기 때문에
② 물과 접촉하여 많은 열을 방출하여 연소를 촉진시키기 때문에
③ 니트로기를 함유한 폭발성 물질이기 때문에
④ 분해 시 산소를 발생하여 연소를 돕기 때문에

05 비중(60/60°F)이 0.95인 액체연료의 API도는?

① 15.45　　② 16.45
③ 17.45　　④ 18.45

🔍 $API도 = \dfrac{141.5}{비중(0°F/60°F)} - 131.5$
　　$= \dfrac{141.5}{0.95} - 131.5 = 17.447 = 17.45$
　참고 $Be(보메도) = 144.3 - \dfrac{144.3}{비중(60°F/60°F)}$

06 기체 연료가 공기 중에서 정상연소 할 때 정상연소속도의 값으로 가장 옳은 것은?

① 0.1~10m/s
② 11~20m/s
③ 21~30m/s
④ 31~40m/s

🔍 폭발과 폭굉

구분	특 징
폭발	음속 이하이며 정상연소속도는 0.03~10m/s
폭굉	가스 중 음속보다 화염전파 속도가 큰 경우로 파면선단에 솟구치는 압력파가 발생 격렬한 파괴작용을 일으키는 원인. 폭굉속도는 1000~3500m/s

07 방폭구조 중 점화원이 될 우려가 있는 부분을 용기 내에 넣고 신선한 공기 또는 불연성가스 등의 보호기체를 용기의 내부에 넣음으로써 용기내부에는 압력이 형성되어 외부로부터 폭발성 가스 또는 증기가 침입하지 못하도록 한 구조는?

① 내압방폭구조 ② 안전증방폭구조
③ 본질안전방폭구조 ④ 압력방폭구조

🔍 **방폭구조**

종류	내용
내압 방폭구조(d)	용기의 내부에 폭발성 가스의 폭발이 일어날 경우, 용기가 폭발 압력에 견디고 외부의 폭발성 가스에 인화될 위험이 없도록 한 방폭구조
압력 방폭구조(p)	점화원이 될 우려가 있는 부분을 용기 안에 넣고 보호기체(신선한 공기 또는 불활성기체)를 용기 안에 압입함으로써 폭발성 가스가 침입하는 것을 방지하도록 되어 있는 방폭구조
유입 방폭구조(o)	전기 불꽃을 발생하는 부분을 용기 내부의 기름에 내장하여 외부의 폭발성 가스 또는 점화원 등에 접촉시 점화의 우려가 없도록 한 방폭구조
안전증 방폭구조(e)	정상 운전 중의 내부에서 불꽃이 발생하지 않도록 전기적, 기계적, 구조적으로 온도 상승에 대해 안전도를 증가시킨 구조로 내압 방폭구조보다 용량이 적음
본질안전 방폭구조 (ia, ib)	정상시 또는 단락, 단선, 지락 등의 사고시에 발생하는 아크, 불꽃, 고열에 의하여 폭발성 가스나 증기에 점화되지 않는 것이 확인된 구조
특수 방폭구조(s)	폭발성 가스, 증기 등에 의하여 점화하지 않는 구조로서 모래 등을 채워 넣은 사업 방폭구조 등
몰드 방폭구조(m)	폭발성가스의 증기입자 잠재적 위험 부위에 사용 정격전압 11000V를 넘지 않는 전기제품 등에 대한 시험요건에 대하여 규정된 방폭구조
비점화 방폭구조(n)	2종 장소에 사용되는 가스 증기 방폭기기 등에 적용 폭발성 가스 분위기에서 사용 전기기기구조시험표시 등에 대하여 규정된 방폭구조

08 다음 반응식을 이용하여 메탄(CH_4)의 생성열을 계산하면?

㉠ $C + O_2 \rightarrow CO_2$
　$\Delta H = -97.2 kcal/mol$
㉡ $H_2 + 1/2 O_2 \rightarrow H_2O$
　$\Delta H = -57.6 kcal/mol$
㉢ $CH_4 + 2O_2 \rightarrow CO_2 + 2H_2O$
　$\Delta H = -194.4 kcal/mol$

① $\Delta H = -17 kcal/mol$
② $\Delta H = -18 kcal/mol$
③ $\Delta H = -19 kcal/mol$
④ $\Delta H = -20 kcal/mol$

🔍 CH_4의 생성반응식
$C + 2H_2 \rightarrow CH_4 + Q$
계산식
㉠ + ㉡ × 2 - ㉢ 식을 정리하면
CH_4의 생성반응식 완성

$+ \begin{vmatrix} C+O_2 \rightarrow CO_2+97.2 \\ 2H_2+O_2 \rightarrow 2H_2O+57.6 \times 2 \end{vmatrix}$
$C+2H_2+2O_2 \rightarrow CO_2+2H_2O+97.2+57.6 \times 2$ 이 식을 CH_4의 연소반응식을 빼면

$- \begin{vmatrix} C+2H_2+2O_2 \rightarrow CO_2+2H_2O+97.2+57.6 \times 2 \\ CH_4+2O_2 \rightarrow CO_2+2H_2O+194.4 \end{vmatrix}$
$C+2H_2 \rightarrow CH_4+97.2+57.6 \times 2-194.4$
$= C+2H_2 \rightarrow CH_4+18 kcal$
∴ $\Delta H = -18 kcal$

09 공기비(m)에 대한 가장 옳은 설명은?

① 연료 1kg당 실제로 혼합된 공기량과 완전연소에 필요한 공기량의 비를 말한다.
② 연료 1kg당 실제로 혼합된 공기량과 불완전연소에 필요한 공기량의 비를 말한다.
③ 기체 $1m^3$당 실제로 혼합된 공기량과 완전연소에 필요한 공기량의 차를 말한다.
④ 기체 $1m^3$당 실제로 혼합된 공기량과 불완전연소에 필요한 공기량의 차를 말한다.

🔍 **공기비**

• 공기비(m) = 과잉공기계수

$m = \dfrac{A(실제공기량)}{A_0(이론공기량)}$　과잉공기비 = (m-1)　과잉공기율 (m-1)×100%

(1) 공기비가 클 경우 영향	(2) 공기비가 적을 경우 영향
① 연소가스 온도저하	① 미연소가스에 의한 역화의 위험성
② 배기가스량 증가	② 불완전연소
③ 연소가스 중 황 등의 영향으로 저온 부식 초래	③ 매연발생
④ 연소가스 중 질소산화물 증가	④ 미연소 가스에 의한 열손실 증가

• 과잉공기량(P) = A(실제공기량) - Ao(이론공기량) = (m-1)Ao [m:공기비]
• 실제공기량(A) = Ao(이론공기량) + P(과잉공기량)
• 공기비(m) = $\dfrac{A}{A_0}$　연료 1kg 당 이론공기에 대한 실제공기의 비
　　　　　　연료 1kg 당 실제혼합된공기량과 완전연소에 필요한 공기량의 비

10 메탄을 공기비 1.1로 완전 연소시키고자 할 때 메탄 1Nm³당 공급해야할 공기량은 약 몇 Nm³인가?

① 2.2
② 6.3
③ 8.4
④ 10.5

🔍 CH_4의 연소반응식
$CH_4 + 2O_2 \rightarrow CO_2 + 2H_2O$
$1Nm^3 : 2 \times Nm^3$ 이므로
실제공기 $A = mA_0 = 1.1 \times 2 \times \dfrac{1}{0.21} Nm^3 = 10.47 = 10.5 Nm^3$

11 화염전파속도에 영향을 미치는 인자와 가장 거리가 먼 것은?

① 혼합기체의 농도
② 혼합기체의 압력
③ 혼합기체의 발열량
④ 가연 혼합기체의 성분조성

12 공기 중 폭발한계의 상한 값이 가장 높은 가스는?

① 프로판
② 아세틸렌
③ 암모니아
④ 수소

가스명	폭발범위(%)	가스명	폭발범위(%)
C_2H_2	2.5~81	NH_3	15~28
H_2	4~75	C_3H_8	2.1~9.5

13 기체연료의 연소에서 일반적으로 나타나는 연소의 형태는?

① 확산연소
② 증발연소
③ 분무연소
④ 액면연소

🔍 연소의 종류

종류	해당 연소물질
분해연소	목재, 종이, 플라스틱, 석탄
증발연소	경유, 휘발유 : 액체에서 발생한 가연성 증기가 액화하여 화염을 내고 이 화염의 온도에 의하여 액체 표면에서 증기의 발생을 촉진
표면연소	숯, 코크스, 목탄, 알미늄막 : 고체물질의 대표적인 연소로서 표면에 산소가 접촉하여 연소하는 형태
확산연소	수소, 아세틸렌 등 공기보다 가벼운 가스물질의 연소
액면연소	등유의 Pot Burner : 연료표면에 화염의 복사열 대류 및 열전도에 의해 연료가 가열 증발 발생한 증기가 공기 중에서 연소하는 형태
분무연소	액체연료를 미립화하여 연료의 표면적을 증가, 공기혼합을 원활하게 하여 연소하는 방법(액체연료 중 가장 효율적인 연소)

14 다음 중 가스 연소 시 기상 정지반응을 나타내는 기본 반응식은?

① $H + O_2 \rightarrow OH + O$
② $O + H_2 \rightarrow OH + H$
③ $OH + H_2 \rightarrow H_2O + H$
④ $H + O_2 + M \rightarrow HO_2 + M$

🔍 수소-산소의 양론혼합반응에서 소반응의 종류

반응의 종류	반응
연쇄이동반응	$OH + H_2 \rightarrow H_2O + H$ $O + HO_2 \rightarrow O_2 + OH$
안정분자(표면정지반응)	H, O, OH → 안정분자
연쇄분지반응	$H + O_2 \rightarrow OH + O$ $O + H_2 \rightarrow OH + H$
기상정지반응	$H + O_2 + M \rightarrow H_2O + M$

①, ② 연쇄분지/ ③ 연쇄이동

15 폭발에 관한 가스의 일반적인 성질에 대한 설명 중 틀린 것은?

① 안전간격이 클수록 위험하다.
② 연소속도가 클수록 위험하다.
③ 폭발범위가 넓은 것이 위험하다.
④ 압력이 높아지면 일반적으로 폭발범위가 넓어진다.

🔍 ① 안전간격이 클수록 안전하다.

16 아세틸렌(C_2H_2, 연소범위 : 2.5~81%)의 연소범위에 따른 위험도는?

① 30.4
② 31.4
③ 32.4
④ 33.4

> 위험도(H) = $\dfrac{U-L}{L} = \dfrac{81-2.5}{2.5} = 31.4$

17 표준상태에서 고발열량(총발열량)과 저발열량(진발열량)과의 차이는 얼마인가? (단, 표준상태에서 물의 증발잠열은 540kcal/kg이다.)

① 540kcal/kg-mol
② 1970kcal/kg-mol
③ 9720kcal/kg-mol
④ 15400kcal/kg-mol

> 고위(Hh) Hℓ(저위) 발열량의 차이는 물의 증발잠열이므로
> 540 kcal/kg = 540 kcal/$\dfrac{1kg}{180kg}$mol
> = 540 × 18 kcal/ 1kg-mol
> = 9720 kcal/kg-mol

18 기체혼합물의 각 성분을 표현하는 방법에는 여러 가지가 있다. 혼합가스의 성분비를 표현하는 방법 중 다른 값을 갖는 것은?

① 몰분율
② 질량분율
③ 압력분율
④ 부피분율

> 아보가드로 법칙에서 1mol=22.4L이고 이상기체상태 방정식 PV = nRT 이면 압력은 몰수에 비례하므로
> 압력분율 = 몰분율 = 부피분율이 된다.

19 발화지연에 대한 설명으로 가장 옳은 것은?

① 저온, 저압일수록 발화지연은 짧아진다.
② 화염의 색이 적색에서 청색으로 변하는데, 걸리는 시간을 말한다.
③ 특정 온도에서 가열하기 시작하여 발화시까지 소요되는 시간을 말한다.
④ 가연성가스와 산소의 혼합비가 완전 산화에 근접할수록 발화지연은 길어진다.

> ① 고온·고압 일수록 발화지연은 짧아진다.
> ④ 안전산화에 가까울수록 발화지연은 짧아진다.

20 BLEVE(Boiling Liquid Expanding Vapour Explosion) 현상에 대한 설명으로 옳은 것은?

① 물이 점성이 있는 뜨거운 기름 표면 아래서 끓을 때 연소를 동반하지 않고 overflow 되는 현상
② 물이 연소유(oil)의 뜨거운 표면에 들어갈 때 발생되는 overflow 현상
③ 탱크바닥에 물과 기름의 에멀젼이 섞여 있을 때, 기름의 비등으로 인하여 급격하게 overflow 되는 현상
④ 과열상태의 탱크에서 내부의 액화 가스가 분출, 일시에 기화되어 착화, 폭발하는 현상

항목		정의
BLEVE (비등액체 증기폭발)	정의	가연성 액화가스에서 외부 화재로 탱크 내 액체의 비등 증기가 팽창하면서 폭발을 일으키는 현상
	방지법	• 탱크를 2중 탱크로 한다. • 단열재를 사용한다. • 화재발생 시 탱크에 물을 뿌려 냉각시킨다.
UVCE (증기운폭발)	정의	대기 중 다량의 가연성가스 또는 액체의 유출로 발생한 증기가 공기와 혼합하여 가연성 혼합기체를 형성하고 발화원에 의해 발생하는 폭발
	특징	• 폭발효율이 낮다. • 증기운의 크기가 크면 점화우려가 높다. • 대부분 폭연으로 화재가 발생한다. • 점화위치가 방출점에서 멀어질수록 위력이 크다. • 증기와 공기의 난류혼합을 폭발력을 증대시킨다.
	영향 인자	• 방출물질의 양 • 점화원인의 위치 • 증발물질의 분율
Jet fire (제트화재)		고압의 LPG 누출 시 점화원에 의해 불기둥을 이루는 화재이며 주로 복사열에 의해 발생
Flash over (전실화재)		화재 시 가연물의 모든 노출 표면에서 빠르게 열분해가 일어나 가연성가스가 충만해져 이 가연성 가스가 빠르게 발화하여 격렬하게 타는 현상

제2과목 가스설비

21 황화수소(H_2S)에 대한 설명으로 틀린 것은?

① 각종 산화물을 환원시킨다.
② 알칼리와 반응하여 염을 생성한다.
③ 습기를 함유한 공기 중에는 대부분 금속과 작용한다.
④ 발화온도가 약 450℃ 정도로서 높은 편이다.

> 특수폭발 및 화염의 종류
> ④ H_2S의 발화온도 : 260℃

22 탱크에 저장된 액화프로판(C_3H_8)을 시간당 50kg씩 기체로 공급하려고 증발기에 전열기를 설치했을 때 필요한 전열기의 용량은 약 몇 kW인가? (단, 프로판의 증발열은 3740cal/gmol, 온도변화는 무시하고, 1cal는 1.163×10^{-6}kW이다.)

① 0.2
② 0.5
③ 2.2
④ 4.9

> 전열기 용량(kW)
> = 3740cal/gmol × 1163 × 10^{-6}kW/cal × $\dfrac{5 \times 10^3}{44}$(g/mol)/h
> = 4.94kW

23 배관의 관경을 50cm에서 25cm로 변화시키면 일반적으로 압력손실은 몇 배가 되는가?

① 2배
② 4배
③ 16배
④ 32배

> 배관의 압력손실
> $H = \dfrac{Q^2 \cdot S \cdot L}{K^2 \cdot D^5}$ $H = \dfrac{1}{\left(\dfrac{25}{50}\right)^5} = 32$배

24 LPG 배관의 압력손실 요인으로 가장 거리가 먼 것은?

① 마찰 저항에 의한 압력손실
② 배관의 이음류에 의한 압력손실
③ 배관의 수직 하향에 의한 압력손실
④ 배관의 수직 상향에 의한 압력손실

> 배관의 압력손실
> ① 입상(수직상향) 배관에 의한 압력손실(mmH_2O)
> $h = 1.293(s-1)H$ (s : 비중, H : 입상높이)
> ② 마찰저항(직선배관)에 의한 손실
> $H = \dfrac{Q^2 \cdot S \cdot L}{K^2 \cdot D^5}$
> H : 압력손실(mmH_2O) Q : 가스유량(m^3/h)
> S : 가스비중   L : 관길이(m)
> K : 유량계수   D : 관지름(cm)
> ③ 밸브안전 밸브에 의한 손실
> ④ 가스미터에 의한 손실

25 저온, 고압 재료로 사용되는 특수강의 구비 조건이 아닌 것은?

① 크리프 강도가 작을 것
② 접촉 유체에 대한 내식성이 클 것
③ 고압에 대하여 기계적 강도를 가질 것
④ 저온에서 재질의 노화를 일으키지 않을 것

26 매설관의 전기방식법 중 유전양극법에 대한 설명으로 옳은 것은?

① 타 매설물에의 간섭이 거의 없다.
② 강한 전식에 대해서도 효과가 좋다.
③ 양극만 소모되므로 보충할 필요가 없다.
④ 방식전류의 세기(강도) 조절이 자유롭다.

> 전기방식법
> **(1) 개요**
> 지하의 매설 배관에 부식을 방지하기 위하여 양전류를 흘러보내 토양의 음전류와 상쇄하여 배관의 부식을 방지하는 방법
>
> **(2) 종류 및 장단점**
>
> | 전기방식법 | 장점 | 단점 |
> | --- | --- | --- |
> | 희생양극법(유전양극법) Fe보다 (-)방향 전위를 가지고 있는 Mg, Al, Zn 등의 금속을 배관과 연결 Fe이(-) 방향으로 전위변화를 일으켜 배관의 부식을 방지하는 방법 | • 시공이 간단하고 값이 싸다.
• 타 매설물의 간섭이 없다.
• 단거리 배관에 경제적이다.
• 과방식의 우려가 없다.
• 전위경사가 적은 장소에 적합
• 도복장의 저항이 큰 대상물에 적합 | • 효과 범위가 좁다.
• 전류조절이 어렵다.
• 강한 전식에는 효과가 없다.
• 양극의 보충이 필요하다. |

외부전원법 방식정류기를 이용한 전의 교류전원을 직류로 바꾸어 매설배관에 외부에서 방식전류를 흐르게 하여 부식을 방지하는 방법	· 방식효과 범위가 넓다. · 장거리배관에 경제적이다. · 전압전류조절이 용이하다. · 전식에 대한 방식이 가능하다. · 전위차가 크고 적용이 가능하다.	· 타 매설물의 간섭이 있다. · 교류전원이 필요하다. · 비용이 많이 든다. · 과방식의 우려가 있다.
선택배류법 직류전철에서 누설되는 전류에 의한 전식을 방지하기 위해 배관의 직류 전원의 (-)선을 레일에 연결함으로 전기부식을 억제하는 방법	· 전철의 전류로 인한 비용이 절감된다. · 시공비가 저렴하다. · 전철의 위치에 따라 효과 범위가 넓다.	· 타 매설물의 간섭에 유의해야 한다. · 과방식의 우려가 있다. · 전철 운행 중지 시에는 효과가 없다.
강제배류법 외부전원법과 선택배류법의 중간 형태로 레일에서 멀리 있는 경우 외부 전원 장치로 가까운 경우 선택 배류방법으로 전기방식하는 방법	· 전기방식의 효과범위가 넓다. · 전압전류 조정이 가능하다. · 전철의 운휴에도 방식이 가능하다.	· 타 매설물의 장해가 있다. · 과방식 우려가 있다. · 전원이 필요하다. · 전철의 신호 장애에 의한 검토가 필요하다.

27 케이싱 내에 모인 임펠러가 회전하면서 기체가 원심력 작용에 의해 임펠러의 중심부에서 흡입되어 외부로 토출하는 구조의 압축기는?

① 회전식 압축기
② 축류식 압축기
③ 왕복식 압축기
④ 원심식 압축기

28 정압기의 부속설비가 아닌 것은?

① 수취기
② 긴급차단장치
③ 불순물 제거설비
④ 가스누출검지통보설비

🔍 정압기실
②, ③, ④항 이외에 볼밸브, 안전밸브 등

29 부탄의 C/H 중량비는 얼마인가?

① 3
② 4
③ 4.5
④ 4.8

🔍 $C_4/H_{10} = 48/10 = 4.8$

30 용기종류별 부속품의 기호가 틀린 것은?

① 초저온용기 및 저온용기의 부속품 – LT
② 액화석유가스를 충전하는 용기의 부속품 – LPG
③ 아세틸렌을 충전하는 용기의 부속품 – AG
④ 압축가스를 충전하는 용기의 부속품 – LG

🔍 용기부속품의 기호
· 초저온 저온용기의 부속품 : LT
· 액화석유가스 이외의 액화가스를 충전하는 용기의 부속품 : LG
· 액화석유가스를 충전하는 용기 및 그 부속품 : LPG
· 아세틸렌가스를 충전하는 용기 및 그 부속품 : AG

31 도시가스 제조에서 사이크링식 접촉분해(수증기개질)법에 사용하는 원료에 대한 설명으로 옳은 것은?

① 메탄만 사용할 수 있다.
② 프로판만 사용할 수 있다.
③ 석탄 또는 코크스만 사용할 수 있다.
④ 천연가스에서 원유에 이르는 넓은 범위의 원료를 사용할 수 있다.

32 LPG 이송설비 중 압축기를 이용한 방식의 장점이 아닌 것은?

① 펌프에 비해 충전시간이 짧다.
② 재액화현상이 일어나지 않는다.
③ 사방밸브를 이용하면 가스의 이송방향을 변경할 수 있다.
④ 압축기를 사용하기 때문에 베이퍼록 현상이 생기지 않는다.

LP 가스 이송시 압축기 펌프의 장·단점

구분	장점	단점
압축기	• 충전시간이 짧다. • 잔가스 회수가 용이하다. • 베이퍼록의 우려가 없다.	• 재액화 우려가 있다. • 드레인 우려가 있다.
펌프	• 재액화 우려가 없다. • 드레인 우려가 없다.	• 충전시간이 길다. • 잔가스 회수가 불가능하다. • 베이퍼록의 우려가 있다.

33 저압배관의 관경 결정 공식이 다음 보기와 같을 때 ( )에 알맞은 것은? (단, H : 압력손실, Q : 유량, L : 배관길이, D : 배관관경, S : 가스비중, K : 상수)

$$H = (Ⓐ) \times S \times (Ⓑ) / K^2 \times (Ⓒ)$$

① Ⓐ : Q^2, Ⓑ : L, Ⓒ : D^5
② Ⓐ : L, Ⓑ : D^5, Ⓒ : Q^2
③ Ⓐ : D^5, Ⓑ : L, Ⓒ : Q^2
④ Ⓐ : L, Ⓑ : Q^5, Ⓒ : D^2

배관 유량식

$Q = K\sqrt{\dfrac{D^5 H}{SL}}$ 에서 $H = \dfrac{Q^2 \cdot S \cdot L}{K^2 \cdot D^5}$ 이므로

34 펌프에서 공동현상(Cavitation)의 발생에 따라 일어나는 현상이 아닌 것은?

① 양정효율이 증가한다.
② 진동과 소음이 생긴다.
③ 임펠러의 침식이 생긴다.
④ 토출량이 점차 감소한다.

캐비테이션(공동현상)

항목	내용
정의	유수 중 그 수온의 증기압보다 낮은 부분이 생기면 물이 증발을 일으키고 기포를 발생하는 현상
방지법	• 펌프회전수를 낮춘다. • 펌프설치 위치를 낮춘다. • 수직축 펌프를 사용 회전차를 수중에 잠기게 한다. • 양흡입 펌프를 사용한다. • 두 대 이상의 펌프를 사용한다.
발생에 따른 현상	• 소음 • 진동 • 깃을 침식 • 양정, 효율곡선 저하

35 다음 중 암모니아의 공업적 제조방식은?

① 수은법
② 고압합성법
③ 수성가스법
④ 엔드류소호법

NH3 제조방법

제조법	• 하버보시법 $N_2 + 3H_2 \rightarrow 2NH_3$ • 석회질소법 $CaCN_2 + 3H_2O \rightarrow 2NH_3 + CaCO_3$
합성법	• 고압합성(600~1,000kg/cm²) 클로드법, 카자레법 • 중압합성(300kg/cm² 전후) 1G법, 동공시법, 케미그법 • 저압합성(150kg/cm² 전후) 구데법, 케로그법

36 고압가스용 안전밸브에서 밸브몸체를 밸브시트에 들어 올리는 장치를 부착하는 경우에는 안전밸브 설정압력의 얼마 이상일 때 수동으로 조작되고 압력해지 시 자동으로 폐지되는가?

① 60%
② 75%
③ 80%
④ 85%

37 LPG 공급, 소비설비에서 용기의 크기와 개수를 결정할 때 고려할 사항으로 가장 그 거리가 먼 것은?

① 소비자 가구수
② 피크 시의 기온
③ 감압방식의 결정
④ 1가구당 1일의 평균가스 소비량

① $Q = q \cdot N \cdot \eta$
Q : 피크시 가스 사용량(kg/h)
q : 1일 1호당 평균가스 소비량(kg/d)
N : 세대수
n : 소비율

② 용기수 = $\dfrac{\text{피크시 사용량}}{\text{용기 1개당 가스발생량}}$

38 아세틸렌 용기의 다공물질의 용적이 30L, 침윤 잔용적이 6L일 때 다공도는 몇 %이며 관련법상 합격여부의 판단으로 옳은 것은?

① 20%로서 합격이다.
② 20%로서 불합격이다.
③ 80%로서 합격이다.
④ 80%로서 불합격이다.

> 다공도 = $\dfrac{\text{다공물질의 용적} - \text{침윤 잔용적}}{\text{다공물질의 용적}}$
> = $\dfrac{30-6}{30} \times 100 = 80\%$
> 75% 이상 92% 미만에 해당되므로 합격이다.

39 구형(spherical type) 저장탱크에 대한 설명으로 틀린 것은?

① 강도가 우수하다.
② 부지면적과 기초공사가 경제적이다.
③ 드레인이 쉽고 유지관리가 용이하다.
④ 동일 용량에 대하여 표면적이 가장 크다.

> 구형탱크의 특징
> ①, ②, ③ 이외에 강도가 높다. 모양이 아름답다.

40 오토클레이브(Auto clave)의 종류 중 교반효율이 떨어지기 때문에 용기벽에 장애판을 설치하거나 용기 내에 다수의 볼을 넣어 내용물의 혼합을 촉진시켜 교반효과를 올리는 형식은?

① 교반형   ② 정치형
③ 진탕형   ④ 회전형

> 오토클레이브

항목		내용
정의		고온, 고압 하에서 화학적 합성이나 반응을 하기 위한 고압반응가마솥
종류	교반형	전자코일을 이용하거나 모터에 연결된 베일을 이용하는 방법
	회전형	오토클레이브 자체를 회전하는 방식
	진탕형	수평이나 전후 운동을 함으로써 내용물을 교반하는 형식으로 가스누설이 있고 고압력에 사용하며 반응물의 오손이 없다.
	가스교반형	가늘고 긴 수평반응기로 유체가 순환되어 교반하는 방식으로 레페반응장치에 이용된다.

제3과목 가스안전관리

41 산화에틸렌의 제독제로 적당한 것은?

① 물
② 가성소다수용액
③ 탄산소다수용액
④ 소석회

> 독성가스와 제독제, 보유량

가스별	제독제	보유량
염소(Cl_2)	가성소다수용액	670kg
	탄산소다수용액	870kg
	소석회	620kg
포스겐($COCl_2$)	가성소다수용액	390kg
	소석회	360kg
황화수소(H_2S)	가성소다수용액	1,140kg
	탄산소다수용액	1,500kg
시안화수소(HCN)	가성소다수용액	250kg
아황산가스(SO_2)	가성소다수용액	530kg
	탄산소다수용액	700kg
	물	다량
암모니아(HN_3), 산화에틸렌(C_2H_4O), 염화메탄(CH_3Cl)	물	다량

42 고압가스의 처리시설 및 저장시설기준으로 독성가스와 1종 보호시설의 이격거리를 바르게 연결한 것은?

① 1만 이하 – 13m 이상
② 1만 초과 2만 이하 – 17m 이상
③ 2만 초과 3만 이하 – 20m 이상
④ 3만 초과 4만 이하 – 27m 이상

🔍 안전거리

구분	저장능력	제1종보호시설	제2종보호시설
산소의 저장 설비	1만 이하	12m	8m
	1만 초과 2만 이하	14m	9m
	2만 초과 3만 이하	16m	11m
	3만 초과 4만 이하	18m	13m
	4만 초과	20m	14m
독성 가스 또는 가연성 가스의 저장 설비	1만 이하	17m	12m
	1만 초과 2만 이하	21m	14m
	2만 초과 3만 이하	24m	16m
	3만 초과 4만 이하	27m	18m
	4만 초과 5만 이하	30m	20m
	5만 초과 99만 이하	30m(가연성가스 저온 저장탱크는) $\frac{2}{25}\sqrt{X+10,000}$ m	20m(가연성가스 저온 저장탱크는) $\frac{2}{25}\sqrt{X+10,000}$ m
	99만 초과	30m(가연성가스 저온 저장탱크는 120m)	20m(가연성가스 저온 저장탱크는 80m)

43 에어졸의 충전 기준에 적합한 용기의 내용적은 몇 L 이하여야 하는가?

① 1
② 2
③ 3
④ 5

🔍 에어졸 용기
- 내용적 : 1ℓ 이하
- 두께 : 0.125mm
- 재료 : 강 또는 경금속
- 내압시험압력 : 0.8MPa
- 가압시험압력 : 1.3MPa
- 파열시험압력 : 1.5MPa
- 누출시험온도 : 46℃ 이상 50℃ 미만
- 불꽃길이 시험온도 : 24℃ 이상 26℃ 이하

44 액화석유가스에 주입하는 부취제(냄새나는 물질)의 측정방법으로 볼 수 없는 것은?

① 무취실법
② 주사기법
③ 시험가스 주입법
④ 오더(Odor) 미터법

🔍 뷔취제의 냄새농도 측정법
① 오더미터법
② 냄새주머니법
③ 주사기법
④ 무취실법

45 가연성 및 독성가스의 용기 도색 후 그 표기 방법으로 틀린 것은?

① 가연성가스는 빨간색 테두리에 검정색 불꽃 모양이다.
② 독성가스는 빨간색 테두리에 검정색 해골모양 이다.
③ 내용적 2L 미만의 용기는 그 제조자가 정한 바에 의한다.
④ 액화석유가스 용기 중 프로판가스를 충전하는 용기는 프로판가스임을 표시하여야 한다.

46 고압가스를 운반하는 차량의 안전 경계표지 중 삼각기의 바탕과 글자색은?

① 백색바탕 – 적색글씨
② 적색바탕 – 황색글씨
③ 황색바탕 – 적색글씨
④ 백색바탕 – 청색글씨

🔍 액화석유가스 용기 중 부탄가스를 충전하는 용기는 부탄가스임을 표시

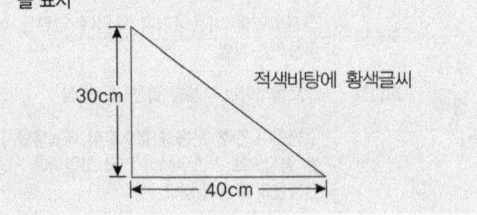

47 차량에 고정된 탱크에 의하여 가연성 가스를 운반할 때 비치하여야 할 소화기의 종류와 최소 수량은? (단, 소화기의 능력단위는 고려하지 않는다.)

① 분말소화기 1개
② 분말소화기 2개
③ 포말소화기 1개
④ 포말소화기 2개

🔍 운반하는 용기 및 차량에 고정된 탱크에 비치하는 소화설비(KGS, GC207)

운반하는 가스량에 따른 구분	소화기 종류		비치개수
	소화제 종류	능력 단위	
압축가스 100m³ 액화가스 1000kg 이상인 경우	분말 소화제	BC용, B-10 이상 또는 ABC용 B-12 이상	2개 이상
압축가스 15m³ 초과 100m³ 미만 또는 액화가스 150kg 초과 1000kg 미만인 경우	분말 소화제	상동	1개 이상
압축가스 15m³ 또는 액화가스 150kg 이하인 경우	분말 소화제	B-3 이상	1개 이상

용기운반시 비치 소화설비 (5kg 이하 운반시 제외)

차량에 고정된 탱크 운반시 소화설비

가스의 구분	소화기 종류		비치개수
	소화약제 종류	능력 단위	
가연성	분말소화제	BC용, B-10이상 또는 ABC용, B-12이상	차량 좌우 각각 1개 이상
독성	분말소화제	BC용, B-8이상, 또는 ABC용 B-10 이상	차량 좌우 각각 1개 이상

48 고압가스안전관리법에 적용받는 고압가스 중 가연성 가스가 아닌 것은?

① 황화수소
② 염화메탄
③ 공기 중에서 연소하는 가스로서 폭발한계의 하한이 10% 이하인 가스
④ 공기 중에서 연소하는 가스로서 폭발한계의 상한 하한의 차가 20% 미만인 가스

🔍 ④ 공기 중 연소하는 가스로서 폭발상한 하한의 차이가 20% 이상인 가스

49 고압가스용 이음매 없는 용기의 재검사는 그 용기를 계속 사용할 수 있는지 확인하기 위하여 실시한다. 재검사 항목이 아닌 것은?

① 외관검사
② 침입검사
③ 음향검사
④ 내압검사

🔍 고압가스 이음매 없는 용기 재검사 항목 : 외관검사, 내압검사, 음향검사

50 다음 중 가장 무거운 기체는?

① 산소
② 수소
③ 암모니아
④ 메탄

🔍 분자량(O_2 : 32g, H_2 : 2g, NH_3 : 17g, CH_4 : 16g)

51 내용적이 50리터인 이음매 없는 용기 재검사 시 용기에 깊이가 0.5mm를 초과하는 점부식이 있을 경우 용기의 합격여부는?

① 등급분류 결과 3급으로서 합격이다.
② 등급분류 결과 3급으로서 불합격이다.
③ 등급분류 결과 4급으로서 불합격이다.
④ 용접부 비파괴시험을 실시하여 합격여부 결정한다.

🔍 0.5mm 효과 점부식 : 4급 불합격

등급	용기상태
1급	사용상 지장이 없는 것. 2급, 3급, 4급에 속하지 않은 것
2급	길이가 1mm 이하의 우그러짐이 있는 것 중 사용상 지장여부를 판단하기 곤란한 것
3급	① 길이 0.3mm 미만이라고 판단 되는 홈 ② 길이 0.5mm 미만이라고 판단되는 부식

52 유해물질의 사고 예방 대책으로 가장 거리가 먼 것은?

① 작업의 일원화
② 안전보호구 착용
③ 작업시설의 정돈과 청소
④ 유해물질과 발화원 제거

53 고압가스 특정제조시설의 저장탱크 설치방법 중 위해방지를 위하여 고압가스 저장 탱크를 지하에 매설할 경우 저장탱크 주위에 무엇으로 채워야 하는가?

① 흙   ② 콘크리트
③ 모래   ④ 자갈

🔍 탱크지하 설치 시 채우는 모래 종류

탱크구분	빈 공간에 채우는 모래 종류
고법의 일반 저장탱크	마른모래
LPG 저장탱크	세립분을 함유하지 않은 모래

54 초저온 용기의 정의로 옳은 것은?

① 섭씨 -30℃ 이하의 액화가스를 충전하기 위한 용기
② 섭씨 -50℃ 이하의 액화가스를 충전하기 위한 용기
③ 섭씨 -70℃ 이하의 액화가스를 충전하기 위한 용기
④ 섭씨 -90℃ 이하의 액화가스를 충전하기 위한 용기

55 의료용 산소 가스용기를 표시하는 색깔은?

① 갈색   ② 백색
③ 청색   ④ 자색

🔍 용기의 도색 표시

가스의 종류	공업용	의료용
액화석유가스	회색	-
수소	주황색	-
아세틸렌	황색	-
암모니아	백색	-
염소	갈색	-
산소	녹색	백색
액화탄산가스	청색	회색
질소	회색	흑색
헬륨	-	갈색
에틸렌	-	자색
아산화질소	-	청색
사이클로프로판	-	주황색
그 밖의 가스	회색	회색
소방용 용기	소방법에 따른 도색	

56 용기의 파열사고의 원인으로서 가장 거리가 먼 것은?

① 염소용기는 용기의 부식에 의하여 파열사고가 발생할 수 있다.
② 수소용기는 산소와 혼합충전으로 격심한 가스폭발에 의하여 파열사고가 발생할 수 있다.
③ 고압 아세틸렌가스는 분해폭발에 의하여 파열사고가 발생할 수 있다.
④ 용기 내 수증기 발생에 의해 파열사고가 발생할 수 있다.

57 차량에 고정된 탱크로 고압가스를 운반할 때의 기준으로 틀린 것은?

① 차량의 앞뒤 보기 쉬운 곳에 붉은 글씨로 "위험 고압가스"라는 경계표지를 한다.
② 액화가스를 충전하는 탱크는 그 내부에 방파판을 설치한다.
③ 산소탱크의 내용적은 1만 8천L를 초과하지 아니하여야 한다.
④ 염소탱크의 내용적은 1만 5천L를 초과하지 아니하여야 한다.

🔍 • 독성저장탱크 내용적 : 1만 2천 l을 초과하지 않아야 한다 (단 암모니아 제외).
• 가연성(LPG 제외), 산소탱크 내용적 : 1만 8천 l을 초과하지 않아야 한다.

58 최고사용압력이 고압이고 내용적이 5m³인 일반도시가스 배관의 자기압력기록계를 이용한 기밀시험시 기밀유지시간은?

① 24분 이상
② 240분 이상
③ 48분 이상
④ 480분 이상

🔍 압력계, 자기압력계 기밀시험유지시간

최고사용 압력	용적	기밀유지시간
저압 중압	1m³ 미만	24분
	1m³ 이상 10m³ 미만	240분
	10m³ 이상 300m³ 미만	24×V분 (1440분 초과시 1440분으로 할 수 있음)
고압	m³ 미만	48분
	1m³ 이상 10m³ 미만	480분
	10m³ 이상 300m³ 미만	48×V분(2880분 초과시 2880분으로 할 수 있음)

※ V는 피시험부분의 용적(단위 : m³)이다.

59 시안화수소(HCN)에 첨가되는 안정제로 사용되는 중합방지제가 아닌 것은?

① NaOH   ② SO_2
③ H_2SO_4 ④ $CaCl_2$

🔍 HCN 안정제
②, ③, ④항 이외에 동, 동망, 오산화인

60 수소의 특성에 대한 설명으로 옳은 것은?

① 가스 중 비중이 큰 편이다.
② 냄새는 있으나 색깔은 없다.
③ 기체 중에서 확산 속도가 가장 빠르다.
④ 산소, 염소와 폭발반응을 하지 않는다.

🔍 ① 가스 중 비중이 가장 적다.
② 색, 맛 냄새가 없다.
④ 산소, 염소와 폭발적 반응을 일으키는 폭명기가 있다.

제4과목 가스계측

61 HCN 가스의 검지반응에 사용하는 시험지와 반응색이 좋게 짝지어진 것은?

① KI 전분지 - 청색
② 질산구리벤젠지 - 청색
③ 염화파라듐지 - 적색
④ 염화 제일구리착염지 - 적색

🔍 독성가스 누출검지 시험지의 종류와 변색 상태

가스명	시험지	변색상태
염소	KI전분지	청색
암모니아	적색 리트머스지	청색
시안화수소	초산벤젠지 (질산구리벤젠지)	청색
포스겐	하리슨시험지	심등색, 귤색, 오렌지색
일산화탄소	염화파라듐지	흑색
황화수소	연당지	흑색
아세틸렌	염화제1동착염지	적색

62 아르키메데스 부력의 원리를 이용한 액면계는?

① 기포식 액면계
② 차압식 액면계
③ 정전용량식 액면계
④ 편위식 액면계

63 가스크로마토그래피와 관련이 없는 것은?

① 컬럼   ② 고정상
③ 운반기체   ④ 슬릿

🔍 기체(혼합형) 가스크로마토그래피의 특징
① 운반가스는 시료와 반응하지 않는 불활성이어야 한다.
② 기체의 확산을 최소화 할 수 있어야 한다.
③ 운반가스는 순도가 높고 구입이 용이해야 한다.
④ 사용검출기에 적합하여야 한다.
⑤ 운반가스의 종류는 He, H_2, Ar, N_2이며 주로 He, H_2가 많이 사용된다.
G/C 가스크로마토그래피 3대 요소 : 분리관(컬럼), 검출기, 기록계3대 요소 이외에 운반가스, 고정상 등이 필요

64 시정수(time constant)가 10초인 1차 지연형 계측기의 스텝응답에서 전체 변화의 95%까지 변화시키는데 걸리는 시간은?

① 13초 ② 20초
③ 26초 ④ 30초

$$y = 1 - e^{-(\frac{t}{T})}$$
$$-\left(\frac{t}{T}\right) = \ln(1-y)$$
$$\therefore t = -T\ln(1-y)$$
$$= -10 \times \ln(1-0.95)$$
$$= -10 \times \ln 0.05$$
$$= 29.95 \sec \fallingdotseq 30 \sec$$

65 압력계 교정 또는 검정용 표준기로 사용되는 압력계는?

① 기준 분동식
② 표준 침종식
③ 기준 박막식
④ 표준 부르동관식

66 건습구 습도계에 대한 설명으로 틀린 것은?

① 통풍형 건습구 습도계는 연료 탱크 속에 부착하여 사용한다.
② 2개의 수은 유리온도계를 사용한 것이다.
③ 자연 통풍에 의한 간이 건습구 습도계도 있다.
④ 정확한 습도를 구하려면 3~5m/s 정도의 통풍이 필요하다.

67 시험대상인 가스미터의 유량이 350m³/h이고 기준 가스미터의 지시량이 330m³/h일 때 기준 가스미터의 기차는 약 몇 %인가?

① 4.4%
② 5.7%
③ 6.1%
④ 7.5%

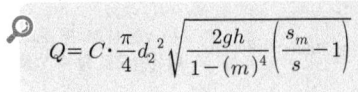

$$\text{기차} = \frac{\text{시험미터 지시량} - \text{기준미터 지시량}}{\text{시험미터 지시량}}$$
$$= \frac{350 - 330}{350} \times 100$$
$$= 5.7\%$$

68 차압식 유량계 중 벤투리식(Venturi type)에서 교축기구 전후의 관계에 대한 설명으로 옳지 않은 것은?

① 유량은 유량계수에 비례한다.
② 유량은 차압의 평방근에 비례한다.
③ 유량은 관지름의 제곱에 비례한다.
④ 유량은 조리개 비의 제곱에 비례한다.

$$Q = C \cdot \frac{\pi}{4} d_2^2 \sqrt{\frac{2gh}{1-(m)^4}\left(\frac{s_m}{s}-1\right)}$$

Q : 유량   C : 유량계수
d_2 : 관지름   m : 조리개의 비
g : 중력가속도   H : 압력차
s : 주관의 비중 Sm : 마노미터액의 비중

69 다음 중 유량의 단위가 아닌 것은?

① m³/s   ② ft³/h
③ m²/min   ④ L/s

70 압력의 종류와 관계를 표시한 것으로 옳은 것은?

① 전압=동압+정압
② 전압=게이지압+동압
③ 절대압=대기압+진공압
④ 절대압=대기압+게이지압

① 전압 = 동압 + 정압
② 절대압력 = 대기압력 - 진공압력
③ 절대압력 = 대기압력 + 게이지압력

71 연속동작 중 비례동작(P동작)의 특징에 대한 설명으로 좋은 것은?

① 잔류편차가 생긴다.
② 싸이클링을 제거할 수 없다.

③ 외란이 큰 제어계에 적당하다.
④ 부하변화가 적은 프로세스에는 부적당하다.

72 신호의 전송방법 중 유압전송 방법의 특징에 대한 설명으로 틀린 것은?

① 전송거리가 최고 300m이다.
② 조작력이 크고 전송지연이 적다.
③ 파이럿밸브식과 분사관식이 있다.
④ 내식성, 방폭이 필요한 설비에 적당하다.

73 습식가스미터의 계량 원리를 가장 바르게 나타낸 것은?

① 가스의 압력 차이를 측정
② 원통의 회전수를 측정
③ 가스의 농도를 측정
④ 가스의 냉각에 따른 효과를 이용

74 가스설비에 사용되는 계측기기의 구비조건으로 틀린 것은?

① 견고하고 신뢰성이 높을 것
② 주위 온도, 습도에 민감하게 반응할 것
③ 원거리 지시 및 기록이 가능하고 연속 측정이 용이할 것
④ 설치방법이 간단하고 조작이 용이하며 보수가 쉬울 것

75 가스분석에서 흡수분석법에 해당하는 것은?

① 적정법　　　　② 중량법
③ 흡광광도법　　④ 헴펠법

76 화학공장 내에서 누출된 유독가스를 현장에서 신속히 검지할 수 있는 방식으로 가장 거리가 먼 것은?

① 열선형　　　　② 간섭계형
③ 분광광도법　　④ 검지관법

🔍 **가연성가스 검출기**

항목	내용
열선형	브리지 회로의 편의 전류로서 가스의 농도지시 또는 자동적으로 경보하여 검출하는 방법
안전등형	① 탄광 내 CH_4의 발생을 검출하는데 이용 ② CH_4의 농도에 따라 청색불꽃의 길이가 달라지는 것을 판단하여 CH_4의 농도(%)를 측정
간섭계형	가스의 굴절률 차이를 이용하여 농도를 측정
검지관법	내경 2~4mm의 유리관에 발색시약을 흡착시킨 검지제를 충진하여 관의 양 단을 액봉한 것 사용시 양 단을 절단 가스채취기로 성분의 농도를 측정한다.

77 도시가스 제조소에 설치된 가스누출검지경보장치는 미리 설정된 가스농도에서 자동적으로 경보를 울리는 것으로 하여야 한다. 이때 미리 설정된 가스 농도란?

① 폭발 하한계 값
② 폭발 상한계 값
③ 폭발하한계의 1/4 이하 값
④ 폭발하한계의 1/2 이하 값

🔍 가스누출경보기 및 자동차단장치 설치(KGS Fu 2.8.2)(KGS Fp211)
(1) 설치개요 : 독성 및 공기보다 무거운 가연성가스의 저장설비에는 가스가 누출될 경우 이를 신속히 검지 효과적 대응을 하여 설치
(2) 검지경보장치기능(2.8.2.1) : 가스의 누출을 검지 그 농도를 지시함과 통시에 경보
　① 접촉연소방식, 격막갈바니전지방식, 반도체방식 그 밖의 방식으로 검지 엘리먼트의 변화를 전기적 신호에 의해 설정가스농도에서 자동적으로 울리는 기능(단, 담배 연기 및 다른 잡가스에는 경보하지 않을 것)
　② 경보농도
　　가. 가연성 : 폭발하한의 1/4 이하
　　나. 독성 : (TLV-TWA)기준 허용농도 이하(NH_3는 실내에서 사용시 50ppm 이하)
　③ 경보기 정밀도
　　가. 가연성 ±25% 이하
　　나. 독성 ±30% 이하
　④ 검지에서 발신까지 걸리는 시간
　　경보농도의 1.6배 농도에서 30초 이내(단, NH_3, CO는 60초 이내)
　⑤ 경보정밀도 : 전원 전압의 변동이 ±10% 정도일 때도 저하되지 않을 것
　⑥ 지시계 눈금
　　가. 가연성 : 0~폭발하한계 값
　　나. 독성 : TLV-TWA 기준농도의 3배 값(NH_3는 실내에서 사용 시 150ppm)
＊ 경보를 발신 후 그 농도가 변화하더라도 계속 경보하고 대책을 강구한 후 경보가 정지하게 된다.

78 파이프나 조절밸브로 구성된 계는 어떤 공정에 속하는가?

① 유동공정
② 1차계 액위공정
③ 데드타임공정
④ 적분계 액위공정

일반적 용도	일반 수용가	기준기 실험실용	대수용가
용량 범위	1.5~200㎥/h	0.2~3,000㎥/h	100~5,000㎥/h

79 2가지 다른 도체의 양끝을 접합하고 두 접점을 다른 온도로 유지할 경우 회로에 생기는 기전력에 의해 열전류가 흐르는 현상을 무엇이라고 하는가?

① 제백효과
② 존슨효과
③ 스테판-볼츠만 법칙
④ 스케링 삼승근 법칙

🔍 열전대 온도계
• 측정원리 : 열기전력
• 효과 : 제이베크 효과
• 구성 : 보상도선 밀리볼트계, 냉접점, 보호관 열접점(냉점유지온도 : 0℃)

80 고속회전이 가능하므로 소형으로 대유량의 계량기 가능하나 유지관리로서 스트레이너가 필요한 가스미터는?

① 막식가스미터　② 베인미터
③ 루트미터　　　④ 습식 미터

🔍 가스미터의 장·단점

구분	막식	습식	루트식
장점	• 값이 싸다. • 설치 후의 유지관리에 시간을 요하지 않는다.	• 계량이 정확하다. • 사용중에 기차의 변동이 크지 않다. • 원리는 드럼형이다.	• 대유량의 가스측정에 적합하다. • 중압가스의 계량이 가능하다. • 설치면적이 작다.
단점	대용량의 것은 설치면적이 크다.	• 사용중에 수위조정 등의 관리가 필요하다. • 설치면적이 크다.	• 스트레이너의 설치 및 설치 후의 유지관리가 필요하다. • 소유량(0.5㎥/h 이하)의 것은 부동의 우려가 있다.

정답 2018년 2회 기출문제

01 ③	02 ①	03 ②	04 ①	05 ③
06 ①	07 ④	08 ②	09 ①	10 ④
11 ③	12 ②	13 ①	14 ④	15 ①
16 ②	17 ③	18 ②	19 ③	20 ④
21 ④	22 ①	23 ④	24 ③	25 ①
26 ①	27 ④	28 ①	29 ④	30 ④
31 ④	32 ②	33 ①	34 ①	35 ②
36 ②	37 ③	38 ③	39 ④	40 ④
41 ①	42 ④	43 ①	44 ③	45 ④
46 ②	47 ②	48 ④	49 ②	50 ①
51 ③	52 ①	53 ③	54 ②	55 ②
56 ④	57 ④	58 ④	59 ①	60 ③
61 ②	62 ④	63 ④	64 ④	65 ①
66 ①	67 ②	68 ④	69 ④	70 ④
71 ①	72 ④	73 ②	74 ④	75 ④
76 ③	77 ③	78 ①	79 ①	80 ③

2018년 3회 공단 기출문제
09월 15일 시행

QUESTIONS FROM PREVIOUS TESTS

제1과목 연소공학

01 탄소(C) 1g을 완전 연소시켰을 때 발생되는 연소가스인 CO_2는 약 몇 g 발생하는가?

① 2.7g　　② 3.7g
③ 4.7g　　④ 8.9g

🔍 반응식
$C + O_2 \rightarrow CO_2$에서
계산식
탄소 12g과 반응하는 CO_2는 44g이므로
$12 : 44 = 1 : x$
$\therefore x = \dfrac{1 \times 44}{12} = 3.7g$

02 목재, 종이와 같은 고체 가연성물질의 주된 연소형태는?

① 표면연소　　② 자기연소
③ 분해연소　　④ 확산연소

🔍 연소의 종류

종류	해당 연소물질
분해연소	목재, 종이, 플라스틱, 석탄
증발연소	경유, 휘발유 : 액체에서 발생한 가연성 증기가 액화하여 화염을 내고 이 화염의 온도에 의하여 액체 표면에서 증기의 발생을 촉진
표면연소	숯, 코크스, 목탄, 알미늄막 : 고체물질의 대표적인 연소로서 표면에 산소가 접촉하여 연소하는 형태
확산연소	수소, 아세틸렌 등 공기보다 가벼운 가스물질의 연소
액면연소	등유의 Pot Burner : 연료표면에 화염의 복사열 대류 및 열전도에 의해 연료가 가열 증발 발생한 증기가 공기 중에서 연소하는 형태
분무연소	액체연료를 미립화하여 연료의 표면적을 증가, 공기혼합을 원활하게 하여 연소하는 방법(액체연료 중 가장 효율적인 연소)

03 다음 반응식을 이용하여 메탄(CH_4)의 생성열을 구하면?

(1) $C + O_2 \rightarrow CO_2$
　　$\Delta H = -97.2 \text{kcal/mol}$
(2) $H_2 + 1/2 O_2 \rightarrow H_2O$
　　$\Delta H = -57.6 \text{kcal/mol}$
(3) $CH_4 + 2O_2 \rightarrow CO_2 + 2H_2O$
　　$\Delta H = -194.4 \text{kcal/mol}$

① $\Delta H = -20 \text{kcal/mol}$
② $\Delta H = -18 \text{kcal/mol}$
③ $\Delta H = 18 \text{kcal/mol}$
④ $\Delta H = 20 \text{kcal/mol}$

🔍 CH_4의 생성반응식
$C + 2H_2 \rightarrow CH_4 + Q$
계산식
(1) + (2) × 2 - (3) 식을 정리하면
CH_4의 생성반응식 완성

$+ \begin{vmatrix} C+O_2 \rightarrow CO_2 + 97.2 \\ 2H_2+O_2 \rightarrow 2H_2O + 57.6 \times 2 \end{vmatrix}$
$C+2H_2+2O_2 \rightarrow CO_2+2H_2O+97.2+57.6 \times 2$ 이 식을 CH_4의 연소반응식을 빼면

$- \begin{vmatrix} C+2H_2+2O_2 \rightarrow CO_2+2H_2O+97.2+57.6 \times 2 \\ CH_4+2O_2 \rightarrow CO_2+2H_2O+194.4 \end{vmatrix}$
$C+2H_2 \rightarrow CH_4+97.2+57.6 \times 2-194.4$
$= C+2H_2 \rightarrow CH_4+18\text{kcal}$
$\therefore \Delta H = -18 \text{ kcal}$

04 화재나 폭발의 위험이 있는 장소를 위험장소라 한다. 다음 중 제1종 위험장소에 해당하는 것은?

① 상용의 상태에서 가연성 가스의 농도가 연속해서 폭발하한계 이상으로 되는 장소
② 상용상태에서 가연성 가스가 체류해 위험하게 될 우려가 있는 장소
③ 가연성 가스가 밀폐된 용기 또는 설비의 사고로 인해 파손되거나 오조작의 경우에만 누출

할 위험이 있는 장소
④ 환기장치에 이상이나 사고가 발생한 경우에 가연성 가스가 체류하여 위험하게 될 우려가 있는 장소

🔍 **위험장소**

종류	정의
0종 장소	상용의 상태에서 가연성가스의 농도가 연속해서 폭발하한계 이상으로 되는 장소(폭발상한계를 넘는 경우에는 폭발한계 이내로 들어 갈 우려가 있는 경우를 포함한다.)
1종 장소	상용상태에서 가연성가스가 체류해 위험하게 될 우려가 있는 장소, 정비보수 또는 누출 등으로 인하여 종종 가연성가스가 체류하여 위험하게 될 우려가 있는 장소
2종 장소	• 밀폐된 용기 또는 설비 안에 밀봉된 가연성가스가 그 용기 또는 설비의 사고로 인하여 파손되거나 오조작의 경우에만 누출 할 위험이 있는 장소 • 확실한 기계적 환기조치에 따라 가연성가스가 체류하지 아니하도록 되어 있으나 환기장치에 이상이나 사고가 발생한 경우에는 가연성가스가 체류해 위험하게 될 우려가 있는 장소 • 1종 장소의 주변 또는 인접한 실내에서 위험한 농도의 가연성가스가 종종 침입할 우려가 있는 장소

05 폭발하한계가 가장 낮은 가스는?

① 부탄 ② 프로판
③ 에탄 ④ 메탄

가스명	폭발범위(%)	가스명	폭발범위(%)
부탄	1.8~8.4	에탄	3~12.5
프로판	2.1~9.5	메탄	5~15

06 1kg의 공기가 100℃ 하에서 열량 25kcal를 얻어 등온팽창할 때 엔트로피의 변화량은 약 몇 kcal/K인가?

① 0.038
② 0.043
③ 0.058
④ 0.067

🔍 **등온팽창의 엔트로피 변화**
$$\Delta S = \frac{Q}{T} = \frac{25}{273+100} = 0.067 \text{ kcal/K}$$

07 실제 기체가 완전 기체의 특성 식을 만족하는 경우는?

① 고온, 저압
② 고온, 고압
③ 저온, 고압
④ 저온, 저압

🔍 • 이상기체(고온·저압)
• 실제기체(저온·고압)
• 실제기체가 이상기체의 특성만족 : (고온·저압)
• 이상기체가 실제기체의 특성만족 : (저온·고압)

08 파열의 원인이 될 수 있는 용기 두께 축소의 원인으로 가장 거리가 먼 것은?

① 과열   ② 부식
③ 침식   ④ 화학적 침해

09 어떤 연료의 저위발열량은 9000kcal/kg이다. 이 연료의 1kg을 연소시킨 결과 발생한 연소율은 6500kcal/kg이었다. 이 경우의 연소효율은 약 몇 %인가?

① 38%   ② 62%
③ 72%   ④ 138%

🔍 효율 = $\frac{연소열량}{저위발열량} \times 100 = \frac{6500}{9000} \times 100 = 72.2\%$

10 연소에 대하여 가장 적절하게 설명한 것은?

① 연소는 산화반응으로 속도가 느리고, 산화열이 발생한다.
② 물질의 전도율이 클수록 가연성이 되기 쉽다.
③ 활성화 에너지가 큰 것은 일반적으로 발열량이 크므로 가연성이 되기 쉽다.
④ 가연성 물질이 공기 중의 산소 및 그 외의 산소원의 산소와 작용하여 열과 빛을 수반하는 산화작용이다.

🔍 ① 연소는 산화반응 속도가 빠르고 산화열 발생
② 열전도율이 클수록 비가연성(철, 금속 물질)
③ 활성화 에너지가 적을수록 발열량이 커 가연성이 되기쉽다.

11 LPG에 대한 설명 중 틀린 것은?

① 포화탄화수소 화합물이다.
② 휘발유 등 유기용매에 용해된다.
③ 액체 비중은 물보다 무겁고, 기체 상태에서는 공기보다 가볍다.
④ 상온에서는 기체이나 가압하면 액화된다.

🔍 ③ 액체비중은 물보다 가볍고(0.5) 기체상태에서 공기보다 무겁다(1.5~2)

12 연소가스의 폭발 및 안전에 대한 다음 내용은 무엇에 관한 설명인가?

> 두 면의 평행판 거리를 좁혀가며 화염이 전파하지 않게 될 때의 면간거리

① 안전간격 ② 한계직경
③ 소염거리 ④ 화염일주

13 다음 중 중합폭발을 일으키는 물질은?

① 히드라진 ② 과산화물
③ 부타디엔 ④ 아세틸렌

🔍 • 분해폭발 : 히드라진, 과산화물 아세틸렌, 산화에틸렌
• 중합폭발 : 시안화수소, 산화에틸렌 부타디엔, 염화비닐

14 어떤 기체가 열량 80kJ을 흡수하면 외부에 대하여 20kJ의 일을 하였다면 내부에너지 변화는 몇 kJ인가?

① 20 ② 60
③ 80 ④ 100

🔍 $u = i - Apv = 80 - 20 = 60 kJ$

15 상온, 상압 하에서 메탄-공기의 가연성 혼합기체를 완전 연소시킬 때 메탄 1kg을 완전연소시키기 위해서는 공기 약 몇 kg이 필요한가?

① 4   ② 17
③ 19 ④ 64

🔍 연소반응식
$CH_4 + 2O_2 \rightarrow CO_2 + 2H_2O$
16 : 2×32
메탄 16kg 반응시 산소 64kg 이므로
16 : 64 = 1 : x
$x = \dfrac{64 \times 1}{16} = 4kg$
공기 중 산소가 23.2% 차지하므로
공기량 = $4 \times \dfrac{100}{23.2} = 17.24 kg$

16 일반기체상수의 단위를 바르게 나타낸 것은?

① kg·m/kg·K   ② kcal/kmol
③ kg·m/kmol·K ④ kcal/kg·℃

🔍 일반기체 상수(R)
(1) $\dfrac{848}{M}$ kg·m/kmol·K (2) 0.082 atm·ℓ/mol·K
(3) 1.987 cal/mol·K (4) 8.314 J/mol·K
(5) $\dfrac{8.314}{M}$ kJ/kg·K (6) $\dfrac{8314}{M}$ J/kg·K

17 다음은 폭굉의 정의에 관한 설명이다. ( )에 알맞은 용어는?

> 폭굉이란 가스의 화염(연소)( )가(이) ( ) 보다 큰 것으로 파면선단의 압력파에 의해 파괴작용을 일으키는 것을 말한다.

① 전파속도 - 음속
② 폭발파 - 충격파
③ 전파온도 - 충격파
④ 전파속도 - 화염온도

🔍 폭발과 폭굉

구분	특징
폭발	음속 이하이며 정상연소속도는 0.03~10m/s
폭굉	• 가스 중 음속보다 화염전파 속도가 큰 경우로 파면선단에 솟구치는 압력파가 발생하여 격렬한 파괴작용을 일으키는 원인 • 폭굉속도는 100~3500m/s • 파이프 라인을 축소시 폭굉거리가 짧아져 폭굉이 빨리 일어난다.

18 가스화재 시 밸브 및 콕을 잠그는 소화방법은?

① 질식소화
② 냉각소화
③ 억제소화
④ 제거소화

🔍 **소화의 종류**

종류	내용
제거소화	연소반응이 일어나고 있는 가연물 및 주변의 가연물을 제거하여 연소반응을 중지시켜 소화하는 방법
질식소화	가연물에 공기 및 산소의 공급을 차단하여 산소의 농도를 16% 이하로 하여 소화하는 방법 • 불연성 기체로 가연물을 덮는 방법 • 연소실을 완전 밀폐하는 방법 • 불연성 포로 가연물을 덮는 방법 • 고체로 가연물을 덮는 방법
냉각소화	연소하고 있는 가연물의 열을 빼앗아 온도를 인화점 및 발화점 이하로 낮추어 소화하는 방법 • 소화약제(CO_2)에 의한 방법 • 엑체를 사용하는 방법 • 고체를 사용하는 방법
억제소화 (부촉매효과법)	연쇄적 산화반응을 약화시켜 소화하는 방법
희석소화	산소나 가연성 가스의 농도를 연소범위 이하로 하여 소화하는 방법. 즉, 가연물의 농도를 작게 하여 연소를 중지시킨다.

19 이상기체에 대한 설명이 틀린 것은?

① 실제로는 존재하지 않는다.
② 체적이 커서 무시할 수 없다.
③ 보일의 법칙에 따르는 가스를 말한다.
④ 분자 상호 간에 인력이 작용하지 않는다.

🔍 **이상기체(완전가스)의 성질**
• 분자의 충돌로 총운동에너지가 감소되지 않는 완전 탄성체이다.
• 0K에서 부피는 0이어야 하며, 평균 운동에너지는 절대 온도에 비례한다.
• 이상기체 상태방정식은 높은 온도, 낮은 압력 조건에서 실제 가스에 비교적 잘 적용된다.
• 기체 분자 간 인력 반발력은 없다.
• 0K에서도 고체로 되지 않고 그 기체의 부피는 0이다.
• 냉각 압축하여도 액화되지 않는다.
• 보일-샤를의 법칙을 만족한다.

20 다음 중 가연성가스만으로 나열된 것은?

Ⓐ 수소	Ⓑ 이산화탄소
Ⓒ 질소	Ⓓ 일산화탄소
Ⓔ LNG	Ⓕ 수증기
Ⓖ 산소	Ⓗ 메탄

① Ⓐ, Ⓑ, Ⓔ, Ⓗ
② Ⓐ, Ⓓ, Ⓔ, Ⓗ
③ Ⓐ, Ⓓ, Ⓕ, Ⓗ
④ Ⓑ, Ⓓ, Ⓔ, Ⓗ

가스명	수소	일산화탄소	LNG(메탄)
폭발범위(%)	4~75	12.5~74	5~15

제2과목 가스설비

21 부식에 대한 설명으로 옳지 않은 것은?

① 혐기성 세균이 번식하는 토양 중의 부식속도는 매우 빠르다.
② 전식 부식은 주로 전철에 기인하는 미주 전류에 의한 부식이다.
③ 콘크리트와 흙이 접촉된 배관은 토양 중에서 부식을 일으킨다.
④ 배관이 점토나 모래에 매설된 경우 점토보다 모래 중의 관이 더 부식되는 경향이 있다.

22 그림은 가정용 LP가스 소비시설이다. R_1에 사용되는 조정기의 종류는?

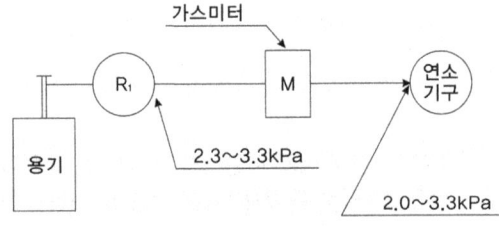

① 1단 감압식 저압조정기
② 1단 감압식 준저압조정기

③ 2단 감압식 1차용 조정기
④ 2단 감압식 2차용 조정기

23 냉간가공의 영역 중 약 210~360℃에서 기계적 성질인 인장강도는 높아지나 연신이 갑자기 감소하여 취성을 일으키는 현상을 의미하는 것은?

① 저온메짐
② 뜨임메짐
③ 청열메짐
④ 적열메짐

🔍 **취성(메짐)**
- 적열취성 : 금속에 S이 존재시 인장강도, 연신율, 인성이 저하. 이때 생성된 황화철(Fe s)이 고온(800~900℃)에서 취약하게 되는 성질
- 상온취성 : P(인)이 있을 때 충격치가 감소하여 쉽게 파열을 일으키는 성질
- 청열취성 : 탄소강이 200~360℃ 정도에서 경도와 인장강도가 최대 연신율 단면수축율은 최소되며 이 온도 근처에서 상온보다 약해지는 성질

24 액화 암모니아 용기의 도색 색깔로 옳은 것은?

① 밝은 회색
② 황색
③ 주황색
④ 백색

🔍 **용기의 도색 표시**

가스의 종류	공업용	의료용
액화석유가스	회색	-
수소	주황색	-
아세틸렌	황색	-
암모니아	백색	-
염소	갈색	-
산소	녹색	백색
액화탄산가스	청색	회색
질소	회색	흑색
헬륨	-	갈색
에틸렌	-	자색
아산화질소	-	청색
사이클로프로판	-	주황색
그 밖의 가스	회색	회색
소방용 용기	소방법에 따른 도색	

25 강을 열처리 하는 주된 목적은?

① 표면에 광택을 내기 위하여
② 사용시간을 연장하기 위하여
③ 기계적 성질을 향상시키기 위하여
④ 표면에 녹이 생기지 않게 하기 위하여

26 공기액화 장치에 들어가는 공기 중 아세틸렌 가스가 혼입되면 안 되는 가장 큰 이유는?

① 산소의 순도가 저하된다.
② 액체 산소 속에서 폭발을 일으킨다.
③ 질소와 산소의 분리작용에 방해가 된다.
④ 파이프 내에서 동결되어 막히기 때문이다.

🔍 **공기액화 분리장치**

항목	핵심내용
개요	원료공기를 압축 액화산소(-183℃), 액화아르곤(-186℃), 액화질소(-195.8℃)를 비등점 차이로 분리제조하는 저온장치
폭발원인	① 공기취입구에서 아세틸렌(C_2H_2)의 침입 ② 액체공기 중의 오존(O_3)의 혼입 ③ 공기 중 질소화합물의 혼입 ④ 압축기용 윤활유의 분해에 의한 탄화수소의 생성
폭발 방지대책	① 장치 내에 여과기 설치 ② 윤활제는 양질의 광유 사용 ③ 공기취입구를 밝은 곳에 설치 ④ 연 1회 CCl_4로 세척 ⑤ 부근에 카바이드 작업을 피한다.
운전중지하고 액산을 방출하여야 하는 경우	① 액산 5L 중 C의 질량이 500mg을 넘을 때 ② 액산 5L 중 C_2H_2의 질량이 500mg을 넘을 때

27 가스시설의 전기방식에 대한 설명으로 틀린 것은?

① 전기방식이란 강제배관 외면에 전류를 유입시켜 양극반응을 저지함으로써 배관의 전기적 부식을 방지하는 것을 말한다.
② 방식전류가 흐르는 상태에서 토양 중에 있는 방식전위는 포화황산동 기준전극으로 -0.85V 이하로 한다.
③ "희생양극법"이란 매설배관의 전위가 주위의 타 금속 구조물의 전위보다 높은 장소에서 매설배관과 주위의 타 금속구조물을 전기적으

로 접속시켜 매설 배관에 유입된 누출전류를 전기회로적으로 복귀시키는 방법을 말한다.

④ "외부전원법"이란 외부직류 전원장치의 양극은 매설배관이 설치되어 있는 토양에 접속하고, 음극은 매설배관에 접속시켜 부식을 방지하는 방법을 말한다.

> ① 전기방식의 기준
> - 전기방식 전류가 흐르는 상태에서 토양중에 있는 배관등의 방식전위 상한 값은 포화황산동 기준전극으로 −0.85V 이하 (황산염 환원 박테리아가 번식하는 토양에서는 −0.95V 이하)
> - 전기방식 전류가 흐르는 상태에서 자연전위와의 전위변위가 최소한 −300mV이어야 한다.
> - 배관에 대한 전위측정이 가능한 가까운 위치에서 기준전극으로 실시한다.
> ② 전기방식법
> - 개요 : 지하의 매설 배관에 부식을 방지하기 위하여 양전류를 흘러보내 토양의 음전류와 상쇄하여 배관의 부식을 방지하는 방법

종류 및 장단점

전기방식법	장점	단점
희생양극법(유전양극법) Fe보다 (−)방향 전위를 가지고 있는 Mg, Al, Zn 등의 금속을 배관과 연결 Fe이(−) 방향으로 전위변화를 일으켜 배관의 부식을 방지하는 방법	・시공이 간단하고 값이 싸다. ・타 매설물의 간섭이 없다. ・단거리 배관에 경제적이다. ・과방식의 우려가 없다. ・전위경사가 적은 장소에 적합 ・도복장의 저항이 큰 대상물에 적합	・효과 범위가 좁다. ・전류조절이 어렵다. ・강한 전식에는 효과가 없다. ・양극의 보충이 필요하다.
외부전원법 방식정류기를 이용한 전의 교류전원을 직류로 바꾸어 매설배관 외부에서 방식전류를 흐르게 하여 부식을 방지하는 방법	・방식효과 범위가 넓다. ・장거리배관에 경제적이다. ・전압전류조절이 용이하다. ・전식에 대한 방식이 가능하다. ・전위차가 크고 적용이 가능하다.	・타 매설물의 간섭이 있다. ・교류전원이 필요하다. ・비용이 많이 든다. ・과방식의 우려가 있다.
선택배류법 직류전철에서 누설되는 전류에 의한 전식을 방지하기 위해 배관의 직류 전원의 (−)선을 레일에 연결함으로 전기부식을 억제하는 방법	・전철의 전류로 인한 비용이 절감된다. ・시공비가 저렴하다. ・전철의 위치에 따라 효과 범위가 넓다.	・타 매설물의 간섭에 유의해야 한다. ・과방식의 우려가 있다. ・전철 운행 중지 시에는 효과가 없다.
강제배류법 외부전원법과 선택배류법의 중간 형태로 레일에서 멀리 있는 경우 외부 전원 장치로 가까운 경우 선택 배류방법으로 전기방식하는 방법	・전기방식의 효과범위가 넓다. ・전압전류 조정이 가능하다. ・전철의 운휴에도 방식이 가능하다.	・타 매설물의 장해가 있다. ・과방식 우려가 있다. ・전원이 필요하다. ・전철의 신호 장애에 의한 검토가 필요하다.

28 고압가스 용기의 안전밸브 중 밸브 부근의 온도가 일정 온도를 넘으면 퓨즈 메탈이 녹아 가스를 전부 방출시키는 방식은?

① 가용전식 ② 스프링 방식
③ 파열판식 ④ 수동식

> 안전밸브 형식 및 종류

종류	해당가스
스프링식	가장 널리 사용. 가용전 파열판식을 제외한 모든 가스
가용전식	밸브부근의 온도가 일정온도를 넘으면 퓨즈메탈이 녹아 가스를 방출시키는 형식으로 Cl_2, C_2H_2, C_2H_4O 등이 해당
파열판식	압력이 급상승시 파열판이 손상되어 가스를 방출하여 설비, 용기의 손상을 막음(압축가스)

29 다음은 용접용기의 동판두께를 계산하는 식이다. 이 식에서 S는 무엇을 나타내는가?

$$t = \frac{PD}{2S\eta - 1.2P} + P$$

① 여유두께 ② 동판의 내경
③ 최고충전압력 ④ 재료의 허용응력

> t : 동판두께(mm)   P : 용기의 Fp(MPa)
> D : 동판의 내경(mm) S : 허용응력(N/mm²)
> η : 용접효율   C : 부식여유치(mm)

30 카르노 사이클 기관이 27℃와 −33℃ 사이에서 작동될 때 이 냉동기의 열효율은?

① 0.2 ② 0.25
③ 4   ④ 5

🔍 냉동기 효율 = $\dfrac{T_1-T_2}{T_1}$

$\dfrac{\{(273+27)-(273+33)\}}{(273+27)}=0.25$

31 특수강에 내식성, 내열성 및 자경성을 부여하기 위하여 주로 첨가하는 원소는?

① 니켈
② 크롬
③ 몰리브덴
④ 망간

32 고압가스 냉동기의 발생기는 흡수식 냉동설비에 사용하는 발생기에 관계되는 설계온도가 몇 ℃를 넘는 열교환기를 말하는가?

① 80℃
② 100℃
③ 150℃
④ 200℃

33 도시가스의 저압공급방식에 대한 설명으로 틀린 것은?

① 수요량의 변동과 거리에 무관하게 공급압력이 일정하다.
② 압송비용이 저렴하거나 불필요하다.
③ 일반수용가를 대상으로 하는 방식이다.
④ 공급계통이 간단하므로 유지관리가 쉽다.

34 원심펌프는 송출구경을 흡입구경보다 작게 설계한다. 이에 대한 설명으로 틀린 것은?

① 흡입구경 보다 와류실을 크게 설계한다.
② 회전차에서 빠른 속도로 송출된 액체를 갑자기 넓은 와류실에 넣게 되면 속도가 떨어지기 때문이다.
③ 에너지 손실이 커져서 펌프효율이 저하되기 때문이다.
④ 대형펌프 또는 고 양정의 펌프에 적용된다.

🔍 흡입구경보다 와류실을 적게 설계
 와류실 : 회전차나 안내깃 또는 와실로부터 에너지를 부여받고 최종적으로 유출되는 물을 모아 송출관으로 보내는 동체

35 공기액화 분리장치의 폭발원인과 대책에 대한 설명으로 옳지 않은 것은?

① 장치 내에 여과기를 설치하여 폭발을 방지한다.
② 압축기의 윤활유에는 안전한 물을 사용한다.
③ 공기 취입구에서 아세틸렌의 침입으로 폭발이 발생한다.
④ 질화합물의 혼입으로 폭발이 발생한다.

🔍 공기액화 분리장치

항 목	핵심내용
개요	원료공기를 압축 액화산소(-183℃), 액화아르곤(-186℃), 액화질소(-195.8℃)를 비등점 차이로 분리제조하는 저온장치
폭발원인	① 공기취입구에서 아세틸렌(C_2H_2)의 침입 ② 액체공기 중의 오존(O_3)의 혼입 ③ 공기 중 질소화합물의 혼입 ④ 압축기용 윤활유의 분해에 의한 탄화수소의 생성
폭발 방지대책	① 장치 내에 여과기 설치 ② 윤활제는 양질의 광유 사용 ③ 공기취입구를 밝은 곳에 설치 ④ 연 1회 CCl_4로 세척 ⑤ 부근에 카바이드 작업을 피한다.
운전중지하고 액산을 방출하여야 하는 경우	① 액산 5L 중 C의 질량이 500mg을 넘을 때 ② 액산 5L 중 C_2H_2의 질량이 500mg을 넘을 때

36 용접장치에서 토치에 대한 설명으로 틀린 것은?

① 아세틸렌 토치의 사용압력은 0.1MPa 이상에서 사용한다.
② 가변압식 토치를 프랑스식이라 한다.
③ 불변압식 토치는 니들밸브가 없는 것으로 독일식이라 한다.
④ 팁의 크기는 용접할 수 있는 판 두께에 따라 선정한다.

🔍 토치사용압력은 0.1MPa 이하

37 직경 5m 및 7m인 두 구경 가연성 고압가스 저장탱크가 유지해야 할 간격은?(단, 저장탱크에 물분무 장치는 설치되어 있지 않음)

① 1m 이상   ② 2m 이상
③ 3m 이상   ④ 4m 이상

🔍 탱크 상호간의 이격거리

구분	이격거리
물분무 장치가 없을 경우	$(D_1+D_2) \times \dfrac{1}{4} > 1m$ 일 때 : 그 길이 이상 유지 $(D_1+D_2) \times \dfrac{1}{4} < 1m$ 일 때 : 1m 이상 유지
지하 설치 시	상호간 1m 이상 유지

$(5+7) \times \dfrac{1}{4} = 3m$

3m는 1m 보다 커 3m 이상 유지

38 정압기의 이상감압에 대처할 수 있는 방법이 아닌 것은?

① 필터 설치
② 정압기 2계열 설치
③ 저압배관의 loop화
④ 2차 측 압력 감시장치 설치

🔍 정압기 이상감압에 대처할 수 있는 방법
① 저배압관의 loop화
② 2차측 압력감시장치 설치
③ 정압기 2계열 설치

39 다음 중 신축이음이 아닌 것은?

① 벨로우즈형 이음   ② 슬리브형 이음
③ 루프형 이음   ④ 턱걸이형 이음

🔍 신축이음

종류	이음 방법
루프(Ω)	배관의 형상을 루프 형태로 구부려 그것을 이용 신축을 흡수하는 이음으로 신축이음 중 가장 큰 신축이음
상온(콜드) 스프링	배관의 자유 팽창량을 미리 계산, 관의 길이를 짧게 절단하는 강제 배관함으로써 신축을 흡수하는 방법으로 이 때의 절단길이는 자유팽창량의 길이이다.
슬리브이음 (슬라이드)	배관 중 슬리브 파이프를 설치하여 수축팽창 시 파이프 내에서 신축을 흡수하는 방법으로 미끄럼형 이음쇠라고 한다.
벨로우즈 이음	주름관의 형태로 만들어진 벨로우즈를 부착하여 신축을 흡수하는 방법이며 팰리스 신축이음쇠라고 한다.

40 물을 양정 20m, 유량 2m³/min으로 수송하고자 한다. 축동력 12.7PS를 필요로 한느 원심펌프의 효율은 약 몇 % 인가?

① 65%   ② 70%
③ 75%   ④ 80%

🔍 $Lps = \dfrac{\gamma \cdot Q \cdot H}{75\eta}$

$\eta = \dfrac{\gamma \cdot Q \cdot H}{Lps \times 75} = \dfrac{1000 \times (2/60) \times 20}{12.7 \times 75}$

$= 0.699 ≒ 70\%$

제3과목 가스안전관리

41 액화석유가스 판매사업소 용기보관실의 안전사항으로 틀린 것은?

① 용기는 3단 이상 쌓지 말 것
② 용기보관실 주위의 2m 이내에는 인화성 및 가연성물질을 두지 말 것
③ 용기보관실 내에서 사용하는 손전등은 방폭형일 것
④ 용기보관 실에는 계량기 등 작업에 필요한 물건 이외에 두지 말 것

🔍 용기는 2단으로 쌓지 않는다.

42 공기의 조성 중 질소, 산소, 아르곤, 탄산가스 이외의 비활성기체에서 함유량이 가장 많은 것은?

① 헬륨   ② 크립톤
③ 제논   ④ 네온

🔍 **비활성기체 공기중 용적 %**

가스명	함유(%)	가스명	함유(%)
Ar	0.93	He	0.0005
Ne	0.0018	Kr	0.001
Xe	0.00009		

아세틸렌	· 발연황산 시약을 사용한 오르자트법, 브롬 시약을 사용한 뷰렛법에서 순도가 98% 이상 · 질산은 시약을 사용한 정성시험에서 합격한 것

43 저장탱크에 의한 액화석유가스 사용시설에서 배관이 음부와 절연조치를 한 전선과의 이격거리는?

① 10cm 이상
② 20cm 이상
③ 30cm 이상
④ 60cm 이상

🔍 **LPG 배관이음매(용접 이음매 제외)**
호스 이음매, 가스계량기와 이격거리

시설명	항목	이격거리
LPG 도시가스 사용 도시가스 공급	절연조치하지 않은 전선	15cm
LPG 공급시설		30cm 이상
LPG, 도시가스 사용, 공급시설	절연조치한 전선	10cm 이상

44 아세틸렌의 품질 검사에 사용하는 시약으로 맞는 것은?

① 발연황산시약
② 구리, 암모니아 시약
③ 피로카롤 시약
④ 하이드로 썰파이드 시약

🔍 **산소, 수소, 아세틸렌 품질검사**

항목	간추린 핵심내용
검사장소	1일 1회 이상 가스제조장
검사자	안전관리 책임자가 실시 / 부총괄자와 책임자가 함께 확인 후 서명

해당 가스 및 판정기준			
해당가스	순도	시약 및 방법	합격온도, 압력
산소	99.5% 이상	동암모니아 시약, 오르자트법	35℃, 11.8MPa 이상
수소	98.5% 이상	피로카롤시약, 하이드로썰파이드시약, 오르자트법	35℃, 11.8MPa 이상

45 고압가스 충전 용기의 운반 기준 중 운반책임자가 동승하지 않아도 되는 경우는?

① 가연성 압축가스 400m³을 차량에 적재하여 운반하는 경우
② 독성 압축가스 90m³을 차량에 적재하여 운반하는 경우
③ 조연성 액화가스 6500kg을 차량에 적재하여 운반하는 경우
④ 조연성 액화가스 1200kg을 차량에 적재하여 운반하는 경우

🔍 **운반책임자 동승기준**

가스의 종류		허용농도기준	적재용량
독성가스	압축가스	200ppm 초과	100m³ 이상
		200ppm 이하	10m³ 이상
	액화가스	200ppm 초과	10000kg 이상
		200ppm 이하	100kg 이상
비독성 가스	압축가스	가연성 가스	300m³ 이상
		조연성 가스	600m³ 이상
	액화가스	가연성가스	3000kg 이상(납붙임 접합용기는 2000kg 이상)
		조연성 가스	6000kg 이상

46 독성가스의 처리설비로서 1일 처리능력이 15000m³인 저장시설과 21m 이상 이격하지 않아도 되는 보호시설은?

① 학교
② 도서관
③ 수용능력 15인 이상인 아동복지시설
④ 수용능력 300인 이상인 교회

🔍 **1종 보호시설과 유지하여야 할 안전거리**
③ 수용능력 15인 이상 아동복지시설 : 2종 보호시설

47 차량에 고정된 탱크로 고압가스를 운반하는 차량의 운반기준으로 적합하지 않은 것은?

① 액화가스를 충전하는 탱크에는 그 내부에 방파판을 설치한다.
② 액화가스 중 가연성가스, 독성가스 또는 산소가 충전된 탱크에는 손상되지 아니하는 재료로 된 액면계를 사용한다.
③ 후부취출식 외의 저장탱크는 저장탱크 후면과 차량 뒷 범퍼와의 수평거리가 20cm 이상 유지하여야 한다.
④ 2개 이상의 탱크를 동일한 차량에 고정하여 운반하는 경우에는 탱크마다 탱크의 주밸브를 설치한다.

🔍 차량고정탱크 운반기로

항목	내용
차량의 뒷 범퍼 이격거리	① 후부취출식 탱크 : 40cm 이상 이격 ② 후부취출식 이외의 탱크 : 30cm 이상 이격 ③ 조작상자 : 20cm 이상 이격
액면요동 방지를 위해 탱크내부에 설치하는 것	방파판
두 개 이상 탱크를 동일차량 운반 시	① 탱크마다 주밸브 설치 ② 탱크상호 탱크와 차량고정부착 장치 설치 ③ 충전관에 안전밸브 압력계 긴급탈압밸브 설치

48 고압호스 제조 시설설비가 아닌 것은?

① 공작기계   ② 절단설비
③ 동력용조립설비   ④ 용접설비

🔍 고압고무호스 제조설비(KGS, AA₅₃1)
① 나사가공 구멍가공 및 외경절삭이 가능한 공작기계
금속 및 고압고무호스의 절단이 가능한 절단 설비
③ 연결기구와 고압고무호스를 조립할 수 있는 동력용 조립설비 작업공구 및 작업대

49 소형저장탱크의 가스방출구의 위치를 지면에서 5m 이상 또는 소형저장탱크 정상부로부터 2m 이상 중 높은 위치에 설치하지 않아도 되는 경우는?

① 가스방출구의 위치를 건축물 개구부로부터 수평거리 0.5m 이상 유지하는 경우
② 가스방출구의 위치를 연소기의 개구부 및 환기용 공기흡입구로부터 각각 1m 이상 유지하는 경우
③ 가스방출구의 위치를 건축물 개구부로부터 수평거리 1m 이상 유지하는 경우
④ 가스방출구의 위치를 건축물 연소기의 개구부 및 환기용 공기흡입구로부터 각각 1.2m 이상 유지하는 경우

🔍 소형저장탱크 안전밸브(KGS, Fu432)
소형저장탱크의 안전밸브에는 가스 방출관을 설치, 이 경우 가스방출구 위치를 건축물 개구부로부터 수평거리 1m 이상 연소기의 개구부 및 환기용 공기흡입구로부터 각각 1.5m 이상 떨어지게 한 경우에는 지면에서 5m 이상 소형저장탱크 정상부로부터 2m 중 높은 위치에 설치하지 아니할 수 있다.

50 가스렌지를 점화시키기 위하여 점화동작을 하였으나 점화가 이루어지지 않았다. 다음 중 조치방법으로 가장 거리가 먼 내용은?

① 가스용기 밸브 및 중간 밸브가 완전히 열렸는지 확인한다.
② 버너캡 밸브 및 중간 밸브가 완전히 열렸는지 확인한다.
③ 창문을 열어 환기시킨 다음 다시 점화동작을 한다.
④ 점화플러그 주위를 깨끗이 닦아준다.

51 이동식 부탄연소기 및 접합용기(부탄캔)폭발사고의 예방대책이 아닌 것은?

① 이동식 부탄연소기보다 큰 과대 불판을 사용하지 않는다.
② 접합용기(부탄캔) 내 가스를 다 사용한 후에는 용기에 구멍을 내어 내부의 가스를 완전히 제거한 후 버린다.
③ 이동식 부탄연소기를 사용하여 음식물을 조리한 경우에는 조리 완료 후 이동식 부탄연소기의 용기 체결 홀더 밖으로 접합용기(부탄캔)를 분리한다.
④ 접합용기(부탄캔)는 스틸이므로 가스를 다 사용한 후에는 그대로 재활용 쓰레기 통에 버린다.

> 부탄캔용기 폐기시
> 구멍을 뚫어 내부 잔가스를 완전제거 후 폐기한다.

폭발 방지대책	① 장치 내에 여과기 설치 ② 윤활제는 양질의 광유 사용 ③ 공기취입구를 밝은 곳에 설치 ④ 연 1회 CCl_4로 세척 ⑤ 부근에 카바이드 작업을 피한다.
운전중지하고 액산을 방출하여야 하는 경우	① 액산 5L 중 C의 질량이 500mg을 넘을 때 ② 액산 5L 중 C_2H_2의 질량이 500mg을 넘을 때

52 고압가스 사용상 주의할 점으로 옳지 않은 것은?

① 저장탱크의 내부압력이 외부압력보다 낮아짐에 따라 그 저장탱크가 파괴되는 것을 방지하기 위하여 긴급차단 장치를 설치한다.
② 가연성 가스를 압축하는 압축기와 오토브레이크 사이의 배관에 역화방지 장치를 설치해 두어야 한다.
③ 밸브, 배관, 압력게이지 등의 부착물로부터 누출(leakage) 여부를 비눗물, 검지기 및 검지액 등으로 점검한 후 작업을 시작해야 한다.
④ 각각의 독성에 적합한 방독 마스크, 공기 호흡기 및 보안경 등을 준비해 두어야 한다.

> 저장탱크의 내부압력이 외부압력보다 낮아져 저장탱크가 파괴되는 것을 방지하기 위한 조치의 설비
> • 압력계
> • 압력경보설비
> • 그밖의 것(다음 중 어느 한 개의 설비)
>   – 진공안전밸브
>   – 다른 저장탱크 또는 시설로부터의 가스 도입배관(균압관)
>   – 압력과 연동하는 긴급차단 장치를 설치한 냉동제어 설비
>   – 압력과 연동하는 긴급차단장치를 설치한 송액설비

53 공기액화 분리장치의 폭발 원인이 아닌 것은?

① 이산화탄소와 수분제거
② 액체공기 중 오존의 혼입
③ 공기취입구에서 아세틸렌 혼입
④ 윤활유 분해에 따른 탄화수소 생성

> 공기액화 분리장치

항목	핵심내용
개요	원료공기를 압축 액화산소(-183℃), 액화아르곤(-186℃), 액화질소(-195.8℃)를 비등점 차이로 분리제조하는 저온장치
폭발원인	① 공기취입구에서 아세틸렌(C_2H_2)의 침입 ② 액체공기 중의 오존(O_3)의 혼입 ③ 공기 중 질소화합물의 혼입 ④ 압축기용 윤활유의 분해에 의한 탄화수소의 생성

54 특정고압가스 사용시설기준 및 기술상기준으로 옳은 것은?

① 산소의 저장설비 주위 20m 이내에는 화기 취급을 하지 말 것
② 사용시설은 당해설비의 작동상황을 년 1회 이상 점검할 것
③ 액화가스의 저장능력이 300kg 이상인 고압가스설비에는 안전밸브를 설치할 것
④ 액화가스저장량이 10kg 이상인 용기보관실의 벽은 방호벽으로 할 것

> 특정고압가스 사용시설
> ① 산소저장설비 5m 이내에는 화기를 취급하지 말것
> ② 당해설비 작동상황을 1일 1회 이상 점검할 것
> ④ 액화가스 300kg 이상, 압축가스 60m³ 이상 방호벽을 설치

55 다음은 고압가스를 제고하는 경우 품질검사에 대한 내용이다. ( ) 안에 들어갈 사항을 알맞게 나열할 것은?

산소, 아세틸렌 및 수소를 제조하는 자는 일정한 순도 이상의 품질유지를 위하여 (Ⓐ) 이상 적절한 방법으로 품질검사를 하여 그 순도가 산소의 경우에는 (Ⓑ)%, 아세틸렌의 경우에는 (Ⓒ)%, 수소의 경우에는 (Ⓓ)% 이상이어야 하고 그 검사결과를 기록할 것

① Ⓐ 1일 1회   Ⓑ 99.5   Ⓒ 98   Ⓓ 98.5
② Ⓐ 1일 1회   Ⓑ 99   Ⓒ 98.5   Ⓓ 98
③ Ⓐ 1주 1회   Ⓑ 99.5   Ⓒ 98   Ⓓ 98.5
④ Ⓐ 1주 1회   Ⓑ 99   Ⓒ 98.5   Ⓓ 98

산소, 수소, 아세틸렌 품질검사

항목	간추린 핵심내용
검사장소	1일 1회 이상 가스제조장
검사자	안전관리 책임자가 실시 / 부총괄자와 책임자가 함께 확인 후 서명

해당 가스 및 판정기준			
해당가스	순도	시약 및 방법	합격온도, 압력
산소	99.5% 이상	동암모니아 시약, 오르자트법	35℃, 11.8MPa 이상
수소	98.5% 이상	피로카롤시약, 하이드로설파이드시약, 오르자트법	35℃, 11.8MPa 이상
아세 틸렌	• 발연황산 시약을 사용한 오르자트법, 브롬 시약을 사용한 뷰렛법에서 순도가 98% 이상 • 질산은 시약을 사용한 정성시험에서 합격한 것		

방류둑 설치 기준

법규 구분			저장탱크 및 가스홀
고압가스 안전관리법	특정제조	독성	5t 이상
		가연성	500t 이상
		산소	1000t 이상
	일반제조	독성	5t 이상
		가연성	1000t 이상
		산소	1000t 이상
도시가스 사업법	가스도매사업		500t 이상
	일반도시가스업		1000t 이상
액화석유가스의 안전관리 및 사업법			1000t 이상
냉동 제조			수액기 용량 10000ℓ 이상

① 독성 5t이상 방류둑 설치

---

56 특정고압가스 사용시설의 기준에 대한 설명 중 옳은 것은?

① 산소 저장설비 주위 8m 이내에는 화기를 취급하지 않는다.
② 고압가스 설비는 상용압력 2.5배 이상의 내압시험에 합격한 것을 사용한다.
③ 독성가스 감압 설비와 당해 가스반응 설비간의 배관에는 역류방지장치를 설치한다.
④ 액화가스 저장량이 100kg 이상인 용기보관실에는 방호벽을 설치한다.

> 🔍 특정고압가스 사용시설
> ① 산소저장설비 5m 이내 화기를 취급하지 않는다.
> ② 상용압력 1.5배 이상 내압시험에 합격한 것으로 한다.
> ④ 액화가스 저장량 300kg 이상 방호벽을 설치한다.

57 다음 액화가스 저장탱크 중 방류둑을 설치하여야 하는 것은?

① 저장능력이 5톤인 염소 저장탱크
② 저장능력이 8백톤인 산소 저장탱크
③ 저장능력이 5백톤인 수소 저장탱크
④ 저장능력이 9백톤인 프로판 저장탱크

58 독성가스누출을 대비하기 위하여 충전설비에 제해설비를 한다. 제해설비를 하지 않아도 되는 독성가스는?

① 아황산가스 ② 암모니아
③ 염소   ④ 사염화탄소

> 🔍 독성가스 충전설비 중 재해설비를 하여야 하는 가스
> 아황산, 암모니아, 염소, 염화메탄, 산화에틸렌, 시안화수소, 포스렌, 황화수소

59 1일 처리능력이 60000m³인 가연성가스 저온저장탱크와 제2종 보호시설과의 안전거리 기준은?

① 20.0m ② 21.2m
③ 22.0m ④ 30.0m

> 🔍 안전거리

구분	저장능력	제1종보호시설	제2종보호시설
산소의 저장 설비	1만 이하	12m	8m
	1만 초과 2만 이하	14m	9m
	2만 초과 3만 이하	16m	11m
	3만 초과 4만 이하	18m	13m
	4만 초과	20m	14m

	1만 이하	17m	12m
독성 가스 또는 가연성 가스의 저장 설비	1만 초과 2만 이하	21m	14m
	2만 초과 3만 이하	24m	16m
	3만 초과 4만 이하	27m	18m
	4만 초과 5만 이하	30m	20m
	5만 초과 99만 이하	30m(가연성가스 저온 저장탱크는) $\frac{2}{25}\sqrt{X+10,000}$m	20m(가연성가스 저온 저장탱크는) $\frac{2}{25}\sqrt{X+10,000}$m
	99만 초과	30m(가연성가스 저온 저장탱크는 120m)	20m(가연성가스 저온 저장탱크는 80m)

$\frac{2}{25}\sqrt{x+10000} = \frac{2}{25}\sqrt{60000+10000} = 21.16 = 21.2m$

60 고압가스 저장설비에 설치하는 긴급차단장치에 대한 설명으로 틀린 것은?

① 저장설비의 내부에 설치하여도 된다.
② 조작 버튼(Button)은 저장설비에서 가장 가까운 곳에 설치한다.
③ 동력원(動力源)은 액압, 기압, 전기 또는 스프링으로 한다.
④ 간단하고 확실하며 신속히 차단되는 구조로 한다.

🔍 조작버튼은 탱크외면 5m 이상 떨어진 곳 3장소 이상 설치

제4과목 가스계측

61 건습구 습도계에서 습도를 정확하게 하려면 얼마 정도의 통풍속도가 가장 적당한가?

① 3~5m/sec
② 5~10m/sec
③ 10~15m/sec
④ 30~50m/sec

62 일산화탄소 검지 시 흑색반응을 나타내는 시험지는?

① KI 전분지
② 연당지
③ 하리슨시약
④ 염화파라듐지

🔍 독성가스 누출검지 시험지의 종류와 변색 상태

가스명	시험지	변색상태
염소	KI전분지	청색
암모니아	적색 리트머스지	청색
시안화수소	초산벤젠지 (질산구리벤젠지)	청색
포스겐	하리슨시험지	심등색, 귤색, 오렌지색
일산화탄소	염화파라듐지	흑색
황화수소	연당지	흑색
아세틸렌	염화제1동착염지	적색

63 공정제어에서 비례미분(PD) 제어동작을 사용하는 주된 목적은?

① 안정도
② 이득
③ 속응성
④ 정상특성

64 다음 중 막식 가스미터는?

① 그로바식
② 루트식
③ 오리피스식
④ 터빈식

🔍 가스계량기 분류

실측식	건식형	막식	독립내기식, 클로버식
		회전자식	루트형, 오벌형, 로타리피스톤형
추량식	오리피스형, 와류형, 델타형, 터빈형, 벤투리형, 선근차형		

65 Roots 가스미터에 대한 설명으로 옳지 않은 것은?

① 설치 공간이 적다.
② 대유량 가스 측정에 적합하다.
③ 중압가스의 계량이 가능하다.
④ 스트레이너의 설치가 필요 없다.

🔍 **가스미터의 장·단점**

구분	막식	습식	루트식
장점	• 값이 싸다. • 설치 후의 유지관리에 시간을 요하지 않는다.	• 계량이 정확하다. • 사용중에 기차의 변동이 크지 않다. • 원리는 드럼형이다.	• 대유량의 가스 측정에 적합 하다. • 중압가스의 계량이 가능하다. • 설치면적이 작다.
단점	대용량의 것은 설치면적이 크다.	• 사용중에 수위 조정 등의 관리가 필요하다. • 설치면적이 크다.	• 스트레이너의 설치 및 설치 후의 유지관리가 필요하다. • 소유량(0.5㎥/h 이하)의 것은 부동의 우려가 있다.
일반적 용도	일반 수용가	기준기 실험실용	대수용가
용량 범위	1.5~200㎥/h	0.2~3,000㎥/h	100~5,000㎥/h

66 국제 단위계(SI 단위) 중 압력단위에 해당되는 것은?

① Pa ② bar
③ atm ④ kgf/cm²

67 dial guage는 다음 중 어느 측정 방법에 속하는가?

① 비교측정
② 절대측정
③ 간접측정
④ 직접측정

68 다음 [그림]과 같이 시차 액주계의 높이 H가 60mm 일 때 유속(V)은 약 몇 m/s 인가?(단, 비중 γ와 γ'는 1과 13.6이고, 속도계수는 1, 중력가속도는 9.8m/s²이다)

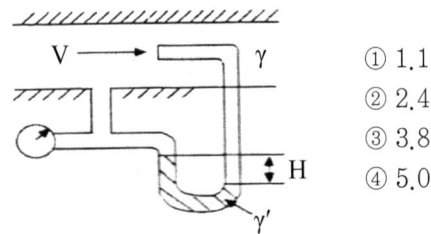

① 1.1
② 2.4
③ 3.8
④ 5.0

$$V = C\sqrt{2gH\left(\frac{\gamma' - \gamma}{\gamma}\right)}$$

$$= 1 \times \sqrt{2 \times 9.8 \times 0.06 \times \left(\frac{13.6 - 1}{1}\right)} = 3.849 \text{m/s}$$

69 가스분석법 중 흡수분석법에 해당하지 않는 것은?

① 헴펠법
② 산화구리법
③ 오르자트법
④ 게겔법

🔍 흡수분석법 : 오르자트법, 헴펠법, 게겔법

70 정밀도(Precisoin degree)에 대한 설명 중 옳은 것은?

① 산포가 큰 측정은 정밀도가 높다.
② 산포가 적은 측정은 정밀도가 높다.
③ 오차가 큰 측정은 정밀도가 높다.
④ 오차가 적은 측정은 정밀도가 높다.

71 액면계의 구비조건으로 틀린 것은?

① 내식성이 있을 것
② 고온, 고압에 견딜 것
③ 구조가 복잡하더라도 조작은 용이할 것
④ 지시, 기록 또는 원격 측정이 가능할 것

🔍 ① 구조가 간단하고 조작이 용이하다.

72 표준전구의 필라멘트 휘도와 복사에너지의 휘도를 비교하여 온도를 측정하는 온도계는?

① 광고온도계
② 복사온도계
③ 색온도계
④ 더미스터(themister)

73 일반적인 계측기의 구조에 해당하지 않는 것은?

① 검출부   ② 보상부
③ 전달부   ④ 수신부

74 차압식 유량계의 교축기구로 사용되지 않는 것은?

① 오리피스   ② 피스톤
③ 플로 노즐   ④ 벤투리

🔍 오리피스 유량계에 사용되는 교축기구의 종류
  ① 베나탭(Vend-tap) : 교축기구를 중심으로 유입은 관내경의 거리에서 취출 유출은 가장 낮은 압력이 되는 위치에서 취출하며 가장 많이 사용된다.
  ② 프렌지탭(Flange-tap) : 교축기구로부터 25mm 전후의 위치에서 차압을 취출
  ③ 코넬탭(Conner-tap) : 평균압력을 취출하며 교축기구 직전 전후의 차압을 취출하는 형식이다.

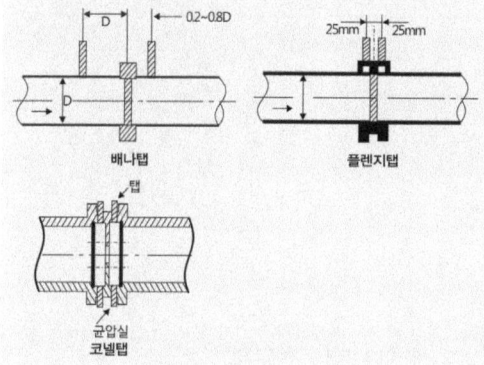

75 가연성 가스검출기의 종류가 아닌 것은?

① 안전등형
② 간섭계형
③ 광조사형
④ 열선형

🔍 가연성가스 검출기

항목	내용
열선형	브리지 회로의 편의 전류로서 가스의 농도지시 또는 자동적으로 경보하여 검출하는 방법
안전등형	① 탄광 내 CH_4의 발생을 검출하는데 이용 ② CH_4의 농도에 따라 청색불꽃의 길이가 달라지는 것을 판단하여 CH_4의 농도(%)를 측정
간섭계형	가스의 굴절률 차이를 이용하여 농도를 측정

76 오리피스 유량계의 측정원리로 옳은 것은?

① 패닝의 법칙
② 베르누이의 원리
③ 아르키메데스의 원리
④ 하이젠-포아제의 원리

🔍 차압식(교축기구식) 유량계 특징

구분	특징
측정원리	베르누이 정리
측정방법	교축기구 전후의 압력차로 순간유량 측정
측정대상	액체 기체 증기 등 모든 유체 가능하며 저유량을 측정
유량계 구조	가동부가 없어 수명이 길고 내구성이 우수, 마모에 의한 오차 발생 우려가 있음
압력 손실	압력손실이 크다.
종류	오리피스, 플로노즐, 벤투리

77 어느 가정에 설치된 가스미터의 기차를 검사하기 위해 계량기의 지시량을 보니 $100m^3$이었다. 다시 기준기로 측정하였더니 $95m^3$이었다면 기차는 약 몇 %인가?

① 0.05   ② 0.95
③ 1.5   ④ 95

🔍 가스미터기차 = $\dfrac{\text{시침미터지시량} - \text{기준미터지시량}}{\text{시험미터지시량}} \times 100$

= $\dfrac{100-95}{100} \times 100 = 5\%$

78 다음 보기에서 설명하는 액주식 압력계의 종류는?

[보기]
- 통풍계로도 사용한다.
- 정도가 0.01~0.05mmH_2O로서 아주 좋다. 미세압 측정이 가능하다.
- 측정범위는 약 10~59mmH_2O 정도이다.

① U자관 압력계
② 단관식 압력계
③ 경사관식 압력계
④ 링밸런스 압력계

79 가스분석계 중 화학반응을 이용한 측정 방법은?

① 연소열법
② 열전도율법
③ 적외선흡수법
④ 가시광선 분광광도법

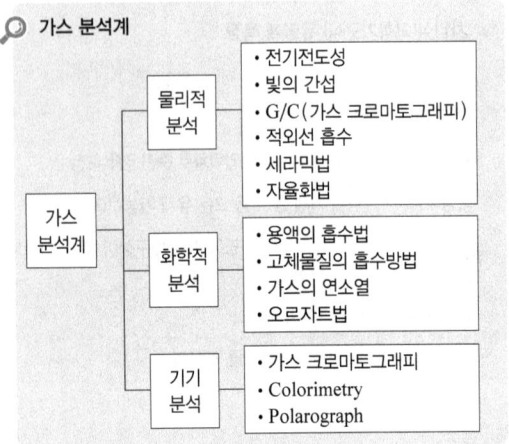

🔍 가스 분석계

80 다음 [그림]은 불꽃이온화 검출기(FID)의 구조를 나타낸 것이다. ①~④의 명칭으로 부적당한 것은?

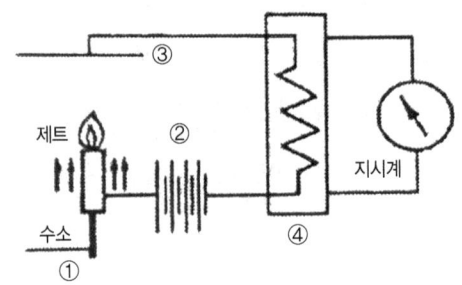

① 시료가스　② 직류전압
③ 전극　　　④ 가열부

🔍 ④ 증폭부

정답 2018년 3회 기출문제				
01 ②	02 ③	03 ②	04 ②	05 ①
06 ④	07 ①	08 ①	09 ③	10 ④
11 ④	12 ③	13 ③	14 ②	15 ②
16 ③	17 ①	18 ④	19 ②	20 ②
21 ④	22 ①	23 ③	24 ④	25 ③
26 ②	27 ③	28 ①	29 ③	30 ①
31 ②	32 ③	33 ①	34 ①	35 ②
36 ①	37 ③	38 ①	39 ④	40 ②
41 ①	42 ④	43 ①	44 ②	45 ②
46 ③	47 ③	48 ④	49 ③	50 ③
51 ④	52 ②	53 ①	54 ③	55 ①
56 ③	57 ①	58 ④	59 ③	60 ②
61 ①	62 ②	63 ③	64 ①	65 ④
66 ①	67 ②	68 ③	69 ②	70 ②
71 ③	72 ①	73 ②	74 ②	75 ③
76 ②	77 ③	78 ③	79 ①	80 ④

2019년 1회 공단 기출문제
03월 03일 시행

제1과목 연소공학

01 $(CO_2)max$는 어느 때의 값인가?

① 실제 공기량으로 연소시켰을 때
② 이론 공기량으로 연소시켰을 때
③ 과잉 공기량으로 연소시켰을 때
④ 부족 공기량으로 연소시켰을 때

🔍 CO_2양
  가스 연소시 연소가스 중 CO_2양은 일정양이므로 이론공기양으로 연소시 CO_2의 양이 최대치가 된다. 연소가 잘 안되어 공기량을 추가하면 전체양이 많아서 상대적으로 CO_2의 양은 적어진다.

02 배관 내 혼합가스의 한 점에서 착화되었을 때 연소파가 일정거리를 진행한 후 급격히 화염전파속도가 증가되어 1000~3500m/s에 도달하는 경우가 있다. 이와 같은 현상을 무엇이라 하는가?

① 폭발(Explosion) ② 폭굉(Detonation)
③ 충격(Shock) ④ 연소(Combustion)

🔍 폭굉 : 가스 중 음속보다 화염전파속도가 큰 경우로 파면선단에 솟구치는 압력파가 발생 격렬한 파괴작용을 일으키는 원인. 폭굉 속도는 1000~3500m/s

03 폭굉을 일으킬 수 있는 기체가 파이프 내에 있을 때 폭굉 방지 및 방호에 대한 설명으로 틀린 것은?

① 파이프 라인에 오리피스 같은 장애물이 없도록 한다.
② 공정 라인에서 회전이 가능하면 가급적 완만한 회전을 이루도록 한다.
③ 파이프의 지름대 길이의 비는 가급적 작게 한다.
④ 파이프 라인에 장애물이 있는 곳은 관경을 축소한다.

④ 파이프라인에 장애물이 있는 곳은 관경을 넓힌다.

04 동일 체적의 에탄, 에틸렌, 아세틸렌을 완전 연소시킬 때 필요한 공기량의 비는?

① 3.5 : 3.0 : 2.5
② 7.0 : 6.0 : 6.0
③ 4.0 : 3.0 : 5.0
④ 6.0 : 6.5 : 5.0

🔍 연소반응식
  C_2H_6(에탄) + $3.5O_2$ → $2CO_2$ + $3H_2O$
  C_2H_4(에틸렌) + $3O_2$ → $2CO_2$ + $2H_2O$
  C_2H_2(아세틸렌) + $2.5O_2$ → $2CO_2$ + H_2O
  산소의비(공기의비) 3.5 : 3 : 2.5

05 이상기체에 대한 설명 중 틀린 것은?

① 이상기체는 분자 상호간의 인력을 무시한다.
② 이상기체에 가까운 실체기체로는 H_2, He 등이 있다.
③ 이상기체는 분자 자신이 차지하는 부피를 무시한다.
④ 저온, 고압일수록 이상기체에 가까워진다.

🔍 ④ 저온 고압 일수록 실제 기체에 가까워짐

06 가연물의 연소형태를 나타낸 것 중 틀린 것은?

① 금속분-표면연소
② 파라핀-증발연소
③ 목재-분해연소
④ 유황-확산연소

🔍 ④ 유황 : 고체물질중 증발 연소에 해당

07 층류 연소속도에 대한 설명으로 옳은 것은?

① 미연소 혼합기의 비열이 클수록 층류 연소속도는 크게 된다.
② 미연소 혼합기의 비중이 클수록 층류 연소속도는 크게 된다.
③ 미연소 혼합기의 분자량이 클수록 층류 연소속도는 크게 된다.
④ 미연소 혼합기의 열전도율이 클수록 층류 연소속도는 크게 된다.

> 층류의 연소속도가 빨라지는 조건
> (1) 열전도율이 클수록
> (2) 압력 온도가 높을수록
> (3) 비열이 작을수록
> (4) 분자량이 작을수록
> (5) 착화온도가 낮을수록

08 수소가스의 공기 중 폭발범위로 가장 가까운 것은?

① 2.5 ~ 81%   ② 3 ~ 80%
③ 4.0 ~ 75%   ④ 12.5 ~ 74%

> 수소의 연소 범위
> 공기중 : 4 ~ 75%
> 산소중 : 4 ~ 94%

09 기체 연료 중 수소가 산소와 화합하여 물이 생성되는 경우에 있어 $H_2 : O_2 : H_2O$ 의 비례 관계는?

① 2 : 1 : 2   ② 1 : 1 : 2
③ 1 : 2 : 1   ④ 2 : 2 : 3

> $2H_2 + O_2 \rightarrow 2H_2O$

10 액체 연료가 공기 중에서 연소하는 현상은 다음 중 어느 것에 해당하는가?

① 증발연소   ② 확산연소
③ 분해연소   ④ 표면연소

> 확산연소(기체)
> 분해요소(고체)
> 표면요소(고체)

11 기상폭발에 대한 설명으로 틀린 것은?

① 반응이 기상으로 일어난다.
② 폭발상태는 압력에너지의 축적상태에 따라 달라진다.
③ 반응에 의해 발생하는 열에너지는 반응기 내 압력상승의 요인이 된다.
④ 가연성혼합기를 형성하면 혼합기의 양에 관계없이 압력파가 생겨 압력상승을 기인한다.

> 기상폭발 : 혼합기의 양과 관계가 있다.

12 임계상태를 가장 올바르게 표현한 것은?

① 고체, 액체, 기체가 평형으로 존재하는 상태
② 순수한 물질이 평형에서 기체-액체로 존재할 수 있는 최고 온도 및 압력 상태
③ 액체상과 기체상이 공존할 수 있는 최소한의 한계상태
④ 기체를 일정한 온도에서 압축하면 밀도가 아주 작아져 액화가 되기 시작하는 상태

13 에틸렌(Ethylene) $1m^3$를 완전 연소시키는데 필요한 산소의 양은 약 몇 m^3 인가?

① 2.5   ② 3
③ 3.5   ④ 4

> 연소반응식
> $C_2H_4 + 3O_2 \rightarrow 2CO_2 + 2H_2O$
> 에틸렌 $1m^3$에 산소는 $3m^3$
> 공기량은 $3 \times \dfrac{1}{0.21} = 14.28m^3$

14 폭발에 관련된 가스의 성질에 대한 설명으로 틀린 것은?

① 폭발범위가 넓은 것은 위험하다.
② 압력이 높게되면 일반적으로 폭발범위가 좁아진다.
③ 가스의 비중이 큰 것은 낮은 곳에 체류할 염려가 있다.
④ 연소 속도가 빠를수록 위험하다.

② 압력이 높아지면 일반적으로 폭발범위는 넓어진다.
단 CO는 좁아지며 H_2는 좁아지다가 계속 고압이 형성되면 다시 넓어진다.

15 다음 중 연소속도에 영향을 미치지 않는 것은?

① 관의 단면적 ② 내염표면적
③ 염의 높이   ④ 관의 염경

연소할 수 있는 공간이 크고 넓을 수록 연소속도는 빠르다 화염의 높이는 연소속도와 관계 없으며 연소 후에 생기는 결과이다.

16 가스의 성질을 바르게 설명한 것은?

① 산소는 가연성이다.
② 일산화탄소는 불연성이다.
③ 수소는 불연성이다.
④ 산화에틸렌은 가연성이다.

① 산소 : 조연성
② 일산화탄소 : 독성, 가연성
③ 수소 : 가연성
④ 산화에틸렌 : 독성, 가연성

17 휘발유의 한 성분인 옥탄의 완전연소반응식으로 옳은 것은?

① $C_8H_{18} + O_2 \rightarrow CO_2 + H_2O$
② $C_8H_{18} + 25O_2 \rightarrow CO_2 + 18H_2O$
③ $2C_8H_{18} + 25O_2 \rightarrow 16CO_2 + 18H_2O$
④ $2C_8H_{18} + O_2 \rightarrow 16CO_2 + H_2O$

옥탄의 분자식 C_8H_{18}
연소반응식은
$C_8H_{18} + 12.5O_2 \rightarrow 8CO_2 + 9H_2O$
$\therefore 2C_8H_{18} + 25O_2 \rightarrow 16CO_2 + 18H_2O$

18 다음 탄화수소 연료 중 착화온도가 가장 높은 것은?

① 메탄   ② 가솔린
③ 프로판 ④ 석탄

착화온도 일반적으로 폭말하한이 높을 수록 착화온도가 높다.
메탄 : 537℃   가솔린 : 320℃
프로판 : 470℃ 석탄 : 500℃

19 메탄 80v%, 프로판 5v%, 에탄 15v%인 혼합가스의 공기 중 폭발하한계는 약 얼마인가?

① 2.1%   ② 3.3%
③ 4.3%   ④ 5.1%

$\frac{100}{L} = \frac{V_1}{L_1} + \frac{V_2}{L_2} + \frac{V_3}{L_3}$
$= \frac{80}{5} + \frac{5}{2.1} + \frac{15}{3} = 23.38$
$\therefore L = \frac{100}{23.38} = 4.27$
$= 4.3\%$

20 착화온도가 낮아지는 조건이 아닌 것은?

① 발열량이 높을수록
② 압력이 작을수록
③ 반응활성도가 클수록
④ 분자구조가 복잡할수록

착화온도가 낮아지는 이유
• 온도압력이 높을수록
• 반응활성도가 클수록
• 산소농도가 높을수록
• 분자구조가 복잡할수록
• 발열량이 높을수록

제2과목 가스설비

21 전기방식을 실시하고 있는 도시가스 매몰배관에 대하여 전위측정을 위한 기준 전극으로 사용되고 있으며, 방식전위 기준으로 상한값 -0.85V 이하를 사용하는 것은?

① 수소 기준전극
② 포화 황산동 기준전극
③ 염화은 기준전극
④ 칼로멜 기준전극

포화황산동 기준전극 : -0.85V 이하 방식전위기준
황산염 환원박테리아 기준 : -0.95V이하 방식전위기준

22 냉간가공과 열간가공을 구분하는 기준이 되는 온도는?

① 끓는 온도 ② 상용 온도
③ 재결정 온도 ④ 섭씨 0도

23 냉동기의 성적(성능)계수를 ε_R로 하고 열펌프의 성적계수를 ε_H로 할 때 ε_R과 ε_H 사이에는 어떠한 관계가 있는가?

① $\varepsilon_R < \varepsilon_H$ ② $\varepsilon_R = \varepsilon_H$
③ $\varepsilon_R > \varepsilon_H$ ④ $\varepsilon_R > \varepsilon_H$ 또는 $\varepsilon_R < \varepsilon_H$

> T_1(고온) T_2(저온)이면
> 냉동기성적계수(ε_R) = $\dfrac{T_2}{T_1 - T_2}$ 이고
> 열펌프성적계수(ε_H) = $\dfrac{T_1}{T_1 - T_2}$ 이므로
> ∴ $\varepsilon_H > \varepsilon_R$

24 다층 진공 단열법에 대한 설명으로 틀린 것은?

① 고진공 단열법과 같은 두께의 단열재를 사용해도 단열효과가 더 우수하다.
② 최고의 단열성능을 얻기 위해서는 높은 진공도가 필요하다.
③ 단열층이 어느 정도의 압력에 잘 견딘다.
④ 저온부일수록 온도분포가 완만하여 불리하다.

> 다층진공단열 : 저온부일수록 단열효과가 높다.

25 1단 감압식 저압조정기에 최대 폐쇄압력 성능은?

① 3.5 kPa 이하
② 5.5 kPa 이하
③ 95 kPa 이하
④ 조정압력의 1.25배 이하

26 LPG 용기의 내압시험 압력은 얼마 이상이어야 하는가? (단, 최고충전압력은 1.56MPa 이다.)

① 1.56 MPa ② 2.08 MPa
③ 2.34 MPa ④ 2.60 MPa

> Fp = 1.56MPa이므로
> Tp = Fp × $\dfrac{5}{3}$
> = 1.56 × $\dfrac{5}{3}$ = 2.6MPa

27 LPG 충전소 내의 가스사용시설 수리에 대한 설명으로 옳은 것은?

① 화기를 사용하는 경우에는 설비내부의 가연성 가스가 폭발하한계의 1/4 이하인 것을 확인하고 수리하다.
② 충격에 의한 불꽃에 가스가 인화할 염려는 없다고 본다.
③ 내압이 완전히 빠져 있으면 화기를 사용해도 좋다.
④ 볼트를 조일 때는 한 쪽만 잘 조이면 된다.

28 소형저장탱크에 대한 설명으로 틀린 것은?

① 옥외에 지상설치식으로 설치한다.
② 소형저장탱크를 기초에 고정하는 방식은 화재 등의 경웨도 쉽게 분리되지 않는 것으로 한다.
③ 건축물이나 사람이 통행하는 구조물의 하부에 설치하지 아니한다.
④ 동일 장소에 설치하는 소형저장탱크의 수는 6기 이하로 한다.

> 소형저장탱크설치기준
> ① 지상설치 옥외설치
> ② 동일장소에 설치수 6기 이하
> ③ 충전질량 합계 5000kg미만

29 냉동설비에 사용되는 냉매가스의 구비조건으로 틀린 것은?

① 안전성이 있어야 한다.
② 증기의 비체적이 커야 한다.
③ 증발열이 커야 한다.
④ 응고점이 낮아야 한다.

🔍 냉매가스 구비조건
② 증기의 비체적이 적어야한다
항목이외에
- 임계온도가 낮을 것
- 윤활유와 작용하여 영향이 없을 것
- 점도가 적을 것
- 냉매가스 비중이 클 것

30 용기 내압시험 시 뷰렛의 용적은 300mL 이고 전증 가량은 200mL, 항구증가량은 15mL 일 때 이 용기의 항구증가율은?

① 5%   ② 6%
③ 7.5%   ④ 8.5%

🔍 항구증가율 = $\dfrac{\text{항구증가량}}{\text{전 증가량}} \times 100$

= $\dfrac{15}{200} \times 100 = 7.5\%$

31 내진 설계 시 지반의 분류는 몇 종류로 하고 있는가?

① 6   ② 5
③ 4   ④ 3

🔍 내진설계지반분류
S_1 S_2 S_3 S_4 S_5 S_6의 6종

32 LPG 저장탱크에 가스를 충전하려면 가스의 용량이 상용온도에서 저장탱크 내용적의 얼마를 초과하지 아니하여야 하는가?

① 95 %   ② 90 %
③ 85 %   ④ 80 %

33 고압 산소 용기로 가장 적합한 것은?

① 주강용기
② 이중용접용기
③ 이음매 없는 용기
④ 접합용기

🔍 O_2, H_2, N_2 등의 압축가스 : 무이음용기

34 산소 또는 불활성가스 초저온 저장탱크의 경우에 한정하여 사용이 가능한 액면계는?

① 평형반사식 액면계   ② 슬립튜브식 액면계
③ 환형유리제 액면계   ④ 플로트식 액면계

🔍 산소·불활성·초저온의 탱크는 환형유리제 액면계 사용가능

35 고압가스 일반제조시설에서 고압가스설비의 내압시험압력은 상용압력의 몇 배 이상으로 하는가?

① 1   ② 1.1
③ 1.5   ④ 1.8

🔍 Tp = Fp(최고충전압력) × $\dfrac{5}{3}$ (용기인경우)

Tp = 상용압력 ×1.5 (제조시설)
Tp = 최고사용압력 ×1.5 (도시 가스시설)

36 유체가 흐르는 관의 지름이 입구 0.5m, 출구 0.2m이고, 입구유속이 5m/s 라면 출구유속은 약 몇 m/s 인가?

① 21   ② 31
③ 41   ④ 51

🔍 연속의법칙
Q = A_1V_1 = A_2V_2 에서

$V_2 = \dfrac{A_1V_1}{A_2} = \dfrac{\frac{\pi}{4} \times (0.5)^2 \times 5}{\frac{\pi}{4} \times (0.2)^2}$

= 31.25(m/s)

37 압축기 실린더 내부 윤활유에 대한 설명으로 틀린 것은?

① 공기 압축기에는 광유(鑛油)를 사용한다.
② 산소 압축기에는 기계유를 사용한다.
③ 염소 압축기에는 진한 황산을 사용한다.
④ 아세틸렌 압축기에는 양질의 광유(鑛油)를 사용한다.

🔍 산소압축기 : 물 또는 10%이하 글리세린수

38 저온장치에서 CO_2와 수분이 존재할 때 그 영향에 대한 설명으로 옳은 것은?

① CO_2는 저온에서 탄소와 산소로 분리된다.
② CO_2는 저장장치에서 촉매 역할을 한다.
③ CO_2는 가스로서 별로 영향을 주지 않는다.
④ CO_2는 드라이아이스가 되고 수분은 얼음이 되어 배관 밸브를 막아 흐름을 저해한다.

> 저온장치에서
> CO_2는 고형의 드라이아이스
> H_2O는 얼음이되어 장치내를 폐쇄시킨다

39 알루미늄(Al)의 방식법이 아닌 것은?

① 수산법　　② 황산법
③ 크롬산법　　④ 메타인산법

40 탄소강에 대한 설명으로 틀린 것은?

① 용도가 다양하다.
② 가공 변형이 쉽다.
③ 기계적 성질이 우수하다.
④ C의 양이 적은 것은 스프링, 공구가 등의 재료로 사용된다.

> ④ 탄소량이 많을수록 스프링·공구강 등의 재료로 사용된다.

제3과목 가스안전관리

41 액화 프로판을 내용적이 4700L인 차량에 고정된 탱크를 이용하여 운행 시 기준으로 적합한 것은? (단, 폭발방지장치가 설치되지 않았다.)

① 최대 저장량이 2000kg 이므로 운반책임자 동승이 필요 없다.
② 최대 저장량이 2000kg 이므로 운반책임자 동승이 필요 하다.
③ 최대 저장량이 5000kg 이므로 200km 이상 운행시 운반책임자 동승이 필요 하다.
④ 최대 저장량이 5000kg 이므로 운행거리에 관계없이 운반책임자 동승이 필요 없다.

> 액화가스 충전량
> $$G = \frac{V}{C} = \frac{4700}{2.35} = 2000kg$$
> 이므로 가연성 운반시 3000kg이상 운반시에 운반 책임자를 동승시킨다.

42 가연성 액화가스 저장탱크에서 가스누출에 의해 화재가 발생했다. 다음 중 그 대책으로 가장 거리가 먼 것은?

① 즉각 송입 펌프를 정지시킨다.
② 소정의 방법으로 경보를 울린다.
③ 즉각 저조 내부의 액을 모두 플로우-다운(flow-down) 시킨다.
④ 살수 장치를 작동시켜 저장탱크를 냉각한다.

43 고압가스 저장시설에서 가스누출 사고가 발생하여 공기와 혼합하여 가연성, 독성가스로 되었다면 누출된 가스는?

① 질소
② 수소
③ 암모니아
④ 아황산가스

> 암모니아 : 독성, 가연성가스

44 가스사용시설에 상자콕 설치 시 예방 가능한 사고유형으로 가장 옳은 것은?

① 연소기 과열 화재사고
② 연소기 폐가스 중독 질식사고
③ 연소가 호스 이탈 가스 누출사고
④ 연소기 소화안전장치 고장 가스 폭발사고

> 상자콕·휴즈콕의 기능
> : 연소하지 않은 생가스 유출시 가스를 차단 한다.

45 LP 가스 용기를 제조하여 분체도료(폴리에스테르계) 도장을 하려 한다. 최소 도장 두께와 도장 횟수는?

① 25㎛, 1회 이상
② 25㎛, 2회 이상
③ 60㎛, 1회 이상
④ 60㎛, 2회 이상

46 도시가스사업법상 배관 구분 시 사용되지 않는 것은?

① 본관
② 사용자 공급관
③ 가정관
④ 공급관

🔍 도시가스 배관의 종류
본관 · 공급관 · 사용자 공급관 · 내관

47 포스핀(PH_3)의 저장과 취급 시 주의사항에 대한 설명으로 가장 거리가 먼 것은?

① 환기가 양호한 곳에서 취급하고 용기는 40℃ 이하를 유지한다.
② 수분과의 접촉을 금지하고 정전기발생 방지시설을 갖춘다.
③ 가연성이 매우 강하여 모든 발화원으로부터 격리한다.
④ 방독면을 비치하여 누출 시 착용한다.

🔍 ④ 항목은 저장 취급시 주의사항이 아니고 누출시 행동 요령임

48 고압가스 특정설비 제조자의 수리범위에 해당되지 않는 것은?

① 단열재 교체
② 특정설비의 부품 교체
③ 특정설비의 부속품 교체 및 가공
④ 아세틸렌 용기 내의 다공질물 교체

🔍 ④ 아세틸렌 용기내의 다공질물 교체
: 용기 제조자의 수리 범위이다.

49 저장능력 18000㎥ 인 산소 저장시설은 전시장, 그 밖에 이와 유사한 시설로서 수용능력이 300인 이상인 건축물에 대하여 몇 m 의 안전거리를 두어야 하는가?

① 12 m
② 14 m
③ 16 m
④ 18 m

🔍 수용능력 300인 이상 1종보호시설이므로

🔍 (산소)의 안전거리

저장능력	1종	2종
1만 이하	12m	8m
1만 초과 ~ 2만 이하	14m	9m
2만 초과 ~ 3만 이하	16m	11m
3만 이하 ~ 4만 이하	18m	13m
4만 초과	20m	14m

50 고압가스 용기의 파열사고 주 원인은 용기의 내압력(耐壓力) 부족에 기인한다. 내압력 부족의 원인으로 가장 거리가 먼 것은?

① 용기내벽의 부식
② 강재의 피로
③ 적정 충전
④ 용접 불량

51 고압가스 용기(공업용)의 외면에 도색하는 가스 종류별 색상이 바르게 짝지어진 것은?

① 수소 – 갈색
② 액화염소 – 황색
③ 아세틸렌 - 밝은 회색
④ 액화암모니아 - 백색

🔍 ① 수소 : 주황색 ②염소 : 갈색 ③ 아세틸렌 : 황색

52 산소, 수소 및 아세틸렌의 품질검사에서 순도는 각각 얼마 이상이어야 하는가?

① 산소 : 99.5%, 수소 : 98.0%, 아세틸렌 : 98.5%
② 산소 : 99.5%, 수소 : 98.5%, 아세틸렌 : 98.0%
③ 산소 : 98.0%, 수소 : 99.5%, 아세틸렌 : 98.5%
④ 산소 : 98.5%, 수소 : 99.5%, 아세틸렌 : 98.0%

53 액화석유가스의 안전관리 및 사업법에 의한 액화석유가스의 주성분에 해당도지 않는 것은?

① 액화된 프로판
② 액화된 부탄
③ 기화된 프로판
④ 기화된 메탄

> 액화석유가스 주성분
> C_3H_8, C_3H_6, C_4H_{10}, C_4H_8, C_4H_6
> CH_4은 액화천연가스의 주성분

54 액화석유가스 집단공급사업 허가 대상인 것은?

① 70개소 미만의 수요자에게 공급하는 경우
② 전체수용가구수가 100세대 미만인 공동주택의 단지 내인 경우
③ 시장 또는 군수가 집단공급사업에 의한 공급이 곤란하다고 인정하는 공공주택단지에 공급하는 경우
④ 고용주가 종업원의 후생을 위하여 사원주택·기숙사 등에게 직접 공급하는 경우

> 액화석유가스 집단공급 허가 대상
> (1) 70개소 이상 수요자
>   (공동주택단지의 경우 70가구 이상)
> (2) 70개소 미만의 수요자로서
>   (산업통상 자원부령으로 정하는 수요자)

55 다음 보기에서 고압가스 제조설비의 사용개시 전 점검사항을 모두 나열한 것은?

> ㉠ 가스설비에 있는 내용물의 상황
> ㉡ 전기, 물 등 유틸리티 시설의 준비상황
> ㉢ 비상전력 등의 준비사항
> ㉣ 회전 기계의 윤활유 보급상황

① ㉠, ㉢
② ㉡, ㉢
③ ㉠, ㉡, ㉢
④ ㉠, ㉡, ㉢, ㉣

56 시안화수소를 저장하는 때에는 1일 1회 이상 다음 주 무엇으로 가스의 누출 검사를 실시하는가?

① 질산구리벤젠지
② 묽은 질산은 용액
③ 묽은 황산 용액
④ 염화파라듐지

> 독성가스 누설검지 시험지와 변색 상태

가스명	누설검지시험지	변색상태
HCN	질산구리벤젠지	청변
NH_3	적색 리트머스지	청변
Cl_2	KI전분지	청변
$COCl_2$	허리슨시험지	심등색
C_2H_2	염화제1동착염지	적변
CO	염화파라듐지	흑변

57 고압가스 특정제조시설에서 고압가스 설비의 수리 등을 할 때의 가스치환에 대한 설명으로 옳은 것은?

① 가연성가스의 경우 가스의 농도가 폭발하한계의 1/2에 도달할 때까지 치환한다.
② 가스 치환 시 농도의 확인은 관능법에 따른다.
③ 불활성 가스의 경우 산소의 농도가 16% 이하에 도달할 때까지 공기로 치환한다.
④ 독성가스의 경우 독성가스의 농도가 TLV-TWA 기준농도 이하로 될 때까지 치환을 계속한다.

> ① 폭발하한계의 1/4 이하
> ② 농도식별에 관한방법으로 확인
> ③ 산소의 농도가 22%이하 될때까지 치환

58 일반도시가스사업제조소의 가스홀더 및 가스발생기는 그 외면으로부터 사업장의 경계까지 최고사용압력이 중압인 경우 몇 m 이상의 안전거리를 유지하여야 하는가?

① 5m
② 10m
③ 20m
④ 30m

🔍 최고사용압력
 • 고압 : 20m이상
 • 중압 : 10m이상
 • 저압 : 5m이상

59 저장탱크에 부착된 배관에 유체가 흐르고 있을 때 유체의 온도 또는 주위의 온도가 비정상적으로 높아진 경우 또는 호스커플링 등의 접속이 빠져 유체가 누출될 때 신속하게 작동하는 밸브는?

① 온도조절밸브
② 긴급차단밸브
③ 감압밸브
④ 전자밸브

60 냉매설비에는 안전을 확보하기 위하여 액면계를 설치하여야 한다. 가연성 또는 독성가스를 냉매로 사용하는 수액기에 사용할 수 없는 액면계는?

① 환형유리과액면계
② 정전용량식액면계
③ 편위식액면계
④ 회전튜브식액면계

제4과목 가스계측

61 액위(level) 측정 계측기기의 종류 중 액체용 탱크에 사용되는 사이트글라스(Sight Glass)의 단점에 해당하지 않는 것은?

① 측정범위가 넓은 곳에서 사용이 곤란하다.
② 동결방지를 위한 보호가 필요하다.
③ 파손되기 쉬우므로 보호대책이 필요하다.
④ 내부 설치 시 요동(Turbulence)방지를 위해 Stilling Chamber 설치가 필요하다.

🔍 ④ 내부설치시 요동방지를 위한 stilling chamber(여과챔버) 설치가 필요없다.

62 열전도형 진공계 중 필라멘트의 열전대로 측정하는 열전대 진공계의 측정 범위는?

① $10^{-5} \sim 10^{-3}$ torr
② $10^{-3} \sim 0.1$ torr
③ $10^{-3} \sim 1$ torr
④ $10 \sim 100$ torr

🔍 진공계 측정범위
 더미스터 : $10^{-2} \sim 10$torr
 냉음극전리 : $10^{-6} \sim 10^{-3}$torr
 열전대 : $10^{-3} \sim 1$torr

63 제어동작에 따른 분류 중 연속되는 동작은?

① On-Off 동작
② 다위치 동작
③ 단속도 동작
④ 비례 동작

🔍 연속동작 : P(비례) D(미분) I(적분)

64 다음 보기에서 설명하는 열전대 온도계는?

- 열전대 중 내열성이 가장 우수하다.
- 측정온도 범위가 0~1600 정도이다.
- 환원성 분위기에 약하고 금속 증기 등에 침식하기 쉽다.

① 백금-백금·로듐 열전대
② 크로멜-알루멜 열전대
③ 철-콘스탄탄 열전대
④ 동-콘스탄탄 열전대

🔍 열전대 온도계의 측정온도범위 특성

종류	극성		온도범위	특성
	(+)	(−)		
PR (R형) (백금-백금로듐)	Rh (백금로듐)	P(Pt)(백금)	0 ~ 1600℃	산에 강하고 환원성에 약하다.
CA(K형) (크로멜, 알루멜)	크로멜 C(+) CNi 90% Cr 10%	알루멜 A(−) (Ni 94% Al 3% Mn 2% Si 1%)	−20 ~ 1200℃	환원성에 강하고 산화성에 약하다.

종류				
IC (J형) (철-콘스탄탄)	I(+)	C(-) Cu 55% Ni 45%	-20 ~ 800℃	환원성에 강하고 산화성에 약하다.
CC (T형) (동-콘스탄탄)	C(+)	C(-)	-200 ~ 400℃	수분에 약하고 약산성에만 사용 가능하다.

🔍 **전기저항온도계** : 온도상승시 저항이 증가하는 것을 이용
- 측정원리 : 금속의 전기저항(공칭저항치 0℃의 저항소자)
- 종류

종류	특징
백금저항온도계	• 측정범위(-200~850℃) • 저항계수가 크다. • 가격이 고가이다. • 정밀측정이 가능하다. • 표준저항값으로 25, 50, 100Ω이 있다.
니켈저항온도계	• 측정범위(-50~150℃) • 가격이 저렴하다. • 안전성이 있다. • 표준저항값(500)
구리저항온도계	• 측정범위(0~120℃) • 가격이 저렴하다. • 유지관리가 쉽다.
더미스터온도계 Ni + Cu + n + Fe + Co 등을 압축소결 시켜 만든 온도계	• 측정범위(-50~350℃) • 저항계수가 백금 • 경년 변화가 있다. • 응답이 빠르다.
저항계수가 큰 순서	더미스터 > 백금 > 니켈 > 구리

65 가스 사용시설의 가스누출 시 검지법으로 틀린 것은?

① 아세틸렌 가스누출 검지에 염화제1구리착염지를 사용한다.
② 황화수소 가스누출 검지에 초산납시험지를 사용한다.
③ 일산화탄소 가스누출 검지에 염화파라듐지를 사용한다.
④ 염소 가스누출 검지에 묽은 황산을 사용한다.

🔍 ④ 염소가스누출검지법
  가. 취기
  나. 암모니아수와 반응 흰연기
    $3Cl_2 + 8NH_3 \rightarrow 6NH_4Cl$
  다. KI전분지 사용시 청색 반응

66 차압식 유량계로 유량을 측정하였더니 교축기구 전후의 차압이 20.25 Pa 일 때 유량이 25m³/h 이었다. 차압이 10.50 Pa 일 때의 유량은 약 몇 m³/h 인가?

① 13 ② 18
③ 23 ④ 28

🔍 $Q = A \times V$
$= A \times \sqrt{2gH}$ 에서
유량은 압력차의 평방근에 비례
$25m^3 : \sqrt{20.25} = xm^3 : \sqrt{10.50}$
$\therefore x = \dfrac{\sqrt{10.50}}{\sqrt{20.25}} \times 25 = 18 m^3/hr$

67 오르자트 분석법은 어떤 시약이 CO를 흡수하는 방법을 이용하는 것이다. 이때 사용하는 흡수액은?

① 수산화나트륨 25% 용액
② 암모니아성 염화 제1구리용액
③ 30% KOH 용액
④ 알칼리성 피로갈롤용액

🔍 오르잣트 분석기의 분석순서와 흡수액

분석가스명	흡수액
CO_2	33% KOH 용액
O_2	알칼리성 피로카롤 용액
CO	암모니아 염화제1동 용액
N_2	$N_2=100-(CO_2+O_2+CO)$ 값으로 정량

68 계량이 정확하고 사용 기차의 변동이 크지 않아 발열량 측정 및 실험실의 기준 가스미터로 사용되는 것은?

① 막식 가스미터 ② 건식 가스미터
③ Roots 가스미터 ④ 습식 가스미터

🔍 가스미터의 장·단점

구분	막식	습식	루트식
장점	• 값이 싸다. • 설치 후의 유지관리에 시간을 요하지 않는다.	• 계량이 정확하다. • 사용중에 기차의 변동이 크지 않다. • 원리는 드럼형이다.	• 대유량의 가스측정에 적합하다. • 중압가스의 계량이 가능하다. • 설치면적이 작다.

단점	대용량의 것은 설치면적이 크다.	• 사용중에 수위 조정 등의 관리가 필요하다. • 설치면적이 크다.	• 스트레이너의 설치 및 설치 후의 유지관리가 필요하다. • 소유량(0.5㎥/h 이하)의 것은 부동의 우려가 있다.
일반적 용도	일반 수용가	기준기 실험실용	대수용가
용량 범위	1.5~200㎥/h	0.2~3,000㎥/h	100~5,000㎥/h

69 가스는 분자량에 따라 다른 비중 값을 갖는다. 이 특성을 이용하는 가스분석기기는?

① 자기식 O_2 분석기기
② 밀도식 CO_2 분석기기
③ 적외선식 가스분석기기
④ 광화학 발광식 NOx 분석기기

70 화학공장에서 누출된 유독가스를 신속하게 현장에서 검지 정량하는 방법은?

① 전위적정법
② 흡광광도법
③ 검지관법
④ 적정법

> 화학공장에서 누출유독가스를 신속하게 현장에서 검지정량하는 방법
> 가. 시험지법
> 나. 검지관법
> 다. 열선식
> 라. 광간섭식

71 다음 중 기본단위가 아닌 것은?

① 킬로그램(kg)
② 센티미터(cm)
③ 캘빈(K)
④ 암페어(A)

> 기본단위 : 질량(kg), 온도(K), 전류(A), 물질량(mol), 길이(m), 광도(cd), 시간(sec)

72 다음 중 정도가 가장 높은 가스미터는?

① 습식 가스미터
② 벤투리 미터
③ 오리피스 미터
④ 루트 미터

> 습식가스미터는 정도가 높아 기증기용 실험실용으로 사용

73 도시가스로 사용하는 NG의 누출을 검지하기 위하여 검지기는 어느 위치에 설치하여야 하는가?

① 검지기 하단은 천장면의 아래쪽 0.3m 이내
② 검지기 하단은 천장면의 아래쪽 3m 이내
③ 검지기 상단은 바닥면에서 위쪽으로 0.3m 이내
④ 검지기 상단은 바닥면에서 위쪽으로 3m 이내

> 검지기 설치위치
> 공기보다 무거운 경우 : 바닥에서 검지기 상부까지 30cm이내
> 공기보다 가벼운 경우 : 천정에서 검지기 하부까지 30cm이내

74 제어기기의 대표적인 것을 들면 검출기, 증폭기, 조작기기, 변환기로 구분되는데 서보전동기(servo motor)는 어디에 속하는가?

① 검출기
② 증폭기
③ 변환기
④ 조작기기

75 다음 온도계 중 가장 고온을 측정할 수 있는 것은?

① 저항 온도계
② 서미스터 온도계
③ 바이메탈 온도계
④ 광고온계

> ④ 광고온계 : 측정범위 3000℃이상 비접촉식으로 가장고온측정

76 온도 49℃, 압력 1atm의 습한 공기 205kg의 10kg의 수증기를 함유하고 있을 때 이 공기의 절대습도는? (단, 49℃에서 물의 증기압은 88mmHg 이다.)

① 0.025kg H₂O/kg dryair
② 0.048kg H₂O/kg dryair
③ 0.051kg H₂O/kg dryair
④ 0.25kg H₂O/kg dryair

> 절대습도 : 건조공기 1kg당 함유되어 있는 수증기량
> 절대습도 = $\frac{10}{205-10}$ = 0.05128

77 시안화수소(HCN)가스 누출 시 검지지와 변색상태로 옳은 것은?

① 염화파라듐지 – 흑색
② 염화제1구리착염지 – 적색
③ 연당지 – 흑색
④ 초산(질산) 구리벤젠지 – 청색

> 독성가스 누출검지 시험지의 종류와 변색 상태

가스명	시험지	변색상태
염소	KI전분지	청색
암모니아	적색 리트머스지	색
시안화수소	초산벤젠지(질산구리벤젠지)	청색
포스겐	하리슨시험지	심등색, 귤색, 오렌지색
일산화탄소	염화파라듐지	흑색
황화수소	연당지	흑색
아세틸렌	염화제1동착염지	적색

78 피드백(Feed back)제어에 대한 설명으로 틀린 것은?

① 다른 제어계보다 판단·기억의 논리기능이 뛰어나다.
② 입력과 출력을 비교하는 장치는 반드시 필요하다.
③ 다른 제어계보다 정확도가 증가된다.
④ 제어대상 특성이 다소 변하더라도 이것에 의한 영향을 제어할 수 있다.

79 최대 유량이 10m³/h 인 막식 가스미터기를 설치하여 도시가스를 사용하는 시설이 있다. 가스레인지 2.5m³/h를 1일 8시간 사용하고, 가스보일러 6m³/h를 1일 6시간 사용했을 경우 월 가스사용량은 약 몇 m³ 인가? (단, 1개월은 31일이다.)

① 1570 ② 1680
③ 1736 ④ 1950

> 월간가스사용량
> 2.5(m³/h) × 8(h/d) + 6m³/h × 6h/d
> = 56m³/d
> ∴ = 56m³/d × 31d/월 = 1736m³/d

80 면적유량계의 특징에 대한 설명으로 틀린 것은?

① 압력손실이 아주 크다.
② 정밀 측정용으로는 부적당하다.
③ 슬러지 유체의 측정이 가능하다.
④ 균등 유량 눈금으로 측정치를 얻을 수 있다.

> ① 면적식 유량계는 압력손실이 적다.

정답 2019년 1회 기출문제

01 ②	02 ②	03 ④	04 ①	05 ④
06 ④	07 ④	08 ③	09 ①	10 ①
11 ④	12 ②	13 ②	14 ②	15 ③
16 ④	17 ③	18 ①	19 ③	20 ②
21 ②	22 ②	23 ①	24 ②	25 ①
26 ②	27 ①	28 ②	29 ②	30 ③
31 ①	32 ②	33 ③	34 ③	35 ③
36 ②	37 ②	38 ④	39 ②	40 ④
41 ①	42 ③	43 ③	44 ③	45 ③
46 ③	47 ④	48 ④	49 ②	50 ③
51 ④	52 ②	53 ②	54 ②	55 ④
56 ①	57 ④	58 ②	59 ②	60 ①
61 ④	62 ②	63 ④	64 ①	65 ④
66 ②	67 ④	68 ④	69 ②	70 ④
71 ②	72 ①	73 ①	74 ②	75 ④
76 ③	77 ④	78 ①	79 ③	80 ①

2019년 2회 공단 기출문제
04월 27일 시행

제1과목 연소공학

01 가연성 물질의 인화 특성에 대한 설명으로 틀린 것은?

① 비점이 낮을수록 인화위험이 커진다.
② 최소점화에너지가 높을수록 인화위험이 커진다.
③ 증기압을 높게 하면 인화위험이 커진다.
④ 연소범위가 넓을수록 인화위험이 커진다.

> 최소점화에너지 : 연소에 필요한 최소한의 에너지
> - 온도, 압력, 산소 농도가 높을수록 감소
> - 연소속도가 빠를수록 감소
> - 열전도율이 적을수록 감소
> ② 높을수록 인화의 우려는 적어진다.

02 프로판 1kg을 완전연소시키면 약 몇 kg의 CO_2가 생성되는가?

① 2kg   ② 3kg
③ 4kg   ④ 5kg

> $C_3H_8 + 5O_2 \rightarrow 3CO_2 + 4H_2O$
> 44kg 3×44kg
> 1kg x(kg)
> $x = \dfrac{1 \times 3 \times 44}{44} = 3$kg

03 분진폭발은 가연성 분진이 공기 중에 분산되어 있다가 점화원이 존재할 때 발생한다. 분진폭발이 전파되는 조건과 다른 것은?

① 분진은 가연성이어야 한다.
② 분진은 적당한 공기를 수송할 수 있어야 한다.
③ 분진의 농도는 폭발위험을 벗어나 있어야 한다.
④ 분진은 화염을 전파할 수 있는 크기로 분포해야 한다.

04 오토사이클에서 압축비(ε)가 10일 때 열효율은 약 몇 %인가? (단, 비열비[k]는 1.4이다.)

① 58.2   ② 59.2
③ 60.2   ④ 61.2

> 오토싸이클 열효율
> $\eta = 1 - \left(\dfrac{1}{\varepsilon}\right)^{k-1} = 1 - \left(\dfrac{1}{10}\right)^{1.4-1} = 0.6018 = 60.2\%$

05 가연성 고체의 연소에서 나타나는 연소현상으로 고체가 열분해되면서 가연성 가스를 내며 연소열로 연소가 촉진되는 연소는?

① 분해연소   ② 자기연소
③ 표면연소   ④ 증발연소

> 연소의 종류

종류	해당 연소물질
분해연소	목재, 종이, 플라스틱, 석탄
증발연소	경유, 휘발유 : 액체에서 발생한 가연성 증기가 액화하여 화염을 내고 이 화염의 온도에 의하여 액체 표면에서 증기의 발생을 촉진
표면연소	숯, 코크스, 목탄, 알미늄막 : 고체물질의 대표적인 연소로서 표면에 산소가 접촉하여 연소하는 형태
확산연소	수소, 아세틸렌 등 공기보다 가벼운 가스물질의 연소
액면연소	등유의 Pot Burner : 연료표면에 화염의 복사열 대류 및 열전도에 의해 연료가 가열 증발 발생한 증기가 공기 중에서 연소하는 형태
분무연소	액체연료를 미립화하여 연료의 표면적을 증가, 공기혼합을 원활하게 하여 연소하는 방법(액체연료 중 가장 효율적인 연소)

06 완전가스의 성질에 대한 설명으로 틀린 것은?

① 비열비는 온도에 의존한다.
② 아보가드로의 법칙에 따른다.
③ 보일-샤를의 법칙을 만족한다.
④ 기체의 분자력과 크기는 무시된다.

🔍 **이상기체(완전가스)의 성질**
- 분자의 충돌로 총운동에너지가 감소되지 않는 완전 탄성체이다.
- 0K에서 부피는 0이어야 하며, 평균 운동에너지는 절대 온도에 비례한다.
- 이상기체 상태방정식은 높은 온도, 낮은 압력 조건에서 실제 가스에 비교적 잘 적용된다.
- 기체 분자 간 인력 반발력은 없다.
- 0K에서도 고체로 되지 않고 그 기체의 부피는 0이다.
- 냉각 압축하여도 액화되지 않는다.
- 보일–샤를의 법칙을 만족한다.
① 비열비는 일정

07 용기의 내부에서 가스폭발이 발생하였을 때 용기가 폭발압력을 견디고 외부의 가연성 가스에 인화되지 않도록 한 구조는?

① 특수(特殊) 방폭구조
② 유입(油入) 방폭구조
③ 내압(耐壓) 방폭구조
④ 안전증(安全增) 방폭구조

🔍 **방폭구조**

종류	내용
내압(d) 방폭구조	용기의 내부에 폭발성 가스의 폭발이 일어날 경우, 용기가 폭발 압력에 견디고 외부의 폭발성 가스에 인화될 위험이 없도록 한 방폭구조
압력(p) 방폭구조	점화원이 될 우려가 있는 부분을 용기 안에 넣고 보호기체(신선한 공기 또는 불활성기체)를 용기 안에 압입함으로써 폭발성 가스가 침입하는 것을 방지하도록 되어 있는 방폭구조
유입(o) 방폭구조	전기 불꽃을 발생하는 부분을 용기 내부의 기름에 내장하여 외부의 폭발성 가스 또는 점화원 등에 접촉시 점화의 우려가 없도록 한 방폭구조
안전증(e) 방폭구조	정상 운전 중의 내부에서 불꽃이 발생하지 않도록 전기적, 기계적, 구조적으로 온도 상승에 대해 안전도를 증가시킨 구조로 내압 방폭구조보다 용량이 적음
본질안전 (ia, ib) 방폭구조	정상시 또는 단락, 단선, 지락 등의 사고시에 발생하는 아크, 불꽃, 고열에 의하여 폭발성 가스나 증기에 점화되지 않는 것이 확인된 구조
특수(s) 방폭구조	폭발성 가스, 증기 등에 의하여 점화하지 않는 구조로서 모래 등을 채워 넣은 사입 방폭구조 등
몰드(m) 방폭구조	폭발성가스의 증기입자 잠재적 위험 부위에 사용, 정격전압 11000V를 넘지 않는 전기제품 등에 대한 시험요건에 대하여 규정된 방폭구조
비점화(n) 방폭구조	2종 장소에 사용되는 가스 증기 방폭기기 등에 적용, 폭발성 가스 분위기에서 사용 전기기기구조시험표시 등에 대하여 규정된 방폭구조

08 혼합기체의 온도를 고온으로 상승시켜 자연착화를 일으키고, 혼합기체의 전 부분이 극히 단시간 내에 연소하는 것으로서 압력상승의 급격한 현상을 무엇이라 하는가?

① 전파연소
② 폭발
③ 확산연소
④ 예혼합연소

09 가스 용기의 물리적 폭발의 원인으로 가장 거리가 먼 것은?

① 누출된 가스의 점화
② 부식으로 인한 용기의 두께 감소
③ 과열로 인한 용기의 강도 감소
④ 압력 조정 및 압력 방출 장치의 고장

🔍 ① 누출가스로 점화되어 일어나는 폭발은 화학적 폭발이다

10 CO_{2max}[%]는 어느 때의 값인가?

① 실제공기량으로 연소시켰을 때
② 이론공기량으로 연소시켰을 때
③ 과잉공기량으로 연소시켰을 때
④ 부족공기량으로 연소시켰을 때

11 다음 혼합가스 중 폭굉이 발생되기 가장 쉬운 것은?

① 수소 – 공기
② 수소 – 산소
③ 아세틸렌 – 공기
④ 아세틸렌 – 산소

🔍 가장 폭발범위가 넓은 가스
C_2H_2이며
공기중보다 산소중에서 폭굉이 잘 일어난다.

12 프로판가스 1kg을 완전연소시킬 때 필요한 이론 공기량은 약 몇 Nm^3/kg 인가? (단, 공기 중 산소는 21v% 이다.)

① 10.1
② 11.2
③ 12.1
④ 13.2

$C_3H_8 + 5O_2 \rightarrow 3CO_2 + 4H_2O$ 에서
44kg $5 \times 22.4 Nm^3$의 산소량이므로
1kg xNm^3이면

$x = \dfrac{1 \times 5 \times 22.4}{44} = 2.545 Nm^3$

∴ 공기량 $2.545 \times \dfrac{1}{0.21} = 12.12 Nm^3$

13 자연발화를 방지하기 위해 필요한 사항이 아닌 것은?

① 습도를 높혀 준다.
② 통풍을 잘 시킨다.
③ 저장실 온도를 낮춘다.
④ 열이 쌓이지 않도록 주의한다.

14 불완전 연소의 원인으로 가장 거리가 먼 것은?

① 불꽃의 온도가 높을 때
② 필요량의 공기가 부족할 때
③ 배기가스의 배출이 불량할 때
④ 공기와의 접촉 혼합이 불충분할 때

① 불꽃의 온도가 높을 때 → 완전 연소의 조건임

15 연소 및 폭발 등에 대한 설명 중 틀린 것은?

① 점화원의 에너지가 약할수록 폭굉유도거리는 길어진다.
② 가스의 폭발범위는 측정 조건을 바꾸면 변화한다.
③ 혼합가스의 폭발한계는 르샤트리에 식으로 계산한다.
④ 가스연료의 최소점화에너지는 가스농도에 관계없이 결정되는 값이다.

④ 점화에너지는 점화시 관계되는 조건으로 농도와는 관계가 없다.

16 고체연료의 성질에 대한 설명 중 옳지 않은 것은?

① 수분이 많으면 통풍불량의 원인이 된다.
② 휘발분이 많으면 점화가 쉽고, 발열량이 높아진다.
③ 착화온도는 산소량이 증가할수록 낮아진다.
④ 회분이 많으면 연소를 나쁘게 하여 열효율이 저하된다.

② 휘발분 : 점화는 쉬우나 발열량과는 관계가 없다. 발열량은 연료에 함유되어 있는 가연성분과 관계가 있다.

17 물질의 화재 위험성에 대한 설명으로 틀린 것은?

① 인화점이 낮을수록 위험하다.
② 발화점이 높을수록 위험하다.
③ 연소범위가 넓을수록 위험하다.
④ 착화에너지가 낮을수록 위험하다.

② 발화점이 낮으면 연소가 빠르므로 위험하다.

18 열역학 제1법칙을 바르게 설명한 것은?

① 열평형에 관한 법칙이다.
② 제2종 영구기관의 존재가능성을 부인하는 법칙이다.
③ 열은 다른 물체에 아무런 변화도 주지 않고, 저온 물체에서 고온 물체로 이동하지 않는다.
④ 에너지 보존법칙 중 열과 일의 관계를 설명한 것이다.

① 열역학 0법칙
② 열역학 2법칙
③ 열역학 2법칙

19 다음 반응에서 평형을 오른쪽으로 이동시켜 생성물을 더 많이 얻으려면 어떻게 해야 하는가?

$$CO + H_2O \rightleftharpoons H_2 + CO_2 + Qkcal$$

① 온도를 높인다.   ② 압력을 높인다.
③ 온도를 낮춘다.   ④ 압력을 낮춘다.

(1) 평형을 오른쪽으로 이동시 그 열량이 +Q(발열)이면 온도를 낮추어야 하며
(2) 오른쪽의 계수(몰수) 많으면 압력을 낮추어야 한다. 압력을 올리면 몰수가 큰쪽에서 작은쪽으로 평형이동을 하기 때문이다.
(3) 상기 반응식은 몰수가 같으므로 압력의 영향은 없다.

부분연소	메탄에서 원유까지 탄화수소를 가스화제로 이용	산소 공기 수증기를 이용 CH_4, H_2, CO, CO_2로 변환하는 방법
수소화분해	C/H 비가 비교적 큰 탄화수소	수증기 흐름 중 Ni 등 수소화 촉매를 사용 나프타 등 비교적 C/H가 낮은 탄화수소를 메탄으로 변화시키는 방법

20 탄소 2kg을 완전연소시켰을 때 발생된 연소가스(CO_2)의 양은 얼마인가?

① 3.66kg   ② 7.33kg
③ 8.89kg   ④ 12.34kg

$C + O_2 \rightarrow CO_2$
12kg   44kg이므로
2kg $x$kg
∴ $x = \dfrac{2 \times 44}{12} = 7.33\,kg$

22 직류전철 등에 의한 누출전류의 영향을 받는 배관에 적합한 전기방식법은?

① 희생양극법
② 교호법
③ 배류법
④ 외부전원법

① 희생양극법 : 양극의 성질을 가진 Zn, Mg등을 배관에 일정 간격으로 매달아 양극을 소모시키므로 배관의 부식을 방지하는 전기방법
② 배류법 : 직류전철 등에 의해 누출전류의 영향을 받는 배관의 직류전원을 레일에 연결 부식을 방지하는 전기방식법
④ 외부전원법 : 방식정류기를 이용 한전의 교류 전원을 직류로 전환 매설배관에 전기를 공급 부식을 방지하는 방법

제2과목 가스설비

21 도시가스 제조공정 중 촉매 존재하에 약 400~800℃의 온도에서 수증기와 탄화수소를 반응시켜 CH_4, H_2, CO, CO_2 등으로 변화시키는 프로세스는?

① 열분해프로세스
② 부분연소프로세스
③ 접촉분해프로세스
④ 수소화분해프로세스

접촉분해공정에서 수증기비(수증기와 원료탄화수소와의 중량비)를 증가시키면 CH_4, CO가 적고 CO_2, H_2가 많은 가스가 생성 이것은 수증기비의 증가에 의해 수증기 분압이 높아져 CH_4의 수증기개질반응 $CH_4 + H_2O \rightarrow CO + 3H_2$에 의한 $CO + H_2O \rightarrow CO_2 + H_2$의 CO변성 반응을 촉진 시키기 위해서이다.

23 전양정이 54m, 유량이 1.2m³/min 인 펌프로 물을 이송하는 경우, 이 펌프의 축동력은 약 몇 PS 인가? (단, 펌프의 효율은 80%, 물의 밀도는 1g/cm³ 이다.)

① 13   ② 18
③ 23   ④ 28

$Lps = \dfrac{\gamma \cdot Q \cdot H}{75\eta}$
$= \dfrac{1000 \times 1.2 m^3 \times 54}{75 \times 60 \times 0.8} = 18\,PS$

도시가스 프로세스

종류	원료	개요
열분해	분자량이 큰 탄화수소 (원유, 중유, 나프타)	800~900℃로 분해 10000kcal/Nm³의 고열량을 제조
접촉분해	탄화수소, 수증기	400℃~800℃ 반응하여 수소, CO, CO_2 등의 저급탄화수소로 변화시킴

24 LNG 수입기지에서 LNG를 NG로 전환하기 위하여 가열원을 해수로 기화시키는 방법은?

① 냉열기화
② 중앙매체식기화기
③ Open Rack Vaporizer
④ Submerged Conversion Vaporizer

🔍 **LNG 기화장치**
- 오픈랙 기화장치(Open rack vaporizer) : 다량의 해수(5℃)를 이용하여 가스를 기화시키는 장치
  기화장치의 경제성, 설비의 안정성, 보수의 용이성이 있고 초기의 비용이 많이들고 동절기에 해수가 동결시 문제가 있다.
- 중간매체식 기화기(Intermediate fluid vaporizer) : 해수와 LNG 사이 중간열매체를 개입, 열교환 하는 방식
  중간열매체로는 하이드로카본이나 C_3H_8 등이 사용된다.
- 서버머지드 기화장치(Submerged vaporizer) : 액중의 연소기술을 이용한 기화기로서 별도의 가스를 연소가열원으로 이용하므로 비경제적이다. 해수증발식과 같이 동절기에 동결의 우려가 있다.

25. Vapor-Rock 현상의 원인과 방지 방법에 대한 설명으로 틀린 것은?

① 흡입관 지름을 작게 하거나 펌프의 설치위치를 높게 하여 방지할 수 있다.
② 흡입관로를 청소하여 방지할 수 있다.
③ 흡입관로의 막힘, 스케일 부착 등에 의해 저항이 증대했을 때 원인이 된다.
④ 액 자체 또는 흡입배관 외부의 온도가 상승될 때 원인이 될 수 있다.

🔍 **베이퍼록현상**
(1) 정의 : 저비점의 액체를 이송시 펌프 입구에서 발생되는 현상으로 액의 끓음에 의한 동요 현상
(2) 방지법
   ① 흡입관경을 넓힌다.
   ② 실린더라이더를 냉각시킨다.
   ③ 펌프설치 위치를 낮추다
   ④ 외부와 단열조치한다.

26. 저압 가스 배관에서 관의 내경이 1/2로 되면 압력손실은 몇 배가 되는가? (단, 다른 모든 조건은 동일한 것으로 본다.)

① 4 ② 16
③ 32 ④ 64

🔍 **저압배관 유량식**
$Q = K\sqrt{\dfrac{D^5 H}{SL}}$ 이므로
$H = \dfrac{Q^2 \cdot S \cdot L}{K^2 \cdot D^5}$ 에서
관경의 5승에 반비례 하므로 $H = \dfrac{1}{\left(\dfrac{1}{2}\right)^5} = 32$배

27. 사용압력이 60kg/cm², 관의 허용응력이 20kg/mm²일 때의 스케줄 번호는 얼마인가?

① 15 ② 20
③ 30 ④ 60

🔍 $SCH = 10 \times \dfrac{P}{S}$
$= 10 \times \dfrac{60}{20} = 30$

28. 도시가스 배관 등의 용접 및 비파괴검사 중 용접부의 육안검사에 대한 설명으로 틀린 것은?

① 보강 덧붙임은 그 높이가 모재 표면보다 낮지 않도록 하고, 3mm 이상으로 할 것
② 외면의 언더컷은 그 단면이 V자형으로 되지 않도록 하며, 1개의 언더컷 길이 및 깊이는 각각 30mm 이하 및 0.5mm 이하일 것
③ 용접부 및 그 부근에는 균열, 아크 스트라이크, 위해하다고 인정되는 지그의 흔적, 오버랩 및 피트 등의 결함이 없을 것
④ 비드 형상이 일정하며, 슬러그, 스패터 등이 부착되어 있지 않을 것

🔍 ① 보강덧붙임은 그높이가 모재표면보다 낮지 않도록 하고 3mm 이하로 할 것

29. 기화장치의 성능에 대한 설명으로 틀린 것은?

① 온수가열방식은 그 온수의 온도가 80℃ 이하이어야 한다.
② 증가가열방식은 그 온수의 온도가 120℃ 이하이어야 한다.
③ 기화통 내부는 밀폐구조로 하며 분해할 수 없는 구조로 한다.
④ 액유출방지장치로서의 전자식밸브는 액화가스 인입부의 필터 또는 스트레이너 후단에 설치한다.

🔍 ③ 기화기 내부는 개방구조로서 분해 조립이 가능 할 것

30 동일한 펌프로 회전수를 변경시킬 경우 양정을 변화시켜 상사 조건이 되려면 회전수와 유량은 어떤 관계가 있는가?

① 유량에 비례한다.
② 유량에 반비례한다.
③ 유량의 2승에 비례한다.
④ 유량의 2승에 반비례한다.

🔍 변화 후의 양정(H')
$$H' = H \times \left(\frac{N_2}{N_1}\right)^2$$

31 도시가스 정압기 출구 측의 압력이 설정압력보다 비정상적으로 상승하거나 낮아지는 경우에 이상 유무를 상황실에서 알 수 있도록 알려 주는 설비는?

① 압력기록장치
② 이상압력통보설비
③ 가스 누출경보장치
④ 출입문 개폐통보장치

32 가연성가스를 충전하는 차량에 고정된 탱크 및 용기에 부착되어 있는 안전밸브의 작동압력으로 옳은 것은?

① 상용압력의 1.5배 이하
② 상용압력의 10분의 8 이하
③ 내압시험 압력의 1.5배 이하
④ 내압시험 압력의 10분의 8 이하

🔍 안전밸브작동압력 = $Tp \times \frac{8}{10}$ 이하

33 자연기화와 비교한 강제기화기 사용 시 특징에 대한 설명으로 틀린 것은?

① 기화량을 가감할 수 있다.
② 공급가스의 조성이 일정하다.
③ 설비장소가 커지고 설비비는 많이 든다.
④ LPG 종류에 관계없이 한랭 시에도 충분히 기화된다.

🔍 ③ 설비장소가 적어도 되고 설비비가 절감이 된다.

34 재료의 성질 및 특성에 대한 설명으로 옳은 것은?

① 비례 한도 내에서 응력과 변형은 반비례한다.
② 안전율은 파괴강도와 허용응력에 각각 비례한다.
③ 인장시험에서 하중을 제거시킬 때 변형이 원상태로 되돌아가는 최대 응력값을 탄성한도라 한다.
④ 탄성한도 내에서 가로와 세로 변형률의 비는 재료에 관계없이 일정한 값이 된다.

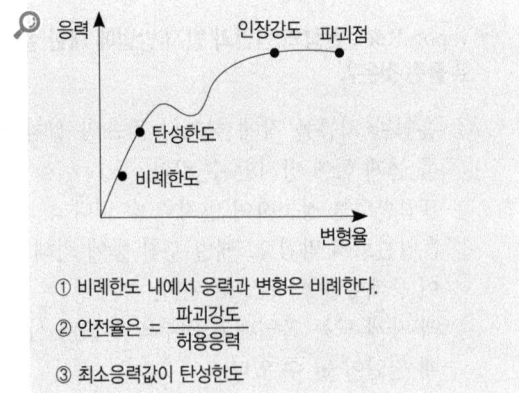

① 비례한도 내에서 응력과 변형은 비례한다.
② 안전율 = $\frac{파괴강도}{허용응력}$
③ 최소응력값이 탄성한도

35 펌프에서 일어나는 현상 중, 송출압력과 송출유량 사이에 주기적인 변동이 일어나는 현상은?

① 서징현상   ② 공동현상
③ 수격현상   ④ 진동현상

🔍 펌프의 서징현상 : 펌프를 운전중 주기적으로 양정 토출량 등이 규칙 바르게 변동하는 현상

36 냉동기에 대한 옳은 설명으로만 모두 나열된 것은?

Ⓐ CFC 냉매는 염소, 불소, 탄소만으로 화합된 냉매이다
Ⓑ 물은 비체적이 커서 증기 압축식 냉동기에 적당하다
Ⓒ 흡수식 냉동기는 서로 잘 용해해는 두 가지 물질을 사용한다.
Ⓓ 냉동기의 냉동효과는 냉매가 흡수한 열량을 뜻한다.

① Ⓐ, Ⓑ　　　　② Ⓑ, Ⓒ
③ Ⓐ, Ⓓ　　　　④ Ⓐ, Ⓒ, Ⓓ

🔍 Ⓑ 물의비체적 22.4L/18g = 1.24L/g으로 비체적이 작다

37 정류(Rectification)에 대한 설명으로 틀린 것은?

① 비점이 비슷한 혼합물의 분리에 효과적이다.
② 상층의 온도는 하층의 온도보다 높다.
③ 환류비를 크게 하면 제품의 순도는 좋아진다.
④ 포종탑에서는 액량이 거의 일정하므로 접촉 효과가 우수하다.

🔍 증류시는 상층의 온도가 더 낮다

38 고압가스 설비에 설치하는 압력계의 최고 눈금은?

① 상용압력의 2배 이상, 3배 이하
② 상용압력의 1.5배 이상, 2배 이하
③ 내압시험 압력의 1배 이상, 2배 이하
④ 내압시험 압력의 1.5배 이상, 2배 이하

39 천연가스의 비점은 약 몇 ℃ 인가?

① -84　　　　② -162
③ -183　　　④ -192

40 가스 용기재료의 구비조건으로 가장 거리가 먼 것은?

① 내식성을 가질 것
② 무게가 무거울 것
③ 충분한 강도를 가질 것
④ 가공 중 결함이 생기지 않을 것

🔍 ② 경량일것 상기항목 이외에 내마모성을 가질 것

제3과목 가스안전관리

41 고압가스 용기의 보관에 대한 설명으로 틀린 것은?

① 독성가스, 가연성 가스 및 산소용기는 구분한다.
② 충전용기 보관은 직사광선 및 온도와 관계없다.
③ 잔가스 용기와 충전용기는 구분한다.
④ 가연성 가스 용기보관장소에는 방폭형 휴대용 손전등 외의 등화를 휴대하지 않는다.

🔍 용기보관시 직사광선 등을 받지 않는 안전한 장소에 보관

42 고압가스 분출 시 정전기가 가장 발생하기 쉬운 경우는?

① 가스의 온도가 높을 경우
② 가스의 분자량이 적을 경우
③ 가스 속에 액체 미립자가 섞여 있을 경우
④ 가스가 충분히 건조되어 있을 경우

43 냉동기를 제조하고자 하는 자가 갖추어야 하 제조설비가 아닌 것은?

① 프레스 설비
② 조립 설비
③ 용접 설비
④ 도막측정기

🔍 냉동기 제조자의 제조설비 ①②③ 이외에 제관설비, 부식도장설비, 전처리설비 등이 있다.

44 일반도시가스사업제조소의 도로 밑 도시가스배관 직상단에는 배관의 위치, 흐름방향을 표시한 라인마크(Line Mark)를 설치(표시)하여야 한다. 직선 배관인 경우 라인마크의 최소 설치간격은?

① 25m　　　　② 50m
③ 100m　　　④ 150m

45 액화석유가스 저장탱크에는 자동차에 고정된 탱크에서 가스를 이입할 수 있도록 로딩암을 건축물 내부에 설치할 경우 환기구를 설치하여야 한다. 환기구 면적의 합계는 바닥면적의 얼마 이상을 기준으로 하는가?

① 1%
② 3%
③ 6%
④ 10%

46 가연성가스를 충전하는 차량에 고정된 탱크에 설치하는 것으로, 내압시험 압력의 10분의 8 이하의 압력에서 작동하는 것은?

① 역류방지밸브
② 안전밸브
③ 스톱밸브
④ 긴급차단장치

47 차량에 고정된 탱크의 운반기준에서 가연성가스 및 산소탱크의 내용적은 얼마를 초과할 수 없는가?

① 18000L
② 12000L
③ 10000L
④ 8000L

> 차량고정 탱크의 운반 기준
> (1) LPG를 제외한 가연성 산소 : 18000L 이상 운반금지
> (2) 액화암모니아를 제외한 독성 : 12000L 이상 운반금지

48 공기액화분리장치의 액화산소 5L 중에 메탄 360mg, 에틸렌 196mg 이 섞여 있다면 탄화수소 중 탄소의 질량(mg)은 얼마인가?

① 438
② 458
③ 469
④ 500

> 메탄(CH_4) 에틸렌(C_2H_4)이므로 이중 탄소(C)의 양은
> $\frac{12}{16} \times 360 + \frac{24}{28} \times 196 = 438(mg)$

49 산소 용기를 이동하기 전에 취해야 할 사항으로 가장 거리가 먼 것은?

① 안전밸브를 떼어 낸다.
② 밸브를 잠근다.
③ 조정기를 떼어 낸다.
④ 캡을 확실히 부착한다.

50 고압가스 용기 파열사고의 주요 원인으로 가장 거리가 먼 것은?

① 용기의 내압력(耐壓力) 부족
② 용기밸브의 용기에서의 이탈
③ 용기내압(內壓)의 이상상승
④ 용기 내에서의 폭발성혼합가스의 발화

51 내용적이 25000L 인 액화산소 저장탱크의 저장능력은 얼마인가? (단, 비중은 1.04 이다.)

① 26000 kg
② 23400 kg
③ 22780 kg
④ 21930 kg

> 액화가스저장탱크 저장능력
> $w = 0.9dv$
> $= 0.9 \times 1.04 \times 25000 = 23400(kg)$

52 다음 중 독성가스와 그 제독제가 옳지 않게 짝지어진 것은?

① 아황산가스 : 물
② 포스겐 : 소석회
③ 황화수소 : 물
④ 염소 : 가성소다 수용액

> 독성가스와 제독제, 보유량

가스별	제독제	보유량
염소(Cl_2)	가성소다수용액	670kg
	탄산소다수용액	870kg
	소석회	620kg
포스겐($COCl_2$)	가성소다수용액	390kg
	소석회	360kg
황화수소(H_2S)	가성소다수용액	1,140kg
	탄산소다수용액	1,500kg
시안화수소(HCN)	가성소다수용액	250kg
아황산가스(SO_2)	가성소다수용액	530kg
	탄산소다수용액	700kg
	물	다량
암모니아(HN_3), 산화에틸렌(C_2H_4O), 염화메탄(CH_3Cl)	물	다량

53 용기에 의한 액화석유가스 사용시설에서 과압안전장치 설치 대상은 자동절체기가 설치된 가스설비의 경우 저장능력의 몇 kg 이상인가?

① 100 kg
② 200 kg
③ 400 kg
④ 500 kg

🔍 LPG사용시설에서 저장능력 250kg 이상 과압안전장치를 설치하여야 한다.
(단 자동절체기를 사용하여 용기를 집합한 경우 저장능력 500kg 이상 과압안전장치를 설치 하여야 한다.)

54 용접부의 용착상태의 양부를 검사할 때 가장 적당한 시험은?

① 인장시험
② 경도시험
③ 충격시험
④ 피로시험

55 수소의 성질에 관한 설명으로 틀린 것은?

① 모든 가스 중에 가장 가볍다.
② 열전달률이 아주 작다.
③ 폭발범위가 아주 넓다.
④ 고온, 고압에서 강제 중의 탄소와 반응한다.

🔍 수소는 모든 가스 중 열전달율이 가장 빠르다

56 일정 기준 이상의 고압가스를 적재 운반시에는 운반책임자가 동승한다. 다음 중 운반책이자의 동승기준으로 틀린 것은?

① 가연성 압축가스 : 300m³ 이상
② 조연성 압축가스 : 600m³ 이상
③ 가연성 액화가스 : 4000kg 이상
④ 조연성 액화가스 : 6000kg 이상

🔍 ③ 가연성 액화가스의 경우 3000kg 이상운반시 운반책임자를 동승

🔍 운반책임자 동승기준

가스의 종류		허용농도기준	적재용량
독성가스	압축가스	200ppm 초과	100m³ 이상
		200ppm 이하	10m³ 이상
	액화가스	200ppm 초과	10000kg 이상
		200ppm 이하	100kg 이상
비독성 가스	압축가스	가연성 가스	300m³ 이상
		조연성 가스	600m³ 이상
	액화가스	가연성가스	3000kg 이상(납붙임 접합용기는 2000kg 이상)
		조연성 가스	6000kg 이상

* 차량고정탱크 200km 이상 운반 시 운반책임자 동승이 필요한 운반량
(액화 : kg, 압축 : m³)

57 다음 중 특정고압가스에 해당하는 것만으로 나열된 것은?

① 수소, 아세틸렌, 염화가스, 천연가스, 포스겐
② 수소, 산소, 액화석유가스, 포스핀, 압축디보레인
③ 수소, 염화수소, 천연가스, 포스겐, 포스핀
④ 수소, 산소, 아세틸렌, 천연가스, 포스핀

🔍 특정고압, 특수고압가스

특정고압가스		특수고압가스
① 포스핀	② 셀렌화수소	
③ 게르만	④ 디실란	
⑤ 오불화비소	⑥ 오불화인	
⑦ 삼불화인	⑧ 삼불화질소	① ② ③ ④ 이 외에 압축모노실란, 압축디보레인, 액화알진
⑨ 삼불화붕소	⑩ 사불화유황	
⑪ 사불화규소	⑫ 수소	
⑬ 산소	⑭ 액화암모니아	
⑮ 아세틸렌	⑯ 액화염소	
⑰ 천연가스	⑱ 압축모노실란	
⑲ 압축디보레인		

58 아세틸렌가스를 2.5MPa의 압력으로 압축할 때 첨가하는 희석제가 아닌 것은?

① 질소
② 메탄
③ 일산화탄소
④ 산소

🔍 C_2H_2 희석제
①②③항목이외에 에틸렌

59 LP가스 사용시설의 배관 내용적이 10L인 저압배관에 압력계로 기밀시험을 할 때 기밀시험 압력 유지시간은 얼마인가?

① 5분 이상　　② 10분 이상
③ 24분 이상　　④ 48분 이상

🔍 LPG 도시가스 사용시설 배관의 내용적에 따른 기밀시험 압력유지시간

내용적	기밀시험 유지시간
10L이하	5분
10L초과 50L이하	10분
50L초과	24분

60 액화염소 2000kg을 차량에 적재하여 운반할 때 휴대하여야 할 소석회는 몇 kg 이상을 기준으로 하는가?

① 10　　② 20
③ 30　　④ 40

🔍 운반 독성가스의 양에 따른 소석회 보유량

품명	독성가스의 양		적용독성가스
	1000kg 이상	1000kg 미만	
소석회	40kg 이상	20kg 이상	염화수소, 염소, 포스겐, 아황산

제4과목 가스계측

61 바이메탈 온도계에 사용되는 변환 방식은?

① 기계적 변환
② 광학적 변환
③ 유도적 변환
④ 전기적 변환

🔍 바이메탈온도계
선팽창 계수가 서로 다른 금속이 기계적으로 휘어지는 정도를 이용하여 온도를 측정

62 계량, 계측기의 교정이라 함은 무엇을 뜻하는가?

① 계량, 계측기의 지시값과 표준기의 지시값과의 차이를 구하여 주는 것
② 계량, 계측기의 지시값을 평균하여 참값과의 차이가 없도록 가산하여 주는 것
③ 계량, 계측기의 지시값과 참값과의 차를 구하여 주는 것
④ 계량, 계측기의 지시값을 참값과 일치하도록 수정하는 것

63 주로 기체연료의 발열량을 측정하는 열량계는?

① Richter 열량계　　② Scheel 열량계
③ Junker 열량계　　④ Thomson 열량계

64 염소(Cl_2)가스 누출 시 검지하는 가장 적당한 시험지는?

① 연당지　　② KI-전분지
③ 초산벤젠지　　④ 염화제일구리착염지

🔍 독성가스 누출검지 시험지의 종류와 변색 상태

가스명	시험지	변색상태
염소	KI전분지	청색
암모니아	적색 리트머스지	색
시안화수소	초산벤젠지(질산구리벤젠지)	청색
포스겐	하리슨시험지	심등색, 귤색, 오렌지색
일산화탄소	염화파라듐지	흑색
황화수소	연당지	흑색
아세틸렌	염화제1동착염지	적색

65 전기식 제어방식의 장점으로 틀린 것은?

① 배선작업이 용이하다.
② 신호전달 지연이 없다.
③ 신호의 복잡한 취급이 쉽다.
④ 조작속도가 빠른 비례 조작부를 만들기 쉽다.

66 오리피스로 유량을 측정하는 경우 압력차가 4배로 증가하면 유량은 몇 배로 변하는가?

① 2배 증가   ② 4배 증가
③ 8배 증가   ④ 16배 증가

🔍 $Q_1 = A \times V$
$\quad = A\sqrt{2gH}$ 에서
$Q_2 = A\sqrt{2g4H} = A\sqrt{2gH}$ 이므로 2배 증가한다.

67 내경 50mm의 배관에서 평균유속 1.5m/s의 속도로 흐를 때의 유량(m³/h)은 얼마인가?

① 10.6   ② 11.2
③ 12.1   ④ 16.2

🔍 $Q = \dfrac{\pi}{4} \times D^2 \times V$
$\quad = \dfrac{\pi}{4} \times (0.05m)^2 \times 1.5m/s$
$\quad = 2.9 \times 10^{-3} m^3/s$
$\quad = 2.9 \times 10^{-3} \times 3600 = 10.60 m^3/hr$

68 습증기의 열량을 측정하는 기구가 아닌 것은?

① 조리개 열량계   ② 분리 열량계
③ 과열 열량계   ④ 봄베 열량계

69 가스크로마토그래피에 사용되는 운반기체의 조건으로 가장 거리가 먼 것은?

① 순도가 높아야 한다.
② 비활성이어야 한다.
③ 독성이 없어야 한다.
④ 기체 확산을 최대로 할 수 있어야 한다.

🔍 기체(혼합형)가스크로마토그래피의 특징

구분	항목	핵심내용
측정원리		① 흡착제를 충전한 관 속에서 혼합시료를 넣어 용제를 유동 ② 흡수력, 이동속도 차이에 의해 성분분석이 일어남. 기기분석법에 해당
3대요소		분리관 검출기기록계

캐리어가스(운반가스)	He, H₂, Ar, N₂(가장 많이 사용 : He, H₂)
구비조건	① 운반가스는 불활성 고순도이며, 구입이 용이하여야 한다. ② 기체의 확산을 최소화 하여야 한다. ③ 사용검출기에 적합하여야 한다. ④ 분리능력 선택이 우수하다. ⑤ 적외선 가스 분석계에 비해 응답속도가 느리다. ⑥ 여러 가지 가스성분이 섞여있는 시료가스 분석에 적당하다.

70 막식 가스미터 고장의 종류 중 부동(不動)의 의미를 가장 바르게 설명한 것은?

① 가스가 크랭크축이 녹슬거나 밸브와 밸브시트가 타르(tar)접착 등으로 통과하지 않는다.
② 가스의 누출로 통과하나 정상적으로 미터가 작동하지 않아 부정확한 양만 측정된다.
③ 가스가 미터는 통과하나 계량막의 파손, 밸브의 탈락 등으로 계량기지침이 작동하지 않는 것이다.
④ 날개나 조절기에 고장이 생겨 회전장치에 고장이 생긴 것이다.

🔍 막식 가스미터의 고장

종류	정의
기차불량	기차가 변하여 계량법에 규정된 사용공차를 넘어서는 경우이며, 계량막이 신축하여 계량실부피가 변화하거나 막에서의 누설, 밸브와 밸브시트 사이의 누설, 패킹부 누설 등이 원인
감도불량	미터에 감도유량을 올렸을 때 지침의 시도에 변화가 나타나지 않는 고장, 계량막과 밸브와 밸브시트 사이 패킹 누설 등이 원인
부동	가스는 가스미터를 통과하나 미터지침이 작동하지 않는 고장. 계량막의 파손, 밸브의 탈락, 밸브와 밸브시트 사이에 누설 등과 같이 계량하는 부분에 누설이 발생하고 있는 경우 지시장치의 기어불량 등에 가스미터 지침에 전달되지 않으므로 일어난다.
불통	가스가 미터를 통과하지 않는 고장. 크랭크축이 녹이 슬거나 밸브와 밸브시트가 타르수분 등에 의하여 점착이나 고착 동결하여 움직일 수 없게 된 경우 날개조절기 등의 납땜에 떨어지는 등 회전장치부분에 고장시 일어남
누설	날개축이나 평축이 각 격벽을 관통하는 시일부분의 기밀이 파손된 경우
이물질에 의한 불량	크랭크축에 이물질이 들어가거나 밸브와 밸브시트 사이에 유분 등의 점성 물질이 부착한 경우

71 오르자트 가스분석기에서 CO 가스의 흡수액은?

① 30% KOH 용액
② 염화제1구리 용액
③ 피로카롤 용액
④ 수산화나트륨 25% 용액

> 흡수분석법의 흡수액 종류
> • CO_2 : KOH 용액
> • O_2 : 알칼리성 피로카롤용액
> • C_mH_n : 발연황산
> • CO : 암모니아성 염화 제1동 용액
> • C_2H_2 : 요오드수은칼륨 용액
> • C_3H_6, nC_3H_8 : 87% H_2SO_4
> • C_2H_4 : 취소수

72 1kΩ 저항에 100V의 전압이 사용되었을 때 소모된 전력은 몇 W 인가?

① 5 ② 10
③ 20 ④ 50

> 전력 $P(kw) = \dfrac{E저항}{V전압} = \dfrac{1000}{100} = 10w$

73 공업용 계측기의 일반적인 주요 구성으로 가장 거리가 먼 것은?

① 전달부 ② 검출부
③ 구동부 ④ 지시부

74 다음 그림과 같은 자동제어 방식은?

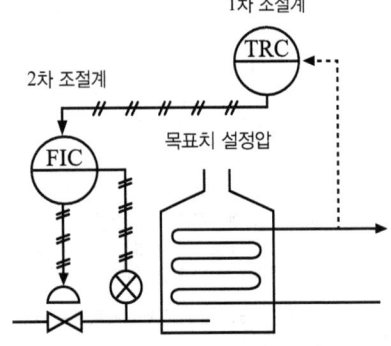

① 피드백제어 ② 시퀀스제어
③ 캐스케이드제어 ④ 프로그램제어

75 가스의 자기성(磁器性)을 이용하여 검출하는 분석기기는?

① 가스크로마토그래피
② SO_2계
③ O_2계
④ CO_2계

76 가스미터의 종류 중 정도(정확도)가 우수하여 실험실용 등 기준기로 사용되는 것은?

① 막식 가스미터
② 습식 가스미터
③ Roots 가스미터
④ Orifice 가스미터

> 가스미터의 장·단점

구분	막식	습식	루트식
장점	• 값이 싸다. • 설치 후의 유지관리에 시간을 요하지 않는다.	• 계량이 정확하다. • 사용중에 기차의 변동이 크지 않다. • 원리는 드럼형이다.	• 대유량의 가스 측정에 적합하다. • 중압가스의 계량이 가능하다. • 설치면적이 작다.
단점	대용량의 것은 설치면적이 크다.	• 사용중에 수위 조정 등의 관리가 필요하다. • 설치면적이 크다.	• 스트레이너의 설치 및 설치 후의 유지관리가 필요하다. • 소유량(0.5㎥/h 이하)의 것은 부동의 우려가 있다.
일반적 용도	일반 수용가	기준기 실험실용	대수용가
용량 범위	1.5~200㎥/h	0.2~3,000㎥/h	100~5,000㎥/h

77 후크의 법칙에 의해 작용하는 힘과 변형이 비례한다는 원리를 적용한 압력계는?

① 액주식 압력계
② 점성 압력계
③ 부르동관식 압력계
④ 링밸런스 압력계

78 루트 가스미터에서 일반적으로 일어나는 고장의 형태가 아닌 것은?

① 부동 ② 불통
③ 감도 ④ 기차불량

🔍 루트(Roots)미터의 고장

구분	정의
부동	회전자는 회전하고 있으나 미터의 지침이 작동하지 않는 고장으로 마그넷 커플링의 슬립 감속 또는 지시장치의 기어물림 불량 등이 원인
불통	회전자의 회전이 정지하여 가스가 통과하지 못하는 고장으로 회전자 베어링 마모에 의한 회전자의 접촉, 설치공사 불량에 의한 먼지, Seal제 등의 이물질의 끼어듦이 원인
기차 불량	사용 중의 가스미터가 기차부동 마모 등에 의하여 계량법에 규정된 사용공차를 넘어서는 경우를 말하며 회전자 부분의 마찰 저항 증가, 회전자 베어링의 마모에 의한 간격의 증대 등이 원인
그 밖의 고장	계량된 유리 파손 또는 떨어짐, 외관 손상, 압력보정장치 고장, 이상음 누설, 감도불량 등

79 수분 흡수제로 사용하기에 가장 부적당한 것은?

① 염화칼륨 ② 오산화인
③ 황산 ④ 실리카켈

80 다음 중 계통오차가 아닌 것은?

① 계기오차 ② 환경오차
③ 과오오차 ④ 이론오차

🔍 계통 오차

종류	환경오차	계기오차	개인(판단)오차	이론(방법)오차
정의	측정환경의 변화 (온도 압력)에 의하여 생김	측정기의 불안전 설치의 영향 등으로 생김	개인 판단에 의하여 생김	공식 계산의 오류로 생김
계통오차의 제거 방법	• 제작 시에 생긴 기차를 보정한다. • 외부의 진동충격을 제거한다. • 외부조건을 표준조건으로 유지한다.			
특징	• 참값에 대하여 치우침이 생길 수 있다. • 측정조건 변화에 따라 규칙적으로 생긴다.			

정답 2019년 2회 기출문제

01 ②	02 ②	03 ③	04 ③	05 ①
06 ①	07 ③	08 ②	09 ①	10 ②
11 ④	12 ③	13 ①	14 ①	15 ④
16 ②	17 ②	18 ④	19 ③	20 ②
21 ③	22 ②	23 ②	24 ③	25 ①
26 ③	27 ②	28 ①	29 ③	30 ③
31 ②	32 ④	33 ③	34 ④	35 ①
36 ④	37 ②	38 ②	39 ③	40 ②
41 ②	42 ③	43 ④	44 ②	45 ③
46 ②	47 ①	48 ①	49 ①	50 ②
51 ②	52 ③	53 ④	54 ①	55 ②
56 ③	57 ④	58 ④	59 ①	60 ④
61 ①	62 ④	63 ③	64 ②	65 ④
66 ①	67 ①	68 ④	69 ④	70 ③
71 ②	72 ②	73 ③	74 ③	75 ③
76 ②	77 ③	78 ③	79 ①	80 ③

2019년 3회 09월 21일 시행
공단 기출문제

제1과목 연소공학

01 수소 25v%, 메탄 50v%, 에탄 25v%인 혼합가스가 공기와 혼합된 경우 폭발하한계(v%)는 약 얼마인가? (단, 폭발 하한계는 수소 4v%, 메탄 5v%, 에탄 3v% 이다.)

① 3.1 ② 3.6
③ 4.1 ④ 4.6

$$\frac{100}{L} = \frac{V_1}{L_1} + \frac{V_2}{L_2} + \frac{V_3}{L_3}$$

$$L = 100 \div \left(\frac{V_1}{L_1} + \frac{V_2}{L_2} + \frac{V_3}{L_3}\right)$$

$$= 100 \div \left(\frac{25}{4} + \frac{50}{5} + \frac{25}{3}\right)$$

$$= 4.1\%$$

02 $CmHn$ 1 Sm^3을 완전 연소시켰을 때 생기는 H_2O의 양은?

① $\frac{n}{2}$ Sm^3 ② n Sm^3
③ $2n$ Sm^3 ④ $4n$ Sm^3

탄화수소 연소반응식에서
$CmHn + (m + \frac{n}{4})O_2$
$\rightarrow mCO_2 + \frac{n}{2} H_2O$

03 실제가스가 이상기체 상태방정식을 만족하기 위한 조건으로 옳은 것은?

① 압력이 낮고, 온도가 높을 때
② 압력이 높고, 온도가 낮을 때
③ 압력과 온도가 낮을 때
④ 압력과 온도가 높을 때

이상기체(완전가스)의 성질
- 분자의 충돌로 총운동에너지가 감소되지 않는 완전 탄성체이다.
- 0K에서 부피는 0이여야 하며, 평균 운동에너지는 절대 온도에 비례한다.
- 이상기체 상태방정식은 높은 온도, 낮은 압력 조건에서 실제가스에 비교적 잘 적용된다.
- 기체 분자 간 인력 반발력은 없다.
- 0K에서도 고체로 되지 않고 그 기체의 부피는 0이다.
- 냉각 압축하여도 액화되지 않는다.
- 보일-샤를의 법칙을 만족한다.
① 비열비는 일정

04 0℃, 1atm에서 2L의 산소와 0℃, 2atm에서 3L의 질소를 혼합하여 1L로 하면 압력은 약 몇 atm 이 되는가?

① 1 ② 2
③ 6 ④ 8

$$P = \frac{P_1V_1 + P_2V_2}{V} \text{에서}$$
$$= \frac{1 \times 2 + 2 \times 3}{1} = 8L$$

05 가연성 가스의 위험성에 대한 설명으로 틀린 것은?

① 폭발범위가 넓을수록 위험하다.
② 폭발범위가 밖에서는 위험성이 감소한다.
③ 일반적으로 온도나 압력이 증가할수록 위험성이 증가한다.
④ 폭발범위가 좁고 하한계가 낮을 것은 위험성이 매우 적다.

폭발범위가 좁고 하한계가 낮은 것은 위험하다.
→ 폭발 범위가 넓고 하한계 낮은 것은 위험
  폭발범위가 좁고 하한계가 높은 것은 위험성이 적다.

06 메탄을 이론공기로 연소시켰을 때 생성물 중 질소의 분압은 약 몇 kPa 인가? (단, 메탄과 공기는 100 kPa, 25℃에서 공급되고 생성물의 압력은 100 kPa 이다.)

① 36
② 71
③ 81
④ 92

🔍 CH_4의 연소반응식
$CH_4 + 2O_2 \rightarrow CO_2 + 2H_2O$에서
생성가스는 CO_2, $2H_2O$, N_2 이므로
N_2량 $= 2 \times \dfrac{79}{21} = 7.52$
∴ P(질소) $= 100(kPa) \times \dfrac{7.52}{1+2+7.52}$
$= 71.48 ≒ 71.5 kPa$

07 아세틸렌 가스의 위험도(H)는 약 얼마인가?

① 21
② 23
③ 31
④ 33

🔍 위험도(H) $= \dfrac{U-L}{L}$
$= \dfrac{81-2.5}{2.5} = 31.4$

08 물질의 상변화는 일으키지 않고 온도만 상승시키는데 필요한 열을 무엇이라고 하는가?

① 잠열
② 현열
③ 증발열
④ 융해열

🔍 잠열 : 상태 변화가 있는열
　 현열 : 온도 변화가 있는열

09 불꽃 중 탄소가 많이 생겨서 황색으로 빛나는 불꽃을 무엇이라 하는가?

① 휘염
② 층류염
③ 환원염
④ 확산염

🔍 휘염 : 고체입자(탄소)를 포함하는 화염(황색)
　 불휘염 : 고체입자를 포함하지 않는 화염(청색)

10 전 폐쇄 구조인 용기 내부에서 폭발성가스의 폭발이 일어났을 때, 용기가 압력을 견디고 외부의 폭발성 가스에 인화할 우려가 없도록 한 방폭구조는?

① 안전증 방폭구조
② 내압 방폭구조
③ 특수 방폭구조
④ 유입 방폭구조

🔍 방폭구조

종류	내용
내압(d) 방폭구조	용기의 내부에 폭발성 가스의 폭발이 일어날 경우, 용기가 폭발 압력에 견디고 외부의 폭발성 가스에 인화될 위험이 없도록 한 방폭구조
압력(p) 방폭구조	점화원이 될 우려가 있는 부분을 용기 안에 넣고 보호기체(신선한 공기 또는 불활성기체)를 용기 안에 압입함으로써 폭발성 가스가 침입하는 것을 방지하도록 되어 있는 방폭구조
유입(o) 방폭구조	전기 불꽃을 발생하는 부분을 용기 내부의 기름에 내장하여 외부의 폭발성 가스 또는 점화원 등에 접촉시 점화의 우려가 없도록 한 방폭구조
안전증(e) 방폭구조	정상 운전 중의 내부에서 불꽃이 발생하지 않도록 전기적, 기계적, 구조적으로 온도 상승에 대해 안전도를 증가시킨 구조로 내압 방폭구조보다 용량이 적음
본질안전 (ia, ib) 방폭구조	정상시 또는 단락, 단선, 지락 등의 사고시에 발생하는 아크, 불꽃, 고열에 의하여 폭발성 가스나 증기에 점화되지 않는 것이 확인된 구조
특수(s) 방폭구조	폭발성 가스, 증기 등에 의하여 점화하지 않는 구조로서 모래 등을 채워 넣은 사입 방폭구조 등
몰드(m) 방폭구조	폭발성가스의 증기입자 잠재적 위험 부위에 사용, 정격전압 11000V를 넘지 않는 전기제품 등에 대한 시험요건에 대하여 규정된 방폭구조
비점화(n) 방폭구조	2종 장소에 사용되는 가스 증기 방폭기기 등에 적용. 폭발성 가스 분위기에서 사용 전기기기구조시험표시 등에 대하여 규정된 방폭구조

11 공기 중에서 압력을 증가시켰더니 폭발범위가 좁아지다가 고압 이후부터 폭발범위가 넓어지기 시작했다. 이는 어떤 가스인가?

① 수소
② 일산화탄소
③ 메탄
④ 에틸렌

🔍 폭발범위
(1) 일반적으로 압력이 높아지며 폭발범위는 넓어진다
(2) CO는 압력이 높아지면 폭발범위가 좁아진다
(3) H_2는 압력이 높아지면 폭발범위가 좁아지다가 계속 압력이 올라가면 폭발범위가 넓어진다

12 일정온도에서 발화할 때까지의 시간을 발화지연이라 한다. 발화지연이 짧아지는 요인으로 가장 거리가 먼 것은?

① 가열온도가 높을수록
② 압력이 높을수록
③ 혼합비가 완전산화에 가까울수록
④ 용기의 크기가 작을수록

🔍 ④ 용기의 크기가 클수록 발화가 잘된다.

13 다음 중 공기비를 옳게 표시한 것은?

① 실제공기량 / 이론공기량
② 이론공기량 / 실제공기량
③ 사용공기량 / (1 − 이론공기량)
④ 이론공기량 / (1 − 사용공기량)

🔍 공기비
· 공기비(m) = 과잉공기계수

$m = \dfrac{A(실제공기량)}{A_0(이론공기량)}$ 과잉공기비=(m−1)   과잉공기율=(m−1)×100%

(1) 공기비가 클 경우 영향	(2) 공기비가 적을 경우 영향
① 연소가스 온도저하 ② 배기가스량 증가 ③ 연소가스 중 황 등의 영향으로 저온 부식 초래 ④ 연소가스 중 질소산화물 증가	① 미연소가스에 의한 역화의 위험성 ② 불완전연소 ③ 매연발생 ④ 미연소 가스에 의한 열손실 증가

14 B, C급 분말소화기의 용도가 아닌 것은?

① 유류 화재   ② 가스 화재
③ 전기 화재   ④ 일반 화재

15 기체동력 사이클 중 가장 이상적인 이론 사이클로, 열역학 제2법칙과 엔트로피의 기초가 되는 사이클은?

① 카르노사이클(Carnot cycle)
② 사바테사이클(Sabathe cycle)
③ 오토사이클(Otto cycle)
④ 브레이턴사이클(Brayton cycle)

🔍 카르노 싸이클
: 가장이상적인 싸이클
현실적으로 실현 불가능하며 열역학 제2법칙 엔트로피의 기초가 되는 싸이클로 2개의 가역등은 2개의 가열 단열변화로 구성되어 있다.

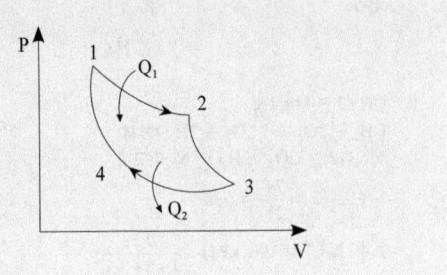

16 가스의 연소속도에 영향을 미치는 인자에 대한 설명으로 틀린 것은?

① 연소속도는 주변 온도가 상승함에 따라 증가한다.
② 연소속도는 이론혼합기 근처에서 최대이다.
③ 압력이 증가하면 연소속도는 급격히 증가한다.
④ 산소농도가 높아지면 연소범위가 넓어진다.

🔍 압력이 증가하면 연소속도는 급격히 증가한다
→ 압력 증가시 연소속도는 조금 증가한다

17 난류확산화염에서 유속 또는 유량이 증대할 경우 시간이 지남에 따라 화염의 높이는 어떻게 되는가?

① 높아진다.
② 낮아진다.
③ 거의 변화가 없다.
④ 어느 정도 낮아지다가 높아진다.

🔍 화염의 높이 : 유속 유량과 무관하다.

18 층류 연소속도 측정법 중 단위화염 면적당 단위시간에 소비되는 미연소 혼합기체의 체적을 연소속도로 정의하며 결정하며 오차가 크지만 연소속도가 큰 혼합기체에 편리하게 이용되는 측정 방법은?

① Slot 버너법   ② Bunsen 버너법
③ 평면 화염 버너법   ④ Soap Bubble 법

층류의 연소속도 측정법(층류의 연소속도는 온도, 압력, 속도, 농도 분포에 의하여 결정)

종류	세부 내용
슬롯버너법(slot)	균일한 속도 분포를 갖는 노즐을 이용, V자형의 화염을 만들고 미연소 혼합기 흐름을 화염이 둘러 싸여 있어 혼합기가 화염대에 들어갈 때까지 혼합기의 유선은 직선을 유지한다.
비누방울법 (soap Bubble Method)	비누 방울이 연소의 진행으로 팽창되면 연소속도를 측정할 수 있다.
평면화염 버너법 (Flat Flame Method)	혼합기에 유속을 일정하게 하여 유속으로 연소속도를 측정한다.
분젠버너법 (Bunsen Burner Method)	버너 내부의 시간당 화염이 소비되는 체적을 이용하여 연소속도를 측정

19 최소 점화에너지에 대한 설명으로 옳은 것은?

① 유속이 증가할수록 작아진다.
② 혼합기 온도가 상승함에 따라 작아진다.
③ 유속 20m/s 까지는 점화 에너지가 증가하지 않는다.
④ 점화 에너지의 상승은 혼합기 온도 및 유속과는 무관하다.

🔍 최소점화에너지 : 연소에 필요한 최소한의 에너지
• 온도, 압력, 산소 농도가 높을수록 감소
• 연소속도가 빠를수록 감소
• 열전도율이 적을수록 감소
③ 높을수록 인화의 우려는 적어진다.

20 분젠버너에서 공기의 흡입구를 닫았을 때의 연소나 가스라이터의 연소 등 주변에 볼 수 있는 전형적인 기체 연료의 연소형태로서 화염이 전파하는 특징을 갖는 연소는?

① 분무연소
② 확산연소
③ 분해연소
④ 예비혼합연소

🔍 • 확산화염 : 가연성액체나 고체를 가열시 표면에 가연성증기가 발생, 점화원에 의해 발생하는 화염
• 예혼합화염 : 가연성기체가 미리 산소와 혼합한 상태에서 연소시 발생하는 화염

제2과목 가스설비

21 펌프의 토출량이 6m³/min 이고, 송출구의 안지름이 20cm 일 때 유속은 약 몇 m/s 인가?

① 1.5
② 2.7
③ 3.2
④ 4.5

🔍 $Q = \frac{\pi}{4}D^2 \times V$ 에서

유속 $V = \frac{4Q}{\pi D^2}$

$= \frac{4 \times 6m^3}{\pi \times (0.2m)^2 \times 60(sec)}$

$= 3.18 ≒ 3.2 m/s$

22 탄소강에서 탄소 함유량의 증가와 더불어 증가하는 성질은?

① 비열
② 열팽창율
③ 탄성계수
④ 열전도율

🔍 금속재료에서 탄소량 증가에 따른 변화
• 증가 : 항복점, 경도, 인장강도
• 감소 : 연신율, 단면수축율

23 탱크로리로부터 저장탱크로 LPG 이송 시 잔가스 회수가 가능한 이송방법은?

① 압축기 이용법
② 액송펌프 이용법
③ 차압에 의한 방법
④ 압축가스 용기 이용법

🔍 LP 가스 이송시 압축기 펌프의 장·단점

구분	장점	단점
압축기	• 충전시간이 짧다. • 잔가스 회수가 용이하다. • 베이퍼록의 우려가 없다.	• 재액화 우려가 있다. • 드레인 우려가 있다.
펌프	• 재액화 우려가 없다. • 드레인 우려가 없다.	• 충전시간이 길다. • 잔가스 회수가 불가능하다. • 베이퍼록의 우려가 있다.

24 메탄가스에 대한 설명으로 옳은 것은?

① 담청색의 기체로서 무색의 화염을 낸다.
② 고온에서 수증기와 작용하면 일산화탄소와 수소를 생성한다.
③ 공기 중에 0%의 메탄가스가 혼합된 경우 점화하면 폭발한다.
④ 올레핀계탄화수소서 가장 간단한 형의 화합물이다.

> 무색의 기체
> ① CH_4(메탄) + H_2O(수증기)
>   → CO(일산화탄소) + $3H_2$(수소)
> ③ CH_4의 연소범위 5~15%로 30%에서는 폭발하지 않는다.
> ④ 파라핀계 탄화수소

25 조정압력이 3.3 kPa 이하이고 노즐 지름이 3.2mm 이하인 일반용 LP가스 압력조정기의 안전장치 분출 용량은 몇 L/h 이상이어야 하는가?

① 100   ② 140
③ 200   ④ 240

> 조정압력이 3.3kPa 이하인 압력조정기의 안전장치 분출용량 (KGS 434)
> • 노즐 직경이 3.2mm 이하일 때는 140ℓ/h 이상이다.
> • 노즐 직경이 3.2mm를 초과할 경우 Q = 4.4D 의 식에 따른다. 여기서 Q는 안전장치 분출용량(l/h), D는 조정기의 노즐 직경(mm)이다.
> • 조정성능 : 조정성능시험에 필요한 시험용가스는 15℃의 건조한 공기로하고 15℃의 프로판가스의 질량으로 환산하며 환산식은 다음과 같다.
>   W = 1.513Q
>   [W : 순프로판가스의 질량(kg/h), Q : 진공기의 유량(m^3/h)]
>   프로판가스의 비중 : 1.522(15℃)
>   프로판가스의밀도 : 1.865(kg/m^3)(15℃)

26 시간당 50000kcal를 흡수하는 냉동기의 용량은 약 몇 냉동톤인가?

① 3.8   ② 7.5
③ 15   ④ 30

> 1RT(1냉동톤) = 3320kcal/hr 이므로
> 50000÷3320 = 15RT

27 메탄염소화에 의해 염화메틸($CH_3Cℓ$)을 제조할 때 반응 온도는 얼마 정도로 하는가?

① 100℃   ② 200℃
③ 300℃   ④ 400℃

28 동관용 공구 중 동관 끝을 나팔형으로 만들어 압축이음 시 사용하는 공구는?

① 익스펜더   ② 플레어링 툴
③ 사이징 툴   ④ 리머

29 원심펌프의 회전수가 1200rpm 일 때 양정 15m, 송출 유량 2.4 m^3/min, 축동력 10 Ps 이다. 이 펌프를 2000rpm 으로 운전할 때의 양정(H)은 약 몇 m 가 되겠는가? (단, 펌프의 효율은 변하지 않는다.)

① 41.67   ② 33.75
③ 27.78   ④ 22.72

> 회전수 N_1에서 N_2로 변경시 변경된 양정(H_2)
> $H_2 = H_1 \times \left(\frac{N_2}{N_1}\right)^2$
> $= 15 \times \left(\frac{2000}{1200}\right)^2 = 41.67m$
> if) 만약 동력을 계산시 $P_2 = 10 \times \left(\frac{2000}{1200}\right)^3 = 46.23PS$

30 금속의 열처리에서 풀림(annealing)의 주된 목적은?

① 강도 증가
② 인성 증가
③ 조직의 미세화
④ 강을 연하게 하여 기계 가공성을 향상

> 열처리 종류
> • 담금질(Quenching, 소입) : 강의 경도나 강도를 증가시키기 위해 적당히 가열한 후 급냉시키는 방법이다.
> • 뜨임(Tempering, 소려) : 강에 인성을 주고 내부 잔류응력을 제거하기 위해 담금질한 강을 담금질 온도보다 조금 낮게 가열한 후 공기 중에서 서서히 냉각시키는 방법이다.
> • 풀림(Annealing, 소둔) : 강을 높은 온도로 가열하고 이를 로(爐)속에서 서서히 냉각시키는 것으로 잔류응력을 제거하고 냉간가공을 용이하게 한다.
> • 불림(Normalizing, 소준) : 소성가공 등으로 거칠어진 조직을 정상상태로 하거나 조직을 미세화 하기 위한 것으로 가열 후 공랭하면 연신율이 증가된다.

31 기밀성 유지가 양호하고 유량조절이 용이하지만 압력손실이 비교적 크고 고압의 대구경 밸브로는 적합하지 않은 특징을 가지는 밸브는?

① 플러그밸브 ② 글로브밸브
③ 볼밸브 ④ 게이트밸브

🔍 글로브(Golbe) 밸브
- 용도 : 중·저압관용 유량조절용
- 장점 : 기밀성 유지 양호, 유량조절 용이
- 단점 : 압력손실이 크다.

32 가스 배관의 구경을 산출하는데 필요한 것으로만 짝지어진 것은?

㉮ 가스유량 ㉯ 배관길이 ㉰ 압력손실
㉱ 배관재질 ㉲ 가스의 비중

① ㉮, ㉯, ㉰, ㉱ ② ㉯, ㉰, ㉱, ㉲
③ ㉮, ㉯, ㉰, ㉲ ④ ㉮, ㉯, ㉱, ㉲

🔍 배관의 유량식

$Q = K\sqrt{\dfrac{D^5 H}{SL}}$ 에서

$D^5 = \dfrac{Q^2 \cdot S \cdot L}{K^2 \cdot H}$

(D : 구경(cm) L : 관길이 Q : 가스유량 H : 압력손실
S : 가스비중)

33 LPG 소비설비에서 용기의 개수를 결정할 때 고려사항으로 가장 거리가 먼 것은?

① 감압방식
② 1가구당 1일 평균가스 소비량
③ 소비자 가구수
④ 사용가스의 종류

🔍 용기수 = $\dfrac{\text{피크시사용량}}{\text{용기 1개당 가스발생량}}$

피크시사용량(Q) = $g \times N \times \eta$
g : 1일 1초당 평균가스사용량
N : 세대수
η : 소비율
그 이외에 용기질량, 가스종류 등이 있음

34 밀폐식 가스연소기의 일종으로 시공성은 물론 미관상도 좋고, 배기가스 중독사고의 우려도 적은 연소기 유형은?

① 자연배기(CF)식
② 강제배기(FE)식
③ 자연급배기(BF)식
④ 강제급배기(FF)식

🔍 가스보일러의 급배기 방식

구분		내용
밀폐식	자연급배기식(BF)	급배기통을 외기와 접하는 벽을 관통 옥외로 설치하고 자연통기력에 의해 급배기를 하는 방식
	강제급배기식(FF)	급배기통을 외기와 접하는 벽을 관통하여 옥외로 설치 급배기용 송풍기에 의해 강제로 급배기 하는 방식
반밀폐식	자연배기식(CF)	연소용 공기는 옥내에서 연소 후 배기가스는 자연통풍으로 옥외로 배출
	강제배기식(FE)	연소용 공기는 옥내에서 연소 후 배기가스는 배기용 송풍기에 의하여 강제로 옥외에 배출하는 방식

35 가스 충전구의 나사방향이 왼나사이어야 하는 것은?

① 암모니아 ② 브롬화메틸
③ 산소 ④ 아세틸렌

🔍 충전구의 나사
(1) 왼나사 : 암모니아와 브롬화메틸을 제외한 모든 가연성가스
(2) 오른나사 : 암모니아 브롬화메틸을 포함한 가연성 이외의 가스

36 펌프의 공동현상(cavitation) 방지방법으로 틀린 것은?

① 흡입양정을 짧게 한다.
② 양흡입 펌프를 사용한다.
③ 흡입 비교 회전도를 크게 한다.
④ 회전차를 물속에 완전히 잠기게 한다.

🔍 캐비테이션(공동현상)

항목	내용
정의	유수 중 그 수온의 증기압보다 낮은 부분이 생기면 물이 증발을 일으키고 기포를 발생하는 현상

방지법	• 펌프회전수를 낮춘다. • 펌프설치 위치를 낮춘다. • 수직축 펌프를 사용 회전차를 수중에 잠기게 한다. • 양흡입 펌프를 사용한다. • 두 대 이상의 펌프를 사용한다.
발생에 따른 현상	• 소음 • 진동 • 깃을 침식 • 양정, 효율곡선 저하

37 공기 액화장치 중 수소, 헬륨을 냉매로 하며 2개의 피스톤이 한 실린더에 설치되어 팽창기와 압축기의 역할을 동시에 하는 형식은?

① 캐스케이드식 ② 캐피자식
③ 클라우드식 ④ 필립스식

🔍 가스액화 분리장치 특징

종류	특징
린데식	상온 상압의 공기를 압축기에 의해 등온 압축 후 열교환기에서 저온으로 냉각하여 팽창밸브에서 단열 팽창시켜 액체 공기로 만든다.
클라우드식	압축기에서 0.4MPa 압축 제1열교환기에서 -100℃ 냉각되어 팽창기에 들어가 대기압까지 단열팽창하여 제2, 제3열교환기에서 다시 냉각, 팽창밸브에서 단열교축 팽창을 하게된다.
캐피자식	압축압력 7atm 정도이며 열교환기에서 축냉기를 사용하여 원료공기를 냉각시킴과 동시에 수분과 탄산가스를 제거, 송입공기량은 전체의 9% 정도이다.
필립스식	피스톤과 보조피스톤이 있으며 상부에 팽창기 하부에 압축기로 구성된다. 수소 또는 헬륨이 냉매로 장치 내에 봉입되어 있다.
캐스케이드식	비점이 점차 낮은 냉매를 사용 저비점기체를 액화하는 싸이클로서 다원액화사이클라고 한다.

38 가스액화 분리장치의 구성이 아닌 것은?

① 한랭 발생장치
② 불순물 제거장치
③ 정류(분축, 흡수)장치
④ 내부연소식 반응장치

39 강제 급배기식 가스온수보일러에서 보일러의 최대 가스소비량과 각 버너의 가스소비량은 표시차의 얼마 이내인 것으로 하여야 하는가?

① ±5% ② ±8%
③ ±10% ④ ±15%

40 공기 액화 분리장치의 폭발 원인이 될 수 없는 것은?

① 공기 취입구에서 아르곤 혼입
② 공기 취입구에서 아세틸렌 혼입
③ 공기 중 질소 화합물(NO, NO₂) 혼입
④ 압축기용 윤활유의 분해에 의한 탄화수소의 생성

🔍 공기액화 분리장치

항목	핵심내용
개요	원료공기를 압축 액화산소(-183℃), 액화아르곤(-186℃), 액화질소(-195.8℃)를 비등점 차이로 분리제조하는 저온장치
폭발원인	① 공기취입구에서 아세틸렌(C_2H_2)의 침입 ② 액체공기 중의 오존(O_3)의 혼입 ③ 공기 중 질소화합물의 혼입 ④ 압축기용 윤활유의 분해에 의한 탄화수소의 생성
폭발 방지대책	① 장치 내에 여기기 설치 ② 윤활제는 양질의 광유 사용 ③ 공기취입구를 밝은 곳에 설치 ④ 연 1회 CCl_4로 세척 ⑤ 부근에 카바이드 작업을 피한다.
운전중지하고 액산을 방출하여야 하는 경우	① 액산 5L 중 C의 질량이 500mg을 넘을 때 ② 액산 5L 중 C_2H_2의 질량이 500mg을 넘을 때

제3과목 가스안전관리

41 다음의 액화가스를 이음매 없는 용기에 충전할 경우 그 용기에 대하여 음향검사를 실시하고 음향이 불량한 용기는 내부조명검사를 하지 않아도 되는 것은?

① 액화프로판 ② 액화암모니아
③ 액화탄산가스 ④ 액화염소

🔍 액화가스 이음매 없는 용기 충전시 음향검사를 실시 음향이 불량시 내부조명검사를 실시 하여야 하는 용기의 종류
① 액화암모니아 ② 액화탄산가스 ③ 액화염소

42 고압가스 냉동제조지설에서 해당 냉동설비의 냉동능력에 대응하는 환기구의 면적을 확보하지 못하는 때에는 그 부족한 환기구 면적에 대하여 냉동능력 1ton 당 얼마 이상의 강제환기장치를 설치해야 하는가?

① 0.05 m³/분
② 1 m³/분
③ 2 m³/분
④ 3 m³/분

43 산소와 혼합가스를 형성할 경우 화염온도가 가장 높은 가연성가스는?

① 메탄
② 수소
③ 아세틸렌
④ 프로판

🔍 연소범위
메탄 (5~15%)
수소 (4~75%)
아세틸렌 (2,5~81%)
프로판 (2,1~9,5%)
아세틸렌의 연소범위가 가장 넓어 혼합가스 형성시 화염온도가 3000℃ 이상으로 가장높다

44 신규검사 후 경과연수가 20년 이상된 액화석유가스용 100L 용접용기의 재검사 주기는?

① 1년마다
② 2년마다
③ 3년마다
④ 5년마다

🔍 용기의 재검사 주기

용기의 종류		신규검사 후 경과연수		
		15년 미만	15년 이상 20년 미만	20년 이상
		재검사 주기		
용접용기 (액화석유가스용 용접용기는 제외한다.)	500L 이상	5년 마다	2년 마다	1년 마다
	500L 미만	3년 마다	2년 마다	1년 마다
액화석유용 용접용기	500L 이상	5년 마다	2년 마다	1년 마다
	500L 미만	5년마다		2년 마다
이음매 없는 용기 또는 복합재료용기	500L 이상	5년마다		
	500L 미만	신규검사 후 경과연수가 10년 이하인 것은 5년마다, 10년을 초과한 것은 3년마다		
액화석유가스용 복합재료용기		5년마다(설계조건에 반영되고, 산업통상자원부장관으로부터 안전한 것으로 인정을 받은 경우에는 10년마다)		

45 용기에 의한 액화석유가스 사용시설에서 호칭지름이 20mm인 가스배관을 노출하여 설치할 경우 배관이 움직이지 않도록 고정장치를 몇 m 마다 설치하여야 하는가?

① 1m
② 2m
③ 3m
④ 4m

🔍 배관의 고정장치

호칭경(A)	지지 간격(m)
13mm 미만	1
13mm 이상 33mm 미만	2
33mm 이상	3

46 기업활동 전반을 시스템으로 보고 시스템 운영 규정을 작성·시행하여 사업장에서의 사고 예방을 위하여 모든 형태의 활동 및 노력을 효과적으로 수행하기 위한 체계적이고 종합적인 안전관리체계를 의미하는 것은?

① MMS
② SMS
③ CRM
④ SSS

47 도시가스용 압력조정기란 도시가스 정압기 이외에 설치되는 압력조정기로서 입구 쪽 호칭지름과 최대표시유량을 각각 바르게 나타낸 것은?

① 50 A 이하, 300 Nm³/h 이하
② 80 A 이하, 300 Nm³/h 이하
③ 80 A 이하, 500 Nm³/h 이하
④ 1000 A 이하, 500 Nm³/h 이하

🔍 도시가스용압력 조정기
호칭지름 50A이하
최대표시유량 300Nm³/n이하

48 일반도시가스시설에서 배관 매설 시 사용하는 보호포의 기준으로 틀린 것은?

① 일반형 보호포와 내압력형 보호포로 구분한다.
② 잘 끊어지지 않는 재질로 직조한 것으로 두께 0.2mm 이상으로 한다.
③ 최고 사용압력이 중압 이상인 배관의 경우에는 보호판의 상부로부터 30cm 이상 떨어진 곳에 보호포를 설치한다.
④ 보호포는 호칭지름에 10cm를 더한 폭으로 설치한다.

🔍 일반형 보호포와 탐지형 보호포로 구분한다.

49 용기의 각인 기호에 대해 잘못 나타낸 것은?

① V : 내용적 ② W : 용기의 질량
③ TP : 기밀시험압력 ④ FP : 최고충전압력

🔍 용기의 각인

기호	내용	단위
V	내용적	L
W	초저온 용기 이외의 용기에 밸브 부속품을 포함하지 아니한 용기 질량	kg
Tw	아세틸렌 용기에 있어 용기 질량에 다공물질 용제 및 밸브의 질량을 합한 질량	kg
Tp	내압시험압력	MPa
Fp	최고충전압력	MPa
t	500ℓ 초과 용기의 동판두께	mm

50 공업용 용기의 도색 및 문자표시의 색상으로 틀린 것은?

① 수소 - 주황색으로 용기도색, 백색으로 문자표기
② 아세틸렌 - 황색으로 용기도색, 흑색으로 문자표기
③ 액화암모니아 - 백색으로 용기도색, 흑색으로 문자표기
④ 액화염소 - 회색으로 용기도색, 백색으로 문자표기

🔍 용기의 도색 표시

가스의 종류	공업용	의료용
액화석유가스	회색	-
수소	주황색	-
아세틸렌	황색	-
암모니아	백색	-
염소	갈색	-
산소	녹색	백색
액화탄산가스	청색	회색
질소	회색	흑색
헬륨		갈색
에틸렌		자색
아산화질소		청색
사이클로프로판	-	주황색
그 밖의 가스	회색	회색
소방용 용기	소방법에 따른 도색	

④ 액화염소 • 용기색 : 갈색 • 문자색 : 백색

51 차량에 고정된 탱크의 내용적에 대한 설명으로 틀린 것은?

① 액화천연가스 탱크의 내용적은 1만 8천 L를 초과할 수 없다.
② 산소 탱크의 내용적은 1만 8천 L를 초과할 수 없다.
③ 염소 탱크의 내용적은 1만 2천 L를 초과할 수 없다.
④ 암모니아 탱크의 내용적은 1만 2천 L를 초과할 수 없다.

🔍 차량고정 탱크 운반 기준
• 독성저장탱크 내용적 : 1만 2천 ℓ을 초과하지 않아야 한다 (단 암모니아 제외).
• 가연성(LPG 제외), 산소탱크 내용적 : 1만 8천 ℓ을 초과하지 않아야 한다.

52 액화석유가스의 안전관리 및 사업법상 허가대상이 아닌 콕은?

① 퓨즈콕 ② 상자콕
③ 주물연소기용노즐콕 ④ 호스콕

53 가스안전성평가기법 중 정성적 안전성 평가기법은?

① 체크리스트 기법 ② 결함수분석 기법
③ 원인결과분석 기법 ④ 작업자실수분석 기법

🔍 안전성평가 기법

정성적 평가	정량적 평가
• 체크리스트(Check List) • 사고예방질문분석(WHAT-IF) • 위험과 운전분석(HAZOP) • 이상위험도 분석 • 상대 위험 순위 결정(Dow and Mond Indices)	• 결함수 분석(FTA) • 원인 결과 분석(CCA) • 작업자 실수 분석(HEA) • 사건수 분석(ETA)

54 다음 중 가연성가스가 아닌 것은?

① 아세트알데히드 ② 일산화탄소
③ 산화에틸렌 ④ 염소

🔍 ④ 염소 : 독성, 조연성, 액화 가스

55 용기에 의한 액화석유가스 사용시설에서 저장능력이 100kg을 초과하는 경우에 설치하는 용기보관실의 설치기준에 대한 설명으로 틀린 것은?

① 용기는 용기보관실 안에 설치한다.
② 단층구조로 설치한다.
③ 용기보관실의 지붕은 무거운 방염재료로 설치한다.
④ 보기 쉬운 곳에 경계표지를 설치한다.

🔍 용기보관실 및 용기집합설비 설치

저장능력	
100kg 이하	100kg 초과
용기가 직사광선, 빗물을 받지 않도록 조치	• 용기보관실 설치 시 용기보관실의 벽, 문, 지붕은 불연재료(지붕은 가벼운 불연재료)로 설치하고, 단층구조로 한다. • 용기보관실 설치 곤란 시 외부인의 출입을 방지하기 위해 출입문을 설치하고 경계표시를 한다. • 용기집합설비의 양단 마감조치에는 캡 또는 플랜지를 설치한다. • 용기를 3개 이상 집합하여 사용 시 용기집합장치로 설치한다. • 용기와 연결된 측도관 트윈호스의 조정기 연결부는 조정기 이외의 설비에는 연결하지 않는다.

고압가스 용기의 보관

항목	간추린 핵심내용
구분보관	• 충전용기 잔가스 용기 • 가연성 독성 산소 용기
충전용기	• 40℃ 이하 유지 • 직사광선을 받지 않도록 • 넘어짐 및 충격, 밸브손상 방지조치 난폭한 취급 금지(5ℓ 이하 제외) • 밸브 돌출용기 가스충전 후 넘어짐 밸브손상 방지조치(5ℓ 이하 제외)
용기 보관장소	• 2m 이내 화기인화성, 발화성 물질을 두지 않을 것
가연성 보관장소	• 방폭형 휴대용 손전등 이외 등화를 휴대하지 않을 것 • 보관장소는 양호한 통풍구조로 할 것
가연성, 독성 용기 보관장소	충전용 인도 시 가스누출 여부를 인수자가 보는데서 확인

56 안전관리규정의 실시기록은 몇 년간 보존하여야 하는가?

① 1년 ② 2년
③ 3년 ④ 5년

57 다음 중 특정고압가스가 아닌 것은?

① 수소 ② 질소
③ 산소 ④ 아세틸렌

🔍 특정고압, 특수고압가스

특정고압가스		특수고압가스
① 포스핀 ③ 게르만 ⑤ 오불화비소 ⑦ 삼불화인 ⑨ 삼불화붕소 ⑪ 사불화규소 ⑬ 산소 ⑮ 아세틸렌 ⑰ 천연가스 ⑲ 압축디보레인	② 셀렌화수소 ④ 디실란 ⑥ 오불화인 ⑧ 삼불화질소 ⑩ 사불화유황 ⑫ 수소 ⑭ 액화암모니아 ⑯ 액화염소 ⑱ 압축모노실란	① ② ③ ④ 이외에 압축모노실란, 압축디보레인, 액화알진

58 사람이 사망하거나 부상, 중독 가스사고가 발생하였을 때 사고의 통보 내용에 포함되는 사항이 아닌 것은?

① 통보자의 인적사항
② 사고발생 일시 및 장소
③ 피해자 보상 방언
④ 사고내용 및 피해현황

🔍 사고의 통보방법

사고의 종류	통보방법	통보기한	
		속보	상보
사람이 사망한 사고	전화 또는 팩스를 이용한 통보(속보) 서면으로 제출하는 상세한 통보(상보)	즉시	사고 발생 후 20일 이내
사람이 부상되거나 중독된 사고	속보 및 상보	즉시	사고 발생 후 10일 이내
가스누출에 의한 폭발 또는 화재사고	속보	즉시	
가스시설 파손, 누출로 인하여 인명 대피나 공급중단 발생	속보	즉시	
사업자 등의 저장탱크에 가스가 누출된 사고	속보	즉시	

• 사고의 통보내용에 포함되어야 하는 사항
 – 통보자의 소속, 지위, 성명 및 연락처
 – 사고발생일시
 – 사고발생장소
 – 사고내용(가스의 종류, 양, 및 확산거리 등을 포함)
 – 시설현황(시설의 종류, 위치 등을 포함)
 – 인명 및 재산의 피해현황

59 고압가스 일반제조시설의 설치기준에 대한 설명으로 틀린 것은?

① 아세틸렌의 충전용 교체밸브는 충전하는 장소에서 격리하여 설치한다.
② 공기액화분리기로 처리하는 원료공기의 흡입구는 공기가 맑은 곳에 설치한다.
③ 공기액화분리기의 액화공기탱크와 액화산소 증발기 사이에는 석유류, 유지류, 그 밖의 탄화수소를 여과, 분리하기 위한 여과기를 설치한다.
④ 에어졸제조시설에는 정압충전을 위한 레벨장치를 설치하고 공업용 제조시설에는 불꽃길이 시험장치를 설치한다.

🔍 ④ 에어졸 제조시설에는 정량을 충전 할 수 있는 자동충전기를 설치

60 저장탱크에 의한 액화석유가스저장소에서 지상에 설치하는 저장탱크, 그 받침대, 저장탱크에 부속된 펌프 등이 설치된 가스설비실에는 그 외면으로부터 몇 m 이상 떨어진 위치에서 조작할 수 있는 냉각장치를 설치하여야 하는가?

① 2m   ② 5m
③ 8m   ④ 10m

🔍 냉각 살수장치 조작위치 : 설비로부터 5m이상 떨어진 위치

제4과목 가스계측

61 가스누출검지기 중 가스와 공기의 열전도가 다른 것을 측정원리로 하는 검지기는?

① 반도체식 검지기
② 접촉연소식 검지기
③ 서머스테드식 검지기
④ 불꽃이온화식 검지기

62 렌즈 또는 반사경을 이용하여 방사열을 수열판으로 모아 고온 물체의 온도를 측정할때 주로 사용하는 온도계는?

① 열전온도계   ② 저항온도계
③ 열팽창온도계 ④ 복사온도계

63 계량기 형식 승인 번호의 표시방법에서 계량기의 종류별 기호 중 가스미터의 표시 기호는?

① G   ② M
③ L   ④ H

계량기 종류별 기호
- G : 전력량계
- K : 연료유미터
- R : 로드셀
- N : 전량눈금새김탱크
- H : 가스미터

64 화씨[°F]와 섭씨[°C]의 온도눈금 수치가 일치하는 경우의 절대온도[K]는?

① 201　　② 233
③ 313　　④ 345

°C = °F는 −40°C = −40°F 이므로
K = −40 + 273 = 233K

65 가스계량기의 1주기 체적의 단위는?

① L/min　　② L/hr
③ L/rev　　④ cm^3/g

Rev(1주기) 체적 : L

66 오리피스 유량을 측정하는 경우 압력차가 2배로 변했다면 유량은 몇 배로 변하겠는가?

① 1배　　② $\sqrt{2}$배
③ 2배　　④ 4배

$Q_1 = A\sqrt{2gH}$
$Q_2 = A\sqrt{2g \cdot 2H}$ 이면
　　$= A\sqrt{2}\sqrt{2gH}$ 이므로 $\sqrt{2}$배이다.

67 기체크로마토그래피의 측정 원리로서 가장 옳은 설명은?

① 흡착제를 충전한 관속에 혼합시료를 넣고, 용제를 유동시키면 흡수력 차이에 따라 성분의 분리가 일어난다.
② 관속을 지나가는 혼합기체 시료가 운반기체에 따라 분리가 일어난다.
③ 혼합기체의 성분이 운반기체에 녹는 용해도 차이에 따라 성분의 분리가 일어난다.
④ 혼합기체의 성분은 관내에 자기장의 세기에 따라 분리가 일어난다.

기체(혼합형)가스크로마토그래피의 특징

구분	항목	핵심내용
	측정원리	① 흡착제를 충전한 관 속에서 혼합사료를 넣어 용제를 유동 ② 흡수력, 이동속도 차이에 의해 성분분석이 일어남. 기기분석법에 해당
	3대요소	분리관 검출기기록계
	캐리어가스(운반가스)	He, H_2, Ar, N_2(가장 많이 사용 : He, H_2)
	구비조건	① 운반가스는 불활성 고순도이며, 구입이 용이하여야 한다. ② 기체의 확산을 최소화 하여야 한다. ③ 사용검출기에 적합하여야 한다. ④ 분리능력 선택이 우수하다. ⑤ 적외선 가스 분석계에 비해 응답속도가 느리다. ⑥ 여러 가지 가스성분이 섞여있는 시료가스 분석에 적당하다.

68 압력계와 진공계 두 가지 기능을 갖춘 압력 게이지를 무엇이라고 하는가?

① 전자압력계
② 초음파압력계
③ 부르동관(Bourdon tube)압력계
④ 컴파운드게이지(Compound gauge)

69 전기세탁기, 자동판매기, 승강기, 교통신호기 등에 기본적으로 응용되는 제어는?

① 피드백제어　　② 시퀀스제어
③ 정치제어　　　④ 프로세스제어

시퀀셜 제어
제어의 각 단계가 순차적으로 진행시킬 수 있는 제어로 입력신호에서 출력신호까지 정해진 순서에 따라 제어명령이 전해진다. 또 제어결과에 따라 조작이 자동적으로 이행된다.

70 다음 중 기기분석법이 아닌 것은?

① Chromatography
② Iodometry
③ Colorimetry
④ Polarography

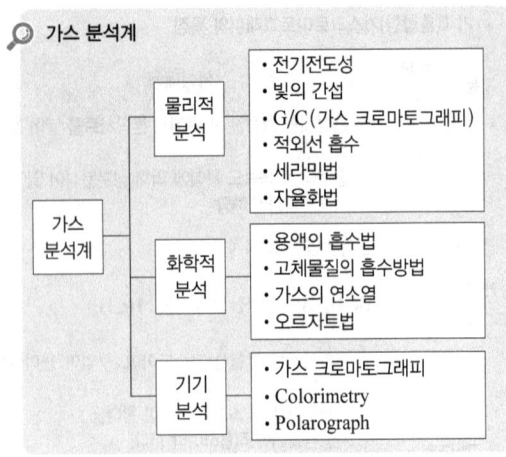

72 가스 누출 시 사용하는 시험지의 변색 현상이 옳게 연결된 것은?

① H₂S : 전분지 → 청색
② CO : 염화파라듐지 → 적색
③ HCN : 하리슨씨시약 → 황색
④ C₂H₂ : 염화제일동 착염지 → 적색

🔍 독성가스 누출검지 시험지의 종류와 변색 상태

가스명	시험지	변색상태
염소	KI전분지	청색
암모니아	적색 리트머스지	색
시안화수소	초산벤젠지(질산구리벤젠지)	청색
포스겐	하리슨시험지	심등색, 귤색, 오렌지색
일산화탄소	염화파라듐지	흑색
황화수소	연당지	흑색
아세틸렌	염화제1동착염지	적색

71 루트미터에 대한 설명으로 가장 옳은 것은?

① 설치면적이 작다.
② 실험실용으로 적합하다.
③ 사용 중에 수위 조정 등의 유지 관리가 필요하다.
④ 습식가스미터에 비해 유량이 정확하다.

🔍 가스미터의 장·단점

구분	막식	습식	루트식
장점	• 값이 싸다. • 설치 후의 유지관리에 시간을 요하지 않는다.	• 계량이 정확하다. • 사용중에 기차의 변동이 크지 않다. • 원리는 드럼형이다.	• 대유량의 가스측정에 적합하다. • 중압가스의 계량이 가능하다. • 설치면적이 작다.
단점	대용량의 것은 설치면적이 크다.	• 사용중에 수위조정 등의 관리가 필요하다. • 설치면적이 크다.	• 스트레이너의 설치 및 설치 후의 유지관리가 필요하다. • 소유량(0.5㎥/h 이하)의 것은 부동의 우려가 있다.
일반적 용도	일반 수용가	기준기 실험실용	대수용가
용량 범위	1.5~200㎥/h	0.2~3,000㎥/h	100~5,000㎥/h

73 목표치에 따른 자동제어의 종류 중 목표값이 미리 정해진 시간적 변화를 행할 경우 목표값에 따라서 변동하도록 한 제어는?

① 프로그램제어 ② 캐스케이드제어
③ 추종제어   ④ 프로세스제어

🔍 자동제어종류
① 폐루프 제어 : 출력의 일부를 입력 방향으로 피드백시켜 목표값과 비교되도록 폐루프를 형성하는 제어로 피드백 제어계라 함
② 개루프(회로) 제어 : 가장 간편한 장치로 제어동작이 출력과 관계없이 신호의 통로가 열려있는 제어계로서 수정하는 과정이 없음
③ 프로그램 제어 : 미리 정해진 프로그램에 따라 제어량을 변화시키는 것을 목적으로 하는 제어법

74 도로에 매설된 도시가스가 누출되는 것을 감지하여 분석한 후 가스누출 유무를 알려주는 가스검출기는?

① FID   ② TCD
③ FTD   ④ FPD

🔍 FID(수소이온화검출기)
CH₄계열의 가스를 검지

75 다음 중 유체에너지를 이용하는 유량계는?

① 터빈유량계
② 전자기유량계
③ 초음파유량계
④ 열유량계

🔍 터빈유량계 : 회전체에 대해 비스듬히 설치된 날개에 부딪치는 유체의 운동량으로 회전체를 회전시킴으로서 가스유량을 측하는 원리로 추량식에 속하며 압력손실이 적고 측정범위가 넓으나 스월(소용돌이)의 영향을 받는다.

76 오르자트 가스분석계에서 알칼리성 피로카롤을 흡수액으로 하는 가스는?

① CO
② H_2S
③ CO_2
④ O_2

🔍 흡수분석법의 흡수액 종류
- CO_2 : KOH 용액
- O_2 : 알칼리성 피로카롤용액
- C_mH_n : 발연황산
- CO : 암모니아성 염화 제1동 용액
- C_2H_2 : 요오드수은칼륨 용액
- C_3H_6, nC_3H_8 : 87% H_2SO_4
- C_2H_4 : 취소수

77 고압으로 밀폐된 탱크에 가장 적합한 액면계는?

① 기포식
② 차압식
③ 부자식
④ 편위식

78 출력이 일정한 값에 도달한 이후의 제어계의 특성을 무엇이라고 하는가?

① 스텝응답
② 과도특성
③ 정상특성
④ 주파수응답

🔍 ① 스텝응답 : 정상상태에 있는 요소의 입력을 스텝형태로 변화할 때 출력이 새로운 값에 도달 스텝 입력에 의한 출력의 변화상태
② 과도특성 : 정상상태에 있는계에 급격한 변화에 입력을 가했을 때 생기는 출력의 변화
③ 정상특성 : 출력이 일정값 도달후의 제어계특성
④ 주파수응답 : 출력은 입력과 같은 주파수로 진동하며 정현파상의 입력신호로 출력의 진폭과 위상각의 특성을 규명

79 공업용 액면계가 갖추어야 할 조건으로 옳지 않은 것은?

① 자동제어장치에 적용 가능하고, 보수가 용이해야 한다.
② 지시, 기록 또는 원격측정이 가능해야 한다.
③ 연속측정이 가능하고 고온, 고압에 견디어야 한다.
④ 액위의 변화속도가 느리고, 액면의 상, 하한계의 적용이 어려워야 한다.

🔍 액면계 구비조건
①, ②, ③항 이외에 내구, 내식성이 있을 것

80 감도에 대한 설명으로 옳지 않은 것은?

① 지시량변화/측정량 변화로 나타낸다.
② 측정량의 변화에 민감한 정도를 나타낸다.
③ 감도가 좋으면 측정시간은 짧아지고 측정범위는 좁아진다.
④ 감도의 표시는 지시계의 감도와 눈금나비로 표시한다.

🔍 감도 : 지시량의 변화를 측정값의 변화로 나누어 준 값
$$= \frac{지시량의\ 변화}{측정값의\ 변화}$$
③ 감도가 좋으면 측정시간은 길어지고 측정범위는 좁아진다.

정답 2019년 3회 기출문제

01 ③	02 ①	03 ①	04 ④	05 ④
06 ②	07 ③	08 ②	09 ①	10 ②
11 ①	12 ④	13 ①	14 ④	15 ①
16 ③	17 ③	18 ②	19 ②	20 ②
21 ③	22 ①	23 ①	24 ②	25 ②
26 ③	27 ④	28 ②	29 ①	30 ④
31 ②	32 ③	33 ①	34 ④	35 ④
36 ③	37 ④	38 ④	39 ③	40 ①
41 ①	42 ③	43 ③	44 ③	45 ②
46 ②	47 ①	48 ①	49 ③	50 ④
51 ④	52 ④	53 ①	54 ④	55 ③
56 ④	57 ②	58 ③	59 ④	60 ②
61 ③	62 ④	63 ④	64 ②	65 ③
66 ②	67 ①	68 ④	69 ②	70 ②
71 ①	72 ④	73 ①	74 ④	75 ①
76 ④	77 ②	78 ③	79 ④	80 ③

공단 기출문제

2020년 1, 2회 통합 06월 13일 시행

제1과목 연소공학

01 증기운 폭발에 영향을 주는 인자로서 가장 거리가 먼 것은?

① 혼합비
② 점화원의 위치
③ 방출된 물질의 양
④ 증발된 물질의 분율

🔍 증기운 폭발
- 정의 : 대기 중 다량의 가연성 또는 액체 유출로 발생한 증기가 공기와 혼합기체를 형성하여 발화원에 일으키는 폭발
- 영향인자
  - 방출물질의 양
  - 점화원의 위치
  - 증발 물질의 분율
- 특징
  - 폭발효율은 낮다.
  - 폭연으로 화재가 발생할 수 있다.
  - 증기운 크기가 클수록 점화 우려가 높다.

02 일반적인 연소에 대한 설명으로 옳은 것은?

① 온도의 상승에 따라 폭발범위는 넓어진다.
② 압력 상승에 따라 폭발범위는 좁아진다.
③ 가연성가스에서 공기 또는 산소의 농도 증가에 따라 폭발범위는 좁아진다.
④ 공기 중에서 보다 산소 중에서 폭발범위는 좁아진다.

🔍 폭발범위의 영향인자
- 온도 : 고온일수록 폭발범위가 넓어진다
- 압력 : 고압일수록 폭발범위가 넓어진다. 단, CO는 고압일수록 좁아지며 H_2는 고압일수록 좁아지다가 어느 한계점의 압력값을 넘으면 다시 넓어진다.
- 산소 : 산소의 양이 많아지면 폭발범위가 넓어진다.

03 최소 점화에너지(MIE)에 대한 설명으로 틀린 것은?

① MIE는 압력의 증가에 따라 감소한다.
② MIE는 온도의 증가에 따라 증가한다.
③ 질소농도의 증가는 MIE를 증가시킨다.
④ 일반적으로 분진의 MIE는 가연성가스보다 큰 에너지 준위를 가진다.

🔍 최소점화에너지 : 연소에 필요한 최소한의 에너지
- 온도, 압력, 산소 농도가 높을수록 감소
- 연소속도가 빠를수록 감소
- 열전도율이 적을수록 감소

04 표면연소란 다음 중 어느 것을 말하는가?

① 오일표면에서 연소하는 상태
② 고체연료가 화염을 길게 내면서 연소하는 상태
③ 화염의 외부표면에 산소가 접촉하여 연소하는 현상
④ 적열된 코크스 또는 숯의 표면 또는 내부에 산소가 접촉하여 연소하는 상태

05 등심연소 시 화염의 길이에 대하여 옳게 설명한 것은?

① 공기 온도가 높을수록 길어진다.
② 공기 온도가 낮을수록 길어진다.
③ 공기 유속이 높을수록 길어진다.
④ 공기 유속 및 공기온도가 낮을수록 길어진다.

🔍 등심연소(Wick Combustion) : 일명 심지연소라고 하며 램프 등과 같이 연료를 심지로 빨아올려 심지의 표면에서 연소시키는 것으로 공기온도가 높을수록 화염의 길이가 길어진다.

06 이산화탄소로 가연물을 덮는 방법은 소화의 3대 효과 중 다음 어느 것에 해당하는가?

① 제거효과
② 질식효과
③ 냉각효과
④ 촉매효과

🔍 소화의 종류

종류	내용
제거소화	연소반응이 일어나고 있는 가연물 및 주변의 가연물을 제거하여 연소반응을 중지시켜 소화하는 방법
질식소화	가연물에 공기 및 산소의 공급을 차단하여 산소의 농도를 16% 이하로 하여 소화하는 방법 • 불연성 기체로 가연물을 덮는 방법 • 연소실을 완전 밀폐하는 방법 • 불연성 포로 가연물을 덮는 방법 • 고체로 가연물을 덮는 방법
냉각소화	연소하고 있는 가연물의 열을 빼앗아 온도를 인화점 및 발화점 이하로 낮추어 소화하는 방법 • 소화약제(CO_2)에 의한 방법 • 액체를 사용하는 방법 • 고체를 사용하는 방법
억제소화 (부촉매효과법)	연쇄적 산화반응을 약화시켜 소화하는 방법
희석소화	산소나 가연성 가스의 농도를 연소범위 이하로 하여 소화하는 방법. 즉, 가연물의 농도를 작게 하여 연소를 중지시킨다.

07 화재와 폭발을 구별하기 위한 주된 차이는?

① 에너지 방출속도 ② 점화원
③ 인화점 ④ 연소한계

🔍 화재와 폭발의 차이는 에너지가 방출되는 속도에 의한다.

08 완전연소의 구비조건으로 틀린 것은?

① 연소에 충분한 시간을 부여한다.
② 연료를 인화점 이하로 냉각하여 공급한다.
③ 적정량의 공기를 공급하여 연료와 잘 혼합한다.
④ 연소실 내의 온도를 연소 조건에 맞게 유지한다.

🔍 완전연소 : 연료를 인화점 이상으로 가열하여 공급한다.

09 위험성평가기법 중 공정에 존재하는 위험요소들과 공정의 효율을 떨어뜨릴 수 있는 운전상의 문제점을 찾아내어 그 원인을 제거하는 정성적인 안정성평가 기법은?

① What-if ② HEA
③ HAZOP ④ FMECA

🔍 • What-if : 사고 예상 질문 분석
• HEA : 작업자 실수 분석
• HAZOP : 위험과 운전 분석
• FMECA : 이상위험도 분석

10 폭굉유도거리(DID)에 대한 설명으로 옳은 것은?

① 관경이 클수록 짧다.
② 압력이 낮을수록 짧다.
③ 점화원의 에너지가 약할수록 짧다.
④ 정상연소 속도가 빠른 혼합가스일수록 짧다.

🔍 폭굉유도거리(DID)

구분	내용
정의	최초의 완만한 연소가 격렬한 폭굉으로 발전하는 거리
짧아지는 조건	• 점화원의 에너지가 클수록 • 압력이 높을수록 • 정상연소속도가 큰 혼합가스일수록 • 관속에 방해물이 있거나 관경이 가늘수록

11 메탄올 96g과 아세톤 116g을 함께 진공상태의 용기에 넣고 기화시켜 25℃의 혼합기체를 만들었다. 이 때 전압력은 약 몇 mmHg인가? (단, 25℃에서 순수한 메탄올과 아세톤의 증기압 및 분자량은 각각 96.5mmHg, 56mmHg, 및 32, 58이다.)

① 76.3 ② 80.3
③ 152.5 ④ 170.5

🔍 $P = P_A X_A + P_B X_B$

$$\therefore P = 96.5 \times \frac{\frac{96}{32}}{\frac{96}{32}+\frac{116}{58}} + 56 \times \frac{\frac{116}{58}}{\frac{96}{32}+\frac{116}{58}} = 80.3 \text{ mmHg}$$

12 프로판 $1Sm^3$를 완전연소시키는데 필요한 이론공기량은 몇 Sm^3인가?

① 5.0 ② 10.5
③ 21.0 ④ 23.8

🔍 C_3H_8의 완전연소 반응식
$C_3H_8 + 5O_2 \rightarrow 3CO_2 + 4H_2O$에서
$C_3H_8 : 5O_2$ 이므로
공기량은 $5Sm^3 \times \dfrac{100}{21} = 23.8Sm^3$

13 중유의 저위발열량이 10000kcal/kg인 연료 1kg을 연소시킨 결과 연소열이 5500kcal/kg이었다. 연소효율은 얼마인가?

① 45% ② 55%
③ 65% ④ 75%

🔍 $\eta = \dfrac{Q}{H_L} \times 100 = \dfrac{5500}{1 \times 10000} \times 100 = 55\%$

14 이상기체에 대한 설명으로 틀린 것은?

① 이상기체 상태 방정식을 따르는 기체이다.
② 보일-샤를의 법칙을 따르는 기체이다.
③ 아보가드로 법칙을 따르는 기체이다.
④ 반데르 발스 법칙을 따르는 기체이다.

🔍 반데르발스의 법칙
$(P + \dfrac{n^2a}{V^2})(V-nb) = nRT$: 실제기체 상태 방정식이다.

15 시안화수소 위험도(H)는 약 얼마인가?

① 5.8 ② 8.8
③ 11.8 ④ 14.8

🔍 위험도(H) = $\dfrac{U-L}{L}$에서 HCN은 6~41%이므로
$H = \dfrac{41-6}{6} = 5.83\%$

16 LPG를 연료로 사용할 때의 장점으로 옳지 않은 것은?

① 발열량이 크다.
② 조성이 일정하다.
③ 특별한 가압장치가 필요하다.
④ 용기, 조정기와 같은 공급설비가 필요하다.

🔍 LPG : 가압장치는 필요없다. 단, 압력을 낮출 수 있는 조정기가 필요하다.

17 연소 반응이 일어나기 위한 필요 충분조건으로 볼 수 없는 것은?

① 점화원 ② 시간
③ 공기 ④ 가연물

🔍 연소의 3요소
가연물, 산소공급원(공기), 점화원

18 다음 기체연료 중 CH_4 및 H_2를 주성분으로 하는 가스는?

① 고로가스 ② 발생로가스
③ 수성가스 ④ 석탄가스

🔍 각 가스의 주성분
고로가스 : 용광로에서 발생되는 가스 (CO_2, CO, N_2)
발생로가스 : CO
수성가스 : H_2, CO
석탄가스 : CH_4, H_2, CO

19 기체연료-공기혼합기체의 최대연소속도(대기압, 25℃)가 가장 빠른 가스는?

① 수소 ② 메탄
③ 일산화탄소 ④ 아세틸렌

🔍 가스+공기의 최대연소 속도 및 열전도율이 가장 빠른 가스는 H_2이다.

20 메탄 85v%, 에탄 10v%, 프로판 4v%, 부탄 1v%의 조성을 갖는 혼합가스의 공기 중 폭발 하한계는 약 얼마인가?

① 4.4% ② 5.4%
③ 6.2% ④ 7.2%

🔍 $\dfrac{100}{L} = \dfrac{V_1}{L_1} + \dfrac{V_2}{L_2} + \dfrac{V_3}{L_3} + \dfrac{V_4}{L_4}$
$= \dfrac{85}{5} + \dfrac{10}{3} + \dfrac{4}{2.1} + \dfrac{4}{1.8} = 22.79$
∴ $L = 100 \div 22.79 = 4.38\%$

제2과목 가스설비

21 조정압력이 3.3kPa 이하인 액화석유가스 조정기의 안정장치 작동정지 압력은?

① 7kPa
② 5.04~8.4kPa
③ 5.6~8.4kPa
④ 8.4~10kPa

> 조정 압력이 3.3kPa 이하인 조정기 안정장치
> • 작동표준압력 : 7.0kPa
> • 작동개시압력 : 5.60 ~ 8.40kPa
> • 작동정지압력 : 5.04 ~ 8.40kPa

22 어떤 냉동기에서 0℃의 물로 0℃의 얼음 2톤을 만드는데 50kW·h의 일이 소요되었다. 이 냉동기의 성능계수는? (단, 물의 응고열은 80kcal/kg이다.)

① 3.7
② 4.7
③ 5.7
④ 6.7

> 성적계수(COP) = $\dfrac{냉동효과}{압축일량}$ 이므로
> • 냉동효과 : 2000kg × 80kcal/kg = 160000kcal
> ∴ 160000 ÷ 860 = 186.046kW·h
> • 압축일량 = 50kW·h
> ∴ 성적계수 = $\dfrac{186.046}{50}$ = 3.72

23 가스용 폴리에틸렌 관의 장점이 아닌 것은?

① 부식에 강하다.
② 일광, 열에 강하다.
③ 내한성이 우수하다.
④ 균일한 단위제품을 얻기 쉽다.

> 가스용 폴리에틸렌 관은 일광, 열, 충격에 약해 지하매설용으로 사용된다.

24 정압기(governor)의 기본구성 중 2차 압력을 감지하고 변동사항을 알려주는 역할을 하는 것은?

① 스프링
② 메인밸브
③ 다이어프램
④ 웨이트

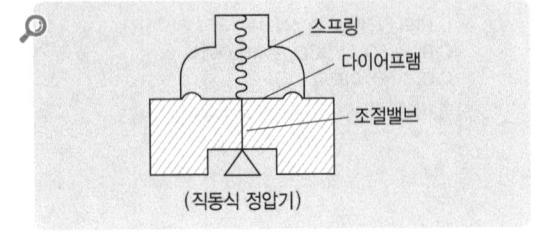
(직동식 정압기)

25 도시가스 저압배관의 설계 시 반드시 고려하지 않아도 되는 사항은?

① 허용 압력손실
② 가스 소비량
③ 연소기의 종류
④ 관의 길이

> 저압배관 유량식
> $Q = K\sqrt{\dfrac{D^5 H}{SL}}$
> Q : 가스유량(m³/h)   K : 유량계수
> D : 관지름(cm)   H : 압력손실(mmH₂O)
> S : 가스비중   L : 관길이(m)
>
> 저압배관 설계4요소
> 가스유량, 관지름, 압력손실, 관길이

26 일반도시가스사업자의 정압기에서 시공감리 기준 중 기능검사에 대한 설명으로 틀린 것은?

① 2차 압력을 측정하여 작동압력을 확인한다.
② 주정압기의 압력변화에 따라 예비정압기가 정상작동 되는지 확인한다.
③ 가스차단장치의 개폐상태를 확인한다.
④ 지하에 설치된 정압기실 내부에 100Lux 이상의 조명도가 확보되는지 확인한다.

> 조명도 : 150Lux 이상

27 발열량이 10500kcal/m³인 가스를 출력 12000kcal/h인 연소기에서 연소효율 80%로 연소시켰다. 이 연소기의 용량은?

① 0.70m³/h
② 0.91m³/h
③ 1.14m³/h
④ 1.43m³/h

> 연소기용량 G(m³/hr) = $\dfrac{12000\text{kcal/hr}}{10500\text{kcal/m}^3 \times 0.8}$ = 1.43m³/hr

28 전기방식에 대한 설명으로 틀린 것은?

① 전해질 중 물, 토양, 콘크리트 등에 노출된 금속에 대하여 전류를 이용하여 부식을 제어하는 방식이다.
② 전기방식은 부식 자체를 제거할 수 있는 것이 아니고 음극에서 일어나는 부식을 양극에서 일어나도록 하는 것이다.
③ 방전류는 양극에서 양극반응에 의하여 전해질로 이온이 누출되어 금속표면으로 이동하게 되고 음극 표면에서는 음극반응에 의하여 전류가 유입되게 된다.
④ 금속에서 부식을 방지하기 위해서는 방식전류가 부식전류 이하가 되어야 한다.

> 금속에서 부식을 방지하기 위해서 방식전류가 부식전류 이상이 되어야 한다.

29 LPG를 탱크로리에서 저장탱크로 이송 시 작업을 중단해야 하는 경우로서 가장 거리가 먼 것은?

① 누출이 생긴 경우
② 과충전이 된 경우
③ 작업 중 주위에 화재 발생 시
④ 압축기 이용 시 베이퍼록 발생 시

> 압축기 이송시 액압축이 발생하면 작업을 중단해야 하며, 베이퍼록이 발생하면 작업을 중단해야 하는 경우는 펌프로 이송할 때이다.

30 터보형 펌프에 속하지 않는 것은?

① 사류 펌프   ② 축류 펌프
③ 플런저 펌프 ④ 센트리퓨걸 펌프

> 펌프의 분류

용적형	왕복	피스톤, 플런저, 다이어프램
	회전	기어, 나사, 베인
터보형	원심	볼류터(안내깃 없음), 터빈(안내깃 있음)
	축류	
	사류	
특수		제트, 마찰, 기포, 수격

31 Loading 형으로 정특성, 동특성이 양호하며 비교적 콤팩트한 형식의 정압기는?

① KRF식 정압기
② Fisher식 정압기
③ Reynolds식 정압기
④ Axial-flow식 정압기

> 정압기 특성

종류	특성
Fisher식	로딩형이다. 정특성 및 동특성이 양호. 콤팩트하다.
Reynolds식과 KRF식	언로딩형. 정특성은 좋으나, 안전성이 부족. 크기가 대형이다.
Axial-flow식	변칙언로딩형. 정특성 및 동특성이 양호. 고차압이 될수록 특성이 양호. 극히 콤팩트하다.

32 2개의 단열과정과 2개의 등압과정으로 이루어진 가스 터빈의 이상 사이클은?

① 에릭슨사이클   ② 브레이튼사이클
③ 스털링사이클   ④ 아트킨슨사이클

> • 에릭슨 : 2개의 등온과정과 2개의 정압과정으로 이루어진 사이클
> • 브레이튼 : 2개의 단열과정과 2개의 등압과정으로 이루어진 사이클
> • 스털링 : 2개의 등온과정과 2개의 정적과정으로 이루어진 사이클
> • 아트킨슨 : 2개의 단열과정과 1개의 정적과정, 1개의 정압과정으로 이루어진 사이클

33 캐비테이션 현상의 발생 방지책에 대한 설명으로 가장 거리가 먼 것은?

① 펌프의 회전수를 높인다.
② 흡입 관경을 크게 한다.
③ 펌프의 위치를 낮춘다.
④ 양흡입 펌프를 사용한다.

34 LP가스를 이용한 도시가스 공급방식이 아닌 것은?

① 직접 혼입방식   ② 공기 혼입방식
③ 변성 혼입방식   ④ 생가스 혼입방식

🔍 LP가스를 이용한 도시가스의 공급방식 ① ② ③
(참고) LP가스 기화기의 공급방식
- 생가스 공급방식
- 공기혼합 가스공급방식
- 변성가스 공급방식

35 암모니아 압축기 실린더에 일반적으로 워터재킷을 사용하는 이유가 아닌 것은?

① 윤활유의 탄화를 방지한다.
② 압축 소요일량을 크게 한다.
③ 압축 효율의 향상을 도모한다.
④ 밸브 스프링의 수명을 연장시킨다.

🔍 워터재킷(냉각수) 사용의 장점
- 체적효율, 압축효율 증대
- 소요동력(일량)감소
- 윤활기능 향상
- 기계수명 연장

36 금속재료에 대한 풀림의 목적으로 옳지 않은 것은?

① 인성을 향상시킨다.
② 내부응력을 제거한다.
③ 조직을 조대화하여 높은 경도를 얻는다.
④ 일반적으로 강의 경도가 낮아져 연화된다.

🔍 열처리 종류
- 담금질(Quenching, 소입) : 강의 경도나 강도를 증가시키기 위해 적당히 가열한 후 급냉시키는 방법이다.
- 뜨임(Tempering, 소려) : 강에 인성을 주고 내부 잔류응력을 제거하기 위해 담금질한 강을 담금질 온도보다 조금 낮게 가열한 후 공기 중에서 서서히 냉각시키는 방법이다.
- 풀림(Annealing, 소둔) : 강을 높은 온도로 가열하고 이를 로(爐)속에서 서서히 냉각시키는 것으로 잔류응력을 제거하고 냉간가공을 용이하게 한다.
- 불림(Normalizing, 소준) : 소성가공 등으로 거칠어진 조직을 정상상태로 하거나 조직을 미세화 하기 위한 것으로 가열 후 공랭하면 연신율이 증가된다.

37 유수식 가스홀더의 특징에 대한 설명으로 틀린 것은?

① 제조설비가 저압인 경우에 사용한다.
② 구형 홀더에 비해 유효 가동량이 많다.
③ 가스가 건조하면 물탱크의 수분을 흡수한다.
④ 부지면적과 기초공사비가 적게 소요된다.

🔍 ④ 물탱크로 인한 부지면적이 많이 필요하고 기초공사비가 많이 든다.

38 염소가스 압축기에 주로 사용되는 윤활제는?

① 진한 황산
② 양질의 광유
③ 식물성유
④ 묽은 글리세린

🔍 압축기에 사용되는 윤활유의 종류

가스의 종류	윤활유
O_2(산소)	물 또는 10% 이하 글리세린수
Cl_2(염소)	진한 황산
LP가스	식물성유
H_2(수소), C_2H_2(아세틸렌), 공기	양질의 광유

39 아세틸렌가스를 2.5MPa의 압력으로 압축할 때 주로 사용되는 희석제는?

① 질소
② 산소
③ 이산화탄소
④ 암모니아

🔍 C_2H_2의 희석제의 종류 : N_2, CH_4, CO, C_2H_4

40 액화프로판 400kg을 내용적 50L의 용기에 충전 시 필요한 용기의 개수는?

① 13개
② 15개
③ 17개
④ 19개

🔍 용기 1개당 충전 질량
$$W = \frac{V}{C} = \frac{50}{2.35} = 21.276kg$$
∴ 400 ÷ 21.276 = 18.8 ≒ 19개

제3과목 가스안전관리

41 암모니아 저장탱크에는 가스의 용량이 저장탱크 내용적의 몇 %를 초과하는 것을 방지하기 위한 과충전 방지조치를 강구하여야 하는가?

① 85% ② 90%
③ 95% ④ 98%

42 고압가스 일반제조의 시설기준에 대한 설명으로 옳은 것은?

① 산소 초저온저장탱크에는 환형유리관 액면계를 설치할 수 없다.
② 고압가스설비에 장치하는 압력계는 상용압력의 1.1배 이상 2배 이하의 최고눈금이 있어야 한다.
③ 공기보다 가벼운 가연성가스의 가스설비실에는 1방향 이상의 개구부 또는 자연환기 설비를 설치하여야 한다.
④ 저장능력이 1000톤 이상인 가연성 액화가스의 지상 저장탱크의 주위에는 방류둑을 설치하여야 한다.

> ① 고압가스 저장탱크에는 환형유리제 액면계를 설치할 수 없다. 단, 초저온 및 불활성 저장탱크에는 환형유리제 액면계를 설치할 수 있다.
> ② 상용압력의 1.5배 이상 2배 이하에 최고눈금이 있어야 한다.
> ③ 2방향 이상의 개구부 또는 자연환기설비를 설치하여야 한다.

43 가스를 충전하는 경우에 밸브 및 배관이 얼었을 때의 응급조치하는 방법으로 부적절한 것은?

① 열습포를 사용한다.
② 미지근한 물로 녹인다.
③ 석유 버너 불로 녹인다.
④ 40℃ 이하의 물로 녹인다.

44 폭발 및 인화성 위험물 취급 시 주의하여야 할 사항으로 틀린 것은?

① 습기가 없고 양지바른 곳에 둔다.
② 취급자 외에는 취급하지 않는다.
③ 부근에서 화기를 사용하지 않는다.
④ 용기는 난폭하게 취급하거나 충격을 주어서는 아니 된다.

> 습기 · 직사광선이 없고 통풍이 양호한 장소에 보관하여야 한다.

45 일반적인 독성가스의 제독제로 사용되지 않는 것은?

① 소석회
② 탄산소다 수용액
③ 물
④ 암모니아 수용액

> 독성가스의 제독제
> 가성소다수용액, 탄산소다 수용액, 소석회, 물

46 고압가스안전성평가기준에서 정한 위험성 평가 기법 중 정성적 평가기법에 해당되는 것은?

① Check List 기법
② HEA 기법
③ FTA 기법
④ CCA 기법

> 공정위험성 평가 방법

정성적 분석	정량적 분석
• 체크리스트(Check List) • 상대 위험 순위 결정(Dow and Mond Indices) • 사고예방질문분석(WHAT-IF) • 위험과 운전분석(HAZOP) • 이상위험도 분석(FMECA)	• 결함수 분석(FTA) • 사건수 분석(ETA) • 원인 결과 분석(CCA) • 작업자 실수 분석(HEA)

47 아세틸렌용 용접용기 제조 시 내압시험압력이란 최고충전압력 수치의 몇 배의 압력을 말하는가?

① 1.2 ② 1.8
③ 2   ④ 3

> C_2H_2
> • Fp(최고충전압력) 15℃ 1.5MPa
> • Ap = Fp × 1.8 = 1.5 × 1.8 = 2.7
> • Tp(내압시험압력) = Fp × 3 = 1.5 × 3 = 4.5MPa

48 지름이 각각 8m인 LPG 지상 저장탱크사이에 물분무 장치를 하지 않은 경우 탱크사이에 유지해야 되는 간격은?

① 1m ② 2m
③ 4m ④ 8m

🔍 $(8+8) \times \dfrac{1}{4} = 4m$

49 고압가스특정제조시설에서 안전구역 안의 고압가스 설비는 그 외면으로부터 다른 안전구역 안에 있는 고압가스설비의 외면까지 몇 m 이상의 거리를 유지하여야 하는가?

① 10m ② 20m
③ 30m ④ 50m

🔍 고압가스 특정제조 시설의 위치

구분	시설물과의 관계	이격거리(m)
안전구역 내 고압설비	당해 안전구역에 인접하는 다른 안전구역 설비	30m 이상
제조설비	당해 제조소 경계	20m 이상
가연성가스 저장탱크	처리능력 20만m³ 압축기	30m 이상

50 액화석유가스 자동차에 고정된 용기충전의 시설에 설치되는 안전밸브 중 압축기의 최종단에 설치된 안전밸브의 작동조정의 최소 주기는?

① 6월에 1회 이상 ② 1년에 1회 이상
③ 2년에 1회 이상 ④ 3년에 1회 이상

🔍 안전밸브작동조정 주기
• 압축기 최종단의 안전밸브 : 1년에 1회 이상
• 그 이외의 안전밸브 : 2년에 1회 이상

51 액화가스 저장탱크의 저장능력을 산출하는 식은? (단, Q : 저장능력(m³), W : 저장능력(kg), V : 내용적(L), P : 35℃에서 최고충전압력(MPa), d : 사용온도 내에서 액화가스 비중(kg/L), C : 가스의 종류에 따른 정수이다.)

① W=V/C ② W=0.9dV
③ Q=(10P+1)V ④ Q=(P+2)V

🔍 저장능력 계산식

가스의 종류		계산식	기호단위
압축가스		Q = (10P+1)V	Q : 저장능력(m³) P : 35℃의 Fp(MPa) V : 내용적(m³)
액화가스	저장탱크	W = 0.9dv	W : 저장능력(kg) d : 액비중(kg/ℓ) V : 내용적(L) C : 충전상수
	소형저장탱크	W = 0.85dv	
	용기	W = $\dfrac{V}{C}$	

52 고압가스 일반제조시설에서 저장탱크 및 처리설비를 실내에 설치하는 경우의 기준으로 틀린 것은?

① 저장탱크실과 처리설비실을 각각 구분하여 설치하고 강제환기시설을 갖춘다.
② 저장탱크실의 천장, 벽 및 바닥의 두께는 20cm 이상으로 한다.
③ 저장탱크를 2개 이상 설치하는 경우에는 저장탱크실을 각각 구분하여 설치한다.
④ 저장탱크에 설치한 안전밸브는 지상 5m 이상의 높이에 방출구가 있는 가스방출관을 설치한다.

🔍 ② 저장탱크실의 천정 벽 바닥의 두께는 30cm 이상으로 한다.

53 고압가스 운반차량의 운행 중 조치사항으로 틀린 것은?

① 400km 이상 거리를 운행할 경우 중간에 휴식을 취한다.
② 독성가스를 운반 중 도난당하거나 분실한 때에는 즉시 그 내용을 경찰서에 신고한다.
③ 독성가스를 운반하는 때는 그 고압가스의 명칭, 성질 및 이동 중의 재해방지를 위하여 필요한 주의사항을 기재한 서류를 운전자 또는 운반책임자에게 교부한다.
④ 고압가스를 적재하여 운반하는 차량은 차량의 고장, 교통사정, 운전자 또는 운반책임자의 휴식할 경우 운반책임자와 운전자가 동시에 이탈하지 아니 한다.

🔍 ① 운행후 휴식 거리 : 200km 마다

🔍 포스겐 가스는 분자량 99g으로 공기보다 무겁다.

54 초저온 용기의 재료로 적합한 것은?

① 오스테나이트계 스테인리스 강 또는 알루미늄 합금
② 고탄소강 또는 Cr강
③ 마텐자이트계 스테인리스강 또는 고탄소강
④ 알루미늄합금 또는 Ni-Cr강

🔍 초저온 용기의 재료
　오스테나이트계 스테인리스 강, Cu, Al 등

58 2단 감압식 1차용 액화석유가스조정기를 제조할 때 최대 폐쇄압력은 얼마 이하로 해야 하는가? (단, 입구 압력이 0.1MPa~1.56MPa이다.)

① 3.5kPa
② 83kPa
③ 95kPa
④ 조정압력의 2.5배 이하

🔍 조정기의 최대폐쇄압력 기준
　• 1단 감압식 저압조정기, 2단 감압식 2차용 저압조정기 및 자동절체식 일체형 저압조정기 : 3.5kPa 이하
　• 2단 감압식 1차용 조정기 : 95.0kPa 이하
　• 1단 감압식 준저압조정기, 자동절체식 일체형 준저압조정기 및 그 밖의 압력조정기 : 조정압력의 1.25배 이하

55 질소 충전용기에서 질소가스의 누출여부를 확인하는 방법으로 가장 쉽고 안전한 방법은?

① 기름 사용　② 소리 감지
③ 비눗물 사용　④ 전기스파크 이용

56 고압가스용 이음매 없는 용기 제조 시 탄소함유량은 몇 % 이하를 사용하여야 하는가?

① 0.04　② 0.05
③ 0.33　④ 0.55

🔍 용기의 CPS의 함유량

용기구분	C	P	S
무이음 용기	0.55%이하	0.04%이하	0.05%이하
용접 용기	0.33%이하	0.04%이하	0.05%이하

59 폭발예방 대책을 수립하기 위하여 우선적으로 검토하여야 할 사항으로 가장 거리가 먼 것은?

① 요인분석
② 위험성 평가
③ 피해예측
④ 피해보상

57 포스겐가스(COCl₂)를 취급할 때의 주의사항으로 옳지 않은 것은?

① 취급 시 방독마스크를 착용할 것
② 공기보다 가벼우므로 환기시설은 보관장소의 위쪽에 설치할 것
③ 사용 후 폐가스를 방출할 때에는 중화시킨 후 옥외로 방출시킬 것
④ 취급장소는 환기가 잘 되는 곳일 것

60 특정설비에 대한 표시 중 기화장치에 각인 또는 표시해야 할 사항이 아닌 것은?

① 내압시험압력
② 가열방식 및 형식
③ 설비별 기호 및 번호
④ 사용하는 가스의 명칭

🔍 기화장치 각인사항
　• ① ② ④ 및 제조자의 명칭약호
　• 제조번호 제조년월일
　• 내압시험에 합격한 년월일
　• 최고사용압력 단위
　• 기화능력

제4과목 가스계측

61 가스미터의 원격계측(검침) 시스템에서 원격계측 방법으로 가장 거리가 먼 것은?

① 제트식   ② 기계식
③ 펄스식   ④ 전자식

62 외란의 영향으로 인하여 제어량이 목표치 50L/min에서 53L/min으로 변하였다면 이 때 제어편차는 얼마인가?

① +3L/min   ② −3L/min
③ +6.0%   ④ −6.0%

> 제어편차 = 목표값 − 제어량
> = 50 − 53 = −3L/mim

63 He 가스 중 불순물로서 N_2 : 2%, CO : 5%, CH_4 : 1%, H_2 : 5%가 들어있는 가스를 가스크로마토그래피로 분석하고자 한다. 다음 중 가장 적당한 검출기는?

① 열전도검출기(TCD)
② 불꽃이온화검출기(FID)
③ 불꽃광도검출기(FPD)
④ 환원성가스검출기(RGD)

64 초음파 유량계에 대한 설명으로 틀린 것은?

① 압력손실이 거의 없다.
② 압력은 유량에 비례한다.
③ 대구경 관로의 측정이 가능하다.
④ 액체 중 고형물이나 기포가 많이 포함되어 있어도 정도가 좋다.

65 접촉식 온도계의 종류와 특징을 연결한 것 중 틀린 것은?

① 유리 온도계−액체의 온도에 따른 팽창을 이용한 온도계
② 바이메탈 온도계−바이메탈이 온도에 따라 굽히는 정도가 다른 점을 이용한 온도계
③ 열전대 온도계−온도차이에 의한 금속의 열상승 속도의 차이를 이용한 온도계
④ 저항 온도계−온도 변화에 따른 금속의 전기저항 변화를 이용한 온도계

> 열전대 온도계 : 열기전력 차이를 이용한 온도계

66 습식가스미터 특징에 대한 설명으로 옳지 않은 것은?

① 계량이 정확하다.
② 설치 공간이 작다.
③ 사용 중에 기차의 변동이 거의 없다.
④ 사용 중에 수위 조정 등의 관리가 필요하다.

> 설치 공간이 크다.

67 다음 가스 분석법 중 흡수분석법에 해당되지 않는 것은?

① 햄펠법   ② 게겔법
③ 오르자트법   ④ 우인클러법

68 아르키메데스의 원리를 이용하는 압력계는?

① 부르동관 압력계   ② 링밸런스식 압력계
③ 침종식 압력계   ④ 벨로우즈식 압력계

69 되먹임제어에 대한 설명으로 옳은 것은?

① 열린 회로제어이다.
② 비교부가 필요 없다.
③ 되먹임이란 출력신호를 입력신호로 다시 되돌려 보내는 것을 말한다.
④ 되먹임제어시스템은 선형 제어시스템에 속한다.

> 되먹임제어(피드백제어)
> ① 닫혀있는 회로제어
> ② 입력 출력의 비교장치가 필요
> ④ 되먹임제어 시스템은 비선형 제어 시스템에 속한다.

70 계측에 사용되는 열전대 중 다음(보기)의 특징을 가지는 온도계는?

- 열기전력이 크고 저항 및 온도계수가 작다.
- 수분에 의한 부식에 강하므로 저온측정에 적합하다.
- 비교적 저온의 실험용으로 주로 사용한다.

① R형 ② T형
③ J형 ④ K형

🔍 열전대온도계
PR(R형), CA(K형), IC(J형), CC(T형)

71 평균유속이 3m/s인 파이프를 25L/s의 유량이 흐르도록 하려면 이 파이프의 지름을 약 몇 mm로 해야 하는가?

① 88mm ② 93mm
③ 98mm ④ 103mm

🔍 $Q = \frac{\pi}{4}D^2 \cdot V$

$D^2 = \frac{4Q}{\pi V} = \frac{4 \times 0.025}{\pi \times 3} = 0.0106$

$\therefore D = \sqrt{0.0106} = 0.1030m = 103mm$

72 전기저항식 습도계의 특징에 대한 설명 중 틀린 것은?

① 저온도의 측정이 가능하고, 응답이 빠르다.
② 고습도에 장기간 방치하면 감습막이 유동한다.
③ 연속기록, 원격측정, 자동제어에 주로 이용된다.
④ 온도계수가 비교적 작다.

🔍 전기저항식 습도계
① ② ③ 및 상대습도 측정에 적합 경년변화가 있다.

73 여과기(strainer)의 설치가 필요한 가스미터는?

① 터빈가스미터 ② 루트가스미터
③ 막식가스미터 ④ 습식가스미터

74 가스보일러에서 가스를 연소시킬 때 불완전연소로 발생하는 가스에 중독될 경우 생명을 잃을 수도 있다. 이 때 이 가스를 검지하기 위하여 사용하는 시험지는?

① 연당지
② 염화파라듐지
③ 하리슨씨 시약
④ 질산구리벤젠지

🔍 독성가스 누출검지 시험지의 종류와 변색 상태

가스명	시험지	변색상태
염소	KI전분지	청색
암모니아	적색 리트머스지	색
시안화수소	초산벤젠지(질산구리벤젠지)	청색
포스겐	하리슨시험지	심등색, 굴색, 오렌지색
일산화탄소	염화파라듐지	흑색
황화수소	연당지	흑색
아세틸렌	염화제1동착염지	적색

75 Block 선도의 등가변환에 해당하는 것만으로 짝지어진 것은?

① 전달요소 결합, 가합점 치환, 직렬 결합, 피드백 치환
② 전달요소 치환, 인출점 치환, 병렬 결합, 피드백 결합
③ 인출점 치환, 가합점 결합, 직렬 결합, 병렬 결합
④ 전달요소 이동, 가합점 결합, 직렬 결합, 피드백 결합

🔍 자동제어계의 기본블록 선도
구성요소 : 전달요소 치환 → 인출점 치환 → 병렬 결합 → 피드백 결합

76 가스센서에 이용되는 물리적 현상으로 가장 옳은 것은?

① 압전효과 ② 조셉슨 효과
③ 흡착효과 ④ 광전효과

77 실측식 가스미터가 아닌 것은?

① 터빈식   ② 건식
③ 습식   ④ 막식

> 추량식 계량기
> 터빈, 오리피스, 벤츄리, 델타, 선근차식

78 전극식 액면계의 특징에 대한 설명으로 틀린 것은?

① 프로브 형성 및 부착위치와 길이에 따라 정전용량이 변화한다.
② 고유저항이 큰 액체에는 사용이 불가능하다.
③ 액체의 고유저항 차이에 따라 동작점의 차이가 발생하기 쉽다.
④ 내식성이 강한 전극봉이 필요하다.

> 전극식 액면계
> 프로브형성 및 부착위치의 길이가 변화하여도 정전용량의 변화는 없고 일정하다.
> ※ 상기항목이외에
> • 도전성일 경우에 사용
> • 저항 차이에 따라 동작점 차이가 발생
> • 액면지시 보다는 경보용으로 사용

79 반도체 스트레인 게이지의 특징이 아닌 것은?

① 높은 저항
② 높은 안정성
③ 큰 게이지상수
④ 낮은 피로수명

80 헴펠(Hempel)법에 의한 분석순서가 바른 것은?

① $CO_2 \rightarrow C_mH_n \rightarrow O_2 \rightarrow CO$
② $CO \rightarrow C_mH_n \rightarrow O_2 \rightarrow CO_2$
③ $CO_2 \rightarrow O_2 \rightarrow C_mH_n \rightarrow CO$
④ $CO \rightarrow O_2 \rightarrow C_mH_n \rightarrow CO_2$

> 흡석분석법 분석순서
> • 오르잣트 법 : $CO_2 \rightarrow O_2 \rightarrow CO$
> • 헴펠법 : $CO_2 \rightarrow C_mH_n \rightarrow O_2 \rightarrow CO$
> • 게겔법 : $CO_2 \rightarrow C_2H_2 \rightarrow C_3H_6, n-C_4H_{10}$
> $\rightarrow C_2H_4 \rightarrow O_2 \rightarrow CO$

정답 2020년 1, 2회 통합 기출문제

01 ①	02 ①	03 ②	04 ④	05 ①
06 ②	07 ①	08 ②	09 ③	10 ④
11 ②	12 ④	13 ②	14 ④	15 ①
16 ③	17 ②	18 ④	19 ①	20 ①
21 ②	22 ①	23 ②	24 ③	25 ③
26 ④	27 ④	28 ④	29 ④	30 ③
31 ②	32 ②	33 ①	34 ④	35 ②
36 ③	37 ④	38 ①	39 ①	40 ④
41 ②	42 ④	43 ③	44 ①	45 ④
46 ①	47 ④	48 ③	49 ③	50 ②
51 ②	52 ②	53 ①	54 ①	55 ③
56 ④	57 ②	58 ③	59 ④	60 ③
61 ①	62 ②	63 ①	64 ④	65 ③
66 ②	67 ④	68 ③	69 ③	70 ②
71 ④	72 ②	73 ②	74 ②	75 ②
76 ③	77 ①	78 ①	79 ④	80 ①

2020년 3회 08월 23일 시행
공단 기출문제

제1과목 연소공학

01 연소열에 대한 설명으로 틀린 것은?

① 어떤 물질이 완전연소할 때 발생하는 열량이다.
② 연료의 화학적 성분은 연소열에 영향을 미친다.
③ 이 값이 클수록 연료로서 효과적이다.
④ 발열반응과 함께 흡열반응도 포함한다.

🔍 연소열
가연성물질 1mol 연소시 발생되는 열량으로 발열반응이다.

02 연소가스량 $10m^3/kg$, 비열 $0.325kcal/m^3 \cdot ℃$인 어떤 연료의 저위 발열량이 $6700kcal/kg$ 이었다면 이론 연소온도는 약 몇 ℃ 인가?

① 1962℃
② 2062℃
③ 2162℃
④ 2262℃

🔍 $t = \dfrac{H_L}{G \cdot C_P} = \dfrac{6700}{10 \times 0.325} = 2061.53℃$

03 황(S) 1kg이 이산화황(SO_2)으로 완전 연소할 경우 이론 산소량(kg/kg)과 이론공기량(kg/kg)은 각각 얼마인가?

① 1, 4.31
② 1, 8.62
③ 2, 4.31
④ 2, 8.62

🔍 황의 연소식
$S + O_2 \rightarrow SO_2$에서
32kg : 32kg 반응하므로
S(1kg)연소시 필요산소량은 1kg이다.
결국 공기량은 $1 \times \dfrac{1}{0.232} = 4.31kg$

04 메탄 60v%, 에탄 20v%, 프로판 15v%, 부탄 5v%인 혼합가스의 공기 중 폭발 하한계(v%)는 약 얼마인가? (단, 각 성분의 폭발 하한계는 메탄 5.0v%, 에탄 3.0v%, 프로판 2.1v%, 부탄 1.8v% 로 한다.)

① 2.5
② 3.0
③ 3.5
④ 4.0

🔍 $\dfrac{100}{L} = \dfrac{V_1}{L_1} + \dfrac{V_2}{L_2} + \dfrac{V_3}{L_3} + \dfrac{V_4}{L_4}$
$= \dfrac{60}{5} + \dfrac{20}{3} + \dfrac{15}{2.1} + \dfrac{5}{1.8} = 28.58$
$\therefore L = 100 \div 28.58 ≒ 3.5$

05 기체연료의 확산연소에 대한 설명으로 틀린 것은?

① 확산연소는 폭발의 경우에 주로 발생하는 형태이며 예혼합연소에 비해 반응대가 좁다.
② 연료가스와 공기를 별개로 공급하여 연소하는 방법이다.
③ 연소형태는 연소기기의 위치에 따라 달라지는 미균일 연소이다.
④ 일반적으로 확산과정은 화학반응이나 화염의 전파과정보다 늦기 때문에 확산에 의한 혼합 속도가 연소속도를 지배한다.

🔍 확산연소 : 수소, 아세틸렌과 같이 공기보다 가벼운 기체를 확산시키면서 연소시키는 방법으로 확산연소시의 화염을 확산 화염(Diffusion Flame)이라고 하며 가연성 기체와 산화제의 확산에 의해 유지된다.

06 프로판 가스의 분자량은 얼마인가?

① 17
② 44
③ 58
④ 64

🔍 프로판의 분자식
$C_3H_8 = 12 \times 3 + 1 \times 8 = 44g$

07 0℃, 1기압에서 C_3H_8 5kg의 체적은 약 몇 m^3 인가? (단, 이상기체로 가정하고, C의 원자량은 12, H의 원자량은 1 이다.)

① 0.6
② 1.5
③ 2.5
④ 3.6

🔍 $PV = \dfrac{W}{M}RT$

$V = \dfrac{WRT}{PM} = \dfrac{5 \times 0.082 \times 273}{1 \times 44} = 2.5 m^3$

또는 $\dfrac{5}{44} \times 22.4 = 2.54 m^3$

08 다음 보기의 성질을 가지고 있는 가스는?

- 무색, 무취, 가연성기체
- 폭발범위 : 공기 중 4 ~ 75 vol%

① 메탄
② 암모니아
③ 에틸렌
④ 수소

09 공기비가 적을 경우 나타나는 현상과 가장 거리가 먼 것은?

① 매연발생이 심해진다.
② 폭발사고 위험성이 커진다.
③ 연소실 내의 연소온도가 저하된다.
④ 미연소로 인한 열손실이 증가한다.

🔍 공기비
- 공기비(m) = 과잉공기계수

$m = \dfrac{A(실제공기량)}{A_0(이론공기량)}$ 과잉공기비=(m-1) 과잉공기율(m-1)×100%

(1) 공기비가 클 경우 영향	(2) 공기비가 적을 경우 영향
① 연소가스 온도저하	① 미연소가스에 의한 역화의 위험성
② 배기가스량 증가	② 불완전연소
③ 연소가스 중 황 등의 영향으로 저온 부식 초래	③ 매연발생
④ 연소가스 중 질소산화물 증가	④ 미연소 가스에 의한 열손실 증가

10 1atm, 27℃의 밀폐된 용기에 프로판과 산소가 1:5 부피비로 혼합되어 있다. 프로판이 완전 연소하여 화염의 온도가 1000℃가 되었다면 용기 내에 발생하는 압력은 약 몇 atm 인가?

① 1.95 atm
② 2.95 atm
③ 3.95 atm
④ 4.95 atm

🔍 $C_3H_8 + 5O_2 \rightarrow 3CO_2 + 4H_2O$ 에서 $PV = nRT$

$V_1 = V_2 = \dfrac{n_1R_1T_1}{P_1} = \dfrac{n_2R_2T_2}{P_2}$ ($R_1 = R_2$)

$P_2 = \dfrac{P_1 n_2 T_2}{n_1 T_1} = \dfrac{1 \times 7 \times (1000+273)}{6 \times (27+273)} = 4.95 atm$

11 기체상수 R을 계산한 결과 1.987 이었다. 이 때 사용되는 단위는?

① cal/mol·K
② erg/kmol·K
③ Joule/mol·K
④ L·atm/mol·K

🔍 이상기체 R
R = 0.082 atm·ℓ/mol·K
= 1.987 cal/mol·K
= 8.314 J/mol·K
= 8.314×10^7 erg/mol·K

12 분진폭발과 가장 관련이 있는 물질은?

① 소백분
② 에테르
③ 탄산가스
④ 암모니아

🔍 분진폭발 : 가연성 고체의 미세입자가 떠돌아 다니고 있는 경우 점화원에 의해 일어나는 폭발로서 소백분, 밀가루의 입자, 탄광의 미분탄 등의 미세 입자가 폭발의 원인 물질이 된다.

13 폭굉이란 가스 중의 음속보다 화염 전파속도가 큰 경우를 말하는데 마하수 약 얼마를 말하는가?

① 1~2
② 3~12
③ 12~21
④ 21~30

14 다음 중 자기연소를 하는 물질로만 나열된 것은?

① 경유, 프로판
② 질화면, 셀룰로이드

③ 황산, 나프탈렌
④ 석탄, 플라스틱(FRP)

> 자기연소성
> 가연물이 자체산소를 가지고 있어 외부의 공기, 산소 등의 접촉이 없어도 스스로 연소가 가능한 물질
> 예) 질화면, 셀룰로이드, 니트로글리세린, 질산 에스테르류, 니트로 셀룰로이드

15 가연물의 위험성에 대한 설명으로 틀린 것은?

① 비등점이 낮으면 인화의 위험성이 높아진다.
② 파라핀 등 가연성 고체는 화재 시 가연성액체가 되어 화재를 확대한다.
③ 물과 혼합되기 쉬운 가연성 액체는 물과 혼합되면 증기압이 높아져 인화점이 낮아진다.
④ 전기전도도가 낮은 인화성 액체는 유동이나 여과 시 정전기를 발생하기 쉽다.

> 물과 혼합시 인화력이 높아진다.

16 정전기를 제어하는 방법으로서 전하의 생성을 방지하는 방법이 아닌 것은?

① 접속과 접지(Bonding and Grounding)
② 도전성 재료 사용
③ 침액파이프(Dip pipes)설치
④ 첨가물에 의한 전도도 억제

17 어떤 반응물질이 반응을 시작하기 전에 반드시 흡수하여야 하는 에너지의 양을 무엇이라 하는가?

① 점화에너지   ② 활성화에너지
③ 형성엔탈피   ④ 연소에너지

18 연료의 발열량 계산에서 유효수소를 옳게 나타낸 것은?

① $(H + \dfrac{O}{8})$ ② $(H - \dfrac{O}{8})$
③ $(H + \dfrac{O}{16})$ ④ $(H - \dfrac{O}{16})$

> 유효수소 : $H - \dfrac{O}{8}$
> 무효수소 : $\dfrac{O}{8}$

19 표준상태에서 기체 $1m^3$은 약 몇 몰인가?

① 1   ② 2
③ 22.4   ④ 44.6

> $1m^3 = 1000ℓ$ 이고 $22.4ℓ$이 $1mol$ 이므로
> $1000 ÷ 22.4 = 44.64mol$

20 다음 중 열전달계수의 단위는?

① kcal/h   ② kcal/$m^2·h·℃$
③ kcal/$m·h·℃$ ④ kcal/℃

> • 열전달 계수 : kcal/m^2 h · ℃
> • 열관류 계수 : kcal/m^2 h · ℃
> • 열전도 계수 : kcal/m h · ℃

제2과목 가스설비

21 소성기 감압방식 중 2단 감압방식의 장점이 아닌 것은?

① 공급압력이 안정하다.
② 장치와 조작이 간단하다.
③ 배관의 지름이 가늘어도 된다.
④ 각 연소기구에 알맞은 압력으로 공급이 가능하다.

> • 1단 감압식
> - 장치가 간단하다.
> - 조작이 간단하다.
> - 배관이 굵어진다.
> - 최종압력이 부정확하다.
> • 2단 감압식
> - 중간배관이 가늘어도 된다.
> - 최종압력이 정확하다.
> - 관의 입상에 의한 압력손실이 보정된다.
> - 각 연소기구에 알맞은 압력으로 공급이 가능하다.
> - 검사방법이 복잡하고 조정기가 많이든다.

22 지하 도시가스 매설배관에 Mg과 같은 금속을 배관과 전기적으로 연결하여 방식하는 방법은?

① 희생양극법
② 외부전원법
③ 선택배류법
④ 강제배류법

🔍 **전기방식법**

• 개요
지하의 매설 배관에 부식을 방지하기 위하여 양전류를 흘려보내 토양의 음전류와 상쇄하여 배관의 부식을 방지하는 방법

• 종류 및 장단점

전기방식법	장점	단점
희생양극법(유전양극법) Fe보다 (-)방향 전위를 가지고 있는 Mg, Al, Zn 등의 금속을 배관과 연결 Fe이(-) 방향으로 전위변화를 일으켜 배관의 부식을 방지하는 방법	• 시공이 간단하고 값이 싸다. • 타 매설물의 간섭이 없다. • 단거리 배관에 경제적이다. • 과방식의 우려가 없다. • 전위경사가 적은 장소에 적합 • 도복장의 저항이 큰 대상물에 적합	• 효과 범위가 좁다. • 전류조절이 어렵다. • 강한 전식에는 효과가 없다. • 양극의 보충이 필요하다.
외부전원법 방식정류기를 이용한 전의 교류전원을 직류로 바꾸어 매설배관에 외부에서 방식전류를 흐르게 하여 부식을 방지하는 방법	• 방식효과 범위가 넓다. • 장거리 배관에 경제적이다. • 전압전류조절이 용이하다. • 전식에 대한 방식이 가능하다. • 전위차가 크고 적용이 가능하다.	• 타 매설물의 간섭이 있다. • 교류전원이 필요하다. • 비용이 많이 든다. • 과방식의 우려가 있다.
선택배류법 직류전철에서 누설되는 전류에 의한 전식을 방지하기 위해 배관의 직류 전원의 (-)선을 레일에 연결함으로 전기부식을 억제하는 방법	• 전철의 전류로 인한 비용이 절감된다. • 시공비가 저렴하다. • 전철의 위치에 따라 효과 범위가 넓다.	• 타 매설물의 간섭에 유의해야 한다. • 과방식의 우려가 있다. • 전철 운행 중지 시에는 효과가 없다.
강제배류법 외부전원법과 선택배류법의 중간 형태로 레일에서 멀리 있는 경우 외부 전원 장치로 가까운 경우 선택 배류방법으로 전기방식하는 방법	• 전기방식의 효과 범위가 넓다. • 전압전류 조정이 가능하다. • 전철의 운휴에도 방식이 가능하다.	• 타 매설물의 장해가 있다. • 과방식 우려가 있다. • 전원이 필요하다. • 전철의 신호 장애에 의한 검토가 필요하다.

23 고압가스 설비 내에서 이상상태가 발생한 경우 긴급이송 설비에 의하여 이송되는 가스를 안전하게 연소시킬 수 있는 안전장치는?

① 벤트스택
② 플레어스택
③ 인터록기구
④ 긴급차단장치

🔍 **긴급이송설비**

벤트스택	플레어스택
① 대상가스 : 가연성·독성 ② 가스의 착지농도 • 가연성 : 폭발하한계 미만의 높이 • 독성 : TLV-TWA기준농도 미만의 높이 ③ 방출구 높이(사람이 통행하는 장소에서) • 긴급용 및 공급시설 : 10m 이상 • 그밖의 시설 : 5m이상	① 대상가스 : 가연성가스를 연소시켜 이송 ② 복사열 : $4000kcal/m^2h$ ③ 파일럿 버너를 항상 점화하여 두어야 한다. ④ 역화방지를 위하여 몰레큘러시일, 리퀴드시일, 벨로시티시일 시설을 갖추고 퍼지가스를 지속적으로 주입하여야 한다.

24 도시가스시설에서 전기방식효과를 유지하기 위하여 빗물이나 이물질의 접촉으로 인한 절연의 효과가 상쇄되지 아니하도록 절연이음매 등을 사용하여 절연한다. 절연조치를 하는 장소에 해당되지 않는 것은?

① 교량횡단 배관의 양단
② 배관과 철근콘크리트 구조물사이
③ 배관과 배관지지물사이
④ 타 시설물과 30cm 이상 이격되어 있는 배관

🔍 전기방식효과를 유지하기 위해 절연조치를 하는 장소
• 교량횡단 배관의 양단(다만, 외부전원법에 의한 전기방식을 한 경우에는 제외할 수 있다.)
• 배관 등과 철근콘크리트 구조물 사이
• 배관과 강재 보호관 사이
• 지하에 매설된 배관의 부분과 지상에 설치된 부분과의 경계(가스사용자에게 공급하기 위하여 지중에서 지상으로 연결되는 배관에 한한다.)
• 타시설물과 접근 교차지점(다만, 타시설물과 30cm 이상 이격 설치된 경우에는 제외할 수 있다.)
• 배관과 배관지지물 사이
• 기타 절연이 필요한 장소

방식전위 상한 값	포화황산동 기준전극	황산염 환원 박테리아가 번식하는 토양	자연전위와의 전위변화
	−0.85V 이하	−0.95V 이하	−300mV

전기방식방법			
외부전원법	희생양극법	강제배류법	선택배류법

전위측정용터미널(T/B) 간격

외부전원법 : 500m, 희생양극법 · 배류법 : 300m

배관에 대한 전위 측정은 가능한 가까운 위치에서 기준전극으로 실시한다.

25 원심 펌프를 병렬로 연결하는 것은 무엇을 증가시키기 위한 것인가?

① 양정
② 동력
③ 유량
④ 효율

🔍 2대 이상의 원심펌프 연결방법
  • 직렬 연결 : 양정 증가, 유량 불변
  • 병렬 연결 : 양정 불변, 유량 증가

26 저온장치에서 저온을 얻을 수 있는 방법이 아닌 것은?

① 단열교축팽창
② 등엔트로피팽창
③ 단열압축
④ 기체의 액화

🔍 • 저온의 방법 : 팽창, 액화
  • 고온의 방법 : 압축

27 두께 3mm, 내경 20mm, 강관에 내압이 2kgf/cm²일 때, 원주방향으로 강관에 작용하는 응력은 약 몇 kgf/cm² 인가?

① 3.33
② 6.67
③ 9.33
④ 12.67

🔍 원주방향응력(σ_t) = $\frac{PD}{2t}$
  = $\frac{2 \times 20}{2 \times 3}$ = 6.67kg/cm²

(참고) 축방향응력(σ_z) = $\frac{PD}{4t}$

28 용적형 압축기에 속하지 않는 것은?

① 왕복 압축기
② 회전 압축기
③ 나사 압축기
④ 원심 압축기

🔍 압축기 분류
  • 용적형 : 왕복, 회전, 나사
  • 원심형(터보형) : 원심, 축류, 사류

29 비교회전도 175, 회전수 3000rpm, 양정 210m인 3단 원심펌프의 유량은 약 몇 m³/min 인가?

① 1
② 2
③ 3
④ 4

🔍 $N_s = \dfrac{N\sqrt{Q}}{\left(\dfrac{H}{n}\right)^{\frac{3}{4}}}$

$Q = \left(\dfrac{N_s \times \left(\dfrac{H}{n}\right)^{\frac{3}{4}}}{N}\right)^2 = \left(\dfrac{175 \times \left(\dfrac{210}{3}\right)^{\frac{3}{4}}}{3000}\right)^2 = 1.99\text{n}^3/\text{min}$

30 고압고무호스의 제품성능 항목이 아닌 것은?

① 내열성능
② 내압성능
③ 호스부성능
④ 내이탈성능

🔍 고압고무호스 제품성능항목
  ② ③ ④ 및 기밀성능, 내한성능 등

31 이중각식 구형 저장탱크에 대한 설명으로 틀린 것은?

① 상온 또는 −30℃ 전후까지의 저온의 범위에 적합하다.
② 내구에는 저온 강재, 외구에는 보통 강판을 사용한다.
③ 액체산소, 액체질소, 액화메탄 등의 저장에 사용된다.
④ 단열성이 아주 우수하다.

🔍 ① 이중각식 구형 저장탱크는 초저온의 온도범위에 적합하다.

32 저온(T_2)으로부터 고온(T_1)으로 열을 보내는 냉동기의 성능계수 산정식은?

① $\dfrac{T_2}{T_1}$ ② $\dfrac{T_2}{T_1 - T_2}$

③ $\dfrac{T_1}{T_1 - T_2}$ ④ $\dfrac{T_1 - T_2}{T_1}$

- 냉동기 성능계수 : $\dfrac{T_2}{T_1 - T_2}$
- 열펌프 성능계수 : $\dfrac{T_1}{T_1 - T_2}$
- 효율 : $\dfrac{T_1 - T_2}{T_1}$

33 액화석유가스를 소규모 소비하는 시설에서 용기수량을 결정하는 조건으로 가장 거리가 먼 것은?

① 용기의 가스 발생능력
② 조정기의 용량
③ 용기의 종류
④ 최대 가스 소비량

- 용기수 = $\dfrac{\text{피크시 사용량}}{\text{용기 1개당 가스발생량}}$
- 피크시사용량
  - 공동주택 : 1일 1호당 평균가스 소비량 × 세대수 × 소비율
  - 식당가 : 연소기의 시간당 사용량 × 연소기수
- 용기의 크기

34 LPG 용기 충전설비의 저장설비실에 설치하는 자연환기설비에서 외기에 면하여 설치된 환기구의 통풍가능면적의 합계는 어떻게 하여야 하는가?

① 바닥면적 1m²마다 100cm²의 비율로 계산한 면적 이상
② 바닥면적 1m²마다 300cm²의 비율로 계산한 면적 이상
③ 바닥면적 1m²마다 500cm²의 비율로 계산한 면적 이상
④ 바닥면적 1m²마다 600cm²의 비율로 계산한 면적 이상

LPG 저장설비 환기설비(KGS FS231)

자연환기	강제환기
• 환기구는 바닥면에 접하고 외기에 면하게 설치 • 환기구 통풍가능면적의 합계는 바닥면적 1m²당 300cm²의 비율 • 환기구 1개의 면적은 2400cm² 이하 • 환기구에 철망 틀 부착 시 통풍가능면적은 철망환기구의 면적을 뺀 면적 • 알루미늄 강판제 갤러리 부착시 통풍가능면적은 환기구 면적의 50% • 한 방향 환기구 통풍가능면적은 전체 환기구 필요 통풍가능면적의 70%까지 계산 • 사방을 방호벽으로 설치 시 환기구 방향은 2방향으로 분산 설치	• 통풍능력은 바닥면적 1m² 마다 0.5m³/min 이상 • 흡입구는 바닥면 가까이 • 배기가스 방출구를 지면에서 5m 이상 높이에 설치

35 정압기를 사용압력 별로 분류한 것이 아닌 것은?

① 단독사용자용 정압기
② 중압 정압기
③ 지역 정압기
④ 지구 정압기

- 정압기란 중압의 가스를 사용압력으로 감압하기 위한 감압장치와 감시장치, 안전장치, 압력기록장치 등 부속장치가 조합된 하나의 설비(Unit)를 말하며 지구, 지역, 단독정압기로 구분한다.

36 액화 사이클 중 비점이 점차 낮은 냉매를 사용하여 저비점의 기체를 액화하는 사이클은?

① 린데 공기 액화사이클
② 가역가스 액화사이클
③ 캐스케이드 액화사이클
④ 필립스 공기 액화사이클

37 추의 무게가 5kg이며, 실린더의 지름이 4cm 일 때 작용하는 게이지 압력은 약 몇 kg/cm² 인가?

① 0.3 ② 0.4
③ 0.5 ④ 0.6

- $P = \dfrac{W}{A} = \dfrac{5kg}{\dfrac{\pi}{4}(4cm)^2} \fallingdotseq 0.4kg/cm^2$

38 시안화수소를 용기에 충전하는 경우 품질검사시 합격 최저 순도는?

① 98% ② 98.5%
③ 99% ④ 99.5%

39 용적형(왕복식) 펌프에 해당하지 않는 것은?

① 플런저 펌프
② 다이어프램 펌프
③ 피스톤 펌프
④ 제트 펌프

🔍 펌프의 분류

용적형	왕복	피스톤, 플런저, 다이어프램
	회전	기어, 나사, 베인
터보형	원심	볼류터(안내깃 없음), 터빈(안내깃 있음)
	축류	
	사류	
특수		제트, 마찰, 기포, 수격

40 조정기의 주된 설치 목적은?

① 가스의 유속조절
② 가스의 발열량조절
③ 가스의 유량조절
④ 가스의 압력조절

🔍 • 조정기의 설치목적 : 유출압력조절, 안정된 연소
 • 고장시 영향 : 누설, 불완전연소

제3과목 가스안전관리

41 고압가스 저장탱크를 지하에 묻는 경우 지면으로부터 저장탱크의 정상부까지의 깊이는 최소 얼마 이상으로 하여야 하는가?

① 20cm ② 40cm
③ 60cm ④ 1m

42 동일 차량에 적재하여 운반이 가능한 것은?

① 염소와 수소
② 염소와 아세틸렌
③ 염소와 암모니아
④ 암모니아와 LPG

🔍 동일차량 적재금지
 • 염소와 아세틸렌, 염소와 암모니아, 염소와 수소
 • 충전용기와 위험물관리법·소방법이 정하는 위험물

43 고압가스 제조 시 압축하면 안 되는 경우는?

① 가연성가스(아세틸렌, 에틸렌 및 수소를 제외) 중 산소용량이 전용량의 2% 일 때
② 산소 중의 가연성가스(아세틸렌, 에틸렌 및 수소를 제외)의 용량이 전용량의 2% 일 때
③ 아세틸렌, 에틸렌 또는 수소 중의 산소용량이 전용량의 3% 일 때
④ 산소 중 아세틸렌, 에틸렌 및 수소의 용량 합계가 전용량의 1% 일 때

🔍 압축금지 가스
 • 수소, 아세틸렌, 에틸렌을 제외한 가연성 중 산소의 용량이 전용량의 4% 이상일 때
 • 산소 중 수소, 아세틸렌, 에틸렌을 제외한 가연성의 용량이 전용량의 4% 이상일 때
 • 수소, 아세틸렌, 에틸렌 중 산소의 용량이 전용량의 2% 이상일 때
 • 산소 중 수소, 아세틸렌, 에틸렌의 용량이 전용량의 2% 이상일 때

44 액화석유가스의 특성에 대한 설명으로 옳지 않은 것은?

① 액체는 물보다 가볍고, 기체는 공기보다 무겁다.
② 액체의 온도에 의한 부피변화가 작다.
③ LNG보다 발열량이 크다.
④ 연소 시 다량의 공기가 필요하다.

🔍 LP가스
 액 1ℓ가 기화시 250ℓ의 기체가 된다.

45 자기압력기록계로 최고사용압력이 중압인 도시가스 배관에 기밀시험을 하고자 한다. 배관의 용적이 15m³일 때 기밀 유지시간은 몇 분 이상이어야 하는가?

① 24분
② 36분
③ 240분
④ 360분

🔍 압력계, 자기압력계 기밀시험유지시간

최고사용압력	용적	기밀유지시간
저압 중압	1m³ 미만	24분
	1m³ 이상 10m³ 미만	240분
	10m³ 이상 300m³ 미만	24×V분 (1440분 초과시 1440분으로 할 수 있음)
고압	m³ 미만	48분
	1m³ 이상 10m³ 미만	480분
	10m³ 이상 300m³ 미만	48×V분(2880분 초과시 2880분으로 할 수 있음)

※ V는 피시험부분의 용적(단위 : m³)이다.

46 차량에 고정된 탱크 운행 시 반드시 휴대하지 않아도 되는 서류는?

① 고압가스 이동계획서
② 탱크 내압시험 성적서
③ 차량등록증
④ 탱크용량 환산표

🔍 차량고정탱크에 휴대하여야 하는 안전운행서류
  • 고압가스이동계획서
  • 관련자격증
  • 운전면허증
  • 탱크테이블(용량 환산표)
  • 차량운행일지
  • 차량등록증

47 이동식부탄연소기와 관련되 사고가 액화석유가스 사고의 약 10% 수준으로 발생하고 있다. 이를 예방하기 위한 방법으로 가장 부적당한 것은?

① 연소기에 접합용기를 정확히 장착한 후 사용한다.
② 과대한 조리기구를 사용하지 않는다.
③ 잔가스 사용을 위해 용기를 가열하지 않는다.
④ 사용한 접합용기는 파손되지 않도록 조치한 후 버린다.

🔍 ④ 사용한 용기는 재사용하지 못하도록 파기 후 버린다.

48 액화석유가스사용시설의 시설기준에 대한 안전사항으로 다음 ( ) 안에 들어갈 수치가 모두 바르게 나열된 것은?

- 가스계량기와 전기계량기와의 거리는 (㉠) 이상, 전기점멸기와의 거리는 (㉡) 이상, 절연조치를 하지 아니한 전선과의 거리는 (㉢) 이상의 거리를 유지할 것
- 주택에 설치된 저장설비는 그 설비 안의 것을 제외한 화기 취급장소와 (㉣) 이상의 거리를 유지하거나 누출된 가스가 유동되는 것을 방지하기 위한 시설을 설치할 것

① (㉠) 60cm, (㉡) 30cm, (㉢) 15cm, (㉣) 8m
② (㉠) 30cm, (㉡) 20cm, (㉢) 15cm, (㉣) 8m
③ (㉠) 60cm, (㉡) 30cm, (㉢) 15cm, (㉣) 2m
④ (㉠) 30cm, (㉡) 20cm, (㉢) 15cm, (㉣) 2m

49 독성가스 용기 운반 등의 기준으로 옳은 것은?

① 밸브가 돌출한 운반용기는 이동식 프로텍터 또는 보호구를 설치한다.
② 충전용기를 차에 실을 때에는 넘어짐 등르로 인한 충격을 고려할 필요가 없다.
③ 기준 이상의 고압가스를 차량에 적재하여 운반할 경우 운반책임자가 동승하여야 한다.
④ 시·도지사가 지정한 장소에서 이륜차에 적재할 수 있는 충전용기는 충전량이 50kg 이하고 적재 수는 2개 이하이다.

🔍 ① 이동식 → 고정식
② 넘어짐 및 충격의 방지조치를 하여야 한다.
④ 충전량 20kg 이하 적재수는 2개 이하

50 독성가스이면서 조연성가스인 것은?

① 암모니아 ② 시안화수소
③ 황화수소 ④ 염소

🔍 독성 · 조연성가스 : 염소, 오존, 불소

51 다음 각 용기의 기밀시험 압력으로 옳은 것은?

① 초저온가스용 용기는 최고 충전압력의 1.1배의 압력
② 초저온가스용 용기는 최고 충전압력의 1.5배의 압력
③ 아세틸렌용 용기는 최고 충전압력의 1.1배의 압력
④ 아세틸렌용 용기는 최고 충전압력의 1.6배의 압력

🔍 용기의 기밀시험 압력
• 일반 용기 Ap = Fp
• 초저온 저온 용기 Ap = Fp × 1.1
• 아세틸렌 용기 Ap = Fp × 1.8

52 LPG용 가스렌지 사용하는 도중 불꽃이 치솟는 사고가 발생하였을 때 가장 직접적인 사고 원인은?

① 압력조정기 불량
② T관으로 가스누출
③ 연소기의 연소불량
④ 가스누출자동차단기 미작동

53 고압가스용 이음매 없는 용기에서 내용적 50L인 용기에 4MPa의 수압을 걸었더니 내용적이 50.8L가 되었고 압력을 제거하여 대기압으로 하였더니 내용적이 50.02L가 되었다면 이 용기의 영구증가율은 몇 %이며, 이 용기는 사용이 가능한지를 판단하면?

① 1.6%, 가능 ② 1.6%, 불능
③ 2.5%, 가능 ④ 2.5%, 불능

🔍 항구증가율 = $\dfrac{\text{항구증가량}}{\text{전 증가량}} \times 100$
   = $\dfrac{50.02 - 50}{50.8 - 50} \times 100 = 2.5\%$
10% 이하이므로 사용이 가능하다.

54 산소와 함께 사용하는 액화석유가스 사용시설에서 압력조정기와 토치사이에 설치하는 안전장치는?

① 역화방지기 ② 안전밸브
③ 파열판 ④ 조정기

55 아세틸렌을 2.5MPa의 압력으로 압축할 때 첨가하는 희석제가 아닌 것은?

① 질소 ② 에틸렌
③ 메탄 ④ 황화수소

🔍 C_2H_2 희석제의 종류 : N_2, CH_4, CO, C_2H_4

56 LPG 충전기의 충전호스의 길이는 몇 m 이내로 하여야 하는가?

① 2m ② 3m
③ 5m ④ 8m

57 염소 누출에 대비하여 보유하여야 하는 제독제가 아닌 것은?

① 가성소다 수용액
② 탄산소다 수용액
③ 암모니아 수용액
④ 소석회

🔍 독성가스와 제독제, 보유량

가스별	제독제	보유량
염소(Cl_2)	가성소다수용액	670kg
	탄산소다수용액	870kg
	소석회	620kg
포스겐($COCl_2$)	가성소다수용액	390kg
	소석회	360kg
황화수소(H_2S)	가성소다수용액	1,140kg
	탄산소다수용액	1,500kg
시안화수소(HCN)	가성소다수용액	250kg

아황산가스(SO_2)	가성소다수용액	530kg
	탄산소다수용액	700kg
	물	다량
암모니아(HN_3), 산화에틸렌(C_2H_4O), 염화메탄(CH_3Cl)	물	다량

58 가스설비가 오조작되거나 정상적인 제조를 할 수 없는 경우 자동적으로 원재료를 차단하는 장치는?

① 인터록기구
② 원료제어밸브
③ 가스누출기구
④ 내부반응 감시기구

59 도시가스 사업법에서 정한 가스 사용시설에 해당되지 않는 것은?

① 내관
② 본관
③ 연소기
④ 공동주택 외벽에 설치된 가스계량기

60 도시가스 사용시설에서 입상관은 환기가 양호한 장소에 설치하며 입상관의 밸브는 바닥으로부터 몇 m 이내에 설치하는가?

① 1m 이상 ~ 1.3m 이내
② 1.3m 이상 ~ 1.5m 이내
③ 1.5m 이상 ~ 1.8m 이내
④ 1.6m 이상 ~ 2m 이내

제4과목 가스계측

61 다음 중 기본단위가 아닌 것은?

① 길이
② 광도
③ 물질량
④ 압력

🔍 길이(m) 질량(kg) 시간(sec) 온도(K)
전류(A) 물질량(mol) 광도(cd)

62 기체크로마토그래피를 이용하여 가스를 검출할 때 반드시 필요하지 않는 것은?

① Column
② Gas Sampler
③ Carrier gas
④ UV detector

🔍 G/C(가스크라마토그래피) 구성요소
• 유량조절기
• 캐리어가스
• 분리관(칼럼)
• 검출기록계
• 유량 유속 조절기
• 항온도
• 유량계

63 적분동작이 좋은 결과를 얻기 위한 조건이 아닌 것은?

① 불감시간이 적을 때
② 전달지연이 적을 때
③ 측정지연이 적을 때
④ 제어대상의 속응도(速應度)가 적을 때

64 보상도선의 색깔이 갈색이며 매우 낮은 온도를 측정하기에 적당한 열전대 온도계는?

① PR 열전대
② IC 열전대
③ CC 열전대
④ CA 열전대

65 측정기의 감도에 대한 일반적인 설명으로 옳은 것은?

① 감도가 좋으면 측정시간이 짧아진다.
② 감도가 좋으면 측정범위가 넓어진다.
③ 감도가 좋으면 아주 작은 양의 변화를 측정할 수 있다.
④ 측정량의 변화를 지시량의 변화로 나누어 준 값이다.

> 감도 : 지시량의 변화를 측정값의 변화로 나누어 준 값
> = 지시량의 변화 / 측정값의 변화

66 가스누출 확인 시험지와 검지가스가 옳게 연결된 것은?

① KI 전분지 - CO
② 연당지 - 할로겐가스
③ 염화파라듐지 - HCN
④ 리트머스시험지 - 알칼리성가스

> 독성가스 누출검지 시험지의 종류와 변색 상태

가스명	시험지	변색상태
염소	KI전분지	청색
암모니아	적색 리트머스지	색
시안화수소	초산벤젠지(질산구리벤젠지)	청색
포스겐	하리슨시험지	심등색, 귤색, 오렌지색
일산화탄소	염화파라듐지	흑색
황화수소	연당지	흑색
아세틸렌	염화제1동착염지	적색

67 시료 가스를 각각 특정한 흡수액에 흡수시켜 흡수 전후의 가스체적을 측정하여 가스의 성분을 분석하는 방법이 아닌 것은?

① 적정(滴定)법
② 게겔(Gockel)법
③ 헴펠(Hempel)법
④ 오르자트(Orsat)법

> 흡수분석법의 종류
> • 오르자트(Orsat)법
> • 헴펠(Hempel)법
> • 게겔(Gockel)법

68 가연성가스누출검지기에는 반도체 재료가 널리 사용되고 있다. 이 반도체 재료로 가장 적당한 것은?

① 산화니켈(NiO)
② 산화주석(SnO_2)
③ 이산화망간(MnO_2)
④ 산화알루미늄(Al_2O_3)

69 접촉식 온도계 중 알코올 온도계의 특징에 대한 설명으로 옳은 것은?

① 열전도율이 좋다.
② 열팽창계수가 적다.
③ 저온측정에 적합하다.
④ 액주의 복원시간이 짧다.

> 알콜온도계(저온 측정에 적합)
> • 측정범위 -100~100℃까지

70 계량이 정확하고 사용 중 기차의 변동이 거의 없는 특징의 가스미터는?

① 벤투리미터
② 오리피스미터
③ 습식가스미터
④ 로터리피스톤식미터

> 가스미터의 장·단점

구분	막식	습식	루트식
장점	• 값이 싸다. • 설치 후의 유지관리에 시간을 요하지 않는다.	• 계량이 정확하다. • 사용중에 기차의 변동이 크지 않다. • 원리는 드럼형이다.	• 대유량의 가스 측정에 적합하다. • 중압가스의 계량이 가능하다. • 설치면적이 작다.
단점	대용량의 것은 설치면적이 크다.	• 사용중에 수위조정 등의 관리가 필요하다. • 설치면적이 크다.	• 스트레이너의 설치 및 설치 후의 유지관리가 필요하다. • 소유량(0.5㎥/h 이하)의 것은 부동의 우려가 있다.
일반적 용도	일반 수용가	기준기 실험실용	대수용가
용량 범위	1.5~200㎥/h	0.2~3,000㎥/h	100~5,000㎥/h

71 전기저항식 습도계의 특징에 대한 설명으로 틀린 것은?

① 자동제어에 이용된다.
② 연속기록 및 원격측정이 용이하다.
③ 습도에 의한 전기저항의 변화가 적다.
④ 저온도의 측정이 가능하고, 응답이 빠르다.

🔍 습도에 의한 전기저항 변화가 크다.

72 FID 검출기를 사용하는 기체크로마토그래피는 검출기의 온도가 100℃ 이상에서 작동되어야 한다. 주된 이유로 옳은 것은?

① 가스소비량을 적게하기 위하여
② 가스의 폭발을 방지하기 위하여
③ 100℃ 이하에서는 점화가 불가능하기 때문에
④ 연소 시 발생하는 수분의 응축을 방지하기 위하여

73 가스시험지법 중 염화제일구리 착염지로 검지하는 가스 및 반응색으로 옳은 것은?

① 아세틸렌 – 적색
② 아세틸렌 – 흑색
③ 할로겐화물 – 적색
④ 할로겐화물 – 청색

🔍 독성가스 누출검지 시험지의 종류와 변색 상태

가스명	시험지	변색상태
염소	KI전분지	청색
암모니아	적색 리트머스지	색
시안화수소	초산벤젠지(질산구리벤젠지)	청색
포스겐	하리슨시험지	심등색, 귤색, 오렌지색
일산화탄소	염화파라듐지	흑색
황화수소	연당지	흑색
아세틸렌	염화제1동착염지	적색

74 탄성식 압력계에 속하지 않는 것은?

① 박막식 압력계
② U자관형 압력계
③ 부르동관식 압력계
④ 벨로우즈식 압력계

🔍 압력계의 구분

가스명	변색상태
탄성식	부르동관, 벨로우즈, 다이아프램
전기식	전기저항, 피에조전기
액주식	U자관, 경사관식, 링밸런스식

75 도시가스 사용압력이 2.0kPa 인 배관에 설치된 막식 가스미터의 기밀시험 압력은?

① 2.0 kPa 이상   ② 4.4 kPa 이상
③ 6.4 kPa 이상   ④ 8.4 kPa 이상

76 가스계량기의 검정 유효기간은 몇 년인가? (단, 최대유량 10m³/h 이하이다.)

① 1년   ② 2년
③ 3년   ④ 5년

🔍 가스계량기의 유효기간
• 기준 가스 미터 : 2년
• LP가스 미터 : 3년
• 최대유량 10m³/h 가스계량기 : 5년
• 그 밖의 가스미터 : 8년

77 습한 공기 200kg 중에 수증기가 25kg 포함되어 있을 때의 절대습도는?

① 0.106   ② 0.125
③ 0.143   ④ 0.171

🔍 절대습도 = $\dfrac{\text{습한 공기 속의 수증기 질량}}{\text{건조공기의 질량}}$
    = $\dfrac{25}{200-25}$ ≒ 0.143

78 계측기의 원리에 대한 설명으로 가장 거리가 먼 것은?

① 기전력의 차이로 온도를 측정한다.
② 액주높이로부터 압력을 측정한다.
③ 초음파속도 변화로 유량을 측정한다.
④ 정전용량을 이용하여 유속을 측정한다.

79 전기 저항식 온도계에 대한 설명으로 틀린 것은?

① 열전대 온도계에 비하여 높은 온도를 측정하는데 적합하다.
② 저항선의 재료는 온도에 의한 전기저항의 변화(저항 온도계수)가 커야 한다.
③ 저항 금속재료는 주로 백금, 니켈, 구리가 사용된다.
④ 일반적으로 금속은 온도가 상승하면 전기 저항 값이 올라가는 원리를 이용한 것이다.

> 전기저항식 온도계
> • 원리 : 온도상승시 저항이 증가하는 것을 이용
> • 측정소자의 측정범위
>   ① Fe (−200 ~ 850℃)
>   ② Ni (−50 ~ 150℃)
>   ③ Cu (−50 ~ 350℃)
> 까지 열전대 온도계 보다 낮은 온도를 측정한다.

80 평균유속이 5m/s인 배관 내에 물의 질량유속이 15kg/s 이 되기 위해서는 관의 지름을 약 몇 mm로 해야 하는가?

① 42
② 52
③ 62
④ 72

> $G = \gamma AV = \gamma \cdot \dfrac{\pi}{4}d^2 \cdot V$
>
> $d = \sqrt{\dfrac{4G}{\gamma \cdot \pi \cdot V}} = \sqrt{\dfrac{4 \times 15}{1000 \times \pi \times 5}}$
>
> $= 0.061m = 61.80mm$

정답 2020년 3회 기출문제

01 ④	02 ②	03 ①	04 ③	05 ①
06 ②	07 ③	08 ④	09 ③	10 ④
11 ①	12 ①	13 ②	14 ②	15 ③
16 ④	17 ②	18 ②	19 ④	20 ②
21 ②	22 ①	23 ②	24 ④	25 ③
26 ③	27 ②	28 ④	29 ②	30 ①
31 ①	32 ②	33 ②	34 ②	35 ②
36 ③	37 ②	38 ①	39 ④	40 ④
41 ③	42 ④	43 ③	44 ②	45 ④
46 ②	47 ④	48 ③	49 ③	50 ④
51 ①	52 ①	53 ①	54 ①	55 ④
56 ③	57 ③	58 ①	59 ②	60 ④
61 ④	62 ④	63 ④	64 ③	65 ④
66 ④	67 ①	68 ②	69 ③	70 ③
71 ③	72 ④	73 ①	74 ②	75 ④
76 ④	77 ③	78 ④	79 ①	80 ③

가스산업기사
7년간 기출문제

2026년 01월 05일 인쇄
2026년 01월 20일 발행

저자 국가기술자격시험아카데미
발행처 (주)도서출판 책과상상
등록번호 제2020-000205호
발행인 이강복
주소 경기도 고양시 일산동구 장항로 203-191
대표전화 (02)3272-1703~4
팩스 (02)3272-1705

홈페이지 www.sangsangbooks.co.kr
ISBN 979-11-6967-341-9

값 20,000원
Copyright© 2026
Book & SangSang Publishing Co.

※저자와의 협의하에 인지를 생략합니다.